算法笔记

胡凡　曾磊　主编

机 械 工 业 出 版 社

本书内容包括：C/C++快速入门、入门模拟、算法初步、数学问题、C++标准模板库（STL）、数据结构专题（二章）、搜索专题、图算法专题、动态规划专题、字符串专题、专题扩展。本书印有二维码，用来实时更新、补充内容及发布勘误。

本书可作为计算机专业研究生入学考试复试上机、各类算法等级考试（如 PAT、CSP 等）的辅导书，也可作为“数据结构”科目的考研教材及辅导书内容的补充。本书还是学习 C 语言、数据结构与算法的入门辅导书，非常适合零基础的学习者对经典算法进行学习。

（编辑邮箱：jinacmp@163.com）

图书在版编目（CIP）数据

算法笔记 / 胡凡，曾磊主编. —北京：机械工业出版社，2016.7（2024.1 重印）

ISBN 978-7-111-54009-0

Ⅰ. ①算…　Ⅱ. ①胡…　②曾…　Ⅲ. ①电子计算机—算法理论　Ⅳ. ①TP301.6

中国版本图书馆 CIP 数据核字（2016）第 129818 号

机械工业出版社（北京市百万庄大街 22 号　邮政编码　100037）

策划编辑：吉　玲　责任编辑：吉　玲　吴晋瑜　王小东

封面设计：鞠　杨　责任印制：常天培　责任校对：刘怡丹

北京机工印刷厂有限公司印刷

2024 年 1 月第 1 版第 17 次印刷

184mm×260mm・30.75 印张・782 千字

标准书号：ISBN 978-7-111-54009-0

定价：78.00 元

电话服务	网络服务
客服电话：010-88361066	机　工　官　网：www.cmpbook.com
010-88379833	机　工　官　博：weibo.com/cmp1952
010-68326294	金　　书　　网：www.golden-book.com
封底无防伪标均为盗版	机工教育服务网：www.cmpedu.com

前　　言

最初打算写这本书是在自己刚考完研之后。那段时间，我每天都在浙江大学天勤考研群里给学弟学妹们答疑，在感受着他们的努力与进步的同时，自己仿佛又经历了一次考研，感慨颇多。渐渐地，出于兴趣，我感觉自己还能为他们做些什么，于是便萌生了写一些东西的想法。由于浙江大学机试就是 PAT 考试，因此一开始只是打算把 PAT 考试题目的题解都写一遍，但是在写作过程中慢慢发现，题解本身并不能给人带来太多的提高，而算法思想的理解和学习才是最为重要的。考虑到当时的算法入门书籍要么偏重于竞赛风格，要么偏重于面试风格，因此我便打算写一本适用于考研机试与 PAT 的算法书籍，以供考研的学弟学妹们学习。因为浙江机试的考试范围已经能覆盖大部分学校的机试范围，所以对于报考其他学校的同学也同样适用。

第一次试印的版本给当年浙江大学机试的平均分提高了十多分，反响不错。但我深知书中仍有许多不足，也有许多想要添加的内容没来得及加进去，因此便又花费了半年时间增加了许多内容。至此，本书已经覆盖了大部分基础经典算法，不仅可以作为考研机试和 PAT 的学习教材，对其他的一些算法考试（例如 CCF 的 CSP 考试）或者考研初试的数据结构科目的学习和理解也很有帮助，甚至仅仅想学习经典算法的读者也能从本书中学到许多知识。由于书中很多内容都来源于自己对算法的理解，因此最终把书名定为《算法笔记》。

本书希望让一个 C 语言零基础的读者能很好地进入本书的学习，因此在第 2 章设置了 C 语言的入门详解，使读者不必因自己不会 C 语言而有所担心，并且在对 C 语言的讲解中融入了部分 C++的特性内容，这样读者会更容易书写顺手的代码。第 3 ~ 5 章是入门部分，其中介绍了一些算法思想和数学问题，读者可从中学习到一些基础但非常重要的算法思想，并培养基本的思维能力和代码能力。第 6 章介绍了 C++标准模板库（STL）的常用内容和 algorithm 头文件下的常用函数，以帮助读者节省写代码的时间。第 7 ~ 12 章是进阶部分，其中介绍了各类经典数据结构、图算法以及较为进阶的重要算法，以使读者对经典算法和数据结构有较为深入的学习。第 13 章补充了一些上面没有介绍的内容，以帮助读者拓宽视野。

另外，书中印的二维码，是用来更新或补充书籍内容及发布本书勘误的。通过扫描本书的**勘误**和**内容更新日志**二维码，读者可以得到实时更新的相应内容。

最后，由于编者水平有限，尽管对本书进行了多次校对，书中可能仍有一些待改进的地方，敬请广大读者提出宝贵建议！

本书的适用范围

- 研究生复试上机考试
- PAT 甲级、乙级考试
- CCF 的 CSP 认证（或其他算法）

- 求职面试时的基础算法考试
- 考研初试数据结构科目
- 经典算法的入门学习

致谢

在本书写作过程中，得到了许多朋友给予的帮助，他们是鲁蕴铖、徐涵、王改革和周伟，他们在本书的内容、细节等方面给出了很多建设性的意见，在此表示衷心的感谢。

参加本书编写的人员还有：曾磊、唐晓瑜、庞志飞、冯杰、刘伟、王改革、柯扬斌、何世伟、朱逸晨、林炀平、杨晓海、庞博、张也、刘阳、吴联坤、于志超、朱清华、陈鸿翔、柴一平、李幸超、李邦鹏、范旭民、李疆、胡学军、厉月艳、朱华、鲁蕴铖、徐涵、王巨峰、金明健、刘欧、田唐昊。

感谢维护 PAT 的浙江大学陈越老师、维护 Codeup 的浙江传媒学院张浩斌老师，他们耐心回复了我关于 PAT 和 Codeup 的使用问题，使我能够更好地使用上面的题目作为例题和练习题。

感谢本书最初试印版本的读者，他们发现了书中的许多错误，并就本书的内容提了许多建议，使得本书更为完善。还有很多朋友对本书的写作十分关心，在他们的鼓励下，我才能在巨大的学业压力中最终完成本书，在此一并表示感谢。

感谢书链团队为本书提供的二维码与资源管理系统，它让本书成为一本可以动态添加内容的书籍，增强了本书的可扩展性。

最后，还要特别感谢机械工业出版社的吉玲编辑，在她的鼓励和帮助下，我顺利完成了本书的编写，并把更好的内容展现给读者。

胡凡

目　录

第 1 章　如何使用本书

1.1　本书的基本内容

本书旨在让一个 C 语言零基础算法的学习者循序渐进地学习经典算法，因此在第 2 章对 C 语言的语法进行了详细的入门讲解，并在其中融入了部分 C++的特性，以便读者能够更容易地书写代码。

第 3～5 章是入门部分。其中第 3 章将初步训练读者最基本的编写代码能力，内容比较少，建议读者用较少的时间完成；第 4 章对常用的基本算法思想进行介绍，内容非常重要，建议读者多花一些时间仔细思考和训练；第 5 章是一些数学问题，其中 5.7 节的内容和 5.8 节的后半部分内容相对没有那么容易，读者可以选择性阅读。

第 6 章介绍了 C++标准模板库（STL）中的常用容器和 algorithm 头文件下的常用函数，通过学习本章，读者可以节省许多写代码的时间，把注意力更多地放在解决问题上。需要说明的是，此部分内容不难，读者不必对难度有所担心，但还应认真实现其中给出的实例。另外，部分内容可能会在前几章用到，因此，如果在前几章中需要用到本章的内容（需要使用时书中会给出说明），那么请在本章来阅读相关内容，然后再回头去继续学习。

第 7～12 章是进阶部分。其中第 7 章介绍了栈、队列和链表，第 8 章介绍了深度优先搜索和广度优先搜索，它们是树和图算法学习的基础，需要读者认真学习并掌握；第 9 章和第 10 章分别讲解了树和图的相关算法，它们是数据结构中非常重要的内容，在很多考试中也经常会出现，需要读者特别关注；第 11 章介绍了动态规划算法的几个经典模型，并进行了相应的总结；第 12 章对字符串 hash 和 KMP 算法进行了探讨。

第 13 章是在前面章节的基础上额外增加的内容，需要读者花一些时间来阅读并掌握。

根据不同的需要，读者可以不同的方式来学习本书。就研究生复试上机来说，本书覆盖了大部分学校的机试内容，但不同的学校对机试的要求不同，因此需要根据报考学校的机考大纲来确定需要学习哪些内容。对于 PAT 乙级考试，前 7 章内容已经基本够用；对于 PAT 甲级考试，本书的大部分内容都要掌握（冷门考点会在“本章二维码”中给出）；对于 CCF 的 CSP 认证，本书能覆盖竞赛内容以外的考点（最后一题偶尔会涉及 ACM-ICPC 的内容，超出了本书范围）；对于考研初试数据结构科目，本书能帮助读者更好地理解各种数据结构与算法。

另外，本书还有一本配套习题集——《算法笔记上机训练实战指南》，书中给出了 PAT 乙级前 50 题、甲级前 107 题的详细题解。若读者想要对知识点的熟练度有进一步的提升，推荐同时使用本书的配套习题集（最新的考题会在本书的二维码中添加更新）。习题集的题目顺序是按本书的章节顺序编排的，并配有十分详细的题解，以便读者更有效地进行针对性训练。**推荐使用“阅读一节本书的内容，然后做一节习题集对应小节的题目”的训练方式。**

1.2　如何选择编程语言和编译器

很多考试都会限定程序的运行时间的上限，因此选择尽可能快的编程语言是非常重要的。

一般来说，可供选择的语言有 C、C++、Java 等，但是 Java 的执行比较慢，因此较常使用的是 C 或者 C++。考虑到 C++的语法向下兼容 C，并且 C 的输入输出语句比 C++的要快很多，因此我们可以在主体上使用 C 语言的语法；而 C++中有一些特性和功能非常好用（例如变量可以随时定义、拥有标准模板库 STL 等），因此在一定程度上我们可以混用部分 C++的语法（事实上，由于 C++向下兼容 C，因此一般都是在 C++中写 C 语言的语法，相关内容参见第 2 章）。

编译器的选择则因人而异、因现场环境而异。不同的考试可能提供不同的编译器，要根据具体情况来选择。但一般来说，可能出现的编译器有 VC 6.0、VS 系列、Dev-C++、C-Free、Code::Blocks、Eclipse 等，其中 VC 6.0 因为标准过于古老，很多语法在其中没办法通过编译，所以尽量不要使用；Dev-C++、C-Free、Code::Blocks 则是轻便好用的编译器，推荐使用，可以根据具体情况来选择；VS 系列是较为厚重的编译器，在没有其他轻便编译器可供选择的情况下使用；Eclipse 则更常用于 Java 代码的编写。

1.3 在线评测系统

在各类考试中，判断程序写得对不对，一般需要借助在线评测系统（Online Judge，OJ）。一般来说，在 OJ 上可以看到题目的题目描述、输入格式、输出格式、样例输入及样例输出。我们需要根据题目来写出相应的代码，然后提交给 OJ 进行评测。OJ 的后台会让程序运行很多组数据，并根据程序输出结果的正确与否返回不同的结果（具体的结果在 1.4 节中讲述）。**注意：即便代码能通过样例，也不能说明是完全正确的，因为后台会有很多组数据，样例只是一个示范而已。**

本书的例题与练习题将来自 PAT 与 codeup，下面对其分别介绍。

（1）PAT

PAT 的全称为 Programming Ability Test，是考察计算机程序设计能力的一个考试，目前分为乙级（Basic）、甲级（Advanced）和顶级（Top）三个难度层次（需要选择其中一个报名），难度依次递增，其中顶级将涉及大量 ACM-ICPC 竞赛的考点，报考的人数也相对较少。本书能够覆盖乙级和甲级的考试知识点，并且书中有很多例题都来自 PAT 甲、乙级的真题。

为便于区别，本书中来自乙级的题目将以 B 开头，例如 B1003 表示乙级的题号为 1003 的题目。PAT 乙级真题题库地址如下：

http://www.patest.cn/contests/pat-b-practise

同样的，本书中来自甲级的题目将以 A 开头，例如 A1066 表示甲级的题号为 1066 的题目。PAT 甲级真题题库地址如下：

http://www.patest.cn/contests/pat-a-practise

对于来自 PAT 甲、乙级的题目，只需要在网站上面注册一个账号即可提交，例如对 B1001 来说，在阅读完题目并写出相应的代码后，只需要单击最下方的“提交代码”，接着选择代码对应的语言（例如 C 或者 C++代码的提交都可以选择“C++ (g++ 4.7.2)”这一项），然后把代码粘贴在编辑框内，单击“提交代码”即可，稍等片刻刷新页面即可得到程序评测的结果。注意：**PAT 的评测方式为“单点测试”**，即代码只需要能够处理一组数据的输入即可，后台会多次运行代码来测试不同的数据，然后对每组数据都返回相应的结果。**“单点测试”的具体写法见 2.10.1 节。**

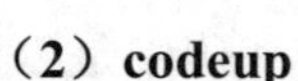

（2）codeup

codeup 是一个有着很多题目的题库，当然它也是一个在线评测系统，本书的部分例题和练习题将来自于 codeup，其地址如下：

http://www.codeup.cn/

在注册一个账号之后，单击最上面一栏中的“题目集”即可进入题库，之后可以根据题目标题的关键字或者题号本身来搜索题目。当然，它对题目进行了归类，读者也可以直接从分类中选择自己想要训练的算法类型。

对 codeup 的题目而言，页面中同样有着题目描述、输入格式、输出格式、样例输入和样例输出。一旦写好了代码，只需要单击最下方的“提交”，然后选择代码对应的语言（例如 C 和 C++只需要一律选择 C++即可），接着在编辑框内粘贴代码，单击“提交”，过几秒后刷新页面即可得到程序评测的结果。注意：**codeup 的评测方式为“多点测试”**（**除了第 2 章的 C 语言练习题外**），即代码需要能够处理所有数据的输入，也就是说，后台只会运行代码一次来测试不同的数据，只有当所有数据都输出正确的结果时才会让程序通过，只要有一组数据错误，就会返回对应的错误类型。**“多点测试”的具体写法见 2.10.2**。

除了 PAT 和 codeup 之外，还有很多优秀的在线评测系统，但是大多数都是侧重于竞赛的，因此如果不是算法竞赛的话，一般不需要去它们上面做题。下面是几个较知名 OJ 的地址：

POJ：http://poj.org/

HDOJ：http://acm.hdu.edu.cn/

ZOJ：http://acm.zju.edu.cn/

CodeForces：http://codeforces.com/

UVa：uva.onlinejudge.org

ACdream：http://acdream.info/

1.4　常见的评测结果

（1）答案正确（Accepted，AC）

恭喜你！所提交的代码通过了数据！这个评测结果应该是大家最喜欢见到的，也非常好理解。如果是单点测试，那么每通过一组数据，就会返回一个 Accepted；如果是多点测试，那么只有当通过了所有数据时，才会返回 Accepted。

（2）编译错误（Compile Error，CE）

很显然，如果代码没有办法通过编译，那么就会返回 Compile Error。这时要先注意是不是选错了语言，然后再看本地的编译器能不能编译通过刚刚提交的代码，修改之后再次提交即可。

（3）答案错误（Wrong Answer，WA）

“答案错误”是比较令人懊恼的结果，因为这说明代码有漏洞或者算法根本就是错误的，只是恰好能过样例而已。不过有时可能是因为输出了一些调试信息导致的，那就删掉多余的输出内容再输出。当然，大部分情况下都需要认真检查代码的逻辑有没有问题。

（4）运行超时（Time Limit Exceeded，TLE）

由于每道题都会规定程序运行时间的上限，因此当超过这个限制时就会返回 TLE。一般来说，这一结果可能是由算法的时间复杂度过大而导致的，当然也可能是某组数据使得代码中某处地方死循环了。因此，要仔细思考最坏时间复杂度是多少，或者检查代码中是否可能出现特殊数据死循环的情况。

（5）运行错误（Runtime Error，RE）

这一结果的可能性非常多，常见的有段错误（直接的原因是非法访问了内存，例如数组越界、指针乱指）、浮点错误（例如除数为 0、模数为 0）、递归爆栈（一般由递归时层数过深导致的）等。一般来说，需要先检查数组大小是否比题目的数据范围大，然后再去检查可不可能有特殊数据可以使除数或模数为 0，有递归的情况则检查是否在大数据时递归层数太深。

（6）内存超限（Memory Limit Exceeded，MLE）

每道题目都会有规定程序使用的空间上限，因此如果程序中使用太多的空间，则会返回 MLE，例如数组太大一般最容易导致这个结果。

（7）格式错误（Presentation Error，PE）

这应该是最接近 Accepted 的错误了，基本是由多输出了空格或者换行导致的，稍作修改即可。

（8）输出超限（Output Limit Exceeded，OLE）

如果程序输出了过量的内容（一般是指过量非常多），那么就会返回 OLE。一般是由输出了大量的调试信息或者特殊数据导致的死循环输出导致的。

1.5 如何高效地做题

一般来说，按照算法专题进行集中性的题目训练是算法学习的较好方法，因为这可以一次性地对某个算法有一个较为深入且细致的训练，而随意乱做或是按题号从小到大地“刷”题目并不是一个很好的选择，也无法形成完整的知识体系。

如果在做一道题时暂时没有想法，那么可以先放着，跳过去做其他题目，过一段时间再回来重新做，或许就柳暗花明了（例如你可以设置一个未解决题目的队列，每次有题目暂时不会做时就扔到队列里，然后隔三差五取出里面的题目再想一下，想不出来就再扔到队列里……）。当然，如果题目本身较难，做了很久也没有想法，也可以查看题解，知道做法之后再自己独立完成代码过程。

另外，在做题时也可以适当总结相似题目的解题方法，这也是进行专题训练时可以顺带完成的事，可起到事半功倍的效果。

本章二维码

第 2 章　C/C++快速入门

考虑到一些参加考研机试或其他算法考试的读者并没有学过 C 语言或者 C++，而在机考中最适合使用的就是这两个语言，因此编写了 C/C++入门的部分。该部分旨在让没有接触过 C 语言的读者能够快速上手编写 C 程序，因此对一些不影响实际编程的语法点采取了舍去的策略。如果读者备考的时间比较短且又没有学习过 C 语言，那么建议只要把本书提到的语法点掌握即可；如果读者想要系统、完整地学习 C 语言，则建议参考那些专门讲解 C 语言的书籍。

虽然是 C/C++的入门，但是本书主要侧重于 C 语言的讲解，这是因为 C++中大部分语法在机考中都是用不到的，并且 C++向下兼容 C，因此读者可以用 C++中一些很好用的特性来取代 C 语言中那些不太顺手的设定。

如果读者确实从未接触过编程语言，那么最好把下面接触到的程序和语句都自己尝试编写并运行一下，而不是仅仅只是“看过看懂”的状态，因为在实际编程之前，任何“觉得自己会了”的想法都不过是“纸上谈兵”。

如果读者已经学习过 C 语言或者 C++，那么可以选择跳过这部分，但是最好可以大致浏览一下，看看有没有以前没有确切接触过的细节，例如“引用”、int 型范围、指针的错误写法、结构体的构造函数、浮点型的比较等。

注意：有些读者认为学过 C++之后就没有必要学 C 语言，甚至觉得 C 语言太麻烦而不学，这是不太正确的。因为就机考使用的语法而言，除了输入和输出部分，其余顺序结构、分支结构、循环结构、数组、指针都是几乎一样的，学习 C 语言并不会带来什么负担。对于让 C++使用者觉得麻烦的 scanf 函数和 printf 函数，虽然必须承认 cin 和 cout 可以不指定输入输出格式比较方便，但是 cin 和 cout 消耗的时间比 scanf 和 printf 多得多，很多题目可能输入还没结束就超时了。当然，读者可以在某次使用 cin 和 cout 超时，改成 scanf 和 printf 后通过的时候，痛下决心以后使用 scanf 和 printf。顺便指出，请不要同时在一个程序中使用 cout 和 printf，有时候会出问题。

最后再次强调，本书会使用一些代码作为举例，希望读者能够亲自照着输入并理解一下，这将对语言的学习大有帮助。如果代码中出现某些暂时还没有提到的语法，不妨只要先知道是什么意思，具体细节可以等后面提到再学。

下面开始介绍 C 语言的相关内容。

先来看一段 C 语言小程序：

```
#include <stdio.h>
int main(){
    int a, b;
    scanf("%d%d", &a, &b);
    printf("%d", a+b);
    return 0;
}
```

请读者在编译器中输入这段代码，并将其保存为.cpp 文件（C 语言的文件扩展名为.c，但是为了使用 C++中的一些好用的特性，请把文件扩展名改为 C++的文件扩展名.cpp）。

这个程序分为两个部分：**头文件**和**主函数**。

1. 头文件

在上面的代码中，#include <stdio.h>这一行就是头文件。其中，stdio.h 是标准输入输出库，如果在程序中需要输入输出，就需要加上这个头文件。不过一般来说程序都是需要输入输出的，所以基本上每一个 C 程序都需要加上头文件。

stdio 的全称是 standard input output，h 就是 head 的缩写，.h 是头文件的文件格式。我们可以这样理解：stdio.h 就是一个文件，这个文件中包含了一些跟输入输出有关的东西，如果程序需要输入输出，就要通过#include <×××>的写法来包含（include）这个头文件，这样才可以使用 stdio.h 这个文件里的输入输出函数。

既然 stdio.h 是负责输入输出，那么自然还会有负责其他功能的头文件。例如，math.h 负责一些数学函数，string.h 负责跟字符串有关的函数，只需要在需要使用对应的函数时，将它们的头文件包含到这个程序中来即可。

此外，在 C++的标准中，stdio.h 更推荐使用等价写法：cstdio，也就是在前面加一个 c，然后去掉.h 即可。所以#include <stdio.h>和#include <cstdio>的写法是等价的，#include <math.h>和#include <cmath>等价，#include <string.h>和#include <cstring>也等价。读者在程序中看到这种写法应当能明白它的意思。

2. 主函数

```
int main(){
    …
    return 0;
}
```

上面的代码就是主函数。**主函数是一个程序的入口位置，**整个程序从主函数开始执行。**一个程序最多只能有一个主函数。**

下面来看一下省略号中的内容，读者暂时只需要大致了解每个语句的作用，因为会在后面仔细讲解这些语法。

```
int a, b;
```

这句话定义了两个变量 a 和 b，类型是 int 型（简单来说就是整数）。

```
scanf("%d%d", &a, &b);
```

scanf 用来读入数据，这条语句以%d 的格式输入 a 和 b，其中%d 就是 int 型的输入输出标识。简单来说，就是把 a 和 b 作为整数输入。

```
printf("%d", a + b);
```

printf 用来输出数据，这条语句计算 a + b 并以%d 格式输出。上面说过，%d 就是 int 型的输入输出标识，所以就是把 a + b 作为整数输出。因此这段代码的主函数实现了输入两个数 a 和 b 然后输出 a+b 的功能。

接下来进入正题，讲解一下 C 语言中各个需要使用的语法。

声明：下文使用的代码请保存成.cpp 文件（即 C++文件），然后选择 C++语言（或 G++）进行提交。由于 C++向下兼容 C，因此采用这种方式可以尽可能防止一些因 C 与 C++之间的区分而导致的编译错误。

2.1　基本数据类型

2.1.1　变量的定义

变量是在程序运行过程中其值可以改变的量，需要在定义之后才可以使用，其定义格式如下：

```
变量类型 变量名;
```

并且，变量可以在定义的时候就赋初值：

```
变量类型 变量名 = 初值;
```

变量名一般来说可以任意取，只是需要满足几个条件：

① 不能是 C 语言标识符（标识符不多，比如 for、if、or 等都不能作为变量名，因为它们在 C 语言中本身有含义）。所以 ZJU、Love 等都可以用作变量名，但还是建议取有实际意义的变量名，这样可以提高程序的可读性。

② 变量名的第一个字符必须是字母或下画线，除第一个字符之外的其他字符必须是字母、数字或下画线。因此 abc、_zju123_ujz 是合法的变量名，6abc 是不合法的变量名。

③ 区分大小写，因此 Zju 和 zju 可以作为两个不同的变量名。

2.1.2　变量类型

一般来说，基本数据类型分为整型、浮点型、字符型，C++中又包括布尔型。每种类型里面又可以分为若干种类型（为了方便记忆，只列出常用的）。表 2-1 中列出了四种基本数据类型。

表 2-1　四种基本数据类型

	类型	取值范围	大致范围
整型	int	$-2147483648 \sim +2147483647$ （即$-2^{31} \sim +(2^{31}-1)$）	$-2\times10^9 \sim 2\times10^9$
	long long	$-2^{63} \sim +(2^{63}-1)$	$-9\times10^{18} \sim 9\times10^{18}$
浮点型	float	$-2^{128} \sim +2^{128}$ （实际精度 6 ~ 7 位）	实际精度 6 ~ 7 位
	double	$-2^{1024} \sim +2^{1024}$ （实际精度 15 ~ 16 位）	实际精度 15 ~ 16 位
字符型	char	$-128 \sim +127$	$-128 \sim +127$
布尔型	bool	0(false) or 1(true)	0(false) or 1(true)

1. 整型

整型一般可以分为短整型（short）、整型（int）和长整型（long long），其中短整型（short）一般用不到，此处不再赘述。下面介绍整型（int）和长整型（long long），其中整型 int 也被称为 long int，长整型 long long 也被称为 long long int。

① 对**整型 int** 来说，一个整数占用 32bit（即 32 位），也即 4Byte（即 4 字节），取值范围是$-2^{31} \sim +(2^{31}-1)$。如果对范围不太有把握，可以记住**绝对值在 10^9 范围以内的整数都可以定义成 int 型**。示例如下：

```
int num;
```

```
int num = 5;
```

② 对**长整型 long long** 来说，一个整数占用 64bit，也即 8Byte，取值范围是$-2^{63} \sim +(2^{63}-1)$，也就是说，如果题目要求的整数取值范围超过 2147483647（例如 10^{10} 或者 10^{18}），就得用 long long 型来存储。定义举例：

```
long long bignum;
long long bignum = 123456789012345LL;
```

注意：如果 long long 型赋大于 $2^{31}-1$ 的初值，则需要在初值后面加上 LL，否则会编译错误。

除此之外，对于整型数据，都可以在前面加个 unsigned，以表示无符号型，例如 unsigned int 和 unsigned long long，占用的位数和原先相同，但是把负数范围挪到正数上来了。也就是说，unsigned int 的取值范围是 $0 \sim 2^{32}-1$，unsigned long long 的取值范围是 $0 \sim 2^{64}-1$。一般来说，很少会出现必须使用 unsigned int 和 unsigned long long 的情况，因此初学者只需要熟练使用 int 和 long long 即可。

下面给出一个跟整型有关的程序：

```
#include <stdio.h>
int main(){
    int a = 1, b = 2;
    printf("%d", a + b);
    return 0;
}
```

这段代码首先定义了 int 型变量 a 和 b，并分别赋初值 1 和 2，然后使用 printf 输出了 a+b。其中**%d 是 int 型的输出格式**。

输出结果：

```
3
```

简单来说，需要记住的是，看到题目要求 10^9 以内或者说 32 位整数，就用 int 型来存放；如果是 10^{18} 以内（例如 10^{10}）或者说 64 位整数，就要用 long long 型来存放。

2. 浮点型

通俗来讲，浮点型就是小数，一般可以分为单精度（float）和双精度（double）。

① 对**单精度 float** 来说，一个浮点数占用 32bit，其中 1bit 作为符号位、8bit 作为指数位、23bit 作为尾数位（了解即可），可以存放的浮点数的范围是$-2^{128} \sim +2^{128}$，但是其**有效精度只有 6～7 位**（由 2^{23} 可以得到，读者只需要知道 6～7 位有效精度即可）。这对一些精度要求比较高的题目是不合适的。定义举例：

```
float fl;
float fl = 3.1415;
```

② 对**双精度 double** 来说，一个浮点数占用 64bit，其中依照浮点数的标准，1bit 作为符号位、11bit 作为指数位、52bit 作为尾数位，可以存放的浮点数的范围是$-2^{1024} \sim +2^{1024}$，**其有效精度有 15～16 位**，比 float 优秀许多。示例如下：

```
double db;
double db = 3.1415926536;
```

下面给出一个跟浮点型相关的程序：

```
#include <stdio.h>
int main(){
    double a = 3.14, b = 0.12;
    double c = a + b;
    printf("%f", c);
    return 0;
}
```

这段代码定义了 double 型变量 a 和 b，并分别赋初值 3.14 和 0.12，然后把 a + b 赋值给 c，最后输出 c。其中**%f 是 float 和 double 型的输出格式**。

输出结果：

```
3.26
```

因此，对浮点型来说，只需要记住一点，**不要使用 float，碰到浮点型的数据都应该用 double 来存储**。

3. 字符型

（1）字符变量和字符常量

字符型变量的定义方法如下：

```
char c;
char c = 'e';
```

如何理解字符常量？可以先从这么一个角度考虑：假设现在使用“int num”的方式定义了一个整型变量 num，那么 num 就是一个可以被随时赋值的变量；而对于一个整数本身（比如 5），它并不能被改变、不能被赋值，那么可将其称为“整型常量”。同理，如果是通过“char c”的方式定义了一个字符，那么 c 在这里就被称作**“字符变量”**，它可以被赋值；但是如果是一个字符本身（例如小写字母'e'），它是一个没有办法被改变其值的东西，这和前面的整数 5 是一样的，则将其称为**“字符常量”**。事实上，对单个的字符'Z'、'J'、'U'，都可以把它们称作“字符常量”。字符常量可以被赋值给字符变量，就跟整型常量可以被赋值给整型变量一样。

在 C 语言中，字符常量使用 **ASCII 码**统一编码。标准 ASCII 码的范围是 0 ~ 127，其中包含了控制字符或通信专用字符（不可显示）和常用的可显示字符。在键盘上，通过敲击可以在屏幕上显示的字符就是可显示字符，比如 0 ~ 9、A ~ Z、a ~ z 等都是可显示字符，它们的 ASCII 码分别是 48 ~ 57、65 ~ 90、97 ~ 122，不过具体数字不需要记住，只要知道**小写字母比大写字母的 ASCII 码值大 32** 即可。

注意：字符常量必须用单引号标注起来，以区分是作为字符变量还是字符常量出现。正如上面的例子，使用 char c 的方式定义了字符变量 c 之后，如果出现了字符常量'c'又不加单引号，那么就会产生误解。为此，在 C 语言中，**字符常量（必须是单个字符）必须用单引号标注**，例如上面提到的'Z'、'J'、'U'就都使用了单引号标注，以表明它们是字符常量。

最后来看一个程序：

```
#include <stdio.h>
int main(){
    char c1 = 'z', c2 = 'j', c3 = 117;
    printf("%c%c%c", c1, c2, c3);
    return 0;
```

```
}
```

输出结果：

```
zju
```

有些读者可能会感到奇怪，为什么字符型变量 c3 可以被赋值整数 117，而且最后居然输出了字符'u'？其实在计算机内部，字符就是按 ASCII 码存储的，'u'的 ASCII 码就是 117，因此将 117 赋值给 c3 其实就是把 ASCII 码赋值给 c3。而且从代码中可以发现，在赋值时，117 并没有加单引号。因此这种写法是成立的。（最后说明一下，**%c 是 char 型的输出格式**）

（2）转义字符

上面提到，ASCII 码中有一部分是控制字符，是不可显示的。像换行、删除、Tab 等都是控制字符。那么在程序中怎样表示一个控制字符呢？对一些常用的控制字符，C 语言中可以用一个右斜线加一些特定的字母来表示。例如，换行通过“\n”来表示，Tab 键通过“\t”来表示。由于这种情况下斜线后面的字母失去了本身的含义，因此又称为“转义字符”。在实际做题目时，比较常用的转义字符就只有下面两个，希望读者能够记住。

```
\n 代表换行
\0 代表空字符 NULL，其 ASCII 码为 0，请注意\0 不是空格
```

再来看一个程序：

```
#include <stdio.h>
int main(){
    int num1 = 1, num2 = 2;
    printf("%d\n\n%d", num1, num2);
    printf("%c", 7);
    return 0;
}
```

输出结果：

```
1

2
```

可以发现，在第一个 printf 中使用了两个\n 来换行，说明在 num1 输出后要连续换行两次再输出 num2，就得到了上面的输出结果。第二个 printf 则没有显示任何输出，因为 ASCII 为 7 的字符是控制字符，并且是控制响铃功能的控制字符，不出意外的话，计算机会响一下。

（3）字符串常量

字符串是由若干字符组成的串，在 C 语言中没有单独一种基本数据类型可以存储（C++ 中有 string 类型），只能使用字符数组的方式。因此这里先介绍字符串常量。

上面提到，字符常量就是单个使用单引号标记的字符，那么此处的字符串常量则是由双引号标记的字符集，例如"WoAiDeRenBuAiWo"就是一个字符串常量。

字符串常量可以作为初值赋给字符数组，并使用%s 的格式输出。

下面来看一个程序：

```
#include <stdio.h>
int main(){
    char str1[25] = "Wo ai de ren bu ai wo";
```

```
    char str2[25] = "so sad a story it is.";
    printf("%s, %s", str1, str2);
    return 0;
}
```

输出结果：

```
Wo ai de ren bu ai wo, so sad a story it is.
```

在上面的代码中，str1[25]和 str2[25]均表示由 25 个 char 字符组合而成的字符集合，可称其为**字符数组**。在 printf 中使用两个%s 分别将它们输出。

最后指出，**不能把字符串常量赋值给字符变量**，因此 char c = "abcd"的写法是不允许的。

4. 布尔型

布尔型在 C++中可以直接使用，但在 C 语言中必须添加 stdbool.h 头文件才可以使用。布尔型变量又称为“bool 型变量”，它的取值只能是 ture（真）或者 false（假），分别代表非零与零。在赋值时，可以直接使用 true 或 false 进行赋值，或是使用整型常量对其进行赋值，只不过**整型常量在赋值给布尔型变量时会自动转换为 true（非零）或者 false（零）**。注意：“非零”是包括正整数和负整数的，即 1 和–1 都会转换为 true。但是对计算机来说，**true 和 false 在存储时分别为 1 和 0**，因此如果使用%d 输出 bool 型变量，则 true 和 false 会输出 1 和 0。

下面来看一个例子（请将文件扩展名设为.cpp，否则需要添加#include <stdbool.h>头文件）：

```
#include <stdio.h>
int main(){
    bool flag1 = 0, flag2 = true;
    int a = 1, b = 1;
    printf("%d %d %d\n", flag1, flag2, a==b);
    return 0;
}
```

运行结果：

```
0 1 1
```

在上面的代码中，把 flag1 赋值为 0，flag2 赋值为 true（也就是 1），然后将它们输出。比较有疑问的是为什么把 a == b（a 等于 b）当作整数输出的时候会是 1。事实上，系统会把 a == b 作为一个条件，判断其是否为真。由于 a 和 b 均为 1，显然是相等的，因此 a == b 为真（true），即输出 1。

2.1.3　强制类型转换

有时需要把浮点数的小数部分切掉来变成整数，或是把整型变为浮点型来方便做除法（因为整数除以整数在计算机中视为整除操作，不会自动变为浮点数），或是在其他很多情况下，都会要用到强制类型转换，即把一种数据类型转换成另一种数据类型。

强制类型转换的格式如下：

```
(新类型名)变量名
```

这其实很简洁，只需要把需要变成的类型用括号括着写在前面就行了。

下面给出一个例子来说明：

```
#include <stdio.h>
int main(){
    double r = 12.56;
    int a = 3, b = 5;
    printf("%d\n", (int)r);
    printf("%d\n", a / b);
    printf("%.1f", (double)a / (double)b);
    return 0;
}
```

输出结果：

```
12
0
0.6
```

这个例子使用了“(int)r”来把 r 强制转换成 int 型并输出，使用了“(double)a”把 a 强制转换成浮点型来做除法，输出格式中的“%.1f”是指保留一位小数输出。

需要指出的是，如果将一个类型的变量赋值给另一个类型的变量，却没有写强制类型转换操作，那么编译器将会自动进行转换。但是这并不是说任何时候都可以不用写强制类型转换，因为如果是在计算的过程中需要转换类型，那么就不能等它算完再在赋值的时候转换。

2.1.4 符号常量和 const 常量

符号常量通俗地讲就是“替换”，即用一个标识符来替代常量，又称为“宏定义”或者“宏替换”。其格式如下：

```
#define 标识符 常量
```

例如下面这个例子是把圆周率 pi 设置为 3.14，注意末尾不加分号：

```
#define pi 3.14
```

于是在程序中凡是使用 pi 的地方将在程序执行前全部自动替换为 3.14。下面这个程序就用于计算半径为 3 的圆的近似面积：

```
#include <stdio.h>
#define pi 3.14
int main(){
    double r = 3;
    printf("%.2f\n", pi * r * r);
    return 0;
}
```

输出结果：

```
28.26
```

另一种定义常量的方法是使用 const，其格式如下：

```
const 数据类型 变量名 = 常量;
```

仍然用 pi 来举例：

```
const double pi = 3.14;
```

下面的程序用以输出一个半径为 3 的圆的近似周长：

```
#include <stdio.h>
const double pi = 3.14;
int main(){
    double r = 3;
    printf("%.2f\n", 2 * pi * r);
    return 0;
}
```

输出结果：

```
18.84
```

这两种写法都被称为常量，这是因为它们一旦确定其值后就无法改变，例如 pi = pi + 1 的写法就是不行的。这两种方法采用哪种都可，一般都不会出错，但推荐 const 的写法。

题外话：define 除了可以定义常量外，其实可以定义任何语句或片段。其格式如下：

```
#define 标识符 任何语句或片段
```

例如可以写一个这样的宏定义：

```
#define ADD(a, b) ((a)+(b))
```

这样就可以直接使用 ADD(a,b)来代替 a + b 的功能：

```
#include <stdio.h>
#define ADD(a, b) ((a)+(b))
int main(){
    int num1 = 3, num2 = 5;
    printf("%d", ADD(num1, num2));
    return 0;
}
```

输出结果：

```
8
```

有读者会问，为什么要在上面加那么多括号呢？直接#define ADD(a, b) a + b 不可以吗？或者，为保险起见，是否能写成#define ADD(a, b) (a + b)？实际上必须加那么多括号，这是因为**宏定义是直接将对应的部分替换，然后才进行编译和运行**。因此像下面这种程序，就会出问题：

```
#include <stdio.h>
#define CAL(x) (x * 2 + 1)
int main(){
    int a = 1;
    printf("%d\n", CAL(a + 1));
    return 0;
}
```

输出结果：

```
4
```

这个结果跟一些读者预想的结果可能不太一致，读者可能觉得应该是 5 才对。实际上这就是宏定义的陷阱，它把替换的部分直接**原封不动替换**进去，导致 CAL(a + 1)实际上是(a + 1 × 2 + 1)，也就是 1 + 2 + 1 = 4，而不是((a + 1) × 2 + 1)。

总之，尽量不要使用宏定义来做除了定义常量以外的事情，除非给能加的地方都加上括号。

2.1.5 运算符

运算符就是用来计算的符号。常用的运算符有算术运算符、关系运算符、逻辑运算符、条件运算符、位运算符等。下面对每种运算符逐一进行解释。

1. 算术运算符

算术运算符有很多，比较常用的是下面几个：

① + 加法运算符：将前后两个数相加。

② - 减法运算符：将前后两个数相减。

③ * 乘法运算符：将前后两个数相乘。

④ / 除法运算符：取前面的数除以后面的数得到的商。

⑤ % 取模运算符：取前面的数除以后面的数得到的余数。

⑥ ++ 自增运算符：令一个整型变量增加 1。

⑦ -- 自减运算符：令一个整型变量减少 1。

这些运算符都有一些细节可说，不妨都来看看。

首先，①②③这 3 个运算符没有特别需要注意的问题，可以直接用，举例如下：

```
#include <stdio.h>
int main(){
    int a = 3, b = 4;
    double c = 1.23, d = 0.24;
    printf("%d %d\n", a + b, a - b);
    printf("%f\n", c * d);
    return 0;
}
```

输出结果：

```
7 -1
0.295200
```

对于除法运算符，需要注意的是，当被除数跟除数都是整型时，并不会得到一个 double 浮点型的数，而是直接舍去小数部分。举例如下：

```
#include <stdio.h>
int main(){
    int a = 5, b = 4, c = 5, d = 6;
    printf("%d %d %d\n", a / b, a / c, a / d);
    return 0;
}
```

输出结果：

```
1 1 0
```

可以看到，5/4 直接舍掉了小数部分变成了 1，而 5/6 则直接变成了 0。

另外，除数如果是 0，会导致程序异常退出或是得到错误输出“1.#INF00”，因此在出现问题时请检查是否在某种情况下除数为零。

加减乘除四种运算符的优先级顺序和四则运算的优先级相同。

取模运算符返回被除数与除数相除得到的余数，举例如下：

```
#include <stdio.h>
int main(){
    int a = 5, b = 3, c = 5;
    printf("%d %d\n", a % b, a % c);
    return 0;
}
```

输出结果：

```
2 0
```

与除法运算符一样，除数不允许为 0，因此当出问题的时候应先考虑除数是否有可能为零。取模运算符的优先级和除法运算符相同。

再来讨论**自增运算符**。自增运算符有两种写法：i++或++i。这两个都可以实现把 i 增加 1 的功能，但是也有不同的地方。它们的区别在于 **i++是先使用 i 再将 i 加 1**，而**++i 则是先将 i 加 1 再使用 i**。

看起来是不是很绕？来看下面的例子：

```
#include <stdio.h>
int main(){
    int a = 1, b = 1, n1, n2;
    n1 = a++;
    n2 = ++b;
    printf("%d %d\n", n1, a);
    printf("%d %d\n", n2, b);
    return 0;
}
```

输出结果：

```
1 2
2 2
```

首先看 n1 = a++：这里 n1 先获得 a 的值，再将 a 加 1，因此 n1 和 a 分别为 1 和 2；接着是 n2 = ++b：先将 b 加 1，n2 再获得 b 的值，因此 n2 和 b 分别为 2 和 2。

自减运算符和自增运算符一样，也有 i– –和– –i 这两种写法，作用是将 i 减 1，细节上和自增运算符相同。

2. 关系运算符

常用的关系运算符共有六种：<、>、<=、>=、==、!=，它们所实现的功能及语法见表 2-2。

3. 逻辑运算符

常用的逻辑运算符有三种：&&、||、!，分别对应“与”“或”“非”，它们所实现的功能

及语法见表 2-3。

表 2-2　六种关系运算符

运算符	含　义	语　法	返回值
<	小于	a < b	表达式成立时返回真(1, true)，不成立时返回假(0, false)
>	大于	a > b	
<=	小于等于	a <= b	
>=	大于等于	a >= b	
==	等于	a == b	
!=	不等于	a != b	

表 2-3　三种逻辑运算符

运算符	含　义	语　法	返回值
&&	与	a && b	ab 都真，则返回真 其他情况均返回假
||	或	a || b	ab 都假，则返回假 其他情况均返回真
!	非	!a	如果 a 为真，则返回假 如果 a 为假，则返回真

4. 条件运算符

条件运算符（ ? : ）是 C 语言中唯一的**三目运算符**，即需要三个参数的运算符，其格式如下：

```
A ? B : C;
```

其含义是：如果 A 为真，那么执行并返回 B 的结果；如果 A 为假，那么执行并返回 C 的结果。举一个例子来说明：

```
#include <stdio.h>
int main(){
    int a = 3, b = 5;
    int c = a > b ? 7 : 11;
    printf("%d\n", c);
    return 0;
}
```

输出结果：

```
11
```

在上述代码中，由于 a > b 不成立（3 < 5），因此返回冒号后面的 11，并将 11 赋值给 c。

再举一个例子：

```
#include <stdio.h>
#define MAX(a, b) ((a) > (b) ? (a) : (b))
int main(){
    int a = 4, b = 3;
```

```
    printf("%d\n", MAX(a, b));
    return 0;
}
```

输出结果：

```
4
```

上述代码使用宏定义来定义了 MAX(a, b)结构，((a) > (b) ? (a) : (b))的意思是当 a > b 时返回 a，否则返回 b。这就实现了从两个数中取较大值的功能。

5. 位运算符

位运算符有六种，见表 2-4。不过相对上面的几种运算符来说，位运算符使用得较少，读者可能常用的是左移运算符。由于 int 型的上限为 $2^{31}-1$，因此有时程序中无穷大的数 INF 可以设置成(1 << 31) – 1（注意：必须加括号，因为位运算符的优先级没有算术运算符高）。但是一般更常用的是 $2^{30}-1$，因为它可以避免相加超过 int 的情况。注意：如果把 $2^{30}-1$ 写成二进制的形式就是 0x3fffffff，因此下面两个式子是等价的。

```
const int INF = (1 << 30) - 1;
const int INF = 0x3fffffff;
```

表 2-4　六种位运算符

运算符	含　义	语　法	效　果
<<	左移	a << x	整数 a 按二进制位左移 x 位
>>	右移	a >> x	整数 a 按二进制位右移 x 位
&	位与	a & b	整数 a 和 b 按二进制对齐，按位进行与运算（除了 11 得 1，其他均为 0）
|	位或	a | b	整数 a 和 b 按二进制对齐，按位进行或运算（除了 00 得 0，其他均为 1）
^	位异或	a ^ b	整数 a 和 b 按二进制对齐，按位进行异或运算（相同为 0，不同为 1）
~	位取反	~a	整数 a 的二进制的每一位进行 0 变 1、1 变 0 的操作

练习

Codeup Contest ID: 100000565

地址：http://codeup.cn/contest.php?cid=100000565。

本节二维码

2.2　顺序结构

2.2.1　赋值表达式

在 C 语言中可以使用等号“=”来实现赋值操作：

```
int n = 5;
```

```
n = 6;
```

上面的第一个语句在定义变量时将 5 赋值给 int 型变量 n，然后在第二个语句中又把 6 赋值给了 n。而如果要给多个变量赋同一个值，可以使用连续等号的方法：

```
int n, m;
n = m = 5;
```

另外，等号右边也可以是一个表达式，例如：

```
#include <stdio.h>
int main(){
    int n = 3 * 2 + 1;
    int m = (n > 6) && (n < 8);
    n = n + 2;
    printf("%d %d\n", n, m);
    return 0;
}
```

输出结果：

```
9 1
```

上面的第一个语句将一个四则运算表达式的结果 7 赋值给了 n，而第二个语句判断 $n > 6$ 和 $n < 8$ 同时成立，因此将返回值 1 赋值给了 m。接着 $n = n + 2$ 将 $n + 2$ 赋值给 n，使得 n 变成 9。

最后，**赋值运算符可以通过将其他运算符放在前面来实现赋值操作的简化**。例如，n += 2 的意思即为 $n = n + 2$，而 n*= 3 的意思即为 $n = n * 3$。下面再举个例子：

```
#include <stdio.h>
int main(){
    int n = 12, m = 3;
    n /= m + 1;
    m %= 2;
    printf("%d %d\n", n, m);
    return 0;
}
```

输出结果：

```
3 1
```

上面的代码中，n /= m + 1 等价于 n = n / (m + 1)，因此结果是 3；而 m %= 2 等价于 m = m % 2，因此结果是 1。当然，初学者应当尽量写成 n /= (m + 1)的形式，这样可以避免因为基础不好而产生一些错误。

这种复合赋值运算符在程序中会被经常使用，并且可以加快编译速度、提高代码可读性，因此初学者即便没办法马上接受，也应尽量去学着写。

2.2.2 使用 scanf 和 printf 输入/输出

C 语言的 stdio.h 库函数中提供了 scanf 函数和 printf 函数，分别对应输入和输出。学会这两个函数是 C 语言学习中必不可少的。

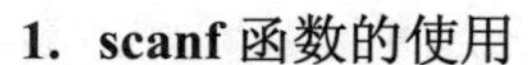

1. scanf 函数的使用

scanf 是输入函数，其格式如下：

```
scanf("格式控制", 变量地址);
```

这看起来似乎有些抽象，不过其实很好理解。举个例子：

```
scanf("%d", &n);
```

其中，双引号里面是一个%d，表示通过这个 scanf 用户需要输入一个 int 型的变量。那这个变量输入后存在哪里呢？就是后面给出的 n。也就是说，通过这个 scanf，把输入的一个整数存放在 int 型变量 n 中。

接下来解释&n 前面的&。在 C 语言中，变量在定义之后，就会在计算机内存中分配一块空间给这个变量，该空间在内存中的地址称为变量的地址。为了得到变量的地址，需要在变量前加一个&（称为**取地址运算符**），也就是“&变量名”的写法。

既然%d 是 int 型变量的格式符，那么其他类型的变量自然也有对应的格式符。表 2-5 列出了常见数据类型的 scanf 格式符。

表 2-5　常见数据类型变量的 scanf 格式符

数据类型	格式符	举　例
int	%d	scanf("%d", &n);
long long	%lld	scanf("%lld", &n);
float	%f	scanf("%f", &fl);
double	%lf	scanf("%lf", &db);
char	%c	scanf("%c", &c);
字符串（char 数组）	%s	scanf("%s", str);

应该会有读者注意到，表 2-5 对字符数组的举例中，数组名 str 前面并没有&取地址运算符。这是因为数组比较特殊，**数组名称本身就代表了这个数组第一个元素的地址，所以不需要再加取地址运算符**。也许读者现在对数组还没有较清晰的概念，后面介绍到数组的时候会再次提到这一点，现在只需要记住，**在 scanf 中，除了 char 数组整个输入的情况不加&之外，其他变量类型都需要加&**。

那么，如果有类似 13:45:20 这种 hh:mm:ss 的时间需要输入，应该怎么做？事实上，可以使用下面代码的方法：

```
int hh, mm, ss;
scanf("%d:%d:%d", &hh, &mm, &ss);
```

可以看到，双引号内使用%d:%d:%d 的写法跟输入格式 hh:mm:ss 是一样的，只是把 hh、mm、ss 的部分换成了%d，以告诉计算机此处输入的是 int 型。这给读者一个启示：**scanf 的双引号内的内容其实就是整个输入，只不过把数据换成它们对应的格式符并把变量的地址按次序写在后面而已**。因此，如果要输入 12, 18.23, t 这种格式的数据，那么就把 12 替换成%d、18.23 替换成%lf、t 替换成%c 即可。

```
int a;
double b;
char c;
scanf("%d,%lf,%c", &a, &b, &c);
```

另外，如果要输入“3 4”这种用空格隔开的两个数字，两个%d之间可以不加空格：

```
int a, b;
scanf("%d%d", &a, &b);
```

可以不加空格的原因是，除了%c外，**scanf对其他格式符（如%d）的输入是以空白符（即空格、换行等）为结束判断标志的**，因此除非使用%c把空格按字符读入，其他情况都会自动跳过空格。另外，**字符数组使用%s 读入的时候以空格跟换行为读入结束的标志**，如下面的代码所示：

```
#include <stdio.h>
int main(){
    char str[10];
    scanf("%s", str);
    printf("%s",str);
    return 0;
}
```

输入数据：

```
abcd efg
```

输出结果：

```
abcd
```

再次强调，**scanf的%c格式是可以读入空格跟换行的**，因此下面的例子中字符c是一个空格，请读者认真研究这个例子：

```
#include <stdio.h>
int main() {
    int a;
    char c, str[10];
    scanf("%d%c%s", &a, &c, str);
    printf("a=%d,c=%c,str=%s", a, c, str);
    return 0;
}
```

输入数据：

```
1 a bcd
```

输出结果：

```
a=1,c= ,str=a
```

特别提醒：初学者特别容易在写scanf时漏写&，因此如果在输入数据后程序异常退出，要马上考虑是否是在scanf中漏写了&。

2. printf函数的使用

在C语言中，printf函数用来输出。与scanf函数类似，printf函数的格式如下：

```
printf("格式控制", 变量名称);
```

由此可见，printf的双引号中的部分和scanf的用法是相同的，但是后面并不像scanf那样需要给出变量地址，而是直接跟上变量名称就行了，例如下面的例子：

```
int n = 5;
```

```
printf("%d", n);
```

如果上面的代码中使用 scanf 来输入 n，那么就需要在 scanf 中使用&n，但是 printf 只需要填写 n 就可以了。

和 scanf 一样，表 2-6 中列出了各种常见数据类型对应的 printf 格式符，其中只有一个和 **scanf** 不同。

表 2-6　常见数据类型的 printf 格式符

数据类型	格式符	举　例
int	%d	printf("%d", n);
long long	%lld	printf("%lld", n);
float	%f	printf("%f", fl);
double	%f	printf("%f", db);
char	%c	printf("%c", c);
字符串(char 数组)	%s	printf("%s", str);

由表 2-6 可见，对于 **double 类型的变量，其输出格式变成了%f，而在 scanf 中却是%lf**。在有些系统中如果把输出格式写成%lf 倒也不会出错，不过尽量还是按标准来。另外，不要因为 float 的 scanf 和 printf 的格式符都是%f 比较好记而偷懒用 float，因为 float 的精度较低，如下面的代码所示：

```
#include <stdio.h>
int main(){
    float f1 = 8765.4, f2 = 8765.4;
    double d1 = 8765.4, d2 = 8765.4;
    printf("%f\n%f\n", f1 * f2, d1 * d2);
    return 0;
}
```

输出结果：

```
76832244.007969
76832237.160000
```

可以发现，两个 float 类型的浮点数相乘，精度在整数部分就已经不准确了，完全不能满足要求。所以，建议用 **double 型**。

在 printf 中也可以使用转义字符（其实 scanf 里也可以，只是一般用不到），因此如果想在必要的地方换行，可以加上“\n”：

```
#include <stdio.h>
int main(){
    printf("abcd\nefg\n\nhijklmn");
    return 0;
}
```

输出结果：

```
abcd
efg
```

```
hijklmn
```

另外，如果想要输出%或\，则需要在前面再加一个%或\，例如下面的代码：

```
printf("%%");
printf("\\");
```

最后介绍三种**实用的输出格式**，另外有一些格式在平时并不常用，此处不再赘述。

（1）%md

%md 可以使不足 m 位的 int 型变量以 m 位进行右对齐输出，其中高位用空格补齐；如果变量本身超过 m 位，则保持原样。

来看一个实例：

```
#include <stdio.h>
int main(){
    int a = 123, b = 1234567;
    printf("%5d\n", a);
    printf("%5d\n", b);
    return 0;
}
```

输出结果：

```
  123
1234567
```

可以看见，123 有三位数字，不足五位，因此前面自动用两个空格填充，使整个输出凑足五位；而 1234567 已经大于五位，因此直接输出。

（2）%0md

%0md 只是在%md 中间多加了 0。和%md 的唯一不同点在于，当变量不足 m 位时，将在前面补足够数量的 0 而不是空格。

下面是一个例子：

```
#include <stdio.h>
int main(){
    int a = 123, b = 1234567;
    printf("%05d\n", a);
    printf("%05d\n", b);
    return 0;
}
```

输出结果：

```
00123
1234567
```

这里 123 的前面并不是用空格补齐，而是使用 0 补齐。**这个格式在某些题中非常适用**。

（3）%.mf

%.mf 可以让浮点数保留 m 位小数输出，这个“保留”使用的是精度的“四舍六入五成双”规则（具体细节不必掌握）。很多题目都会要求浮点数的输出**保留××位小数**（或是**精确**

到小数点后××位)，就是用这个格式来进行输出(**如果是四舍五入，那么需要用到后面会介绍的 round 函数**)。示例如下：

```
#include <stdio.h>
int main(){
    double d1 = 12.3456;
    printf("%.0f\n", d1);
    printf("%.1f\n", d1);
    printf("%.2f\n", d1);
    printf("%.3f\n", d1);
    printf("%.4f\n", d1);
    return 0;
}
```

输出结果：

```
12
12.3
12.35
12.346
12.3456
```

2.2.3　使用 getchar 和 putchar 输入/输出字符

getchar 用来输入单个字符，putchar 用来输出单个字符，在某些 scanf 函数使用不便的场合可以使用 getchar 来输入字符。

来看下面的例子：

```
#include <stdio.h>
int main(){
    char c1, c2, c3;
    c1 = getchar();
    getchar();
    c2 = getchar();
    c3 = getchar();
    putchar(c1);
    putchar(c2);
    putchar(c3);
    return 0;
}
```

输入数据：

```
abcd
```

输出结果：

```
acd
```

此处第一个字符'a'被 c1 接收；第二个字符'b'虽然被接收，但是没有将它存储在某个变量中；第三个字符'c'被 c2 接收；第四个字符'd'被 c3 接收。之后，连续三次 putchar 将把 c1、c2、c3 连续输出。而如果输入"ab"，然后按<Enter>键，再输入'c'，再按<Enter>键，输出结果会是这样：

```
a
c
```

这是因为 getchar 可以识别换行符，所以 c2 实际上储存的是换行符\n，因此在 a 和 c 之间会有一个换行出现。

2.2.4 注 释

注释是 C/C++中常用到的，用来在需要进行注解的语句旁边对语句进行解释。在程序编译的时候会自动跳过该部分，不执行这些被注释的内容。C/C++的注释有两种：

（1）使用“//”注释**

/**/对“/*”跟“*/”之间的内容进行注释，且可以注释若干连续行的内容，示例如下：

```
#include <stdio.h>
int main(){
    int a, b;
    scanf("%d%d", &a, &b);
    /*a++;
    b++;
    a = a * 2; */
    printf("%d %d\n", a, b);
    return 0;
}
```

这样在“/*”跟“*/”之间的内容就都不会被执行了。

（2）使用“/”/注释

“//”可用以注释一行中在该符号之后的所有内容，效果仅限于该行，示例如下：

```
#include <stdio.h>
int main(){
    int a, b;
    scanf("%d%d", &a, &b);
    a++;    //将 a 自增
    b++;    //将 b 自增
    //a = a * 2;
    printf("%d %d\n", a, b);
    return 0;
}
```

在上面的代码中，“将 a 自增”“将 b 自增”“a = a * 2”都被注释了。

2.2.5 typedef

typedef 是一个很有用的东西，它能给复杂的数据类型起一个别名，这样在使用中就可以用别名来代替原来的写法。例如，当数据类型是 long long 时，就可以像下面的例子这样用 LL 来代替 long long，以避免因在程序中出现大量的 long long 而降低编码效率。

```
#include <cstdio>
typedef long long LL;    //给 long long 起个别名 LL
int main() {
    LL a = 123456789012345LL, b = 234567890123456LL;    //直接使用 LL
    printf("%lld\n", a + b);
    return 0;
}
```

输出结果：

```
358024679135801
```

2.2.6　常用 math 函数

C 语言提供了很多实用的**数学函数**，如果要使用，需要在程序开头加上 math.h 头文件。下面是几个比较常用的数学函数，需要读者掌握一下。

1. fabs(double x)

该函数用于对 double 型变量取绝对值，示例如下：

```
#include <stdio.h>
#include <math.h>
int main(){
    double db = -12.56;
    printf("%.2f\n", fabs(db));
    return 0;
}
```

输出结果：

```
12.56
```

2. floor(double x)和 ceil(double x)

这两个函数分别用于 double 型变量的向下取整和向上取整，返回类型为 double 型，示例如下：

```
#include <stdio.h>
#include <math.h>
int main(){
    double db1 = -5.2, db2 = 5.2;
    printf("%.0f %.0f\n", floor(db1), ceil(db1));
    printf("%.0f %.0f\n", floor(db2), ceil(db2));
    return 0;
}
```

输出结果：

```
-6 -5
5 6
```

3. pow(double r, double p)

该函数用于返回 r^p，要求 r 和 p 都是 double 型，示例如下：

```
#include <stdio.h>
#include <math.h>
int main(){
    double db = pow(2.0, 3.0);
    printf("%f\n", db);
    return 0;
}
```

输出结果：

```
8.000000
```

4. sqrt(double x)

该函数用于返回 double 型变量的算术平方根，示例如下：

```
#include <stdio.h>
#include <math.h>
int main(){
    double db = sqrt(2.0);
    printf("%f\n", db);
    return 0;
}
```

输出结果：

```
1.414214
```

5. log(double x)

该函数用于返回 double 型变量的**以自然对数为底**的对数，示例如下：

```
#include <stdio.h>
#include <math.h>
int main(){
    double db = log(1.0);
    printf("%f\n", db);
    return 0;
}
```

输出结果：

```
0.000000
```

顺带一提，**C 语言中没有对任意底数求对数的函数**，因此必须使用**换底公式**来将不是以自然对数为底的对数转换为以 e 为底的对数，即 $\log_a b = \log_e b / \log_e a$。

6. sin(double x)、cos(double x)和 tan(double x)

这三个函数分别返回 double 型变量的正弦值、余弦值和正切值，参数要求是**弧度制**，示例如下：

```
#include <stdio.h>
#include <math.h>
```

```
const double pi = acos(-1.0);
int main(){
    double db1 = sin(pi * 45 / 180);
    double db2 = cos(pi * 45 / 180);
    double db3 = tan(pi * 45 / 180);
    printf("%f, %f, %f\n", db1, db2, db3);
    return 0;
}
```

输出结果：

```
0.707107, 0.707107, 1.000000
```

此处把 pi 定义为精确值 acos(–1.0)（因为 cos(pi) = –1）。

7. asin(double x)、acos(double x)和 atan(double x)

这三个函数分别返回 double 型变量的反正弦值、反余弦值和反正切值，示例如下：

```
#include <stdio.h>
#include <math.h>
int main(){
    double db1 = asin(1);
    double db2 = acos(-1.0);
    double db3 = atan(0);
    printf("%f, %f, %f\n", db1, db2, db3);
    return 0;
}
```

输出结果：

```
1.570796, 3.141593, 0.000000
```

8. round(double x)

该函数用于将 double 型变量 x 四舍五入，返回类型也是 double 型，需进行取整，示例如下：

```
#include <stdio.h>
#include <math.h>
int main(){
    double db1 = round(3.40);
    double db2 = round(3.45);
    double db3 = round(3.50);
    double db4 = round(3.55);
    double db5 = round(3.60);
    printf("%d, %d, %d, %d, %d\n", (int)db1, (int)db2, (int)db3, (int)db4,
(int)db5);
    return 0;
}
```

输出结果：

```
3, 3, 4, 4, 4
```

练习

Codeup Contest ID: 100000566

地址：http://codeup.cn/contest.php?cid=100000566。

本节二维码

2.3 选择结构

2.3.1 if语句

在编程时，经常会碰到需要根据某个条件是否为真来决定执行哪个语句的情况，这时就需要用到if语句。if语句的格式如下：

```
if(条件A) {
    …
}
```

也就是说，当条件A为真时，执行省略号的内容。示例如下：

```
#include <stdio.h>
int main() {
    int n = 5;
    if(n > 3) {
        n = 9;
        printf("%d\n", n);
    }
    return 0;
}
```

输出结果：

```
9
```

上面的实例用以判断 $n > 3$ 是否为真，如果为真，就令n为9，并输出n。

if 语句当条件满足时会执行其中的内容，但如果当条件不满足时也有语句需要执行，则应当使用else，即如下格式：

```
if(条件A) {
    …
} else {
    …
}
```

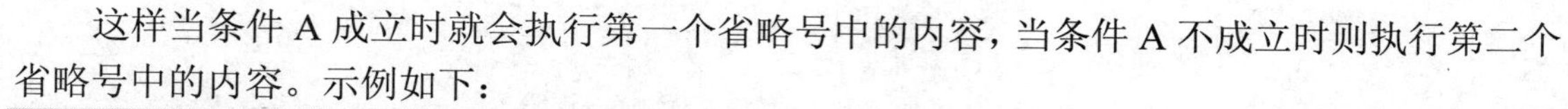

这样当条件 A 成立时就会执行第一个省略号中的内容，当条件 A 不成立时则执行第二个省略号中的内容。示例如下：

```
#include <stdio.h>
int main() {
    int n = 2;
    if(n > 3) {
        n = 9;
        printf("%d\n", n);
    } else {
        printf("%d\n", n);
    }
    return 0;
}
```

输出结果：

```
2
```

如果省略号中的内容只有一个语句，那么可以去掉大括号，使外观简洁一些。不过这样做有可能会使某些复杂情况的实际逻辑跟自己的想法出现偏差。所以，**一般只有在明确不会出错的情况下才可以将大括号去掉**。

另外，如果需要在 else 的分支下再根据某个条件来选择不同的语句，那么可以使用 else if 的写法，即

```
if(条件A) {
    …
} else if(条件B) {
    …
} else {
    …
}
```

这样就会先判断条件 A 是否成立，如果不成立，则判断条件 B 是否成立，如果还不成立，才会执行最后一个省略号的内容，示例如下：

```
#include <stdio.h>
int main() {
    int n = 2;
    if(n > 3) {
        n = 9;
        printf("%d\n", n);
    } else if(n > 2) {
        printf("%d\n", n + 1);
    } else {
        printf("%d\n",n);
    }
```

```
    return 0;
}
```

输出结果：

```
2
```

最后学习一个技巧。在 if 条件中，如果表达式是“!= 0”或“== 0”，那么可以采用比较简单的写法：

（1）如果表达式是“!= 0”，则可以省略“!= 0”。示例如下：

```
#include <stdio.h>
int main() {
    int n = 0, m = 5;
    if(n) {
        printf("n is not zero!\n");
    } else {
        printf("n is zero!\n");
    }
    if(m) {
        printf("m is not zero!\n");
    } else {
        printf("m is zero!\n");
    }
    return 0;
}
```

输出结果：

```
n is zero!
m is not zero!
```

在上述代码中，if(n)的写法其实就是 if(n != 0)，这里由于 if 条件语句接收的是括号中表达式的“真”或“假”，也即 1 或 0，而 n 本身作为一个整数，当 n 为 0 时，则相当于为“假”，当 n 不为 0 时，则相当于为“真”，因此直接在 if 中填写这种表达式就可以直接作为真假判断（例如填写 n + m 也是可以的，这时会判断 n + m 是否为 0）。

（2）如果表达式为“== 0”，则可以省略“== 0”，并在表达式前添加非运算符“!”。示例如下：

```
#include <stdio.h>
int main() {
    int n = 0, m = 5;
    if(!n) {
        printf("n is zero!\n");
    } else {
        printf("n is not zero!\n");
    }
    if(!m) {
```

```
        printf("m is zero!\n");
    } else {
        printf("m is not zero!\n");
    }
    return 0;
}
```

输出结果：

```
n iszero!
m is not zero!
```

上面 if(!n)的写法就等价于“if(n == 0)”。前面介绍过，非运算符的作用是将后面的表达式值真假颠倒。由于 if(n)表示 if(n != 0)，因此 if(!n)就表示 if(n == 0)。

初学者可能对这两个小技巧会不太适应，但其确实可以简化写法。希望读者在读到相应的程序时能够明白这种写法的意思。

2.3.2　if 语句的嵌套

if 语句的嵌套是指在 if 或者 else 的执行内容中使用 if 语句，其格式如下：

```
if(条件A){
    …
    if(条件B){
        …
    }else{
        …
    }
    …
}else{
    …
}
```

按照上述代码，当条件 A 成立时，会执行其大括号内的语句，执行期间碰到另一个 if 语句，当条件 B 成立或非成立时执行不同的语句。示例如下：

```
#include <stdio.h>
int main(){
    int n = 3, m = 5;
    if(n < 5){
        if(m < 5){
            printf("%d\n", m + n);
        }else{
            printf("%d\n", m - n);
        }
    }else{
        printf("haha\n");
```

```
    }
    return 0;
}
```

输出结果：

```
2
```

2.3.3 switch 语句

switch 语句在分支条件较多时会显得比较精练，但是在分支条件较少时用得并不多。其格式如下：

```
switch(表达式){
    case 常量表达式1:
        …
        break;
    case 常量表达式2:
        …
        break;
    case 常量表达式n:
        …
        break;
    default:
        …
}
```

示例如下：

```
#include <stdio.h>
int main(){
    int a = 1, b = 2;
    switch(a + b){
        case 2:
            printf("%d\n", a);
            break;
        case 3:
            printf("%d\n", b);
            break;
        case 4:
            printf("%d\n", a + b);
            break;
        default:
            printf("sad story\n");
    }
    return 0;
```

```
}
```

输出结果：

```
2
```

在上面的示例中，以 a + b 作为需要判断的表达式：当 a + b 为 2、3、4 时各自有需要输出的东西，而其他情况则输出 sad story。因为实际上 a + b == 3，所以选择 case 3 这条分支，输出了 b。另外，可以注意到，每个 case 下属的语句都没有使用大括号将它们括起来，这是由于 case 本身默认把两个 case 之间的内容全部作为上一个 case 的内容，因此不用加大括号。

还应该注意到，每个 case 的最后一个语句都是 break。这个 break 有什么作用呢？不妨把所有 break 都删掉，再输出结果看看：

```
#include <stdio.h>
int main(){
    int a = 1, b = 2;
    switch(a + b){
        case 2:
            printf("%d\n", a);
        case 3:
            printf("%d\n", b);
        case 4:
            printf("%d\n", a + b);
        default:
            printf("sad story\n");
    }
    return 0;
}
```

输出结果：

```
2
3
sad story
```

此时会发现，删去 break 语句后，程序把 case 3 以下的所有语句都输出了。由此可见，break 的作用在于可以结束当前 switch 语句，如果将其删去，则程序将会从第一个匹配的 case 开始执行语句，直到其下面的所有语句都执行完毕才会退出 switch。

练习

Codeup Contest ID: 100000567

地址：http://codeup.cn/contest.php?cid=100000567。

本节二维码

2.4 循环结构

2.4.1 while 语句

现在有一个问题：如何用计算机求解 1 + 2 +…+ 100？可能可以直接用公式算，但是如果一定要让计算机依次累加来计算，是不是得写一串很长的加法式子？自然不用。C 语言中提供了“循环”的实现方式，即只需要让一个变量从 1 循环自增直到 100，将中间的每个数字都累加起来，就可以得到正确结果，而 while 就是实现循环的三种方式之一。

while 的格式如下：

```
while(条件A){
    …
}
```

可以看到，while 的格式非常简洁，并且跟 if 语句十分相像——只要条件 A 成立，就反复执行省略号的内容。如果不加大括号，则 while 循环只作用于 while 后的第一个完整语块（例如分号）。

以本节开始的问题为例，可以先令 n =1，sum = 0，然后以 n≤100 作为循环条件，每次把 n 加到 sum 上，再使 n 自增：

```
#include <stdio.h>
int main(){
    int n = 1, sum = 0;
    while(n <= 100){
        sum = sum + n;
        n++;
    }
    printf("sum = %d\n", sum);
    return 0;
}
```

输出结果：

```
sum = 5050
```

另外，while 条件判断的是真假，因此在条件语句中的小技巧在此同样适用：

① 如果表达式是“!= 0”，则可以省略“!= 0”。

② 如果表达式为“== 0”，则可以省略“== 0”，并在表达式前添加非运算符“!”。

示例如下：

```
#include <stdio.h>
int main() {
    int n = 12345, count = 0;
    while(n) {    //相当于 while(n != 0)
        count = count + n % 10;
        n = n / 10;
```

```
    }
    printf("%d\n", count);
    return 0;
}
```

输出结果：

```
15
```

上述程序实现了将 n 的每一位数字相加，即 1 + 2 + 3 + 4 + 5 = 15。while 循环中每次通过 n % 10 获取当前 n 的最低位，之后通过 n = n / 10 将最低位抹去。while 循环直到 n 变为 0 时停止，得到的 count 即为需要的结果。

2.4.2　do…while 语句

do… while 语句和 while 语句相似，但是它们的格式是上下颠倒的：

```
do{
    …
}while(条件A);
```

do… while 语句会先执行省略号中的内容一次，然后才判断条件 A 是否成立。如果条件 A 成立，继续反复执行省略号的内容，直到某一次条件 A 不再成立，则退出循环。

还是 1 + 2 +… + 100 的求和问题，写法如下（注意：while 的末尾是有分号的）：

```
#include <stdio.h>
int main(){
    int n = 1, sum = 0;
    do{
        sum = sum + n;
        n++;
    }while(n <= 100);
    printf("sum = %d\n", sum);
    return 0;
}
```

输出结果：

```
5050
```

这样看来，while 和 do… while 是不是等价的呢？因为上面的例子看上去连循环条件都一样。其实不是的，do… while 语句和 while 的不同之处在于：**do… while 会先执行循环体一次，然后才去判断循环条件是否为真，这就使得 do… while 语句的实用性远不如 while**，因为我们碰到的大部分情况都需要能处理在某些数据下不允许进入循环的情况。示例如下：

```
#include <stdio.h>
int main(){
    int n;
    scanf("%d", &n);
    do{
        printf("1");
```

```
        n--;
    }while(n > 0);
    return 0;
}
```

在这个例子中，需要实现这样一个功能：对输入的非负整数 n，输出 n 个 1。如果采用 do…while 语句的写法，当读入的 n 大于 0 时都可以很好地实现功能；但是当读入的 n 恰好为 0 时，理论上不应该输出，但是 do…while 会先执行一次循环体，然后才去判断，这就会输出一个 1，显然不符合题意。当然，我们可以修改判断条件或者对 n == 0 进行特判，但是这对一些复杂的程序逻辑来说会增加思维难度。相比较来说，直接用 while 就可以更直接地完成功能：

```
#include <stdio.h>
int main(){
    int n;
    scanf("%d", &n);
    while(n > 0){
        printf("1");
        n--;
    }
    return 0;
}
```

2.4.3 for 语句

for 语句的使用频率是三种循环语句中最高的，其常见格式如下：

```
for(表达式 A; 表达式 B;表达式 C){
    …
}
```

初学者不必对 for 语句中的三个表达式心生畏慎，其实这样写反而“简洁”，后文会对此进行说明。先来解释这个格式的意思：

① 在 for 循环开始前，首先执行表达式 A。
② 判断表达式 B 是否成立：若成立，执行省略号内容；否则，退出循环。
③ 在省略号内容执行完毕后，执行表达式 C，之后回到②。

为了理解上面的格式，下面举一个较为常用的特例：

```
for(循环变量赋初值; 循环条件; 循环变量改变){
    …
}
```

这个 for 循环的逻辑是：先给要循环的变量赋初值，然后反复判断循环条件是否成立：如果不成立，则退出循环；如果成立，则执行省略号部分的内容，执行完毕后改变循环变量的值（如加 1），并重新判断循环变量是否成立，如此反复，示例如下：

```
#include <stdio.h>
int main(){
```

```
    int i, sum = 0;
    for(i = 1; i <= 100; i++){
        sum = sum + i;
    }
    printf("sum = %d\n", sum);
    return 0;
}
```

输出结果：

```
sum = 5050
```

不妨把 for 循环提出来查看：

```
for(i = 1; i <= 100; i++){
    sum = sum + i;
}
```

这个 for 循环的逻辑是这样的：

① 令 i = 1。

② 判断 i≤100 是否成立：成立，令 sum = sum + 1，并在之后执行 i++使 i 变为 2。

③ 判断 i≤100 是否成立：成立，令 sum = sum + 2，并在之后执行 i++使 i 变为 3。

…

④当 i == 100 时，判断 i≤100 是否成立：成立，令 sum = sum + 100，并在之后执行 i++使 i 变为 101。

⑤ 判断 i≤100 是否成立：不成立，退出循环。

于是就有 sum = 1 + 2 +⋯ + 100 = 5050。

初学者可能会认为 for 语句的写法比较复杂，没有 while 好写，其实不然，因为这三个表达式其实在 while 语句中全都出现了：

```
int i = 1, sum = 0;
while(i <= 100){
    sum = sum + i;
    i++;
}
```

由此发现，一开始定义变量的 i = 1 就是在给循环变量赋初值，而 i≤100 则是循环条件，在循环体执行完毕后的 i++就是在给循环变量自增以进行下一次循环，所以 for 语句只是把这三个表达式都放在同一行了，这样反而可以使逻辑更加清晰，也更方便检查。读者一定要学会写 for 语句，因为在大部分不太简单的题目里都需要用到。另外，for 语句下如果只有一个语块，则可以不加大括号，不过一般还是加上比较好，可以省去很多潜在的错误。

特别提醒：在 C 语言中不允许在 for 语句的表达式 A 里定义变量（例如 int i 的写法是不允许的），但是在 C++中可以，因此下面这种写法需要把文件保存为.cpp 文件才能通过编译：

```
for(int i = 1; i <= 100; i++){
    sum = sum + i;
}
```

显然，随时定义临时变量才更符合用户的习惯，因此要习惯把文件保存为.cpp 文件而不是.c文件，并在提交程序时选择C++语言提交。由于C++是向下兼容C的，C的程序可以在C++中运行，但是C++中的一些特性不允许在C语言中运行。总而言之，在训练中，请尽量将文件的扩展名保存为.cpp。

2.4.4 break 和 continue 语句

break在前面讲解switch的时候已经提到过：它可以强制退出switch语句。而事实上break同样适用于循环，即在需要的场合下直接退出循环（前面介绍的三种循环语句都可以）。示例如下：

```
#include <stdio.h>
int main(){
    int n, sum = 0;
    for(int i = 1; i <= 100; i++){
        sum = sum + i;
        if(sum >= 2000) break;
    }
    printf("sum = %d\n", sum);
    return 0;
}
```

输出结果：

```
sum = 2016
```

上面代码实现了在1 + 2 + 3 +⋯+ 100的过程中，输出总和第一次超过2000时的sum值，这就需要在循环体中加一条if条件语句来使sum≥2000时退出for循环。

continue的作用跟break有点相似，它可以在需要的地方临时结束循环的当前轮回，然后进入下一个轮回，示例如下：

```
#include <stdio.h>
int main(){
    int sum = 0;
    for(int i = 1; i <= 5; i++){
        if(i % 2 == 1) continue;
        sum = sum + i;
    }
    printf("sum = %d\n", sum);
    return 0;
}
```

输出结果：

```
sum = 6
```

在这段代码的for循环中，当满足i % 2 == 1（即i为奇数）时执行continue，即可将该句以下的部分直接切断不执行，执行i++后进入下一层循环。为了使continue的过程更为清晰，下面对这段代码的执行过程进行罗列：

① i == 1：i % 2 == 1，因此continue执行，于是后面的语句都不执行，i++后进入下层

循环。

② i == 2：i % 2 == 0，因此 continue 不执行，sum = sum + i 得 sum == 2，i++后进入下层循环。

③ i == 3：i % 2 == 1，因此 continue 执行，于是后面的语句都不执行，i++后进入下层循环。

④ i == 4：i % 2 == 0，因此 continue 不执行，sum = sum + i 得 sum == 6，i++后进入下层循环。

⑤ i == 5：i % 2 == 1，因此 continue 执行，于是后面的语句都不执行，i++后进入下层循环。

⑥ i == 6：不满足 i≤5 的条件，退出 for 循环。

至此，break 跟 continue 的用法都已经介绍完毕。这两个语句在编程时会频繁用到，请读者务必掌握它们的用法。

练习

Codeup Contest ID: 100000568

地址：http://codeup.cn/contest.php?cid=100000568。

本节二维码

2.5 数　　组

2.5.1 一维数组

数组就是把相同数据类型的变量组合在一起而产生的数据集合。众所周知，每个变量在内存中都有对应的存放地址，而数组就是从某个地址开始连续若个位置形成的元素集合。

一维数组的定义格式如下：

```
数据类型 数组名[数组大小];
```

注意：**数组大小必须是整数常量，不可以是变量**。几种常见数据类型的一维数组定义举例：

```
int a[10];
double db[2333];
char str[100000];
bool HashTable[1000000];
```

这样就可以把 int a[10]理解为定义了十个 int 型数据，且以下面的格式访问：

```
数组名称[下标]
```

还需要知道，在定义了长度为 size 的一维数组后，**只能访问下标为 0 ~ size – 1 的元素**。例如定义 int a[10]之后，允许正常访问的元素是 a[0]、a[1]、…、a[9]（见图 2-1），而不允许访问 a[10]，在初学时要特别注意这点。

a[0]	a[1]	a[2]	a[3]	a[4]	a[5]	a[6]	a[7]	a[8]	a[9]

图 2-1 数组元素下标范围

下面讲述一维数组的初始化。一维数组的初始化，需要给出用逗号隔开的**从第一个元素开始**的若干个元素的初值，并用大括号括住。后面未被赋初值的元素将会由不同编译器内部实现的不同而被赋以不同的初值（可能是很大的随机数），而一般情况默认初值为 0。

示例如下：

```
#include <stdio.h>
int main(){
    int a[10] = {5, 3, 2, 6, 8, 4};
    for(int i = 0; i < 10; i++){
        printf("a[%d] = %d\n", i, a[i]);
    }
    return 0;
}
```

输出结果：

```
a[0] = 5
a[1] = 3
a[2] = 2
a[3] = 6
a[4] = 8
a[5] = 4
a[6] = 0
a[7] = 0
a[8] = 0
a[9] = 0
```

上面的程序对数组 a 的前六个元素进行了赋初值，而后面没有赋值的部分默认赋为 0。但是如果数组一开始没有赋初值，数组中的每个元素都可能会是一个随机数，并不一定默认为 0。因此，如果想要给整个数组都赋初值 0，只需要把第一个元素赋为 0，或者只用一个大括号来表示。当然，更加推荐使用 2.5.4 小节介绍的 memset 函数。

```
int a[10] = {0};
int a[10] = {};
```

数组中每个元素都可以被赋值、被运算，可以被当作普通变量进行相同的操作。如果根据一些条件，可以不断让后一位的结果由前一位或前若干位计算得来，那么就把这种做法称为**递推**。递推可以分为**顺推**和**逆推**两种。下面的程序实现了输入 a[0]，并将数组中后续元素都赋值为其前一个元素的两倍的功能，属于顺推。

```
#include <stdio.h>
int main(){
    int a[10];
    scanf("%d", &a[0]);
```

```
    for(int i = 1; i < 10; i++){
        a[i] = a[i - 1] * 2;
    }
    for(int i = 0; i < 10; i++){
        printf("a[%d] = %d\n", i, a[i]);
    }
    return 0;
}
```

当输入 1 时，输出结果如下：

```
a[0] = 1
a[1] = 2
a[2] = 4
a[3] = 8
a[4] = 16
a[5] = 32
a[6] = 64
a[7] = 128
a[8] = 256
a[9] = 512
```

2.5.2 冒泡排序

排序是指将一个无序序列按某个规则进行有序排列，而冒泡排序是排序算法中最基础的一种。现给出一个序列 a，其中元素的个数为 n，要求将它们按从小到大的顺序排序。

冒泡排序的本质在于**交换**，即每次通过交换的方式把当前剩余元素的最大值移动到一端，而当剩余元素减少为 0 时，排序结束。为了使排序过程更加清楚，举一个例子。

现在有一个数组 a，其中有 5 个元素，分别为 a[0] = 3、a[1] = 4、a[2] = 1、a[3] = 5、a[4] = 2，要求把它们按从小到大的顺序排列。下面的过程中，每趟将最大数交换到最右边：

（1）第一趟。

a[0]与 a[1]比较（3 与 4 比较），a[1]大，因此不动，此时序列为{3, 4, 1, 5, 2}；

3	4	1	5	2

a[1]与 a[2]比较（4 与 1 比较），a[1]大，因此把 a[1]和 a[2]交换，此时序列为{3, 1, 4, 5, 2}；

3	1	4	5	2

a[2]与 a[3]比较（4 与 5 比较），a[3]大，因此不动，此时序列为{3, 1, 4, 5, 2}；

3	1	4	5	2

a[3]与 a[4]比较（5 与 2 比较），a[4]大，因此把 a[3]和 a[4]交换，此时序列为{3, 1, 4, 2, 5}；

3	1	4	2	5

由此，第一趟排序结束，共进行了四次比较。

（2）第二趟。

a[0]与 a[1]比较（3 与 1 比较），a[0]大，因此把 a[0]和 a[1]交换，此时序列为{1, 3, 4, 2, 5};

1	3	4	2	5

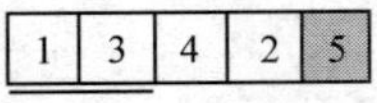

a[1]与 a[2]比较（3 与 4 比较），a[2]大，因此不动，此时序列为{1, 3, 4, 2, 5};

1	3	4	2	5

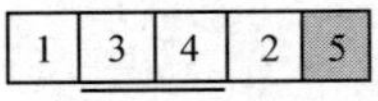

a[2]与 a[3]比较（4 与 2 比较），a[2]大，因此把 a[2]和 a[3]交换，此时序列为{1, 3, 2, 4, 5};

1	3	2	4	5

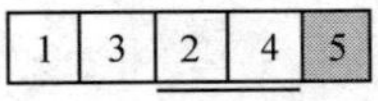

由此，第二趟排序结束，共进行了三次比较。

（3）第三趟。

a[0]与 a[1]比较（1 与 3 比较），a[1]大，因此不动，此时序列为{1, 3, 2, 4, 5};

1	3	2	4	5

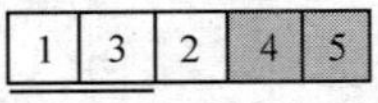

a[1]与 a[2]比较（3 与 2 比较），a[1]大，因此把 a[1]和 a[2]交换，此时序列为{1, 2, 3, 4, 5};

1	2	3	4	5

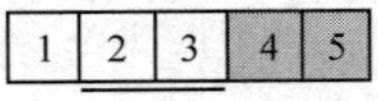

由此，第三趟排序结束，共进行了两次比较。

（4）第四趟。

a[0]与 a[1]比较（1 与 2 比较），a[2]大，因此不动，此时序列为{1, 2, 3, 4, 5};

1	2	3	4	5

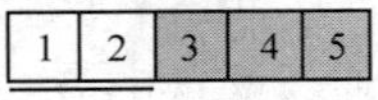

由此，第四趟排序结束，共进行了一次比较。

至此，已经无法再继续比较，序列已经有序，冒泡排序结束。

下面来看看如何实现冒泡排序。先来学习**如何交换两个数**。一般来说，交换两个数需要借助中间变量，即先定义中间变量 temp 存放其中一个数 a，然后再把另一个数 b 赋值给已被转移数据的 a，最后再把存有 a 的中间变量 temp 赋值给 b，这样 a 和 b 就完成了交换。下面这段代码就实现了这个功能：

```
#include <stdio.h>
int main(){
    int a = 1, b = 2;
    int temp = a;
    a = b;
    b = temp;
    printf("a = %d, b = %d\n", a, b);
    return 0;
}
```

输出结果：

```
a = 2, b = 1
```

然后来实现冒泡排序。从上面的例子中可以发现，整个过程执行 n – 1 趟，每一趟从左到右依次比较相邻的两个数，如果大的数在左边，则交换这两个数，当该趟结束时，该趟最大数被移动到当前剩余数的最右边。具体实现如下：

```
#include <stdio.h>
int main(){
    int a[10] = {3, 1, 4, 5, 2};
    for(int i = 1; i <= 4; i++){     //进行 n - 1 趟
        //第 i 趟时从 a[0]到 a[n - i - 1]都与它们下一个数比较
        for(int j = 0; j <5 - i; j++){
            if(a[j] > a[j + 1]){     //如果左边的数更大，则交换 a[j]和 a[j + 1]
                int temp = a[j];
                a[j] = a[j + 1];
                a[j + 1] = temp;
            }
        }
    }
    for(int i = 0; i < 5; i++){
        printf("%d ", a[i]);
    }
    return 0;
}
```

输出结果：

```
1 2 3 4 5
```

第二个 for 循环的理解：从前面的例子可以看出，第一趟从 a[0]到 a[3]都需要与下一个数比较，第二趟从 a[0]到 a[2]都需要与下一个数比较，第三趟从 a[0]到 a[1]都需要与下一个数比较，第四趟只有 a[0]需要与下一个数比较。因此很容易找到规律，即当第 i 趟时，从 a[0]到 a[n – i – 1]都需要与下一个数比较。

2.5.3　二维数组

二维数组其实就是一维数组的扩展，其格式如下：

```
数据类型 数组名[第一维大小][第二维大小];
```

下面是常见的数据类型的二维数组定义：

```
int a[5][6];
double db[10][10];
char [256][256];
bool vis[1000][1000];
```

二维数组中元素的访问和一维数组类似，只需要给出第一维和第二维的下标：

```
数组名[下标 1][下标 2]
```

需要注意的是，对定义为 int a[size1][size2]的二维数组，其第一维的下标取值只能是 0 ~

(size1 – 1)，其第二维的下标取值只能是 0 ~ (size2 – 1)。

怎么理解二维数组？其实可以把二维数组当作一维数组的每一个元素都是一个一维数组，例如可以将定义为 int a[5][6]的二维数组看作五个长度为 6 的一维数组（见图 2-2）。

a[0]	a[0][0]	a[0][1]	a[0][2]	a[0][3]	a[0][4]	a[0][5]
a[1]	a[1][0]	a[1][1]	a[1][2]	a[1][3]	a[1][4]	a[1][5]
a[2]	a[2][0]	a[2][1]	a[2][2]	a[2][3]	a[2][4]	a[2][5]
a[3]	a[3][0]	a[3][1]	a[3][2]	a[3][3]	a[3][4]	a[3][5]
a[4]	a[4][0]	a[4][1]	a[4][2]	a[4][3]	a[4][4]	a[4][5]

图 2-2　数组 a[5][6]

和一维数组一样，二维数组也可以在定义时进行初始化。二维数组在初始化的时候，需要按第一维的顺序依次用大括号给出第二维初始化情况，然后将它们用逗号分隔，**并用大括号全部括住**，而在这些被赋初值的元素之外的部分将被默认赋值为 0。举一个例子会比较容易理解：

```
#include <stdio.h>
int main(){
    int a[5][6] = {{3, 1, 2}, {8, 4}, {}, {1, 2, 3, 4, 5}};
    for(int i = 0; i < 5; i++){
        for(int j = 0; j < 6; j++){
            printf("%d", a[i][j]);
        }
        printf("\n");
    }
    return 0;
}
```

输出结果：

```
3 1 2 0 0 0
8 4 0 0 0 0
0 0 0 0 0 0
1 2 3 4 5 0
0 0 0 0 0 0
```

可以看到，第 1、2、4 行都赋予了初值，第 3 行使用大括号{}跳过了（注意：如果不写大括号是无法通过编译的）。剩下的部分均被默认赋为 0。

下面这个程序用以将两个二维数组对应位置的元素相加，并将结果存放到另一个二维数组中：

```
#include <stdio.h>
int main(){
    int a[3][3], b[3][3];
    for(int i = 0; i < 3; i++){
        for(int j = 0; j < 3; j++){
            scanf("%d", &a[i][j]);    //输入二维数组 a 的元素
```

```
        }
    }
    for(int i = 0; i < 3; i++){
        for(int j = 0; j < 3; j++){
            scanf("%d", &b[i][j]);    //输入二维数组 b 的元素
        }
    }
    int c[3][3];
    for(int i = 0; i < 3; i++){
        for(int j = 0; j < 3; j++){
            c[i][j] = a[i][j] + b[i][j];    //对应位置元素相加并放到二维数组 c 中
        }
    }
    for(int i = 0; i < 3; i++){
        for(int j = 0; j < 3; j++){
            printf("%d ", c[i][j]);    //输出二维数组 c 的元素
        }
        printf("\n");
    }
    return 0;
}
```

输入如下两个 3×3 的矩阵：

```
1 2 3
4 5 6
7 8 9
1 4 7
2 5 8
3 6 9
```

输出结果：

```
2 6 10
6 10 14
10 14 18
```

特别提醒：如果数组大小较大（大概 10^6 级别），则需要将其定义在主函数外面，否则会使程序异常退出，原因是函数内部申请的局部变量来自系统栈，允许申请的空间较小；而函数外部申请的全局变量来自静态存储区，允许申请的空间较大。例如下面的代码就把 10^6 大小的数组定义在了主函数外面。

```
#include <stdio.h>
int a[1000000];
int main(){
    for(int i = 0; i < 1000000; i++){
```

```
        a[i] = i;
    }
    return 0;
}
```

最后再提一下多维数组，即维度高于二维的数组。多维数组跟二维数组类似，只是把维度增加了若干维，其使用方法和二维数组基本无二。例如下面这段代码就定义了一个三维数组，并在输入的基础上使每个元素都增加了 1：

```
#include <stdio.h>
int main(){
    int a[3][3][3];
    for(int i = 0; i < 3; i++){
        for(int j = 0; j < 3; j++){
            for(int k = 0; k < 3; k++){
                scanf("%d", &a[i][j][k]);    //输入三维数组 a 的元素
                a[i][j][k]++;    //自增
            }
        }
    }
    for(int i = 0; i < 3; i++){
        for(int j = 0; j < 3; j++){
            for(int k = 0; k < 3; k++){
                printf("%d\n", a[i][j][k]);    //输出三维数组 a 的元素
            }
        }
    }
    return 0;
}
```

2.5.4 memset——对数组中每一个元素赋相同的值

如果需要对数组中每一个元素赋以相同的值，例如对数组初始化为 0 或是其他的一些数，就可能要使用相关的函数。一般来说，给数组中每一个元素赋相同的值有两种方法：memset 函数和 fill 函数，其中 fill 函数在第 6 章 STL 的 algorithm 头文件中介绍，这里先介绍 memset 函数。

memset 函数的格式为：

```
memset(数组名，值，sizeof(数组名));
```

不过也要记住，使用 memset 需要在程序开头添加 string.h 头文件，且**只建议初学者使用 memset 赋 0 或–1**。这是因为 memset 使用的是**按字节赋值**，即对每个字节赋同样的值，这样组成 int 型的 4 个字节就会被赋成相同的值。而由于 0 的二进制补码为全 0，–1 的二进制补码为全 1，不容易弄错。**如果要对数组赋其他数字（例如 1），那么请使用 fill 函数**（但 memset 的执行速度快）。示例如下：

```
#include <stdio.h>
#include <string.h>
int main(){
    int a[5] = {1, 2, 3, 4, 5};
    //赋初值 0
    memset(a, 0, sizeof(a));
    for(int i = 0; i < 5; i++){
        printf("%d ", a[i]);
    }
    printf("\n");
    //赋初值-1
    memset(a, -1, sizeof(a));
    for(int i = 0; i < 5; i++){
        printf("%d ", a[i]);
    }
    printf("\n");
    return 0;
}
```

输出结果：

```
0 0 0 0 0
-1 -1 -1 -1 -1
```

读者不妨把 memset 里面的–1 改为 1，看看结果会有什么不同。另外，对二维数组或多维数组的赋值方法也是一样的（仍然只需要写数组名），不需要改变任何东西。

2.5.5　字符数组

1. 字符数组的初始化

和普通数组一样，字符数组也可以初始化，其方法也相同，示例如下：

```
#include <stdio.h>
int main(){
    char str[15] = {'G', 'o', 'o', 'd', '', 's', 't', 'o', 'r', 'y', '!'};
    for(int i = 0; i < 11; i++){
        printf("%c", str[i]);
    }
    return 0;
}
```

输出结果：

```
Good story!
```

除此之外，字符数组也可以通过直接赋值字符串来初始化（**仅限于初始化，程序其他位置不允许这样直接赋值整个字符串**），示例如下：

```
#include <stdio.h>
```

```
int main(){
    char str[15] = "Good Story!";
    for(int i = 0; i < 11; i++){
        printf("%c", str[i]);
    }
    return 0;
}
```

输出结果：

```
Good story!
```

2. 字符数组的输入输出

字符数组就是 char 数组，当维度是一维时可以当作“字符串”。当维度是二维时可以当作字符串数组，即若干字符串。字符数组的输入除了使用 scanf 外，还可以用 getchar 或者 gets；其输出除了使用 printf 外，还可以用 putchar 或者 puts。下面对上述几种方式分别进行介绍：

（1）scanf 输入，printf 输出

scanf 对字符类型有%c 和%s 两种格式（printf 同理，下同），其中%c 用来输入单个字符，%s 用来输入一个字符串并存在字符数组里。%c 格式能够识别空格跟换行并将其输入，而%s 通过空格或换行来识别一个字符串的结束。示例如下：

```
#include <stdio.h>
int main(){
    char str[10];
    scanf("%s", str);
    printf("%s", str);
    return 0;
}
```

输入下面这个字符串：

```
TAT TAT TAT
```

输出结果：

```
TAT
```

可以看到，%s 识别空格作为字符串的结尾，因此后两个 TAT 不会被读入。另外，scanf 在使用%s 时，后面对应数组名前面是不需要加&取地址运算符的。

（2）getchar 输入，putchar 输出

getchar 和 putchar 分别用来输入和输出单个字符，这点在之前已经说过，这里简单举一个二维字符数组的例子：

```
#include <stdio.h>
int main(){
    char str[5][5];
    for(int i = 0; i <3; i++){
        for(int j = 0; j < 3; j++){
            str[i][j] = getchar();
        }
```

```
        getchar();    //这句是为了把输入中每行末尾的换行符吸收掉
    }
    for(int i = 0; i < 3; i++){
        for(int j = 0; j < 3; j++){
            putchar(str[i][j]);
        }
        putchar('\n');
    }
    return 0;
}
```

输入下面的字符矩阵：

```
^_^
_^_
^_^
```

输出的结果和输入相同。

（3）gets 输入，puts 输出

gets 用来输入一行字符串（注意：gets 识别换行符\n 作为输入结束，因此 scanf 完一个整数后，如果要使用 gets，需要先用 getchar 接收整数后的换行符），并将其存放于一维数组（或二维数组的一维）中；puts 用来输出一行字符串，即将一维数组（或二维数组的一维）在界面上输出，并紧跟一个换行。示例如下：

```
#include <stdio.h>
int main(){
    char str1[20];
    char str2[5][10];
    gets(str1);
    for(int i = 0; i < 3; i++){
        gets(str2[i]);
    }
    puts(str1);
    for(int i = 0;i < 3; i++){
        puts(str2[i]);
    }
    return 0;
}
```

输入下面四个字符串：

```
WoAiDeRenBuAiWo
QAQ
T_T
WoAiNi
```

这段代码通过 gets(str1)将第一个字符串存入字符数组 str1 中，然后通过 for 循环将后三个字符串分别存于 str2[0]、str2[1]和 str2[2]中。之后使用 puts 来将这些字符串原样输出。

3. 字符数组的存放方式

由于字符数组是由若干个 char 类型的元素组成，因此字符数组的每一位都是一个 char 字符。除此之外，在一维字符数组（或是二维字符数组的第二维）的末尾都有一个**空字符\0，以表示存放的字符串的结尾**。空字符\0 在使用 gets 或 scanf 输入字符串时会自动添加在输入的字符串后面，并占用一个字符位，而 puts 与 printf 就是通过识别\0 作为字符串的结尾来输出的。下面以二维字符数组存储两个字符串“Ta Ge Chang Xing,”和“Meng Xiang Yong Zai.”（见图 2-3）来说明：

	0	1	2	3	4	5	6	7	8	9	10	11	12	13	14	15	16	17	18	19	20
str[0]	T	a	␣	G	e	␣	C	h	a	n	g	␣	X	i	n	g	,	\0			
str[1]	M	e	n	g	␣	X	i	a	n	g	␣	Y	o	n	g	␣	Z	a	i	.	\0

图 2-3　二维字符数组

特别提醒 1：结束符\0 的 ASCII 码为 0，即空字符 NULL，占用一个字符位，因此开字符数组的时候千万要记得字符数组的长度一定要比实际存储字符串的长度至少多 1。注意：int 型数组的末尾不需要加\0，只有 char 型数组需要。还需要注意\0 跟空格不是同一个东西，空格的 ASCII 码是 32，切勿混淆。

特别提醒 2：如果不是使用 scanf 函数的%s 格式或 gets 函数输入字符串（例如使用 getchar），请一定要在输入的每个字符串后加入“\0”，否则 printf 和 puts 输出字符串会因无法识别字符串末尾而输出一大堆乱码，如：

```
#include <stdio.h>
int main(){
    char str[15];
    for(int i = 0; i < 3; i++){
        str[i] = getchar();
    }
    puts(str);
    return 0;
}
```

输入字符串：

```
T^T
```

输出结果会是类似下面这样的（T^T 后面全是乱码）：

```
T^T 腫?w?@
```

2.5.6　string.h 头文件

string.h 头文件包含了许多用于字符数组的函数。使用以下函数时需要在程序开头添加 string.h 头文件。

1. strlen()

strlen 函数可以得到字符数组中第一个\0 前的字符的个数，其格式如下：

```
strlen(字符数组);
```

示例如下：

```
#include <stdio.h>
#include <string.h>
int main(){
    char str[10];
    gets(str);
    int len = strlen(str);
    printf("%d\n", len);
    return 0;
}
```

输入字符串：

```
memeda
```

输出结果：

```
6
```

2. strcmp()

strcmp 函数返回两个字符串大小的比较结果，比较原则是按**字典序**，其格式如下：

```
strcmp(字符数组 1, 字符数组 2)
```

所谓**字典序**就是字符串在字典中的顺序，因此如果有两个字符数组 str1 和 str2，且满足 str1[0⋯k–1] == str2[0⋯k–1]、str1[k] < str2[k]，那么就说 str1 的字典序小于 str2。例如“a”的字典序小于“b”、“aaaa”的字典序小于“aab”。strcmp 的返回结果如下：

① 如果字符数组 1 <字符数组 2，则返回一个负整数(不同编译器处理不同，不一定是–1)。

② 如果字符数组 1 == 字符数组 2，则返回 0。

③ 如果字符数组 1 > 字符数组 2，则返回一个正整数（不同编译器处理不同，不一定是+1）。

示例如下：

```
#include <stdio.h>
#include <string.h>
int main(){
    char str1[50], str2[50];
    gets(str1);
    gets(str2);
    int cmp = strcmp(str1, str2);
    if(cmp < 0) printf("str1 < str2\n");
    else if(cmp > 0) printf("str1 > str2\n");
    else printf("str1 == str2\n");
    return 0;
}
```

输入字符串：

```
Dear Mozart
Canon
```

输出结果：

```
str1 > str2
```

3. strcpy()

strcpy 函数可以把一个字符串复制给另一个字符串，其格式如下：

```
strcpy(字符数组 1, 字符数组 2)
```

注意：是把字符数组 2 复制给字符数组 1，这里的“复制”包括了结束符\0。

示例如下：

```
#include <stdio.h>
#include <string.h>
int main(){
    char str1[50], str2[50];
    gets(str1);
    gets(str2);
    strcpy(str1, str2);
    puts(str1);
    return 0;
}
```

输入字符串：

```
Ineffabilis
Quo Vadis
```

输出结果：

```
Quo Vadis
```

4. strcat()

strcat()可以把一个字符串接到另一个字符串后面，其格式如下：

```
strcat(字符数组 1, 字符数组 2)
```

注意：是把字符数组 2 接到字符数组 1 后面，示例如下：

```
#include <stdio.h>
#include <string.h>
int main(){
    char str1[50], str2[50];
    gets(str1);
    gets(str2);
    strcat(str1, str2);
    puts(str1);
    return 0;
}
```

输入字符串：

```
ArkLight
Through the Fire and Flames
```

输出结果：

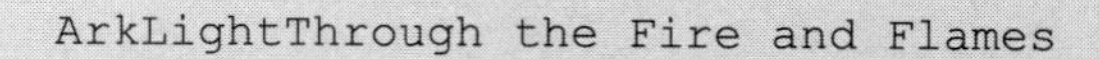

2.5.7　sscanf 与 sprintf

sscanf 与 sprintf 是处理字符串问题的利器，读者很有必要学会它们（sscanf 从单词上可以理解为 string + scanf，sprintf 则可以理解为 string + printf，均在 stdio.h 头文件下）。先来回顾一下 scanf 与 printf，如果想要从屏幕输入 int 型变量 n 并将 int 型变量 n 输出到屏幕的，则写法是下面这样的：

```
scanf("%d", &n);
printf("%d", n);
```

事实上，上面的写法其实可以表示成下面的样子，其中 screen 表示屏幕：

```
scanf(screen, "%d", &n);
printf(screen, "%d", n);
```

可以发现，scanf 的输入其实是把 screen 的内容以"%d"的格式传输到 n 中（即从左至右），而 printf 的输出则是把 n 以"%d"的格式传输到 screen 上（即从右至左）。

sscanf 与 sprintf 与上面的格式是相同的，只不过把 screen 换成了字符数组（假设定义了一个 char 数组 str[100]），如下所示：

```
sscanf(str, "%d", &n);
sprintf(str, "%d", n);
```

上面 sscanf 写法的作用是把字符数组 str 中的内容以"%d"的格式写到 n 中（还是从左至右），示例如下：

```
#include <stdio.h>
int main() {
    int n;
    char str[100] = "123";
    sscanf(str, "%d", &n);
    printf("%d\n", n);
    return 0;
}
```

输出结果：

```
123
```

而 sprintf 写法的作用是把 n 以"%d"的格式写到 str 字符数组中（还是从右至左），示例如下：

```
#include <stdio.h>
int main() {
    int n = 233;
    char str[100];
    sprintf(str, "%d", n);
    printf("%s\n", str);
    return 0;
}
```

输出结果：

```
233
```

上面只是一些简单的应用，事实上，读者可以像使用 scanf 与 printf 那样进行复杂的格式输入和输出。例如下面的代码使用 sscanf 将字符数组 str 中的内容按"%d:%lf,%s"的格式写到 int 型变量 n、double 型变量 db、char 型数组 str2 中。

```
#include <stdio.h>
int main() {
    int n;
    double db;
    char str[100] = "2048:3.14,hello", str2[100];
    sscanf(str, "%d:%lf,%s", &n, &db, str2);
    printf("n = %d, db = %.2f, str2 = %s\n", n, db, str2);
    return 0;
}
```

输出结果：

```
n = 2048, db = 3.14, str2 = hello
```

类似地，下面的代码使用 sprintf 将 int 型变量 n、double 型变量 db、char 型数组 str 2 按"%d:%.2f,%s"的格式写到字符数组 str 中。

```
#include <stdio.h>
int main() {
    int n = 12;
    double db = 3.1415;
    char str[100], str2[100] = "good";
    sprintf(str, "%d:%.2f,%s", n, db, str2);
    printf("str = %s\n", str);
    return 0;
}
```

输出结果：

```
str = 12:3.14,good
```

最后指出，sscanf 还支持正则表达式，如果配合正则表达式来进行字符串的处理，那么很多字符串的题目都将迎刃而解。不过正则表达式不是本书想要讨论的内容，因此不作深入探讨，有兴趣的读者可以自己去了解。

练习

Codeup Contest ID: 100000569

地址：http://codeup.cn/contest.php?cid=100000569。

本节二维码

2.6 函　　数

2.6.1 函数的定义

如果程序的逻辑比较复杂、代码量比较大，或者重复性的功能比较多，那么全部写在主函数里就会显得十分冗长和杂乱。为了使代码更加简洁、思路更加清晰，C 语言提供了“函数”。函数是一个实现一定功能的语句的集合，并在需要时可以反复调用而不必每次都重新写一遍。像 math.h 头文件下面的 sin()、pow()等数学函数就是系统已经帮其实现好功能的、用户可以直接使用的函数。那么，如果需要自定义函数的内容，应该怎么做？下面就来讲解一下函数的定义和使用方法。

先给出基本语法格式：

```
返回类型　函数名称(参数类型　参数){
    函数主体
}
```

举一个例子来说明：

```
#include <stdio.h>

void print1(){
    printf("Haha,\n");
    printf("Good idea!\n");
}

void print2(){
    printf("Ohno,\n");
    printf("Bad idea!\n");
}

int main(){
    print1();
    print2();
    return 0;
}
```

输出结果：

```
Haha,
Good idea!
Ohno,
Bad idea!
```

可以看到，print1()和 print2()就是两个自定义的函数，分别都实现了输出两个语句的功能。下面把 print1()函数提出来分析一下：

```
void print1(){
    printf("Haha,\n");
    printf("Good idea!\n");
}
```

对比前面给出的函数基本格式，很容易知道print1就是函数名称，大括号内部的两个printf语句就是函数实体，也就是print1函数需要实现的功能。

接下来可以看到，对应于“返回类型”的地方写的是void。void的含义是“空”，即不返回任何东西，如果自定义函数只是单纯实现一些语句而不返回变量，那么这里就可以填写void，表示返回类型为空。

最后，在print1后面的小括号里没有填写任何参数——这种不需要提供参数就可以执行的函数被称为**无参函数**，而fabs(x)、pow(r, p)这种需要填写参数的函数被称为**有参函数**。

下面来看一个有参函数的例子：

```
#include <stdio.h>

int judge(int x){
    if(x > 0) return 1;
    else if(x == 0) return 0;
    else return -1;
}

int main(){
    int a, ans;
    scanf("%d", &a);
    ans = judge(a);
    printf("%d\n", ans);
    return 0;
}
```

输入一个整数：

```
-4
```

输出结果：

```
-1
```

在上述代码中，judge()函数就是有参函数。同时，judge()函数有了返回类型——int型（是否是有参函数跟是否有返回类型无关）。这说明在这个函数的运行过程中需要返回一个int型的常量或变量。C语言中使用return来返回函数需要传回的数据，且return后面的数据类型要和一开始给出的返回类型相同。

再来看judge()函数的参数，可以知道judge()函数需要从外部传入一个int型的变量x，然后判断x的正负号：如果x是负数，则返回–1（一个int型常量）；如果x是0，则返回0；如果x是正数，则返回1。而在主函数这边，有一句为ans = judge(a)，这里将a作为judge的参数传入，然后将返回的int型数据赋值给ans。

细心的读者可能会发现，judge函数的参数写的是int x，但是下面传入的参数却是a。变

量名不同可以吗？事实上，这是可以的，来看两个概念——全局变量和局部变量。

（1）全局变量

全局变量是指在定义之后的所有程序段内都有效的变量（即定义在其之后所有函数之前），例如下面这个例子：

```
#include <stdio.h>
int x;
void change(){
    x = x + 1;
}
int main(){
    x = 10;
    change();
    printf("%d\n", x);
    return 0;
}
```

输出结果：

```
11
```

在上述代码中，把 x 定义在所有函数的前面，这样在 x 定义之后的所有程序段都共用这个 x，所以当主函数对 x 赋值为 10 之后，使用 change()函数可以改变 x 的值，从而令 x 变为 11。

（2）局部变量

与全局变量相对，局部变量定义在函数内部，且只在函数内部生效，函数结束时局部变量销毁，示例如下：

```
#include <stdio.h>
void change(int x){
    x = x + 1;
}
int main(){
    int x = 10;
    change(x);
    printf("%d\n", x);
    return 0;
}
```

输出结果：

```
10
```

可以看到，当在主函数中定义了 x 之后，将其作为 change()函数的参数传入，并令 x 加 1，但是最后输出时 x 却仍然是 10。这是因为 change 函数的参数 x 为局部变量，仅在函数内部生效，通过 change(x)传进去的 x 其实只是传进去一个**副本**，也即 change 函数的参数 x 和 main 函数里的 x 其实是作用于两个不同函数的不同变量（虽然名字相同），取成不同的名字当然是可以的。这种传递参数的方式称为**值传递**，函数定义的小括号内的参数称为**形式参数**或**形参**，而把实际调用时小括号内的参数称为**实际参数**或**实参**。因此，如果想要让定义的变量对所有函数都有用，最好还是使用全局变量的定义方式。

最后指出，函数的参数个数可以不止一个，多于一个的情况只需用逗号隔开，传入参数时位置对应即可。示例如下：

```
#include <stdio.h>

int MAX(int a, int b, int c){
    int M;
    if(a >= b && a >= c) M = a;
    else if(b >= a && b >= c) M = b;
    else M = c;
    return M;
}

int main(){
    int a, b, c;
    scanf("%d%d%d", &a, &b, &c);
    printf("%d\n", MAX(a, b, c));
    return 0;
}
```

输入三个整数：

```
3 5 4
```

输出结果：

```
5
```

上述代码用以输入三个整数，然后输出三个整数中的最大值。

2.6.2 再谈 main 函数

主函数对一个程序来说只能有一个，并且无论主函数写在哪个位置，整个程序一定是从主函数的第一个语句开始执行，然后在需要调用其他函数时才去调用。在本篇一开始就介绍了主函数，但是没有对其写法进行解释。现在来看看 main 函数是个什么结构：

```
int main(){
    …
    return 0;
}
```

现在以函数的眼光来看它：main 是函数名称；小括号内没有填写东西，因此是无参函数；返回类型是 int 型，并且在函数主体的最后面返回了 0。对计算机来说，main 函数返回 0 的意义在于告知系统程序正常终止。

2.6.3 以数组作为函数参数

函数的参数也可以是数组，且数组作为参数时，参数中数组的第一维不需要填写长度（如果是二维数组，那么第二维需要填写长度），实际调用时也只需要填写数组名。最重要的是，**数组作为参数时，在函数中对数组元素的修改就等同于是对原数组元素的修改**（这与普通的局部变量不同）。示例如下：

```
#include <stdio.h>

void change(int a[], int b[][5]){
    a[0] = 1;
    a[1] = 3;
    a[2] = 5;
    b[0][0] = 1;
}

int main(){
    int a[3] = {0};
    int b[5][5] = {0};
    change(a, b);
    for(int i = 0; i < 3; i++){
        printf("%d\n", a[i]);
    }
    return 0;
}
```

输出结果：

```
1
3
5
```

不过，虽然数组可以作为参数，但是却不允许作为返回类型出现。如果想要返回数组，则只能用上面的方法，将想要返回的数组作为参数传入。

2.6.4　函数的嵌套调用

函数的嵌套调用是指在一个函数中调用另一个函数，调用方式和之前 main 函数调用其他函数是一样的。示例如下：

```
#include <stdio.h>

int max_2(int a, int b){
    if(a > b) return a;
    else return b;
}

int max_3(int a, int b, int c){
    int temp = max_2(a, b);
```

```
    temp = max_2(temp, c);
    return temp;
}

int main(){
    int a, b, c;
    scanf("%d%d%d", &a, &b, &c);
    printf("%d\n", max_3(a, b, c));
    return 0;
}
```

输入三个整数：

```
3 5 4
```

输出结果：

```
5
```

上述代码可以求解三个整数中的最大值，main 函数先调用 max_3 函数，在 max_3 中又调用了 max_2 函数来比较两个整数的大小。

2.6.5 函数的递归调用

函数的递归调用是指一个函数调用该函数自身。这是一个重要的概念，本书第 4 章将讲述这一内容，此处读者只需要知道**递归是函数自己调用自己的过程**，类似于下面的代码（计算了 n 的阶乘）。

```
#include <stdio.h>
int F(int n){
    if(n == 0) return 1;
    else return F(n - 1) * n;
}
int main(){
    int n;
    scanf("%d", &n);
    printf("%d\n", F(n));
    return 0;
}
```

输入数据：

```
3
```

输出结果：

```
6
```

练习

Codeup Contest ID: 100000570

地址：http://codeup.cn/contest.php?cid=100000570。

本节二维码

2.7 指　　针

2.7.1 什么是指针

首先解释变量在内存中是如何存放的。

在计算机中，每个变量都会存放在内存中分配的一个空间，而每种类型的变量所占的空间又是不一样的，例如 int 型的变量占用 4Byte，而 long long 型的变量占用 8Byte。可以把一个字节理解为一个“**房间**”，这样一个 int 型的变量就需要占用 4 个连续的“房间”；而由于 long long 型的变量占用 8Byte，因此一个 long long 型的变量就需要 8 个连续的“房间”来存放。那么，既然有房间，就肯定有“**房间号**”，且每个房间都会有一个房间号。对应在计算机中，**每个字节（即房间）都会有一个地址（即房间号）**，这里的地址就起房间号的作用，即变量存放的位置，而**计算机就是通过地址找到某个变量的**。变量的地址一般指它占用的字节中第一个字节的地址，也就是说，一个 int 型的变量的地址就是它占用的 4Byte 当中第一个字节的地址，如图 2-4 所示。

根据上面的理解可知，一个房间号“**指向**”一个房间，对应到计算机上就是一个地址“**指向**”一个变量，可以通过地址来找到变量。在 C 语言中用“**指针**”来表示内存地址（或者称指针指向了内存地址），而如果这个内存地址恰好是某个变量的地址，那么又称“这个指针指向该变量”。初学者可以简单理解为**指针就是变量的地址**（虽然这么说不那么严谨）。

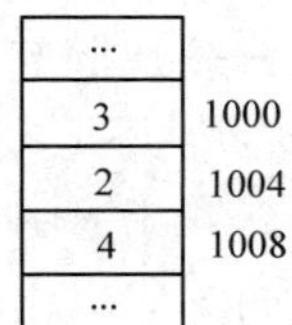

图 2-4　变量及其地址

那么，怎样获得变量的地址呢？很简单，就用前面讲到过的取地址运算符&。**只要在变量前面加上&，就表示变量的地址**。例如一个定义为 int a 的整型变量，&a 就表示它的地址，甚至可以把变量的地址输出来：

```
#include <stdio.h>
int main(){
    int a = 1;
    printf("%d, %d\n", &a, a);
    return 0;
}
```

输出结果：

```
2686748, 1
```

上面的输出结果在不同环境下会有所不同。同时也可以注意到，指针实际上是一个整数，事实上可以指出，**指针是一个 unsigned 类型的整数**。

2.7.2 指针变量

指针变量用来存放指针（或者可以理解成地址），这个关系就跟 int 型变量用来存放 int 型常量相同。可以把地址当作常量，然后专门定义了一种指针变量来存放它。但是指针变量的定义和普通变量有所区别，它在某种数据类型后加星号*来表示这是一个指针变量，例如下面这几个定义：

```
int* p;
double* p;
char* p;
```

注意：星号“*”的位置在数据类型之后或是变量名之前都是可以的，编译器不会对此进行区分。其中 C 程序员习惯于把星号放在变量名之前，也就是“int *p”的写法，而 C++程序员更习惯于把星号放在数据类型之后。本书采用把星号放在数据类型之后的写法。

另外，如果一次有好几个同种类型的指针变量要同时定义，星号只会结合于第一个变量名。也就是说，下面的定义中，只有 p1 是 int*型的，而 p2 是 int 型的：

```
int* p1, p2;
```

如果要让后面定义的变量也是指针变量，需要在后面的每个变量名之前都加上星号：

```
int* p1, *p2, *p3;
```

而为了美观起见，一般把第一个星号放在变量名 p1 前面：

```
int *p1, *p2, *p3;
```

正如刚才所说，指针变量存放的是地址，而&则是取地址运算符，因此**给指针变量赋值的方式一般是把变量的地址取出来，然后赋给对应类型的指针变量**：

```
int a;
int* p = &a;
```

上面的代码也可以写成：

```
int a;
int* p;
p = &a;
```

而如果需要给多个指针变量初始化，方法也是一样：

```
int a, b;
int *p1 = &a, *p2 = &b;
```

需要注意的是，int*是指针变量的类型，而后面的 p 才是变量名，用来存储地址，因此**地址&a 是赋值给 p 而不是*p 的**。多个指针变量赋初值时，由于写法上允许把星号放在所有变量名前面，因此容易混淆，其实只要知道**星号是类型的一部分**就不会记错。

那么，对一个指针变量存放的地址，如何得到这个地址所指的元素呢？其实还是用星号*。假设定义了 int* p = &a，那么指针变量 p 就存放了 a 的地址。为了通过 p 来获得变量 a，可以**把星号*视为一把开启房间的钥匙，将其加在 p 的前面**，这样*p 就可以把房间打开，然后获得变量 a 的值。示例如下：

```
#include <stdio.h>
int main(){
    int a;
```

```
    int* p = &a;
    a = 233;
    printf("%d\n", *p);
    return 0;
}
```

输出结果：

```
233
```

在上述代码中，首先定义了 int 型变量 a，但是没有对其进行初始化。然后定义了指针变量 p，并将 a 的地址赋值给 p。这时，指针变量 p 存放了 a 的地址。之后 a 被赋值为 233，也就是说，**a 所在地址的房间内的东西被改变了，但这并不影响它的地址**。而在后面的输出中，使用星号*作为开启房间的钥匙，放在了 p 的前面，这样*p 就获取到房间里的东西，即存储的数据。

由此也可以想到，既然 p 保存的是地址，*p 是这个地址中存放的元素，那么如果直接对*p 进行赋值，也可以起到改变那个保存的元素的功能，就像下面这个例子：

```
#include <stdio.h>
int main(){
    int a;
    int* p = &a;
    *p = 233;
    printf("%d, %d\n", *p, a);
    return 0;
}
```

输出结果：

```
233, 233
```

在上述代码中，令指针变量 p 存放 a 的地址，然后直接对*p 进行赋值，最后在输出时，*p 和 a 都会输出那个值。

另外，指针变量也可以进行加减法，其中减法的结果就是两个地址偏移的距离。对一个 int*型的指针变量 p 来说，**p + 1 是指 p 所指的 int 型变量的下一个 int 型变量地址**。这个所谓的“下一个”是跨越了一整个 int 型（即 4Byte），因此如果是 p + i，则说明是跨越到当前 int 型变量之后的第 i 个 int 型变量。除此之外，**指针变量支持自增和自减操作**，因此 p++等同于 p = p + 1 使用。指针变量的加减法一般用于数组中，相关内容参见 2.7.3 节。

对指针变量来说，把其存储的地址的类型称为**基类型**，例如定义为 int* p 的指针变量，int 就是它的基类型。基类型必须和指针变量存储的地址类型相同，也就是说，上面定义的指针变量 p 不能够存放 double 型或 char 型数据的地址，而必须是 int 型数据的地址。

2.7.3　指针与数组

在之前对数组的讨论中曾提到，数组是由地址上连续的若干个相同类型的数据组合而成，对 int 型数组 a 来说，a[0]、a[1]、…、a[n – 1]在地址上都是连续的。这样可以在元素前面加取地址运算符&来获取它的地址，例如 a[0]的地址为&a[0]，即数组 a 的首地址为&a[0]。

不过 C 语言中，**数组名称也作为数组的首地址使用**，因此上面的例子中，有 a == &a[0]

成立。示例如下：

```
#include <stdio.h>
int main(){
    int a[10] = {1};
    int* p = a;
    printf("%d\n", *p);
    return 0;
}
```

输出结果：

```
1
```

在上述代码中，a 作为数组 a 的首地址&a[0]而被赋值给指针变量 p，因此输出*p 其实就是输出 a[0]。

前面还提到过，指针变量可以进行加减法，结合这个知识点，很容易可以推出 **a + i 等同于&a[i]**，这是因为 a + i 就是指数组 a 的首地址偏移 i 个 int 型变量的位置。但是也应注意，a + i 其实只是地址，如果想要访问其中的元素 a[i]，需要加上星号，使其变成*(a + i)后才和 a[i]等价。由此可以得到一种输入数组元素的新颖写法：

```
scanf("%d", a + i);
```

原先在 a + i 的位置填写的是&a[i]，由于 a + i 和&a[i]等价，因此使用 a + i 来作为 a[i]的地址是完全合适的。下面是读取一整个数组并输出的例子：

```
#include <stdio.h>
int main(){
    int a[10];
    for(int i = 0; i < 10; i++){
        scanf("%d", a + i);
    }
    for(int i = 0; i < 10; i++){
        printf("%d ", *(a + i));
    }
    return 0;
}
```

输入 10 个数组元素：

```
1 2 3 4 5 6 7 8 9 10
```

输出结果：

```
1 2 3 4 5 6 7 8 9 10
```

另外，由于指针变量可以使用自增操作，因此可以这样枚举数组中的元素：

```
#include <stdio.h>
int main(){
    int a[10] = {1, 2, 3, 4, 5, 6, 7, 8, 9, 10};
    for(int* p = a; p < a + 10; p++){
        printf("%d ", *p);
```

```
    }
    return 0;
}
```

输出结果：

```
1 2 3 4 5 6 7 8 9 10
```

最后再提下指针的减法。来看下面这段代码：

```
#include <stdio.h>
int main() {
    int a[10] = {1, 4, 9, 16, 25, 36, 49};
    int* p = a;
    int* q = &a[5];
    printf("q = %d\n", q);
    printf("p = %d\n", p);
    printf("q - p = %d\n", q - p);
    return 0;
}
```

输出结果：

```
q = 2686708
p = 2686688
q - p = 5
```

上面的代码中，p 和 q 的具体数值和运行环境有关，因此可能会得到跟上面不同的结果，但是两者之间一定是相差 20 的。但是会发现，下面 q – p 的输出却是 5 而不是 20，这是怎么回事？

前面说过，数组名 a 是直接作为数组 a 的首元素地址的，因此 p 和 q 其实分别是&a[0]与&a[5]。这样 q – p 就是指两个地址之间的距离，而**这个距离以 int 为单位**。由于 1 个 int 占用 4Byte，因此实际上两个指针之间的距离应该是 20 / 4 = 5，因此会输出 5 而不是 20。也许有些读者还是不太明白，那么可以说得更通俗一点：**两个 int 型的指针相减，等价于在求两个指针之间相差了几个 int**，由于&a[0]和&a[5]之间相差了五个 int，因此输出“5”。这个解释对其他类型的指针同样适用。

2.7.4　使用指针变量作为函数参数

指针类型也可以作为函数参数的类型，这时**视为把变量的地址传入函数**。**如果在函数中对这个地址中的元素进行改变，原先的数据就会确实地被改变**。示例如下：

```
#include <stdio.h>

void change(int* p){
    *p = 233;
}

int main(){
```

```
    int a = 1;
    int* p = &a;
    change(p);
    printf("%d\n", a);
    return 0;
}
```

输出结果：

```
233
```

在上述代码中，把 int*型的指针变量 p 赋值为 a 的地址，然后通过 change 函数把指针变量 p 作为参数传入。**此时传入的其实是 a 的地址**。在 change 函数中，使用*p 修改地址中存放的数据，也就是改变了 a 本身。当最后输出 a 时，就已经是改变了的值。这种传递方式被称为**地址传递**。

来看一个经典例子：**使用指针作为参数，交换两个数**。

首先回顾如何交换两个数。一般来说，交换两个数需要借助中间变量，即先令中间变量 temp 存放其中一个数 a，然后再把另一个数 b 赋值给已被转移数据的 a，最后把存有 a 的中间变量 temp 赋值给 b，这样 a 和 b 就完成了交换。下面这段代码就实现了这个功能：

```
#include <stdio.h>

int main(){
    int a = 1, b = 2;
    int temp = a;
    a = b;
    b = temp;
    printf("a = %d, b = %d\n", a, b);
    return 0;
}
```

输出结果：

```
a = 2, b = 1
```

那么，如果想要把交换功能写成函数，应该怎么做呢？首先需要指出，下面这种写法是做不到的：

```
#include <stdio.h>

void swap(int a, int b){
    int temp = a;
    a = b;
    b = temp;
}

int main(){
    int a = 1, b = 2;
```

```
    swap(a, b);
    printf("a = %d, b = %d\n", a, b);
    return 0;
}
```

输出结果：

```
a = 1, b = 2
```

这是因为函数在接收参数的过程中是**单向一次性**的**值传递**。也就是说，在调用 swap(a, b) 时只是把 a 和 b 的值传进去了，这样相当于产生了一个**副本**，对这个副本的操作不会影响 main 函数中 a、b 的值。接下来介绍使用指针的方法。

众所周知，指针变量存放的是地址，那么使用指针变量作为参数时传进来的也是地址。**只有在获取地址的情况下对元素进行操作，才能真正地修改变量**。为此，把上面的代码改写成下面这样：

```
#include <stdio.h>

void swap(int* a, int* b){
    int temp = *a;
    *a = *b;
    *b = temp;
}

int main(){
    int a = 1, b = 2;
    int *p1 = &a, *p2 = &b;
    swap(p1, p2);
    printf("a = %d, b = %d\n", *p1, *p2);
    return 0;
}
```

输出结果：

```
a = 2, b = 1
```

在上述代码中，把&a（a 的地址）和&b（b 的地址）作为参数传入，使得 swap 函数中 int* 型指针变量 a 存放&a、指针变量 b 存放&b。这时，swap 函数中的 a 和 b 都是地址，而*a 和 *b 就是地址中存放的数据，可以“看成”是 int 型变量，接下来就可以按前面正常的思路交换了。由于是直接对地址中存放的数据进行操作，因此交换操作会改变 main 函数中 a 与 b 的值，最终交换 a 与 b。

下面指出两种初学者常犯的错误写法（读者可以尝试改成错误的写法以查看结果）：

错误写法一：

```
void swap(int* a, int* b){
    int* temp;
    *temp = *a;
    *a = *b;
```

```
    *b = *temp;
}
```

很多初学者会觉得，既然*temp、*a、*b 都可以“看作”int 型变量，那完全就可以像普通变量那样进行交换操作。这个想法其实没有问题，出问题的地方在 temp。在定义 int*型的指针变量 temp 时，temp 没有被初始化，也就是说，指针变量 temp 中存放的地址是随机的，如果该随机地址指向的是系统工作区间，那么就会出错（而且这样的概率特别大）。

问题找到之后很容易想到解决办法：既然因 temp 一开始没有被赋值而产生了随机的地址，那就可以给它赋初值，这样就不会有问题了。代码如下：

```
void swap(int* a, int* b){
    int x;
    int* temp = &x;
    *temp = *a;
    *a = *b;
    *b = *temp;
}
```

错误写法二：

```
void swap(int* a, int* b){
    int* temp = a;
    a = b;
    b = temp;
}
```

这种写法的思想在于直接把两个地址交换，认为地址交换之后元素就交换了。其实这种想法产生于很大的误区：swap 函数里交换完地址之后 main 函数里的 a 与 b 的地址也被交换。前面说过，函数参数的传送方式是单向一次性的，main 函数传给 swap 函数的**“地址”其实是一个“无符号整型”的数，其本身也跟普通变量一样只是“值传递”**，swap 函数对地址本身进行修改并不能对 main 函数里的地址修改，能够使 main 函数里的数据发生变化的只能是 swap 函数中对地址指向的数据进行的修改。对地址本身进行修改其实跟之前对传入的普通变量进行交换的函数是一样的作用，都只是副本，没法对数据产生实质性的影响，即相当于把 int*看作一个整体，传入的 a 和 b 都只是地址的副本。

2.7.5 引　用

1. 引用的含义

引用是 C++中一个强有力的语法，在编程时极为实用。众所周知，函数的参数是作为局部变量的，对局部变量的操作不会影响外部的变量，如果想要修改传入的参数，那么只能用指针。那么，有没有办法可以不使用指针，也能达到修改传入参数的目的？一个很方便的方法是使用 C++中的**“引用”**。引用**不产生副本**，而是给原变量起了个**别名**。例如，假设我本名叫“饭饭”，某天大家给我起了个别名“晴天”，其实这两个名字说的都是同一个人（即这两个名字指向了同一个人）。引用就相当于给原来的变量又取了个别名，这样旧名字跟新名字其实都是指同一个东西，且**对引用变量的操作就是对原变量的操作**。

引用的使用方法很简单，只需要在函数的参数类型后面加个&就可以了（&加在 int 后面或者变量名前面都可以，考虑到引用是别名的意思，因此一般写在变量名前面)，示例如下（由于是 C++的语法，因此文件必须保存为.cpp 类型）：

```
#include <stdio.h>
void change(int &x){
    x = 1;
}
int main(){
    int x = 10;
    change(x);
    printf("%d\n", x);
    return 0;
}
```

输出结果：

```
1
```

在上述代码中，在 change 函数的参数 int x 中加了&，在传入参数时对参数的修改就会对原变量进行修改。需要注意的是，**不管是否使用引用，函数的参数名和实际传入的参数名可以不同**。例如上面这个程序改成下面这样也是可以的：

```
#include <stdio.h>
void change(int &x){
    x = 1;
}
int main(){
    int a = 10;
    change(a);
    printf("%d\n", a);
    return 0;
}
```

注意：要把引用的&跟取地址运算符&区分开来，**引用并不是取地址的意思**。

2. 指针的引用

在 2.7.4 节的错误写法二中，试图通过将传入的地址交换来达到交换两个变量的效果，但是失败了，这是因为对指针变量本身的修改无法作用到原指针变量上。此处可以通过引用来实现上面的效果了，示例如下：

```
#include <stdio.h>

void swap(int* &p1, int* &p2){
    int* temp = p1;
    p1 = p2;
    p2 = temp;
}
```

```
int main(){
    int a = 1, b = 2;
    int *p1 = &a, *p2 = &b;
    swap(p1, p2);
    printf("a = %d, b = %d\n", *p1, *p2);
    return 0;
}
```

这样做的原因是什么？之前说过，指针变量其实是 unsigned 类型的整数，因此为了理解上的方便，可以“简单”地把 int*型理解成 unsigned int 型，而直接交换这样的两个整型变量是需要加引用的。

需要强调的是，由于引用是产生**变量**的别名，因此**常量不可使用引用**。于是上面的代码中不可以写成 swap(&a, &b)，而必须用指针变量 p1 和 p2 存放&a 和&b，然后把指针变量作为参数传入。

另外，如果读者阅读代码时碰到了引用，却对其含义不甚了解时，不妨先把引用去掉，看看其原意是什么，然后再加上引用，这样会容易理解很多。

练习

Codeup Contest ID: 100000571

地址：http://codeup.cn/contest.php?cid=100000571。

本节二维码

2.8 结构体（struct）的使用

到现在为止，读者可以很方便地定义单种想要的数据类型（如 int 型等），但是如果碰到这样一种情况：实现一个手机通信录，需要以人为单位，且每个人的内部信息由姓名、年龄、手机号、住址之类的不同类型数据组成。这个时候如果使用单类型的变量进行罗列，那么操作起来就不太方便，而这些功能使用结构体（struct）却可以很好地实现。结构体在很多场合中非常常用，可以将若干个不同的数据类型的变量或数组封装在一起，以储存自定义的数据结构，方便储存一些复合数据。

2.8.1 结构体的定义

定义一个结构体的基本格式如下：

```
struct Name {
    //一些基本的数据结构或者自定义的数据类型
};
```

当需要将一些相关的变量放在一起存储时，只要依次写出它们的数据类型和变量名称。

例如，需要储存一个学生的学号、性别、姓名和专业，就可以这样定义：

```
struct studentInfo {
    int id;
    char gender; //'F' or 'M'
    char name[20];
    char major[20];
}Alice, Bob, stu[1000];
```

其中 studentInfo 是这个结构体的类型名，内部分别定义了 id（学号）、gender（性别）、name（姓名）和 major（专业），这些就是单个学生的信息。而在大括号外定义了 studentInfo 型的 Alice 和 Bob 代表两个结构体变量；之后的 stu[1000]就是当有很多学生时定义的一个结构体数组（如果不在此处定义变量或数组，则大括号外直接跟上分号）。

结构体变量和结构体数组除了可以像上面直接定义外，也可以按照基本数据类型（如 int 型）那样定义：

```
studentInfo Alice;
studentInfo stu[1000];
```

需要注意的是，结构体里面能定义除了自己本身（这样会引起循环定义的问题）之外的任何数据类型。不过虽然不能定义自己本身，但可以定义自身类型的指针变量。例如：

```
struct node {
    node n;     //不能定义 node 型变量
    node* next;     //可以定义 node*型指针变量
};
```

2.8.2　访问结构体内的元素

访问结构体内的元素有两种方法：“.”操作和“->”操作。现在把 studentInfo 类型定义成下面这样：

```
struct studentInfo{
    int id;
    char name[20];
    studentInfo* next;
}stu, *p;
```

这样 studentInfo 中多了一个指针 next 用来指向下一个学生的地址，且结构体变量中定义了普通变量 stu 和指针变量 p。

于是访问 stu 中变量的写法如下：

```
stu.id
stu.name
stu.next
```

而访问指针变量 p 中元素的写法如下：

```
(*p).id
(*p).name
(*p).next
```

可以看到，对结构体变量和结构体指针变量内元素的访问方式其实是一样的，在变量名后面加“.”然后跟上要访问的元素即可。但同时也会发现，对结构体指针变量中元素的访问写法略显复杂，所以C语言中又有一种访问结构体指针变量内元素的更简洁的写法：

```
p->id
p->name
p->next
```

正如上面的写法，结构体指针变量内元素的访问只需要使用“->”跟上要访问的元素即可，且使用“*”或“->”访问结构体指针变量内元素的写法是完全等价的。

当然，可以给stu.id赋值或者把stu.id赋值给其他变量：

```
stu.id = 10086;
int getId = stu.id;
```

2.8.3 结构体的初始化

说到初始化，读者自然可以先定义一个studentInfo stu的结构体变量，然后对其中的元素逐一赋值，以达到初始化的目的，示例如下：

```
stu.id = 1;
stu.gender = 'M';
```

或者在读入时进行赋值：

```
scanf("%d %c", &stu.id, &stu.gender);
```

但是如果这样做，当结构体内变量很多时并不方便，此处介绍一种使用“构造函数”的方法来进行初始化，供读者学习。所谓**构造函数**就是用来初始化结构体的一种函数，它直接定义在结构体中。构造函数的一个特点是它**不需要写返回类型，且函数名与结构体名相同**。

一般来说，对一个普通定义的结构体，其内部会生成一个默认的构造函数（但不可见）。例如下面的例子中，“studentInfo(){}”就是默认生成的构造函数，可以看到这个构造函数的函数名和结构体类型名相同；它没有返回类型，所以studentInfo前面没有写东西；它没有参数，所以小括号内是空的；它也没有函数体，因此花括号内也是空的。由于这个构造函数的存在，才可以直接定义studentInfo类型的变量而不进行初始化（因为它没有让用户提供任何初始化参数）。

```
struct studentInfo{
    int id;
    char gender;
    //默认生成的构造函数
    studentInfo(){}
};
```

那么，如果想要自己手动提供id和gender的初始化参数，应该怎么做呢？很显然，只需要像下面这样提供初始化参数来对结构体内的变量进行赋值即可，其中_id和_gender都是变量名。只要不和已有的变量冲突，用a、b或者其他变量名也可以。

```
struct studentInfo{
    int id;
    char gender;
```

```
    //下面的参数用以对结构体内部变量进行赋值
    studentInfo(int _id, char _gender) {
        //赋值
        id = _id;
        gender = _gender;
    }
};
```

当然，构造函数也可以简化成一行：

```
struct studentInfo{
    int id;
    char gender;
    studentInfo(int _id, char _gender): id(_id), gender(_gender) {}
};
```

这样就可以在需要时直接对结构体变量进行赋值了：

```
studentInfo stu = studentInfo(10086, 'M');
```

注意：**如果自己重新定义了构造函数，则不能不经初始化就定义结构体变量**，也就是说，默认生成的构造函数“studentInfo(){}”此时被覆盖了。为了既能不初始化就定义结构体变量，又能享受初始化带来的便捷，可以把“studentInfo(){}”手动加上。这意味着，只要参数个数和类型不完全相同，就可以定义任意多个构造函数，以适应不同的初始化场合，示例如下：

```
struct studentInfo{
    int id;
    char gender;
    //用以不初始化就定义结构体变量
    studentInfo(){}
    //只初始化 gender
    studentInfo(char _gender) {
        gender = _gender;
    }
    //同时初始化 id 和 gender
    studentInfo(int _id, char _gender) {
        id = _id;
        gender = _gender;
    }
};
```

下面是一个应用实例，其中结构体 Point 用于存放平面点的坐标 x、y。

```
#include <stdio.h>
struct Point {
    int x, y;
    Point(){}     //用以不经初始化地定义 pt[10]
    Point(int _x, int _y): x(_x), y(_y) {}     //用以提供 x 和 y 的初始化
```

```
}pt[10];
int main(){
    int num = 0;
    for(int i = 1; i <= 3; i++) {
        for(int j = 1; j <= 3; j++){
            pt[num++] = Point(i, j);     //直接使用构造函数
        }
    }
    for(int i = 0; i < num; i++){
        printf("%d,%d\n", pt[i].x, pt[i].y);
    }
    return 0;
}
```

构造函数在结构体内元素比较多的时候会使代码显得精炼，因为可以不需要临时变量就初始化一个结构体，而且代码更加工整，故推荐使用。

练习

Codeup Contest ID: 100000572

地址：http://codeup.cn/contest.php?cid=100000572。

本节二维码

2.9 补　　充

2.9.1 cin 与 cout

cin 与 cout 是 C++中的输入与输出函数，需要添加头文件“#include <iostream>”和“using namespace std;”才能使用。cin 和 cout 不需要像 C 语言中的 scanf、printf 函数那样指定输入输出的格式，也不需要使用取地址运算符&，而可以直接进行输入/输出，十分易用和方便。

1. cin

cin 是 c 和 in 的合成词，采用输入运算符“>>”来进行输入。如果想要输入一个整数 n，则可以按下面的写法进行输入：

```
#include <iostream>
using namespace std;
int main() {
    int n;
    cin >> n;
    return 0;
```

```
}
```

可以发现，cin 的输入不指定格式，也不需要加取地址运算符&，直接写变量名就可以了。与此同理，也可以知道读入 double 型浮点数 db、char 型字符 c 的方法也是一样的：

```
cin >> db;
cin >> c;
```

如果同时读入多个变量也是一样的写法，只需要往后面使用>>进行扩展即可。例如下面的代码读入了 int 型变量 n、double 型变量 db、char 型变量 c、char 型数组 str[]：

```
cin >> n >> db >> c >> str;
```

而如果想要读入一整行，则需要使用 getline 函数，例如下面的代码就把一整行都读入 char 型数组 str[100]中：

```
char str[100];
cin.getline(str, 100);
```

而如果是 string 容器（第 6 章会介绍），则需要用下面的方式输入：

```
string str;
getline(cin, str);
```

2. cout

cout 是 c 和 out 的合成词，其使用方法和 cin 几乎是一致的，只不过使用的是输出运算符<<。下面的代码输出了 int 型变量 n、double 型变量 db、char 型变量 c、char 型数组 str[]：

```
cout << n << db << c << str;
```

但是要注意的是，输出时中间并没有加空格，因此可以在每个变量之间加上空格：

```
cout << n <<" "<< db <<" "<< c <<" "<< str;
```

当然，如果想要在中间输出字符串也是可以的：

```
cout <<n <<"haha"<<db <<"heihei"<< c <<"wawa"<< str;
```

对 cout 来说，换行有两种方式：第一种和 C 中相同，也就是使用\n 来进行换行；第二种方法则是使用 endl 来表示换行（endl 是 end line 的缩写）：

```
cout << n <<"\n"<< db << endl;
```

如果想要控制 double 型的精度，例如输出小数点后两位，那么需要在输出之前加上一些东西，并且要加上#include <iomanip>头文件。下面的代码会输出 123.46：

```
cout << setiosflags(ios::fixed) << setprecision(2) << 123.4567 << endl;
```

事实上，对考试而言，并不推荐读者使用 cin 跟 cout 来进行输入和输出，因为它们在输入/输出大量数据的情况下表现得非常糟糕，有时候题目的数据还没有输入完毕就已经超时。因此还是推荐读者使用 C 语言的 scanf 与 printf 函数进行输入/输出，只有在十分必要的时候才使用 cin 与 cout（例如第 6 章会介绍的 string）。

2.9.2　浮点数的比较

由于计算机中采用有限位的二进制编码，因此浮点数在计算机中的存储并不总是精确的。例如在**经过大量计算**后，一个浮点型的数 3.14 在计算机中就可能存储成 3.1400000000001，也有可能存储成 3.1399999999999，这种情况下会对比较操作带来极大的干扰（因为 C/C++中的“==”操作是完全相同才能判定为 true）。于是需要引入一个极小数 eps 来对这种误差进行修正。

1. 等于运算符（==）

图 2-5 所示即为等于区间示意图。

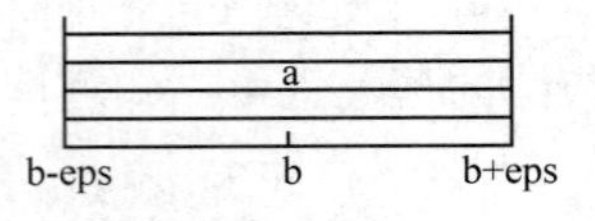

图 2-5　等于区间示意图

如图 2-5 所示，如果一个数 a 落在了[b–eps, b+eps]的区间中时，就应当判断为 a == b 成立。那么 eps 应当取多少呢？**经验表明，eps 取 10^{-8} 是一个合适的数字**——对大多数的情况既不会漏判，也不会误判。因此可以将 eps 定义为常量 1e–8：

```
const double eps = 1e-8;
```

为了使比较更加方便，把比较操作写成宏定义的形式：

```
#define Equ(a,b) ((fabs((a)-(b)))<(eps))
```

正如上面的代码，将 a 和 b 相减，如果差的绝对值小于极小量 eps，那么就返回 true，加上如此多的括号也是为了防止宏定义可能带来的错误。注意：如果想要使用不等于，只需要在使用时的 Equ 前面加一个非运算符“!”即可（!Equ(a, b)）。于是在程序中就可以使用 Equ 函数来对浮点数进行比较了：

```
#include <stdio.h>
#include <math.h>
const double eps = 1e-8;
#define Equ(a,b) ((fabs((a)-(b)))<(eps))
int main() {
    double db = 1.23;
    if(Equ(db, 1.23)) {
        printf("true");
    } else {
        printf("false");
    }
    return 0;
}
```

有读者可能会改写成 db == 1.23 的写法，发现同样输出 true。其实像这种比较简单的比较情况下是可以忽视误差的（事实上，如果没有经过容易损失精度的计算，就不需要考虑误差，可以直接比较），但是当一个变量进行了误差较大的运算后，精度的损失就不可忽视了。例如下面的代码中，db1 和 db2 的精确值都应该是π，但是却输出了 false；而使用了 Equ 函数就会输出 true。

```
#include <stdio.h>
#include <math.h>
int main() {
    double db1 = 4 * asin(sqrt(2.0) / 2);
    double db2 = 3 * asin(sqrt(3.0) / 2);
    if(db1 == db2) {
        printf("true");
    } else {
        printf("false");
```

```
    }
    return 0;
}
```

显然，由于这种误差的影响，其他比较运算符也会出现差错，因此必须进行修正。

2. 大于运算符（>）

图 2-6 所示即为大于区间示意图。

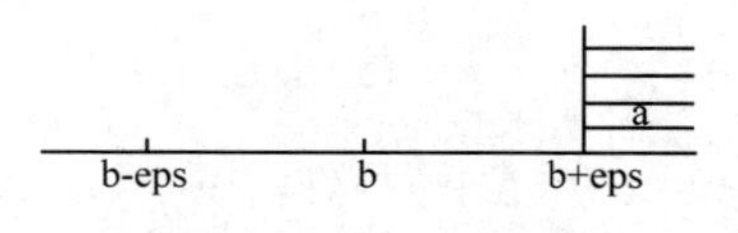

图 2-6　大于区间示意图

如图 2-6 所示，如果一个数 a 要大于 b，那么就必须在误差 eps 的扰动范围之外大于 b，因此只有大于 b+eps 的数才能判定为大于 b（也即 a 减 b 大于 eps）。

```
#define More(a,b) (((a)-(b))>(eps))
```

3. 小于运算符（<）

图 2-7 所示即为小于区间示意图。

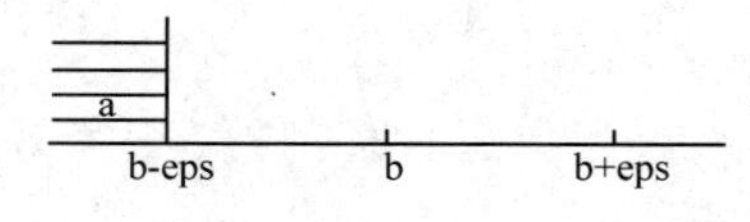

图 2-7　小于区间示意图

与 2 类似，如果一个数 a 要小于 b，那么就必须在误差 eps 的扰动范围之外小于 b，因此只有小于 b–eps 的数才能判定为小于 b（也即 a 减 b 小于–eps）。

```
#define Less(a,b) (((a)-(b))<(-eps))
```

4. 大于等于运算符（>=）

图 2-8 所示即为大于等于区间示意图。

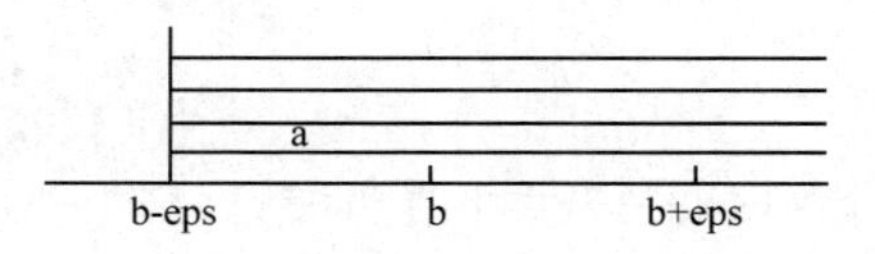

图 2-8　大于等于区间示意图

由于大于等于运算符可以理解为大于运算符和等于运算符的结合，于是需要让一个数 a 在误差扰动范围内能够判定其为大于或者等于 b，因此大于 b–eps 的数都应当判定为大于等于 b（也即 a 减 b 大于–eps）。

```
#define MoreEqu(a,b) (((a)-(b))>(-eps))
```

5. 小于等于运算符（<=）

图 2-9 所示即为小于等于区间示意图。

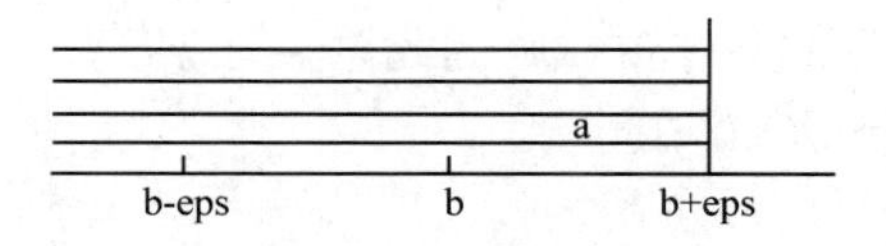

图 2-9　小于等于区间示意图

与大于等于运算符类似，小于等于运算符可以理解为小于运算符和等于运算符的结合，于是需要让一个数 a 在误差扰动范围内能够判定其为小于或者等于 b，因此小于 b+eps 的数都应当判定为小于等于 b（也即 a 减 b 小于 eps）。

```
#define LessEqu(a,b) (((a)-(b))<(eps))
```

6. 圆周率π

圆周率π不需要死记，因为由 $\cos(\pi) = -1$ 可知 $\pi = \arccos(-1)$。因此只需要把π写成常量 acos(–1.0)即可。

```
const double Pi=acos(-1.0);
```

把上面的所有核心部分汇总起来就是下面这些代码：

```
const double eps=1e-8;
const double Pi=acos(-1.0);

#define Equ(a,b) ((fabs((a)-(b)))<(eps))
#define More(a,b) (((a)-(b))>(eps))
#define Less(a,b) (((a)-(b))<(-eps))
#define MoreEqu(a,b) (((a)-(b))>(-eps))
#define LessEqu(a,b) (((a)-(b))<(eps))
```

这些部分不必死记硬背，因为懂了上面的原理之后很容易推断出来。

最后需要指出几点：

① 由于精度问题，在经过大量运算后，可能一个变量中存储的 0 是个很小的负数，这时如果对其开根号 sqrt，就会因不在定义域内而出错。同样的问题还出现在 asin(x)当 x 存放+1、acos(x)当 x 存放–1 时。这种情况需要用 eps 使变量保证在定义域内。

② 在某些由编译环境产生的原因下，本应为 0.00 的变量在输出时会变成–0.00。这个问题是编译环境本身的 bug，只能把结果存放到字符串中，然后与–0.00 进行比较，如果比对成功，则加上 eps 来修正为 0.00。

2.9.3 复杂度

一般来说，复杂度可以分为时间复杂度和空间复杂度，有时还会提到编码复杂度，学习它们**非常重要**。下面分别介绍这三个复杂度。

1. 时间复杂度

简单地说，时间复杂度是算法需要执行基本运算的次数所处的等级，其中基本运算就是类似加减乘除这种计算机可以直接实现的运算。时间复杂度是评判算法时间效率的有效标准。

举一个简单的例子，下面是一个 for 循环，用来计算数组 a 中元素的和：

```
for(int i = 0; i < n; i++) {
    sum = sum + a[i];
}
```

就这段代码来说，for 循环执行了 n 次，因此总共有 n 次加法运算。而下面的代码中 sum 加了两次 a[i]，因此总共有 2n 次加法运算。

```
for(int i = 0; i < n; i++) {
    sum = sum + a[i];
```

```
    sum = sum + a[i];
}
```

显然 n 次基本运算与 2n 次基本运算当 n 的规模增大时的增长趋势是相同的（都是线性增长），于是把 O(n)称作上面两段代码的时间复杂度，表示两段代码消耗的时间随着规模 n 的增大而线性增长。显然，是否是线性增长与前面的系数无关，因此 O(n)和 O(2n)是等价的。

再来看一段代码：

```
for(int i = 0; i < n; i++) {
    for(int j = 0; j < n; j++) {
        sum = sum + a[i][j];
    }
}
```

这段代码将二维数组 a 中的所有元素相加，其基本运算的次数为 n^2，因此称这段代码的时间复杂度为 $O(n^2)$，表示其消耗的时间随着规模 n 的增大而呈平方级增长。在时间复杂度中，**高等级的幂次会覆盖低等级的幂次**，因此 $O(3n^2 + n + 2) = O(3n^2) = O(n^2)$成立。另外，显然 $O(3n^2 + n + 2)$会趋近于 $O(cn^2)$，其中 c 是一个常数，我们把这个常数称为算法**时间复杂度的常数**，当有些算法实现较为复杂时，其常数会比较大，这时即便时间复杂度相同（注意讲时间复杂度时一般是不带系数的），其性能也会有较大差距。

除了上面介绍的这些时间复杂度，还会有各种各样的时间复杂度，需要具体问题具体分析。例如对后文会介绍的二分查找来说，其时间复杂度就是 O(logn)，表示对数的时间复杂度（**对数复杂度书写时一般省略底数**）；常数复杂度 O(1)则表示算法消耗的时间不随规模的增长而增长。显然有 $O(1) < O(\log n) < O(n) < O(n^2)$成立。

读者在写程序时要特别注意分析算法的时间复杂度，因为较高的时间复杂度会让测评系统返回“运行超时”。不过一般来说，只需要大致估计算法的时间复杂度在哪个等级即可，例如对时间复杂度为 $O(n^2)$的算法来说，当 n 的规模为 1000 时，其运算次数大概为 10^6 级别；而当 n 的规模为 100000 时，其运算次数就会有 10^{10} 级别。**对一般的 OJ 系统来说，一秒能承受的运算次数大概是 $10^7 \sim 10^8$**，因此 $O(n^2)$的算法当 n 的规模为 1000 时是可以承受的，而当 n 的规模为 100000 时则是不可承受的。

2. 空间复杂度

和时间复杂度类似，空间复杂度采用相同的写法，表示算法需要消耗的最大数据空间。例如对某个算法来说，如果其消耗的最大数据空间是一个二维数组，那么这个算法的空间复杂度就是 $O(n^2)$。在一般的应用中，一般来说空间都是足够使用的（只要不开好几个 10^7 以上的数组即可，例如 int A[10000][10000]的定义就是不合适的），因此其重要性一般没有时间复杂度那么大。另外，O(1)的空间复杂度是指算法消耗的空间不随数据规模的增大而增大。

考虑到空间一般够用，因此常常采用以空间换时间的策略，例如 4.2 节的散列法就是一种以空间换时间的高效方法。

3. 编码复杂度

编码复杂度是一个定性的概念，并没有什么量化的标准。对一个问题来说，如果使用了冗长的算法思想，那么代码量将会非常巨大，其编码复杂度就会非常大。

至此，这三种复杂度已经介绍完毕，读者应当在编程中尝试平衡三种复杂度，以使算法能尽可能高效，又简洁优美。

练习

Codeup Contest ID: 100000573

地址：http://codeup.cn/contest.php?cid=100000573。

本节二维码

2.10 黑盒测试

黑盒测试是指：系统后台会准备若干组输入数据，然后让提交的程序去运行这些数据，如果输出的结果与正确答案**完全相同（字符串意义上的比较）**，那么就称通过了这道题的黑盒测试，否则会根据错误类型而返回不同的结果。其中，根据黑盒测试是否对每组测试数据都单独测试或是一次性测试所有测试数据，又可以分为**单点测试**和**多点测试**。

2.10.1 单点测试

对单点测试来说，系统会判断**每组数据**的输出结果是否正确。如果输出正确，那么**对该组数据来说就通过了测试，并获得了这组数据的分值**。在这种情况下，题目的总得分等于通过的数据的分值之和。PAT 就是采用了单点测试，并且对每组数据都会给出相应的测评结果。

从代码编写上来说，单点测试只需要按正常的逻辑执行一遍程序即可，是“一次性”的写法，即程序只需要对一组数据能够完整执行即可。以 A+B 为例，下面就是一个可以通过测试的代码：

```
#include <stdio.h>
int main() {
    int a, b;
    scanf("%d%d", &a, &b);
    printf("%d\n", a + b);
    return 0;
}
```

本书所涉及 PAT 的例题，基本都采用了单点测试的写法，希望在阅读时能够注意。

2.10.2 多点测试

与单点测试相对，多点测试要求程序能一次运行所有数据，并要求所有输出结果都必须完全正确，才能算作这题通过；而只要有其中一组数据的输出错误，本题就只能得 0 分。**大部分在线评测系统（包括本书来自 codeup 的除了 C 语言训练部分以外的练习题）都采用了这种方式**，因为只有这种方式才能严格考验做题人的代码是否严谨。对多点测试来说，由于要求程序能运行所有数据，因此必须保证程序有办法反复执行代码的核心部分，这就要用到循环。而题目一般会有 3 种输入的格式，需要采用不同的输入方式。下面分别讲述这 3 种输

入方式。

（1）while… EOF 型

如果题目没有给定输入的结束条件，那么就默认读取到文件末尾。对黑盒测试来说，所有输入数据都是放在一个文件里的，系统会让程序去读取这个文件里的输入数据，然后执行程序并输出结果。那么如果题目没有指定何时结束输入，一般都是指输入完所有数据（即到达文件末尾）为止。**codeup1000 就体现了这种输入要求（即本小节练习题中的 A 题）。**

那么如何解决这种输入要求呢？首先需要知道，虽然 scanf 函数平时可以直接作为一条语句使用，但它也是有返回值的，**scanf 函数的返回值为其成功读入的参数的个数**。这就是说，如果语句 scanf("%d", &n)成功读入了一个整数 n，那么 scanf 的返回值就是 1；如果语句 scanf("%d%d", &n, &m)成功读入了两个整数 n、m，那么 scanf 的返回值就是 2。

于是可能会有读者问，什么时候会读入失败？读入失败时 scanf 函数是否返回 0？对前一个问题我们需要知道，正常的控制台（屏幕黑框框）中的输入一般是不会失败的，只有在读取文件时到达文件末尾导致的无法读取现象，才会产生读入失败。这个时候，**scanf 函数会返回–1 而不是 0**，且 C 语言中**使用 EOF（即 End Of File）来代表–1**。

这就给我们一个启发：当题目没有说明有多少数据需要读入时，就可以利用 scanf 的返回值是否为 EOF 来判断输入是否结束。于是就有了下面这种写法：

```
while(scanf("%d", &n) != EOF) {
    …
}
```

上述代码的含义是：只要 scanf 的返回值不为 EOF（即文件中的数据没有读完），就反复读入 n，执行 while 函数体的内容；当读入失败（到达文件末尾）时，结束 while 循环。

下面给出的是 codeup 1000 的通过代码：

```
#include <stdio.h>
int main() {
    int a, b;
    while(scanf("%d%d", &a, &b) != EOF) {
        printf("%d\n", a + b);
    }
    return 0;
}
```

另外，当在黑框里输入数据时，并不会触发 EOF 状态。因此如果想要在黑框里面手动触发 EOF，可以按<Ctrl + Z>组合键，这时就会显示一个^Z，按<Enter>键就可以结束 while 了。

还需要指出，如果读入字符串，则有 scanf("%s", str)与 gets(str)两种方式可用，其对应的输入写法如下所示：

```
while(scanf("%s", str) != EOF) {
    …
}
while(gets(str) != NULL) {
    …
}
```

（2）while… break 型

这种类型是 while… EOF 型的延伸，题目要求当输入的数据满足某个条件时停止输入。例如 **codeup1002（即本小节练习题中的 C 题）**就是当输入的两个 a 和 b 都为 0 时结束输入。这种类型有两种写法，一种是在 while… EOF 的内部进行判断，当满足退出条件时中断(break)当前 while 循环，如下所示：

```
#include <stdio.h>
int main() {
    int a, b;
    while(scanf("%d%d", &a, &b) != EOF) {
        if(a == 0 && b == 0) break;
        printf("%d\n", a + b);
    }
    return 0;
}
```

而另一种更简洁的写法是，把退出条件的判断放到 while 语句中，令其与 scanf 用逗号隔开，如下所示：

```
#include <stdio.h>
int main() {
    int a, b;
    while(scanf("%d%d", &a, &b), a || b) {
        printf("%d\n", a + b);
    }
    return 0;
}
```

上面的循环条件的含义为，当 a 和 b 中有一个不为零时就进行循环（循环条件 a || b 的全写为 a != 0 || b != 0）。

（3）while(T--)型

在这种类型中，题目会给出测试数据的组数，然后才给出相应数量组数的输入数据。例如 **codeup1001** 就属于这种类型（**即本节练习题中的 B 题**）。

由于给定了测试数据的组数，因此需要用一个变量 T 来存储，并在程序开始时读入。在读入 T 后，下面就可以进行 T 次循环，每次循环解决一组数据的输入与输出，while(T--)就是循环执行 T 次的含义。下面的代码体现了这种写法：

```
#include <stdio.h>
int main() {
    int T, a, b;
    scanf("%d", &T);
    while(T--) {
        scanf("%d%d", &a, &b);
        printf("%d\n", a + b);
    }
```

```
    return 0;
}
```

以上就是多点测试的三种输入类型。下面讲解三种常见的输出类型。

（1）正常输出

这种输出类型要求需要每两组输出数据中间没有额外的空行，即输出数据是连续的多行。

（2）每组数据输出之后都额外加一个空行

这个要求非常容易实现，只需要在每组输出结束之后额外输出一个换行符\n 即可。例如 **codeup1006** 体现了这种输出要求（**即本小节练习题中的 G 题**），代码如下：

```
#include <stdio.h>
int main() {
    int a, b;
    while(scanf("%d%d", &a, &b) != EOF) {
        printf("%d\n", a + b);
        printf("\n");
    }
    return 0;
}
```

（3）两组输出数据之间有一个空行，最后一组数据后面没有空行

这一般是在第三种输入类型 while(T--)的情况下，只需要通过判断 T 是否已经减小到 0 来判断是否应当输出额外的换行。例如 **codeup1007** 体现了这种输出要求（**即本节练习题中的 H 题**），代码如下：

```
#include <stdio.h>
int main() {
    int T, n, a;
    scanf("%d", &T);
    while(T--) {
        int sum = 0;
        scanf("%d", &n);
        for(int i = 0; i < n; i++) {
            scanf("%d", &a);
            sum = sum + a;
        }
        printf("%d\n", sum);
        if(T > 0) printf("\n");
    }
    return 0;
}
```

与这种要求类似的要求是：输出一行 N 个整数，每两个整数之间用空格隔开，最后一个整数后面不允许加上空格。做法是类似的，如下面的代码所示：

```
for(int i = 0; i < N; i++) {
```

```
    printf("%d", a[i]);
    if(i < N - 1) printf("");
    else printf("\n");
}
```

最后需要指出，**在多点测试中，每一次循环都要重置一下变量和数组，否则在下一组数据来临的时候变量和数组的状态就不是初始状态了**。例如上面 codeup 1007 的代码中，sum = 0 的语句就必须放在 while 之内，如果放在 while 之外，则第二组数据来临时 sum 就不是 0 了。而**重置数组一般使用 memset 函数或 fill 函数**。

多点测试就介绍到这里，本书中采用的很多 codeup 的练习题就采用了上面的写法，希望读者阅读时能够注意。

练习

Codeup Contest ID: 100000574

地址：http://codeup.cn/contest.php?cid=100000574。

本节二维码

本章二维码

第3章 入门篇（1）——入门模拟

本章内容不多，主要讲解一些比较简单的模拟题，没有涉及很多算法。希望读者能动手实际练习例题和后面的练习题，这对基础代码能力的提升是很重要的。

3.1 简单模拟

模拟题是一类“题目怎么说，你就怎么做”的题目，如果实现起来不太麻烦，就可以称之为“简单模拟”。这类题目不涉及算法，完全只是根据题目描述来进行代码的编写，所以考查的是**代码能力**。下面举两个简单的例子。

【PAT B1001】害死人不偿命的（3n+1）猜想

题目描述

卡拉兹（Callatz）猜想：

对任何一个自然数n，如果它是偶数，那么把它砍掉一半；如果它是奇数，那么把（3n+1）砍掉一半。这样一直反复砍下去，最后一定在某一步得到n=1。卡拉兹在1950年的世界数学家大会上公布了这个猜想，传说当时耶鲁大学师生齐动员，拼命想证明这个貌似很荒唐……

此处并非要证明卡拉兹猜想，而是对给定的任一不超过1000的正整数n，简单地数一下，需要多少步才能得到n=1？

输入格式

每个测试输入包含1个测试用例，即给出自然数n的值。

输出格式

输出从n计算到1需要的步数。

输入样例

3

输出样例

5

思路

读入题目给出的n，之后用while循环语句反复判断n是否为1：

① 如果n为1，则退出循环。

② 如果n不为1，则判断n是否为偶数，如果是偶数，则令n除以2；否则令n为(3 * n + 1) / 2。之后令计数器step加1。

这样当退出循环时，step的值就是需要的答案。

参考代码

```
#include <cstdio>
int main() {
```

```
    int n, step = 0;
    scanf("%d", &n);     //输入题目给出的n
    while(n != 1) {      //循环判断n是否为1
        if(n % 2 == 0) n = n / 2;     //如果是偶数
        else n = (3 * n + 1) / 2;     //如果是奇数
        step++;  //计数器加1
    }
    printf("%d\n", step);
    return 0;
}
```

【PAT B1032】挖掘机技术哪家强

题目描述

为了用事实说明挖掘机技术到底哪家强，PAT 组织了一场挖掘机技能大赛。请根据比赛结果统计出技术最强的那个学校。

输入格式

在第 1 行给出不超过 10^5 的正整数 N，即参赛人数。随后 N 行，每行给出一位参赛者的信息和成绩，包括其所代表的学校的编号（从 1 开始连续编号）及其比赛成绩（百分制），中间以空格分隔。

输出格式

在一行中给出总得分最高的学校的编号及其总分，中间以空格分隔。题目保证答案唯一，没有并列。

输入样例

```
6
3 65
2 80
1 100
2 70
3 40
3 0
```

输出样例

```
2 150
```

思路

① 令数组 school[maxn]记录每个学校的总分，初值为 0。对每一个读入的学校 schID 与其对应的分数 score，令 school[schID] += score。

② 令变量 k 记录最高总分的学校编号，变量 MAX 记录最高总分，初值为–1。由于学校是连续编号的，因此枚举编号 1 ~ N，不断更新 k 和 MAX 即可。

参考代码

```
#include <cstdio>
```

```
const int maxn = 100010;
int school[maxn] = {0};     //记录每个学校的总分
int main() {
    int n, schID, score;
    scanf("%d", &n);
    for(int i = 0; i < n; i++) {
        scanf("%d%d", &schID, &score);     //学校 ID、分数
        school[schID] += score;     //学校 schID 的总分增加 score
    }
    int k = 1, MAX = -1;     //最高总分的学校 ID 以及其总分
    for(int i = 1; i <= n; i++) {     //从所有学校中选出总分最高的一个
        if(school[i] > MAX) {
            MAX = school[i];
            k = i;
        }
    }
    printf("%d %d\n", k, MAX);     //输出最高总分的学校 ID 及其总分
    return 0;
}
```

练习

① 配套习题集的对应小节。

② Codeup Contest ID: 100000575

地址：http://codeup.cn/contest.php?cid=100000575。

本节二维码

3.2　查找元素

有时考生会碰到这样一种情况：给定一些元素，然后查找某个满足某条件的元素。这就是查找操作需要做的事情。查找是学习写代码的一项基本功，是肯定需要掌握的。一般来说，如果需要在一个比较小范围的数据集里进行查找，那么直接遍历每一个数据即可；如果需要查找的范围比较大，那么可以用二分查找（见 4.5 节）等算法来进行更快速的查找。接下来看一道例题。

【codeup 1934】找 x

题目描述

输入一个数 n（1≤n≤200），然后输入 n 个数值各不相同的数，再输入一个值 x，输出这

个值在这个数组中的下标（从 0 开始，若不在数组中则输出–1）。

输入格式

测试数据有多组，输入 n（1≤n≤200），接着输入 n 个数，然后输入 x。

输出格式

对于每组输入,请输出结果。

样例输入

```
4
1 2 3 4
3
```

样例输出

```
2
```

思路

题目给定了 n 个互不相同的数，然后需要从中寻找值为 x 的数的下标。因此可以设定一个数组 a，用来存放这 n 个数。然后遍历数组 a，寻找某个下标 k，使得 a[k] == x 成立。如果找到，则输出 k，并退出查询；如果当 k 遍历完之后还没有找到 x，那么输出–1。

参考代码

```
#include <cstdio>
const int maxn = 210;
int a[maxn];    //存放 n 个数
int main() {
    int n, x;
    while(scanf("%d", &n) != EOF) {
        for(int i = 0; i < n; i++) {
            scanf("%d", &a[i]);    //输入 n 个数
        }
        scanf("%d", &x);    //输入欲查询的数
        int k;    //下标
        for(k = 0; k < n; k++) {    //遍历数组
            if(a[k] == x) {    //如果找到了 x
                printf("%d\n", k);    //输出对应的下标
                break;    //退出查找
            }
        }
        if(k == n) {    //如果没有找到
            printf("-1\n");    //输出-1
        }
    }
    return 0;
}
```

练习

① 配套习题集的对应小节。

② Codeup Contest ID: 100000576

地址：http://codeup.cn/contest.php?cid=100000576。

本节二维码

3.3 图形输出

在有些题目中，题目会给定一些规则，需要考生根据规则来进行画图。所谓图形，其实是由若干字符组成的，因此只需要弄清楚规则就能编写代码。这种题目的做法一般有两种：

① 通过规律，直接进行输出。

② 定义一个二维字符数组，通过规律填充之，然后输出整个二维数组。

下面来看一个例子。

【PAT B1036】跟奥巴马一起编程

题目描述

美国总统奥巴马不仅呼吁所有人都学习编程，甚至亲自编写代码，成为美国历史上首位编写计算机代码的总统。2014 年底，为庆祝“计算机科学教育周”正式启动，奥巴马编写了一个简单的计算机程序——在屏幕上画一个正方形。现在你也跟他“一起”编程吧！

输入格式

在一行中给出正方形边长 N（3≤N≤20）和组成正方形边的某种字符 C，间隔一个空格。

输出格式

由给定字符 C 画出的正方形。但是注意到行间距比列间距大，所以为了让结果看上去更像正方形，所输出的行数实际上是列数的 50%（四舍五入取整）。

样例输入

```
10 a
```

样例输出

```
aaaaaaaaaa
a        a
a        a
a        a
aaaaaaaaaa
```

思路

由于行数是列数的一半（四舍五入），因此当列数 col 是奇数时，行数 row 就是 col / 2 + 1；当列数 col 是偶数时，行数 row 就是 col / 2。

通过分析样例的输出可以发现，它由三部分组成，即第 1 行、第 2 ~ row–1 行以及第 row 行。显然，第 1 行与第 row 行都是输出 n 个 a，使用一个 for 循环就能完成。对第 2 ~ row–1 行的每一行来说，需要先输出一个 a，然后输出 col–2 个空格，最后再输出一个 a。

注意点

整数除以 2 进行四舍五入的操作可以通过判断它是否是奇数来解决，以避免浮点数的介入。

参考代码

```
#include <cstdio>
int main() {
    int row, col;    //行、列
    char c;
    scanf("%d %c", &col, &c);    //输入列数、欲使用的字符
    if(col % 2 == 1) row = col / 2 + 1;    //col 为奇数，向上取整
    else row = col / 2;    //col 为偶数
    //第 1 行
    for(int i = 0; i < col; i++) {
        printf("%c", c);    //col 个字符
    }
    printf("\n");
    //第 2~row-1 行
    for(int i = 2; i < row; i++) {
        printf("%c", c);    //每行的第一个 a
        for(int j = 0; j < col - 2; j++) {
            printf(" ");    //col-2 个空格
        }
        printf("%c\n", c);    //每行的最后一个 a
    }
    //第 row 行
    for(int i = 0; i < col; i++) {
        printf("%c", c);    //col 个字符
    }
    return 0;
}
```

练习

① 配套习题集的对应小节。

② Codeup Contest ID: 100000577

地址：http://codeup.cn/contest.php?cid=100000577。

本节二维码

3.4　日期处理

日期处理的问题总是会让很多人感到头疼，因为在这种问题中，总是会需要处理平年和闰年（由此产生的二月的天数区别）、大月和小月的问题，因此细节比较繁杂。但是只要细心处理细节，一般都能很好地解决这类问题。下面来看一个例子。

【codeup 1928】日期差值

题目描述

有两个日期，求两个日期之间的天数，如果两个日期是连续的，则规定它们之间的天数为两天。

输入格式

有多组数据，每组数据有两行，分别表示两个日期，形式为 YYYYMMDD。

输出格式

每组数据输出一行，即日期差值。

样例输入

```
20130101
20130105
```

样例输出

```
5
```

思路

不妨假设第一个日期早于第二个日期（否则交换即可）。

这种求日期之间相差天数的题目有一个很直接的思路，即令日期不断加 1 天，直到第一个日期等于第二个日期为止，即可统计出答案。具体处理时，如果当加了一天之后天数 d 等于当前月份 m 所拥有的天数加 1，那么就令月份 m 加 1、同时置天数 d 为 1 号（即把日期变为下一个月的 1 号）；如果此时月份 m 变为了 13，那么就令年份 y 加 1、同时置月份 m 为 1 月（即把日期变为下一年的 1 月）。

为了方便直接取出每个月的天数，不妨给定一个二维数组 int month[13][2]，用来存放每个月的天数，其中第二维为 0 时表示平年，为 1 时表示闰年。

注意：如果想要加快速度，只需要先把第一个日期的年份不断加 1，直到与第二个日期的年份相差 1 为止（想一想为什么不能直接加到等于第二个日期的年份时才停止？），期间根据平年或是闰年来累加 365 天或者 366 天即可。之后再进行不断令天数加 1 的操作。

参考代码

```
#include <cstdio>
int month[13][2] = {    //平年和闰年的每个月的天数
```

```
    {0, 0}, {31, 31}, {28, 29}, {31, 31}, {30, 30}, {31, 31}, {30, 30},
            {31, 31}, {31, 31}, {30, 30}, {31, 31}, {30, 30}, {31, 31}
};
bool isLeap(int year) {     //判断是否是闰年
    return (year % 4 == 0 && year % 100 != 0) || (year % 400 == 0);
}
int main() {
    int time1, y1, m1, d1;
    int time2, y2, m2, d2;
    while(scanf("%d%d", &time1, &time2) != EOF) {
        if(time1 > time2) {     //第一个日期晚于第二个日期，则交换
            int temp = time1;
            time1 = time2;
            time2 = temp;
        }
        y1 = time1 / 10000, m1 = time1 % 10000 / 100, d1 = time1 % 100;
        y2 = time2 / 10000, m2 = time2 % 10000 / 100, d2 = time2 % 100;
        int ans = 1;     //记录结果
        //第一个日期没有达到第二个日期时进行循环
        //即!((y1 == y2) && (m1 == m2) && (d1 == d2))
        while(y1 < y2 || m1 < m2 || d1 < d2) {
            d1++;     //天数加 1
            if(d1 == month[m1][isLeap(y1)] + 1) {     //满当月天数
                m1++;     //日期变为下个月的 1 号
                d1 = 1;
            }
            if(m1 == 13) {     //月份满 12 个月
                y1++;     //日期变为下一年的 1 月
                m1 = 1;
            }
            ans++;     //累计
        }
        printf("%d\n", ans);     //输出结果
    }
    return 0;
}
```

练习

① 配套习题集的对应小节。

② Codeup Contest ID: 100000578

地址：http://codeup.cn/contest.php?cid=100000578。

本节二维码

3.5　进制转换

日常生活中人们使用的数字一般都是十进制，而计算机使用的进制是二进制，另外还有八进制、十六进制以及各种数字的进制，那么这就会产生一个问题：对两个不同进制，应该如何进行相互转换呢？本小节主要就是解决这个问题。

对一个 P 进制的数，如果要转换为 Q 进制，需要分为两步：

① 将 P 进制数 x 转换为十进制数 y。

对一个十进制的数 $y = d_1d_2\cdots d_n$，它可以写成这个形式：

$$y = d_1 * 10^{n-1} + d_2 * 10^{n-2} + \cdots + d_{n-1} * 10 + d_n$$

同样的，如果 P 进制数 x 为 $a_1a_2\cdots a_n$，那么它写成下面这个形式之后使用十进制的加法和乘法，就可以转换为十进制数 y：

$$y = a_1 * P^{n-1} + a_2 * P^{n-2} + \cdots + a_{n-1} * P + a_n$$

而这个公式可以很容易用循环进行实现：

```
int y = 0, product = 1;  //product 在循环中会不断乘 P，得到 1、P、P^2、P^3…
while(x != 0) {
    y = y + (x % 10) * product;  //x % 10 是为了每次获取 x 的个位数
    x = x / 10;  //去掉 x 的个位
    product = product * P;
}
```

② 将十进制数 y 转换为 Q 进制数 z。

采用“除基取余法”。所谓的“基”，是指将要转换成的进制 Q，因此除基取余的意思就是每次将待转换数除以 Q，然后将得到的余数作为低位存储，而商则继续除以 Q 并进行上面的操作，最后当商为 0 时，将所有位从高到低输出就可以得到 z。举一个例子，现在将十进制数 11 转换为二进制数：

11 除以 2，得商为 5，余数为 1；
5 除以 2，得商为 2，余数为 1；
2 除以 2，得商为 1，余数为 0；
1 除以 2，得商为 0，余数为 1，算法终止。
将余数从后往前输出，得 1011 即为 11 的二进制数。

由此可以得到实现的代码（将十进制数 y 转换为 Q 进制，结果存放于数组 z）：

```
int z[40], num = 0;  //数组 z 存放 Q 进制数 y 的每一位，num 为位数
do {
    z[num++] = y % Q;  //除基取余
    y= y /Q;
```

```
} while(y != 0);  //当商不为 0 时进行循环
```

这样 z 数组从高位 z[num – 1]到低位 z[0]即为 Q 进制 z，进制转换完成。值得注意的是，代码中使用 do… while 语句而不是 while 语句的原因是：如果十进制数 y 恰好等于 0，那么使用 while 语句将使循环直接跳出，导致结果出错（正确结果应当是数组 z 中存放了 z[0] = 0）。

【PAT B1022】D 进制的 A+B

题目描述

输入两个非负十进制整数 A 和 B（$\leqslant 2^{30}-1$）以及 D（进制数），输出 A+B 的 D（$1 < D \leqslant 10$）进制数。

输入格式

在一行中依次给出三个整数 A、B 和 D（进制数）。

输出格式

A+B 的 D 进制数。

输入样例

123 456 8

输出样例

1103

思路

先计算 A+B（此时为十进制），然后把结果转换为 D 进制，而十进制转换为 D 进制的过程可以直接进行“除基取余法”。

参考代码

```
#include <cstdio>
int main() {
    int a, b, d;
    scanf("%d%d%d", &a, &b, &d);
    int sum = a + b;
    int ans[31], num = 0;  //ans 存放 D 进制的每一位
    do {  //进制转换
        ans[num++] = sum % d;
        sum /= d;
    } while(sum != 0);
    for(int i = num - 1; i >= 0; i--) {  //从高位到低位进行输出
        printf("%d", ans[i]);
    }
    return 0;
}
```

练习

① 配套习题集的对应小节。

② Codeup Contest ID: 100000579

地址：http://codeup.cn/contest.php?cid=100000579。

本节二维码

3.6　字符串处理

字符串处理题在考试中十分常见，也是能很好体现代码能力的一种题型。对于这种题型，一般需要仔细分析清楚题目中的输入和输出格式才能顺利解决题目。在有些题目中，可能实现逻辑会非常麻烦，而且可能会有很多细节和边界情况，因此对代码能力较弱的考生是很不利的。此类题目需要多做多想，积累经验。下面来看几个例题。

【codeup 5901】回文串

题目描述

读入一串字符，判断是否是“回文串”。“回文串”是一个正读和反读都一样的字符串，比如“level”或者“noon”就是回文串。

输入格式

一行字符串，长度不超过 255。

输出格式

如果是“回文串”，输出“YES”，否则输出“NO”。

样例输入

12321

样例输出

YES

思路

假设字符串 str 的下标从 0 开始，由于“回文串”是正读和反读都一样的字符串，因此只需要遍历字符串的前一半（注意：不需要取到 i = = len / 2），如果出现字符 str[i]不等于其对称位置 str[len – 1 – i]，就说明这个字符串不是“回文串”；如果前一半的所有字符 str[i]都等于对应的对称位置 str[len – 1 – i]，那么说明这个字符串是“回文串”。

参考代码

```
#include <cstdio>
#include <cstring>
const int maxn = 256;
//判断字符串 str 是否是“回文串”
bool judge(char str[]) {
    int len = strlen(str);    //字符串长度
    for(int i = 0; i < len / 2; i++) {    //i 枚举字符串的前一半
```

```
        if(str[i] != str[len - 1 - i]) {    //如果对称位置不同
            return false;    //不是“回文串”
        }
    }
    return true;    //是“回文串”
}
int main() {
    char str[maxn];
    while(gets(str)) {    //输入字符串
        bool flag = judge(str);    //判断字符串 str 是否是“回文串”
        if(flag == true) {    //“回文串”
            printf("YES\n");    //输出 YES
        } else {    //不是“回文串”
            printf("NO\n");    //输出 NO
        }
    }
    return 0;
}
```

【PAT B1009】说反话

题目描述

给定一句英语，要求编写程序，将句中所有单词按颠倒顺序输出。

输入格式

测试输入包含一个测试用例，在一行内给出总长度不超过 80 的字符串。字符串由若干单词和若干空格组成，其中单词是由英文字母（大小写有区分）组成的字符串，单词之间用 1 个空格分开，输入保证句子末尾没有多余的空格。

输出格式

每个测试用例的输出占一行，输出倒序后的句子。

样例输入

Hello World Here I Come

样例输出

Come I Here World Hello

思路

使用 gets 函数读入一整行，从左至右枚举每一个字符，以空格为分隔符对单词进行划分并按顺序存放到二维字符数组中，最后按单词输入顺序的逆序来输出所有单词。

注意点

① 最后一个单词之后输出空格会导致“格式错误”。

② 由于 PAT 是单点测试，因此产生了下面这种更简洁的方法，即使用 EOF 来判断单词是否已经输入完毕。

```
#include <cstdio>
int main() {
    int num = 0;    //单词的个数
    char ans[90][90];
    while(scanf("%s", ans[num]) != EOF) {    //一直输入直到文件末尾
        num++;    //单词个数加 1
    }
    for(int i = num - 1; i >= 0; i--) {    //倒着输出单词
        printf("%s", ans[i]);
        if(i > 0) printf(" ");
    }
    return 0;
}
```

要注意的是，在黑框中手动输入时，系统并不知道什么时候到达了所谓的“文件末尾”，因此需要用<Ctrl + Z>组合键然后按<Enter>键的方式来告诉系统已经到了 EOF，这样系统才会结束 while。

参考代码

```
#include <cstdio>
#include <cstring>
int main() {
    char str[90];
    gets(str);
    int len = strlen(str), r = 0, h = 0;    //r 为行,h 为列
    char ans[90][90];    //ans[0]~ans[r]存放单词
    for(int i = 0; i < len; i++) {
        if(str[i] != ' ') {    //如果不是空格，则存放至 ans[r][h]，并令 h++
            ans[r][h++] = str[i];
        }else{    //如果是空格，说明一个单词结束，行 r 增加 1，列 h 恢复至 0
            ans[r][h] = '\0';    //末尾是结束符\0
            r++;
            h = 0;
        }
    }
    for(int i = r; i >= 0; i--) {    //倒着输出单词即可
        printf("%s", ans[i]);
        if(i > 0) printf(" ");
    }
    return 0;
}
```

练习

① 配套习题集的对应小节。

② Codeup Contest ID: 100000580

地址：http://codeup.cn/contest.php?cid=100000580。

本节二维码

本章二维码

第 4 章　入门篇（2）——算法初步

4.1　排　　序

排序是基础算法之一，属于常见题型。本书第 2 章已经介绍过冒泡排序，想必读者对排序的概念已经不再陌生。本章先介绍两种同样基础的排序算法：选择排序与插入排序，然后讲解考试中排序题的实用解题步骤。

4.1.1　选择排序

选择排序是最简单的排序算法之一，本节主要介绍众多选择排序方法中最常用的**简单选择排序**。如图 4-1 所示，简单选择排序是指，对一个序列 A 中的元素 A[1] ~ A[n]，令 i 从 1 到 n 枚举，进行 n 趟操作，每趟从待排序部分[i, n]中选择最小的元素，令其与待排序部分的第一个元素 A[i]进行交换，这样元素 A[i]就会与当前有序区间[1, i – 1]形成新的有序区间[1, i]。于是在 n 趟操作后，所有元素就会是有序的。

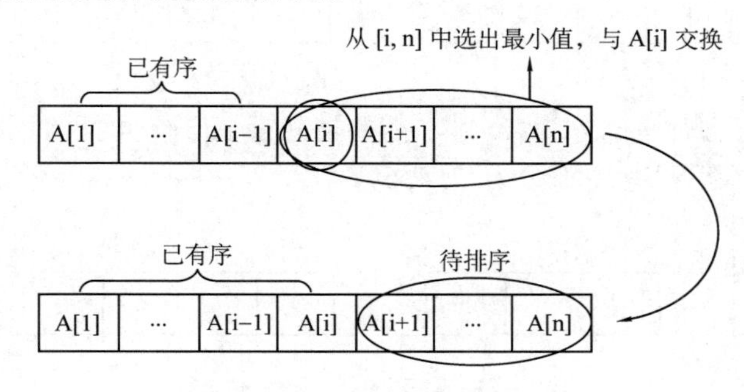

图 4-1　选择排序示意图

于是算法实现的逻辑就很明显了：总共需要进行 n 趟操作（1≤i≤n），每趟操作选出待排序部分[i, n]中最小的元素，令其与 A[i]交换。因此总复杂度为 $O(n^2)$，代码如下：

```
void selectSort() {
    for(int i = 1; i <= n; i++) {    //进行n趟操作
        int k = i;
        for(int j = i; j <= n; j++) {    //选出[i, n]中最小的元素，下标为k
            if(A[j] < A[k]) {
                k = j;
            }
        }
        int temp = A[i];    //交换A[k]与A[i]
        A[i] = A[k];
        A[k] = temp;
```

```
        }
    }
```

另外，读者可能会在其他教材中看到交换 A[k]与 A[i]的条件是 i != k，事实上在具体实现时，即便 i == k 成立，也可以进行交换（并不会额外消耗很多时间），因此上面的代码中并没有加上这个交换的条件。

4.1.2 插入排序

插入排序也是最简单的一类排序方法，本节主要介绍众多插入排序方法中最直观的**直接插入排序**。直接插入排序是指，对序列 A 的 n 个元素 A[1] ~ A[n]，令 i 从 2 到 n 枚举，进行 n – 1 趟操作。假设某一趟时，序列 A 的前 i – 1 个元素 A[1] ~ A[i – 1]已经有序，而范围[i, n]还未有序，那么该趟从范围[1, i – 1]中寻找某个位置 j，使得将 A[i]插入位置 j 后（此时 A[j] ~ A[i – 1]会**后移一位**至 A[j + 1] ~ A[i]），范围[1, i]有序。下面举一个例子来说明这个过程。

假设现在有一个序列 A[1 ~ 6] = {5, 2, 4, 6, 3, 1}，共有六个元素，因此需要进行 6 – 1 = 5 趟操作，用以分别将 2、4、6、3、1 插入初始已有序部分{5}中。

① 第一趟：当前已有序部分为{5}，需要把元素 A[2] = 2 插入已有序部分中。显然插入位置为 1 号位，插入后已有序部分为{2, 5}。

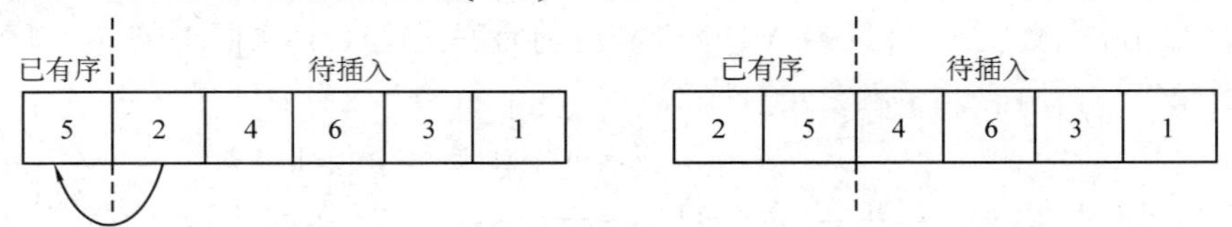

② 第二趟：当前已有序部分为{2, 5}，需要把元素 A[3] = 4 插入已有序部分中。显然插入位置为 2 号位，插入后已有序部分为{2, 4, 5}。

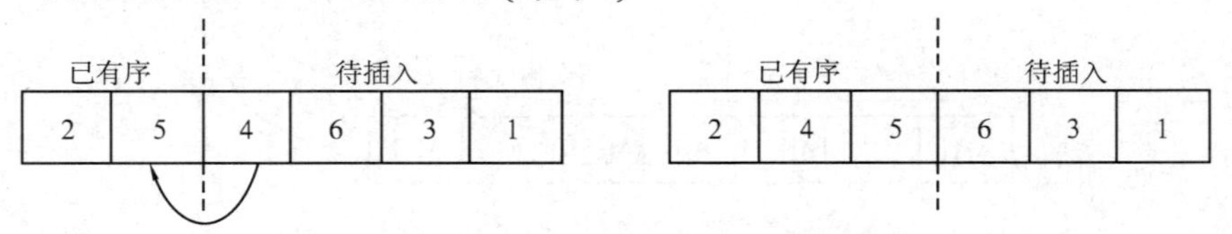

③ 第三趟：当前已有序部分为{2, 4, 5}，需要把元素 A[4] = 6 插入已有序部分中。显然插入位置为 4 号位（元素 5 后面，此时不需要改动元素），之后已有序部分为{2, 4, 5, 6}。

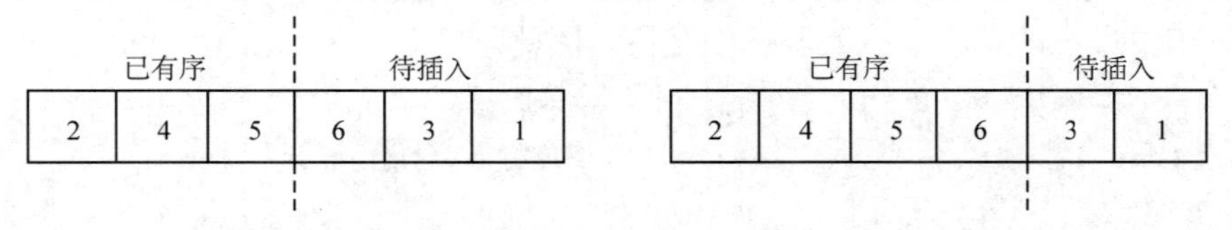

④ 第四趟：当前已有序部分为{2, 4, 5, 6}，需要把元素 A[5] = 3 插入已有序部分中。显然插入位置为 2 号，插入后已有序部分为{2, 3, 4, 5 ,6}。

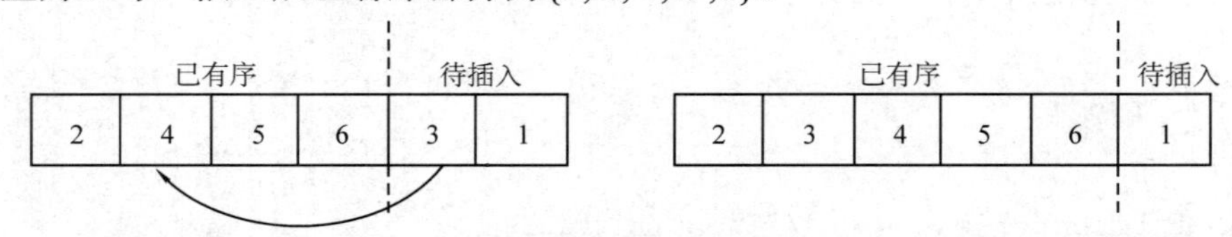

⑤ 第五趟：当前已有序部分为{2, 3, 4, 5, 6}，需要把元素 A[6] = 1 插入已有序部分中。显然插入位置为 1 号，插入后已有序部分为{1, 2, 3, 4, 5, 6}。至此，五趟操作完毕，算法结束。

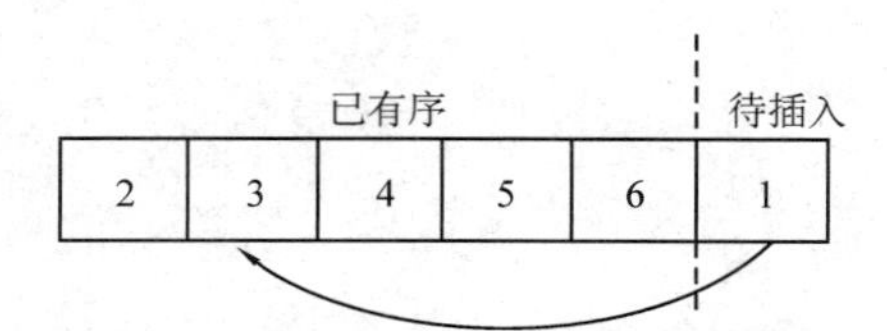

通过上面的例子，读者应当对直接插入排序的过程有一个清晰的了解。可以看到，插入排序是将待插入元素一个个插入初始已有序部分中的过程，而插入位置的选择遵循了**使插入后仍然保持有序**的原则，具体做法一般是**从后往前枚举已有序部分**来确定插入位置。下面代码给出了具体实现：

```
int A[maxn], n;    //n 为元素个数，数组下标为 1 ~ n
void insertSort() {
    for(int i = 2; i <= n; i++) {    //进行 n-1 趟排序
        int temp = A[i], j = i;    //temp 临时存放 A[i]，j 从 i 开始往前枚举
        while(j > 1 && temp < A[j - 1]) {    //只要 temp 小于前一个元素 A[j-1]
            A[j] = A[j - 1];    //把 A[j-1]后移一位至 A[j]
            j--;
        }
        A[j] = temp;    //插入位置为 j
    }
}
```

4.1.3　排序题与 sort 函数的应用

由于考试中的排序题中大部分都只需要得到排序的最终结果，而不需要去写排序的完整过程（例如冒泡排序、快速排序等排序的过程），因此推荐直接使用 C 语言中的库函数 qsort 或是 C++中的 sort 函数进行排序，这将有助于读者把更多的精力用在题目的逻辑本身上面。考虑到 qsort 的使用需要对指针的用法有一定了解，且写法上也没有 sort 函数简洁，因此更推荐读者使用 C++中的 sort 函数进行高效的代码编写，相信读者一定会有一个很好的体验。关于 sort 的使用方法，请读者**直接**学习 6.9.6 节的内容，**待学会 sort 的用法后，再继续看下面的内容**。不过读者完全没必要因为 sort 的内容在第 6 章而对难度有任何担心，因为 sort 函数本身是非常简单易写的，放在第 6 章只是为了更好地归类（第 6 章专门讲解 C++中的一些常用函数）。

至此，读者应具有了使用 sort 函数对数组进行排序的能力，下面讲解排序题型的常用解题步骤。

1. 相关结构体的定义

对排序题，一定会在题目中给出个体的许多信息，例如学生有姓名、准考证号、分数、排名等信息。这些信息在排序过程中一般都会用到，因此为了方便编写代码，常常将它们存至一个结构体当中，然后用结构体数组来表示多个个体。例如对上面学生的例子来说，就可以定义结构体类型 Student，用以存放给定的信息：

```
struct Student {
    char name[10];   //姓名
    char id[10];     //准考证号
```

```
    int score;        //分数
    int r;            //排名
}stu[100010];
```

2. cmp 函数的编写

众所周知，使用 sort 进行排序时，需要提供 cmp 函数实现的排序规则。在考试的排序题中，经常会出现类似这样的要求：对所有学生先按分数从高到低排序，分数相同的按姓名的字典序从小到大排序。如果读者仔细阅读了 6.9.6 节关于 sort 函数的部分，那么这个要求就可以很容易实现。

以上段提到的要求为例，实际上需要完成的排序规则可以等价表述如下：

① 如果两个学生分数不相同，那么分数高的排在前面。

② 否则，将姓名字典序小的排在前面。

由此可以很容易地写出对应的 cmp 函数：

```
bool cmp(Student a, Student b) {
    if(a.score != b.score) return a.score > b.score;
    else return strcmp(a.name, b.name)< 0;
}
```

关于 strcmp 函数需要做出如下解释：strcmp 函数是 string.h 头文件下用来比较两个 char 型数组的字典序大小的，其中 strcmp(str1, str2)当 str1 的字典序小于 str2 时返回一个负数，当 str1 的字典序等于 str2 时返回 0，当 str1 的字典序大于 str2 时返回一个正数。而有些读者可能对 cmp 函数中的 return strcmp(a.name, b.name)< 0 的部分不太理解，事实上这与普通变量的写法是一致的。试想，如果字符数组可以直接进行比较，那么当需要按字典序从小到大排序时，就会在 cmp 函数里写类似 return a.name < b.name 的写法，表示 a.name 的字典序小于 b.name 的字典序。那么，当使用 strcmp 进行比较时，实际上采用的也是同一个思路，即使用 strcmp(a.name, b.name)< 0 表示 a.name 的字典序小于 b.name 的字典序。唯一需要注意的是，strcmp 的返回值不一定是–1 或是+1（这与编译器有关），因此 **return strcmp(a.name, b.name) == –1 的写法是错误的**。

3. 排名的实现

很多排序题都会要求在排序之后计算出每个个体的排名，并且规则一般是：**分数不同的排名不同，分数相同的排名相同但占用一个排位**。例如有五个学生的分数分别为 90、88、88、88、86，那么这五个学生的排名分别为 1、2、2、2、5。

对这种要求，一般都需要在结构体类型定义时就把排名这一项加到结构体中（正如上文中 Student 类型的定义一样）。于是在数组排序完成后就有下面两种方法来实现排名的计算：

① 先将数组第一个个体（假设数组下标从 0 开始）的排名记为 1，然后遍历剩余个体：如果当前个体的分数等于上一个个体的分数，那么当前个体的排名等于上一个个体的排名；否则，当前个体的排名等于数组下标加 1。对应的代码如下：

```
stu[0].r = 1;
for(int i = 1; i < n; i++) {
    if(stu[i].score == stu[i - 1].score) {
        stu[i].r = stu[i - 1].r;
    } else {
```

```
        stu[i].r = i + 1;
    }
}
```

② 而有时题目中不一定需要真的把排名记录下来，而是直接输出即可，那么也可以用这样的办法：令 int 型变量 r 初值为 1，然后遍历所有个体：如果当前个体不是第一个个体且当前个体的分数不等于上一个个体的分数，那么令 r 等于数组下标加 1，这时 r 就是当前个体的排名，直接输出即可。这样的做法适用于需要输出的信息过多，导致第一种方法代码冗长的情况。

```
int r = 1;
for(int i = 0; i < n; i++) {
    if(i > 0 && stu[i].score != stu[i - 1].score) {
        r = i + 1;
    }
    //输出当前个体信息，或者令 stu[i].r = r 也行
}
```

接下来看一道例题。

【PAT A1025】PAT Ranking

题目描述

Programming Ability Test (PAT) is organized by the College of Computer Science and Technology of Zhejiang University. Each test is supposed to run simultaneously in several places, and the ranklists will be merged immediately after the test. Now it is your job to write a program to correctly merge all the ranklists and generate the final rank.

输入格式

Each input file contains one test case. For each case, the first line contains a positive number N (≤100), the number of test locations. Then N ranklists follow, each starts with a line containing a positive integer K (≤300), the number of testees, and then K lines containing the registration number (a 13-digit number) and the total score of each testee. All the numbers in a line are separated by a space.

输出格式

For each test case, first print in one line the total number of testees. Then print the final ranklist in the following format:

registration_number final_rank location_number local_rank

The locations are numbered from 1 to N. The output must be sorted in nondecreasing order of the final ranks. The testees with the same score must have the same rank, and the output must be sorted in nondecreasing order of their registration numbers.

（原题即为英文题）

输入样例

```
2
5
```

```
1234567890001 95
1234567890005 100
1234567890003 95
1234567890002 77
1234567890004 85
4
1234567890013 65
1234567890011 25
1234567890014 100
1234567890012 85
```

输出样例

```
9
1234567890005 1 1 1
1234567890014 1 2 1
1234567890001 3 1 2
1234567890003 3 1 2
1234567890004 5 1 4
1234567890012 5 2 2
1234567890002 7 1 5
1234567890013 8 2 3
1234567890011 9 2 4
```

题意

有 n 个考场，每个考场有若干数量的考生。现在给出各个考场中考生的准考证号与分数，要求将所有考生按分数从高到低排序，并按顺序输出所有考生的准考证号、排名、考场号以及考场内排名。

思路

在结构体类型 Student 中存放题目要求的信息(准考证号、分数、考场号以及考场内排名)。根据题目要求，需要写一个排序函数 cmp，规则如下：

① 当分数不同时，按分数从大到小排序。

② 否则，按准考证号从小到大排序。

也即写一个类似于下面这段代码的 cmp 函数：

```
bool cmp(Student a, Student b) {
    if(a.score != b.score) return a.score > b.score;    //先按分数从高到低排序
    else return strcmp(a.id, b.id) < 0;    //若分数相同，则按准考证号从小到大排序
}
```

而算法本体则分为下面三个部分：

步骤 1：按考场读入各考生的信息，并对当前读入考场的所有考生进行排序。之后将该考场的所有考生的排名写入他们的结构体中。

步骤 2：对所有考生进行排序。

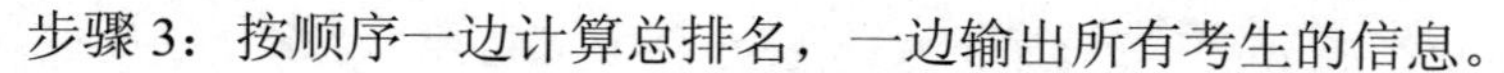

步骤 3：按顺序一边计算总排名，一边输出所有考生的信息。

注意点

对同一考场的考生单独排序的方法：定义 int 型变量 num，用来存放当前获取到的考生人数。每读入一个考生的信息，就让 num 自增。这样当读取完一个考场的考生信息（假设该考场有 k 个考生）后，这个考场的考生所对应的数组下标便为区间[num – k, num)。

参考代码

```
#include <cstdio>
#include <cstring>
#include <algorithm>
using namespace std;
struct Student {
    char id[15];            //准考证号
    int score;              //分数
    int location_number;    //考场号
    int local_rank;         //考场内排名
}stu[30010];
bool cmp(Student a, Student b) {
    if(a.score != b.score) return a.score > b.score;    //先按分数从高到低排序
    else return strcmp(a.id, b.id) < 0;     //分数相同按准考证号从小到大排序
}
int main() {
    int n, k, num = 0;      //num 为总考生数
    scanf("%d", &n);        //n 为考场数
    for(int i = 1; i <= n; i++) {
        scanf("%d", &k);                          //该考场内人数
        for(int j = 0; j < k; j++) {
            scanf("%s %d", stu[num].id, &stu[num].score);
            stu[num].location_number = i;     //该考生的考场号为 i
            num++;                                //总考生数加 1
        }
        sort(stu + num - k, stu + num, cmp);    //将该考场的考生排序
        stu[num - k].local_rank = 1;        //该考场第 1 名的 local_rank 记为 1
        for(int j = num - k + 1; j < num; j++) {    //对该考场剩余的考生
            if(stu[j].score == stu[j - 1].score) {  //如果与前一位考生同分
                //local_rank 也相同
                stu[j].local_rank = stu[j - 1].local_rank;
            } else {                            //如果与前一位考生不同分
                //local_rank 为该考生前的人数
                stu[j].local_rank = j + 1 - (num - k);
```

```
            }
        }
    }
    printf("%d\n", num);                    //输出总考生数
    sort(stu, stu + num, cmp);              //将所有考生排序
    int r = 1;                              //当前考生的排名
    for(int i = 0; i < num; i++) {
        if(i > 0 && stu[i].score != stu[i - 1].score) {
            r = i + 1;    //当前考生与上一个考生分数不同时，让r更新为人数+1
        }
        printf("%s ", stu[i].id);
        printf("%d %d %d\n", r, stu[i].location_number, stu[i].local_rank);
    }
    return 0;
}
```

练习

① 配套习题集的对应小节。

② Codeup Contest ID: 100000581

地址：http://codeup.cn/contest.php?cid=100000581。

本节二维码

4.2 散　　列

4.2.1 散列的定义与整数散列

散列（hash）是常用的算法思想之一，在很多程序中都会有意无意地使用到。

先来看一个简单的问题：给出 N 个正整数，再给出 M 个正整数，问这 M 个数中的每个数分别是否在 N 个数中出现过，其中 N，M$\leqslant 10^5$，且所有正整数均不超过 10^5。例如 N = 5，M = 3，N 个正整数为{8, 3, 7, 6, 2}，欲查询的 M 个正整数为{7, 4, 2}，于是后者中只有 7 和 2 在 N 个正整数中出现过，而 4 是没有出现过的。

对这个问题，最直观的思路是：对每个欲查询的正整数 x，遍历所有 N 个数，看是否有一个数与 x 相等。这种做法的时间复杂度为 O(NM)，当 N 和 M 都很大（10^5 级别）时，显然是无法承受的。

那么该如何做呢？——不妨用空间换时间，即设定一个 bool 型数组 hashTable[100010]，其中 hashTable[x] == true 表示正整数 x 在 N 个正整数中出现过，而 hashTable[x] == false 表示正整数 x 在 N 个正整数中没有出现过。这样就可以在一开始读入 N 个正整数时就进行预处理，

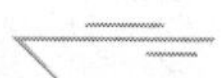

即当读入的数为 x 时，就令 hashTable[x] = true（说明：hashTable 数组需要初始化为 false，表示初始状态下所有数都未出现过）。于是，对 M 个欲查询的数，就能直接通过 hashTable 数组判断出每个数是否出现过。显然这种做法的时间复杂度为 O(N + M)，代码如下：

```
#include <cstdio>
const int maxn = 100010;
bool hashTable[maxn] = {false};
int main() {
    int n, m, x;
    scanf("%d%d", &n, &m);
    for(int i = 0; i < n; i++) {
        scanf("%d", &x);
        hashTable[x] = true;    //数字 x 出现过
    }
    for(int i = 0; i < m; i++) {
        scanf("%d", &x);
        if(hashTable[x] == true) {    //如果数字 x 出现过，则输出 YES
            printf("YES\n");
        } else {
            printf("NO\n");
        }
    }
    return 0;
}
```

同样的，如果题目要求 M 个欲查询的数中每个数在 N 个数中出现的次数，那么可以把 hashTable 数组替换为 int 型，然后在输入 N 个数时进行预处理，即当输入的数为 x 时，就令 hashTable[x]++，这样就可以用 O(N + M)的时间复杂度输出每个欲查询的数出现的次数。代码如下：

```
#include <cstdio>
const int maxn = 100010;
int hashTable[maxn] = {0};
int main() {
    int n, m, x;
    scanf("%d%d", &n, &m);
    for(int i = 0; i < n; i++) {
        scanf("%d", &x);
        hashTable[x]++;
    }
    for(int i = 0; i < m; i++) {
        scanf("%d", &x);
        printf("%d\n", hashTable[x]);
```

```
    }
    return 0;
}
```

上面的两个问题都有一个特点，那就是直接把输入的数作为数组的下标来对这个数的性质进行统计（**这种做法非常实用，请务必掌握**）。这是一个很好的用空间换时间的策略，因为它将查询的复杂度降到了 O(1)级别。但是，这个策略暂时还有一个问题——上面的题目中出现的每个数都不会超过 10^5，因此直接作为数组下标是可行的，但是如果输入可能是 10^9 大小的整数（例如 1111111111），或者甚至是一个字符串（例如"I Love You"），就不能将它们直接作为数组下标了。要是有一种做法，可以把这些乱七八糟的元素转换为一个在能接受范围内的整数，那该多么美好呀！

这样的做法当然是存在的，那就是**散列（hash）**。一般来说，散列可以浓缩成一句话"**将元素通过一个函数转换为整数，使得该整数可以尽量唯一地代表这个元素**"。其中把这个转换函数称为**散列函数** H，也就是说，如果元素在转换前为 key，那么转换后就是一个整数 H(key)。

那么对 **key 是整数**的情况来说，有哪些**常用的散列函数**呢？一般来说，常用的有直接定址法、平方取中法、除留余数法等，其中直接定址法是指恒等变换（即 H(key) = key，**本节开始的问题就是直接把 key 作为数组下标，是最常见最实用的散列应用**）或是线性变换（即 H(key) = a * key + b）；而平方取中法是指取 key 的平方的中间若干位作为 hash 值（很少用）。一般来说比较实用的还有除留余数法，我们对其进行特别介绍。

除留余数法是指把 key 除以一个数 mod 得到的余数作为 hash 值的方法，即

$$H(key) = key \% mod$$

通过这个散列函数，可以把很大的数转换为不超过 mod 的整数，这样就可以将它作为可行的数组下标（注意：表长 TSize 必须不小于 mod，不然会产生越界）。显然，当 mod 是一个素数时，H(key)能尽可能覆盖[0, mod)范围内的每一个数。因此一般为了方便起见，下文中**取 TSize 是一个素数，而 mod 直接取成与 TSize 相等**。

但是稍加思考便可以注意到，通过除留余数法可能会有两个不同的数 key1 和 key2，它们的 hash 值 H(key1)与 H(key2)是相同的，这样当 key1 已经把表中位置为 H(key1)的单元占据时，key2 便不能再使用这个位置了。我们把这种情况叫作"**冲突**"。

既然冲突不可避免，那就要想办法解决冲突。下面以三种方法来解决冲突为例，其中第一种和第二种都计算了新的 hash 值，又称为开放定址法。

1. 线性探查法（Linear Probing）

当得到 key 的 hash 值 H(key)，但是表中下标为 H(key)的位置已经被某个其他元素使用了，那么就检查下一个位置 H(key) + 1 是否被占，如果没有，就使用这个位置；否则就继续检查下一个位置（也就是将 hash 值不断加 1）。如果检查过程中超过了表长，那么就回到表的首位继续循环，直到找到一个可以使用的位置，或者是发现表中所有位置都已被使用。显然，这个做法容易导致**扎堆**，即表中连续若干个位置都被使用，这在一定程度上会降低效率。

2. 平方探查法（Quadratic probing）

在平方探查法中，为了尽可能避免扎堆现象，当表中下标为 H(key)的位置被占时，将按下面的顺序检查表中的位置：$H(key) + 1^2$、$H(key) - 1^2$、$H(key) + 2^2$、$H(key) - 2^2$、$H(key) + 3^2$、…。如果检查过程中 $H(key) + k^2$ 超过了表长 TSize，那么就把 $H(key) + k^2$ 对表长 TSize 取模；

如果检查过程中出现 $H(key) - k^2 < 0$ 的情况（假设表的首位为 0），那么将 $((H(key) - k^2) \% TSize + TSize) \% TSize$ 作为结果（等价于将 $H(key) - k^2$ 不断加上 TSize 直到出现第一个非负数）。如果想避免负数的麻烦，可以只进行正向的平方探查。可以证明，如果 k 在[0, TSize)范围内都无法找到位置，那么当 k≥TSize 时，也一定无法找到位置。

3. 链地址法（拉链法）

和上面两种方法不同，链地址法不计算新的 hash 值，而是把所有 H(key)相同的 key 连接成一条单链表（可以在学习完 7.3 小节后回过头来看）。这样可以设定一个数组 Link，范围是 Link[0] ~ Link[mod–1]，其中 Link[h]存放 H(key) = h 的一条单链表，于是当多个关键字 key 的 hash 值都是 h 时，就可以直接把这些冲突的 key 直接用单链表连接起来，此时就可以遍历这条单链表来寻找所有 H(key) = h 的 key。

当然，一般来说，可以使用标准库模板库中的 map（见 6.4 节）来直接使用 hash 的功能（C++11 以后可以用 unordered_map，速度更快），因此除非必须模拟这些方法或是对算法的效率要求比较高，一般不需要自己实现上面解决冲突的方法。

4.2.2　字符串 hash 初步

如果 key 不是整数，那么又应当如何设计散列函数呢？

一个例子是：**如何将一个二维整点 P 的坐标映射为一个整数，使得整点 P 可以由该整数唯一地代表**。假设一个整点 P 的坐标是(x, y)，其中 0≤x, y≤Range，那么可以令 hash 函数为 H(P) = x * Range + y，这样对数据范围内的任意两个整点 P_1 与 P_2，$H(P_1)$都不会等于 $H(P_2)$，就可以用 H(P)来唯一地代表该整点 P，接着便可以通过整数 hash 的方法来进一步映射到较小的范围。

本节的重点在于字符串 hash。**字符串 hash** 是指将一个字符串 S 映射为一个整数，使得该整数可以尽可能唯一地代表字符串 S。本节只讨论将字符串转换为唯一的整数，进阶部分在 12.1 节。

为了讨论问题方便，**先假设字符串均由大写字母 A ~ Z 构成**。在这个基础上，不妨把 A ~ Z 视为 0 ~ 25，这样就把 26 个大写字母对应到了二十六进制中。接着，按照将二十六进制转换为十进制的思路，由进制转换的结论可知，在进制转换过程中，得到的十进制肯定是唯一的，由此便可实现将字符串映射为整数的需求（注意：转换成的整数最大为是 $26^{len} - 1$，其中 len 为字符串长度）。代码如下：

```
int hashFunc(char S[], int len) {        //hash 函数，将字符串 S 转换为整数
    int id = 0;
    for(int i = 0; i < len; i++) {
        id = id * 26 + (S[i] - 'A');     //将二十六进制转换为十进制
    }
    return id;
}
```

显然，如果字符串 S 的长度比较长，那么转换成的整数也会很大，因此需要注意使用时 len 不能太长。如果字符串中出现了小写字母，那么可以把 A ~ Z 作为 0 ~ 25，而把 a ~ z 作为 26 ~ 51，这样就变成了五十二进制转换为十进制的问题，做法也是相同的：

```
int hashFunc(char S[], int len) {        //hash 函数，将字符串 S 转换为整数
```

```
    int id = 0;
    for(int i = 0; i < len; i++) {
        if(S[i] >= 'A' && S[i] <= 'Z') {
            id = id * 52 + (S[i] - 'A');
        } else if(S[i] >= 'a' && S[i] <= 'z'){
            id = id * 52 + (S[i] - 'a') + 26;
        }
    }
    return id;
}
```

而如果出现了数字，一般有两种处理方法：

① 按照小写字母的处理方法，增大进制数至 62。

② 如果保证在字符串的末尾是确定个数的数字，那么就可以把前面英文字母的部分按上面的思路转换成整数，再将末尾的数字直接拼接上去。例如对由三个字符加一位数字组成的字符串“BCD4”来说，就可以先将前面的“BCD”转换为整数 731，然后直接拼接上末位的 4 变为 7314 即可。下面的代码体现了这个例子：

```
int hashFunc(char S[], int len) {     //hash 函数，将字符串 S 转换为整数
    int id = 0;
    for(int i = 0; i < len - 1; i++) {      //末位为数字，因此除外末位
        id = id * 26 + (S[i] - 'A');
    }
    id = id * 10 + (S[len - 1] - '0');
    return id;
}
```

以一个问题结尾：给出 N 个字符串（由恰好三位大写字母组成），再给出 M 个查询字符串，问每个查询字符串在 N 个字符串中出现的次数。

下面直接给出使用字符串 hash 的代码，读者可以自己体会一下：

```
#include <cstdio>
const int maxn = 100;
char S[maxn][5], temp[5];
int hashTable[26 * 26 * 26 + 10];
int hashFunc(char S[], int len) {     //hash 函数，将字符串 S 转换为整数
    int id = 0;
    for(int i = 0; i < len; i++) {
        id = id * 26 + (S[i] - 'A');
    }
    return id;
}
int main() {
    int n, m;
```

```
    scanf("%d%d", &n, &m);
    for(int i = 0; i < n; i++) {
        scanf("%s", S[i]);
        int id = hashFunc(S[i], 3);    //将字符串S[i]转换为整数
        hashTable[id]++;    //该字符串的出现次数加1
    }
    for(int i = 0; i < m; i++) {
        scanf("%s", temp);
        int id = hashFunc(temp, 3);    //将字符串temp转换为整数
        printf("%d\n", hashTable[id]);    //输出该字符串的出现次数
    }
    return 0;
}
```

练习

① 配套习题集的对应小节。

② Codeup Contest ID: 100000582

地址：http://codeup.cn/contest.php?cid=100000582。

本节二维码

4.3 递　　归

4.3.1 分　　治

分治（divide and conquer）的全称为“分而治之”，也就是说，**分治法将原问题划分成若干个规模较小而结构与原问题相同或相似的子问题，然后分别解决这些子问题，最后合并子问题的解，即可得到为原问题的解**。上面的定义体现出分治法的三个步骤：

① 分解：将原问题分解为若干和原问题拥有相同或相似结构的子问题。

② 解决：递归求解所有子问题。如果存在子问题的规模小到可以直接解决，就直接解决它。

③ 合并：将子问题的解合并为原问题的解。

需要指出的是，分治法分解出的子问题应当是相互独立、没有交叉的。如果存在两个子问题有相交部分，那么不应当使用分治法解决。

从广义上来说，分治法分解成的子问题个数只要大于0即可。但是从严格的定义上讲，一般把子问题个数为1的情况称为**减治**（decrease and conquer），而把子问题个数大于1的情况称为分治，不过通常情况下不必在意这种区别。另外，分治法作为一种算法思想，**既可以使用递归的手段去实现，也可以通过非递归的手段去实现**，可以视具体情况而定，一般来说，

使用递归实现较为容易。下面介绍递归的概念，其中对 n 的阶乘的求解过程体现了减治的思想，对 Fibonacci 数列的求解过程体现了分治的思想，希望读者能仔细体会。

4.3.2 递　　归

有一个看似玩笑的对递归的定义："要理解递归，你要先理解递归，直到你能理解递归"，但是这对递归的解释算是十分直观的。递归就在于反复调用自身函数，但是每次把问题范围缩小，直到范围缩小到可以直接得到边界数据的结果，然后再在返回的路上求出对应的解。从这点上看，**递归很适合用来实现分治思想**。

递归的逻辑中一般有两个重要概念：

① 递归边界。

② 递归式（或称递归调用）。

其中递归式是将原问题分解为若干个子问题的手段，而递归边界则是分解的尽头。可以想象，如果使用递归式不断递归而不进行阻止，那么最后将会无法停止这个黑洞似的无穷尽的算法。可以指出，递归的代码结构中一定存在这两个概念，它们支撑起了整个递归最关键的逻辑。**读者应当在后面的学习中不断思考递归边界和递归式这两个概念是如何运用的。**

来看一个经典的例子：**使用递归求解 n 的阶乘。**

首先给出 n!的计算式：$n! = 1 * 2 * \cdots * n$，这个式子写成递推的形式就是 $n! = (n-1)! * n$，于是就把规模为 n 的问题转换为求解规模为 n − 1 的问题。如果用 F(n)表示 n!，就可以写成 $F(n) = F(n-1) * n$（即**递归式**），这样规模就变小了。

那么，如果把 F(n)变为 F(n − 1)，又把 F(n − 1)变为 F(n − 2)，这样一直减小规模，什么时候是尽头呢？由于 0! = 1，因此不妨以 F(0) = 1 作为**递归边界**，即当规模减小至 n = 0 的时候开始"回头"。

为了实现上面的思想，下面编写这个递归代码：

```
#include <stdio.h>
int F(int n){
    if(n == 0) return 1;     //当到达递归边界 F(0)时，返回 F(0) == 1
    else return F(n - 1) * n;    //没有到达递归边界时，使用递归式递归下去
}
int main(){
    int n;
    scanf("%d", &n);
    printf("%d\n", F(n));
    return 0;
}
```

输入一个整数：

```
3
```

输出结果：

```
6
```

为了理解上面的递归，此处给出如图 4-2 所示的递归过程，读者可以结合后面的解释一起看。

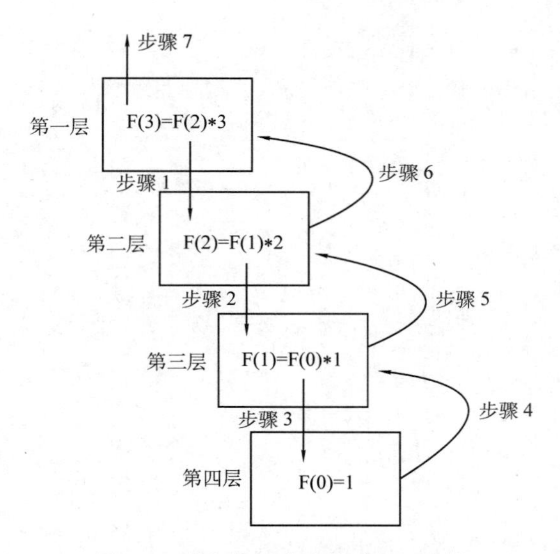

图 4-2　递归求解阶乘的过程示意图

递归过程：

① 无妨令输入的 n 为 3，然后调用 F(3)，即求解 3 的阶乘。

② 进入 F(3)函数（第一层），判断 n == 0 是否成立：不成立，因此返回 F(2) * 3。注意，此时 F(2)还是未知的，因此程序会调用 F(2)，等待得到 F(2)的结果后再计算 F(2) * 3。

③ 进入 F(2)函数（第二层），判断 n == 0 是否成立：不成立，因此返回 F(1) * 2。注意，此时 F(1)还是未知的，因此程序会调用 F(1) ，等待得到 F(1)的结果后再计算 F(1) *2。

④ 进入 F(1)函数（第三层），判断 n == 0 是否成立：不成立，因此返回 F(0) * 1。注意，此时 F(0)还是未知的，因此程序会调用 F(0) ，等待得到 F(0)的结果后再计算 F(0) * 1。

⑤ 进入 F(0)函数（第四层），判断 n == 0 是否成立：成立，因此返回 1。到这里为止，得到了 F(0) == 1，且不用再向更小范围进行递归，因此向上一层（第三层）返回 F(0)的结果。

⑥ 步骤④（第三层）由于等到了从第四层返回的 F(0)，计算出了 F(1) = F(0) * 1 = 1，并将 F(1)的结果返回上一层（第二层）。

⑦ 步骤③（第二层）由于等到了从第三层返回的 F(1)，计算出了 F(2) = F(1) * 2 = 2，并将 F(2)的结果返回上一层（第一层）。

⑧ 步骤②（第一层）由于等到了从第二层返回的 F(2)，计算出了 F(3) = F(2) * 3 = 6，并将 F(3)的结果返回给了 main 函数。

至此，F(3)的递归过程结束，得到了 F(3) = 6 并输出。在图 4-2 中，从进入第一层 F(3)开始，不断向下递归，到达递归边界后返回，在返回的过程中依次计算出 F(1)、F(2)及 F(3)，并把 F(3)返回给 main 函数调用 F(3)的地方。

再来看另一个经典例子：**求 Fibonacci 数列的第 n 项**。

Fibonacci 数列（即斐波那契数列）是满足 $F(0) = 1, F(1) = 1, F(n) = F(n-1) + F(n-2)(n\geqslant 2)$ 的数列，数列的前几项为 1, 1, 2, 3, 5, 8, 13, 21,⋯ 。由于从定义中已经可以获知**递归边界**为 $F(0) = 1$ 和 $F(1) = 1$，且**递归式**为 $F(n) = F(n-1) + F(n-2)(n\geqslant 2)$，因此可以仿照求解 n 的阶乘的写法，写出求解 Fibonacci 数列第 n 项的程序：

```
#include <stdio.h>
int F(int n){
```

```
    if(n == 0 || n == 1) return 1;    //递归边界
    else return F(n - 1) + F(n - 2);    //递归式
}
int main(){
    int n;
    scanf("%d", &n);
    printf("%d\n", F(n));
    return 0;
}
```

输入一个整数：

```
4
```

输出结果：

```
5
```

下面直接给出 n == 4 的递归图（见图 4-3），由于有了前面求解 n 的阶乘的基础，相信读者能很好理解。图 4-3 中对 F(4)进行递归，到达边界数据 F(0) = 1 与 F(1) = 1 时返回，并在返回的过程中计算出需要计算的量，最终得到 F(4)并返回 main 函数。

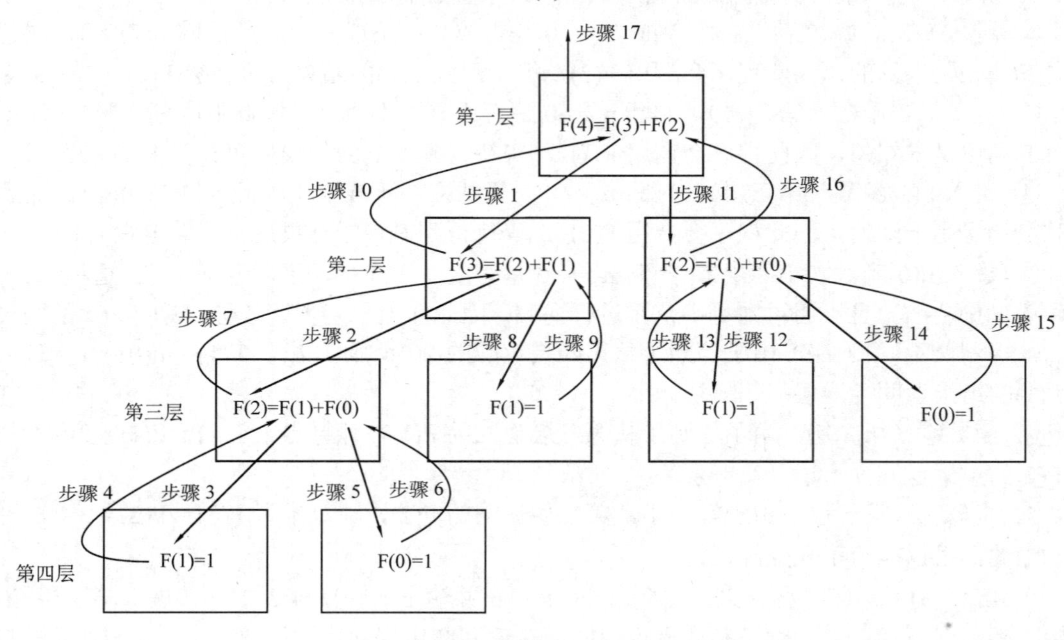

图 4-3　斐波那契数列递归求解示意图

回头来看求解 Fibonacci 数列的过程会发现，这实际上就是使用递归实现分治法的一个简单例子。对给定的正整数 n 来说，把求解 F(n)的问题分解为求解 F(n – 1)与 F(n – 2)这两个子问题，而 F(0) = F(1) = 1 是当 n 很小时问题的直接解决，递归式 F(n) = F(n – 1) + F(n – 2)则是子问题的解的合并。

由上面两个例子可以知道，如果要实现一个递归函数，那么就要有两样东西：**递归边界**和**递归式**。其中递归边界用来返回最简单底层的结果，递归式用来减少数据规模并向下一层递归。初学者最容易陷入一层层数下去结果把自己绕晕了的怪圈，建议初学的时候多像上面那样画出递归图，因为这样可以把递归放到一个平面上来思考，会容易很多。同时，初学递归时要格外强调**递归边界**和**递归式**，因为无论递归程序多么复杂，它们都是书写递归的两个关键。

最后来看**全排列（Full Permutation）**。一般把 1 ~ n 这 n 个整数按某个顺序摆放的结果称为这 n 个整数的一个排列，而全排列指这 n 个整数能形成的所有排列。例如对 1、2、3 这三个整数来说，(1, 2, 3)、(1, 3, 2)、(2, 1, 3)、(2, 3, 1)、(3, 1, 2)、(3, 2, 1)就是 1 ~ 3 的全排列。现在需要实现按字典序从小到大的顺序输出 1 ~ n 的全排列，其中**$(a_1, a_2, \cdots, a_n)$的字典序小于$(b_1, b_2, \cdots, b_n)$是指存在一个 i，使得 $a_1 = b_1$、$a_2 = b_2$、…、$a_{i-1} = b_{i-1}$、$a_i < b_i$ 成立**。因此上面 n = 3 的例子就是按字典序从小到大的顺序给出的。

从递归的角度去考虑，如果把问题描述成“输出 1 ~ n 这 n 个整数的全排列”，那么它就可以被分为若干个子问题：“输出以 1 开头的全排列”“输出以 2 开头的全排列”…“输出以 n 开头的全排列”。于是不妨设定一个数组 P，用来存放当前的排列；再设定一个散列数组 hashTable，其中 hashTable[x]当整数 x 已经在数组 P 中时为 true。

现在按顺序往 P 的第 1 位到第 n 位中填入数字。不妨假设当前已经填好了 P[1] ~ P[index – 1]，正准备填 P[index]。显然需要枚举 1 ~ n，如果当前枚举的数字 x 还没有在 P[1] ~ P[index – 1]中（即 hashTable[x] == false），那么就把它填入 P[index]，同时将 hashTable[x]置为 true，然后去处理 P 的第 index + 1 位（即进行递归）；而当递归完成时，再将 hashTable[x]还原为 false，以便让 P[index]填下一个数字。

那么递归边界是什么呢？显然，当 index 达到 n + 1 时，说明 P 的第 1 ~ n 位都已经填好了，此时可以把数组 P 输出，表示生成了一个排列，然后直接 return 即可。下面给出 n = 3 时的代码，请读者仔细体会其中递归的思想，并尝试自己实现：

```
#include <cstdio>
const int maxn = 11;
//P 为当前排列，hashTable 记录整数 x 是否已经在 P 中
int n, P[maxn], hashTable[maxn] = {false};
//当前处理排列的第 index 号位
void generateP(int index) {
    if(index == n + 1) {    //递归边界，已经处理完排列的 1~n 位
        for(int i = 1; i <= n; i++) {
            printf("%d", P[i]);    //输出当前排列
        }
        printf("\n");
        return;
    }
    for(int x = 1; x <= n; x++) {    //枚举 1~n，试图将 x 填入 P[index]
        if(hashTable[x] == false) {    //如果 x 不在 P[0]~P[index-1]中
            P[index] = x;    //令 P 的第 index 位为 x，即把 x 加入当前排列
            hashTable[x] = true;    //记 x 已在 P 中
            generateP(index + 1);    //处理排列的第 index+1 号位
            hashTable[x] = false;    //已处理完 P[index]为 x 的子问题，还原状态
```

```
        }
    }
}
int main(){
    n = 3;    //欲输出 1~3 的全排列
    generateP(1);    //从 P[1]开始填
    return 0;
}
```

最后来看 **n 皇后问题**。n 皇后问题是指在一个 n*n 的国际象棋棋盘上放置 n 个皇后，使得这 n 个皇后两两均不在同一行、同一列、同一条对角线上，求合法的方案数。例如图 4-4 是 n = 5 的情况，其中图 4-4a 是一个合法的方案，而图 4-4b 由于有两个皇后在同一条对角线上，因此不是合法的方案。

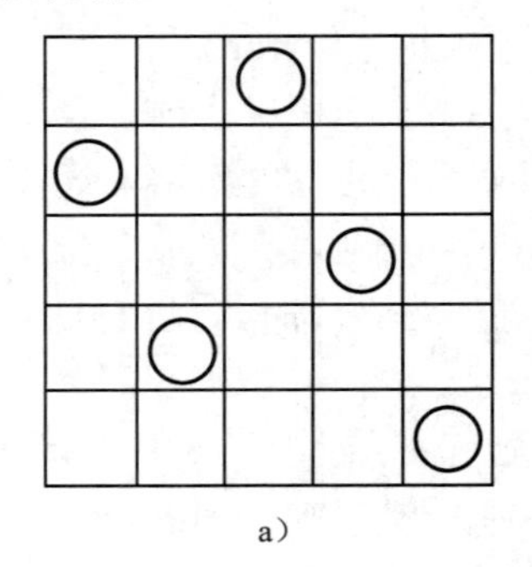

a）

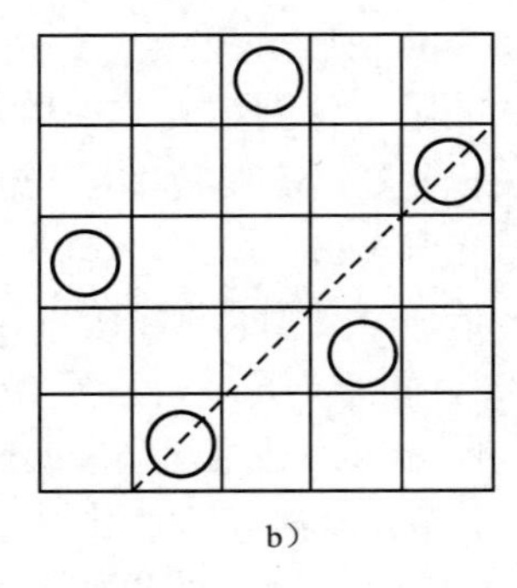

b）

图 4-4　五皇后问题示意图

a）合法方案　b）不合法方案

对于这个问题，如果采用组合数的方式来枚举每一种情况（即从 n^2 个位置中选择 n 个位置），那么将需要 C_{n*n}^{n} 的枚举量，当 n = 8 时就是 54 502 232 次枚举，如果 n 更大，那么就会无法承受。

但是换个思路，考虑到每行只能放置一个皇后、每列也只能放置一个皇后，那么如果把 n 列皇后所在的行号依次写出，那么就会是 1 ~ n 的一个排列。例如对图 4-4a 来说对应的排列是 24135，对图 4-4b 来说就是 35142。于是就只需要枚举 1 ~ n 的所有排列，查看每个排列对应的放置方案是否合法，统计其中合法的方案即可。由于总共有 n!个排列，因此当 n = 8 时只需要 40320 次枚举，比之前的做法优秀许多。

于是可以在全排列的代码基础上进行求解。由于当到达递归边界时表示生成了一个排列，所以需要在其内部判断是否为合法方案，即遍历每两个皇后，判断它们是否在同一条对角线上（不在同一行和同一列是显然的），若不是，则累计计数变量 count 即可。主要代码如下，当 n = 8 时 count 最后等于 92：

```
int count = 0;
void generateP(int index) {
    if(index == n + 1) {    //递归边界，生成一个排列
        bool flag = true;    //flag 为 true 表示当前排列为一个合法方案
        for(int i = 1; i <= n; i++) {    //遍历任意两个皇后
```

```
            for(int j = i + 1; j <= n; j++) {
                if(abs(i - j) == abs(P[i] - P[j])) {    //如果在一条对角线上
                    flag = false;    //不合法
                }
            }
        }
        if(flag) count++;    //若当前方案合法，令 count 加 1
        return;
    }
    for(int x = 1; x <= n; x++) {
        if(hashTable[x] == false) {
            P[index] = x;
            hashTable[x] = true;
            generateP(index + 1);
            hashTable[x] = false;
        }
    }
}
```

这种枚举所有情况，然后判断每一种情况是否合法的做法是非常朴素的（因此一般把不使用优化算法、直接用朴素算法来解决问题的做法称为**暴力法**）。事实上，通过思考可以发现，当已经放置了一部分皇后时（对应于生成了排列的一部分），可能剩余的皇后无论怎样放置都不可能合法，此时就没必要往下递归了，直接返回上层即可，这样可以减少很多计算量。例如图 4-4b 中，当放置了前三个皇后（对应生成了排列的一部分，即 351），可以发现剩下两个皇后不管怎么放置都会产生冲突，就没必要继续递归了。

一般来说，如果在到达递归边界前的某层，由于一些事实导致已经不需要往任何一个子问题递归，就可以直接返回上一层。一般把这种做法称为**回溯法**。

下面的代码采用了回溯的写法，请读者体会它与上面代码的区别：

```
void generateP(int index) {
    if(index == n + 1) {    //递归边界，生成一个合法方案
        count++;    //能到达这里的一定是合法的
        return;
    }
    for(int x = 1; x <= n; x++) {    //第 x 行
        if(hashTable[x] == false) {    //第 x 行还没有皇后
            bool flag = true;    //flag 为 true 表示当前皇后不会和之前的皇后冲突
            for(int pre = 1; pre < index; pre++) {    //遍历之前的皇后
            //第 index 列皇后的行号为 x，第 pre 列皇后的行号为 P[pre]
                if(abs(index - pre) == abs(x - P[pre])) {
                    flag = false;    //与之前的皇后在一条对角线，冲突
                    break;
```

```
                }
            }
            if(flag) {      //如果可以把皇后放在第 x 行
                P[index] = x;     //令第 index 列皇后的行号为 x
                hashTable[x] = true;     //第 x 行已被占用
                generateP(index + 1);     //递归处理第 index+1 行皇后
                hashTable[x] = false;     //递归完毕，还原第 x 行为未占用
            }
        }
    }
}
```

练习

① 配套习题集的对应小节。

② Codeup Contest ID: 100000583

地址：http://codeup.cn/contest.php?cid=100000583。

本节二维码

4.4 贪　　心

4.4.1 简单贪心

贪心法是求解一类最优化问题的方法，它总是考虑在当前状态下**局部最优（或较优）**的策略，来使全局的结果达到最优（或较优）。显然，如果采取较优而非最优的策略（最优策略可能不存在或是不易想到），得到的全局结果也无法是最优的。而要获得最优结果，则要求中间的每步策略都是最优的，因此严谨使用贪心法来求解最优化问题需要对采取的策略进行证明。证明的一般思路是使用反证法及数学归纳法，即假设策略不能导致最优解，然后通过一系列推导来得到矛盾，以此证明策略是最优的，最后用数学归纳法保证全局最优。不过对平常使用来说，也许没有时间或不太容易对想到的策略进行严谨的证明（贪心的证明往往比贪心本身更难），因此一般来说，**如果在想到某个似乎可行的策略，并且自己无法举出反例，那么就勇敢地实现它**。

下面来看两个简单的例子。

【PAT B1020】月饼

题目描述

月饼是中国人在中秋佳节时吃的一种传统食品，不同地区有许多不同风味的月饼。现给定所有种类月饼的库存量、总售价以及市场的最大需求量，试计算可以获得的最大收益是

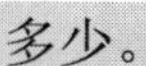

多少。

注意：销售时允许取出一部分库存。样例给出的情形是这样的：假如有三种月饼，其库存量分别为 18、15、10 万吨，总售价分别为 75、72、45 亿元。如果市场的最大需求量只有 20 万吨，那么最大收益策略应该是卖出全部 15 万吨第二种月饼以及 5 万吨第三种月饼，获得 72 + 45/2 = 94.5（亿元）。

输入格式

每个输入包含 1 个测试用例。每个测试用例先给出一个不超过 1000 的正整数 N 表示月饼的种类数以及不超过 500（以万吨为单位）的正整数 D 表示市场最大需求量；随后一行给出 N 个正数表示每种月饼的库存量（以万吨为单位）；最后一行给出 N 个正数表示每种月饼的总售价（以亿元为单位）。数字间以空格分隔。

输出格式

对每组测试用例，在一行中输出最大收益，以亿元为单位并精确到小数点后两位。

输入样例

```
3 20
18 15 10
75 72 45
```

输出样例

```
94.50
```

题意

现有月饼需求量为 D，已知 n 种月饼各自的库存量和总售价，问如何销售这些月饼，使得可以获得的收益最大。求最大收益。

思路

步骤 1：这里采用“总是选择单价最高的月饼出售，可以获得最大的利润”的策略。

因此，对每种月饼，都根据其库存量和总售价来计算出该种月饼的单价。

之后，将所有月饼按单价从高到低排序。

步骤 2：从单价高的月饼开始枚举。

① 如果该种月饼的库存量不足以填补所有需求量，则将该种月饼全部卖出，此时需求量减少该种月饼的库存量大小，收益值增加该种月饼的总售价大小。

② 如果该种月饼的库存量足够供应需求量，则只提供需求量大小的月饼，此时收益值增加当前需求量乘以该种月饼的单价，而需求量减为 0。

这样，最后得到的收益值即为所求的最大收益值。

策略正确性的证明：假设有两种单价不同的月饼，其单价分别为 a 和 b（$a < b$）。如果当前需求量为 K，那么两种月饼的总收入分别为 aK 与 bK，而 $aK < bK$ 显然成立，因此需要出售单价更高的月饼。

注意点

① 月饼库存量和总售价可以是浮点数（题目中只说是正数，没说是正整数），需要用 double 型存储。对于，总需求量 D 虽然题目说是正整数，但是为了后面计算方便，也需要定义为浮点型。很多得到“答案错误”的代码都错在这里。

② 当月饼库存量高于需求量时，不能先令需求量为 0，然后再计算收益，这会导致该步

收益为 0。

③ 当月饼库存量高于需求量时，要记得将循环中断，否则会出错。

参考代码

```
#include <cstdio>
#include <algorithm>
using namespace std;
struct mooncake {
    double store;    //库存量
    double sell;    //总售价
    double price;    //单价
}cake[1010];
bool cmp(mooncake a, mooncake b) {    //按单价从高到低排序
    return a.price > b.price;
}
int main() {
    int n;
    double D;
    scanf("%d%lf", &n, &D);
    for(int i = 0; i < n; i++) {
        scanf("%lf", &cake[i].store);
    }
    for(int i = 0; i < n; i++) {
        scanf("%lf", &cake[i].sell);
        cake[i].price = cake[i].sell / cake[i].store;    //计算单价
    }
    sort(cake, cake + n, cmp);    //按单价从高到低排序
    double ans = 0;    //收益
    for(int i = 0; i < n; i++) {
        if(cake[i].store <= D) {    //如果需求量高于月饼库存量
            D -= cake[i].store;    //第 i 种月饼全部卖出
            ans += cake[i].sell;
        } else {    //如果月饼库存量高于需求量
            ans += cake[i].price * D;    //只卖出剩余需求量的月饼
            break;
        }
    }
    printf("%.2f\n", ans);
    return 0;
}
```

【PAT B1023】组个最小数

题目描述

给定数字 0～9 各若干个。可以任意顺序排列这些数字，但必须全部使用。目标是使得最后得到的数尽可能小（注意：0 不能做首位）。例如，给定两个 0、两个 1、三个 5 和一个 8，得到的最小的数就是 10015558。

现给定数字，请编写程序输出能够组成的最小的数。

输入格式

每个输入包含 1 个测试用例。每个测试用例在一行中给出十个非负整数，顺序表示所拥有数字 0、数字 1…… 数字 9 的个数。整数间用一个空格分隔。十个数字的总个数不超过 50，且至少拥有一个非 0 的数字。

输出格式

在一行中输出能够组成的最小的数。

输入样例

```
2 2 0 0 0 3 0 0 1 0
```

输出样例

```
10015558
```

思路

策略是：先从 1～9 中选择个数不为 0 的最小的数输出，然后从 0～9 输出数字，每个数字输出次数为其剩余个数。

以样例为例，最高位为个数不为 0 的最小的数 1，此后 1 的剩余个数减 1（由 2 变为 1）。接着按剩余次数（0 剩余两个，1 剩余一个，5 出现三个，8 出现一个）依次输出所有数。

策略正确性的证明：首先，由于所有数字都必须参与组合，因此最后结果的位数是确定的。然后，由于最高位不能为 0，因此需要从[1, 9]中选择**最小**的数输出（如果存在两个长度相同的数的最高位不同，那么一定是最高位小的数更小）。最后，针对除最高位外的所有位，也是从高位到低位优先选择[0, 9]中还存在的**最小**的数输出。

注意点

由于第一位不能是 0，因此第一个数字必须从 1～9 中选择最小的存在的数字，且找到这样的数字之后要及时中断循环。

参考代码

```
#include <cstdio>
int main() {
    int count[10];    //记录数字 0~9 的个数
    for(int i = 0; i < 10; i++) {
        scanf("%d", &count[i]);
    }
    for(int i = 1; i < 10; i++) {    //从 1~9 中选择 count 不为 0 的最小的数字
        if(count[i] > 0) {
            printf("%d", i);
```

```
            count[i]--;
            break;    //找到一个之后就中断
        }
    }
    for(int i = 0; i < 10; i++) {    //从 0~9 输出对应个数的数字
        for(int j = 0; j < count[i]; j++) {
            printf("%d", i);
        }
    }
    return 0;
}
```

4.4.2 区间贪心

通过上面的例子，读者可以对贪心有一个大致的了解。下面来看一个稍微复杂一点的问题，即**区间不相交问题：给出 N 个开区间(x, y)，从中选择尽可能多的开区间，使得这些开区间两两没有交集**。例如对开区间(1, 3)、(2, 4)、(3, 5)、(6, 7)来说，可以选出最多三个区间(1, 3)、(3, 5)、(6, 7)，它们互相没有交集。

首先考虑最简单的情况，如果开区间 I_1 被开区间 I_2 包含，如图 4-5a 所示，那么显然选择 I_1 是最好的选择，因为如果选择 I_1，那么就有更大的空间去容纳其他开区间。

接下来把所有开区间按左端点 x 从大到小排序，如果去除掉区间包含的情况，那么一定有 $y_1> y_2>\cdots> y_n$ 成立，如图 4-5b 所示。现在考虑应当如何选取区间。通过观察会发现，I_1 的右边有一段是一定不会和其他区间重叠的，如果把它去掉，那么 I_1 的左边剩余部分就会被 I_2 包含，由图 4-5a 的情况可知，应当选择 I_1。因此对这种情况，**总是先选择左端点最大的区间**。

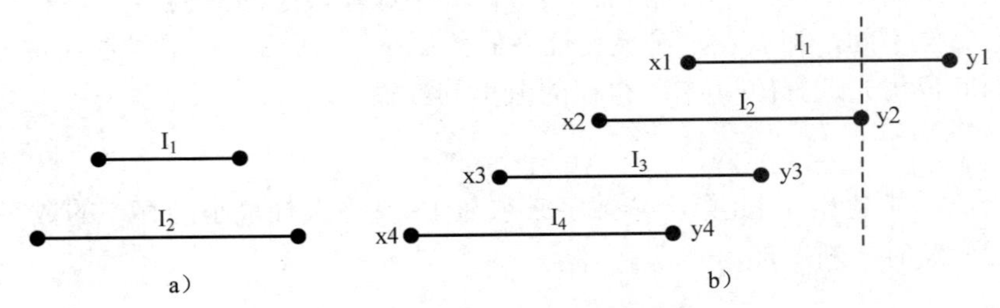

图 4-5　区间不相交问题策略图

a）I_1 被 I_2 包含　b）按左端点 x 从大到小排序

读者可以自己实现一下，然后再参考下面的代码：

```
#include <cstdio>
#include <algorithm>
using namespace std;
const int maxn = 110;
struct Inteval {
    int x, y;    //开区间左右端点
```

```
}I[maxn];
bool cmp(Inteval a, Inteval b) {
    if(a.x != b.x) return a.x > b.x;    //先按左端点从大到小排序
    else return a.y < b.y;    //左端点相同的按右端点从小到大排序
}
int main() {
    int n;
    while(scanf("%d", &n), n != 0) {
        for(int i = 0; i < n; i++) {
            scanf("%d%d", &I[i].x, &I[i].y);
        }
        sort(I, I + n, cmp);    //把区间排序
        //ans 记录不相交区间个数，lastX 记录上一个被选中区间的左端点
        int ans = 1, lastX = I[0].x;
        for(int i = 1; i < n; i++) {
            if(I[i].y <= lastX) {    //如果该区间右端点在 lastX 左边
                lastX = I[i].x;    //以 I[i]作为新选中的区间
                ans++;    //不相交区间个数加 1
            }
        }
        printf("%d\n", ans);
    }
    return 0;
}
```

值得注意的是，**总是先选择右端点最小的区间**的策略也是可行的，读者可以模仿上面的思路推导一下过程，并写出相应的代码。

与这个问题类似的是区间选点问题：**给出 N 个闭区间[x, y]，求最少需要确定多少个点，才能使每个闭区间中都至少存在一个点**。例如对闭区间[1, 4]、[2, 6]、[5, 7]来说，需要两个点（例如 3、5）才能保证每个闭区间内都有至少有一个点。

事实上，这个问题和区间不相交问题的策略是一致的。首先，回到图 4-5a，如果闭区间 I_1 被闭区间 I_2 包含，那么在 I_1 中取点可以保证这个点一定在 I_2 内。接着把所有区间按左端点从大到小排序，去除掉区间包含的情况，就可以得到图 4-5b。显然，由于每个闭区间中都需要存在一个点，因此对左端点最大的区间 I_1 来说，取哪个点可以让它尽可能多地覆盖其他区间？很显然，只要取左端点即可，这样这个点就能覆盖到尽可能多的区间。区间选点问题的代码只需要把区间不相交问题代码中的“I[i].y <= lastX”改为“I[i].y < lastX”即可，读者可以思考一下为什么。

总的来说，贪心是用来解决一类最优化问题，并希望**由局部最优策略来推得全局最优结果**的算法思想。贪心算法适用的问题一定满足**最优子结构**性质，即一个问题的最优解可以由它的子问题的最优解有效地构造出来。显然，不是所有问题都适合使用贪心法，但是这并不妨碍贪心算法成为一个简洁、实用、高效的算法。

练习

① 配套习题集的对应小节。

② Codeup Contest ID: 100000584

地址：http://codeup.cn/contest.php?cid=100000584。

本节二维码

4.5 二　　分

4.5.1 二分查找

先来看**猜数字**的游戏。在这个游戏中，玩家 A 从一个范围中选择一个数（例如从[1, 1000]中选择了 352)，然后让玩家 B 猜这个数字。此时如果玩家 B 猜的数字 x 小于 352，说明 x < 352 ≤1000，应当在[x + 1, 1000]中继续猜；如果玩家 B 猜的数字 x 大于 352，说明 1≤352 < x，应当在[1, x – 1]中继续猜。显然，**每次选择当前范围的中间数**去猜，就能尽可能快地逼近正确的数字，并最终将其猜出来。

这个游戏背后是一个经典的问题：**如何在一个严格递增序列 A 中找出给定的数 x**。最直接的办法是：线性扫描序列中的所有元素，如果当前元素恰好为 x，则表明查找成功；如果扫描完整个序列都没有发现给定的数 x，则表明查找失败，说明序列中不存在数 x。这种**顺序查找**的时间复杂度为 O(n)（其中 n 为序列元素个数），如果需要查询次数不多，则是很好的选择，但是如果有 10^5 个数需要查询，就不太能承受了。

更好的办法是使用**二分查找**。二分查找是基于**有序**序列的查找算法（以下以**严格递增**序列为例），该算法一开始令[left, right]为整个序列的下标区间，然后每次测试当前[left, right]的中间位置 mid = (left + right) / 2，判断 A[mid]与欲查询的元素 x 的大小：

① 如果 A[mid] == x，说明查找成功，退出查询。

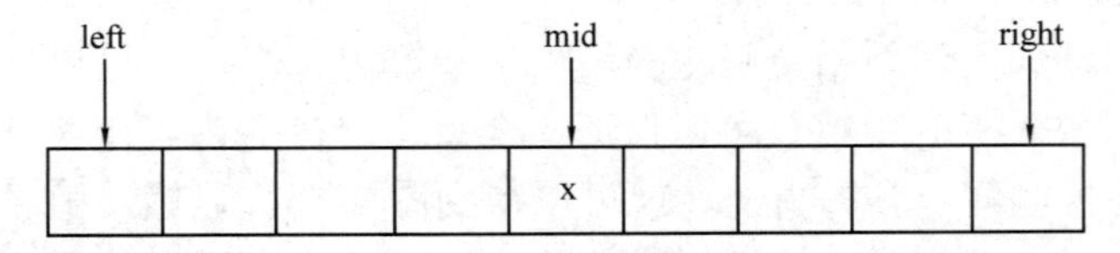

② 如果 A[mid] > x，说明元素 x 在 mid 位置的左边，因此往左子区间[left, mid – 1]继续查找。

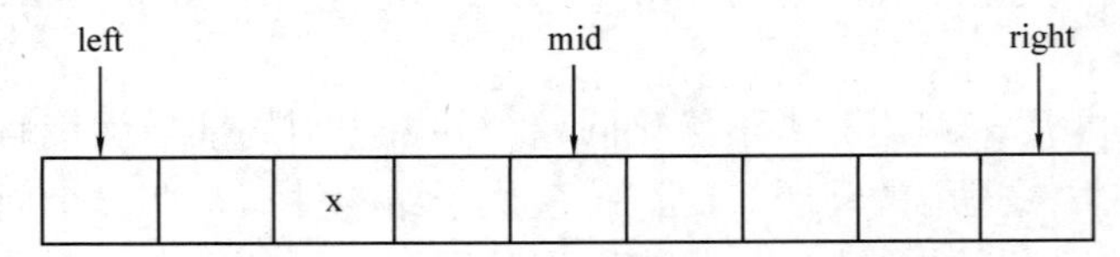

③ 如果 A[mid] < x，说明元素 x 在 mid 位置的右边，因此往右子区间[mid + 1, right]继续

查找。

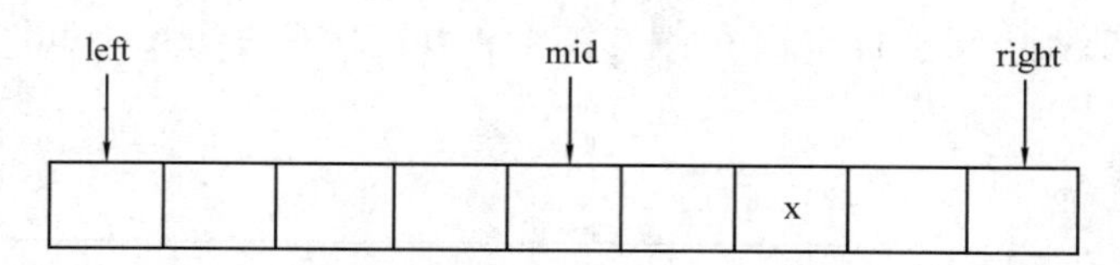

二分查找的高效之处在于，每一步都可以去除当前区间中的一半元素，因此其**时间复杂度是 O(logn)**，这是十分优秀的。

为了更好地解释二分查找的流程，下面举一个例子来模拟二分查找的过程。

现在需要从序列 A = {3, 7, 8, 11, 15, 21, 33, 52, 66, 88}中查询数字 11 和 34 的位置，其中序列下标为从 1 到 10。

先来看 11 的查询过程，令 left = 1、right = 10，表示当前查询的下标范围。

① [left, right] = [1, 10]，因此下标中点 mid = (left + right) / 2 = 5。由于 A[mid] = A[5] = 15，而 15 > 11，说明需要在[left, mid – 1]范围内继续查找，因此令 right = mid – 1 = 4。

	left				mid					right
i	1	2	3	4	5	6	7	8	9	10
a[i]	3	7	8	11	15	21	33	52	66	88

② [left, right] = [1, 4]，因此下标中点 mid = (left + right) / 2 = 2。由于 A[mid] = A[2] = 7，而 7 < 11，说明需要在[mid + 1, right]范围内继续查找，因此令 left = mid + 1 = 3。

	left	mid		right						
i	1	2	3	4	5	6	7	8	9	10
a[i]	3	7	8	11	15	21	33	52	66	88

③ [left, right] = [3, 4]，因此下标中点 mid = (left + right) / 2 = 3。由于 A[mid] = A[3] = 8，而 8 < 11，说明需要在[mid + 1, right]范围内继续查找，因此令 left = mid + 1 = 4。

			left mid	right						
i	1	2	3	4	5	6	7	8	9	10
a[i]	3	7	8	11	15	21	33	52	66	88

④ [left, right] = [4, 4]，因此下标中点 mid = (left + right) / 2 = 4。由于 A[mid] = A[4] = 11，而 11 == 11，说明找到了欲查询的数字，因此结束算法，返回下标 4。

				left mid right						
i	1	2	3	4	5	6	7	8	9	10
a[i]	3	7	8	11	15	21	33	52	66	88

接着来看一下 34 的查询过程。同样，令 left = 1、right = 10。

① [left, right] = [1, 10]，因此下标中点 mid = (left + right) / 2 = 5。由于 A[mid] = A[5] = 15，而 15 < 34，说明需要在[mid + 1, right]范围内继续查找，因此令 left = mid + 1 = 6。

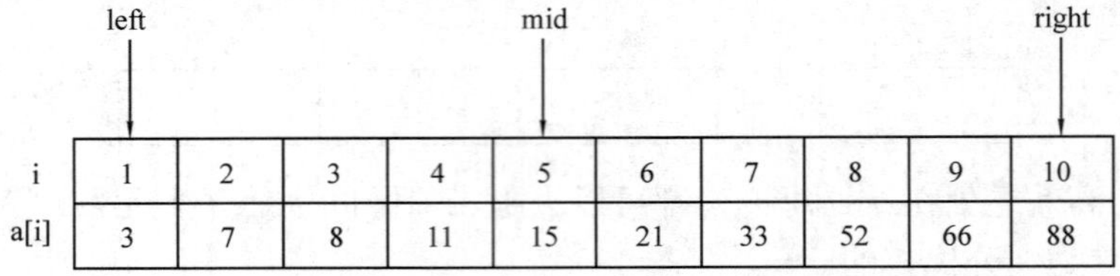

left（指向 1） mid（指向 5） right（指向 10）

i	1	2	3	4	5	6	7	8	9	10
a[i]	3	7	8	11	15	21	33	52	66	88

② [left, right] = [6, 10]，因此下标中点 mid = (left + right) / 2 = 8。由于 A[mid] = A[8] = 52，而 52 > 34，说明需要在[left, mid – 1]范围内继续查找，因此令 right = mid – 1 = 7。

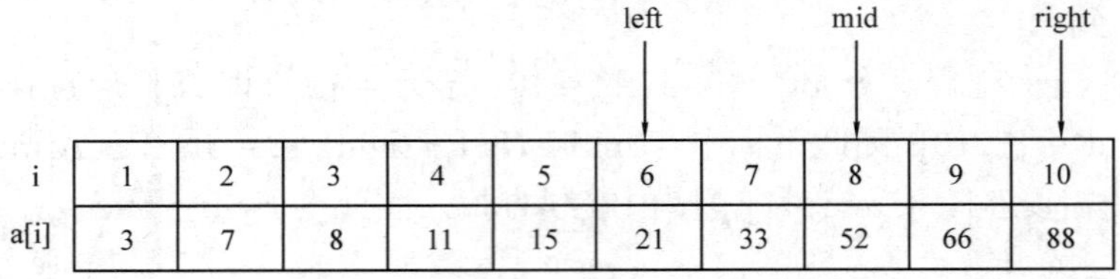

left（指向 6） mid（指向 8） right（指向 10）

i	1	2	3	4	5	6	7	8	9	10
a[i]	3	7	8	11	15	21	33	52	66	88

③ [left, right] = [6, 7]，因此下标中点 mid = (left + right) / 2 = 6。由于 A[mid] = A[6] = 21，而 21 < 34，说明需要在[mid + 1, right]范围内继续查找，因此令 left = mid + 1 = 7。

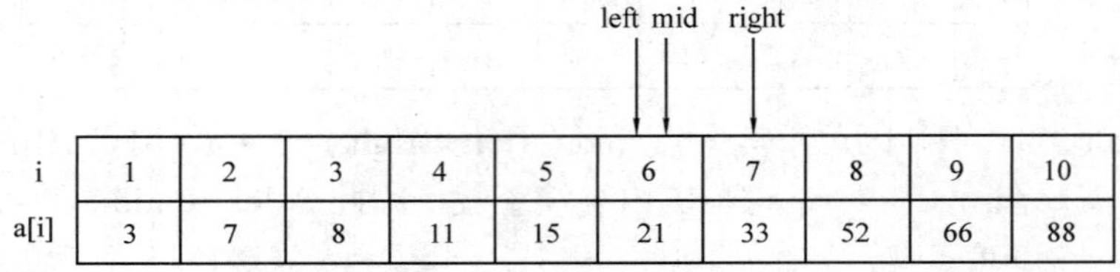

left mid（指向 6） right（指向 7）

i	1	2	3	4	5	6	7	8	9	10
a[i]	3	7	8	11	15	21	33	52	66	88

④ [left, right] = [7, 7]，因此下标中点 mid = (left + right) / 2 = 7。由于 A[mid] = A[7] = 33，而 33 < 34，说明需要在[mid + 1, right]范围内继续查找，因此令 left = mid + 1 = 8。

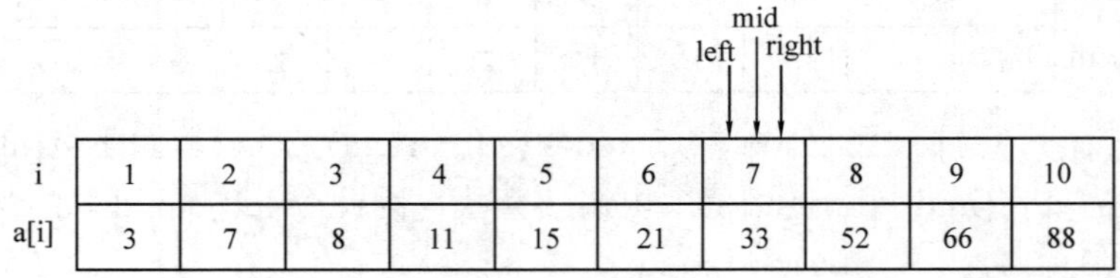

left mid right（指向 7）

i	1	2	3	4	5	6	7	8	9	10
a[i]	3	7	8	11	15	21	33	52	66	88

⑤ [left, right] = [8, 7]，由于 left > right，因此查找失败，说明序列中不存在 34。

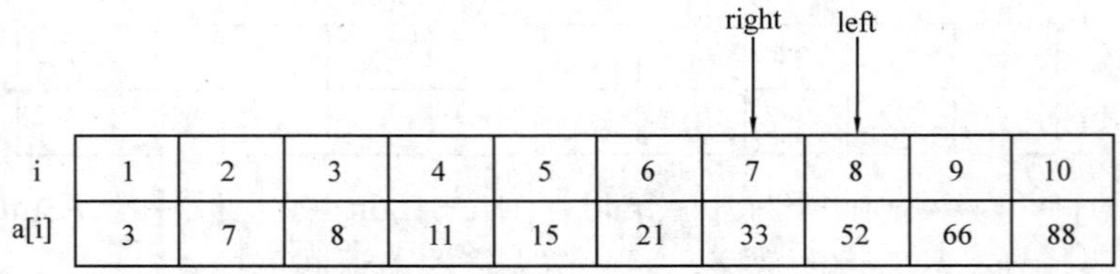

right（指向 7） left（指向 8）

i	1	2	3	4	5	6	7	8	9	10
a[i]	3	7	8	11	15	21	33	52	66	88

需要注意的是，**二分查找的过程与序列的下标从 0 开始还是从 1 开始无关**，读者可以将上面的例子按序列下标从 0 开始自行演算一遍，会发现整个过程是相同的。

有了上面的基础，读者应当能理解如何在严格递增序列中查找给定的数 x 的做法了，下面给出对应的代码：

```
#include <stdio.h>
//A[]为严格递增序列，left 为二分下界，right 为二分上界，x 为欲查询的数
```

```
//二分区间为左闭右闭的[left, right]，传入的初值为[0,n-1]
int binarySearch(int A[], int left, int right, int x) {
    int mid;    //mid为left和right的中点
    while(left <= right) {    //如果left>right就没办法形成闭区间了
        mid = (left + right) / 2;    //取中点
        if(A[mid] == x) return mid;    //找到x，返回下标
        else if(A[mid] > x) {    //中间的数大于x
            right = mid - 1;    //往左子区间[left, mid-1]查找
        } else {    //中间的数小于x
            left = mid + 1;    //往右子区间[mid+1, right]查找
        }
    }
    return -1;    //查找失败，返回-1
}
int main(){
const int n = 10;
    int A[n] = {1, 3, 4, 6, 7, 8, 10, 11, 12, 15};
    printf("%d %d\n", binarySearch(A,0,n-1,6), binarySearch(A,0,n-1,9));
    return 0;
}
```

输出结果：

```
3 -1
```

那么，如果序列是递减的，又应当如何处理呢？事实上只需要把上面代码中的 A[mid] > x 改为 A[mid] < x 即可，读者可以试着理解一下。

需要注意的是，如果二分上界超过 int 型数据范围的一半，那么当欲查询元素在序列较靠后的位置时，语句 mid = (left + right) / 2 中的 left + right 就有可能超过 int 而导致溢出，此时一般使用 **mid = left + (right – left) / 2** 这条等价语句作为代替以避免溢出。另外，二分法可以使用递归进行实现，但是在程序设计时**更多采用的是非递归的写法**。

接下来探讨更进一步的问题：如果递增序列 A 中的元素可能重复，那么如何对给定的欲查询元素 x，**求出序列中第一个大于等于 x 的元素的位置 L 以及第一个大于 x 的元素的位置 R，这样元素 x 在序列中的存在区间就是左闭右开区间[L, R)**。

例如对下标从 0 开始、有 5 个元素的序列{1, 3, 3, 3, 6}来说，如果要查询 3，则应当得到 L = 1、R = 4；如果查询 5，则应当得到 L = R = 4；如果查询 6，则应当得到 L = 4、R = 5；而如果查询 8，则应当得到 L = R = 5。显然，如果序列中没有 x，那么 L 和 R 也可以理解为**假设序列中存在 x，则 x 应当在的位置**。

先来考虑第一个小问：求序列中的第一个大于等于 x 的元素的位置。

做法其实和之前的问题很类似，下面来分析一下。假设当前的二分区间为左闭右闭区间[left, right]，那么可以根据 mid 位置处的元素与欲查询元素 x 的大小来判断应当往哪个子区间继续查找：

① 如果 A[mid]≥x，说明第一个大于等于 x 的元素的位置一定在 mid 处或 mid 的左侧，

应往左子区间[left, mid]继续查询，即令 right = mid。

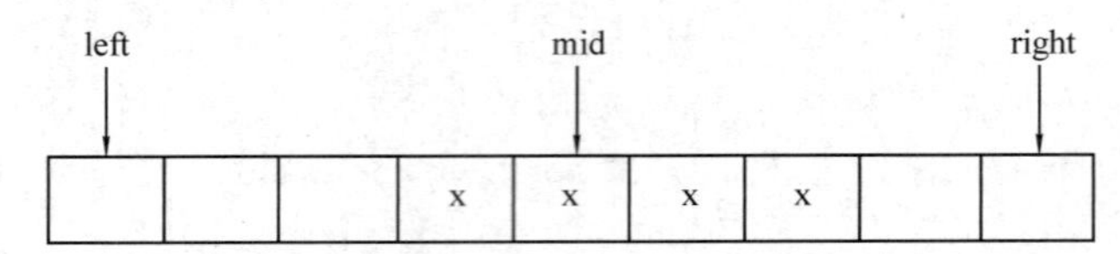

② 如果 A[mid]< x，说明第一个大于等于 x 的元素的位置一定在 mid 的右侧，应往右子区间[mid + 1, right]继续查询，即令 left = mid + 1。

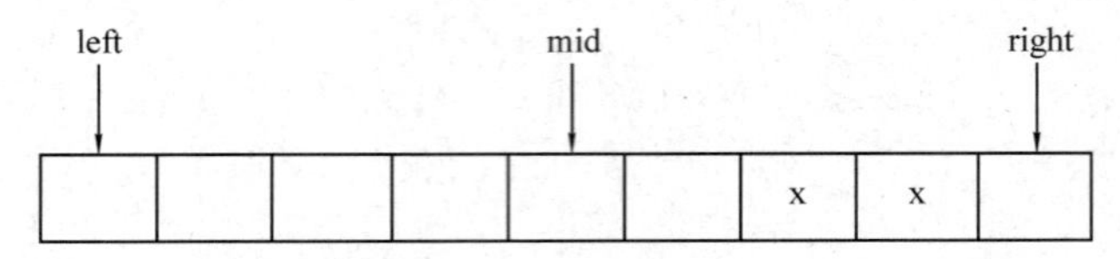

由此很快可以写出对应的代码：

```
//A[]为递增序列，x为欲查询的数，函数返回第一个大于等于x的元素的位置
//二分上下界为左闭右闭的[left, right]，传入的初值为[0,n]
int lower_bound(int A[], int left, int right, int x) {
    int mid;    //mid为left和right的中点
    while(left < right) { //对[left,right]来说，left==right意味着找到唯一位置
        mid = (left + right) / 2;    //取中点
        if(A[mid] >= x) {    //中间的数大于等于x
            right = mid;    //往左子区间[left, mid]查找
        } else {    //中间的数小于x
            left = mid + 1;    //往右子区间[mid+1, right]查找
        }
    }
    return left;    //返回夹出来的位置
}
```

上述代码有几个需要注意的地方：

① 循环条件为 left < right 而非之前的 left≤right，这是由问题本身决定的。在上一个问题中，需要当元素不存在时返回–1，这样当 left > right 时[left, right]就不再是闭区间，可以此作为元素不存在的判定原则，因此 left≤right 满足时循环应当一直执行；但是如果想要返回第一个大于等于 x 的元素的位置，就不需要判断元素 x 本身是否存在，因为就算它不存在，返回的也是“假设它存在，它应该在的位置”，于是当 left == right 时，[left, right]刚好能夹出唯一的位置，就是需要的结果，因此只需要当 left < right 时让循环一直执行即可。

② 由于当 left == right 时 while 循环停止，因此最后的返回值既可以是 left，也可以是 right。

③ 二分的初始区间应当能覆盖到所有可能返回的结果。首先，二分下界是 0 是显然的，但是二分上界是 n – 1 还是 n 呢？考虑到欲查询元素有可能比序列中的所有元素都要大，此时应当返回 n（即假设它存在，它应该在的位置），因此二分上界是 n，故**二分的初始区间为[left, right] = [0, n]**。

接下来解决第二小问：求序列中第一个大于 x 的元素的位置。

做法是类似的。假设当前区间为[left, right]，那么可以根据 mid 位置的元素与欲查询元素 x 的大小来判断应当往哪个子区间继续查找：

① 如果 A[mid]> x，说明第一个大于 x 的元素的位置一定在 mid 处或 mid 的左侧，应往左子区间[left, mid]继续查询。

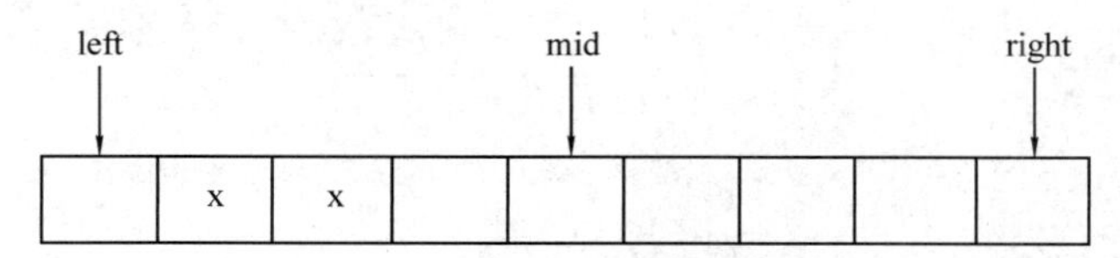

② 如果 A[mid]≤x，说明第一个大于 x 的元素的位置一定在 mid 的右侧，应往右子区间[mid + 1, right]继续查询。

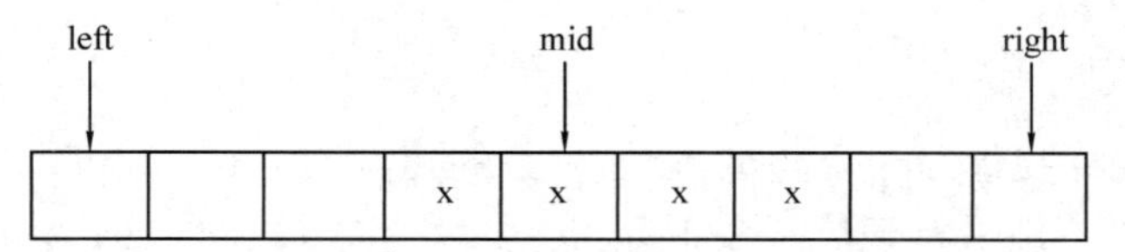

于是可以写出代码，相信有了上面的基础，读者应该能够理解它：

```
//A[]为递增序列，x 为欲查询的数，函数返回第一个大于 x 的元素的位置
//二分上下界为左闭右闭的[left, right]，传入的初值为[0,n]
int upper_bound(int A[], int left, int right, int x) {
    int mid;    //mid 为 left 和 right 的中点
    while(left < right) { //对[left,right]来说，left==right 意味着找到唯一位置
        mid = (left + right) / 2;    //取中点
        if(A[mid] > x) {    //中间的数大于 x
            right = mid;    //往左子区间[left, mid]查找
        } else {    //中间的数小于等于 x
            left = mid + 1;    //往右子区间[mid+1, right]查找
        }
    }
    return left;    //返回夹出来的位置
}
```

读者会发现，和 lower_bound 函数的代码相比，upper_bound 函数只是把代码中的 A[mid] ≥x 改成了 A[mid] > x，其他完全相同，这启发读者寻找它们的共同点。

通过思考会发现，lower_bound 函数和 upper_bound 函数都在解决这样一个问题：**寻找有序序列中第一个满足某条件的元素的位置**。这是一个非常重要且经典的问题，平时能碰到的大部分二分法问题都可以归结于这个问题。例如对 lower_bound 函数来说，它寻找的就是第一个满足条件“值大于等于 x”的元素的位置；而对 upper_bound 函数来说，它寻找的是第一个满足条件“值大于 x”的元素的位置。此处总结了解决此类问题的固定模板，希望读者能仔细推敲并理解。显然，所谓的“某条件”在序列中一定是从左到右先不满足，然后满足的（否则把该条件取反即可）。

```
//解决“寻找有序序列第一个满足某条件的元素的位置”问题的固定模板
//二分区间为左闭右闭的[left, right]，初值必须能覆盖解的所有可能取值
```

```
int solve(int left, int right) {
    int mid;    //mid 为 left 和 right 的中点
    while(left < right) {  //对[left,right]来说，left==right 意味着找到唯一位置
        mid = (left + right) / 2;    //取中点
        if( 条件成立 ) {    //条件成立，第一个满足条件的元素的位置<=mid
            right = mid;    //往左子区间[left, mid]查找
        } else {    //条件不成立，则第一个满足该条件的元素的位置>mid
            left = mid + 1;    //往右子区间[mid+1, right]查找
        }
    }
    return left;    //返回夹出来的位置
}
```

另外，如果想要寻找最后一个满足“条件 C”的元素的位置，则可以先求第一个满足“条件!C”的元素的位置，然后将该位置减 1 即可（12.1 节中最长回文子串的二分解法用到了这一点）。

需要指出，虽然上面的模板使用了左闭右闭的二分区间来实现，但事实上使用左开右闭的写法也可以，并且与左闭右闭的写法等价，此处供有兴趣的读者了解。在这种做法下，二分区间是左开右闭区间(left, right]，因此循环条件应当是 left + 1 < right，这样当退出循环时有 left + 1 == right 成立，使得(left, right]才是唯一位置。而由于变成了左开，left 的初值要比解的最小取值小 1（例如对下标从 0 开始的序列来说，left 和 right 的取值应为–1 和 n），同时语句 left = mid + 1 应当改为 left = mid（想一想为什么），并且返回的应当是 right 而不是 left。代码如下：

```
//解决“寻找有序序列第一个满足某条件的元素的位置”问题的固定模板
//二分区间为左开右闭的(left, right]
//初值必须能覆盖解的所有可能取值，并且 left 比最小取值小 1
int solve(int left, int right) {
    int mid;    //mid 为 left 和 right 的中点
   while(left + 1 < right) { //对(left,right]，left+1==right 意味着唯一位置
        mid = (left + right) / 2;    //取中点
        if( 条件成立 ) {    //条件成立，则第一个满足条件的元素的位置<=mid
            right = mid;    //往左子区间[left, mid]查找
        } else {    //条件不成立，则第一个满足条件的元素的位置>mid
            left = mid;    //往右子区间[mid, right]查找
        }
    }
    return right;    //返回夹出来的位置
}
```

这份模板和前面的是等价的，只是做法稍有区别而已，读者可以只使用左闭右闭的模板，但最好能做到流畅推导两种写法。最后请读者思考，如何判断 lower_bound 函数与 upper_bound 函数的查询是否成功（注意：上界 n 的处理即可）。

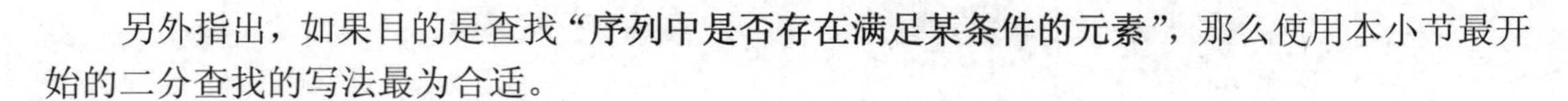

另外指出，如果目的是查找“**序列中是否存在满足某条件的元素**”，那么使用本小节最开始的二分查找的写法最为合适。

4.5.2　二分法拓展

上面讲解的都是整数情况下的二分查询问题，事实上二分法的应用远不止此，下面介绍几个相关的例子。

首先介绍如何计算 $\sqrt{2}$ 的近似值。

对 $f(x) = x^2$ 来说，在 $x \in [1, 2]$范围内，f(x)是随着 x 的增大而增大的，这就给使用二分法创造了条件，即可以采用如下策略来逼近 $\sqrt{2}$ 的值。（注：由于 $\sqrt{2}$ 是无理数，因此只能获得它的近似值，这里不妨以精确到 10^{-5} 为例）。

令浮点型 left 和 right 的初值分别为 1 和 2，然后根据 left 和 right 的中点 mid 处 f(x)的值与 2 的大小来选择子区间进行逼近：

① 如果 $f(mid) > 2$，说明 $mid > \sqrt{2}$，应当在[left, mid]的范围内继续逼近，故令 right = mid。

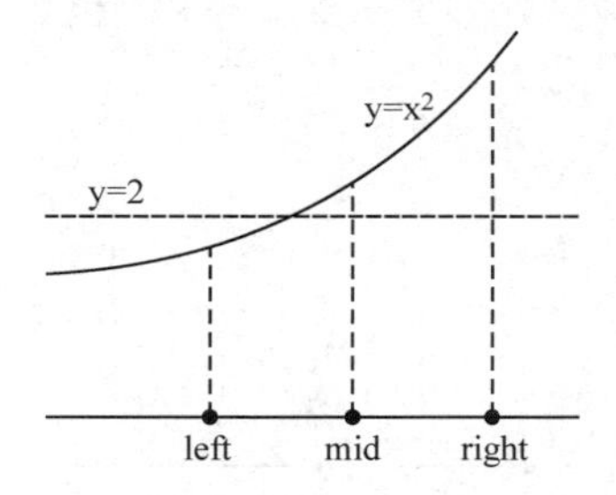

② 如果 $f(mid) < 2$，说明 $mid < \sqrt{2}$，应当在[mid, right]的范围内继续逼近，故令 left = mid。

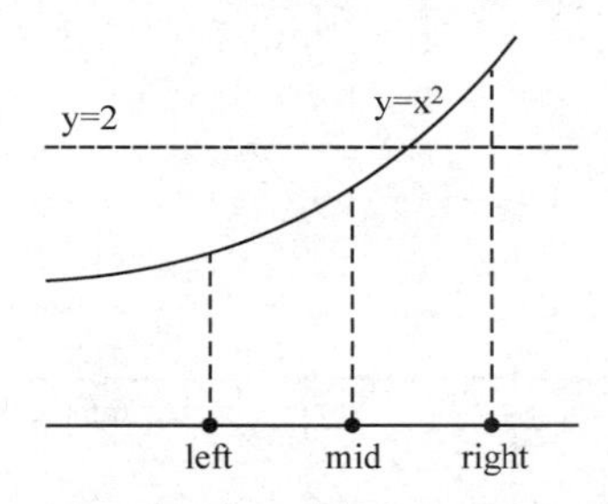

上面两个步骤当 $right - left < 10^{-5}$ 时结束。显然当 left 与 right 的距离小于 10^{-5} 时已经满足精度要求，mid 即为所求的近似值。

可以得到如下代码，其中 eps 为精度，1e – 5 即为 10^{-5}：

```
const double eps = 1e-5;          //精度为10^-5
double f(double x) {              //计算f(x)
    return x * x;
}
double calSqrt() {
    double left = 1, right = 2, mid;        //[left, right] = [1, 2]
    while(right - left > eps) {
        mid = (left + right) / 2;           //取left与right的中点
        if(f(mid) > 2) {                    //mid > sqrt(2)
```

```
            right = mid;                    //往左子区间[left,mid]继续逼近
        } else {                            //mid < sqrt(2)
            left = mid;                     //往右子区间[mid,right]继续逼近
        }
    }
    return mid;                 //返回mid即为sqrt(2)的近似值
}
```

事实上，计算 $\sqrt{2}$ 的近似值的问题其实是这样一个问题的特例：**给定一个定义在[L, R]上的单调函数 f(x)，求方程 f(x)=0 的根。**

同样，假设精度要求为 eps = 10^{-5}，函数 f(x)在[L, R]上递增，并令 left 与 right 的初值分别为 L、R，然后就可以根据 left 与 right 的中点 mid 的函数值 f(mid)与 0 的大小关系来判断应当往哪个子区间继续逼近 f(x) = 0 的根：

① 如果 f(mid) > 0，说明 f(x) = 0 的根在 mid 左侧，应往左子区间[left, mid]继续逼近，即令 right = mid。

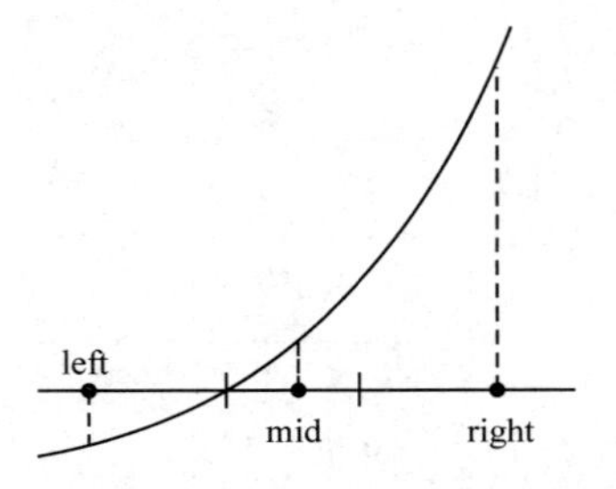

② 如果 f(mid) < 0，说明 f(x) = 0 的根在 mid 右侧，应往右子区间[mid, right]继续逼近，即令 left = mid。

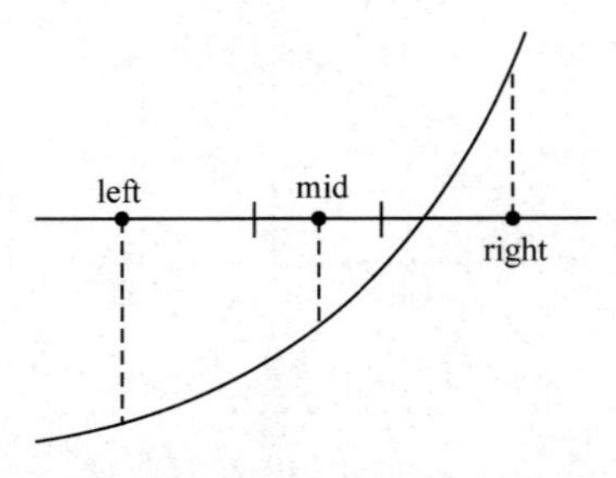

上面的步骤当 right – left < 10^{-5} 时表明达到精度要求，结束算法，所返回的当前 mid 值即为 f(x) = 0 的根。

由此可以写出相应的二分法代码：

```
const double eps = 1e-5;        //精度为10^-5
double f(double x) {            //计算f(x)
    return …;
}
double solve(double L, double R) {
    double left = L, right = R, mid;        //[left, right] = [L, R]
    while(right - left > eps) {
```

```
        mid = (left + right) / 2;           //取 left 与 right 的中点
        if(f(mid) > 0) {
            right = mid;                    //往左子区间[left,mid]继续逼近
        } else {
            left = mid;                     //往右子区间[mid,right]继续逼近
        }
    }
    return mid;                 //所返回的当前 mid 值即为 f(x)=0 的根
}
```

显然，计算 $\sqrt{2}$ 的近似值等价于求 $f(x) = x^2 - 2 = 0$ 在[1, 2]范围内的根。另外，如果 f(x) 递减，只需要把代码中的 f(mid) > 0 改为 f(mid) < 0 即可，此处不再重复给出代码。

再来看一个**装水问题**。有一个侧面看去是半圆的储水装置，该半圆的半径为 R，要求往里面装入高度为 h 的水，使其在侧面看去的面积 S_1 与半圆面积 S_2 的比例恰好为 r，如图 4-6 所示。现在给定 R 和 r，求高度 h。

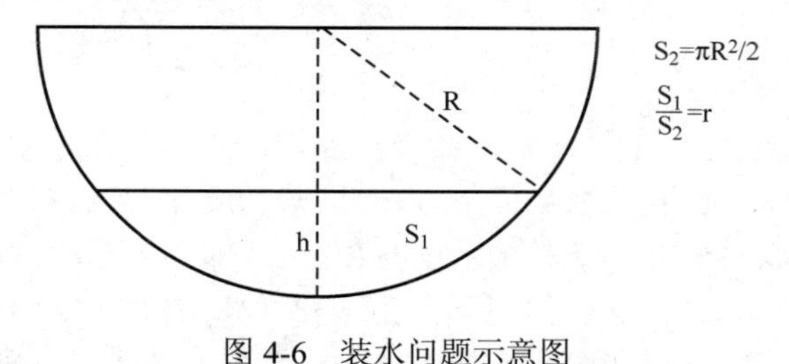

图 4-6 装水问题示意图

在这个问题中，需要寻找水面高度 h 与面积比例 r 之间的关系。而很显然的是，**随着水面升高，面积比例 r 一定是增大的**。由此可以得到这样的思路：在[0, R]范围内对水面高度 h 进行二分，计算在高度下面积比例 r 的值。如果计算得到的 r 比给定的数值要大，说明高度过高，范围应缩减至较低的一半；如果计算得到的 r 比给定的数值要小，说明高度过低，范围应缩减至较高的一半。至于 h 与 r 的关系式的推导，不属于本书要讨论的话题，读者应当能自行计算出函数式 r = f(h)。根据上面的思路，可以写出下面的代码：

```
#include <cstdio>
#include <cmath>
const double PI = acos(-1.0);   //PI
const double eps = 1e-5;        //精度为 10^-5
double f(double R, double h) {       //计算 r=f(h)，由实际含义可知 r 关于 h 递增
    double alpha = 2 * acos((R - h) / R);
    double L = 2 * sqrt(R * R - (R - h) * (R - h));
    double S1 = alpha * R * R / 2 - L * (R - h) / 2;
    double S2 = PI * R * R / 2;
    return S1 / S2;
}
double solve(double R, double r) {
    double left = 0, right = R, mid;        //[left, right] = [0, R]
```

```
    while(right - left > eps) {
        mid = (left + right) / 2;           //取left与right的中点
        if(f(R, mid) > r) {
            right = mid;                    //往左子区间[left,mid]继续逼近
        } else {
            left = mid;                     //往右子区间[mid,right]继续逼近
        }
    }
    return mid;                 //返回mid即为所求的水面高度h
}
int main() {
    double R, r;
    scanf("%lf%lf", &R, &r);
    printf("%.4f\n", solve(R, r));
    return 0;
}
```

接着来看**木棒切割问题**：给出 N 根木棒，长度均已知，现在希望通过切割它们来得到至少 K 段长度相等的木棒（长度必须是整数），问这些长度相等的木棒最长能有多长。例如对三根长度分别为 10、24、15 的木棒来说，假设 K = 7，即需要至少 7 段长度相等的木棒，那么可以得到的最大长度为 6，在这种情况下，第一根木棒可以提供 10 / 6 = 1 段、第二根木棒可以提供 24 / 6 = 4 段、第三根木棒可以提供 15 / 6 = 2 段，达到了 7 段的要求。

对这个问题来说，首先可以注意到一个结论：如果长度相等的木棒的长度 L 越长，那么可以得到的木棒段数 k 越少。从这个角度出发便可以想到本题的算法，即二分答案（最大长度 L），根据对当前长度 L 来说能得到的木棒段数 k 与 K 的大小关系来进行二分。由于这个问题可以写成求解最后一个满足条件“k≥K”的长度 L，因此不妨转换为求解第一个满足条件“k < K”的长度 L，然后减 1 即可。这个思路用 4.5.1 中介绍的模板便能解决，代码留给读者完成。

显然，木棒切割问题和前面的装水问题都属于**二分答案**的做法，即对题目所求的东西进行二分，来找到一个满足所需条件的解。

最后留一个问题给读者思考：给出 N 个线段的长度，试将它们头尾相接（顺序任意）地组合成一个凸多边形，使得该凸多边形的外接圆（即能使凸多边形的所有顶点都在圆周上的圆）的半径最大，求该最大半径。其中 N 不超过 10^5，线段长度均不超过 100，要求算法中不涉及坐标的计算。

4.5.3 快速幂

先来看一个问题：

给定三个正整数 a、b、m（$a < 10^9$，$b < 10^6$，$1 < m < 10^9$），求 $a^b\%m$。

这只要学过循环就能写出来了，就像下面的代码，时间复杂度是 O(b)：

```
typedef long long LL;
LLpow(LL a, LL b, LL m) {
```

```
    LL ans = 1;
    for(int i = 0; i < b; i++) {
        ans = ans * a % m;
    }
    return ans;
}
```

代码中使用 long long 而不用 int 的原因是防止两个 int 型变量相乘后溢出。

接下来研究一个更进一步的问题：

给定三个正整数 a、b、m（$a < 10^9$，$b < 10^{18}$，$1 < m < 10^9$），求 $a^b\%m$。

对这个问题，如果还是按上面的做法显然是不行的，O(b)的复杂度连支持 $b < 10^8$ 都已经很艰难了，更何况 10^{18}。

这里要使用**快速幂**的做法，它基于二分的思想，因此也常称为二分幂。快速幂基于以下事实：

① 如果 b 是奇数，那么有 $a^b = a * a^{b-1}$。

② 如果 b 是偶数，那么有 $a^b = a^{b/2} * a^{b/2}$。

显然，b 是奇数的情况总可以在下一步转换为 b 是偶数的情况，而 b 是偶数的情况总可以在下一步转换为 b/2 的情况。这样，在 log(b)级别次数的转换后，就可以把 b 变为 0，而任何正整数的 0 次方都是 1。

举个例子，如果需要求 2^{10}：

① 对 2^{10} 来说，由于幂次 10 为偶数，因此需要先求 2^5，然后有 $2^{10} = 2^5 * 2^5$。

② 对 2^5 来说，由于幂次 5 为奇数，因此需要先求 2^4，然后有 $2^5 = 2 * 2^4$。

③ 对 2^4 来说，由于幂次 4 为偶数，因此需要先求 2^2，然后有 $2^4 = 2^2 * 2^2$。

④ 对 2^2 来说，由于幂次 2 为偶数，因此需要先求 2^1，然后有 $2^2 = 2^1 * 2^1$。

⑤ 对 2^1 来说，由于幂次 1 为奇数，因此需要先求 2^0，然后有 $2^1 = 2 * 2^0$。

⑥ $2^0 = 1$，然后从下往上依次回退计算即可。

这显然是递归的思想，于是可以得到**快速幂的递归写法**，时间复杂度为 O(logb)：

```
typedef long long LL;
//求 a^b % m，递归写法
LL binaryPow(LL a, LL b, LL m) {
    if(b == 0) return 1;    //如果 b 为 0，那么 a^0=1
    //b 为奇数，转换为 b-1
    if(b % 2 == 1) return a * binaryPow(a, b - 1, m) % m;
    else { //b 为偶数，转换为 b/2
        LL mul = binaryPow(a, b / 2, m);
        return mul * mul % m;
    }
}
```

上面的代码中，条件 if(b % 2 == 1)可以用 if(b & 1)代替。这是因为 b & 1 进行位与操作，判断 b 的末位是否为 1，因此当 b 为奇数时 b & 1 返回 1，if 条件成立。这样写执行速度会快一点。

还要注意，当 b % 2 == 0 时不要返回直接返回 binaryPow(a, b / 2, m) * binaryPow(a, b / 2, m)，而应当算出单个 binaryPow(a, b / 2, m)之后再乘起来。这是因为前者每次都会调用两个 binaryPow 函数，导致复杂度变成 $O(2^{\log(b)}) = O(b)$。例如求 binaryPow(8)时，会变成 binaryPow(4) * binaryPow(4)，而这两个 binaryPow(4)都会各自变成 binaryPow(2) * binaryPow(2)，于是就需要求四次 binaryPow(2)；而每个 binaryPow(2)又会变成 binaryPow(1) * binaryPow(1)，因此最后需要求八次 binaryPow(1)。

另外，针对不同的题目，可能有**两个细节**需要注意：

① 如果初始时 a 有可能大于等于 m，那么需要在进入函数前就让 a 对 m 取模。

② 如果 m 为 1，可以直接在函数外部特判为 0，不需要进入函数来计算（因为任何正整数对 1 取模一定等于 0）。

接下来研究一下快速幂的迭代写法。

对 a^b 来说，如果把 b 写成二进制，那么 b 就可以写成若干二次幂之和。例如 13 的二进制是 1101，于是 3 号位、2 号位、0 号位就都是 1，那么就可以得到 $13 = 2^3 + 2^2 + 2^0 = 8 + 4 + 1$，所以 $a^{13} = a^{8+4+1} = a^8 * a^4 * a^1$。

通过上面的推导，我们发现 a^{13} 可以表示成 a^8、a^4、a^1 的乘积。很容易想象，通过同样的推导，我们可以把任意的 a^b 表示成 a^{2^k}、…、a^8、a^4、a^2、a^1 中若干项的乘积，其中如果 b 的二进制的 i 号位为 1，那么项 a^{2^i} 就被选中。于是可以得到计算 a^b 的大致思路：令 i 从 0 到 k 枚举 b 的二进制的每一位，如果当前位为 1，那么累积 a^{2^i}。注意到序列 a^{2^k}、…、a^8、a^4、a^2、a^1 的前一项总是等于后一项的平方，因此具体实现的时候可以这么做：

① 初始令 ans 等于 1，用来存放累积的结果。

② 判断 b 的二进制末尾是否为 1（即判断 b & 1 是否为 1，也可以理解为判断 b 是否为奇数），如果是的话，令 ans 乘上 a 的值。

③ 令 a 平方，并将 b 右移一位（也可以理解为将 b 除以 2）。

④ 只要 b 大于 0，就返回②。

下面把上面的伪代码写成下面的样子，也就是**快速幂的迭代写法**：

```
typedef long long LL;
//求a^b % m，迭代写法
LL binaryPow(LL a, LL b, LL m) {
LL ans = 1;
    while(b > 0) {
        if(b & 1) {   //如果b的二进制末尾为1（也可以写成if(b % 2)）
            ans = ans * a % m;   //令ans累积上a
        }
        a = a * a % m;      //令a平方
        b >>= 1;        //将b的二进制右移1位，即b = b >> 1或b = b / 2
    }
    return ans;
}
```

当 b 等于 13 时，可以得到图 4-7 的模拟过程。

在实际应用中，递归写法和迭代写法在效率上的差别不那么明显，因此使用递归或者迭代的形式都是可以的，读者可以使用自己喜欢的形式。

b	b&1	ans	a
		1	a
1101	1	$1*a=a$	a^2
110	0	a	a^4
11	0	$a*a^4=a^5$	a^8
1	1	$a^5*a^8=a^{13}$	

图 4-7　b 等于 13 时的快速幂迭代示意图

练习

① 配套习题集的对应小节。

② Codeup Contest ID: 100000585

地址：http://codeup.cn/contest.php?cid=100000585。

本节二维码

4.6　two pointers

4.6.1　什么是 two pointers

two pointers 是算法编程中一种非常重要的思想，但是很少会有教材单独拿出来讲，其中一个原因是它更倾向于是一种编程技巧，而长得不太像是一个“算法”的模样。two pointers 的思想十分简洁，但却提供了非常高的算法效率，下面就来一探究竟。

以一个例子引入：给定一个递增的正整数序列和一个正整数 M，求序列中的两个不同位置的数 a 和 b，使得它们的和恰好为 M，输出所有满足条件的方案。例如给定序列{1, 2, 3, 4, 5, 6}和正整数 M = 8，就存在 2 + 6 = 8 与 3 + 5 = 8 成立。

本题的一个最直观的想法是，使用二重循环枚举序列中的整数 a 和 b，判断它们的和是否为 M，如果是，输出方案；如果不是，则继续枚举。代码如下：

```
for(int i = 0; i < n; i++) {
    for(int j = i + 1; j < n; j++) {
        if(a[i] + a[j] == M) {
            printf("%d %d\n", a[i], a[j]);
        }
    }
}
```

显然，这种做法的时间复杂度为 $O(n^2)$，对 n 在 10^5 的规模时是不可承受的。

来看看高复杂度的原因是什么：

① 对一个确定的 a[i]来说，如果当前的 a[j]满足 a[i] + a[j] > M，显然也会有 a[i] + a[j+1] >

M 成立（这是由于序列是递增的），因此就不需要对 a[j]之后的数进行枚举。如果无视这个性质，就会导致 j 进行了大量的无效枚举，效率自然十分低下。

② 对某个 a[i]来说，如果找到一个 a[j]，使得 a[i] + a[j] > M 恰好成立，那么对 a[i+1]来说，一定也有 a[i+1] + a[j] > M 成立，因此在 a[i]之后的元素也不必再去枚举。

上面两点似乎体现了一个问题：i 和 j 的枚举似乎是互相牵制的，而这似乎可以给优化算法带来很大的空间。事实上，本题中 two pointers 将利用有序序列的枚举特性来有效降低复杂度。它针对本题的算法过程如下：

令下标 i 的初值为 0，下标 j 的初值为 n–1，即令 i、j 分别指向序列的第一个元素和最后一个元素，接下来根据 a[i] + a[j]与 M 的大小来进行下面三种选择，使 i 不断向右移动、使 j 不断向左移动，直到 i≥j 成立，如图 4-8 所示。

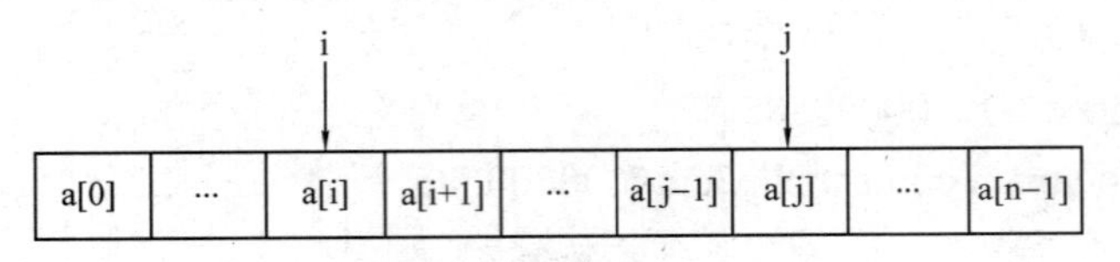

图 4-8　找 M 问题示意图

① 如果满足 a[i] + a[j] == M，说明找到了其中一组方案。由于序列递增，不等式 a[i+1] + a[j] > M 与 a[i] + a[j – 1] < M 均成立，但是 a[i + 1] + a[j – 1]与 M 的大小未知，因此剩余的方案只可能在[i + 1, j – 1]区间内产生，令 i = i + 1、j = j – 1（即令 i 向右移动，j 向左移动）。

② 如果满足 a[i] + a[j] > M，由于序列递增，不等式 a[i + 1] + a[j] > M 成立，但是 a[i] + a[j – 1]与 M 的大小未知，因此剩余的方案只可能在[i, j – 1]区间内产生，令 j = j – 1（即令 j 向左移动）。

③ 如果满足 a[i] + a[j] < M，由于序列递增，不等式 a[i] + a[j – 1] < M 成立，但是 a[i + 1] + a[j]与 M 的大小未知，因此剩余的方案只可能在[i + 1, j]区间内产生，令 i = i + 1（即令 i 向右移动）。

反复执行上面三个判断，直到 i≥j 成立。代码如下：

```
while(i < j) {
    if(a[i] + a[j] == m) {
        printf("%d %d\n", i, j);
        i++;
        j--;
    } else if(a[i] + a[j] < m) {
        i++;
    } else {
        j--;
    }
}
```

下面来分析下算法的复杂度。由于 i 的初值为 0，j 的初值为 n–1，而程序中变量 i 只有递增操作、变量 j 只有递减操作，且循环当 i≥j 时停止，因此 i 和 j 的操作次数最多为 n 次，时间复杂度为 O(n)。可以发现，two pointers 的思想充分利用了序列递增的性质，以很浅显的思想降低了复杂度。

再来看**序列合并问题**。假设有两个递增序列 A 与 B，要求将它们合并为一个递增序列 C。

同样的，可以设置两个下标 i 和 j，初值均为 0，表示分别指向序列 A 的第一个元素和序列 B 的第一个元素，然后根据 A[i]与 B[j]的大小来决定哪一个放入序列 C。

① 若 A[i] < B[j]，说明 A[i]是当前序列 A 与序列 B 的剩余元素中最小的那个，因此把 A[i]加入序列 C 中，并让 i 加 1（即让 i 右移一位）。

② 若 A[i] > B[j]，说明 B[j]是当前序列 A 与序列 B 的剩余元素中最小的那个，因此把 B[j]加入序列 C 中，并让 j 加 1（即让 j 右移一位）。

③ 若 A[i] == B[j]，则任意选一个加入到序列 C 中，并让对应的下标加 1。

上面的分支操作直到 i、j 中的一个到达序列末端为止，然后将另一个序列的所有元素依次加入序列 C 中，代码如下：

```
int merge(int A[], int B[], int C[], int n, int m) {
    int i = 0, j = 0, index = 0;    //i 指向 A[0]，j 指向 B[0]
    while(i < n && j < m) {
        if(A[i] <= B[j]) {          //如果 A[i]<=B[j]
            C[index++] = A[i++];    //将 A[i]加入序列 C
        } else {                    //如果 A[i]>B[j]
            C[index++] = B[j++];    //将 B[j]加入序列 C
        }
    }
    while(i < n) C[index++] = A[i++]; //将序列 A 的剩余元素加入序列 C
    while(j < m) C[index++] = B[j++]; //将序列 B 的剩余元素加入序列 C
    return index;       //返回序列 C 的长度
}
```

最后，一定有读者问，two pointers 到底是怎样的一种思想？事实上，two pointers 最原始的含义就是针对本节第一个问题而言的，而广义上的 two pointers 则是利用问题本身与序列的特性，使用两个下标 i、j 对序列进行扫描（可以同向扫描，也可以反向扫描），以较低的复杂度（一般是 O(n)的复杂度）解决问题。读者在实际编程时要能够有使用这种思想的意识。

4.6.2　归并排序

归并排序是一种基于“归并”思想的排序方法，本节主要介绍其中最基本的 2-路归并排序。2-路归并排序的原理是，将序列两两分组，将序列归并为$\left\lceil \frac{n}{2} \right\rceil$个组，组内单独排序；然后将这些组再两两归并，生成$\left\lceil \frac{n}{4} \right\rceil$个组，组内再单独排序；以此类推，直到只剩下一个组为止。归并排序的时间复杂度为 O(nlogn)。

下面来看一个例子，要将序列{66, 12, 33, 57, 64, 27, 18}进行 2-路归并排序。

① 第一趟。两两分组，得到四组：{66, 12}、{33, 57}、{64, 27}、{18}，组内单独排序，得到新序列{{12, 66}, {33, 57}, {27, 64}, {18}}。

② 第二趟。将四个组继续两两分组，得到两组：{12, 66, 33, 57}、{27, 64, 18}，组内单独排序，得到新序列{{12, 33, 57, 66}, {18, 27, 64}}。

③ 第三趟。将两个组继续两两分组，得到一组：{12, 33, 57, 66, 18, 27, 64}，组内单独排序，得到新序列{12, 18, 27, 33, 57, 64, 66}。算法结束。

整个过程如图 4-9 所示。

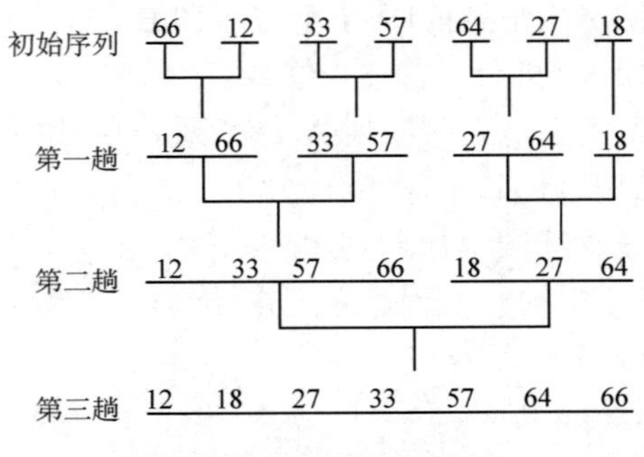

图 4-9 归并排序示意图

从上面的过程中可以发现，2-路归并排序的核心在于如何将两个有序序列合并为一个有序序列，而这个过程在上一小节的“序列合并问题”中已经讲解。接下来讨论 2-路归并排序的递归版本和非递归版本的具体实现。

1. 递归实现

2-路归并排序的递归写法非常简单，只需要反复将当前区间[left, right]分为两半，对两个子区间[left, mid]与[mid + 1, right]分别递归进行归并排序，然后将两个已经有序的子区间合并为有序序列即可，代码如下，其中 merge 函数为上一节的代码改编而来，请读者注意与上一节代码的对比：

```
const int maxn = 100;
//将数组 A 的[L1, R1]与[L2, R2]区间合并为有序区间（此处 L2 即为 R1 + 1）
void merge(int A[], int L1, int R1, int L2, int R2) {
    int i = L1, j = L2;    //i 指向 A[L1]，j 指向 A[L2]
    int temp[maxn], index = 0;    //temp 临时存放合并后的数组，index 为其下标
    while(i <= R1 && j <= R2) {
        if(A[i] <= A[j]) {           //如果 A[i]<=A[j]
            temp[index++] = A[i++];      //将 A[i]加入序列 temp
        } else {                     //如果 A[i]>A[j]
            temp[index++] = A[j++];      //将 A[j]加入序列 temp
        }
    }
    while(i <= R1) temp[index++] = A[i++]; //将[L1, R1]的剩余元素加入序列 temp
    while(j <= R2) temp[index++] = A[j++]; //将[L2, R2]的剩余元素加入序列 temp
    for(i = 0; i < index; i++) {
        A[L1 + i] = temp[i];    //将合并后的序列赋值回数组 A
    }
}
```

```
//将 array 数组当前区间[left, right]进行归并排序
void mergeSort(int A[], int left, int right) {
    if(left < right) {   //只要 left 小于 right
        int mid = (left + right) / 2;    //取[left, right]的中点
        mergeSort(A, left, mid);    //递归，将左子区间[left,mid]归并排序
        mergeSort(A, mid+1, right); //递归，将右子区间[mid+1,right]归并排序
        merge(A, left, mid, mid + 1, right);    //将左子区间和右子区间合并
    }
}
```

2. 非递归实现

2-路归并排序的非递归实现主要考虑到这样一点：每次分组时组内元素个数上限都是 2 的幂次。于是就可以想到这样的思路：令步长 step 的初值为 2，然后将数组中每 step 个元素作为一组，将其内部进行排序（即把左 step / 2 个元素与右 step / 2 个元素合并，而若元素个数不超过 step / 2，则不操作）；再令 step 乘以 2，重复上面的操作，直到 step / 2 超过元素个数 n（结合代码想一想为什么此处是 step / 2）。代码如下（想一想如果数组下标从 0 开始，应该修改哪些地方？）：

```
void mergeSort(int A[]) {
    //step 为组内元素个数，step / 2 为左子区间元素个数，注意等号可以不取
    for(int step = 2; step / 2 <= n; step *= 2) {
        //每 step 个元素一组，组内前 step/2 和后 step/2 个元素进行合并
        for(int i = 1; i <= n; i += step) {    //对每一组
            int mid = i + step / 2 - 1;     //左子区间元素个数为 step / 2
            if(mid + 1 <= n) {      //右子区间存在元素则合并
                //左子区间为[i, mid]，右子区间为[mid+1, min(i+step-1, n)]
                merge(A, i, mid, mid + 1, min(i + step - 1, n));
            }
        }
    }
}
```

当然，如果题目中只要求给出归并排序每一趟结束时的序列，那么完全可以使用 sort 函数来代替 merge 函数（只要时间限制允许），如下所示：

```
void mergeSort(int A[]) {
    //step 为组内元素个数，step / 2 为左子区间元素个数，注意等号可以不取
    for(int step = 2; step / 2 <= n; step *= 2) {
        //每 step 个元素一组，组内[i, min(i+step,n+1)]进行排序
        for(int i = 1; i <= n; i += step) {
            sort(A + i, A + min(i + step, n + 1));
        }
        //此处可以输出归并排序的某一趟结束的序列
    }
```

```
}
```

4.6.3 快速排序

快速排序是排序算法中平均时间复杂度为 O(nlogn)的一种算法，其实现需要先解决这样一个问题：对一个序列 A[1]、A[2]、…、A[n]，调整序列中元素的位置，使得 A[1]（原序列的 A[1]，下同）的左侧所有元素都不超过 A[1]、右侧所有元素都大于 A[1]。例如对序列{5, 3, 9, 6, 4, 1}来说，可以调整序列中元素的位置，形成序列{3, 1, 4, 5, 9, 6}，这样就让 A[1] = 5 左侧的所有元素都不超过它、右侧的所有元素都大于它，如图 4-10 所示。

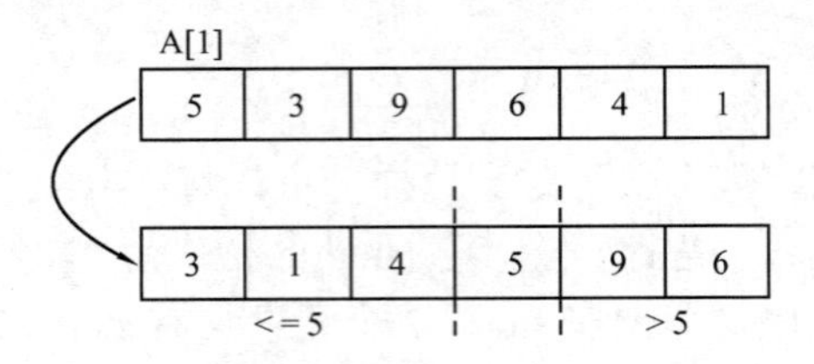

图 4-10 元素左右切分示意图

对这个问题来说可能会有多种方案，所以只需要提供其中一种方案。下面给出速度最快的做法，思想就是 two pointers：

① 先将 A[1]存至某个临时变量 temp，并令两个下标 left、right 分别指向序列首尾（如令 left = 1、right = n）。

② 只要 right 指向的元素 A[right]大于 temp，就将 right 不断左移；当某个时候 A[right] ≤temp 时，将元素 A[right]挪到 left 指向的元素 A[left]处。

③ 只要 left 指向的元素 A[left]不超过 temp，就将 left 不断右移；当某个时候 A[left] > temp 时，将元素 A[left]挪到 right 指向的元素 A[right]处。

④ 重复②③，直到 left 与 right 相遇，把 temp（也即原 A[1]）放到相遇的地方。

为了使上面的过程更清晰，下面举一个例子。

现有序列 A[1 ~ 11] = {35, 18, 16, 72, 24, 65, 12, 88, 46, 28, 55}，调整元素位置，使得元素 A[1] = 35 的左侧所有元素均不超过 35、右侧所有元素均大于 35。

① 将 A[1] = 35 存到临时变量 temp，并令下标 left、right 指向序列首尾（left = 1、right = 11）。

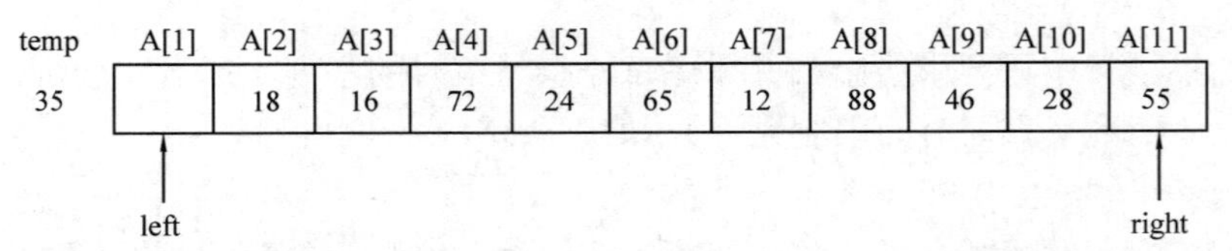

② 只要 A[right] > 35，就把 right 不断左移。该操作当 right == 10 时满足 A[right] = 28 < 35，right 停止左移。之后把 A[right]移至 A[left]处。

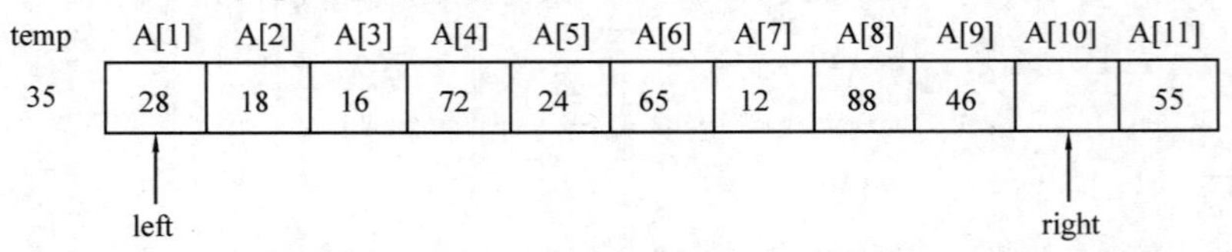

③ 只要 A[left]≤35，就把 left 不断右移。该操作当 left == 4 时满足 A[left] = 72 > 35，left

停止右移。之后把 A[left]移至 A[right]处。

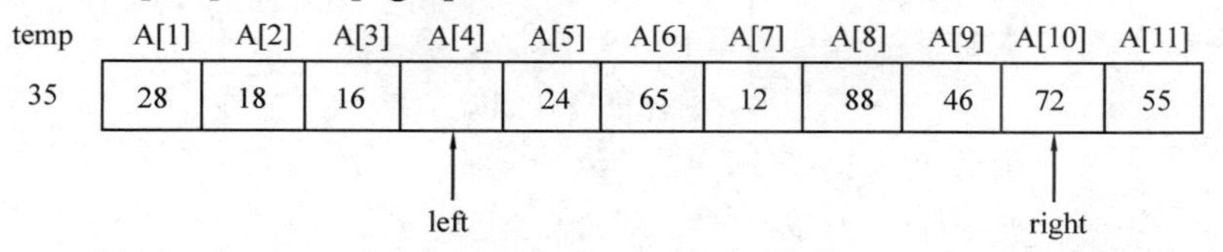

④ 只要 A[right] > 35，就把 right 不断左移。该操作当 right == 7 时满足 A[right] = 12 < 35，right 停止左移。之后把 A[right]移至 A[left]处。

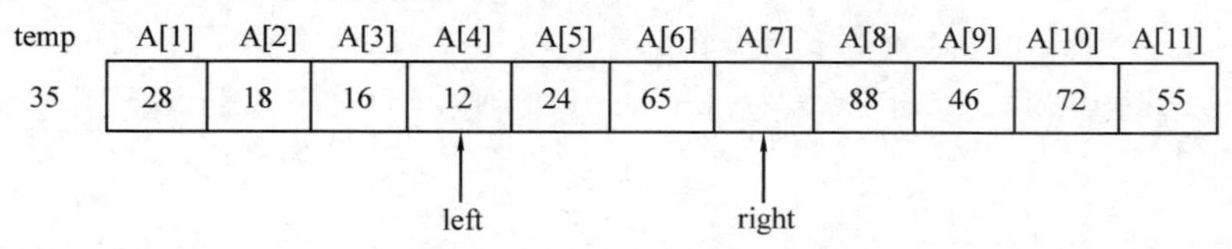

⑤ 只要 A[left]≤35，就把 left 不断右移。该操作当 left == 6 时满足 A[left] = 65 > 35，left 停止右移。之后把 A[left]移至 A[right]处。

temp	A[1]	A[2]	A[3]	A[4]	A[5]	A[6]	A[7]	A[8]	A[9]	A[10]	A[11]
35	28	18	16	12	24		65	88	46	72	55
						left	right				

⑥ 只要 A[right] > 35，就把 right 不断左移。该操作的过程中 left 与 right 在 A[6]处相遇，将 temp = 35 放到 A[6]处，算法结束。

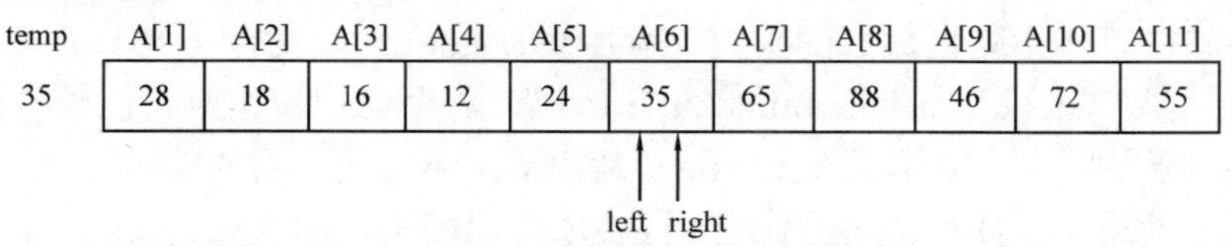

可以很容易写出这部分的代码，其中用以划分区间的元素 A[left]被称为主元：

```
//对区间[left,right]进行划分
int Partition(int A[], int left, int right) {
    int temp = A[left];     //将A[left]存放至临时变量temp
    while(left < right) {   //只要left与right不相遇
        while(left < right && A[right] > temp) right--;     //反复左移right
        A[left] = A[right];     //将A[right]挪到A[left]
        while(left < right && A[left] <= temp) left++;      //反复右移left
        A[right] = A[left];     //将A[left]挪到A[right]
    }
    A[left] = temp;     //把temp放到left与right相遇的地方
    return left;        //返回相遇的下标
}
```

接下来就可以正式实现快速排序算法了。快速排序的思路是：

① 调整序列中的元素，使当前序列最左端的元素在调整后满足左侧所有元素均不超过该元素、右侧所有元素均大于该元素。

② 对该元素的左侧和右侧分别递归进行①的调整，直到当前调整区间的长度不超过 1。

快速排序的递归实现如下：

```
//快速排序，left 与 right 初值为序列首尾下标（例如 1 与 n）
void quickSort(int A[], int left, int right) {
    if(left < right) {      //当前区间的长度超过 1
        //将[left, right]按 A[left]一分为二
        int pos = Partition(A, left, right);
        quickSort(A, left, pos - 1);    //对左子区间递归进行快速排序
        quickSort(A, pos + 1, right);   //对右子区间递归进行快速排序
    }
}
```

快速排序算法当序列中元素的排列比较随机时效率最高，但是当序列中元素接近有序时，会达到最坏时间复杂度 $O(n^2)$，产生这种情况的主要原因在于主元没有把当前区间划分为两个长度接近的子区间。有什么办法能解决这个问题呢？其中一个办法是随机选择主元，也就是对 A[left…right]来说，不总是用 A[left]作为主元，而是从 A[left]、A[left+1]、…、A[right]中随机选择一个作为主元，这样虽然算法的最坏时间复杂度仍然是 $O(n^2)$（例如，总是选择了 A[left]作为主元），但对任意输入数据的期望时间复杂度都能达到 O(nlogn)，也就是说，不存在一组特定的数据能使这个算法出现最坏情况（详细证明可以参考算法导论）。

下面来看看怎样生成随机数。

C 语言中有可以产生随机数据的函数，需要添加 stdlib.h 头文件与 time.h 头文件。首先在 main 函数开头加上“srand((unsigned)time(NULL));”，这个语句将生成随机数的种子（不懂也没关系，只要记住这个语句，并且知道 srand 是初始化随机种子用的即可）。然后，在需要使用随机数的地方使用 rand()函数。下面是一段生成十个随机数的代码：

```
#include <stdio.h>
#include <stdlib.h>
#include <time.h>
int main() {
    srand((unsigned)time(NULL));
    for(int i = 0; i < 10; i++) {
        printf("%d ", rand());
    }
    return 0;
}
```

输出结果：

```
9477 5572 3230 16768 14458 11483 13630 22320 15609 29164
```

显然输出结果肯定是实时变化的，上面的结果只是一个举例。同时还需要知道，rand()函数只能生成[0, RAND_MAX]范围内的整数（RAND_MAX 是 stdlib.h 中的一个常数，在不同系统环境中，该常数的值有所不同，本书中使用的是 32767），因此如果想要输出给定范围[a, b]内的随机数，需要使用 rand() % (b – a + 1) + a。显然 rand() % (b – a + 1)的范围是[0, b – a]，再加上 a 之后就是[a, b]。例如下面的代码就可以生成[0, 1]与[3, 7]范围内的随机数：

```
#include <stdio.h>
#include <stdlib.h>
#include <time.h>
int main() {
    srand((unsigned)time(NULL));
    for(int i = 0; i < 10; i++) {
        printf("%d ", rand() % 2);  //[0, 1]
    }
    printf("\n");
    for(int i = 0; i < 10; i++) {
        printf("%d ", rand() % 5 + 3);  //[3, 7]
    }
    return 0;
}
```

输出结果：

```
1 1 0 1 1 1 0 1 0 0
3 3 7 5 3 3 4 5 4 6
```

可以发现，这种做法只对左右端点相差不超过 RAND_MAX 的区间的随机数有效，如果需要生成更大的数（例如[a, b]，b 大于 32767）就不行了。想要生成大范围的随机数有很多方法，例如可以多次生成 rand 随机数，然后用位运算拼接起来（或者直接把两个 rand 随机数相乘）；也可以随机选每一个数位的值（0 ~ 9），然后拼接成一个大整数；当然，也可以采用另一种思路：先用 rand()生成一个[0, RAND_MAX]范围内的随机数，然后用这个随机数除以 RAND_MAX，这样就会得到一个[0, 1]范围内的浮点数。我们只需要用这个浮点数乘以(b – a)，再加上 a 即可，即(int)(round(1.0*rand()/RAND_MAX*(b – a) + a))，相当于这个浮点数就是[a, b]范围内的比例位置。下面是一个生成[10000, 60000]范围内随机数的示例：

```
#include <stdio.h>
#include <stdlib.h>
#include <time.h>
int main() {
    srand((unsigned)time(NULL));
    for(int i = 0; i < 10; i++) {//[10000, 60000]
        printf("%d ", (int)(round(1.0*rand()/RAND_MAX*50000 + 10000));
    }
    return 0;
}
```

在此基础上继续讨论随机快排的写法。由于现在需要在 A[left⋯right]中随机选取一个主元，因此不妨生成一个范围在[left, right]内的随机数 p，然后以 A[p]作为主元来进行划分。具体做法是：将 A[p]与 A[left]交换，然后按原先 Partition 函数的写法即可，代码如下。可以注意到，randPartition 函数只需要在 Partition 函数的最前面加上两句话即可，显然 quickSort 函数不需要进行任何改变。

```
//选取随机主元，对区间[left,right]进行划分
int randPartition(int A[], int left, int right) {
    //生成[left, right]内的随机数p
    int p = (round(1.0*rand()/RAND_MAX*(right - left) + left);
    swap(A[p], A[left]);    //交换A[p]和A[left]
    //以下为原先Partition函数的划分过程，不需要改变任何东西
    int temp = A[left];     //将A[left]存放至临时变量temp
    while(left < right) {   //只要left与right不相遇
        while(left < right && A[right] > temp) right--;     //反复左移right
        A[left] = A[right];     //将A[right]挪到A[left]
        while(left < right && A[left] <= temp) left++;      //反复右移left
        A[right] = A[left];     //将A[left]挪到A[right]
    }
    A[left] = temp;     //把temp放到left与right相遇的地方
    return left;        //返回相遇的下标
}
```

练习

① 配套习题集的对应小节。

② Codeup Contest ID: 100000586

地址：http://codeup.cn/contest.php?cid=100000586。

本节二维码

4.7 其他高效技巧与算法

前面几节介绍了一些最常用的算法思想，下面介绍其他高效技巧与算法。

4.7.1 打表

打表是一种典型的用空间换时间的技巧，一般指将所有可能需要用到的结果事先计算出来，这样后面需要用到时就可以直接查表获得。打表常见的用法有如下几种：

① 在程序中一次性计算出所有需要用到的结果，之后的查询直接取这些结果。

这个是最常用到的用法，例如在一个需要查询大量 Fibonacci 数 F(n)的问题中，显然每次从头开始计算是非常耗时的，对 Q 次查询会产生 O(nQ)的时间复杂度；而如果进行预处理，即把所有 Fibonacci 数预先计算并存在数组中，那么每次查询就只需要 O(1)的时间复杂度，对 Q 次查询就只需要 O(n + Q)的时间复杂度（其中 O(n)是预处理的时间）。

② 在程序 B 中分一次或多次计算出所有需要用到的结果，手工把结果写在程序 A 的数组中，然后在程序 A 中就可以直接使用这些结果。

这种用法一般是当程序的一部分过程消耗的时间过多，或是没有想到好的算法，因此在另一个程序中使用暴力算法求出结果，这样就能直接在原程序中使用这些结果。例如对n皇后问题来说，如果使用的算法不够好，就容易超时，而可以在本地用程序计算出对所有n来说n皇后问题的方案数，然后把算出的结果直接写在数组中，就可以根据题目输入的n来直接输出结果。

③ 对一些感觉不会做的题目，先用暴力程序计算小范围数据的结果，然后找规律，或许就能发现一些“蛛丝马迹”。

这种用法在数据范围非常大时容易用到，因为这样的题目可能不是用直接能想到的算法来解决的，而需要寻找一些规律才能得到结果。

4.7.2 活用递推

有很多题目需要细心考虑过程中是否可能存在递推关系，如果能找到这样的递推关系，就能使时间复杂度下降不少。例如就一类涉及序列的题目来说，假如序列的每一位所需要计算的值都可以通过该位左右两侧的结果计算得到，那么就可以考虑所谓的“左右两侧的结果”是否能通过递推进行预处理来得到，这样在后面的使用中就可以不必反复求解。

【PAT B1040/A1093】有几个PAT

题目描述

字符串APPAPT中包含了两个单词“PAT”，其中第一个PAT是由第二位(P)、第四位(A)和第六位(T)组成的；第二个PAT是由第三位(P)、第四位(A)和第六位(T)组成的。

现给定字符串，问一共可以形成多少个PAT？

输入格式

输入只有一行，包含一个字符串，长度不超过10^5，只包含P、A、T这三种字母。

输出格式

在一行中输出给定字符串中包含多少个PAT。由于结果可能比较大，因此只输出对1000000007取余数的结果。

输入样例

APPAPT

输出样例

2

思路

直接暴力会超时。

换个角度思考问题，对一个确定位置的A来说，以它形成的PAT的个数等于它左边P的个数乘以它右边T的个数。例如对字符串APPAPT的中间那个A来说，它左边有两个P，右边有一个T，因此这个A能形成的PAT的个数就是$2 \times 1 = 2$。于是问题就转换为，对字符串中的每个A，计算它左边P的个数与它右边T的个数的乘积，然后把所有A的这个乘积相加就是答案。

那么有没有比较快的获得每一位左边P的个数的方法呢？当然有，只需要设定一个数组leftNumP，记录每一位左边P的个数（含当前位，下同）。接着从左到右遍历字符串，如果当前位i是P，那么leftNumP[i]就等于leftNumP[i–1]加1；如果当前位i不是P，那么leftNumP[i]

就等于 leftNumP[i–1]。于是只需要 O(len)的时间复杂度就能统计出 leftNumP 数组。

以同样的方法可以计算出每一位右边 T 的个数。为了节省代码量，不妨在统计每一位右边 T 的个数的过程中直接计算答案 ans。具体做法是：定义一个变量 rightNumT，记录当前累计右边 T 的个数。从右往左遍历字符串，如果当前位 i 是 T，那么令 rightNumT 加 1；否则，如果当前位 i 是 A，那么令 ans 加上 leftNumP[i]与 rightNumT 的乘积（注意取模）。这样，当遍历完字符串时，就得到了答案 ans。

注意点

① 采用分别遍历 P、A、T 的位置来统计的方法会超时。

② 记得取模。

③ 本题与 PAT B1045/A1101 的思路很像，注意认真体会这两道题的思想。

参考代码

```
#include <cstdio>
#include <cstring>
const int MAXN = 100010;
const int MOD = 1000000007;
char str[MAXN];    //字符串
int leftNumP[MAXN] = {0};    //每一位左边（含）P 的个数
int main() {
    gets(str);    //读入字符串
    int len = strlen(str);    //长度
    for(int i = 0; i < len; i++) {    //从左到右遍历字符串
        if(i > 0) {    //如果不是 0 号位
            leftNumP[i] = leftNumP[i - 1];    //继承上一位的结果
        }
        if(str[i] == 'P') {    //当前位是 P
            leftNumP[i]++;    //令 leftNumP[i]加 1
        }
    }
    int ans = 0, rightNumT = 0;    //ans 为答案，rightNumT 记录右边 T 的个数
    for(int i = len - 1; i >= 0; i--) {    //从右到左遍历字符串
        if(str[i] == 'T') {    //当前位是 T
            rightNumT++;    //右边 T 的个数加 1
        } else if(str[i] == 'A') {    //当前位是 A
            ans = (ans + leftNumP[i] * rightNumT) % MOD;    //累计乘积
        }
    }
    printf("%d\n", ans);    //输出结果
    return 0;
}
```

4.7.3 随机选择算法

本节主要讨论这样一个问题：如何从一个无序的数组中求出第 K 大的数（为了简化讨论，假设数组中的数各不相同）。例如，对数组{5, 12, 7, 2, 9, 3}来说，第三大的数是 5，第五大的数是 9。

最直接的想法是对数组排一下序，然后直接取出第 K 个元素即可。但是这样做法需要 O(nlogn)的时间复杂度，虽然看起来很好，但还有更优的算法。下面介绍随机选择算法，它对任何输入都可以达到 O(n)的期望时间复杂度。

随机选择算法的原理类似于 4.6.3 节中介绍的随机快速排序算法。当对 A[left, right]执行一次 randPartition 函数之后，主元左侧的元素个数就是确定的，且它们都小于主元。假设此时主元是 A[p]，那么 A[p]就是 A[left, right]中的第 p – left + 1 大的数。不妨令 M 表示 p – left + 1，那么如果 K == M 成立，说明第 K 大的数就是主元 A[p]；如果 K < M 成立，就说明第 K 大的数在主元左侧，即 A[left⋯(p – 1)]中的第 K 大，往左侧递归即可；如果 K > M 成立，则说明第 K 大的数在主元右侧，即 A[(p + 1)⋯ right]中的第 K – M 大，往右侧递归即可。算法以 left == right 作为递归边界，返回 A[left]。由此可以写出随机选择算法的代码：

```
//随机选择算法，从 A[left, right]中返回第 K 大的数
int randSelect(int A[], int left, int right, int K) {
    if(left == right) return A[left];    //边界
    int p = randPartition(A, left, right);    //划分后主元的位置为 p
    int M = p - left + 1;    //A[p]是 A[left, right]中的第 M 大
    if(K == M) return A[p];    //找到第 K 大的数
    if(K < M) {    //第 K 大的数在主元左侧
        return randSelect(A, left, p - 1, K);    //往主元左侧找第 K 大
    } else {    //第 K 大的数在主元右侧
        return randSelect(A, p + 1, right, K - M);    //往主元右侧找第 K-M 大
    }
}
```

可以证明，虽然随机选择算法的最坏时间复杂度是 $O(n^2)$，但是其对任意输入的期望时间复杂度却是 O(n)，这意味着不存在一组特定的数据能使这个算法出现最坏情况，是个相当实用和出色的算法（详细证明可以参考算法导论）。

下面的问题是一个应用：给定一个由整数组成的集合，集合中的整数各不相同，现在要将它分为两个子集合，使得这两个子集合的并为原集合、交为空集，同时在两个子集合的元素个数 n_1 与 n_2 之差的绝对值 $|n_1–n_2|$ 尽可能小的前提下，要求它们各自的元素之和 S_1 与 S_2 之差的绝对值 $|S_1–S_2|$ 尽可能大。求这个 $|S_1–S_2|$ 等于多少。

对这个问题首先可以注意到的是，如果原集合中元素个数为 n，那么当 n 是偶数时，由它分出的两个子集合中的元素个数都是 n/2；当 n 是奇数时，由它分出的两个子集合中的元素个数分别是 n/2 与 n/2+1（除法为向下取整，下同）。显然，为了使 $|S_1–S_2|$ 尽可能大，最直接的思路是将原集合中的元素从小到大排序，取排序后的前 n/2 个元素作为其中一个子集合，剩下的元素作为另一个子集合即可，时间复杂度为 O(nlogn)。

而更优的做法是使用上面介绍的随机选择算法。根据对问题的分析，这个问题实际上就

是求原集合中元素的第 n/2 大，同时根据这个数把集合分为两部分，使得其中一个子集合中的元素都不小于这个数，而另一个子集合中的元素都大于这个数，至于两个子集合内部元素的顺序则不需要关心。因此只需要使用 randSelect 函数求出第 n/2 大的数即可，该函数会自动切分好两个集合，期望时间复杂度为 O(n)。代码如下：

```
#include <cstdio>
#include <cstdlib>
#include <ctime>
#include <algorithm>
using namespace std;
const int maxn = 100010;
int A[maxn], n;    //A 存放所有整数，n 为其个数
//选取随机主元，对区间[left,right]进行划分
int randPartition(int A[], int left, int right) {
    //生成[left, right]内的随机数 p
    int p = (round(1.0*rand()/RAND_MAX*(right - left) + left);
    swap(A[p], A[left]);    //交换 A[p]和 A[left]
    //以下为原先 Partition 函数的划分过程，不需要改变任何东西
    int temp = A[left];    //将 A[left]存放至临时变量 temp
    while(left < right) {    //只要 left 与 right 不相遇
        while(left < right && A[right] > temp) right--;    //反复左移 right
        A[left] = A[right];    //将 A[right]挪到 A[left]
        while(left < right && A[left] <= temp) left++;    //反复右移 left
        A[right] = A[left];    //将 A[left]挪到 A[right]
    }
    A[left] = temp;    //把 temp 放到 left 与 right 相遇的地方
    return left;    //返回相遇的下标
}
//随机选择算法，从 A[left, right]中找到第 K 大的数，并进行切分
void randSelect(int A[], int left, int right, int K) {
    if(left == right) return;    //边界
    int p = randPartition(A, left, right);    //划分后主元的位置为 p
    int M = p - left + 1;    //A[p]是 A[left, right]中的第 M 大
    if(K == M) return;    //找到第 K 大的数
    if(K < M) {    //第 K 大的数在主元左侧
        randSelect(A, left, p - 1, K);    //往主元左侧找第 K 大
    } else {    //第 K 大的数在主元右侧
        randSelect(A, p + 1, right, K - M);    //往主元右侧找第 K-M 大
    }
}
int main() {
```

```
    srand((unsigned)time(NULL));    //初始化随机数种子
    //sum 和 sum1 记录所有整数之和与切分后前 n/2 个元素之和
    int sum = 0, sum1 = 0;
    scanf("%d", &n);    //整数个数
    for(int i = 0; i < n; i++) {
        scanf("%d", &A[i]);    //输入整数
        sum += A[i];    //累计所有整数之和
    }
    randSelect(A, 0, n - 1, n / 2);    //寻找第 n/2 大的数，并进行切分
    for(int i = 0; i < n / 2; i++) {
        sum1 += A[i];    //累计较小的子集合中元素之和
    }
    printf("%d\n", (sum - sum1) - sum1);    //求两个子集合的元素和之差
    return 0;
}
```

输入：

```
13
1 6 33 18 4 0 10 5 12 7 2 9 3
```

输出：

```
80
```

在上面的代码中，swap 的用法见 6.9.2 节，读者也可以自己写一个交换函数。由于在这个问题中不需要关心第 n/2 大的数是什么，而只需要实现根据第 n/2 大的数进行切分的功能，因此 randSelect 函数不需要设置返回值。另外，如果能保证数据分布较为随机，那么代码中的 randPartition 函数也可替换成普通的 Partition 函数。除此之外，还有一种即便是最坏时间复杂度也是 O(n)的选择算法，但是比较偏理论化，就不在此处介绍了。

练习

① 配套习题集的对应小节。

② Codeup Contest ID: 100000587

地址：http://codeup.cn/contest.php?cid=100000587。

本节二维码

本章二维码

第5章　入门篇（3）——数学问题

5.1　简单数学

在考试中，经常会出现一类问题，它们不涉及很深的算法，但却跟数学息息相关。这样的问题通常难度不大，也不需要特别的数学知识，只要掌握简单的数理逻辑即可。下面来看一个例题。

【PAT B1019/A1069】数字黑洞

题目描述

给定任一个各位数字不完全相同的四位正整数，如果先把四个数字按非递增排序，再按非递减排序，然后用第一个数字减第二个数字，将得到一个新的数字。一直重复这样做，很快会停在有“数字黑洞”之称的 6174，这个神奇的数字也叫 Kaprekar 常数。

例如，从 6767 开始，将得到

7766 – 6677 = 1089

9810 – 0189 = 9621

9621 – 1269 = 8352

8532 – 2358 = 6174

7641 – 1467 = 6174

…

现给定任意四位正整数，请编写程序演示到达“数字黑洞”的过程。

输入格式

输入给出一个(0, 10000)区间内的正整数 N。

输出格式

如果 N 的四位数字全相等，则在一行内输出“N – N = 0000”；否则将计算的每一步在一行内输出，直到 6174 作为差出现，输出格式见样例。注意：每个数字按四位数格式输出。

输入样例 1

```
6767
```

输出样例 1

```
7766 - 6677 = 1089
9810 - 0189 = 9621
9621 - 1269 = 8352
8532 - 2358 = 6174
```

输入样例 2

```
2222
```

输出样例 2

```
2222 - 2222 = 0000
```

思路

步骤 1：写两个函数：int 型整数转换成 int 型数组的 to_array 函数（即把每一位都当成数组的一个元素）、int 型数组转换成 int 型整数的 to_number 函数。

步骤 2：建立一个 while 循环，对每一层循环：

① 用 to_array 函数将 n 转换为数组并递增排序，再用 to_number 函数将递增排序完的数组转换为整数 MIN。

② 将数组递减排序，再用 to_number 函数将递减排序完的数组转换为整数 MAX。

③ 令 n = MAX – MIN 为下一个数，并输出当前层的信息。

④ 如果得到的 n 为 0 或 6174，退出循环。

注意点

① 如果采用其他写法，容易发生问题的是 6174 这个数据可能没有输出，实际上应该输出：

```
7641 - 1467 = 6174
```

② 如果某步得到了不足 4 位的数，则视为在高位补 0，如 189 即为 0189。

参考代码

```
#include <cstdio>
#include <algorithm>
using namespace std;
bool cmp(int a, int b) {  //递减排序 cmp
    return a > b;
}
void to_array(int n, int num[]) {     //将 n 的每一位存到 num 数组中
    for(int i = 0; i < 4; i++) {
        num[i] = n % 10;
        n /= 10;
    }
}
int to_number(int num[]) {     //将 num 数组转换为数字
    int sum = 0;
    for(int i = 0; i < 4; i++) {
        sum = sum * 10 + num[i];
    }
    return sum;
}
int main() {
    //MIN 和 MAX 分别表示递增排序和递减排序后得到的最小值和最大值
    int n, MIN, MAX;
    scanf("%d", &n);
```

```
    int num[5];
    while(1) {
        to_array(n, num);    //将 n 转换为数组
        sort(num, num + 4);     //对 num 数组中元素从小到大排序
        MIN = to_number(num);     //获取最小值
        sort(num, num + 4, cmp);     //对 num 数组中元素从大到小排序
        MAX = to_number(num);     //获取最大值
        n = MAX - MIN;     //得到下一个数
        printf("%04d - %04d = %04d\n", MAX, MIN, n);
        if(n == 0 || n == 6174) break;     //下一个数如果是 0 或 6174 则退出
    }
    return 0;
}
```

练习

① 配套习题集的对应小节。

② Codeup Contest ID: 100000588

地址：http://codeup.cn/contest.php?cid=100000588。

本节二维码

5.2 最大公约数与最小公倍数

5.2.1 最大公约数

正整数 a 与 b 的最大公约数是指 a 与 b 的所有公约数中最大的那个公约数，例如 4 和 6 的最大公约数为 2，3 和 9 的最大公约数为 3。一般用 gcd(a, b)来表示 a 和 b 的最大公约数，而求解最大公约数常用欧几里得算法（即辗转相除法）。

欧几里得算法基于下面这个定理：

设 a、b 均为正整数，则 gcd(a, b) = gcd(b, a % b)。

证明：设 a = kb + r，其中 k 和 r 分别为 a 除以 b 得到的商和余数。

则有 r = a – kb 成立。

设 d 为 a 和 b 的一个公约数，

那么由 r = a – kb，得 d 也是 r 的一个约数。

因此 d 是 b 和 r 的一个公约数。

又由 r = a % b，得 d 为 b 和 a % b 的一个公约数。

因此 d 既是 a 和 b 的公约数，也是 b 和 a % b 的公约数。

由 d 的任意性，得 a 和 b 的公约数都是 b 和 a % b 的公约数。
由 $a = kb + r$，同理可证 b 和 a % b 的公约数都是 a 和 b 的公约数。
因此 a 和 b 的公约数与 b 和 a % b 的公约数全部相等，故其最大公约数也相等，
即有 gcd(a, b) = gcd(b, a % b)。
证毕。

由上面这个定理可以发现，如果 $a < b$，那么定理的结果就是将 a 和 b 交换；如果 $a > b$，那么通过这个定理总可以将数据规模变小，并且减小得非常快。这样似乎可以很快得到结果，只是还需要一个东西：递归边界，即数据规模减小到什么程度使得可以算出结果来。很简单，众所周知：0 和任意一个整数 a 的最大公约数都是 a（注意：不是 0），这个结论就可以当作递归边界。由此很容易想到将其写成递归的形式，因为递归的两个关键已经得到：

① 递归式：gcd(a, b) = gcd(b, a % b)。

② 递归边界：gcd(a, 0) = a。

于是可以得到下面的求解最大公约数的代码：

```
int gcd(int a, int b) {
    if(b == 0) return a;
    else return gcd(b, a % b);
}
```

更简洁的写法是：

```
int gcd(int a, int b) {
    return !b ? a : gcd(b, a % b);
}
```

上面两段代码可由读者根据自己的喜好进行选择。

【codeup 1818】最大公约数

题目描述

输入两个正整数，求其最大公约数。

输入

测试数据有多组，每组输入两个正整数。

输出

对于每组输入，请输出其最大公约数。

样例输入

```
49 14
```

样例输出

```
7
```

思路

既然直接就是求最大公约数，可直接使用上面介绍的模板。注意：其他写法需要注意 m 和 n 的大小关系。

参考代码

```
#include <cstdio>
```

```
//求最大公约数的辗转相除法递归写法
int gcd(int a, int b) {
    if(b == 0) return a;
    else return gcd(b, a % b);
}
int main() {
    int m, n;
    while (scanf("%d%d", &m, &n) != EOF) {
        printf("%d\n", gcd(m, n));
    }
    return 0;
}
```

5.2.2 最小公倍数

正整数 a 与 b 的最小公倍数是指 a 与 b 的所有公倍数中最小的那个公倍数，例如 4 和 6 的最小公倍数为 12，3 和 9 的最小公倍数为 9。一般用 lcm(a, b)来表示 a 和 b 的最小公倍数。

最小公倍数的求解在最大公约数的基础上进行。当得到 a 和 b 的最大公约数 d 之后，可以马上得到 a 和 b 的最小公倍数是 ab / d。这个公式通过集合可以很好地理解，如图 5-1 所示。

由图 5-1 很容易发现，a 和 b 的最大公约数即集合 a 与集合 b 的交集，而最小公倍数为集合 a 与集合 b 的并集。要得到并集，由于 ab 会使公因子部分多计算一次，因此需要除掉一次公因子，于是就得到了 a 与 b 的最小公倍数为 ab / d。

由于 ab 在实际计算时有可能溢出，因此更恰当的写法是 a / d * b。由于 d 是 a 和 b 的最大公约数，因此 a / d 一定可以整除。

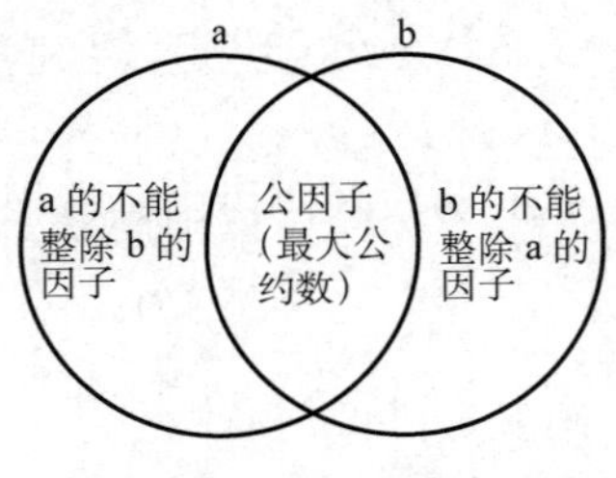

图 5-1　最小公倍数示意图

练习

① 配套习题集的对应小节。

② Codeup Contest ID: 100000589

地址：http://codeup.cn/contest.php?cid=100000589。

本节二维码

5.3 分数的四则运算

所谓分数的四则运算是指，给定两个分数的分子和分母，求它们加减乘除的结果。下面先介绍如何表示和化简一个分数。

5.3.1　分数的表示和化简

1. 分数的表示

对一个分数来说，最简洁的写法就是写成**假分数**的形式，即无论分子比分母大或者小，都保留其原数。因此可以使用一个结构体来存储这种只有分子和分母的分数：

```
struct Fraction {            //分数
    int up, down;            //分子、分母
};
```

于是就可以定义 Fraction 类型的变量来表示分数，或者定义数组来表示一堆分数。其中需要对这种表示制订三项规则：

① 使 down 为非负数。如果分数为负，那么令分子 up 为负即可。

② 如果该分数恰为 0，那么规定其分子为 0，分母为 1。

③ 分子和分母没有除了 1 以外的公约数。

2. 分数的化简

分数的化简主要用来使 **Fraction 变量满足分数表示的三项规定**，因此化简步骤也分为以下三步：

① 如果分母 down 为负数，那么令分子 up 和分母 down 都变为相反数。

② 如果分子 up 为 0，那么令分母 down 为 1。

③ 约分：求出分子**绝对值**与分母**绝对值**的最大公约数 d，然后令分子分母同时除以 d。

代码如下：

```
Fraction reduction(Fraction result) {
    if(result.down < 0) {    //分母为负数，令分子和分母都变为相反数
        result.up = -result.up;
        result.down = - result.down;
    }
    if (result.up == 0) {                               //如果分子为 0
        result.down = 1;                                //令分母为 1
    } else {                                            //如果分子不为 0，进行约分
        int d = gcd(abs(result.up), abs(result.down));  //分子分母的最大公约数
        result.up /= d;                                 //约去最大公约数
        result.down /= d;
    }
    return result;
}
```

5.3.2　分数的四则运算

1. 分数的加法

对两个分数 f1 和 f2，其加法计算公式为

$$result = \frac{f1.up * f2.down + f2.up * f1.down}{f1.down * f2.down}$$

代码如下：

```
Fraction add(Fraction f1, Fraction f2) {                //分数 f1 加上分数 f2
    Fraction result;
    result.up = f1.up * f2.down + f2.up * f1.down;      //分数和的分子
    result.down = f1.down * f2.down;                    //分数和的分母
    return reduction(result);                           //返回结果分数，注意化简
}
```

2. 分数的减法

对两个分数 f1 和 f2，其减法计算公式为

$$result = \frac{f1.up * f2.down - f2.up * f1.down}{f1.down * f2.down}$$

代码如下：

```
Fraction minu(Fraction f1, Fraction f2) {               //分数 f1 减去分数 f2
    Fraction result;
    result.up = f1.up * f2.down - f2.up * f1.down;      //分数差的分子
    result.down = f1.down * f2.down;                    //分数差的分母
    return reduction(result);                           //返回结果分数，注意化简
}
```

3. 分数的乘法

对两个分数 f1 和 f2，其乘法计算公式为

$$result = \frac{f1.up * f2.up}{f1.down * f2.down}$$

代码如下：

```
Fraction multi(Fraction f1, Fraction f2) {              //分数 f1 乘以分数 f2
    Fraction result;
    result.up = f1.up * f2.up;                          //分数积的分子
    result.down = f1.down * f2.down;                    //分数积的分母
    return reduction(result);                           //返回结果分数，注意化简
}
```

4. 分数的除法

对两个分数 f1 和 f2，其除法计算公式为

$$result = \frac{f1.up * f2.down}{f1.down * f2.up}$$

代码如下：

```
Fraction divide(Fraction f1, Fraction f2) {             //分数 f1 除以分数 f2
    Fraction result;
    result.up = f1.up * f2.down;                        //分数商的分子
    result.down = f1.down * f2.up;                      //分数商的分母
    return reduction(result);                           //返回结果分数，注意化简
}
```

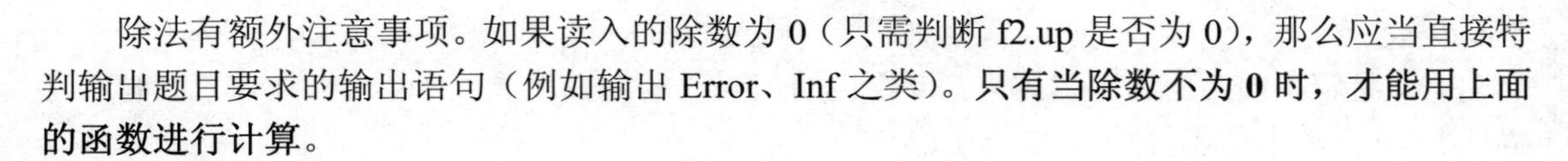

除法有额外注意事项。如果读入的除数为 0（只需判断 f2.up 是否为 0），那么应当直接特判输出题目要求的输出语句（例如输出 Error、Inf 之类）。**只有当除数不为 0 时，才能用上面的函数进行计算。**

5.3.3　分数的输出

分数的输出根据题目的要求进行，但是大体上有以下几个注意点：

① 输出分数前，需要先对其进行化简。

② 如果分数 r 的分母 down 为 1，说明该分数是**整数**，一般来说题目会要求直接输出分子，而省略分母的输出。

③ 如果分数 r 的分子 up 的**绝对值**大于分母 down（想一想分子为什么要取绝对值？），说明该分数是**假分数**，此时应按**带分数**的形式输出，即整数部分为 r.up / r.down，分子部分为 abs(r.up) % r.down，分母部分为 r.down。

④ 以上均不满足时说明分数 r 是真分数，按原样输出即可。

以下是一个输出示例：

```
void showResult(Fraction r) {                              //输出分数r
r = reduction(r);
    if(r.down == 1) printf("%lld", r.up);                  //整数
    else if(abs(r.up) > r.down) {                          //假分数
        printf("%d %d/%d", r.up / r.down, abs(r.up) % r.down, r.down);
    } else {                                               //真分数
        printf("%d/%d", r.up , r.down);
    }
}
```

强调一点：**由于分数的乘法和除法的过程中可能使分子或分母超过 int 型表示范围，因此一般情况下，分子和分母应当使用 long long 型来存储。**

练习

① 配套习题集的对应小节。

② Codeup Contest ID: 100000590

地址：http://codeup.cn/contest.php?cid=100000590。

本节二维码

5.4　素　　数

素数又称为质数，是指除了 1 和本身之外，不能被其他数整除的一类数。即对给定的正整数 n，如果对任意的正整数 a(1 < a < n)，都有 n % a != 0 成立，那么称 n 是素数；否则，如果存在 a(1 < a < n)，使得 n % a == 0，那么称 n 为合数。应特别注意的是，**1 既不是素数，也**

不是合数。

本节将解决两个问题：①如何判断给定的正整数 n 是否是质数；②如何在较短的时间内得到 1 ~ n 内的素数表。

5.4.1 素数的判断

从素数的定义中可以知道，一个整数 n 要被判断为素数，需要判断 n 是否能被 2, 3,⋯, n – 1 中的一个整除。只有 2, 3,⋯, n – 1 都不能整除 n，n 才能判定为素数，而只要有一个能整除 n 的数出现，n 就可以判定为非素数。

这样的判定方法没有问题，复杂度为 O(n)。但是在很多题目中，判定素数只是整个算法中的一部分，这时候 O(n)的复杂度实际上有点大，需要更加快速的判定方法。注意到如果在 2 ~ n – 1 中存在 n 的约数，不妨设为 k，即 n % k ==0，那么由 k * (n / k) == n 可知，n / k 也是 n 的一个约数，且 k 与 n / k 中一定满足其中一个小于等于 sqrt(n)、另一个大于等于 sqrt(n)，其中 sqrt(n)为根号 n。这启发我们，只需要判定 n 能否被 2, 3,⋯, ⌊sqrt(n)⌋中的一个整除（其中⌊x⌋表示对 x 向下取整），即可判定 n 是否为素数。该算法的复杂度为 O(sqrt(n))。

代码如下：

```
bool isPrime(int n) {
    if(n <= 1) return false;    //特判
    int sqr = (int)sqrt(1.0 * n);    //根号 n
    for(int i = 2; i <= sqr; i++) {    //遍历 2~根号 n
        if(n % i == 0) return false;    //n 是 i 的倍数，则 n 不是素数
    }
    return true;    //n 是素数
}
```

在上述代码中，sqrt 的作用为一个浮点数开根号，需要添加 math.h 头文件。由于 sqrt 的参数要求是浮点数，因此在 n 前面乘以 1.0 来使其成为浮点型。

如果 n 没有接近 int 型变量的范围上界，那么可以有更简单的写法：

```
bool isPrime(int n) {
    if(n <= 1) return false;
    for(int i = 2; i * i <= n; i++) {
        if(n % i == 0) return false;
    }
    return true;
}
```

这样写会当 n 接近 int 型变量的范围上界时导致 i * i 溢出（当然 n 在 10^9 以内都会是安全的），解决的办法是将 i 定义为 long long 型，这样就不会溢出了。但是初学者还是推荐使用开根号的写法，因为这样写可以更安全。

5.4.2 素数表的获取

通过上面的学习，读者应已有办法判断单独一个数是否是素数，那么可以直接由此得出打印 1 ~ n 范围内素数表的方法，即从 1 ~ n 进行枚举，判断每个数是否是素数，如果是素数

则加入素数表。这种方法的枚举部分的复杂度是 O(n)，而判断素数的复杂度是 $O(\sqrt{n})$，因此总复杂度是 $O(n\sqrt{n})$。这个复杂度对 n 不超过 10^5 的大小是没有问题的，考试时大部分涉及素数表的题目都不会超过这个范围，代码如下：

```
const int maxn = 101;  //表长
int prime[maxn], pNum = 0;  //prime 数组存放所有素数，pNum 为素数个数
bool p[maxn] = {0};  //p[i] == true 表示 i 是素数
void Find_Prime() {
    for(int i = 1; i <maxn; i++) {  //不能写成 i <= maxn
        if(isPrime(i) == true) {
            prime[pNum++] = i;  //是素数则把 i 存入 prime 数组
            p[i] = true;
        }
    }
}
```

下面是完整的求解 100 以内的所有素数的程序：

```
#include <stdio.h>
#include <math.h>
bool isPrime(int n) {  //判断 n 是否为素数
    if(n <= 1) return false;
    int sqr = (int)sqrt(1.0 * n);
    for(int i = 2; i <= sqr; i++) {
        if(n % i == 0) return false;
    }
    return true;
}
int prime[101], pNum = 0;
bool p[101] = {0};
void Find_Prime() {  //求素数表
    for(int i = 1; i < 101; i++) {
        if(isPrime(i) == true) {
            prime[pNum++] = i;
            p[i] = true;
        }
    }
}
int main() {
    Find_Prime();  //在日常使用时很容易忘写，因此结果不对时要检查是否漏写
    for(int i = 0; i <pNum; i++) {
        printf("%d ",prime[i]);
    }
```

```
    return 0;
}
```

输出结果：

```
2 3 5 7 11 13 17 19 23 29 31 37 41 43 47 53 59 61 67 71 73 79 83 89 97
```

上面的算法对于 n 在 10^5 以内都是可以承受的，但是如果出现需要更大范围的素数表，$O(n\sqrt{n})$ 的算法将力不从心。下面学习一个更高效的算法，它的时间复杂度为 O(nloglogn)。

“埃氏筛法”是众多筛法中最简单且容易理解的一种，即 Eratosthenes 筛法。更优的欧拉筛法可以达到 O(n)的时间复杂度，此处不予赘述。

素数筛法的关键就在一个“筛”字。算法从小到大枚举所有数，对每一个素数，筛去它的所有倍数，剩下的就都是素数了。可能有读者问，一开始并不知道哪些数是素数，何来的“对每一个素数”呢？下面来看一个例子：求 1 ~ 15 中的所有素数。

① 2 是素数（唯一需要事先确定），因此筛去所有 2 的倍数，即 4、6、8、10、12、14。

2 3 ~~4~~ 5 ~~6~~ 7 ~~8~~ 9 ~~10~~ 11 ~~12~~ 13 ~~14~~ 15

② 3 没有被前面的步骤筛去，因此 3 是素数，筛去所有 3 的倍数，即 6、9、12、15。

2 3 ~~4~~ 5 ~~6~~ 7 ~~8~~ ~~9~~ ~~10~~ 11 ~~12~~ 13 ~~14~~ ~~15~~

③ 4 已经在①中被筛去，因此 4 不是素数。

④ 5 没有被前面的步骤筛去，因此 5 是素数，筛去所有 5 的倍数，即 10、15。

2 3 ~~4~~ 5 ~~6~~ 7 ~~8~~ ~~9~~ ~~10~~ 11 ~~12~~ 13 ~~14~~ ~~15~~

⑤ 6 已经在①中被筛去，因此 6 不是素数。

⑥ 7 没有被前面的步骤筛去，因此 7 是素数，筛去所有 7 的倍数，即 14。

2 3 ~~4~~ 5 ~~6~~ 7 ~~8~~ ~~9~~ ~~10~~ 11 ~~12~~ 13 ~~14~~ ~~15~~

⑦ 8 已经在①中被筛去，因此 8 不是素数。

⑧ 9 已经在②中被筛去，因此 9 不是素数。

⑨ 10 已经在①中被筛去，因此 10 不是素数。

⑩ 11 没有被前面的步骤筛去，因此 11 是素数，筛去所有 11 的倍数，但在 15 以内没有。

⑪ 12 已经在①中被筛去，因此 12 不是素数。

⑫ 13 没有被前面的步骤筛去，因此 13 是素数，筛去所有 13 的倍数，但在 15 以内没有。

⑬ 14 已经在⑥中被筛去，因此 14 不是素数。

⑭ 15 已经在②中被筛去，因此 15 不是素数。

至此，1 ~ 15 内的所有素数已全部得到，即 2、3、5、7、11、13。

由上面的例子可以发现，当从小到大到达某数 a 时，如果 a 没有被前面步骤的数筛去，那么 a 一定是素数。这是因为，如果 a 不是素数，那么 a 一定有小于 a 的素因子，这样在之前的步骤中 a 一定会被筛掉，所以，如果当枚举到 a 时还没有被筛掉，那么 a 一定是素数。

至于“筛”这个动作的实现，可以使用一个 bool 型数组 p 来标记，如果 a 被筛掉，那么 p[a]为 true；否则，p[a]为 false。在程序开始时可以初始化 p 数组全为 false。

素数筛法的代码如下：

```
const int maxn = 101;  //表长
int prime[maxn], pNum = 0;  //prime 数组存放所有素数，pNum 为素数个数
bool p[maxn] = {0};  //如果 i 为素数，则 p[i]为 false；否则，p[i]为 true
void Find_Prime() {
```

```
    for(int i = 2; i < maxn; i++) {  //从2开始，i<maxn结束，注意不能写成i<=maxn
        if(p[i] == false) {  //如果i是素数
            prime[pNum++] = i;  //把素数i存到prime数组中
            for(int j = i + i; j < maxn; j += i) {
                //筛去所有i的倍数，循环条件不能写成j<=maxn
                p[j] = true;
            }
        }
    }
}
```

可以证明筛法的复杂度为 $O(\sum_{i=1}^{n} n/i) = O(n\log\log n)$，这不是讲述的重点，读者只需要记住复杂度本身就可以了。

下面是完整的求解 100 以内所有素数的程序：

```
#include <stdio.h>
const int maxn = 101;
int prime[maxn], pNum = 0;
bool p[maxn] = {0};
void Find_Prime() {
    for(int i = 2; i < maxn; i++) {
        if(p[i] == false) {
            prime[pNum++] = i;
            for(int j = i + i; j < maxn; j += i) {
                p[j] = true;
            }
        }
    }
}
int main() {
    Find_Prime();  //要记得写上这句
    for(int i = 0; i < pNum; i++) {
        printf("%d ",prime[i]);
    }
    return 0;
}
```

输出结果：

```
2 3 5 7 11 13 17 19 23 29 31 37 41 43 47 53 59 61 67 71 73 79 83 89 97
```

【PAT B1013】数素数

题目描述

令 P_i 表示第 i 个素数，现任意给两个正整数 $M \leqslant N \leqslant 10^4$，请输出 P_M 到 P_N 的所有素数。

输入格式

输入在一行中给出 M 和 N，其间以空格分隔。

输出格式

输出从 $P_M \sim P_N$ 的所有素数，每 10 个数字占 1 行，其间以空格分隔，但行末不得有多余空格。

输入样例

5 27

输出样例

11 13 17 19 23 29 31 37 41 43
47 53 59 61 67 71 73 79 83 89
97 101 103

题意

输出第 M ~ N 个素数（$M \leqslant N \leqslant 10^4$）。

思路

把素数表打至第 N 个素数，然后按格式输出即可。

注意点

① 用筛法或者非筛法都可以解决该题，在算法中只需要添加一句控制素数个数的语句：

```
if(num >= n) break;
```

这是由于题目只要求输出第 m ~ n 个素数，因此超过 n 个素数之后的就不用保存了。

② 小技巧：由于空格在测试时肉眼看不出来，因此如果提交返回“格式错误”，读者可以把程序中的空格改成其他符号（比如#）来输出，看看是哪里多了空格。

③ 考虑到不知道第 10^4 个素数有多大，不妨将测试上限 maxn 设置得大一些，反正在素数个数超过 n 时是会中断的，不影响复杂度。当然也可以先用程序测试下第 10^4 个素数是多少，然后再用这个数作为上限。

④ 本题在素数表生成过程中其实就可以直接输出，不过看起来会显得比较冗乱，因此还是应先生成完整素数表，然后再按格式要求输出。

⑤ Find_Prime()函数中要记得是 i < maxn 而不是 i≤maxn，否则程序一运行就会崩溃；在 main 函数中要记得调用 Find_Prime()函数，否则不会出结果。

参考代码

```
#include <stdio.h>
const int maxn = 1000001;
int prime[maxn], num = 0;
bool p[maxn] = {0};
void Find_Prime(int n) {
    for(int i = 2; i < maxn; i++) {
        if(p[i] == false) {
            prime[num++] = i;
            if(num >= n) break;  //只需要 n 个素数，因此超过时即可结束
            for(int j = i + i; j < maxn; j += i) {
```

```
                p[j] = true;
            }
        }
    }
}
int main() {
    int m, n, count = 0;
    scanf("%d%d", &m, &n);
    Find_Prime(n);
    for(int i = m; i <= n; i++) {  //输出第m个素数至第n个素数
        printf("%d",prime[i - 1]);  //下标从0开始
        count++;
        if(count % 10 != 0 && i < n) printf(" ");
        else printf("\n");
    }
    return 0;
}
```

可以发现，筛法代码其实比暴力代码要短。不过无论是筛法还是非筛法求解，下面这几个问题都是要注意的，其中第一点容易造成边界数据：

① 1 不是素数。

② 素数表长至少要比 n 大 1。

③ 在 Find_Prime()函数中要特别留意 i < maxn 不能写成 i≤maxn。

④ main 函数中要记得调用 Find_Prime()，不然是不会出结果的。

练习

① 配套习题集的对应小节。

② Codeup Contest ID: 100000591

地址：http://codeup.cn/contest.php?cid=100000591。

本节二维码

5.5　质因子分解

所谓质因子分解是指将一个正整数 n 写成一个或多个质数的乘积的形式，例如 $6 = 2 \times 3$，$8 = 2 \times 2 \times 2$，$180 = 2 \times 2 \times 3 \times 3 \times 5$。或者我们也可以写成指数的形式，例如 $6 = 2^1 \times 3^1$，$8 = 2^3$，$180 = 2^2 \times 3^2 \times 5^1$。显然，由于最后都要归结到若干不同质数的乘积，因此不妨先把素数表打印出来。而打印素数表的方法上面已经阐述，下面我们主要就质因子分解本身进行讲解。注意：由于 1 本身不是素数，因此它没有质因子，下面的讲解是针对大于 1 的正整数来说的，

而如果有些题目中要求对 1 进行处理，那么视题目条件而定来进行特判处理。

由于每个质因子都可以不止出现一次，因此不妨定义结构体 factor，用来存放质因子及其个数，如下所示：

```
struct factor {
    int x, cnt;  //x 为质因子，cnt 为其个数
}fac[10];
```

这里 fac[]数组存放的就是给定的正整数 n 的所有质因子。例如对 180 来说，fac 数组如下：

```
fac[0].x = 2;
fac[0].cnt = 2;

fac[1].x = 3;
fac[1].cnt = 2;

fac[2].x = 5;
fac[2].cnt = 1;
```

考虑到 $2 \times 3 \times 5 \times 7 \times 11 \times 13 \times 17 \times 19 \times 23 \times 29$ 就已经超过了 int 范围，因此对一个 int 型范围的数来说，**fac 数组的大小只需要开到 10 就可以了。**

前面提到过，对一个正整数 n 来说，如果它存在 1 和本身之外的因子，那么一定是在 sqrt(n)的左右成对出现。而这里把这个结论用在“质因子”上面，会得到一个强化结论：对一个正整数 n 来说，如果它存在[2, n]范围内的质因子，要么这些质因子全部小于等于 sqrt(n)，要么只存在一个大于 sqrt(n)的质因子，而其余质因子全部小于等于 sqrt(n)。这就给进行质因子分解提供了一个很好的思路：

① 枚举 1 ~ sqrt(n)范围内的所有质因子 p，判断 p 是否是 n 的因子。

- 如果 p 是 n 的因子，那么给 fac 数组中增加质因子 p，并初始化其个数为 0。然后，只要 p 还是 n 的因子，就让 n 不断除以 p，每次操作令 p 的个数加 1，直到 p 不再是 n 的因子为止。

```
    if(n % prime[i] == 0) {  //如果 prime[i]是 n 的因子
        fac[num].x = prime[i];  //记录该因子
        fac[num].cnt = 0;
        while(n % prime[i] == 0) {  //计算出质因子 prime[i]的个数
            fac[num].cnt++;
            n /= prime[i];
        }
        num++;  //不同质因子个数加 1
    }
```

- 如果 p 不是 n 的因子，就直接跳过。

② 如果在上面步骤结束后 n 仍然大于 1，说明 n **有且仅有**一个大于 sqrt(n)的质因子（有可能是 n 本身），这时需要把这个质因子加入 fac 数组，并令其个数为 1。

```
    if(n != 1) {  //如果无法被根号 n 以内的质因子除尽
        fac[num].x = n;  //那么一定有一个大于根号 n 的质因子
```

```
        fac[num++].cnt = 1;
    }
```

至此，fac 数组中存放的就是质因子分解的结果，时间复杂度是 $O(\sqrt{n})$。

【PAT A1059】Prime Factors

题目描述

Given any positive integer N, you are supposed to find all of its prime factors, and write them in the format: $N = p_1\string^k_1 * p_2\string^k_2 * \cdots *p_m\string^k_m$.

输入格式

Each input file contains one test case which gives a positive integer N in the range of long int.

输出格式

Factor N in the format $N = p_1\string^k_1 * p_2\string^k_2 * \cdots *p_m\string^k_m$, where p_i's are prime factors of N in increasing order, and the exponent k_i is the number of p_i——hence when there is only one p_i, k_i is 1 and must NOT be printed out.

（原题即为英文题）

输入样例

```
97532468
```

输出样例

```
97532468=2^2*11*17*101*1291
```

题意

给出一个 int 范围的整数，按照从小到大的顺序输出其分解为质因数的乘法算式。

思路

和上面讲解质因子分解的思路是完全相同的，要在前面先把素数表打印出来，然后再进行质因子分解的操作。

注意点

① 题目说的是 int 范围内的正整数进行质因子分解，因此素数表大概开 10^5 大小就可以了。

② 注意 n == 1 需要特判输出"1=1"，否则不会输出结果。

③ 初学者学习素数和质因子分解容易犯错的地方：一是在 main 函数开头忘记调用 Find_Prime()函数；二是 Find_Prime()函数中把 i < maxn 误写成 i≤maxn；三是没有处理大于 sqrt(n)部分的质因子；四是在枚举质因子的过程中发生了死循环（死因各异）；五是没有在循环外定义变量来存储 sqrt(n)，而在循环条件中直接计算 sqrt(n)，这样当循环中使用 n 本身进行操作的话会导致答案错误。

④ 给几组可能会发生错误的数据。

```
1      //1=1
7      //7=7
8      //8=2^3
9      //9=3^2
180    //180=2^2*3^2*5
```

```
2147483647    //2147483647=2147483647
2147483646    //2147483646=2*3^2*7*11*31*151*331
```

参考代码

```
#include <cstdio>
#include <math.h>
const int maxn = 100010;
bool is_prime(int n) {  //判断 n 是否为素数
    if(n == 1) return false;
    int sqr = (int)sqrt(1.0 * n);
    for(int i = 2; i <= sqr; i++) {
        if(n % i == 0) return false;
    }
    return true;
}
int prime[maxn], pNum = 0;
void Find_Prime() {  //求素数表
    for(int i = 1; i < maxn; i++) {
        if(is_prime(i) == true) {
            prime[pNum++] = i;
        }
    }
}
struct factor {
    int x, cnt;  //x 为质因子，cnt 为其个数
}fac[10];
int main() {
    Find_Prime();  //此句请务必要记得写
    int n, num = 0;  //num 为 n 的不同质因子的个数
    scanf("%d", &n);
    if(n == 1) printf("1=1");  //特判 1 的情况
    else {
        printf("%d=", n);
        int sqr = (int)sqrt(1.0 * n);  //n 的根号
        //枚举根号 n 以内的质因子
        for(int i = 0; i < pNum && prime[i] <= sqr; i++) {
            if(n % prime[i] == 0) {  //如果 prime[i]是 n 的因子
                fac[num].x = prime[i];  //记录该因子
                fac[num].cnt = 0;
                while(n % prime[i] == 0) {  //计算出质因子 prime[i]的个数
```

```
                fac[num].cnt++;
                n /= prime[i];
            }
            num++;  //不同质因子个数加1
        }
        if(n == 1) break;  //及时退出循环，节省点时间
    }
    if(n != 1) {  //如果无法被根号n以内的质因子除尽
        fac[num].x = n;  //那么一定有一个大于根号n的质因子
        fac[num++].cnt = 1;
    }
    //按格式输出结果
    for(int i = 0; i < num; i++) {
        if(i > 0) printf("*");
        printf("%d", fac[i].x);
        if(fac[i].cnt > 1) {
            printf("^%d", fac[i].cnt);
        }
    }
  }
  return 0;
}
```

最后指出，如果要求一个正整数 N 的因子个数，只需要对其质因子分解，得到各质因子 p_i 的个数分别为 e_1、e_2、…、e_k，于是 N 的因子个数就是$(e_1 + 1) * (e_2 + 1) * \cdots * (e_k + 1)$。原因是，对每个质因子 p_i 都可以选择其出现 0 次、1 次、…、e_i 次，共 $e_i + 1$ 种可能，组合起来就是答案。而由同样的原理可知，N 的所有因子之和为 $\left(1+p_1+p_1^2+\cdots+p_1^{e_1}\right)*$

$$\left(1+p_2+p_2^2+\cdots+p_2^{e_2}\right)*\cdots*\left(1+p_k+p_k^2+\cdots+p_k^{e_k}\right)=\frac{1-{p_1}^{e_1+1}}{1-p_1}*\frac{1-{p_2}^{e_2+1}}{1-p_2}*\cdots\frac{1-{p_k}^{e_k+1}}{1-p_k}。$$

练习

① 配套习题集的对应小节。

② Codeup Contest ID: 100000592

地址：http://codeup.cn/contest.php?cid=100000592。

本节二维码

5.6 大整数运算

对一道 A + B 的题目，如果 A 和 B 的范围在 int 范围内，那么相信大家很快就能写出程序。但是如果 A 和 B 是有着 1000 个数位的整数，恐怕就没有办法用已有的数据类型来表示了，这时就只能老实去模拟加减乘除的过程。怎么样？听起来像是小学生学的东西吧？实际上原理就是小学的，所以不要去害怕这个看上去很高深的东西。此外，大整数又称为高精度整数，其含义就是用基本数据类型无法存储其精度的整数。

5.6.1 大整数的存储

很简单，使用数组即可。例如定义 int 型数组 d[1000]，那么这个数组中的每一位就代表了存放的整数的每一位。如将整数 235813 存储到数组中，则有 d[0] = 3, d[1] = 1, d[2] = 8, d[3] = 5, d[4] = 3, d[5] = 2，即**整数的高位存储在数组的高位，整数的低位存储在数组的低位**。不反过来存储的原因是，在进行运算的时候都是从整数的低位到高位进行枚举，顺位存储和这种思维相合。但是也会由此产生一个需要注意的问题：把整数按字符串%s 读入的时候，实际上是逆位存储的，即 str[0] = '2', str[1] = '3',⋯, str[5] = '3'，因此**在读入之后需要在另存为至 d[] 数组的时候反转一下**。

而为了方便随时获取大整数的长度，一般都会定义一个 int 型变量 len 来记录其长度，并和 d 数组组合成结构体：

```
struct bign {
    int d[1000];
    int len;
};
```

这里 bign 是 big number 的缩写。

显然，在定义结构体变量之后，需要马上初始化结构体。为了减少在实际输入代码时总是忘记初始化的问题，读者最好使用 2.8.3 节介绍的“构造函数”，即在结构体内部加上以下代码：

```
bign() {
    memset(d, 0, sizeof(d));
    len = 0;
}
```

“构造函数”是用来初始化结构体的函数，函数名和结构体名相同、无返回值，因此非常好写（在 2.8.3 节已经讲述）。大整数结构体 bign 就变成了这样：

```
struct bign {
    int d[1000];
    int len;
    bign() {
        memset(d, 0, sizeof(d));
        len = 0;
    }
```

```
};
```

这样在每次定义结构体变量时，都会自动对该变量进行初始化。

而输入大整数时，一般都是**先用字符串读入，然后再把字符串另存为至 bign 结构体**。由于使用 char 数组进行读入时，整数的高位会变成数组的低位，而整数的低位会变成数组的高位，因此为了让整数在 bign 中是顺位存储，需要让字符串倒着赋给 d[]数组：

```
bign change(char str[]) {  //将整数转换为 bign
    bign a;
    a.len = strlen(str);  //bign 的长度就是字符串的长度
    for(int i = 0; i < a.len; i++) {
        a.d[i] = str[a.len - i - 1] - '0';  //逆着赋值
    }
    return a;
}
```

如果要**比较两个 bign 变量的大小**，规则也很简单：先判断两者的 len 大小，如果不相等，则以长的为大；如果相等，则从高位到低位进行比较，直到出现某一位不等，就可以判断两个数的大小。下面的代码直接依照了这个规则：

```
int compare(bign a, bign b) {  //比较 a 和 b 大小，a 大、相等、a 小分别返回 1、0、-1
    if(a.len > b.len) return 1;  //a 大
    else if(a.len < b.len) return -1;  //a 小
    else {
        for(int i = a.len - 1; i >= 0; i--) {  //从高位往低位比较
            if(a.d[i] > b.d[i]) return 1;  //只要有一位 a 大，则 a 大
            else if(a.d[i] < b.d[i]) return -1;  //只要有一位 a 小，则 a 小
        }
        return 0;  //两数相等
    }
}
```

接下来主要介绍四个运算：①高精度加法，②高精度减法，③高精度与低精度的乘法，④高精度与低精度的除法。至于高精度与高精度的乘法和除法，考试一般不会涉及，因此留给有兴趣的读者自行了解。

5.6.2　大整数的四则运算

1. 高精度加法

以 147 + 65 为例，下面来回顾一下小学的时候是怎么学习两个整数相加的：

$$\begin{array}{r} 1\ 4\ 7 \\ +\quad 6\ 5 \\ \hline 2\ 1\ 2 \end{array}$$

① 7 + 5 = 12，取个位数 2 作为该位的结果，取十位数 1 进位。

② 4 + 6，加上进位 1 为 11，取个位数 1 作为该位的结果，取十位数 1 进位。

③ 1 + 0，加上进位 1 为 2，取个位数 2 作为该位的结果，由于十位数位 0，因此不进位。

可以由此归纳出对其中一位进行加法的步骤：将该位上的两个数字与进位相加，得到的结果取个位数作为该位结果，取十位数作为新的进位。

高精度加法的做法与此完全相同，可以直接来看实现的代码：

```
bign add(bign a, bign b) {  //高精度a + b
    bign c;
    int carry = 0;  //carry是进位
    for(int i = 0; i < a.len || i < b.len; i++) {  //以较长的为界限
        int temp = a.d[i] + b.d[i] + carry;  //两个对应位与进位相加
        c.d[c.len++] = temp % 10;  //个位数为该位结果
        carry = temp / 10;  //十位数为新的进位
    }
    if(carry != 0) {  //如果最后进位不为0，则直接赋给结果的最高位
        c.d[c.len++] = carry;
    }
    return c;
}
```

大概十行代码，非常简洁，因此不需要对高精度有所恐惧，只要懂得原理并写过一次，基本上都是可以很容易理解并记住的。

下面是完整的A＋B的代码，希望读者自己实现一下：

```
#include <stdio.h>
#include <string.h>
struct bign {
    int d[1000];
    int len;
    bign() {
        memset(d, 0, sizeof(d));
        len = 0;
    }
};
bign change(char str[]) {  //将整数转换为bign
    bign a;
    a.len = strlen(str);
    for(int i = 0; i < a.len; i++) {
        a.d[i] = str[a.len - i - 1] - '0';
    }
    return a;
}
bign add(bign a, bign b) {  //高精度a + b
    bign c;
    int carry = 0;  //carry是进位
```

```
    for(int i = 0; i < a.len || i < b.len; i++) {
        int temp = a.d[i] + b.d[i] + carry;
        c.d[c.len++] = temp % 10;
        carry = temp / 10;
    }
    if(carry != 0) {
        c.d[c.len++] = carry;
    }
    return c;
}
void print(bign a) {  //输出bign
    for(int i = a.len - 1; i >= 0; i--) {
        printf("%d", a.d[i]);
    }
}
int main() {
    char str1[1000], str2[1000];
    scanf("%s%s", str1, str2);
    bign a = change(str1);
    bign b = change(str2);
    print(add(a, b));
    return 0;
}
```

最后指出，这样写法的条件是两个对象都是非负整数。如果有一方是负的，可以在转换到数组这一步时去掉其负号，然后采用高精度减法；如果两个都是负的，就都去掉负号后用高精度加法，最后再把负号加回去即可。

2. 高精度减法

以 147 – 65 为例，再来回顾一下小学的时候是怎么学习两个整数相减的：

$$\begin{array}{r} 1\ 4\ 5 \\ -\quad 6\ 7 \\ \hline 7\ 8 \end{array}$$

① $5-7<0$，不够减，因此从高位 4 借 1，于是 4 减 1 变成 3，该位结果为 $15-7=8$。

② $3-6<0$，不够减，因此从高位 1 借 1，于是 1 减 1 变成 0，该位结果为 $13-6=7$。

③ 上面和下面均为 0，结束计算。

同样可以得到一个很简练的步骤：对某一步，比较被减位和减位，如果不够减，则令被减位的高位减 1、被减位加 10 再进行减法；如果够减，则直接减。最后一步要注意减法后高位可能有多余的 0，要去除它们，但也要保证结果至少有一位数。

下面的代码完全使用了上面给出的步骤，很容易看懂：

```
bign sub(bign a, bign b) {  //高精度a - b
    bign c;
```

```
    for(int i = 0; i < a.len || i < b.len; i++) {  //以较长的为界限
        if(a.d[i] < b.d[i]) {  //如果不够减
            a.d[i + 1]--;  //向高位借位
            a.d[i] += 10;  //当前位加10
        }
        c.d[c.len++] = a.d[i] - b.d[i];  //减法结果为当前位结果
    }
    while(c.len - 1 >= 1 && c.d[c.len - 1] == 0) {
        c.len--;  //去除高位的0，同时至少保留一位最低位
    }
    return c;
}
```

高精度减法的完整代码即为把上面的 sub 函数替代高精度加法中 add 函数的位置即可，记得调用的时候也是用 sub 函数，这里就不再重复给出代码。

最后需要指出，使用 sub 函数前要比较两个数的大小，如果被减数小于减数，需要交换两个变量，然后输出负号，再使用 sub 函数。

3. 高精度与低精度的乘法

所谓的低精度就是可以用基本数据类型存储的数据，例如 int 型。这里讲述的就是 bign 类型与 int 类型的乘法，其做法和小学学的有一点不一样。以 147×35 为例，这里把 147 视为高精度 bign 类型，而 35 视为 int 类型，并且在下面的过程中，始终将 35 作为一个整体看待。

```
   1 4 7
 ×   3 5
 -------
   2 4 5
 1 4 0
 3 5
 -------
 5 1 4 5
```

① $7 \times 35 = 245$，取个位数 5 作为该位结果，高位部分 24 作为进位。

② $4 \times 35 = 140$，加上进位 24，得 164，取个位数 4 为该位结果，高位部分 16 作为进位。

③ $1 \times 35 = 35$，加上进位 16，得 51，取个位数 1 为该位结果，高位部分 5 作为进位。

④ 没的乘了，此时进位还不为 0，就把进位 5 直接作为结果的高位。

对某一步来说是这么一个步骤：取 bign 的某位与 int 型整体相乘，再与进位相加，所得结果的个位数作为该位结果，高位部分作为新的进位。

由此可以得到下面的代码：

```
bign multi(bign a, int b) {  //高精度乘法
    bign c;
    int carry = 0;  //进位
    for(int i = 0; i < a.len; i++) {
        int temp = a.d[i] * b + carry;
        c.d[c.len++] = temp % 10;  //个位作为该位结果
        carry = temp / 10;  //高位部分作为新的进位
```

```
    }
    while(carry != 0) {  //和加法不一样，乘法的进位可能不止一位，因此用 while
        c.d[c.len++] = carry % 10;
        carry /= 10;
    }
    return c;
}
```

完整的 A × B 的代码只需要把高精度加法里的 add 函数改成这里的 multi 函数，并注意输入的时候 b 是作为 int 型输入即可。

另外，如果 a 和 b 中存在负数，需要先记录下其负号，然后取它们的绝对值代入函数。

4. 高精度与低精度的除法

除法的计算方法和小学所学是相同的。以 1234 / 7 为例：

```
     0 1 7 6
 7 ) 1 2 3 4
       7
     -------
       5 3
       4 9
     -------
         4 4
         4 2
     -------
           2
```

① 1 与 7 比较，不够除，因此该位商为 0，余数为 1。

② 余数 1 与新位 2 组合成 12，12 与 7 比较，够除，商为 1，余数为 5。

③ 余数 5 与新位 3 组合成 53，53 与 7 比较，够除，商为 7，余数为 4。

④ 余数 4 与新位 4 组合成 44，44 与 7 比较，够除，商为 6，余数为 2。

归纳其中某一步的步骤：上一步的余数乘以 10 加上该步的位，得到该步临时的被除数，将其与除数比较：如果不够除，则该位的商为 0；如果够除，则商即为对应的商，余数即为对应的余数。最后一步要注意减法后高位可能有多余的 0，要去除它们，但也要保证结果至少有一位数。

于是可以得到如下代码：

```
bign divide(bign a, int b, int& r) {  //高精度除法，r 为余数
    bign c;
    c.len = a.len; //被除数的每一位和商的每一位是一一对应的，因此先令长度相等
    for(int i = a.len - 1; i >= 0; i--) {  //从高位开始
        r = r * 10 + a.d[i];  //和上一位遗留的余数组合
        if(r < b) c.d[i] = 0;  //不够除，该位为 0
        else {  //够除
            c.d[i] = r / b;  //商
            r = r % b;  //获得新的余数
        }
    }
    while(c.len - 1 >= 1 && c.d[c.len - 1] == 0) {
```

```
        c.len--;  //去除高位的 0，同时至少保留一位最低位
    }
    return c;
}
```

在上述代码中，考虑到函数每次只能返回一个数据，而很多题目里面会经常要求得到余数，因此把余数写成“引用”的形式直接作为参数传入，或是把 r 设成全局变量。引用在 2.7.5 节已有讲述，其作用是在函数中可以视作直接对原变量进行修改，而不像普通函数参数那样，在函数中的修改不影响原变量的值。这样当函数结束时，r 的值就是最终的余数。

练习

① 配套习题集的对应小节。

② Codeup Contest ID: 100000593

地址：http://codeup.cn/contest.php?cid=100000593。

本节二维码

5.7 扩展欧几里得算法

本节供有需要的读者阅读，分为 4 个部分：扩展欧几里得算法（即 $ax + by = gcd(a, b)$ 的求解），方程 $ax + by = c$ 的求解，同余式 $ax \equiv c(\text{mod } m)$ 的求解，逆元的求解以及 $(b / a)\%m$ 的计算。本节数学证明较多，请读者认真学习。

1. 扩展欧几里得算法

扩展欧几里得算法用来解决这样一个问题：**给定两个非零整数 a 和 b，求一组整数解 (x, y)，使得 $ax + by = gcd(a, b)$ 成立，其中 gcd(a,b)表示 a 和 b 的最大公约数。**通过相关定理可知解一定存在。为了讨论问题方便，记 gcd = gcd(a,b)，其中 a 和 b 为初始给定的数值，因此可以认为在下面讨论的过程中 gcd 是一个固定的数。

回忆 5.2.1 节介绍的欧几里得算法，如下面的代码所示，它总是把 gcd(a, b)转化为求解 gcd(b, a%b)，而当 b 变为 0 时返回 a，此时的 a 就等于 gcd。也就是说，欧几里得算法结束的时候变量 a 中存放的是 gcd，变量 b 中存放的是 0，因此此时显然有 $a*1 + b*0 = gcd$ 成立，此时有 x=1、y=0 成立。

```
int gcd(int a, int b) {
    if(b == 0) return a;
    else return gcd(b, a % b);
}
```

不妨利用上面欧几里得算法的过程来计算 x 和 y。目前已知的是递归边界成立时为 x=1、y=0，需要想办法反推出最初始的 x 和 y。

当计算 gcd(a, b)时，有 $ax_1 + by_1 = gcd$ 成立；而在下一步计算 gcd(b, a%b)时，又有

$bx_2 + (a\%b)y_2 = gcd$ 成立。因此 $ax_1 + by_1 = bx_2 + (a\%b)y_2$ 成立。又考虑到有关系 $a\%b = a - (a/b)*b$ 成立（此处除法为整除），因此 $ax_1 + by_1 = bx_2 + (a - (a/b)*b)y_2$ 成立。将等号右边的式子整理后可得 $ax_1 + by_1 = ay_2 + b(x_2 - (a/b)y_2)$。对比等号左右两边可以马上得到下面的递推公式：

$$\begin{cases} x_1 = y_2 \\ y_1 = x_2 - (a/b)y_2 \end{cases}$$

由此便可以通过 x_2 和 y_2 来反推出 x_1 和 y_1 了。于是只需要在达到递归边界、不断退出的过程中根据上面的公式计算 x 和 y，就可以得到一组解。代码如下：

```
int exGcd(int a, int b, int &x, int &y) {    //x 和 y 使用引用
    if(b == 0) {
        x = 1;
        y = 0;
        return a;
    }
    int g = exGcd(b, a % b, x, y);    //递归计算 exGcd(b,a%b)
    int temp = x;    //存放 x 的值
    x = y;    //更新 x = y(old)
    y = temp - a / b * y;    //更新 y = x(old) - a / b * y(old)
    return g;    //g 是 gcd
}
```

由于使用了引用，因此当 exGcd 函数结束时 x 和 y 就是所求的解。显然，在得到这样一组解之后，就可以通过下面的式子得到全部解：

$$\begin{cases} x' = x + \dfrac{b}{gcd} * K \\ y' = y - \dfrac{a}{gcd} * K \end{cases} \text{(K为任意整数)}$$

为什么是这样呢？下面简单证明一下。

假设新的解为 $x + s_1$、$y - s_2$，即有 $a*(x + s_1) + b*(y - s_2) = gcd$ 成立，通过代入 $ax + by = gcd$ 可以得到 $as_1 = bs_2$，于是 $\frac{s_1}{s_2} = \frac{b}{a}$ 成立。为了让 s_1 和 s_2 尽可能小，可以让分子和分母同时除以一个尽可能大的数，同时保证它们仍然是整数。显然，由于 $\frac{b}{gcd}$ 与 $\frac{a}{gcd}$ 互质，因此 gcd 是允许作为除数的最大数，于是 $\frac{s_1}{s_2} = \frac{b}{a} = \frac{b/gcd}{a/gcd}$，得 s_1 和 s_2 的最小取值是 $\frac{b}{gcd}$ 与 $\frac{a}{gcd}$。证毕。

也就是说，**x 和 y 的所有解分别以 $\frac{b}{gcd}$ 与 $\frac{a}{gcd}$ 为周期**。那么其中 x 的最小非负整数解是什么呢？从直观上来看就是 $x\%\frac{b}{gcd}$。但是由于通过 exGcd 函数计算出来的 x、y 可正可负，

因此实际上 $x\%\frac{b}{gcd}$ 会得到一个负数，例如(–15) % 4 = –3。考虑到即便 x 是负数，$x\%\frac{b}{gcd}$ 的范围也是在 $\left(-\frac{b}{gcd},0\right)$，因此**对任意整数来说，$\left(x\%\frac{b}{gcd}+\frac{b}{gcd}\right)\%\frac{b}{gcd}$ 才是对应的最小非负整数解**（想一想为什么是这个式子？）。

特殊地，如果 $gcd == 1$，即 $ax+by=1$ 时，全部解的公式简化为下式，且 x 的最小非负整数解也可以简化为 $(x\%b+b)\%b$。

$$\begin{cases}x'=x+bK\\y'=y-aK\end{cases}(K为任意整数)$$

2. 方程 $ax+by=c$ 的求解

至此已经知道如何求解 $ax+by=gcd$ 的解了，那么它有什么应用吗？一般来说，最常见的应用就是利用它来**求解 $ax+by=c$，其中 c 为任意整数**。

首先，假设 $ax+by=gcd$ 有一组解 (x_0,y_0)，现在在其等号两边同时乘以 $\frac{c}{gcd}$，即有 $a\frac{cx_0}{gcd}+b\frac{cy_0}{gcd}=c$ 成立，因此 $(x,y)=\left(\frac{cx_0}{gcd},\frac{cy_0}{gcd}\right)$ 是 $ax+by=c$ 的一组解。但是显然这样做的充要条件是 $c\%gcd == 0$，否则第一步在等号两边同时乘以 $\frac{c}{gcd}$ 都无法做到。

于是 **$ax+by=c$ 存在解的充要条件是 $c\%gcd == 0$，且一组解 (x,y) 等于 $\left(\frac{cx_0}{gcd},\frac{cy_0}{gcd}\right)$**。可能有些读者会觉得，如果要求全部解，只需要在 $ax+by=gcd$ 全部解的基础上都乘以 $\frac{c}{gcd}$ 即可，但事实上这只是一部分解而已。为了获得全部解的公式，可以模仿之前的做法，假设新的解为 $x+s_1$、$y-s_2$，然后将 $a*(x+s_1)+b*(y-s_2)=c$ 与 $ax+by=c$ 联立，发现同样可以得到 $\frac{s_1}{s_2}=\frac{b}{a}$ 成立。于是因为同样的原因，s_1 和 s_2 的最小取值仍然是 $\frac{b}{gcd}$ 与 $\frac{a}{gcd}$。因此 $ax+by=c$ 的全部解的公式为

$$\begin{cases}x'=x+\frac{b}{gcd}*K=\frac{cx_0}{gcd}+\frac{b}{gcd}*K\\y'=y-\frac{a}{gcd}*K=\frac{cy_0}{gcd}-\frac{a}{gcd}*K\end{cases}(K为任意整数)$$

由此会发现这与 $ax+by=gcd$ 全部解的公式是一样的，唯一不同的是初始解(x,y)不同。因此**对 $ax+by=c$ 来说，其解 (x,y) 同样分别以 $\frac{b}{gcd}$ 与 $\frac{a}{gcd}$ 为周期**。那么为什么说在 $ax+by=gcd$ 全部解的基础上都乘以 $\frac{c}{gcd}$ 只能获得一部分解呢？这其实很简单，由于 $c \geqslant gcd$（根据 $c\%gcd == 0$ 得到），因此 $ax+by=gcd$ 的全部解乘以 $\frac{c}{gcd}$ 会导致周期放大为原先的 $\frac{c}{gcd}$ 倍（x 和 y 的周期会分别变成 $\frac{bc}{gcd^2}$ 和 $\frac{ac}{gcd^2}$），而事实上周期应当是保持 $\frac{b}{gcd}$ 和 $\frac{a}{gcd}$ 不变的，

于是导致漏解。

除此之外，可以得到和上面一样的结论，对任意整数来说，$\left(x\%\frac{b}{gcd}+\frac{b}{gcd}\right)\%\frac{b}{gcd}$ 是 **$ax+by=c$ 中 x 的最小非负整数解，一般来说可以让 x 取 $\frac{cx_0}{gcd}$，其中 x_0 是 $ax+by=gcd$ 的一个解。**

并且，如果 $gcd==1$，那么全部解的公式可以化简为下式，且 x 的最小非负整数解可以简化为 $(x\%b+b)\%b$。

$$\begin{cases} x'=x+bK=cx_0+bK \\ y'=y-aK=cy_0-aK \end{cases}(K\text{为任意整数})$$

3. 同余式 $ax\equiv c(\bmod m)$ 的求解

既然已经解决了 $ax+by=c$，不得不提的就是**同余式 $ax\equiv c(\bmod m)$ 的求解**。

先解释什么是**同余式**。对整数 a、b、m 来说，如果 m 整除 a–b（即 $(a-b)\%m=0$），那么就说 a 与 b 模 m 同余，对应的同余式为 $a\equiv b(\bmod m)$，m 称为同余式的模。例如 10 与 13 模 3 同余，10 也与 1 模 3 同余，它们分别记为 $10\equiv 13(\bmod 3)$、$10\equiv 1(\bmod 3)$。显然，**每一个整数都各自与 $[0,m)$ 中唯一的整数同余**。

此处要解决的就是同余式 $ax\equiv c(\bmod m)$ 的求解。根据同余式的定义，有 $(ax-c)\%m=0$ 成立，因此存在整数 y，使得 $ax-c=my$ 成立。移项并令 $y=-y$ 后即得 $ax+my=c$。

由上面的结论，当 $c\%gcd(a,m)==0$ 时方程才有解，且解的形式如下，其中 (x,y) 是 $ax+my=c$ 的其中一组解，可以先通过求解 $ax+my=gcd(a,m)$ 得到 (x_0,y_0)，然后由公式 $(x,y)=\left(\frac{cx_0}{gcd(a,m)},\frac{cy_0}{gcd(a,m)}\right)$ 直接得到。

$$\begin{cases} x'=x+\frac{m}{gcd(a,m)}*K \\ y'=y-\frac{a}{gcd(a,m)}*K \end{cases}(K\text{为任意整数})$$

虽然对方程 $ax+my=c$ 来说，K 可以取任意整数，但是对同余式来说会有很多解在模 m 意义下是相同的（由于只关心 x，因此下面只考虑 x）。对同余式来说，只需要找出那些在模 m 意义下不同的解。因此考虑 $x'=x+\frac{m}{gcd(a,m)}*K$，会发现当 K 分别取 0、1、2、…、$gcd(a,m)-1$ 时，所得到的解在模 m 意义下是不同的，而其他解都可以对应到 K 取这 $gcd(a,m)$ 个数值之一。由此可以得到结论：

设 a, c, m 是整数，其中 m≥1，则

① 若 $c\%gcd(a,m)\neq 0$，则同余式方程 $ax\equiv c(\bmod m)$ 无解。

② 若 $c\%gcd(a,m)=0$，则同余式方程 $ax\equiv c(\bmod m)$ 恰好有 $gcd(a,m)$ 个模 m 意义下不同的解，且解的形式为

$$x'=x+\frac{m}{gcd(a,m)}*K$$

其中 $K = 0,1,\cdots,\gcd(a,m)-1$，$x$ 是 $ax+my=c$ 的一个解。

4. 逆元的求解以及 $(b/a)\%m$ 的计算

接着解决最后一个问题，假设 a、m 是整数，**求 a 模 m 的逆元**。

先解释什么是**逆元**（此处特指乘法逆元）。假设 a、b、m 是整数，$m>1$，且有 $ab \equiv 1(\text{mod } m)$ 成立，那么就说 a 和 b 互为模 m 的逆元，一般也记作 $a \equiv \frac{1}{b}(\text{mod } m)$ 或 $b \equiv \frac{1}{a}(\text{mod } m)$。通俗地说，如果两个整数的乘积模 m 后等于 1，就称它们互为 m 的逆元。

那么逆元有什么用处呢？对乘法来说有 $(b*a)\%m = ((b\%m)*(a\%m))\%m$ 成立，但是对除法来说，$(b/a)\%m = ((b\%m)/(a\%m))\%m$ 却不成立，$(b/a)\%m = ((b\%m)/a)\%m$ 也不成立。例如，如果要对 12 / 4 对 2 取模，采用((12 % 2) / 4) % 2 的做法会得到错误的结果 0，而实际上应当是 1。这时就需要逆元来**计算 $(b/a)\%m$。通过找到 a 模 m 的逆元 x，就有 $(b/a)\%m=(b*x)\%m$ 成立（只考虑整数取模，也即假设 $b\%a=0$，即 b 是 a 的整数倍）**，于是就把除法取模转化为乘法取模，这对于解决被除数 b 非常大（使得 b 已经取过模，不是原始值）的问题来说是非常实用的。

由定义知，求 a 模 m 的逆元，就是求解同余式 $ax \equiv 1(\text{mod } m)$，并且**在实际使用中，一般把 x 的最小正整数解称为 a 模 m 的逆元**，因此下文中提到的逆元都默认为 x 的最小正整数解。显然，同余式 $ax \equiv 1(\text{mod } m)$ 是否有解取决于 $1\%\gcd(a,m)$ 是否为 0，而这等价于 $\gcd(a,m)$ 是否为 1：

① 如果 $\gcd(a,m) \neq 1$，那么同余式 $ax \equiv 1(\text{mod } m)$ 无解，a 不存在模 m 的逆元。

② 如果 $\gcd(a,m)=1$，那么同余式 $ax \equiv 1(\text{mod } m)$ 在 $(0,m)$ 上有唯一解（想一想为什么取不到左端点 0？），可以通过求解 $ax+my=1$ 得到。注意：由于 $\gcd(a,m)=1$，因此 $ax+my=1=\gcd(a,m)$，直接使用扩展欧几里得算法解出 x 之后就可以用 $(x\%m+m)\%m$ 得到 $(0,m)$ 范围内的解，也就是所需要的逆元。

下面的代码使用了扩展欧几里得算法来求解 a 模 m 的逆元，使用条件是 $\gcd(a,m)=1$，当然如果 m 是素数，就肯定成立了，可以放心使用。

```
int inverse(int a, int m) {
    int x, y;
    int g = exGcd(a, m, x, y);    //求解 ax+my=1
    return (x % m + m) % m;    //a 模 m 的逆元为(x%m+m)%m
}
```

另外，如果 m 是素数，且 a 不是 m 的倍数，则还可以直接使用费马小定理来得到逆元，这种做法不需要使用扩展欧几里得算法。

费马小定理：设 m 是素数，a 是任意整数且 $a \not\equiv 0(\text{mod } m)$，则 $a^{m-1} \equiv 1(\text{mod } m)$。

使用费马小定理来推导逆元的方法非常简单：由 $a^{m-1} \equiv 1(\text{mod } m)$ 可知 $a*a^{m-2} \equiv 1(\text{mod } m)$，直接由逆元的定义便可以知道 **$a^{m-2}\%m$ 就是 a 模 m 的逆元**，而这可以通过 4.5.3 节介绍的快速幂算法很容易求出来，因此不再给出代码。

顺便一提，当 $\gcd(a,m) \neq 1$ 时，扩展欧几里得算法和费马小定理均会失效，此时 a 模 m 的逆元从概念上来说不存在，但是 $(b/a)\%m$ 仍然是有值的，此时应当如何求解呢？

再次强调，以下只考虑整数取模，即 b 是 a 的整数倍的情况。

假设 $(b/a)\%m = x$，因此存在整数 k，使得 $b/a = km + x$。等式两边同时乘以 a，得

$b = kam + ax$，于是有 $b\%(am) = ax$。等式两边同时除以 a，得 $(b\%(am))/a = x$，于是有 $(b/a)\%m = (b\%(am))/a$ 成立。

因此**在 a 和 m 有可能不互素的情况下，可以使用公式 $(b/a)\%m = (b\%(am))/a$ 来计算 $(b/a)\%m$ 的值**，唯一要注意的是 a 和 m 的乘积可能会太大而导致溢出。因此一般来说尽量使用扩展欧几里得算法或者费马小定理求解，条件不成立时再采用这种办法。

练习

① 配套习题集的对应小节。

② Codeup Contest ID: 100000594

地址：http://codeup.cn/contest.php?cid=100000594。

本节二维码

5.8 组合数

5.8.1 关于 n!的一个问题

n!表示 n 的阶乘，并且有 $n! = 1 \times 2 \times \cdots \times n$ 成立。我们讨论一下关于它的一个问题：**求 n!中有多少个质因子 p**。

这个问题是什么意思呢？举个例子，$6! = 1 \times 2 \times 3 \times 4 \times 5 \times 6$，于是 6!中有 4 个质因子 2，因为 2、4、6 中各有 1 个 2、2 个 2、1 个 2；而 6!中有两个质因子 3，因为 3、6 中均各有 1 个 3。

对这个问题，直观的想法是计算从 1 ~ n 的每个数各有多少个质因子 p，然后将结果累加，时间复杂度为 O(nlogn)，如下面的代码所示：

```
//计算 n!中有多少个质因子 p
int cal(int n, int p) {
    int ans = 0;
    for(int i = 2; i <= n; i++) {    //遍历 2~n
        int temp = i;
        while(temp % p == 0) {    //只要 temp 还是 p 的倍数
            ans++;    //p 的个数加 1
            temp /= p;    //temp 除以 p
        }
    }
    return ans;
}
```

但是这种做法对 n 很大的情况（例如 n 是 10^{18}）是无法承受的，我们需要寻求速度更快的方法。现在考虑 10!中质因子 2 的个数，如图 5-2 所示。显然 10!中有因子 2^1 的数的个数为 5，有因子 2^2 的数的个数为 2，有因子 2^3 的数的个数为 1，因此 10!中质因子 2 的个数为 5 + 2 + 1 = 8。

							2			n! 中有因子 2^3 的数的个数
				2			2			n! 中有因子 2^2 的数的个数
	2		2		2		2		2	n! 中有因子 2^1 的数的个数
10!=1	×2	×3	×4	×5	×6	×7	×8	×9	×10	

图 5-2　10!中质因子 2 的个数示意图

仔细思考便可以发现此过程可以推广为：**n!中有** $\left(\frac{n}{p}+\frac{n}{p^2}+\frac{n}{p^3}+\cdots\right)$ **个质因子 p**，其中除法均为向下取整。于是便得到了 O(logn)的算法，代码如下：

```
//计算 n!中有多少个质因子 p
int cal(int n, int p) {
    int ans = 0;
    while(n) {
        ans += n / p;    //累加 n/p^k
        n /= p;    //相当于分母多乘一个 p
    }
    return ans;
}
```

利用这个算法，可以很快计算出 **n!的末尾有多少个零**：由于末尾 0 的个数等于 n!中因子 10 的个数，而这又等于 n!中质因子 5 的个数（想一想为什么不是质因子 2 的个数？），因此只需要代入 cal(n, 5)就可以得到结果。

这种算法还可以从另一种角度理解。还是以 10!中质因子 2 的个数为例，将 10!进行如下展开推导：

$$\begin{aligned}10! &= 1\times2\times3\times4\times5\times6\times7\times8\times9\times10\\ &= 2\times4\times6\times8\times10\times\underline{1\times3\times5\times7\times9}\\ &= 2^5\times1\times2\times3\times4\times5\times\underline{1\times3\times5\times7\times9}\\ &= 2^5\times5!\times\underline{1\times3\times5\times7\times9}\end{aligned}$$

在上式的第二个等号处，把 2 的倍数放在左边、把非 2 的倍数放在右边；而在第三个等号处，将所有 2 的倍数都提出一个因子 2（由于有 10/2=5 个 2 的倍数，因此提出 2^5），于是剩余的部分就变成了 5!。显然，10!中质因子 2 的个数等于 1~10 中是 2 的倍数的数的个数 5 加上 5!中质因子 2 的个数。可以对 5!进行展开推导：

$$\begin{aligned}5! &= 1\times2\times3\times4\times5\\ &= 2\times4\times\underline{1\times3\times5}\\ &= 2^2\times1\times2\times\underline{1\times3\times5}\\ &= 2^2\times2!\times\underline{1\times3\times5}\end{aligned}$$

由上式可知 5!中质因子 2 的个数等于 1~5 中是 2 的倍数的数的个数 2（由 5/2=2 得到）加上 2!中质因子 2 的个数。同理可推得 2!中质因子 2 的个数等于 1，因此 10!中质因子 2 的个数等于 $5+2+1=8$。读者可以结合上面的代码进行理解。

将这个例子推广到一般情况可知，**n!中质因子 p 的个数，实际上等于 1~n 中 p 的倍数的个数 $\frac{n}{p}$ 加上 $\frac{n}{p}$! 中质因子 p 的个数**，这和之前的代码是吻合的。但是从这个结论中又可以看到递归的影子，因此也可以写出如下的递归版本，读者可以任选其一使用：

```
//计算 n!中有多少个质因子 p
int cal(int n, int p) {
    if(n < p) return 0;     //n<p 时 1~n 中不可能有质因子 p
    return n / p + cal(n / p, p);     //返回 n/p 加上(n/p)!中质因子 p 的个数
}
```

5.8.2　组合数的计算

组合数 C_n^m 是指从 n 个不同元素中选出 m 个元素的方案数（m≤n），一般也可以写成 C(n, m)，其定义式为 $C_n^m=\frac{n!}{m!(n-m)!}$，由三个整数的阶乘得到。通过定义可以知道，组合数满足 $C_n^m=C_n^{n-m}$，且有 $C_n^0=C_n^n=1$ 成立。本节讨论如下两个问题：

① 如何计算 C_n^m。

② 如何计算 $C_n^m\%p$。

先来讨论第一个问题：**如何计算 C_n^m**。此处给出 3 种方法。

方法一：通过定义式直接计算

首先从定义式入手来计算 C_n^m。显然，由 $C_n^m=\frac{n!}{m!(n-m)!}$，只需要先计算 n!，然后令其分别除以 m! 和 (n − m)! 即可。但是显而易见的是，由于阶乘相当庞大，因此通过这种方式计算组合数能接受的数据范围会很小，即便使用 long long 类型来存储也只能承受 n≤20 的数据范围。使用这种方法计算 C_n^m 的代码如下：

```
long long C(long long n, long long m) {
    long long ans = 1;
    for(long long i = 1; i <= n; i++) {
        ans *= i;
    }
    for(long long i = 1; i <= m; i++) {
        ans /= i;
    }
    for(long long i = 1; i <= n - m; i++) {
        ans /= i;
    }
    return ans;
```

```
}
```

这种明明C_n^m不大但却因为计算容易溢出的原因而无法得到正确值的做法显然是不太合适的，例如 C(21, 10) = 352716，由上面的做法却因为 21!超过 long long 型的数据范围而没办法算出来。这时需要从另外的角度来解决这个问题。

方法二：通过递推公式计算

下面介绍递推公式的方法。由于C_n^m表示从 n 个不同的数中选 m 个数的方案数，因此这可以转换为下面两种选法的方案数之和：一是不选最后一个数，从前 n–1 个数中选 m 个数；二是选最后一个数，从前 n–1 个数中选 m–1 个数。于是就可以得到下面这个递推公式：

$$C_n^m = C_{n-1}^m + C_{n-1}^{m-1}$$

从直观上看，公式总是把 n 减一，而把 m 保持原样或是减一，这样这个递推式最终总可以把 n 和 m 变成相同或是让 m 变为 0。而由定义可知$C_n^0 = C_n^n = 1$，这正好可以作为递归边界。于是很快会得到下面这个简洁的递归代码：

```
long long C(long long n, long long m) {
    if(m == 0 || m == n) return 1;
    return C(n - 1, m) + C(n - 1, m - 1);
}
```

在这种计算方法下完全不涉及阶乘运算，但是会产生另一个问题：重复计算。正如 4.3.2 节中介绍的斐波那契数列的例子，此处也会有很多 C(n, m)是曾经已经计算过的，不应该重复计算。因此不妨记录下已经计算过的 C(n, m)，这样当下次再次碰到时就可以作为结果直接返回了。如下面的递归代码：

```
long long res[67][67] = {0};
long long C(long long n, long long m) {
    if(m == 0 || m == n) return 1;
    if(res[n][m] != 0) return res[n][m];
    return res[n][m] = C(n-1,m) + C(n-1,m-1);  //赋值给 res[n][m]并返回
}
```

或者是下面这种把整张表都计算出来的递推代码：

```
const int n = 60;
void calC() {
    for(int i = 0; i <= n; i++) {
        res[i][0] = res[i][i] = 1;  //初始化边界
    }
    for(int i = 2; i <= n; i++) {
        for(int j = 0; j <= i / 2; j++) {
            res[i][j] = res[i - 1][j] + res[i - 1][j - 1];  //递推计算 C(i, j)
            res[i][i - j] = res[i][j];  //C(i, i - j) = C(i, j)
        }
    }
}
```

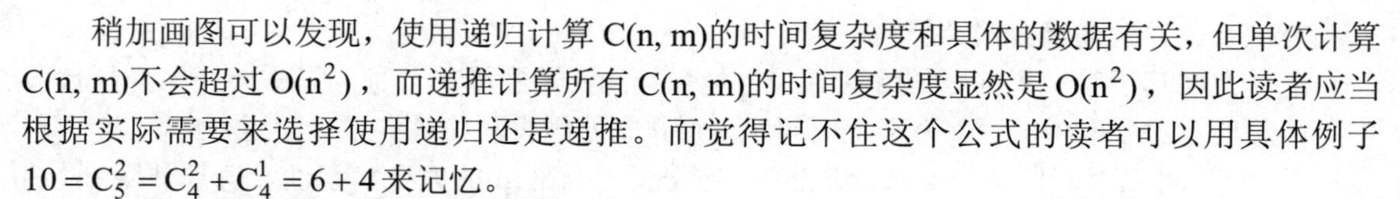

稍加画图可以发现，使用递归计算 C(n, m)的时间复杂度和具体的数据有关，但单次计算 C(n, m)不会超过 $O(n^2)$，而递推计算所有 C(n, m)的时间复杂度显然是 $O(n^2)$，因此读者应当根据实际需要来选择使用递归还是递推。而觉得记不住这个公式的读者可以用具体例子 $10 = C_5^2 = C_4^2 + C_4^1 = 6 + 4$ 来记忆。

方法三：通过定义式的变形来计算

由于组合数的定义式为 $C_n^m = \frac{n!}{m!(n-m)!}$，而这可以进行如下化简：

$$C_n^m = \frac{n!}{m!(n-m)!} = \frac{(n-m+1)\times(n-m+2)\times\cdots\times(n-m+m)}{1\times2\times\cdots\times m}$$

通过观察上式可以发现，分子和分母的项数恰好均为 m 项，因此不妨按如下方式计算：

$$C_n^m = \frac{(n-m+1)\times(n-m+2)\times\cdots\times(n-m+m)}{1\times2\times\cdots\times m} = \frac{\frac{\frac{\frac{(n-m+1)}{1}\times(n-m+2)}{2}\times\cdots}{\cdots}\times(n-m+m)}{m}$$

这样，只要能保证每次除法都是整除，就能用这种“边乘边除”的方法避免连续乘法的溢出问题。那么，怎样证明每次除法都是整除呢？事实上这等价于证明 $\frac{(n-m+1)\times(n-m+2)\times\cdots\times(n-m+i)}{1\times2\times\cdots\times i}(1\leqslant i\leqslant m)$ 是个整数，不过这个结论是显然的，因为该式其实就是把 C_{n-m+i}^i 的定义式展开的结果，而 C_{n-m+i}^i 显然是个整数。

由此可以写出相应的代码，显然**时间复杂度是 O(m)**：

```
long long C(long long n, long long m) {
    long long ans = 1;
    for(long long i = 1; i <= m; i++) {
        ans = ans * (n - m + i) / i;    //注意一定要先乘再除
    }
    return ans;
}
```

不过这个程序有可能在最后一个乘法时溢出，因此实际上比方法二支持的数据范围小一点，然而差别不大。例如方法二在 n=67、m=33 时开始溢出，而方法三是在 n=62、m=31 时开始溢出。不过不管怎样，优秀的时间复杂度让它可以代替方法一。

至此已经介绍了三种计算组合数 C_n^m 的方法，但是一旦 C_n^m 本身超过了 long long 型，那么讨论就会失去意义。在这种情况下，可以使用 5.6 小节中的大整数运算来解决这个问题，但是这不是讨论的关键。一般来说，常见的情况是让运算结果对一个正整数 p 取模，也就是求 $C_n^m \% p$，这才是所要讨论的内容。

接下来讨论第二个问题：**如何计算 $C_n^m \% p$**，此处给出四种方法，它们有各自适合的数据范围，需要依照具体情况选择使用，但是一般来说方法一已经能满足需要。

方法一：通过递推公式计算

这种方法基于第一个问题的方法二，也是最容易、最实用的一种。只需要在原先的代码中适当的地方对 p 取模即可。为了说明问题方便，此处假设两倍的 p 不会超过 int 型。在这种做法下，算法可以很好地**支持 m≤n≤1000 的情况**，并且**对 p 的大小和素性没有额外限制**（例如 $p \le 10^9$ 都是可以的）。代码如下：

递归：

```
int res[1010][1010] = {0};
int C(int n, int m, int p) {
    if(m == 0 || m == n) return 1;    //C(n, 0) = C(n, n) = 1
    if(res[n][m] != 0) return res[n][m];    //已经有值
    return res[n][m] = (C(n - 1, m) + C(n - 1, m - 1)) % p;    //赋值并返回
}
```

递推：

```
void calC() {
    for(int i = 0; i <= n; i++) {
        res[i][0] = res[i][i] = 1;  //初始化边界
    }
    for(int i = 2; i <= n; i++) {
        for(int j = 0; j <= i / 2; j++) {
            res[i][j] = (res[i-1][j] + res[i-1][j-1]) % p;  //递推计算C(i,j)
            res[i][i - j] = res[i][j];  //C(i, i - j) = C(i, j)
        }
    }
}
```

方法二：根据定义式计算

这种方法其实思路也很简单，基本过程是将组合数 C_n^m 进行质因子分解，假设分解结果为 $C_n^m = {p_1}^{c_1} \times {p_2}^{c_2} \times \cdots \times {p_k}^{c_k}$，那么 $C_n^m \% p$ 就等于 ${p_1}^{c_1} \times {p_2}^{c_2} \times \cdots \times {p_k}^{c_k} \% p$，于是可以使用快速幂来计算每一组 ${p_i}^{c_i} \% p$，然后相乘取模就能得到最后的结果。

那么怎样将 C_n^m 进行质因子分解呢？考虑到 $C_n^m = \frac{n!}{m!(n-m)!}$，只需要遍历不超过 n 的所有质数 p_i，然后计算 n!、m!、(n–m)!中分别含质因子 p_i 的个数 x、y、z（用 5.8.1 的方法），于是就可以知道 C_n^m 中含质因子 p_i 的个数为 x–y–z。由于 C_n^m 是个整数，因此 x–y–z 一定非负。这种做法的时间复杂度为 $O(k\log n)$，其中 k 为不超过 n 的质数个数。由此可知能够**支持 $m \le n \le 10^6$ 的数据范围**，并且**对 p 的大小和素性没有额外限制**。

```
//使用筛法得到素数表prime，注意表中最大素数不得小于n
int prime[maxn];

//计算C(n,m)%p
int C(int n, int m, int p) {
    int ans = 1;
```

```
    //遍历不超过 n 的所有质数
    for(int i = 0; prime[i] <= n; i++) {
        //计算 C(n,m)中 prime[i]的指数 c，cal(n,k)为 n!中含质因子 k 的个数
        int c = cal(n, prime[i]) - cal(m, prime[i]) - cal(n - m, prime[i]);
        //快速幂计算 prime[i]^c%p
        ans = ans * binaryPow(prime[i], c, p) % p;
    }
    return ans;
}
```

方法三：通过定义式的变形来计算

下面分 3 种情况讨论：

① $m<p$，且 p 是素数。

这种情况的做法基于第一个问题的方法三。然而却不能在除法时直接模上 p，因为每次的 ans 实际上是已经取过模的结果，不能再做除法。因此，如果 p 是素数，可以使用扩展欧几里得算法或者费马小定理求出 i 模 p 的逆元，然后将除法取模转化为乘法取模来解决，如下面的代码所示。需要注意的是，**此时必须满足 $m<p$**，否则中间过程求逆元可能失效（即 i 是 p 的倍数的情况）。

显然这种做法的**时间复杂度为 $O(m\log m)$**，其中 $O(\log m)$ 是计算逆元的复杂度。因此，这种做法能**支持 $m\leqslant10^5$ 的情况**（若硬件符合要求，则 $m\leqslant10^6$ 问题也不大），且对 n 和 p 的范围限制不大（例如 $n,p\leqslant10^9$ 是可行的），但是 **p 必须是素数**。

```
//求 C(n,m)%p，且 m<p
int C(int n, int m, int p) {
    int ans = 1;
    for(int i = 1; i <= m; i++) {
        ans = ans * (n - m + i) % p;
        ans = ans * inverse(i, p) % p;    //求 i 模 p 的逆元
    }
    return ans;
}
```

② m 任意，且 p 是素数。

那么，如果 $m<p$ 不成立，应该怎么做？

事实上，由于 $C_n^m=\dfrac{(n-m+1)\times(n-m+2)\times\cdots\times(n-m+m)}{1\times2\times\cdots\times m}$，其中分子一定能够被分母整除，因此分子中含质因子 p 的个数必须不少于分母中含质因子 p 的个数。于是可以在 for 循环的过程中单独处理质因子 p，即统计分子比分母中多含质因子 p 多少个，并在此过程中去除分子和分母中的质因子 p，而对其余部分正常计算逆元；统计完毕后，如果分子中的质因子 p 的个数大于分母中的质因子 p 的个数，那么直接返回 0；否则返回计算的结果。

例如对 $C_{19}^3\%3$ 来说，模数为 3，将组合数按定义式展开可得 $\dfrac{17\times18\times19}{1\times2\times3}$，显然分子中质因子 3 的个数为 2、分母中质因子 3 的个数为 1，因此计算结果一定是模数 3 的倍数，可以直

接得到结果为 0；而对 $C_8^3\%3$ 来说，模数仍然为 3，将组合数按定义式展开可得 $\frac{6\times7\times8}{1\times2\times3}$，此时分子和分母中质因子 3 的个数均为 1，约去它们后式子变为 $\frac{2\times7\times8}{1\times2}$，于是分母中的每个数都和模数 3 互质，因此可以正常计算逆元。读者可以结合下面的代码进行理解：

```
//求C(n,m)%p
int C(int n, int m, int p) {
    //ans存放计算结果，numP统计分子中的p比分母中的p多几个
    int ans = 1, numP = 0;
    for(int i = 1; i <= m; i++) {
        int temp = n - m + i;    //分子
        while(temp % p == 0) {    //去除分子中的所有p，同时累计numP
            numP++;
            temp /= p;
        }
        ans = ans * temp % p;    //乘以分子中除了p以外的部分

        temp = i;    //分母
        while(temp % p == 0) {    //去除分母中的所有p，同时减少numP
            numP--;
            temp /= p;
        }
        ans = ans * inverse(temp, p) % p;    //除以分母中除了p以外的部分
    }
    if(numP > 0) return 0;    //分子中p的个数多于分母，直接返回0
    else return ans;    //分子中p的个数等于分母，返回计算的结果
}
```

由于引入了 numP 的计算过程，这种做法的**时间复杂度为 O(mlogn)**，但还是能**支持 $m\leqslant10^5$ 的情况**（同样，如果设备允许 $m\leqslant10^6$ 问题也不大），且对 n 和 p 的范围限制不大（例如 $n, p\leqslant10^9$ 是可行的），但是 **p 必须是素数**。

③ m 任意，p 可能不是素数。

那么，如果 p 不是素数呢？一种做法是将上面的算法进行推广，也就是将 p 进行质因子分解，然后针对每一个质因子 p_i，统计组合数 $C_n^m=\frac{(n-m+1)\times(n-m+2)\times\cdots\times(n-m+m)}{1\times2\times\cdots\times m}$ 的分子比分母中多含质因子 p_i 多少个，同时去除分子和分母中所有的质因子 p_i，这样去除后得到的分母一定与 p 互质，可以正常计算逆元并取模（假设这部分的结果为 ans，和上面的代码含义相同）。接着，在所有 p_i 都统计完毕后，假设质因子 p_i 还剩下 c_i 个，使用快速幂计算所有 $p_i^{c_i}\%p$，然后令 ans 乘上所有 $p_i^{c_i}\%p$ 的结果即可得到最后的答案。举一个例子，当我们计算 $C_{10}^5\%24$ 时，展开 C_{10}^5 可以得到 $\frac{6\times7\times8\times9\times10}{1\times2\times3\times4\times5}$，由于 $24=2^3\times3$，因此统计 C_{10}^5 的分子和分

母中含有 2 和 3 的个数。显然分子含质因子 2 共 5 个，含质因子 3 共 3 个；分母含质因子 2 共 3 个，含质因子 3 共 1 个。于是约去分子分母的质因子 2 和 3 后还剩下质因子 2 和质因子 3 各 2 个（也即 C_{10}^5 中关于质因子 2 和 3 的部分为 $2^2 \times 3^2$，此部分可以使用快速幂对模数 24 进行取模）。此时 C_{10}^5 的除去质因子 2 和 3 的部分为 $\frac{7 \times 5}{1 \times 5}$，显然分母中的每个数都与模数 24 互质，因此可以使用逆元计算此部分模 24 的结果（记为 ans）。最后令 $ans = ans \times 2^3 \times 3^2 \% 24$ 即可。总的来说，就是将质因子 2 和 3 与其他部分单独计算对 24 取模的结果。

另一种做法是，直接将分子和分母中的每个数都进行质因子分解，然后合并结果，最后进行快速幂取模即可得到结果。简单粗暴。还是以 $C_{10}^5 \% 24$ 为例，将其展开式 $\frac{6 \times 7 \times 8 \times 9 \times 10}{1 \times 2 \times 3 \times 4 \times 5}$ 的分子分母的每个数都进行质因子分解，合并后可以得到 $\frac{2^5 \times 3^3 \times 5^1 \times 7^1}{2^3 \times 3^1 \times 5^1} = 2^2 \times 3^2 \times 7^1$，对合并后的结果对 24 取模即可得到结果。

以上两种做法留给有兴趣的读者练习实现。

方法四：Lucas 定理

如果 p 是素数，将 m 和 n 表示为 p 进制：

$$m = m_k p^k + m_{k-1} p^{k-1} + \cdots + m_0$$
$$n = n_k p^k + n_{k-1} p^{k-1} + \cdots + n_0$$

那么 Lucas（卢卡斯）定理告诉我们，$C_n^m \equiv C_{n_k}^{m_k} \times C_{n_{k-1}}^{m_{k-1}} \times \cdots \times C_{n_0}^{m_0} (\bmod p)$ 成立。

例如对 $C_8^3 \% 5$ 来说，m=3、n = 8，将 m 和 n 表示为五进制：

$$m = 3 = 0 \times 5^1 + 3$$
$$n = 8 = 1 \times 5^1 + 3$$

于是有 $C_8^3 \% 5 = C_1^0 \times C_3^3 \% 5 = 1$。

看起来很复杂，那么这个式子意味着什么呢？由于 n 和 m 的 p 进制表示的项数为 $O(\log n)$ 级别，因此 Lucas 定理意味着将 $C_n^m \% p$ 分解为 $O(\log n)$ 级别个小组合数的乘积的模。显然，分解出的小组合数 $C_{n_i}^{m_i}$ 均满足 $n_i < p$，因此 Lucas 定理非常适合处理 $p \leqslant 10^5$ 级别的大组合数取模问题，此时能够支持 long long 级别的 n 和 m，也就是 $m \leqslant n \leqslant 10^{18}$ 级别的数据范围。唯一的要求是 p 是素数。

Lucas 定理的证明不在此处给出，有兴趣的读者可以自行了解。我们直接给出代码，并且为了看起来清晰，此处把 p 设为全局变量，不作为参数传来传去。

```
int Lucas(int n, int m) {
    if(m == 0) return 1;
    return C(n % p, m % p) * Lucas(n / p, m / p) % p;
}
```

回忆 3.5 节中进制转换的部分，将十进制转换为 p 进制只需要不断除以 p，然后对 p 取模即可。因此上面的代码中，每次总是取 n 和 m 的 p 进制表示中的零次项来计算小组合数，也就是 C(n % p, m % p)，然后递归进入下一层，也就是 Lucas(n / p, m / p)。此处计算组合数可以自己选择计算方法，其中搭配之前介绍的方法二、方法三是比较合适的。显然，由于 C(n % p, m % p)中的参数都模上了 p，因此对方法三来说只需要使用情况①的做法。

至此，计算组合数常见的几种方法都已经介绍完毕，读者需要根据不同的数据范围来选择合适的算法。下面对不同数据范围求解 $C_n^m \% p$ 适合选用的方法进行总结，见表 5-1。

表 5-1　对不同数据范围求解 $C_n^m \% p$ 适合选用的方法

示例	n	m	p	适合方法
case 1	$n \leqslant 10000$	$m \leqslant 10000$	$p \leqslant 10^9$	方法一
case 2	$n \leqslant 10^6$	$m \leqslant 10^6$	$p \leqslant 10^9$	方法二
case 3	$n \leqslant 10^9$	$m \leqslant 10^5$	$m < p \leqslant 10^9$ p 是素数	方法三情况①
	$n \leqslant 10^9$	$m \leqslant 10^5$	$p \leqslant 10^9$ p 是素数	方法三情况②
	$n \leqslant 10^9$	$m \leqslant 10^4$	$p \leqslant 10^9$	方法三情况③
case 4	$n \leqslant 10^{18}$	$m \leqslant 10^{18}$	$p \leqslant 10^5$ p 是素数	方法四

练习

① 配套习题集的对应小节。

② Codeup Contest ID: 100000595

地址：http://codeup.cn/contest.php?cid=100000595。

本节二维码

本章二维码

第 6 章　C++标准模板库（STL）介绍

在 C 语言中，很多东西都需要读者自己去实现，并且实现不好的话还很容易出错，有些复杂的操作写起来相当麻烦。因此，C++中为使用者提供了标准模板库（Standard Template Library，STL），其中封装了很多相当实用的容器（读者可以先把容器理解成能够实现很多功能的东西），不需要费力去实现它们的细节而直接调用函数来实现很多功能，十分方便。**读者初学时不应当被 STL 这个名字吓到，实际上这是很简单的东西，学会它对程序的简化有着非常显著的效果**。下面介绍几个常用的容器，读者应当动手实现其中的例子，这对掌握它们的用法大有帮助（其中 queue、priority_queue、stack 可以等阅读到下一章节关于队列和栈的内容时再看）。

6.1　vector 的常见用法详解

vector 翻译为向量，但是这里使用“变长数组”的叫法更容易理解，也即“长度根据需要而自动改变的数组”。在考试题中，有时会碰到只用普通数组会超内存的情况，这种情况使用 vector 会让问题的解决便捷许多。另外，vector 还可以用来以邻接表的方式储存图，这对无法使用邻接矩阵的题目（结点数太多）、又害怕使用指针实现邻接表的读者是非常友好的，写法也非常简洁。

如果要使用 vector，则需要添加 vector 头文件，即#include <vector>。除此之外，还需要在头文件下面加上一句“using namespace std;”，这样就可以在代码中使用 vector 了。下面来看 vector 的一些常用用法。

1. vector 的定义

单独定义一个 vector：

```
vector<typename> name;
```

上面这个定义其实相当于是一维数组 name[SIZE]，只不过其长度可以根据需要进行变化，比较节省空间，说通俗了就是“变长数组”。

和一维数组一样，这里的 typename 可以是任何基本类型，例如 int、double、char、结构体等，也可以是 STL 标准容器，例如 vector、set、queue 等。需要注意的是，**如果 typename 也是一个 STL 容器，定义的时候要记得在>>符号之间加上空格**，因为一些使用 C++ 11 之前标准的编译器会把它视为移位操作，导致编译错误。下面是一些简单的例子：

```
vector<int> name;
vector<double> name;
vector<char> name;
vector<node> name;//node 是结构体的类型
```

如果 typename 是 vector，就是下面这样定义：

```
vector<vector<int> > name;  //>>之间要加空格
```

可以很容易联想到二维数组的定义，即其中一维是一个数组的数组。那么二维 vector 数组也是一样，即 Arrayname[]中的每一个元素都是一个 vector。初学者可以**把二维 vector 数组当作两个维都可变长的二维数组理解**。

然后来看定义 **vector 数组**的方法：

```
vector<typename> Arrayname[arraySize];
```

例如

```
vector<int> vi[100];
```

这样 Arrayname[0] ~ Arrayname[arraySize – 1]中每一个都是一个 vector 容器。

与 vector<vector<int>> name 不同的是，这种写法的一维长度已经固定为 arraySize，另一维才是“变长”的（注意体会这两种写法的区别）。

2. vector 容器内元素的访问

vector 一般有两种访问方式：通过下标访问或通过迭代器访问。下面分别讨论这两种访问方式。

（1）通过下标访问

和访问普通的数组是一样，对一个定义为 vector<typename> vi 的 vector 容器来说，直接访问 vi[index]即可（如 vi[0]、vi[1]）。当然，这里下标是从 0 到 vi.size() – 1，访问这个范围外的元素可能会运行出错。

（2）通过迭代器访问

迭代器(iterator)可以理解为一种类似**指针**的东西，其定义是：

```
vector<typename>::iterator it;
```

这样 it 就是一个 vector<typename>::iterator 型的变量（虽然这个类型看起来很长），其中 typename 就是定义 vector 时填写的类型。下面是 typename 为 int 和 double 的举例：

```
vector<int>::iterator it;
vector<double>::iterator it;
```

这样就得到了迭代器 it，并且可以通过*it 来访问 vector 里的元素。

例如，有这样定义的一个 vector 容器：

```
vector<int> vi;
for(int i = 1; i <= 5; i++) {  //循环完毕后 vi 中元素为 1 2 3 4 5
    vi.push_back(i);  //push_back(i)在 vi 的末尾添加元素 i，即依次添加 1 2 3 4 5
}
```

可以通过类似下标和指针访问数组的方式来访问容器内的元素：

```
#include <stdio.h>
#include <vector>
using namespace std;
int main(){
    vector<int> vi;
    for(int i = 1; i <= 5; i++) {
        vi.push_back(i);
    }
    //vi.begin()为取 vi 的首元素地址，而 it 指向这个地址
    vector<int>::iterator it = vi.begin();
```

```
    for(int i = 0; i < 5; i++) {
        printf("%d ", *(it + i));  //输出vi[i]
    }
    return 0;
}
```

输出结果：

```
1 2 3 4 5
```

从这里可以看出 **vi[i]和*(vi.begin() + i)是等价的**。

既然上面说到了 begin()函数的作用为取 vi 的首元素地址，那么这里还要提到 end()函数。和 begin()不同的是，end()并不是取 vi 的尾元素地址，而是取尾元素地址的下一个地址。end()作为迭代器末尾标志，不储存任何元素。美国人思维比较习惯左闭右开，在这里 begin()和 end()也是如此。

除此之外，迭代器还实现了两种自加操作：++it 和 it++（自减操作同理），于是有了另一种遍历 vector 中元素的写法：

```
#include <stdio.h>
#include <vector>
using namespace std;
int main(){
    vector<int> vi;
    for(int i = 1; i <= 5; i++) {
        vi.push_back(i);
    }
    //vector 的迭代器不支持 it < vi.end()写法，因此循环条件只能用 it != vi.end()
    for(vector<int>::iterator it = vi.begin(); it != vi.end(); it++) {
        printf("%d ", *it);
    }
    return 0;
}
```

输出结果：

```
1 2 3 4 5
```

最后需要指出，在常用 STL 容器中，**只有在 vector 和 string 中，才允许使用 vi.begin() + 3 这种迭代器加上整数的写法**。

3. vector 常用函数实例解析

（1）push_back()

顾名思义，push_back(x)就是在 vector 后面添加一个元素 x，时间复杂度为 O(1)。

示例如下：

```
#include <stdio.h>
#include <vector>
using namespace std;
int main(){
```

```
    vector<int> vi;
    for(int i = 1; i <= 3; i++) {
        vi.push_back(i);  //将1、2、3依次插入vi末尾
    }
    for(int i = 0; i < vi.size(); i++) {  //size()函数会给出vi中元素的个数
        printf("%d ", vi[i]);
    }
    return 0;
}
```

输出结果：

```
123
```

（2）pop_back()

有添加就会有删除，pop_back()用以删除 vector 的尾元素，时间复杂度为 O(1)。

示例如下：

```
#include <stdio.h>
#include <vector>
using namespace std;
int main(){
    vector<int> vi;
    for(int i = 1; i <= 3; i++) {
        vi.push_back(i);  //将1 2 3依次插入vi末尾
    }
    vi.pop_back();  //删除vi的尾元素3
    for(int i = 0; i < vi.size(); i++) {  //size()函数会给出vi中元素的个数
        printf("%d ", vi[i]);
    }
    return 0;
}
```

输出结果：

```
12
```

（3）size()

size()用来获得 vector 中元素的个数，时间复杂度为 O(1)。size()返回的是 unsigned 类型，不过一般来说用%d 不会出很大问题，这一点对所有 STL 容器都是一样的。

示例如下：

```
#include <stdio.h>
#include <vector>
using namespace std;
int main(){
    vector<int> vi;
    for(int i = 1; i <= 3; i++) {
```

```
        vi.push_back(i);  //将 1  2  3 依次插入 vi 末尾
    }
    printf("%d\n", vi.size());
    return 0;
}
```

输出结果：

```
3
```

（4）clear()

clear()用来清空 vector 中的所有元素，时间复杂度为 O(N)，其中 N 为 vector 中元素的个数。

示例如下：

```
#include <stdio.h>
#include <vector>
using namespace std;
int main(){
    vector<int> vi;
    for(int i = 1; i <= 3; i++) {
        vi.push_back(i);  //将 1  2  3 依次插入 vi 末尾
    }
    vi.clear();
    printf("%d\n", vi.size());
    return 0;
}
```

输出结果：

```
0
```

（5）insert()

insert(it, x)用来向 vector 的任意迭代器 it 处插入一个元素 x，时间复杂度 O(N)。

示例如下：

```
#include <stdio.h>
#include <vector>
using namespace std;
int main(){
    vector<int> vi;
    for(int i = 1; i <= 5; i++) {
        vi.push_back(i);  //此时为 1  2  3  4  5
    }
    vi.insert(vi.begin() + 2, -1);  //将-1 插入 vi[2]的位置
    for(int i = 0; i < vi.size(); i++) {
        printf("%d ", vi[i]);  //1  2  -1  3  4  5
    }
```

```
    return 0;
}
```

输出结果：

```
1 2 -1 3 4 5
```

（6）erase()

erase()有两种用法：删除单个元素、删除一个区间内的所有元素。时间复杂度均为O(N)。

① 删除单个元素。

erase(it)即删除迭代器为it处的元素。

示例如下：

```
#include <stdio.h>
#include <vector>
using namespace std;
int main(){
    vector<int> vi;
    for(int i = 5; i <= 9; i++){
        vi.push_back(i);  //插入5 6 7 8 9
    }
    //删除8（因为vi.begin()对应的是vi[0]，所以8不是对应vi.begin() + 4））
    vi.erase(vi.begin() + 3);
    for(int i = 0; i < vi.size(); i++){
        printf("%d ", vi[i]);  //输出5 6 7 9
    }
    return 0;
}
```

输出结果：

```
5679
```

② 删除一个区间内的所有元素。

erase(first, last)即删除[first, last)内的所有元素。

示例如下：

```
#include <stdio.h>
#include <vector>
using namespace std;
int main(){
    vector<int> vi;
    for(int i = 5; i <= 9; i++){
        vi.push_back(i);  //插入5 6 7 8 9
    }
    vi.erase(vi.begin() + 1, vi.begin() + 4);  //删除vi[1]、vi[2]、vi[3]
    for(int i = 0; i < vi.size(); i++){
        printf("%d ", vi[i]);  //输出5 9
```

```
    }
    return 0;
}
```

输出结果：

```
5 9
```

由上面的说法可以知道，如果要删除这个 vector 内的所有元素，正确的写法应该是 vi.erase(vi.begin(), vi.end())，这正如前面说过，vi.end()就是尾元素地址的下一个地址。（当然，更方便的清空 vector 的方法是使用 vi.clear()）。

4. vector 的常见用途

（1）储存数据

① vector 本身可以作为数组使用，而且在一些元素个数不确定的场合可以很好地节省空间。

② 有些场合需要根据一些条件把部分数据输出在同一行，数据中间用空格隔开。由于输出数据的个数是不确定的，为了更方便地处理最后一个满足条件的数据后面不输出额外的空格，可以先用 vector 记录所有需要输出的数据，然后一次性输出。

（2）用邻接表存储图

使用 vector 实现邻接表可以让一些对指针不太熟悉的读者有一个比较方便的写法。具体见 10.2.2 节。

练习

① 配套习题集的对应小节。

② Codeup Contest ID: 100000596

地址：http://codeup.cn/contest.php?cid=100000596。

本节二维码

6.2　set 的常见用法详解

set 翻译为集合，是一个**内部自动有序**且**不含重复元素**的容器。在考试中，有可能出现需要去掉重复元素的情况，而且有可能因这些元素比较大或者类型不是 int 型而不能直接开散列表，在这种情况下就可以用 set 来保留元素本身而不考虑它的个数。当然，上面说的情况也可以通过再开一个数组进行下标和元素的对应来解决，但是 set 提供了更为直观的接口，并且加入 set 之后可以实现自动排序，因此熟练使用 set 可以在做某些题时减少思维量。

如果要使用 set，需要添加 set 头文件，即#include <set>。除此之外，还需要在头文件下面加上一句："using namespace std;"，这样就可以在代码中使用 set 了。

1. set 的定义

单独定义一个 set：

```
set<typename> name;
```

其定义的写法其实和 vector 基本是一样的，或者说其实大部分 STL 都是这样定义的。这里的 typename 依然可以是任何基本类型，例如 int、double、char、结构体等，或者是 STL 标准容器，例如 vector、set、queue 等。

和前面 vector 中提到的一样，**如果 typename 是一个 STL 容器，那么定义时要记得在>>符号之间加上空格**，因为一些使用 C++ 11 之前标准的编译器会把它视为移位操作，导致编译错误。下面是一些简单的例子：

```
set<int> name;
set<double> name;
set<char> name;
set<node> name;//node 是结构体的类型
```

set 数组的定义和 vector 相同：

```
set<typename> Arrayname[arraySize];
```

例如

```
set<int> a[100];
```

这样 Arrayname[0] ~ Arrayname[arraySize – 1]中的每一个都是一个 set 容器。

2. set 容器内元素的访问

set 只能通过迭代器(iterator)访问：

```
set<typename>::iterator it;
```

typename 就是定义 set 时填写的类型，下面是 typename 为 int 和 char 的举例：

```
set<int>::iterator it;
set<char>::iterator it;
```

这样就得到了迭代器 it，并且可以通过*it 来访问 set 里的元素。

由于**除开 vector 和 string 之外的 STL 容器都不支持*(it + i)的访问方式**，因此只能按如下方式枚举：

```
#include <stdio.h>
#include <set>
using namespace std;
int main(){
    set<int> st;
    st.insert(3);  //insert(x)将 x 插入 set 中
    st.insert(5);
    st.insert(2);
    st.insert(3);
//注意，不支持 it < st.end()的写法
    for(set<int>::iterator it = st.begin(); it != st.end(); it++) {
        printf("%d", *it);
    }
    return 0;
}
```

输出结果：

```
2 3 5
```

可以发现，**set 内的元素自动递增排序，且自动去除了重复元素**。

3. set 常用函数实例解析

（1）insert()

insert(x)可将 x 插入 set 容器中，并自动递增排序和去重，时间复杂度 O(logN)，其中 N 为 set 内的元素个数，示例参见“set 容器内元素的访问”。

（2）find()

find(value)返回 set 中对应值为 value 的迭代器，时间复杂度为 O(logN)，N 为 set 内的元素个数。

```
#include <stdio.h>
#include <set>
using namespace std;
int main(){
    set<int> st;
    for(int i = 1; i <=3; i++){
        st.insert(i);
    }
    set<int>::iterator it = st.find(2);  //在 set 中查找 2，返回其迭代器
    printf("%d\n", *it);
    //以上两句也可以直接写成 printf("%d\n",*(st.find(2));
    return 0;
}
```

输出结果：

```
2
```

（3）erase()

erase()有两种用法：删除单个元素、删除一个区间内的所有元素。

① 删除单个元素。

删除单个元素有两种方法：

- st.erase(it)，it 为所需要删除元素的迭代器。时间复杂度为 O(1)。可以结合 find()函数来使用。示例如下：

```
#include <stdio.h>
#include <set>
using namespace std;
int main(){
    set<int> st;
    st.insert(100);
    st.insert(200);
    st.insert(100);
    st.insert(300);
    st.erase(st.find(100));    //利用 find()函数找到 100，然后用 erase 删除它
```

```
    st.erase(st.find(200));    //利用 find()函数找到 200，然后用 erase 删除它
    for(set<int>::iterator it = st.begin(); it != st.end(); it++){
        printf("%d\n", *it);
    }
    return 0;
}
```

输出结果：

```
300
```

- st.erase(value)，value 为所需要删除元素的值。时间复杂度为 O(logN)，N 为 set 内的元素个数。示例如下：

```
#include <stdio.h>
#include <set>
using namespace std;
int main(){
    set<int> st;
    st.insert(100);
    st.insert(200);
    st.erase(100);  //删除 set 中值为 100 的元素
    for(set<int>::iterator it = st.begin(); it != st.end(); it++){
        printf("%d\n", *it);  //只会输出 200
    }
    return 0;
}
```

输出结果：

```
200
```

② 删除一个区间内的所有元素。

st.erase(first, last)可以删除一个区间内的所有元素，其中 first 为所需要删除区间的起始迭代器，而 last 则为所需要删除区间的末尾迭代器的下一个地址，也即为删除[first, last)。时间复杂度为 O(last – first)。示例如下：

```
#include <stdio.h>
#include <set>
using namespace std;
int main(){
    set<int> st;
    st.insert(20);
    st.insert(10);
    st.insert(40);
    st.insert(30);
    set<int>::iterator it = st.find(30);
    st.erase(it, st.end());  //删除元素 30 至 set 末尾之间的元素，即 30 和 40
```

```
    for(it = st.begin(); it != st.end(); it++){
        printf("%d ", *it);  //输出10 20
    }
    return 0;
}
```

输出结果：

```
10 20
```

（4）size()

size()用来获得 set 内元素的个数，时间复杂度为 O(1)。

示例如下：

```
#include <stdio.h>
#include <set>
using namespace std;
int main(){
    set<int> st;
    st.insert(2);  //插入2 5 4
    st.insert(5);
    st.insert(4);
    printf("%d\n", st.size());  //输出set内元素的个数
    return 0;
}
```

输出结果：

```
3
```

（5）clear()

clear()用来清空 set 中的所有元素，复杂度为 O(N)，其中 N 为 set 内元素的个数。

示例如下：

```
#include <stdio.h>
#include <set>
using namespace std;
int main(){
    set<int> st;
    st.insert(2);
    st.insert(5);
    st.insert(4);
    st.clear();  //清空set
    printf("%d\n", st.size());
    return 0;
}
```

输出结果：

```
0
```

3. set 的常见用途

set 最主要的作用是自动去重并按升序排序，因此碰到需要去重但是却不方便直接开数组的情况，可以尝试用 set 解决。

延伸：set 中元素是唯一的，如果需要处理不唯一的情况，则需要使用 multiset。另外，C++ 11 标准中还增加了 unordered_set，以散列代替 set 内部的红黑树（Red Black Tree，一种自平衡二叉查找树）实现，使其可以用来处理只去重但不排序的需求，速度比 set 要快得多，有兴趣的读者可以自行了解，此处不多作说明。

练习

① 配套习题集的对应小节。

② Codeup Contest ID: 100000597

地址：http://codeup.cn/contest.php?cid=100000597。

本节二维码

6.3 string 的常见用法详解

在 C 语言中，一般使用字符数组 char str[]来存放字符串，但是使用字符数组有时会显得操作麻烦，而且容易因经验不足而产生一些错误。为了使编程者可以更方便地对字符串进行操作，C++在 STL 中加入了 string 类型，对字符串常用的需求功能进行了封装，使得操作起来更方便，且不易出错。

如果要使用 string，需要添加 string 头文件，即#include <string>（**注意 string.h 和 string 是不一样的头文件**）。除此之外，还需要在头文件下面加上一句：“using namespace std;”，这样就可以在代码中使用 string 了。下面来看 string 的一些常用用法。

1. string 的定义

定义 string 的方式跟基本数据类型相同，只需要在 string 后跟上变量名即可：

```
string str;
```

如果要初始化，可以直接给 string 类型的变量进行赋值：

```
string str = "abcd";
```

2. string 中内容的访问

（1）通过下标访问

一般来说，可以直接像字符数组那样去访问 string：

```
#include <stdio.h>
#include <string>
using namespace std;
int main(){
    string str = "abcd";
    for(int i = 0; i < str.length(); i++){
```

```
        printf("%c", str[i]);  //输出 abcd
    }
    return 0;
}
```

输出结果：

```
abcd
```

如果要读入和输出整个字符串，则只**能用 cin 和 cout**：

```
#include <iostream>  //cin 和 cout 在 iostream 头文件中，而不是 stdio.h
#include <string>
using namespace std;
int main(){
    string str;
    cin>>str;
    cout<<str;
    return 0;
}
```

上面的代码对任意的字符串输入，都会输出同样的字符串。

那么，真的没有办法用 printf 来输出 string 吗？其实是有的，即用 c_str()将 string 类型转换为字符数组进行输出，示例如下：

```
#include <stdio.h>
#include <string>
using namespace std;
int main(){
    string str = "abcd";
    printf("%s\n", str.c_str());  //将 string 型 str 使用 c_str()变为字符数组
    return 0;
}
```

输出结果：

```
abcd
```

（2）通过迭代器访问

一般仅通过（1）即可满足访问的要求，但是有些函数比如 insert()与 erase()则要求以迭代器为参数，因此还是需要学习一下 string 迭代器的用法。

由于 string 不像其他 STL 容器那样需要参数，因此可以直接如下定义：

```
string::iterator it;
```

这样就得到了迭代器 it，并且可以通过*it 来访问 string 里的每一位：

```
#include <stdio.h>
#include <string>
using namespace std;
int main(){
    string str = "abcd";
```

```
    for(string::iterator it = str.begin(); it != str.end(); it++){
        printf("%c", *it);
    }
    return 0;
}
```

输出结果：

```
abcd
```

最后指出，**string 和 vector 一样，支持直接对迭代器进行加减某个数字**，如 str.begin() + 3 的写法是可行的。

3. string 常用函数实例解析

事实上，string 的函数有很多，但是有些函数并不常用，因此下面就几个常用的函数举例。

（1）operator+=

这是 string 的加法，可以将两个 string **直接拼接**起来。

示例如下：

```
#include <iostream>
#include <string>
using namespace std;
int main(){
    string str1 = "abc", str2 = "xyz", str3;
    str3 = str1 + str2;  //将 str1 和 str2 拼接，赋值给 str3
    str1 += str2;  //将 str2 直接拼接到 str1 上
    cout<<str1<<endl;
    cout<<str3<<endl;
    return 0;
}
```

输出结果：

```
abcxyz
abcxyz
```

（2）compare operator

两个 string 类型可以直接使用==、!=、<、<=、>、>=比较大小，比较规则是**字典序**。

示例如下：

```
#include <stdio.h>
#include <string>
using namespace std;
int main(){
    string str1 = "aa", str2 = "aaa", str3 = "abc", str4 = "xyz";
    if(str1 < str2) printf("ok1\n");  //如果 str1 字典序小于 str2，输出 ok1
    if(str1 != str3) printf("ok2\n");  //如果 str1 和 str3 不等，输出 ok2
    if(str4 >= str3) printf("ok3\n");  //如果 str4 字典序大于等于 str3，输出 ok3
    return 0;
```

```
}
```

输出结果：

```
ok1
ok2
ok3
```

（3）length()/size()

length()返回 string 的长度，即存放的字符数，时间复杂度为 O(1)。size()与 length()基本相同。

示例如下：

```
string str = "abcxyz";
printf("%d %d\n", str.length(), str.size());
```

输出结果：

```
6 6
```

（4）insert()

string 的 insert()函数有很多种写法，这里给出几个常用的写法，时间复杂度为 O(N)。

① insert(pos, string)，在 pos 号位置插入字符串 string。

示例如下：

```
string str = "abcxyz", str2 = "opq";
str.insert(3, str2);  //往 str[3]处插入 opq，这里 str2 的位置直接写"opq"也是可以的
cout<<str<<endl;
```

输出结果：

```
abcopqxyz
```

② insert(it, it2, it3)，it 为原字符串的欲插入位置，it2 和 it3 为待插字符串的首尾迭代器，用来表示串[it2, it3)将被插在 it 的位置上。

示例如下：

```
#include <iostream>
#include <string>
using namespace std;
int main(){
    string str = "abcxyz", str2 = "opq";  //str 是原字符串，str2 是待插字符串
    //在 str 的 3 号位（即 c 和 x 之间）插入 str2
    str.insert(str.begin() + 3, str2.begin(), str2.end());
    cout<<str<<endl;
    return 0;
}
```

输出结果：

```
abcopqxyz
```

（5）erase()

erase()有两种用法：删除单个元素、删除一个区间内的所有元素。时间复杂度均为 O(N)。

① 删除单个元素。

str.erase(it)用于删除单个元素，it 为需要删除的元素的迭代器。

示例如下：

```
#include <iostream>
#include <string>
using namespace std;
int main(){
    string str = "abcdefg";
    str.erase(str.begin() + 4);  //删除 4 号位(即 e)
    cout<<str<<endl;
    return 0;
}
```

输出结果：

```
abcdfg
```

② 删除一个区间内的所有元素。

删除一个区间内的所有元素有两种方法：

- str.erase(first, last)，其中 first 为需要删除的区间的起始迭代器，而 last 则为需要删除的区间的末尾迭代器的下一个地址，也即为删除[first, last)。

示例如下：

```
#include <iostream>
#include <string>
using namespace std;
int main(){
    string str = "abcdefg";
    //删除在[str.begin() + 2, str.end() - 1)内的元素，即 cdef
    str.erase(str.begin() + 2, str.end() - 1);
    cout<<str<<endl;
    return 0;
}
```

输出结果：

```
abg
```

- str.erase(pos, length)，其中 pos 为需要开始删除的起始位置，length 为删除的字符个数。

示例如下：

```
#include <iostream>
#include <string>
using namespace std;
int main(){
    string str = "abcdefg";
    str.erase(3, 2);  //删除从 3 号位开始的 2 个字符，即 de
    cout<<str<<endl;
    return 0;
```

```
}
```

输出结果：

```
abcfg
```

（6）clear()

clear()用以清空 string 中的数据，时间复杂度一般为 O(1)。

示例如下：

```
#include <stdio.h>
#include <string>
using namespace std;
int main(){
    string str = "abcd";
    str.clear();  //清空字符串
    printf("%d\n", str.length());
    return 0;
}
```

输出结果：

```
0
```

（7）substr()

substr(pos, len)返回从 pos 号位开始、长度为 len 的子串，时间复杂度为 O(len)。

示例如下：

```
#include <iostream>
#include <string>
using namespace std;
int main(){
    string str = "Thank you for your smile.";
    cout << str.substr(0, 5) << endl;
    cout << str.substr(14, 4) << endl;
    cout << str.substr(19, 5) << endl;
    return 0;
}
```

输出结果：

```
Thank
your
smile
```

（8）string::npos

string::npos 是一个常数，其本身的值为–1，但由于是 unsigned_int 类型，因此实际上也可以认为是 unsigned_int 类型的最大值。string::npos 用以作为 find 函数失配时的返回值。例如在下面的实例中可以认为 string::npos 等于–1 或者 4294967295。

示例如下：

```
#include <iostream>
```

```
#include <string>
using namespace std;
int main(){
    if(string::npos == -1) {
        cout << "-1 is true." << endl;
    }
    if(string::npos == 4294967295) {
        cout << "4294967295 is also true." << endl;
    }
    return 0;
}
```

输出结果：

```
-1 is true.
4294967295 is also true.
```

（9）find()

str.find(str2)，当 str2 是 str 的子串时，返回其在 str 中第一次出现的位置；如果 str2 不是 str 的子串，那么返回 string::npos。

str.find(str2, pos)，从 str 的 pos 号位开始匹配 str2，返回值与上相同。

时间复杂度为 O(nm)，其中 n 和 m 分别为 str 和 str2 的长度。

示例如下：

```
#include <iostream>
#include <string>
using namespace std;
int main(){
    string str = "Thank you for your smile.";
    string str2 = "you";
    string str3 = "me";
    if(str.find(str2) != string::npos) {
        cout << str.find(str2) << endl;
    }
    if(str.find(str2, 7) != string::npos) {
        cout << str.find(str2, 7) << endl;
    }
    if(str.find(str3) != string::npos) {
        cout << str.find(str3) << endl;
    } else {
        cout << "I know there is no position for me." << endl;
    }
    return 0;
}
```

输出结果：

```
6
14
I know there is no position for me.
```

（10）replace()

str.replace(pos, len, str2)把 str 从 pos 号位开始、长度为 len 的子串替换为 str2。

str.replace(it1, it2, str2)把 str 的迭代器[it1, it2)范围的子串替换为 str2。

时间复杂度为 O(str.length())。

示例如下：

```
#include <iostream>
#include <string>
using namespace std;
int main(){
    string str = "Maybe you will turn around.";
    string str2 = "will not";
    string str3 = "surely";
    cout << str.replace(10, 4, str2) << endl;
    cout << str.replace(str.begin(), str.begin() + 5, str3) << endl;
    return 0;
}
```

输出结果：

```
Maybe you will not turn around.
surely you will not turn around.
```

【PAT A1060】Are They Equal

题目描述

If a machine can save only 3 significant digits, the float numbers 12 300 and 12 358.9 are considered equal since they are both saved as $0.123*10^5$ with simple chopping. Now given the number of significant digits on a machine and two float numbers, you are supposed to tell if they are treated equal in that machine.

输入格式

Each input file contains one test case which gives three numbers N, A and B, where N (<100) is the number of significant digits, and A and B are the two float numbers to be compared. Each float number is non-negative, no greater than 10^{100}, and that its total digit number is less than 100.

输出格式

For each test case, print in a line "YES" if the two numbers are treated equal, and then the number in the standard form "$0.d_1 \cdots d_N*10^k$" ($d_1>0$ unless the number is 0); or "NO" if they are not treated equal, and then the two numbers in their standard form. All the terms must be separated by a space, with no extra space at the end of a line.

Note: Simple chopping is assumed without rounding.

（原题即为英文题）

输入样例 1

```
3 12300 12358.9
```

输出样例 1

```
YES 0.123*10^5
```

输入样例 2

```
3 120 128
```

输出样例 2

```
NO 0.120*10^3 0.128*10^3
```

题意

给出两个数，问：将它们写成保留 N 位小数的科学计数法后是否相等。如果相等，则输出 YES，并给出该转换结果；如果不相等，则输出 NO，并分别给出两个数的转换结果。

样例解释

样例 1

12300 与 12358.9 的保留三位小数的科学计数法均为 0.123×10^5，输出 YES。

样例 2

120 与 128 的保留三位小数的科学计数法分别为 0.120×10^3 与 0.128×10^3，输出 NO。

思路

题目的要求是将两个数改写为科学计数法的形式，然后判断它们是否相等。而科学计数法的写法一定是如下格式：$0.a_1a_2a_3\cdots\times10^e$，因此只需要获取到科学计数法的本体部分 $a_1a_2a_3$ 与指数 e，即可判定两个数在科学计数法形式下是否相等。

然后考虑数据本身，可以想到按整数部分是否为 0 来分情况讨论，即

① $0.a_1a_2a_3\cdots$

② $b_1b_2\cdots b_m.a_1a_2a_3\cdots$

现在来考虑这两种情况的本体部分与指数分别是什么（以下讨论按有效位数为 3 进行）。对①来说，由于在小数点后面还可能跟着若干个 0，因此本体部分是从小数点后第一个非零位开始的 3 位（即 $a_ka_{k+1}a_{k+2}$，其中 a_k 是小数点后第一个非零位），而指数则是小数点与该非零位之间 0 的个数的相反数（例如 0.001 的指数为–2）。在分析清楚后，具体的代码实现逻辑也成形了，即令指数 e 的初值为 0，然后在小数点后每出现一个 0，就让 e 减 1，直到到达最后一位（因为有可能是小数点后全为 0 的情况）或是出现非零位为止。

然后来看②的情况，假设 b_1 不为零。很显然，其本体部分就是从 b_1 开始的 3 位，而指数则是小数点前的数位的总位数 m。具体实现中，则可以令指数 e 的初值为 0，然后从前往后枚举，只要不到达最后一位（因为有可能没有小数点）或是出现小数点，就让 e 加 1。

那么，如何区分给定的数是属于①还是②呢？事实上，题目隐含了一个 trick：数据有可能出现前导 0，即在①或者②的数据之前还会有若干个 0（例如 000.01 或是 00123.45）。为了应对这种情况，需要在输入数据后的第一步就是去除所有前导 0，这样就可以按去除前导零后的字符串的第一位是否是小数点来判断其属于①或是②。

由于需要让两个数的科学计数法进行比较，因此必须把各自的本体部分单独提取出来。比较合适的方法是，在按上面步骤处理①时，将前导零、小数点、第一个非零位前的 0 全部

删除，只保留第一个非零位开始的部分（即 $a_k a_{k+1} a_{k+2} \cdots$）；在处理②时，将前导零、小数点删除，保留从 b_1 开始的部分（即 $b_1 b_2 \cdots b_m a_1 a_2 a_3 \cdots$）。这些删除操作可以在上面获取指数 e 的过程中同时做到（使用 string 的 erase 函数）。之后便可以对剩余的部分取其有效位数的部分赋值到新字符串中，长度不够有效位数则在后面补 0。

最后只要比较本体部分与指数是否都相等，就可以决定输出 YES 或 NO。

注意点

给几组可能出错的数据。

```
4 0000 0000.00    //YES 0.0000*10^0
4 00123.5678 0001235    //NO 0.1235*10^3 0.1235*10^4
3 0.0520 0.0521    //NO 0.520*10^-1 0.521*10^-1
4 00000.000000123 0.0000001230    //YES 0.1230*10^-6
4 00100.00000012 100.00000013    //YES 0.1000*10^3
5 0010.013 10.012    //NO 0.10013*10^2 0.10012*10^2
4 123.5678 123.5    //YES 0.1235*10^3
3 123.5678 123    //YES 0.123*10^3
4 123.0678 123    //YES 0.1230*10^3
3 0.000 0    //YES 0.000*10^0
12 123456789012345 123456789012300    //YES 0.123456789012*10^15
12 123456789012345 123456789010000
//NO 0.123456789012*10^15 0.123456789010*10^15
```

参考代码

```
#include <iostream>
#include <string>
using namespace std;
int n;              //有效位数
string deal(string s, int& e) {
    int k = 0;      //s 的下标
    while(s.length() > 0 && s[0] == '0') {
        s.erase(s.begin());         //去掉 s 的前导零
    }
    if(s[0] == '.') {              //去掉前导零后是小数点，说明 s 是小于 1 的小数
        s.erase(s.begin());         //去掉小数点
        while(s.length() > 0 && s[0] == '0') {
            s.erase(s.begin());     //去掉小数点后非零位前的所有零
            e--;                    //每去掉一个 0,指数 e 减 1
        }
  } else{               //去掉前导零后不是小数点，则找到后面的小数点删除
        while(k < s.length() && s[k] != '.') {  //寻找小数点
            k++;
```

```
            e++;                    //只要不碰到小数点就让指数 e++
        }
        if(k < s.length()) {    //while 结束后 k < s.length()，说明碰到了小数点
            s.erase(s.begin() + k); //把小数点删除
        }
    }
    if(s.length() == 0) {
        e = 0;          //如果去除前导零后 s 的长度变为 0，说明这个数是 0
    }
    int num = 0;
    k = 0;
    string res;
    while(num < n) {        //只要精度还没有到 n
        if(k < s.length()) res += s[k++];   //只要还有数字，就加到 res 末尾
        else res += '0';    //否则 res 末尾添加 0
        num++;              //精度加 1
    }
    return res;
}
int main() {
    string s1, s2, s3, s4;
    cin >> n >> s1 >> s2;
    int e1 = 0, e2 = 0;         //e1,e2 为 s1 与 s2 的指数
    s3 = deal(s1, e1);
    s4 = deal(s2, e2);
    if(s3 == s4 && e1 == e2) {  //主体相同且指数相同则 YES
        cout<<"YES 0."<<s3<<"*10^"<<e1<<endl;
    } else {
        cout<<"NO 0."<<s3<<"*10^"<<e1<<" 0."<<s4<<"*10^"<<e2<<endl;
    }
    return 0;
}
```

练习

① 配套习题集的对应小节。

② Codeup Contest ID: 100000598

地址：http://codeup.cn/contest.php?cid=100000598。

本节二维码

6.4　map 的常用用法详解

map 翻译为映射，也是常用的 STL 容器。众所周知，在定义数组时（如 int array[100]），其实是定义了一个从 int 型到 int 型的映射，比如 array[0] = 25、array[4] = 36 就分别是将 0 映射到 25、将 4 映射到 36。一个 double 型数组则是将 int 型映射到 double 型，例如 db[0]= 3.14, db[1] = 0.01。但是，无论是什么类型，它总是将 int 型映射到其他类型。这似乎表现出一个弊端：当需要以其他类型作为关键字来做映射时，会显得不太方便。例如有一本字典，上面提供了很多的字符串和对应的页码，如果要用数组来表示“字符串-->页码”这样的对应关系，就会感觉不太好操作。这时，就可以用到 map，因为 **map 可以将任何基本类型（包括 STL 容器）映射到任何基本类型（包括 STL 容器）**，也就可以建立 string 型到 int 型的映射。

还可以来看一个情况：这次需要判断给定的一些数字在某个文件中是否出现过。按照正常的思路，可以开一个 bool 型 hashTable[max_size]，通过判断 hashTable[x]为 true 还是 false 来确定 x 是否在文件中出现。但是这会碰到一个问题，如果这些数字很大（例如有几千位），那么这个数组就会开不了。而这时 map 就可以派上用场，因为可以把这些数字当成一些字符串，然后建立 string 至 int 的映射（或是直接建立 int 至 int 的映射）。

如果要使用 map，需要添加 map 头文件，即#include <map>。除此之外，还需要在头文件下面加上一句：“using namespace std;”，这样就可以在代码中使用 map 了。下面来看 map 的一些常用用法。

1. map 的定义

单独定义一个 map：

```
map<typename1, typename2> mp;
```

map 和其他 STL 容器在定义上有点不一样，因为 map 需要确定映射前类型（键 key）和映射后类型（值 value），所以需要在<>内填写两个类型，其中第一个是键的类型，第二个是值的类型。如果是 int 型映射到 int 型，就相当于是普通的 int 型数组。

而如果是字符串到整型的映射，**必须使用 string 而不能用 char 数组**：

```
map<string, int> mp;
```

这是因为 char 数组作为数组，是不能被作为键值的。如果想用字符串做映射，必须用 string。

前面也说到，map 的键和值也可以是 STL 容器，例如可以将一个 set 容器映射到一个字符串：

```
map<set<int>, string> mp;
```

2. map 容器内元素的访问

map 一般有两种访问方式：通过下标访问或通过迭代器访问。下面分别讨论这两种访问方式。

（1）通过下标访问

和访问普通的数组是一样的，例如对一个定义为 map<char, int> mp 的 map 来说，就可以直接使用 mp['c']的方式来访问它对应的整数。于是，当建立映射时，就可以直接使用 mp['c'] = 20 这样和普通数组一样的方式。但是要注意的是，**map 中的键是唯一的**，也就是说，下面的代码将输出 30：

```
#include <stdio.h>
#include <map>
using namespace std;
int main(){
    map<char, int> mp;
    mp['c'] = 20;
    mp['c'] = 30;  //20 被覆盖
    printf("%d\n", mp['c']);  //输出 30
    return 0;
}
```

（2）通过迭代器访问

map 迭代器的定义和其他 STL 容器迭代器定义的方式相同：

```
map<typename1, typename2>::iterator it;
```

typename1 和 typename2 就是定义 map 时填写的类型，这样就得到了迭代器 it。

map 迭代器的使用方式和其他 STL 容器的迭代器不同，因为 map 的每一对映射都有两个 typename，这决定了必须能通过一个 it 来同时访问键和值。事实上，**map 可以使用 it->first 来访问键，使用 it->second 来访问值**。

来看下面这个示例：

```
#include <stdio.h>
#include <map>
using namespace std;
int main(){
    map<char, int> mp;
    mp['m'] = 20;
    mp['r'] = 30;
    mp['a'] = 40;
    for(map<char, int>::iterator it = mp.begin(); it != mp.end(); it++){
        printf("%c %d\n", it -> first, it -> second);
    }
    return 0;
}
```

在上面这个例子中，it -> first 是当前映射的键，it -> second 是当前映射的值。程序的输出如下：

```
a 40
m 20
r 30
```

接下来似乎发现了一个很有意思的现象：**map 会以键从小到大的顺序自动排序**，即按 a < m < r 的顺序排列这三对映射。这是由于 map 内部是使用红黑树实现的（set 也是），在建立映射的过程中会自动实现从小到大的排序功能。

3. map 常用函数实例解析

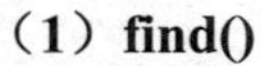

（1）find()

find(key)返回键为 key 的映射的迭代器，时间复杂度为 O(logN)，N 为 map 中映射的个数。示例如下：

```
#include <stdio.h>
#include <map>
using namespace std;
int main(){
    map<char, int> mp;
    mp['a'] = 1;
    mp['b'] = 2;
    mp['c'] = 3;
    map<char, int>::iterator it = mp.find('b');
    printf("%c %d\n", it -> first, it -> second);
    return 0;
}
```

输出结果：

```
b 2
```

（2）erase()

erase()有两种用法：删除单个元素、删除一个区间内的所有元素。

① 删除单个元素。

删除单个元素有两种方法：

- mp.erase(it)，it 为需要删除的元素的迭代器。时间复杂度为 O(1)。

示例如下：

```
#include <stdio.h>
#include <map>
using namespace std;
int main(){
    map<char, int> mp;
    mp['a'] = 1;
    mp['b'] = 2;
    mp['c'] = 3;
    map<char, int>::iterator it = mp.find('b');
    mp.erase(it);  //删除 b 2
    for(map<char, int>::iterator it = mp.begin(); it != mp.end(); it++){
        printf("%c %d\n", it -> first, it -> second);
    }
    return 0;
}
```

输出内容如下：

```
a 1
```

```
c 3
```

- mp.erase(key)，key 为欲删除的映射的键。时间复杂度为 O(logN)，N 为 map 内元素的个数。

示例如下：

```
#include <stdio.h>
#include <map>
using namespace std;
int main(){
    map<char, int> mp;
    mp['a'] = 1;
    mp['b'] = 2;
    mp['c'] = 3;
    mp.erase('b');  //删除键为 b 的映射，即 b 2
    for(map<char, int>::iterator it = mp.begin(); it != mp.end(); it++){
        printf("%c %d\n", it -> first, it -> second);
    }
    return 0;
}
```

输出内容如下：

```
a 1
c 3
```

② 删除一个区间内的所有元素。

mp.erase(first, last)，其中 first 为需要删除的区间的起始迭代器，而 last 则为需要删除的区间的末尾迭代器的下一个地址，也即为删除左闭右开的区间[first, last)。时间复杂度为 O(last – first)。

示例如下：

```
#include <stdio.h>
#include <map>
using namespace std;
int main(){
    map<char, int> mp;
    mp['a'] = 1;
    mp['b'] = 2;
    mp['c'] = 3;
    map<char, int>::iterator it = mp.find('b');  //令 it 指向键为 b 的映射
    mp.erase(it, mp.end());  //删除 it 之后的所有映射，即 b 2 和 c 3
    for(map<char, int>::iterator it = mp.begin(); it != mp.end(); it++){
        printf("%c %d\n", it -> first, it -> second);
    }
    return 0;
```

```
}
```

输出结果：

```
a 1
```

（3）size()

size()用来获得 map 中映射的对数，时间复杂度为 O(1)。

示例如下：

```
#include <stdio.h>
#include <map>
using namespace std;
int main(){
    map<char, int> mp;
    mp['a'] = 10;
    mp['b'] = 20;
    mp['c'] = 30;
    printf("%d\n", mp.size());  //3 对映射
    return 0;
}
```

输出结果：

```
3
```

（4）clear()

clear()用来清空 map 中的所有元素，复杂度为 O(N)，其中 N 为 map 中元素的个数。

示例如下：

```
#include <stdio.h>
#include <map>
using namespace std;
int main(){
    map<char, int> mp;
    mp['a'] = 1;
    mp['b'] = 2;
    mp.clear();  //清空 map
    printf("%d\n", mp.size());
    return 0;
}
```

输出结果：

```
0
```

4. map 的常见用途

① 需要建立字符（或字符串）与整数之间映射的题目，使用 map 可以减少代码量。

② 判断大整数或者其他类型数据是否存在的题目，可以把 map 当 bool 数组用。

③ 字符串和字符串的映射也有可能会遇到。

延伸：map 的键和值是唯一的，而如果一个键需要对应多个值，就只能用 multimap。另

外，C++ 11 标准中还增加了 unordered_map，以散列代替 map 内部的红黑树实现，使其可以用来处理只映射而不按 key 排序的需求，速度比 map 要快得多，有兴趣的读者可以自行了解，此处不多作说明。

练习

① 配套习题集的对应小节。

② Codeup Contest ID: 100000599

地址：http://codeup.cn/contest.php?cid=100000599。

本节二维码

6.5 queue 的常见用法详解

queue 翻译为队列，在 STL 中主要则是实现了一个先进先出的容器，具体概念见 7.2 节。

1. queue 的定义

要使用 queue，应先添加头文件#include <queue>，并在头文件下面加上“using namespace std;”，然后就可以使用了。

其定义的写法和其他 STL 容器相同，typename 可以是任意基本数据类型或容器：

```
queue< typename > name;
```

2. queue 容器内元素的访问

由于队列(queue)本身就是一种先进先出的限制性数据结构，因此在 STL 中只能通过 **front()来访问队首元素，或是通过 back()来访问队尾元素**。

示例如下：

```
#include <stdio.h>
#include <queue>
using namespace std;
int main(){
    queue<int> q;
    for(int i = 1; i <= 5; i++) {
        q.push(i);  //push(i)用以将 i 压入队列，因此依次入队 1 2 3 4 5
    }
    printf("%d %d\n", q.front(), q.back());  //输出结果是 1 5
    return 0;
}
```

输出结果：

```
1 5
```

3. queue 常用函数实例解析

（1）push()

push(x)将 x 进行入队，时间复杂度为 O(1)，实例见“queue 容器内元素的访问”。

（2）front()、back()

front()和 back()可以分别获得队首元素和队尾元素，时间复杂度为 O(1)，实例见“queue 容器内元素的访问”。

（3）pop()

pop()令队首元素出队，时间复杂度为 O(1)。

示例如下：

```
#include <stdio.h>
#include <queue>
using namespace std;
int main(){
    queue<int> q;
    for(int i = 1; i <= 5; i++){
        q.push(i);  //依次入队 1 2 3 4 5
    }
    for(int i = 1; i <= 3; i++) {
        q.pop();  //出队首元素三次(即依次出队 1 2 3)
    }
    printf("%d\n", q.front());
    return 0;
}
```

输出结果：

```
4
```

（4）empty()

empty()检测 queue 是否为空，返回 true 则空，返回 false 则非空。时间复杂度为 O(1)。

示例如下：

```
#include <stdio.h>
#include <queue>
using namespace std;
int main(){
    queue<int> q;
    if(q.empty() == true){  //一开始队列内没有元素，所以是空
        printf("Empty\n");
    }else{
        printf("Not Empty\n");
    }
    q.push(1);
    if(q.empty() == true){  //在入队“1”后，队列非空
        printf("Empty\n");
    }else{
```

```
        printf("Not Empty\n");
    }
    return 0;
}
```

输出结果：

```
Empty
Not Empty
```

（5）size()

size()返回 queue 内元素的个数，时间复杂度为 O(1)。

示例如下：

```
#include <stdio.h>
#include <queue>
using namespace std;
int main(){
    queue<int> q;
    for(int i = 1; i <= 5; i++) {
        q.push(i);  //push(i)用以将 i 压入队列
    }
    printf("%d\n", q.size());  //队列中有 5 个元素
    return 0;
}
```

输出结果：

```
5
```

4. queue 的常见用途

当需要实现广度优先搜索时，可以不用自己手动实现一个队列，而是用 queue 作为代替，以提高程序的准确性。

另外有一点注意的是，**使用 front()和 pop()函数前，必须用 empty()判断队列是否为空**，否则可能因为队空而出现错误。

延伸：STL 的容器中还有两种容器跟队列有关，分别是双端队列(deque)和优先队列(priority_queue)，前者是首尾皆可插入和删除的队列，后者是使用堆实现的默认将当前队列最大元素置于队首的容器。其中优先队列将在 6.6 节进行介绍，而双端队列则留给有兴趣的读者去了解，此处不再多作介绍。

练习

① 配套习题集的对应小节。

② Codeup Contest ID: 100000600

地址：http://codeup.cn/contest.php?cid=100000600

本节二维码

6.6　priority_queue 的常见用法详解

priority_queue 又称为优先队列，其底层是用**堆**来进行实现的。在优先队列中，**队首元素一定是当前队列中优先级最高的那一个**。例如在队列有如下元素，且定义好了优先级：

```
桃子（优先级 3）
梨子（优先级 4）
苹果（优先级 1）
```

那么出队的顺序为梨子（4）→桃子（3）→苹果（1）。

当然，可以在任何时候往优先队列里面加入(push)元素，而优先队列底层的数据结构堆(heap)会随时调整结构，使得**每次的队首元素都是优先级最大的**。

关于这里的优先级则是规定出来的。例如上面的例子中，也可以规定数字越小的优先级越大（在德国课程中，评分 1 分为优秀，5、6 分就是不及格了）。

1. priority_queue 的定义

要使用优先队列，应先添加头文件#include <queue>，并在头文件下面加上“using namespace std;”，然后就可以使用了。

其定义的写法和其他 STL 容器相同，typename 可以是任意基本数据类型或容器：

```
priority_queue< typename > name;
```

2. priority_queue 容器内元素的访问

和队列不一样的是，优先队列没有 front()函数与 back()函数，而**只能通过 top()函数来访问队首元素**（也可以称为堆顶元素），也就是优先级最高的元素。

示例如下：

```
#include <stdio.h>
#include <queue>
using namespace std;
int main(){
    priority_queue<int> q;
    q.push(3);
    q.push(4);
    q.push(1);
    printf("%d\n", q.top());
    return 0;
}
```

输出结果：

```
4
```

3. priority_queue 常用函数实例解析

（1）push()

push(x)将令 x 入队，时间复杂度为 O(logN)，其中 N 为当前优先队列中的元素个数。实例见“priority_queue 容器内元素的访问”。

（2）top()

top()可以获得队首元素（即堆顶元素），时间复杂度为 O(1)，实例见“priority_queue 容器内元素的访问”。

（3）pop()

pop()令队首元素（即堆顶元素）出队，时间复杂度为 O(logN)，其中 N 为当前优先队列中的元素个数。

示例如下：

```
#include <stdio.h>
#include <queue>
using namespace std;
int main(){
    priority_queue<int> q;
    q.push(3);
    q.push(4);
    q.push(1);
    printf("%d\n", q.top());
    q.pop();
    printf("%d\n", q.top());
    return 0;
}
```

输出结果：

```
4
3
```

（4）empty()

empty()检测优先队列是否为空，返回 true 则空，返回 false 则非空。时间复杂度为 O(1)。

示例如下：

```
#include <stdio.h>
#include <queue>
using namespace std;
int main() {
    priority_queue<int> q;
    if(q.empty() == true) {  //一开始优先队列内没有元素，所以是空
        printf("Empty\n");
    } else {
        printf("Not Empty\n");
    }
    q.push(1);
    if(q.empty() == true) {  //在加入“1”后，优先队列非空
        printf("Empty\n");
    } else {
        printf("Not Empty\n");
```

```
    }
    return 0;
}
```

输出结果：

```
Empty
Not Empty
```

（5）size()

size()返回优先队列内元素的个数，时间复杂度为 O(1)。

示例如下：

```
#include <stdio.h>
#include <queue>
using namespace std;
int main(){
    priority_queue<int> q;
    q.push(3);
    q.push(4);
    q.push(1);
    printf("%d\n", q.size());  //优先队列中有三个元素
    return 0;
}
```

输出结果：

```
3
```

4. priority_queue 内元素优先级的设置

如何定义优先队列内元素的优先级是运用好优先队列的关键，下面分别介绍基本数据类型（例如 int、double、char）与结构体类型的优先级设置方法。

（1）基本数据类型的优先级设置

此处指的基本数据类型就是 int 型、double 型、char 型等可以直接使用的数据类型，优先队列对它们的优先级设置一般是数字大的优先级越高，因此队首元素就是优先队列内元素最大的那个（如果 char 型，则是字典序最大的）。对基本数据类型来说，下面两种优先队列的定义是等价的（以 int 型为例，注意最后两个>之间有一个空格）：

```
priority_queue<int> q;
priority_queue<int, vector<int>, less<int> > q;
```

可以发现，第二种定义方式的尖括号内多出了两个参数：一个是 vector<int>，另一个是 less<int>。其中 vector<int>（也就是第二个参数）填写的是来承载底层数据结构堆(heap)的容器，如果第一个参数是 double 型或 char 型，则此处只需要填写 vector<double>或 vector<char>；而第三个参数 less<int>则是对第一个参数的比较类，**less<int>表示数字大的优先级越大，而 greater<int>表示数字小的优先级越大**。

因此，如果想让优先队列总是把最小的元素放在队首，只需进行如下定义：

```
priority_queue<int, vector<int>, greater<int> >q;
```

下面是一个示例：

```
#include <stdio.h>
#include <queue>
using namespace std;
int main(){
    priority_queue<int, vector<int>, greater<int> > q;
    q.push(3);
    q.push(4);
    q.push(1);
    printf("%d\n", q.top());
    return 0;
}
```

输出结果：

```
1
```

事实上，即便是基本数据类型，也可以使用下面讲解的结构体的优先级设置方法，只不过第三个参数的写法不太一样了。下面来看结构体的优先级设置方法。

（2）结构体的优先级设置

本节的最开头举了一个水果的例子，可以对水果的名称和价格建立一个结构体，如下所示：

```
struct fruit {
    string name;
    int price;
};
```

现在希望按水果的价格高的为优先级高，就需要重载（overload）小于号“<”。重载是指对已有的运算符进行重新定义，也就是说，可以改变小于号的功能（例如把它重载为大于号的功能）。读者此处只需要知道它的写法即可：

```
struct fruit {
    string name;
    int price;
    friend bool operator < (fruit f1, fruit f2) {
        return f1.price < f2.price;
    }
};
```

可以看到，fruit 结构体中增加了一个函数，其中“friend”为友元，其具体含义不在本书讨论范围，读者可以自行查找资料学习。后面的“bool operator < (fruit f1, fruit f2)”对 fruit 类型的操作符“<”进行了重载（**重载大于号会编译错误，因为从数学上来说只需要重载小于号，即 f1 > f2 等价于判断 f2 < f1，而 f1 == f2 则等价于判断!(f1 < f2) && !(f2 < f1)**），函数内部为“return f1.price < f2.price”，因此重载后小于号还是小于号的作用。此时就可以直接定义 fruit 类型的优先队列，其内部就是以价格高的水果为优先级高，如下所示：

```
priority_queue<fruit> q;
```

同理，如果想要以价格低的水果为优先级高，那么只需要把 return 中的小于号改为大于号即可，如下所示：

```
struct fruit {
    string name;
    int price;
    friend bool operator < (fruit f1, fruit f2) {
        return f1.price > f2.price;
    }
};
```

示例如下：

```
#include <iostream>
#include <string>
#include <queue>
using namespace std;
struct fruit {
    string name;
    int price;
    friend bool operator < (fruit f1, fruit f2) {
        return f1.price > f2.price;
    }
}f1, f2, f3;
int main(){
    priority_queue<fruit> q;
    f1.name = "桃子";
    f1.price = 3;
    f2.name = "梨子";
    f2.price = 4;
    f3.name = "苹果";
    f3.price = 1;
    q.push(f1);
    q.push(f2);
    q.push(f3);
    cout << q.top().name << " " << q.top().price << endl;
    return 0;
}
```

输出结果：

```
苹果 1
```

读者会发现，此处对小于号的重载与排序函数 sort 中的 cmp 函数有些相似，它们的参数都是两个变量，函数内部都是 return 了 true 或者 false。事实上，这两者的作用确实是类似的，只不过效果看上去似乎是“相反”的。在排序中，如果是“return f1.price > f2.price”，那么则是按价格从高到低排序，但是在优先队列中却是把价格低的放到队首。原因在于，优先队列本身默认的规则就是优先级高的放在队首，因此把小于号重载为大于号的功能时只是把这个规则反向了一下。如果读者无法理解，那么不妨先记住，**优先队列的这个函数与 sort 中的 cmp 函数的效果是相反的**。

那么，有没有办法跟 sort 中的 cmp 函数那样写在结构体外面呢？自然是有办法的。只需要把 friend 去掉，把小于号改成一对小括号，然后把重载的函数写在结构体外面，同时将其用 struct 包装起来，如下所示（请读者注意对比）：

```
struct cmp {
    bool operator () (fruit f1, fruit f2) {
        return f1.price > f2.price;
    }
};
```

在这种情况下，需要用之前讲解的第二种定义方式来定义优先队列：

```
priority_queue<fruit, vector<fruit>, cmp> q;
```

可以看到，此处只是把 greater<>部分换成了 cmp。示例如下：

```
#include <iostream>
#include <string>
#include <queue>
using namespace std;
struct fruit {
    string name;
    int price;
}f1, f2, f3;
struct cmp {
    bool operator () (fruit f1, fruit f2) {
        return f1.price > f2.price;
    }
};
int main(){
    priority_queue<fruit, vector<fruit>, cmp> q;
    f1.name = "桃子";
    f1.price = 3;
    f2.name = "梨子";
    f2.price = 4;
    f3.name = "苹果";
    f3.price = 1;
    q.push(f1);
    q.push(f2);
    q.push(f3);
    cout << q.top().name << " " << q.top().price << endl;
    return 0;
```

```
}
```

读者应当能够想到，**即便是基本数据类型或者其他 STL 容器（例如 set），也可以通过同样的方式来定义优先级。**

最后指出，如果结构体内的数据较为庞大（例如出现了字符串或者数组），**建议使用引用来提高效率**，此时比较类的参数中需要加上“const”和“&”，如下所示：

```
friend bool operator < (const fruit &f1, const fruit &f2) {
    return f1.price > f2.price;
}
bool operator () (const fruit &f1, const fruit &f2) {
    return f1.price > f2.price;
}
```

5. priority_queue 的常见用途

priority_queue 可以解决一些贪心问题（例如 9.8 节），也可以对 Dijkstra 算法进行优化（因为优先队列的本质是堆）。

有一点需要注意，**使用 top()函数前，必须用 empty()判断优先队列是否为空**，否则可能因为队空而出现错误。

练习

① 配套习题集的对应小节。

② Codeup Contest ID: 100000601

地址：http://codeup.cn/contest.php?cid=100000601。

本节二维码

6.7　stack 的常见用法详解

stack 翻译为栈，是 STL 中实现的一个后进先出的容器，具体概念见 7.1 节。

1. stack 的定义

要使用 stack，应先添加头文件#include <stack>，并在头文件下面加上“using namespace std;”，然后就可以使用了。

其定义的写法和其他 STL 容器相同，typename 可以任意基本数据类型或容器：

```
stack< typename > name;
```

2. stack 容器内元素的访问

由于栈（stack）本身就是一种后进先出的数据结构，在 STL 的 stack 中**只能通过 top()来访问栈顶元素。**

示例如下：

```
#include <stdio.h>
#include <stack>
```

```
using namespace std;
int main(){
    stack<int> st;
    for(int i = 1; i <= 5; i++) {
        st.push(i);  //push(i)用以把 i 压入栈，故此处依次入栈 1 2 3 4 5
    }
    printf("%d\n", st.top());  //top()取栈顶元素
    return 0;
}
```

输出结果：

```
5
```

3. stack 常用函数实例解析

（1）push()

push(x)将 x 入栈，时间复杂度为 O(1)，实例见“stack 容器内元素的访问”。

（2）top()

top()获得栈顶元素，时间复杂度为 O(1)，实例见“stack 容器内元素的访问”。

（3）pop()

pop()用以弹出栈顶元素，时间复杂度为 O(1)。

示例如下：

```
#include <stdio.h>
#include <stack>
using namespace std;
int main(){
    stack<int> st;
    for(int i = 1; i <= 5; i++){
        st.push(i);  //将 1 2 3 4 5 依次入栈
    }
    for(int i = 1; i <= 3; i++){
        st.pop();  //连续三次将栈顶元素出栈，即将 5 4 3 依次出栈
    }
    printf("%d\n", st.top());
    return 0;
}
```

输出结果：

```
2
```

（4）empty()

empty()可以检测 stack 内是否为空，返回 true 为空，返回 false 为非空，时间复杂度为 O(1)。示例如下：

```
#include <stdio.h>
#include <stack>
```

```
using namespace std;
int main(){
    stack<int> st;
    if(st.empty() == true){  //一开始栈内没有元素，因此栈空
        printf("Empty\n");
    }else{
        printf("Not Empty\n");
    }
    st.push(1);
    if(st.empty() == true){  //入栈“1”后，栈非空
        printf("Empty\n");
    }else{
        printf("Not Empty\n");
    }
    return 0;
}
```

输出结果：

```
Empty
Not Empty
```

（5）size()

size()返回 stack 内元素的个数，时间复杂度为 O(1)。

示例如下：

```
#include <stdio.h>
#include <stack>
using namespace std;
int main(){
    stack<int> st;
    for(int i = 1; i <= 5; i++) {
        st.push(i);  //push(i)用以将 i 压入栈
    }
    printf("%d\n", st.size());  //栈内有 5 个元素
    return 0;
}
```

输出结果：

```
5
```

4. stack 的常见用途

stack 用来模拟实现一些递归，防止程序对栈内存的限制而导致程序运行出错。一般来说，程序的栈内存空间很小，对有些题目来说，如果用普通的函数来进行递归，一旦递归层数过深（不同机器不同，约几千至几万层），则会导致程序运行崩溃。如果用栈来模拟递归算法的实现，则可以避免这一方面的问题（不过这种应用出现较少）。

练习

① 配套习题集的对应小节。

② Codeup Contest ID: 100000602

地址：http://codeup.cn/contest.php?cid=100000602。

本节二维码

6.8 pair 的常见用法详解

pair 是一个很实用的“小玩意”，当想要将两个元素绑在一起作为一个合成元素、又不想要因此定义结构体时，使用 pair 可以很方便地作为一个代替品。也就是说，pair 实际上可以看作一个内部有两个元素的结构体，且这两个元素的类型是可以指定的，如下面的短代码所示：

```
struct pair {
    typeName1 first;
    typeName2 second;
};
```

1. pair 的定义

要使用 pair，应先添加头文件#include <utility>，并在头文件下面加上“using namespace std;”，然后就可以使用了。注意：由于 map 的内部实现中涉及 pair，因此添加 map 头文件时会自动添加 utility 头文件，此时如果需要使用 pair，就不需要额外再去添加 utility 头文件了。因此，记不住“utility”拼写的读者可以偷懒地用 map 头文件来代替 utility 头文件。

pair 有两个参数，分别对应 first 和 second 的数据类型，它们可以是任意基本数据类型或容器。

```
pair<typeName1, typeName2> name;
```

因此，想要定义参数为 string 和 int 类型的 pair，就可以使用如下写法：

```
pair<string, int> p;
```

如果想在定义 pair 时进行初始化，只需要跟上一个小括号，里面填写两个想要初始化的元素即可：

```
pair<string, int> p("haha", 5);
```

而如果想要在代码中临时构建一个 pair，有如下两种方法：

① 将类型定义写在前面，后面用小括号内两个元素的方式。

```
pair<string, int>("haha", 5)
```

② 使用自带的 make_pair 函数。

```
make_pair("haha", 5)
```

关于这两种方法的例子见“pair 中元素的访问”。

2. pair 中元素的访问

pair 中只有两个元素，分别是 first 和 second，只需要按正常结构体的方式去访问即可。

示例如下：

```
#include <iostream>
#include <utility>
#include <string>
using namespace std;
int main() {
    pair<string, int> p;
    p.first = "haha";
    p.second = 5;
    cout << p.first << " " << p.second << endl;
    p = make_pair("xixi", 55);
    cout << p.first << " " << p.second << endl;
    p = pair<string, int>("heihei", 555);
    cout << p.first << " " << p.second << endl;
    return 0;
}
```

输出结果：

```
haha 5
xixi 55
heihei 555
```

3. pair 常用函数实例解析

比较操作数

两个 pair 类型数据可以直接使用==、!=、<、<=、>、>=比较大小，比较规则是**先以 first 的大小作为标准，只有当 first 相等时才去判别 second 的大小**。

示例如下：

```
#include <cstdio>
#include <utility>
using namespace std;
int main() {
    pair<int, int> p1(5, 10);
    pair<int, int> p2(5, 15);
    pair<int, int> p3(10, 5);
    if(p1 < p3) printf("p1 < p3\n");
    if(p1 <= p3) printf("p1 <= p3\n");
    if(p1 < p2) printf("p1 < p2\n");
    return 0;
}
```

输出结果：

```
p1 < p3
```

```
p1 <= p3
p1 < p2
```

4. pair 的常见用途

关于 pair 有两个比较常见的例子：

① 用来代替二元结构体及其构造函数，可以节省编码时间。

② 作为 map 的键值对来进行插入，例如下面的例子。

```
#include <iostream>
#include <string>
#include <map>
using namespace std;
int main() {
    map<string, int> mp;
    mp.insert(make_pair("heihei", 5));
    mp.insert(pair<string, int>("haha", 10));
    for(map<string, int>::iterator it = mp.begin(); it != mp.end(); it++) {
        cout << it->first << " " << it->second << endl;
    }
    return 0;
}
```

输出结果：

```
haha 10
heihei 5
```

练习

① 配套习题集的对应小节。

② Codeup Contest ID: 100000603

地址：http://codeup.cn/contest.php?cid=100000603。

本节二维码

6.9 algorithm 头文件下的常用函数

使用 algorithm 头文件，需要在头文件下加一行“using namespace std;”才能正常使用。

6.9.1 max()、min()和 abs()

max(x, y)和 min(x, y)分别返回 x 和 y 中的最大值和最小值，且**参数必须是两个**（可以是浮点数）。如果想要返回三个数 x、y、z 的最大值，可以使用 max(x, max(y, z))的写法。

abs(x)返回 x 的绝对值。注意：x 必须是整数，浮点型的绝对值请用 math 头文件下的 fabs。

示例如下：

```
#include <stdio.h>
#include <algorithm>
using namespace std;
int main(){
    int x = 1, y = -2;
    printf("%d %d\n", max(x, y), min(x, y));
    printf("%d %d\n", abs(x), abs(y));
    return 0;
}
```

输出结果：

```
1 -2
1 2
```

6.9.2　swap()

swap(x, y)用来交换 x 和 y 的值，示例如下：

```
#include <stdio.h>
#include <algorithm>
using namespace std;
int main(){
    int x = 1, y = 2;
    swap(x, y);
    printf("%d %d\n", x, y);
    return 0;
}
```

输出结果：

```
2 1
```

6.9.3　reverse()

reverse(it, it2)可以将数组指针在[it, it2)之间的元素或容器的迭代器在[it, it2)范围内的元素进行反转。示例如下：

```
#include <stdio.h>
#include <algorithm>
using namespace std;
int main(){
    int a[10] = {10, 11, 12, 13, 14, 15};
    reverse(a, a + 4);  //将a[0]~a[3]反转
    for(int i = 0; i < 6; i++){
        printf("%d ", a[i]);
    }
```

```
    return 0;
}
```

输出结果：

```
13 12 11 10 14 15
```

如果是对容器中的元素（例如 string 字符串）进行反转，结果也是一样：

```
#include <stdio.h>
#include <string>
#include <algorithm>
using namespace std;
int main(){
    string str = "abcdefghi";
    reverse(str.begin() + 2, str.begin() + 6);  //对str[2]~str[5]反转
    for(int i = 0; i < str.length(); i++){
        printf("%c", str[i]);
    }
    return 0;
}
```

输出结果：

```
abfedcghi
```

6.9.4 next_permutation()

next_permutation()给出一个序列在全排列中的下一个序列。

例如，当 n == 3 时的全排列为

```
123
132
213
231
312
321
```

这样 231 的下一个序列就是 312。

示例如下：

```
#include <stdio.h>
#include <algorithm>
using namespace std;
int main(){
    int a[10] = {1, 2, 3};
    //a[0]~a[2]之间的序列需要求解 next_permutation
    do{
        printf("%d%d%d\n", a[0], a[1], a[2]);
    }while(next_permutation(a, a + 3));
```

```
    return 0;
}
```

输出结果：

```
123
132
213
231
312
321
```

在上述代码中，使用循环是因为 next_permutation 在已经到达全排列的最后一个时会返回 false，这样会方便退出循环。而使用 do⋯ while 语句而不使用 while 语句是因为序列 1 2 3 本身也需要输出，如果使用 while 会直接跳到下一个序列再输出，这样结果会少一个 123。

6.9.5　fill()

fill()可以把数组或容器中的某一段区间赋为某个相同的值。和 memset 不同，这里的赋值**可以是数组类型对应范围中的任意值**。示例如下：

```
#include <stdio.h>
#include <algorithm>
using namespace std;
int main(){
    int a[5] = {1, 2, 3, 4, 5};
    fill(a, a + 5, 233);  //将a[0]~a[4]均赋值为233
    for(int i = 0; i < 5; i++){
        printf("%d ", a[i]);
    }
    return 0;
}
```

输出结果：

```
233 233 233 233 233
```

6.9.6　sort()

顾名思义，sort 就是用来排序的函数，它根据具体情形使用不同的排序方法，效率较高。一般来说，不推荐使用 C 语言中的 qsort 函数，原因是 qsort 用起来比较烦琐，涉及很多指针的操作。而且 sort 在实现中规避了经典快速排序中可能出现的会导致实际复杂度退化到 $O(n^2)$ 的极端情况。希望读者能通过这篇介绍来轻松愉快地使用 sort 函数。

1. 如何使用 sort 排序

sort 函数的使用必须加上头文件“#include <algorithm>”和“using namespace std;”，其使用的方式如下：

```
sort(首元素地址(必填), 尾元素地址的下一个地址(必填), 比较函数(非必填));
```

可以看到，sort 的参数有三个，其中前两个是必填的，而比较函数则可以根据需要填写，如果不写比较函数，则默认对前面给出的区间进行递增排序。

可以先从示例入手：

```
#include <stdio.h>
#include <algorithm>
using namespace std;
int main(){
    int a[6] = {9, 4, 2, 5, 6, -1};
    //将a[0]~a[3]从小到大排序
    sort(a, a + 4);
    for(int i = 0; i < 6; i++){
        printf("%d ", a[i]);
    }
    printf("\n");
    //将a[0]~a[5]从小到大排序
    sort(a, a + 6);
    for(int i = 0; i < 6; i++){
        printf("%d ", a[i]);
    }
    return 0;
}
```

运行之后可以得到下面的结果，可以试着理解一下（特别注意理解“尾元素地址的下一个地址”）。输出结果：

```
2 4 59 6 -1
-1 2 4 5 6 9
```

又如，对 double 型数组排序：

```
#include <stdio.h>
#include <algorithm>
using namespace std;
int main(){
    double a[] = {1.4, -2.1, 9};
    sort(a, a + 3);
    for(int i = 0; i < 3; i++){
        printf("%.1f", a[i]);
    }
    return 0;
}
```

输出结果：

```
-2.1 1.4 9
```

再如，对 char 型数组排序（默认为**字典序**）：

```
#include <stdio.h>
```

```
#include <algorithm>
using namespace std;
int main(){
    char c[] = {'T', 'W', 'A', 'K'};
    sort(c, c + 4);
    for(int i = 0; i < 4; i++){
        printf("%c", c[i]);
    }
    return 0;
}
```

输出结果：

```
AKTW
```

关于 sort 的排序原理细节不在本书的讨论范围，但是应当知道，如果需要对序列进行排序，那么序列中的元素一定要有可比性，因此需要制订排序规则来建立这种可比性。特别是像结构体，本身并没有大小关系，需要人为制订比较的规则。sort 的第三个可选参数就是 compare 函数（一般写作 cmp 函数），用来实现这个规则。

2. 如何实现比较函数 cmp

下面介绍对基本数据类型、结构体类型、STL 容器进行自定义规则排序时 cmp 的写法。

（1）基本数据类型数组的排序

若比较函数不填，则默认按照从小到大的顺序排序。下面是对 int 型数组的排序：

```
#include <stdio.h>
#include <algorithm>
using namespace std;
int main(){
    int a[5] = {3, 1, 4, 2};
    sort(a, a + 4);
    for(int i = 0; i < 4; i++){
        printf("%d ", a[i]);
    }
    return 0;
}
```

输出结果：

```
1234
```

如果想要从大到小来排序，则要使用比较函数 cmp 来“告诉”sort 何时要交换元素（让元素的大小比较关系反过来）。还是上面那个例子，这里比较的元素是 int 类型，可以这样写：

```
#include <stdio.h>
#include <algorithm>
using namespace std;
bool cmp(int a, int b) {
    return a > b;  //可以理解为当 a > b 时把 a 放在 b 前面
```

```
}
int main(){
    int a[] = {3, 1, 4, 2};
    sort(a, a + 4, cmp);
    for(int i = 0; i < 4; i++){
        printf("%d ", a[i]);  //输出 4 3 2 1
    }
    return 0;
}
```

输出结果：

```
4 3 2 1
```

这样就可以让数值较大的元素放在前面，也就达到了从大到小排序的要求。

同样的，对 double 型数组从大到小排序的代码如下：

```
#include <stdio.h>
#include <algorithm>
using namespace std;
bool cmp(double a, double b){
    return a > b;  //同样是 a > b
}
int main(){
    double a[] = {1.4, -2.1, 9};
    sort(a, a + 3, cmp);
    for(int i = 0; i < 3; i++){
        printf("%.1f ", a[i]);
    }
    return 0;
}
```

输出结果：

```
9.0 1.4 -2.1
```

对 char 型数组从大到小排序的代码如下：

```
#include <stdio.h>
#include <algorithm>
using namespace std;
bool cmp(char a, char b){
    return a > b;  //同样是 a > b
}
int main(){
    char c[] = {'T', 'W', 'A', 'K'};
    sort(c, c + 4, cmp);
    for(int i = 0; i < 4; i++){
```

```
        printf("%c", c[i]);
    }
    return 0;
}
```

输出结果：

```
WTKA
```

记忆方法：如果要把数据从小到大排列，那么就用“<”，因为“a < b”就是左小右大；如果要把数据从大到小排列，那么就用“>”，因为“a > b”就是左大右小。而当不确定或者忘记时，不妨两种都试下，就会知道该用哪种了。

（2）结构体数组的排序

现在定义了如下的结构体：

```
struct node {
    int x, y;
}ssd[10];
```

如果想将 ssd 数组按照 x 从大到小排序（即进行一级排序），那么可以这样写 cmp 函数：

```
bool cmp(node a, node b) {
    return a.x>b.x;
}
```

示例如下：

```
#include <stdio.h>
#include <algorithm>
using namespace std;
struct node{
    int x, y;
}ssd[10];
bool cmp(node a, node b){
    return a.x > b.x;  //按 x 值从大到小对结构体数组排序
}
int main(){
    ssd[0].x = 2;  //{2, 2}
    ssd[0].y = 2;
    ssd[1].x = 1;  //{1, 3}
    ssd[1].y = 3;
    ssd[2].x = 3;  //{3, 1}
    ssd[2].y = 1;
    sort(ssd, ssd+ 3, cmp);  //排序
    for(int i = 0; i < 3; i++){
        printf("%d %d\n", ssd[i].x, ssd[i].y);
    }
    return 0;
```

```
}
```

输出结果：

```
3 1
2 2
1 3
```

而如果想先按 x 从大到小排序，但当 x 相等的情况下，按照 y 的大小从小到大来排序（即进行二级排序），那么 cmp 的写法是：

```
bool cmp(node a, node b){
    if(a.x != b.x) return a.x > b.x;
    else return a.y < b.y;
}
```

这里的 cmp 函数首先判断结构体内的 x 元素是否相等，如果不相等，则直接按照 x 的大小来排序；否则，比较两个结构体中 y 的大小，并按 y 从小到大排序。

示例如下：

```
#include <stdio.h>
#include <algorithm>
using namespace std;
struct node{
    int x, y;
}ssd[10];
bool cmp(node a, node b){
    if(a.x != b.x) return a.x > b.x;  //x不等时按x从大到小排序
    else return a.y < b.y;  //x相等时按y从小到大排序
}
int main(){
    ssd[0].x = 2;  //{2, 2}
    ssd[0].y = 2;
    ssd[1].x = 1;  //{1, 3}
    ssd[1].y = 3;
    ssd[2].x = 2;  //{2, 1}
    ssd[2].y = 1;
    sort(ssd, ssd+ 3, cmp);  //排序
    for(int i = 0; i < 3; i++){
        printf("%d %d\n", ssd[i].x, ssd[i].y);
    }
    return 0;
}
```

输出结果：

```
2 1
2 2
```

```
1 3
```

（3）容器的排序

在 STL 标准容器中，**只有 vector、string、deque 是可以使用 sort 的**。这是因为像 set、map 这种容器是用红黑树实现的（了解即可），元素本身有序，故不允许使用 sort 排序。

下面以 vector 为例：

```
#include <stdio.h>
#include <vector>
#include <algorithm>
using namespace std;
bool cmp(int a, int b){  //因为 vector 中的元素为 int 型，因此仍然是 int 的比较
    return a > b;
}
int main(){
    vector<int> vi;
    vi.push_back(3);
    vi.push_back(1);
    vi.push_back(2);
    sort(vi.begin(), vi.end(), cmp);  //对整个 vector 排序
    for(int i = 0; i < 3; i++){
        printf("%d ", vi[i]);
    }
    return 0;
}
```

输出结果：

```
3 2 1
```

再来看 string 的排序：

```
#include <iostream>
#include <string>
#include <algorithm>
using namespace std;
int main(){
    string str[3] = {"bbbb", "cc", "aaa"};
    sort(str, str + 3);  //将 string 型数组按字典序从小到大输出
    for(int i = 0; i < 3; i++){
        cout<<str[i]<<endl;
    }
    return 0;
}
```

上面的代码输出如下：

```
aaa
```

```
bbbb
cc
```

如果上面这个例子中，需要按字符串长度从小到大排序，那么可以这样写：

```
#include <iostream>
#include <string>
#include <algorithm>
using namespace std;
bool cmp(string str1,string str2){
    return str1.length() < str2.length();  //按 string 的长度从小到大排序
}
int main(){
    string str[3] = {"bbbb", "cc", "aaa"};
    sort(str, str + 3, cmp);
    for(int i = 0; i < 3; i++){
        cout<<str[i]<<endl;
    }
    return 0;
}
```

输出结果：

```
cc
aaa
bbbb
```

6.9.7 lower_bound()和 upper_bound()

lower_bound()和 upper_bound()需要用在一个有序数组或容器中，在 4.5.1 中已经讨论过它们的实现。

lower_bound(first, last, val)用来寻找在数组或容器的[first, last)范围内**第一个值大于等于 val** 的元素的位置，如果是数组，则返回该位置的指针；如果是容器，则返回该位置的迭代器。

upper_bound(first, last, val)用来寻找在数组或容器的[first, last)范围内**第一个值大于 val** 的元素的位置，如果是数组，则返回该位置的指针；如果是容器，则返回该位置的迭代器。

显然，如果数组或容器中没有需要寻找的元素，则 lower_bound()和 upper_bound()均返回可以插入该元素的位置的指针或迭代器（即假设存在该元素时，该元素应当在的位置）。lower_bound()和 upper_bound()的复杂度均为 O(log(last – first))。

示例如下：

```
#include <stdio.h>
#include <algorithm>
using namespace std;
int main(){
    int a[10] = {1, 2, 2, 3, 3, 3, 5, 5, 5, 5};    //注意数组下标从 0 开始
    //寻找-1
```

```
    int* lowerPos = lower_bound(a, a + 10, -1);
    int* upperPos = upper_bound(a, a + 10, -1);
    printf("%d, %d\n", lowerPos - a, upperPos - a);
    //寻找 1
    lowerPos = lower_bound(a, a + 10, 1);
    upperPos = upper_bound(a, a + 10, 1);
    printf("%d, %d\n", lowerPos - a, upperPos - a);
    //寻找 3
    lowerPos = lower_bound(a, a + 10, 3);
    upperPos = upper_bound(a, a + 10, 3);
    printf("%d, %d\n", lowerPos - a, upperPos - a);
    //寻找 4
    lowerPos = lower_bound(a, a + 10, 4);
    upperPos = upper_bound(a, a + 10, 4);
    printf("%d, %d\n", lowerPos - a, upperPos - a);
    //寻找 6
    lowerPos = lower_bound(a, a + 10, 6);
    upperPos = upper_bound(a, a + 10, 6);
    printf("%d, %d\n", lowerPos - a, upperPos - a);
    return 0;
}
```

输出结果：

```
0, 0
0, 1
3, 6
6, 6
10, 10
```

显然，如果只是想获得欲查元素的下标，就可以不使用临时指针，而**直接令返回值减去数组首地址即可**：

```
#include <stdio.h>
#include <algorithm>
using namespace std;
int main(){
    int a[10] = {1, 2, 2, 3, 3, 3, 5, 5, 5, 5};    //注意数组下标从 0 开始
    //寻找 3
    printf("%d, %d\n", lower_bound(a, a + 10, 3) - a, upper_bound(a, a + 10, 
3) - a);
    return 0;
}
```

输出结果：

3 6

练习

① 配套习题集的对应小节。

② Codeup Contest ID: 100000604

地址：http://codeup.cn/contest.php?cid=100000604。

本节二维码

本章二维码

第 7 章　提高篇（1）——数据结构专题（1）

7.1　栈的应用

栈（stack）是一种**后进先出**的数据结构。怎么理解呢？可以把栈理解为一个箱子，而箱子的容量仅供一本书放入或拿出。**每次可以把一本书放在箱子的最上方，也可以把箱子最上方的书拿出**，如图 7-1 所示。

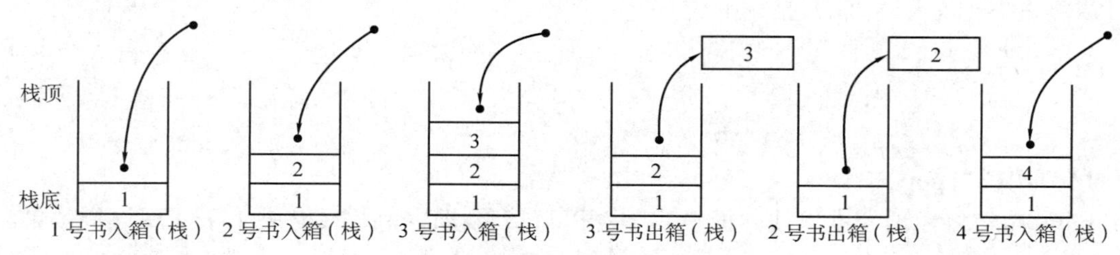

图 7-1　栈示意图

在图 7-1 中，依次把 1 号书、2 号书、3 号书放入箱中，接下来再分别把 3 号书和 2 号书依次拿出，最后把 4 号书放入箱中。在这个过程中可以注意到，每次都只对栈顶（箱顶）的书进行操作（放入或拿出），满足了**后放进的书先拿出**的特点。例如，在把 3 号书放入箱中后，如果不把 3 号书先拿出，是不能拿出 2 号书和 1 号书的。

由上面的例子已经基本可以理解栈是什么了，这里再介绍一下栈顶指针。**栈顶指针是始终指向栈的最上方元素**的一个标记，当使用数组实现栈时，栈顶指针是一个 int 型的变量（数组下标从 0 开始），通常记为 TOP；而当使用链表实现栈时，则是一个 int*型的指针。在图 7-1 中，从左至右每个操作之后，栈顶指针 TOP 的值分别为 0、1、2、1、0、1，而**栈中没有元素（即栈空）时令 TOP 为–1**。

接下来讲解栈的一些常用操作，包含清空（clear）、获取栈内元素个数（size）、判空（empty）、进栈（push）、出栈（pop）、取栈顶元素（top）等。

下面将使用数组 st[]来实现栈，而 int 型变量 TOP 表示栈顶元素的下标（数组下标从 0 开始），这样栈空时 TOP 就是–1。下面对常见操作进行示范实现：

（1）清空（clear）

栈的清空操作将栈顶指针 TOP 置为–1，表示栈中没有元素。

```
void clear(){
    TOP =-1;
}
```

（2）获取栈内元素个数（size）

由于栈顶指针 TOP 始终指向栈顶元素，而数组下标从 0 开始，因此栈内元素的数为 TOP + 1。

```
int size(){
    return TOP +1;
}
```

（3）判空（empty）

由栈顶指针 TOP 的定义可知，仅当 TOP == –1 时为栈空，返回 true；否则，返回 false。

```
bool empty(){
    if(TOP ==-1) return true;
    else return false;
}
```

（4）进栈（push）

push(x)操作将元素 x 置于栈顶。由于栈顶指针 TOP 指向栈顶元素，因此需要先把 TOP 加 1，然后再把 x 存入 TOP 指向的位置。

```
void push(int x){
    st[++TOP]=x;
}
```

（5）出栈（pop）

pop()操作将栈顶元素出栈，而事实上可以直接将栈顶指针 TOP 减 1 来实现这个效果。

```
void pop(){
    TOP--;
}
```

（6）取栈顶元素（top）

由于栈顶指针 TOP 始终指向栈顶元素，因此可以 st[TOP]即为栈顶元素。

```
int top(){
    return st[TOP];
}
```

需要特别注意的是，出栈操作和取栈顶元素操作必须在栈非空的情形下才能使用，因此**在使用 pop()函数和 top()函数之前必须先使用 empty()函数判断栈是否为空。**

事实上，可以使用 C++的 STL 中的 stack 容器来非常容易地使用栈。STL 中的 stack 为实现好了栈的常用操作，当需要使用时只需要直接调用函数即可，具体讲解请看 6.7 节。希望读者在学习了 STL 的 stack 容器之后再继续下面的内容，一方面是因为学会使用 STL 的 stack 容器可以使程序更容易编写，且能增加程序的可读性；另一方面是因为在 STL 的 stack 讲解中，我们给读者准备了很多关于栈的短代码和小例子，可以加深读者对栈的理解。并且下面的代码将全部使用 STL 的 stack 容器来编写代码，因为这样可以使读者更容易理解程序的逻辑而不拘泥于栈的具体实现。

最后需要指出，STL 中没有实现栈的清空，所以**如果需要实现栈的清空，可以用一个 while 循环反复 pop 出元素直到栈空**，也就是下面这样的写法：

```
while(!st.empty()){
    st.pop();
}
```

而事实上，更常用的方法是重新定义一个栈以变相实现栈的清空，因为这并不需要花很

多时间，STL 的 stack 进行定义的时间复杂度是 O(1)。

下面的例子可以同时训练栈和队列，请读者阅读完 7.2 节后再来做此题。

【codeup 1918】简单计算器

题目描述

读入一个只包含 +, –, ×, / 的非负整数计算表达式，计算该表达式的值。

输入格式

测试输入包含若干测试用例，每个测试用例占一行，每行不超过 200 个字符，整数和运算符之间用一个空格分隔。没有非法表达式。当一行中只有 0 时输入结束，相应的结果不要输出。

输出格式

对每个测试用例输出 1 行，即该表达式的值，精确到小数点后 2 位。

样例输入

```
30 / 90 – 26 + 97 – 5 – 6 – 13 / 88 * 6 + 51 / 29 + 79 * 87 + 57 * 92
0
```

样例输出

```
12178.21
```

思路

题目给出的是中缀表达式，所以要计算它的值主要是两个步骤：

① 中缀表达式转后缀表达式。

② 计算后缀表达式。

下面分别讲一下这两步。

步骤 1：中缀表达式转后缀表达式

① 设立一个操作符栈，用以临时存放操作符；设立一个数组或者队列，用以存放后缀表达式。

② 从左至右扫描中缀表达式，如果碰到操作数（注意：操作数可能不止一位，因此需要一位一位读入然后合并在一起，具体实现见代码），就把操作数加入后缀表达式中。

③ 如果碰到操作符 op，就将其优先级与操作符栈的栈顶操作符的优先级比较。

- 若 op 的优先级高于栈顶操作符的优先级，则压入操作符栈。
- 若 op 的优先级低于或等于栈顶操作符的优先级，则将操作符栈的操作符不断弹出到后缀表达式中，直到 op 的优先级高于栈顶操作符的优先级。

④ 重复上述操作，直到中缀表达式扫描完毕，之后若操作符栈中仍有元素，则将它们依次弹出至后缀表达式中。

- 所谓操作符的优先级即它们计算的优先级，其中乘法==除法>加法==减法，在具体实现上可以用 map 建立操作符和优先级的映射，优先级可以用数字表示，例如乘法和除法优先级为 1，加法和减法优先级为 0。
- 关于为什么当 op 高于栈顶时就压入操作符栈，这里举一个例子：

对中缀表达式 3+2×5，显然如果先计算加法 3+2 会引起错误，必须先计算乘法 2×5。当从左到右扫描时，加号先进入操作符栈，而由于乘号优先级大于加号，其必须先计算，因此在后缀表达式中乘号必须在加号前面，于是在栈中乘号要比加号更靠近栈顶，以让其先于加号进入后缀表达式。

- 关于为什么当 op 等于栈顶时不能直接压入操作符栈，这里举一个例子：

对中缀表达式 2/3×4，如果设定优先级相等时直接压入操作符栈，那么算法步骤如下：

a）2 进入后缀表达式，当前后缀表达式为 2。

b）/进入操作符栈，当前操作符栈为/。

c）3 进入后缀表达式，当前后缀表达式为 23。

d）*与操作符栈的栈顶元素/比较，相等，压入操作符栈，当前操作符栈为/*。

e）4 进入后缀表达式，当前后缀表达式为 234。

f）中缀表达式扫描完毕，操作符栈非空，将其全部弹入后缀表达式，最终后缀表达式变为 234*/。

g）计算该后缀表达式，发现其实变成了 2/(3×4)，显然这跟原来中缀表达式的计算结果完全不同。

- 本题没有出现括号，但是如果出现括号，处理方法也很简单，只需要在步骤 3 的 a 与 b 之前判断，如果是左括号‘(’，就压入操作符栈；如果是右括号‘)’，就把操作符栈里的元素不断弹出到后缀表达式直到碰到左括号‘(’。

步骤 2：计算后缀表达式

从左到右扫描后缀表达式，如果是操作数，就压入栈；如果是操作符，就连续弹出两个操作数（注意：后弹出的是第一操作数，先弹出的是第二操作数），然后进行操作符的操作，生成的新操作数压入栈中。反复直到后缀表达式扫描完毕，这时栈中只会存在一个数，就是最终的答案。

- 注意除法可能导致浮点数，因此操作数类型要设成浮点型。
- 题目中说肯定是合法表达式，因此上面操作一定能够成功。但如果题目表明可能出现非法表达式，那就要注意每一步使用的对象是否合法。

注意点

① 用 string 的 erase 方法可以直接把表达式中的空格去掉。

② 提供几组测试 case。

```
1 + 3 * 5 / 4 * 8 / 9 * 6 * 2 / 3 / 7 + 3 * 8 / 2   //14.90
12 + 78 / 4 * 6 * 7 / 3 - 12 - 13 - 24 * 25 / 6   //160.00
12 + 781 / 19 * 6 * 7 / 13 - 24 * 25 / 63   //135.28
985211 * 985 / 211   //4599207.75
2 / 3 * 4   //2.67
2 * 3 / 49   //0.12
5 + 2 * 3 / 49 - 4 / 13   //4.81
```

参考代码

为了同时训练队列，下面的代码中使用了 queue 来存放后缀表达式：

```
#include <iostream>
#include <cstdio>
#include <string>
```

```
#include <stack>
#include <queue>
#include <map>
using namespace std;

struct node {
    double num;      //操作数
    char op;         //操作符
    bool flag;       //true 表示操作数，false 表示操作符
};

string str;
stack<node> s;  //操作符栈
queue<node> q;  //后缀表达式序列
map<char,int> op;

void Change() {   //将中缀表达式转换为后缀表达式
    double num;
    node temp;
    for(int i = 0; i < str.length();) {
        if(str[i] >= '0' && str[i] <= '9') {    //如果是数字
            temp.flag = true;   //标记是数字数
            temp.num = str[i++] - '0';  //记录这个操作数的第一个数位
            while(i < str.length() && str[i] >= '0' && str[i] <= '9') {
                temp.num = temp.num * 10 + (str[i] - '0');  //更新这个操作数
                i++;
            }
            q.push(temp);   //将这个操作数压入后缀表达式的队列
        } else {    //如果是操作符
            temp.flag = false;  //标记是操作符
            //只要操作符栈的栈顶元素比该操作符优先级高
            //就把操作符栈栈顶元素弹出到后缀表达式的队列中
            while(!s.empty() && op[str[i]] <= op[s.top().op]) {
                q.push(s.top());
                s.pop();
            }
            temp.op = str[i];
            s.push(temp);//把该操作符压入操作符栈中
            i++;
        }
```

```
    }
    //如果操作符栈中还有操作符，就把它弹出到后缀表达式队列中
    while(!s.empty()) {
        q.push(s.top());
        s.pop();
    }
}
double Cal() {  //计算后缀表达式
    double temp1, temp2;
    node cur, temp;
    while(!q.empty()) {      //只要后缀表达式队列非空
        cur = q.front();    //cur 记录队首元素
        q.pop();
        if(cur.flag == true) s.push(cur);   //如果是操作数，直接压入栈
        else {  //如果是操作符
            temp2 = s.top().num;    //弹出第二操作数
            s.pop();
            temp1 = s.top().num;    //弹出第一操作数
            s.pop();
            temp.flag = true;       //临时记录操作数
            if(cur.op == '+') temp.num = temp1 + temp2;         //加法
            else if(cur.op == '-') temp.num = temp1 - temp2;    //减法
            else if(cur.op == '*') temp.num = temp1 * temp2;    //乘法
            else temp.num = temp1 / temp2;  //除法
            s.push(temp);   //把该操作数压入栈
        }
    }
    return s.top().num;//栈顶元素就是后缀表达式的值
}
int main() {
    op['+'] = op['-'] = 1;  //设定操作符的优先级
    op['*'] = op['/'] = 2;
    while(getline(cin, str), str != "0") {
        for(string::iterator it = str.end(); it != str.begin(); it--) {
            if(*it == ' ') str.erase(it);  //把表达式中的空格全部去掉
        }
        while(!s.empty()) s.pop();  //初始化栈
        Change();   //将中缀表达式转换为后缀表达式
        printf("%.2f\n", Cal());    //计算后缀表达式
    }
```

```
    return 0;
}
```

练习

① 配套习题集的对应小节。

② Codeup Contest ID: 100000605

地址：http://codeup.cn/contest.php?cid=100000605。

本节二维码

7.2　队列的应用

队列（queue）是一种**先进先出**的数据结构，这和栈有所不同，但又更容易理解，因为日常生活中有很多地方都会出现队列这个概念：食堂里排队打饭，每个人都要排到队伍的最后面，而队伍最前面的人（即先入队的人）则打饭出队。图 7-2 为队列的入队与出队的简单例子。

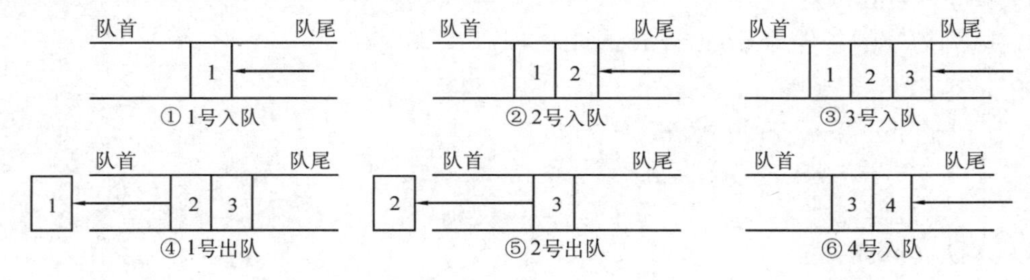

图 7-2　队列示意图

应当注意到，队列总是从队尾加入元素，而从队首移除元素，并且满足**先进先出**的规则。一般来说，需要一个**队首指针** front 来指向**队首元素的前一个位置**，而使用一个**队尾指针** rear 来指向**队尾元素**。和栈类似，当使用数组来实现队列时，队首指针 front 和队尾指针 rear 为 int 型变量（数组下标从 0 开始）；而当使用链表来实现队列时，则为 int*型变量的指针。这样当使用数组来实现上面的例子时，队首指针 front 和队尾指针 rear 的指向情况如图 7-3 所示。

接下来介绍队列的常用操作，包括清空（clear）、获取队列内元素的个数（size）、判空（empty）、入队（push）、出队（pop）、取队首元素（get_front）、取队尾元素（get_rear）等。

下面将使用数组 q[]来实现队列，而 int 型变量 front 存放队首元素的前一个元素的下标、rear 存放队尾元素的下标（数组下标从 0 开始）。下面对常见操作进行示范实现：

（1）清空（clear）

使用数组来实现队列时，初始状态为 front = –1、rear = –1，前面的图中第一步 rear 指向 0 是因为此时队列中已经有一个元素了，如果没有元素，rear 应当是指向–1 位置的。

```
void clear() {
    front = rear = -1;
}
```

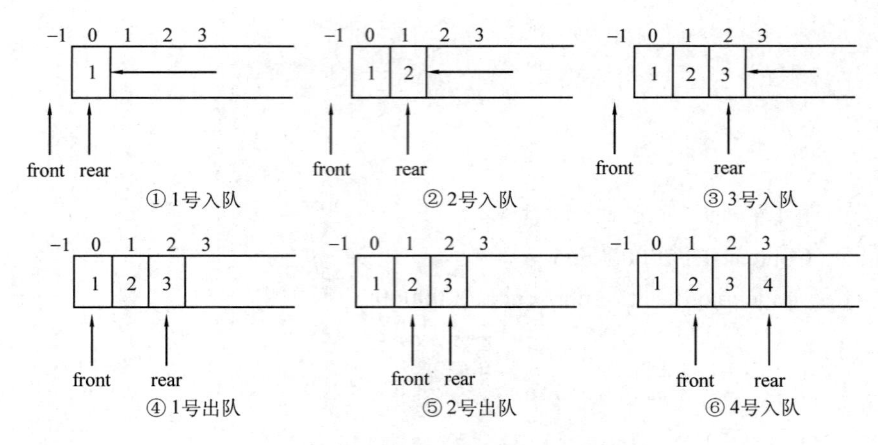

图 7-3 数组模拟队列示意图

（2）获取队列内元素的个数（size）

显然 rear – front 即为队列内元素的个数，这一点可以从图 7-3 中很容易看出来。

```
int size() {
    return rear - front;
}
```

（3）判空（empty）

判定队列为空的条件为 front == rear。

```
bool empty() {
    if(front == rear) return true;
    else return false;
}
```

（4）入队（push）

由于队尾指针 rear 指向队尾元素，因此把元素入队时，需要先把 rear 加 1，然后再存放到 rear 指向的位置。

```
void push(int x) {
    q[++rear] = x;
}
```

（5）出队（pop）

可以直接把队首指针加 1 来实现出队的效果。

```
void pop() {
    front++;
}
```

（6）取队首元素（get_front）

由于队首指针 front 指向的是队首元素的前一个元素，因此 front + 1 才是队首元素的位置。

```
int get_front() {
    return q[front + 1];
}
```

（7）取队尾元素（get_rear）

由于队尾指针 rear 指向的是队尾元素，因此可以直接访问 rear 的位置。

```
int get_rear() {
    return q[rear];
}
```

与栈类似，出队操作和取队首、队尾元素操作必须在队列非空的情形下才能使用，因此在使用 pop()函数、get_front()函数、get_rear()函数之前必须先使用 empty()函数判断队列是否为空。

同样的，可以使用 C++ STL 中的 queue 容器来非常容易地使用队列。STL 中的 queue 实现好了队列的常用操作，当需要使用时，只需直接调用函数即可，具体讲解请看 6.5 节。和栈一样，读者应在学习了 STL 的 queue 容器之后再继续下面的内容，理由和栈相同（可以顺便学习 6.6 节的优先队列）。

另外，STL 中也没有实现队列的清空，所以**如果需要实现队列的清空，可以用一个 while 循环反复 pop 出元素直到队列为空**，也就是下面这样的写法：

```
while(!q.empty()){
    q.pop();
}
```

而更常用的方法是重新定义一个队列以实现队列的清空，因为这并不需要花很多时间，STL 的 queue 进行定义的时间复杂度和定义 stack 一样都是 O(1)。

练习

① 配套习题集的对应小节。

② Codeup Contest ID: 100000606

地址：http://codeup.cn/contest.php?cid=100000606。

本节二维码

7.3　链表处理

7.3.1　链表的概念

线性表是一类很常用的数据结构，分为顺序表和链表。其中顺序表可以简单地理解成前面介绍的“数组”这个概念，而这里将要讲解一下链表。

按正常方式定义一个数组时，计算机会从内存中取出一块**连续**的地址来存放给定长度的数组；而链表则使由若干个结点组成（每个结点代表一个元素），且结点在内存中的存储位置通常是**不连续**的。除此之外，链表的两个结点之间一般通过一个指针来从一个结点指向另一个结点，因此链表的结点一般由两部分构成，即数据域和指针域：

```
struct node {
```

```
    typename data;  //数据域
    node* next;  //指针域
};
```

一般来说，数据域存放结点要存储的数据，而指针域指向下一个结点的地址，这样就会产生从某个结点开始的、由指针连接的一条链式结构，即链表。而以链表是否存在头结点，又可以把链表分为**带头结点**的链表和**不带头结点**的链表。头结点一般称为 head，且其数据域 data 不存放任何内容，而指针域 next 指向第一个数据域有内容的结点（一般直接把这个结点叫作**第一个结点**）。事实上，两种链表的写法大同小异，因此为了统一起见，**本书中的链表均采用带头结点的写法**。图 7-4 为各含有 5 个元素的数组和链表，可以看到，数组的地址是连续的，但链表则是由若干个地址可能不连续的结点通过指针连接而成，且最后一个结点的 next 指针指向 NULL，即空地址，表示一条链表的结尾。

为了使链表看起来更直观，图 7-4 对链表的地址不连续性没有做很多的描写，事实上链表在内存中的存储形式是类似于图 7-5 的。

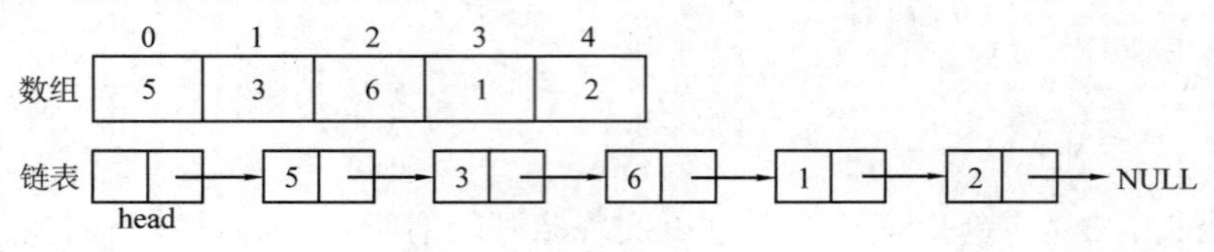

图 7-4　链表示意图

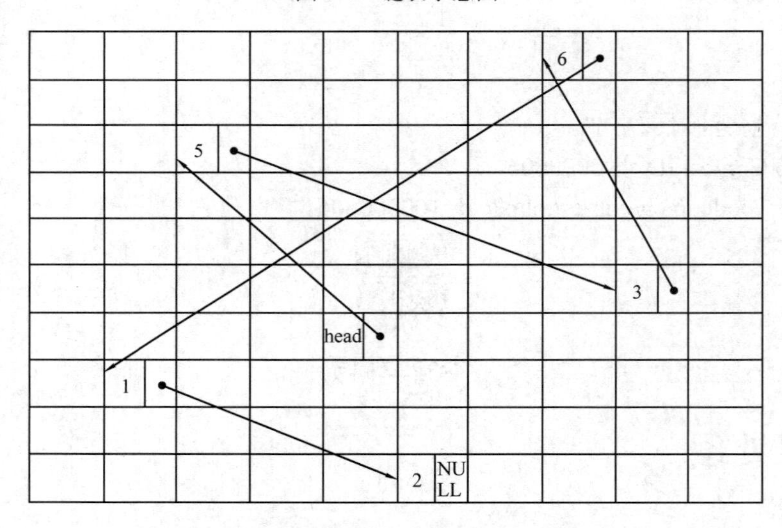

图 7-5　链表存储示意图

7.3.2　使用 malloc 函数或 new 运算符为链表结点分配内存空间

之前已经讲解如何去定义链表结点类型，那么如何在每次需要使用新结点时临时分配相应大小的内存空间给新结点呢？本节介绍两种方法，即 C 语言中的 malloc 函数与 C++中的 new 运算符，读者可以按自己的喜好选择写法（推荐使用 new 运算符）。

1. malloc 函数

malloc 函数是 C 语言中 stdlib.h 头文件下用于申请动态内存的函数，其返回类型是申请的同变量类型的指针，其基本用法如下：

```
typename* p = (typename*)malloc(sizeof(typename));
```

以申请一个 int 型变量和一个 node 型结构体变量为例：

```
int* p = (int*)malloc(sizeof(int));
node* p = (node*)malloc(sizeof(node));
```

这个写法的逻辑是：以需要申请的内存空间大小（即 sizeof(node)）为 malloc 函数的参数，这样 malloc 函数就会向内存申请一块大小为 sizeof(node)的空间，并且**返回指向这块空间的指针**。但是此时这个指针是一个未确定类型的指针 void*，因此需要把它强制转换为 node*型的指针，因此在 malloc 之前加上(node*)。这样等号右边就得到了一个 node*型的指针，并通过赋值等号把这个指针赋给 node*型的指针变量 p，就成功申请了一块 node 类型大小的内存空间，即一个 node 型的结构体变量，并通过指针 p 来访问它。如果申请失败，则会返回空指针 NULL。

有读者肯定会问，什么时候会申请失败呢？其实一般来说，如果只是申请一个链表结点的话是不会失败的，失败一般发生在使用 malloc 申请了较大的动态数组，即

```
int* p = (int*)malloc(1000000 * sizeof(int));
```

这种情况下 malloc 会返回空指针 NULL 并赋值给 p。因此只要是正常分配一个结点的空间，是不会失败的，当然发生死循环导致无限申请的情况除外。

2. new 运算符

new 是 C++中用来申请动态空间的运算符，其返回类型同样是申请的同变量类型的指针，其基本用法如下：

```
typename* p = new typename;
```

同样以申请一个 int 型变量和一个 node 型结构体变量为例：

```
int* p = new int;
node* p = new node;
```

可以看到，new 的写法比 malloc 要简洁许多，只需要 **“new + 类型名”** 即可分配一块该类型的内存空间，并返回一个对应类型的指针。如果申请失败，则会启动 C++异常机制处理而不是返回空指针 NULL。和 malloc 同理，如果是使用 new 申请了较大的动态数组，即：

```
int* p = new int[1000000];
```

这时会发生异常，并在没有特殊处理的情况下直接退出程序。不过，只要是正常分配一个结点的空间，也是不会失败的。

3. 内存泄露

内存泄露是指使用 malloc 与 new 开辟出来的内存空间在使用过后没有释放，导致其在程序结束之前始终占据该内存空间，这在一些较大的程序中很容易导致内存消耗过快以致最后无内存可分配。C/C++语言的设计者认为，程序员完全有能力自己控制内存的分配与释放，因此把对内存的控制操作全部交给了程序员。因此初学者需要记住，在使用完 malloc 与 new 开辟出来的空间后必须将其释放，否则会造成内存泄露。下面讲解如何释放 malloc 与 new 开辟出来的空间。

（1）free 函数

free 函数是对应 malloc 函数的，同样是在 stdlib.h 头文件下。其使用方法非常简单，只需要在 free 的参数中填写需要释放的内存空间的指针变量（不妨设为 p）即可：

```
free(p);
```

free 函数主要实现了两个效果：释放指针变量 p 所指向的内存空间；将指针变量 p 指向空地址 NULL。由此可以知道，在 free 函数执行之后，指针变量 p 本身并没有消失，只不过让它指向了空地址 NULL，但是它原指向的内存是确实被释放了的。

需要注意的是，malloc 函数与 free 函数必须成对出现，否则容易产生内存泄露。

（2）delete 运算符

delete 运算符是对应 new 运算符的，其使用方法和实现效果均与 free 相同。使用 delete 只需要在 delete 的参数中填写需要释放的内存空间的指针变量（不妨设为 p）即可：

```
delete(p);
```

和 free 函数一样，new 运算符与 delete 运算符必须成对出现，否则会容易产生内存泄露。

不过一般在考试中，分配的空间在程序结束时即被释放，因此即便不释放空间，也不会产生什么影响，并且内存大小一般也足够一道题的使用了。但是从编程习惯上，读者应养成即时释放空间的习惯。本书为了使算法的讲解更侧重于对思路的讲解，因此在代码中没有释放空间，希望读者阅读时注意。

7.3.3 链表的基本操作

1. 创建链表

现在已经可以通过 malloc 或者 new 来获得若干个零散的结点了，那么接下来要做的就是把这些零散的结点连接起来。方法也很简单，只要把每个结点的 next 指针指向下一个结点的地址即可。下面的代码用最直观的写法实现了图 7-4 中链表的建立：

```
node* node1 = new node;
node* node2 = new node;
node* node3 = new node;
node* node4 = new node;
node* node5 = new node;
node1->data = 5;
node1->next = node2;  //node1 的下一个结点是 node2
node2->data = 3;
node2->next = node3;  //node2 的下一个结点是 node3
node3->data = 6;
node3->next = node4;  //node3 的下一个结点是 node4
node4->data = 1;
node4->next = node5;  //node4 的下一个结点是 node5
node5->data = 2;
node5->next = NULL;   //node5 是最后一个结点，因此把它的 next 赋为 NULL
```

上面的写法似乎显得有些冗长，并且在结点个数不确定的情况下更是无法确定其写法的，因此一般使用 for 循环来建立需要的链表（读者应当自己写一遍下面的代码）：

```
#include <stdio.h>
#include <stdlib.h>
struct node {  //链表结点
    int data;
```

```
    node* next;
};
//创建链表（关键函数）
node* create(int Array[]) {
    node *p, *pre, *head;  //pre 保存当前结点的前驱结点，head 为头结点
    head = new node;  //创建头结点
    head->next = NULL;  //头结点不需要数据域，指针域初始为 NULL
    pre = head;  //记录 pre 为 head
    for(int i = 0; i < 5; i++) {
        p = new node;  //新建结点
        //将 Array[i]赋给新建的结点作为数据域，也可以 scanf 输入
        p->data = Array[i];
        p->next = NULL;  //新结点的指针域设为 NULL
        pre->next = p;  //前驱结点的指针域设为当前新建结点的地址
        pre = p;  //把 pre 设为 p，作为下个结点的前驱结点
    }
    return head;  //返回头结点指针
}
int main() {
    int Array[5] = {5, 3, 6, 1, 2};
    node* L = create(Array);  //新建链表，返回的头指针 head 赋给 L
    L = L->next;  //从第一个结点开始有数据域
    while(L != NULL) {
        printf("%d", L->data);  //输出每个结点的数据域
        L = L->next;
    }
    return 0;
}
```

输出结果：

```
5 3 6 1 2
```

2. 查找元素

如果已经有了一条链表，那么如何查找其中是否有给定的元素 x 呢？很简单，只需从第一个结点开始，不断判断当前结点的数据域是否等于 x，如果等于，那么就给计数器 count 加 1。这样当到达链表结尾时，count 的值就是链表中元素 x 的个数。

```
//在以 head 为头结点的链表上计数元素 x 的个数
int search(node* head, int x) {
    int count = 0;  //计数器
    node* p = head->next;  //从第一个结点开始
    while(p != NULL) {  //只要没有到链表末尾
        if(p->data == x) {
```

```
            count++;  //当前结点数据域为x，则count++
        }
        p = p->next;  //指针移动到下一个结点
    }
    return count;  //返回计数器count
}
```

上面这部分代码可以直接写在“创建链表”部分的代码中进行使用，把 create 函数返回的头指针 L 直接作为第一个参数传入即可。

3. 插入元素

对链表来说，插入元素是指在链表给定位置的地方插入一个结点。例如在链表 5→3→6→1→2 的第 3 个位置插入元素 4，就会使链表变为 5→3→4→6→1→2。很多初学者往往会很困惑，所谓在第 i 个位置插入元素是插在这个位置之前还是之后，即上面的例子最后会形成 5→3→6→4→1→2 还是 5→3→4→6→1→2。事实上，在第 3 个位置插入元素 4 的意思是指在插入完成之后第 3 个位置的元素就是 4，这就可以理解了，应该是把原先第 3 个位置开始的元素让出来给需要插入的数。图 7-6 为插入元素 4 之前与之后的链表对比图。

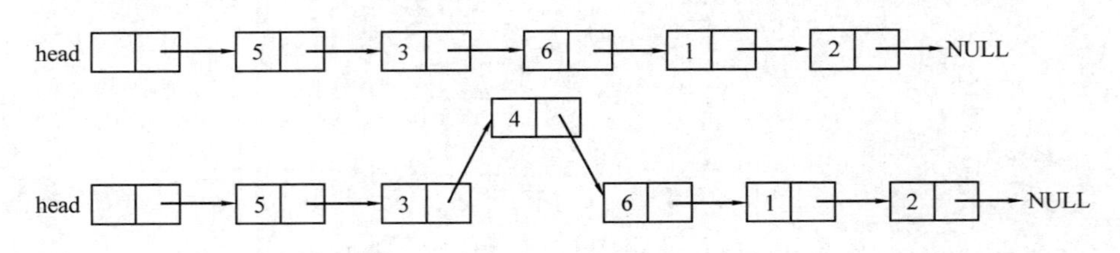

图 7-6　插入元素示意图

通过图 7-6，还需要知道在插入过程中哪些指针发生了变化。不过这很容易可以看出来：

① 元素 4 所在结点的指针域 next 指向了元素 6 所在结点的地址。

② 元素 3 所在结点的指针域 next 指向了元素 4 所在结点的地址。

于是可以照这个思路写出插入的代码：

```
//将x插入以head为头结点的链表的第pos个位置上
void insert(node* head, int pos, int x) {
    node* p = head;
    for(int i = 0; i < pos - 1; i++) {
        p = p->next;  //pos - 1是为了到插入位置的前一个结点
    }
    node* q = new node;  //新建结点
    q->data = x;  //新结点的数据域为x
    q->next = p->next;  //新结点的下一个结点指向原先插入位置的结点
    p->next = q;  //前一个位置的结点指向新结点
}
```

这份代码可以直接写在“创建链表”部分的代码中进行使用，把 create 函数返回的头指针 L 直接作为第一个参数传入即可。如果是在第 3 个位置插入元素 4，参数 pos 和 x 即为 3 和 4，最后可以输出链表来看是否插入成功。如果成功，正确的输出结果应该是 5 6 4 3 1 2。

图 7-7 从上到下的顺序即是代码中新建结点 q 之后各结点指针域的变化过程。可以很清楚地看到，操作顺序**必须**是先把新结点的指针域 next 指向后继结点 6，之后才能把元素 3 所在结点的指针域指向新结点的地址（想一想，如果先把元素 3 所在结点的指针域指向新结点的地址，会发生什么？）。

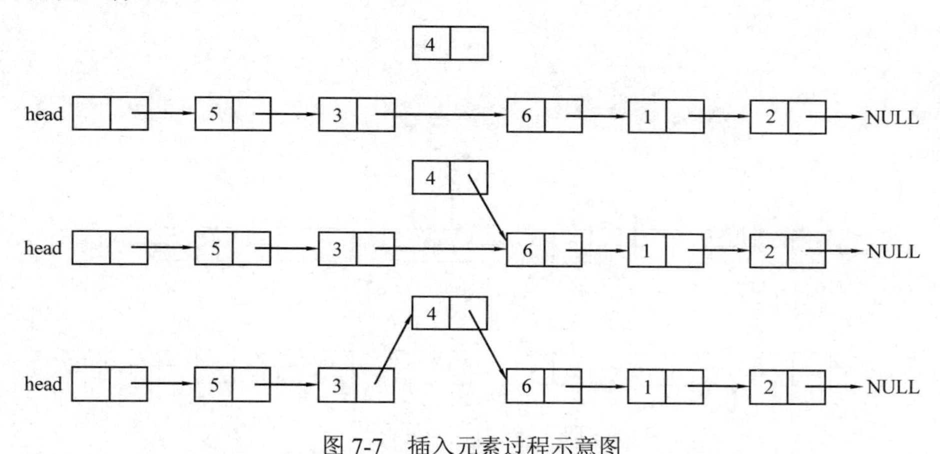

图 7-7　插入元素过程示意图

4. 删除元素

对链表来说，删除元素是指删除链表上所有值为给定的数 x。例如删除链表 5→3→6→1→2 中的 6，就会使链表变为 5→3→1→2，如图 7-8 所示。

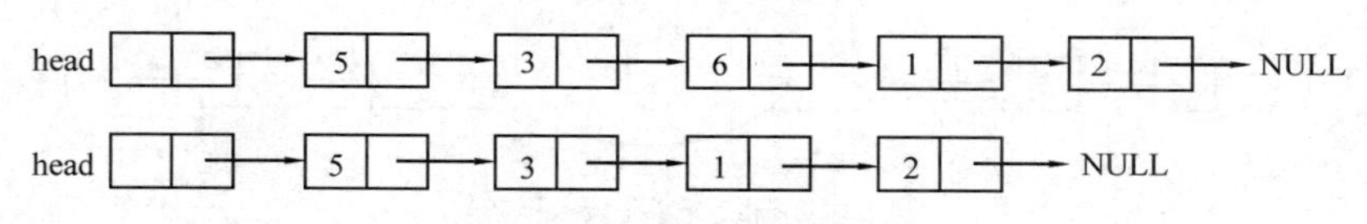

图 7-8　删除元素示意图

删除操作是这样进行的：

① 由指针变量 p 枚举结点，另一个指针变量 pre 表示 p 指向结点的前驱结点。

② 当 p 所指结点的数据域恰好为 x 时，进行下面三个操作。

- 令 pre 所指结点的指针域 next 指向 p 所指结点的下一个结点。
- 释放 p 所指结点的内存空间。
- 令 p 指向 pre 所指结点的下一个节点。

上面的几个步骤如图 7-9 所示。

由此可以得到代码：

```
//删除以 head 为头结点的链表中所有数据域为 x 的结点
void del(node* head, int x) {
    node* p = head->next;  //p 从第一个结点开始枚举
    node* pre = head;  //pre 始终保存 p 的前驱结点的指针
    while(p != NULL) {
        if(p->data == x) {  //数据域恰好为 x，说明要删除该结点
            pre->next = p->next;
            delete(p);
```

```
            p = pre->next;
        } else {   //数据域不是x，把pre和p都后移一位
            pre = p;
            p = p->next;
        }
    }
}
```

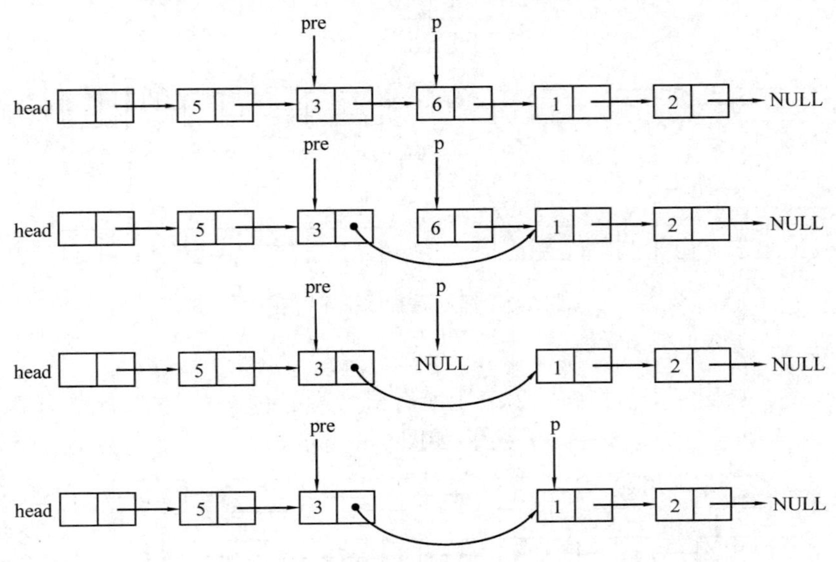

图 7-9　删除元素过程示意图

这份代码可以直接写在“创建链表”部分的代码中使用，把 create 函数返回的头指针 L 直接作为第一个参数传入即可。如果要删除链表中的 6，那么第二个参数 x 填写 6 即可，这样最后应该输出的正确结果应该是 5 3 1 2。

7.3.4　静态链表

前面讲解的都是动态链表，即需要指针来建立结点之间的连接关系。而对有些问题来说，结点的地址是比较小的整数（例如 5 位数的地址），这样就没有必要去建立动态链表，而应使用方便得多的静态链表。

静态链表的实现原理是 hash，即通过建立一个结构体数组，并令数组的下标直接表示结点的地址，来达到直接访问数组中的元素就能访问结点的效果。另外，由于结点的访问非常方便，因此静态链表是**不需要头结点**的。静态链表结点定义的方法如下：

```
struct Node {
    typename data;  //数据域
    int next;  //指针域
}node[size];
```

在上面的定义中，next 是一个 int 型的整数，用以存放下一个结点的地址（事实上就是数组下标）。例如，如果初始结点的地址为 11111，第二个结点的地址是 22222，第三个结点的

地址是 33333，且第三个结点为链表末尾，那么整个静态链表的结点就可以通过下面的写法连接起来：

```
node[11111].next = 22222;
node[22222].next = 33333;
node[33333].next = -1;  //-1 对应上一小节动态链表中的 NULL，表示没有后继结点
```

另外一点需要注意的是，把结构体类型名和结构体变量名设成了不同的名字（即 Node 与 node），事实上在一般情况下它们是可以相同的，但是由于静态链表是由数组实现的，那么就有可能需要对其进行排序，这时如果结构体类型名和结构体变量名相同，sort 函数就会报编译出错的问题，因此，**在使用静态链表时，尽量不要把结构体类型名和结构体变量名取成相同的名字。**

【PAT A1032】Sharing

题目描述

To store English words, one method is to use linked lists and store a word letter by letter. To save some space, we may let the words share the same sublist if they share the same suffix. For example, "loading" and "being" are stored as showed in Figure 7-10.

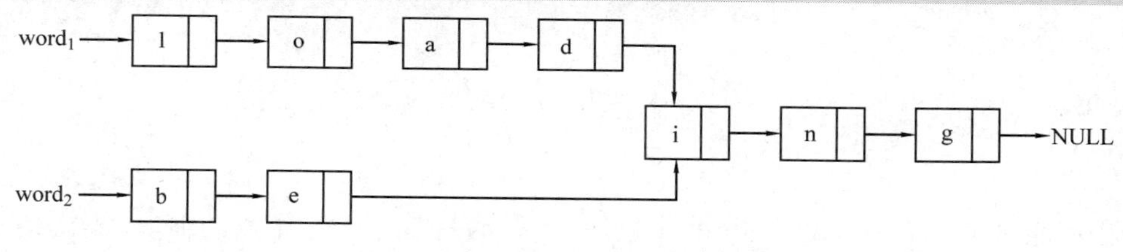

图 7-10 “loading”和“being”的存储示意图

You are supposed to find the starting position of the common suffix (e.g. the position of "i" in Figure 7-10).

输入格式

Each input file contains one test case. For each case, the first line contains two addresses of nodes and a positive N ($\leqslant 10^5$), where the two addresses are the addresses of the first nodes of the two words, and N is the total number of nodes. The address of a node is a 5-digit positive integer, and NULL is represented by –1.

Then N lines follow, each describes a node in the format:

Address Data Next

where *Address* is the position of the node, *Data* is the letter contained by this node which is an English letter chosen from {a-z, A-Z}, and*Next* is the position of the next node.

输出格式

For each case, simply output the 5-digit starting position of the common suffix. If the two words have no common suffix, output "–1" instead.

（原题即为英文题）

输入样例 1

11111 22222 9

```
67890 i 00002
00010 a 12345
00003 g -1
12345 D 67890
00002 n 00003
22222 B 23456
11111 L 00001
23456 e 67890
00001 o 00010
```

输出样例 1

```
67890
```

输入样例 2

```
00001 00002 4
00001 a 10001
10001 s -1
00002 a 10002
10002 t -1
```

输出样例 2

```
-1
```

题意

给出两条链表的首地址以及若干结点的地址、数据、下一个结点的地址，求两条链表的首个共用结点的地址。如果两条链表没有共用结点，则输出–1。

思路

步骤 1：由于地址的范围很小，因此可以直接用静态链表，但是依照题目的要求，在结点的结构体中再定义一个 int 型变量 flag，表示结点是否在第一条链表中出现，是则为 1，不是为–1。

步骤 2：由题目给出的第一条链表的首地址出发遍历第一条链表，将经过的所有结点的 flag 值赋为 1。

接下来枚举第二条链表，当出现第一个 flag 值为 1 的结点，说明是第一条链表中出现过的结果，即为两条链表的第一个共用结点。

如果第二条链表枚举完仍然没有发现共用结点，则输出–1。

注意点

① 使用%05d 格式输出地址，可以使不足 5 位的整数的高位补 0。

② 使用 map 容易超时。

③ scanf 使用%c 格式时是可以读入空格的，因此在输入地址、数据、后继结点地址时，格式不能写成%d%c%d，必须在中间加空格。

参考代码

```
#include <cstdio>
```

```
#include <cstring>
const int maxn = 100010;
struct NODE {
    char data;  //数据域
    int next;  //指针域
    bool flag;  //结点是否在第一条链表中出现
}node[maxn];
int main() {
    for(int i = 0; i < maxn; i++) {
        node[i].flag = false;
    }
    int s1, s2, n;  //s1 与 s2 分别代表两条链表的首地址
    scanf("%d%d%d", &s1, &s2, &n);
    int address, next;  //结点地址与后继结点地址
    char data;  //数据
    for(int i = 0; i < n; i++) {
        scanf("%d %c %d", &address, &data, &next);
        node[address].data = data;
        node[address].next = next;
    }
    int p;
    for(p = s1; p != -1; p = node[p].next) {
        node[p].flag = true;  //枚举第一条链表的所有结点，令其出现次数为 1
    }
    for(p = s2; p != -1; p = node[p].next) {
        //找到第一个已经在第一条链表中出现的结点
        if(node[p].flag == true) break;
    }
    if(p != -1) {  //如果第二条链表还没有到达结尾，说明找到了共用结点
        printf("%05d\n",p);
    } else {
        printf("-1\n");
    }
    return 0;
}
```

以上是静态链表所能解决的比较简单的题，而对一些稍微复杂的题，此处归纳出了一类问题的通用解题步骤，希望读者能**结合后面的例题学习一下**。

① 定义静态链表。代码如下：

```
struct Node {
    int address;  //结点地址
```

```
    typename data;  //数据域
    int next;  //指针域
    XXX;  //结点的某个性质，不同的题目会有不同的设置，详见例题
}node[100010];
```

上面的定义中，我们把结点的地址、数据域、指针域都进行了定义，并且留了一个 XXX 来适应不同的题目（例如可以设置成**结点是否为链表上的一个结点**）。

② 在程序的开始，对静态链表进行**初始化**。一般来说，需要对定义中的 XXX 进行初始化，将其定义为正常情况下达不到的数字（一般来说需要小于所有能达到的数字，理由在第四步说明），例如对结点是否在链表上这个性质来说，我们可以初始化为 0（即 false），表示结点不在链表上。

```
for(int i = 0; i < maxn; i++) {
    node[i].XXX = 0;
}
```

③ 题目一般都会给出一条链表的首结点的地址，那么我们就可以依据这个地址来遍历得到整条链表。需要注意的是，这一步同时也是我们对结点的性质 XXX 进行**标记**、并且对有效结点的个数进行计数的时候，例如对结点是否在链表上这个性质来说，当我们遍历链表时，就可以把 XXX 置为 1（即 true）。

```
int p = begin, count = 0;
while(p != -1) {  //-1 代表链表结束
    XXX = 1;
    count++;
    p = node[p]->next;
}
```

④ 由于使用静态链表时，是直接采用地址映射（hash）的方式，这就会使得数组下标的不连续，而很多时候题目给出的结点并不都是有效结点（即可能存在不在链表上的结点）。为了能够可控地访问有效结点，一般都需要用对数组进行排序以把有效结点移到数组左端，这样就可以用步骤 3 得到的 count 来访问它们。

既然需要把有效结点移到前面，那么就可以用之前定义的 XXX 来帮忙。在步骤 2，XXX 需要被初始化为比正常结点的 XXX 取值要小的数值，这个做法就可以在这一步起到作用。由于无效结点的 XXX 在步骤 3 中不会被修改，因此一定比有效结点的 XXX 小。于是在写 sort 的排序函数 cmp 时，就可以在 cmp 的两个参数结点中有无效结点时按 XXX 从大到小排序，这样就可以把有效结点全部移到数组左端。

一般来说，题目一定会有额外的要求，因此 cmp 函数中一般都需要有第二级排序，不过这需要以不同的题目要求来确定。例如，如果题目的要求需要把链表按结点顺序排序，就需要在 cmp 函数中建立第二级排序，即在 cmp 的两个参数结点中有无效结点时按 XXX 从大到小排序，而当两个参数结点都是有效结点时按结点在链表中的位置从小到大排序（结点的顺序可以在第三步得到）。

```
bool cmp(Node a, Node b) {
    if(a.XXX == -1 || b.XXX == -1) {
        //至少一个结点是无效结点，就把它放到数组后面
```

```
        return a.XXX> b.XXX;
    } else {
        //第二级排序
    }
}
```

⑤ 在经历了步骤 4 后，链表中的有效结点就都在数组左端了，且已经按结点的性质进行了排序，接下来就要看题目在排序之后具体要求做什么了（比较常见的是按各种不同的要求输出链表）。

下面结合例题帮助读者巩固上述知识。

【PAT A1052】Linked List Sorting

题目描述

A linked list consists of a series of structures, which are not necessarily adjacent in memory. We assume that each structure contains an integer key and a *Next* pointer to the next structure. Now given a linked list, you are supposed to sort the structures according to their key values in increasing order.

输入格式

Each input file contains one test case. For each case, the first line contains a positive N ($< 10^5$) and an address of the head node, where N is the total number of nodes in memory and the address of a node is a 5-digit positive integer. NULL is represented by –1.

Then N lines follow, each describes a node in the format:

Address Key Next

where Address is the address of the node in memory, Key is an integer in [-10^5, 10^5], and Next is the address of the next node. It is guaranteed that all the keys are distinct and there is no cycle in the linked list starting from the head node.

输出格式

For each test case, the output format is the same as that of the input, where N is the total number of nodes in the list and all the nodes must be sorted order.

（原题即为英文题）

输入样例

```
5 00001
11111 100 -1
00001 0 22222
33333 100000 11111
12345 -1 33333
22222 1000 12345
```

输出样例

```
5 12345
12345 -1 00001
00001 0 11111
```

```
11111 100 22222
22222 1000 33333
33333 100000 -1
```

题意

给出 N 个结点的地址 address、数据域 data 以及指针域 next，然后给出链表的首地址，要求把在这个链表上的结点按 data 值从小到大输出。

样例解释

按照输入，这条链表是这样的（结点格式为[address, data,next]）：

[00001,0,22222]→[22222,1000,12345]→[12345,–1,33333]→[33333,100000,11111]→[11111,100,–1]

按 key 值排序之后得到：

[12345,–1,00001] → [00001,0,11111] → [11111,100,22222] → [22222,1000,33333] → [33333,100000,–1]

思路

此处可以直接套用前面讲解的一般解题步骤。

步骤 1：定义静态链表，其中结点性质由 bool 型变量 flag 定义，表示为结点在链表中是否出现。flag 为 false 表示无效结点（不在链表上的结点）。

步骤 2：初始化，令 flag 均为 false（即 0），表示初始状态下所有结点都是无效结点。

步骤 3：由题目给出的链表首地址 begin 遍历整条链表，并标记有效结点的 flag 为 true（即 1），同时计数有效结点的个数 count。

步骤 4：对结点进行排序，排序函数 cmp 的排序原则是：如果 cmp 的两个参数结点中有无效结点的话，则按 flag 从大到小排序，以把有效结点排到数组左端（因为有效结点的 flag 为 1，大于无效结点的 flag）；否则按数据域从小到大排序。

步骤 5：由于有效结点已经按照数据域从小到大排序，因此按要求输出有效结点即可。

注意点

① 可以直接使用%05d 的输出格式，以在不足五位时在高位补 0。但是要注意–1 不能使用%05d 输出，否则会输出–0001（而不是–1 或者–00001），因此必须要留意–1 的输出。

② 题目可能会有无效结点，即不在题目给出的首地址开始的链表上。

③ 数据里面还有均为无效的情况，这时就要根据有效结点的个数特判输出"0 –1"。

参考代码

```
#include <cstdio>
#include <algorithm>
using namespace std;
const int maxn = 100005;
struct Node {  //定义静态链表（步骤 1）
    int address, data, next;
    bool flag;  //结点是否在链表上
}node[maxn];
```

```
bool cmp(Node a, Node b) {
    if(a.flag == false || b.flag == false) {
        return a.flag > b.flag;  //只要a和b中有一个无效结点，就把它放后面去
    } else {
        return a.data < b.data;  //如果都是有效结点，则按要求排序
    }
}
int main() {
    for(int i = 0; i < maxn; i++) {  //初始化（步骤2）
        node[i].flag = false;
    }
    int n, begin, address;
    scanf("%d%d", &n, &begin);
    for(int i = 0; i < n; i++) {
        scanf("%d", &address);
        scanf("%d%d", &node[address].data, &node[address].next);
        node[address].address = address;
    }
    int count = 0, p = begin;
    //枚举链表，对flag进行标记，同时计数有效结点个数（步骤3）
    while(p != -1) {
        node[p].flag = true;
        count++;
        p = node[p].next;
    }
    if(count == 0) {  //特判，新链表中没有结点时输出0 -1
        printf("0 -1");
    } else {
        //筛选有效结点，并按data从小到大排序（步骤4）
        sort(node, node + maxn, cmp);
        //输出结果（步骤5）
        //防止-1被%05d化，提前判断
        printf("%d %05d\n", count, node[0].address);
        for(int i = 0; i < count; i++) {
            if (i != count - 1) {
printf("%05d %d %05d\n", node[i].address, node[i].data, node[i+1].address);
            } else {
                printf("%05d %d -1\n", node[i].address, node[i].data);
            }
        }
```

```
    }
    return 0;
}
```

练习

① 配套习题集的对应小节。

② Codeup Contest ID: 100000607

地址：http://codeup.cn/contest.php?cid=100000607。

本节二维码

本章二维码

第 8 章　提高篇（2）——搜索专题

8.1　深度优先搜索（DFS）

设想我们现在以第一视角身处一个巨大的迷宫当中，没有上帝视角，没有通信设施，更没有热血动漫里的奇迹，有的只是四周长得一样的墙壁。于是，我们只能自己想办法走出去。如果迷失了内心，随便乱走，那么很可能被四周完全相同的景色绕晕在其中，这时只能放弃所谓的侥幸，而去采取下面这种看上去很盲目但实际上会很有效的方法。

以当前所在位置为起点，沿着一条路向前走，当碰到岔道口时，选择其中一个岔路前进。如果选择的这个岔路前方是一条死路，就退回到这个岔道口，选择另一个岔路前进。如果岔路中存在新的岔道口，那么仍然按上面的方法枚举新岔道口的每一条岔路。这样，只要迷宫存在出口，那么这个方法一定能够找到它。

可能有读者会问，如果在第一个岔道口处选择了一条没有出路的分支，而这个分支比较深，并且路上多次出现新的岔道口，那么当发现这个分支是个死分支之后，如何退回到最初的这个岔道口？其实方法很简单，只要让右手始终贴着右边的墙壁一路往前走，那么自动会执行上面这个走法，并且最终一定能找到出口。图 8-1 即为使用这个方法走一个简单迷宫的示例。

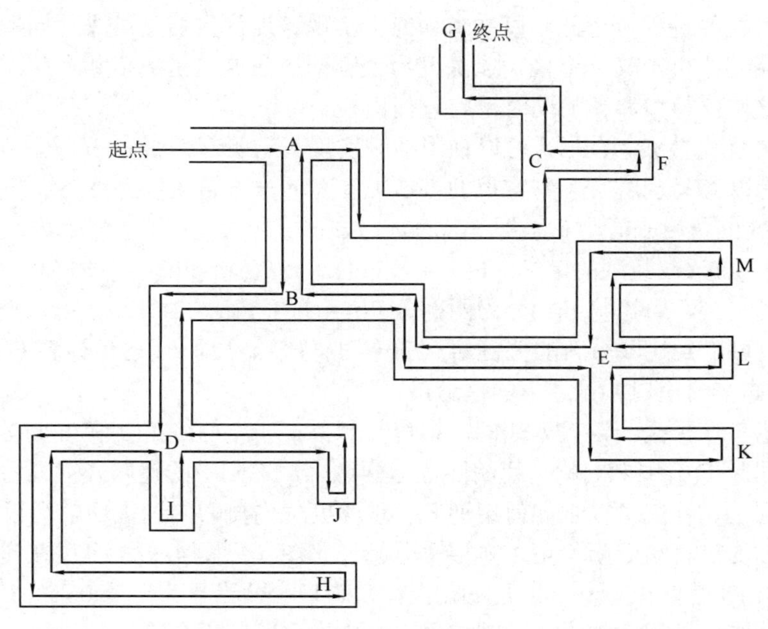

图 8-1　DFS 迷宫示意图

从图 8-1 可知，从起点开始前进，当碰到岔道口时，总是选择其中一条岔路前进（例如图中总是先选择最右手边的岔路），在岔路上如果又遇到新的岔道口，仍然选择新岔道口的其中一条岔路前进，直到碰到死胡同才回退到最近的岔道口选择另一条岔路。也就是说，当碰到岔道口时，总是以“**深度**”作为前进的关键词，不碰到死胡同就不回头，因此把这种搜索的方式称为**深度优先搜索**（Depth First Search，DFS）。

从迷宫的例子还应该注意到，深度优先搜索会走遍所有路径，并且每次走到死胡同就代表一条完整路径的形成。这就是说，**深度优先搜索是一种枚举所有完整路径以遍历所有情况的搜索方法**。

那么如何来实现深度优先搜索（DFS）呢？在图 8-1 中，把迷宫中的关键结点（岔道口或死胡同）用字母代替，然后来看看在 DFS 的过程中是如何体现在这些关键结点上的（已经在图中标记了字母）：

① 从第一条路可以得到先后访问的结点为 ABDH，此时 H 到达了死胡同，于是退回到 D；再到 I，但是 I 也是死胡同，再次退回到 D；接着来到 J，很不幸 J 还是死胡同，于是退回到 D，但是此时 D 的岔路已经走完了，因此退回到上一个岔道口 B。

② 从 B 到达 E，接下来又是三条岔路（K、L、M），依次进行枚举：前往 K，发现 K 是死胡同，退回到 E；前往 L，发现 L 是死胡同，退回到 E；前往 M，发现 M 是死胡同，退回到 E。最后因为 E 的岔路都访问完毕了，于是退回到 B。但是 B 的所有岔路（D 和 E）也都访问完了，因此退回到 A。

③ 访问 A 的另一个岔路可以到达 C，而 C 仍然有两条岔路（F 和 G），于是先访问 F，发现 F 是死胡同，退回到 C；再访问 G，发现是出口，DFS 过程结束，整个 DFS 过程中先后访问结点的顺序为 ABDHIJEKLMCFG。

这个过程是不是和出栈入栈的过程很相似？第一步，ABD 入栈，然后把 D 的三条岔路 HIJ 先后入栈和出栈，再把 D 出栈；第二步和第三步执行与第一步类似的操作，读者不妨自己模拟出栈与入栈的过程。由此可以知道如何去实现深度优先搜索：先对问题进行分析，得到岔道口和死胡同；再定义一个栈，以深度为关键词访问这些岔道口和死胡同，并将它们入栈；而当离开这些岔道口和死胡同时，将它们出栈。

因此，深度优先搜索（DFS）可以使用栈来实现。这听起来很容易，但是实现起来却并不轻松，有没有既容易理解又容易实现的方法呢？有的——第 4 章提到的递归。

现在从 DFS 的角度来看当初求解 Fibonacci 数列的过程。

回顾一下 Fibonacci 数列的定义：$F(0) = 1, F(1) = 1, F(n) = F(n-1) + F(n-2) (n \geqslant 2)$。可以从这个定义中挖掘到，每当将 $F(n)$分为两部分 $F(n-1)$与 $F(n-2)$时，就可以把 $F(n)$看作迷宫的岔道口，由它可以到达两个新的关键结点 $F(n-1)$与 $F(n-2)$。而之后计算 $F(n-1)$时，又可以把 $F(n-1)$当作在岔道口 $F(n)$之下的岔道口。

既然有岔道口，那么一定有死胡同。很容易想象，当访问到 $F(0)$和 $F(1)$时，就无法再向下递归下去，因此 $F(0)$和 $F(1)$就是死胡同。这样说来，递归中的**递归式**就是岔道口，而**递归边界**就是死胡同，这样就可以把如何用递归实现深度优先搜索的过程理解得很清楚。

为了使上面的过程更清晰，可以直接来分析递归图（见图 4-3）：可以在递归图中看到，只要 $n > 1$，$F(n)$就有两个分支，即把 $F(n)$当作岔道口；而当 n 为 1 或 0 时，$F(1)$与 $F(0)$就是迷宫的死胡同，在此处程序就需要返回结果。这样当遍历完所有路径（从顶端的 $F(4)$到底层的所有 $F(1)$与 $F(0)$）后，就可以得到 $F(4)$的值。

因此，**使用递归可以很好地实现深度优先搜索**。这个说法并不是说深度优先搜索就是递归，只能说递归是深度优先搜索的一种实现方式，因为使用非递归也是可以实现 DFS 的思想的，但是一般情况下会比递归麻烦。不过，使用递归时，系统会调用一个叫**系统栈**的东西来存放递归中每一层的状态，因此使用递归来实现 DFS 的本质其实还是栈。

接下来讲解一个例子，读者需要从中理解其中包含的 DFS 思想，并尝试学习写出本例的代码。

有 n 件物品，每件物品的重量为 w[i]，价值为 c[i]。现在需要选出若干件物品放入一个容量为 V 的背包中，使得在选入背包的物品重量和不超过容量 V 的前提下，让背包中物品的价值之和最大，求最大价值。（1≤n≤20）

在这个问题中，需要从 n 件物品中选择若干件物品放入背包，使它们的价值之和最大。这样的话，对每件物品都有选或者不选两种选择，而这就是所谓的"岔道口"。那么什么是"死胡同"呢？——题目要求选择的物品重量总和不能超过 V，因此一旦选择的物品重量总和超过 V，就会到达"死胡同"，需要返回最近的"岔道口"。

显然，每次都要对物品进行选择，因此 DFS 函数的参数中必须记录当前处理的物品编号 index。而题目中涉及了物品的重量与价值，因此也需要参数来记录在处理当前物品之前，已选物品的总重量 sumW 与总价值 sumC。于是 DFS 函数看起来是这个样子：

```
void DFS(int index, int sumW, int sumC) { … }
```

于是，如果选择不放入 index 号物品，那么 sumW 与 sumC 就将不变，接下来处理 index + 1 号物品，即前往 DFS(index + 1, sumW, sumC)这条分支；而如果选择放入 index 号物品，那么 sumW 将增加当前物品的重量 w[index]，sumC 将增加当前物品的价值 c[index]，接着处理 index + 1 号物品，即前往 DFS(index + 1, sumW + w[index], sumC + c[index])这条分支。

一旦 index 增长到了 n，则说明已经把 n 件物品处理完毕（因为物品下标为从 0 到 n – 1），此时记录的 sumW 和 sumC 就是所选物品的总重量和总价值。如果 sumW 不超过 V 且 sumC 大于一个全局的记录最大总价值的变量 maxValue，就说明当前的这种选择方案可以得到更大的价值，于是用 sumC 更新 maxValue。

下面的代码体现了上面的思路，请注意"岔道口"和"死胡同"在代码中是如何体现的：

```
#include <cstdio>
const int maxn = 30;
int n, V, maxValue = 0;  //物品件数 n，背包容量 V，最大价值 maxValue
int w[maxn], c[maxn];  //w[i]为每件物品的重量，c[i]为每件物品的价值
//DFS，index 为当前处理的物品编号
//sumW 和 sumC 分别为当前总重量和当前总价值
void DFS(int index, int sumW, int sumC) {
    if(index == n) {  //已经完成对 n 件物品的选择（死胡同）
        if(sumW <= V && sumC > maxValue) {
            maxValue = sumC;  //不超过背包容量时更新最大价值 maxValue
        }
        return;
    }
    //岔道口
    DFS(index + 1, sumW, sumC);  //不选第 index 件物品
    DFS(index + 1, sumW + w[index], sumC + c[index]);  //选第 index 件物品
```

```
}
int main(){
    scanf("%d%d", &n, &V);
    for(int i = 0; i < n; i++) {
        scanf("%d", &w[i]);  //每件物品的重量
    }
    for(int i = 0; i < n; i++) {
        scanf("%d", &c[i]);  //每件物品的价值
    }
    DFS(0, 0, 0);  //初始时为第 0 件物品、当前总重量和总价值均为 0
    printf("%d\n", maxValue);
    return 0;
}
```

输入数据：

```
5 8          //5 件物品，背包容量为 8
3 5 1 2 2    //重量分别为 3 5 1 2 2
4 5 2 1 3    //价值分别为 4 5 2 1 3
```

输出结果：

```
10
```

可以注意到，由于每件物品有两种选择，因此上面代码的复杂度为 $O(2^n)$，这看起来不是很优秀。但是可以通过对算法的优化，来使其在随机数据的表现上有更好的效率。在上述代码中，总是把 n 件物品的选择全部确定之后才去更新最大价值，但是事实上忽视了背包容量不超过 V 这个特点。也就是说，完全可以把对 sumW 的判断加入“岔道口”中，只有当 sumW ≤V 时才进入岔道，这样效率会高很多，代码如下：

```
void DFS(int index, int sumW, int sumC) {
    if(index == n) {
        return;  //已经完成对 n 件物品的选择
    }
    DFS(index + 1, sumW, sumC);  //不选第 index 件物品
    //只有加入第 index 件物品后未超过容量 V，才能继续
    if(sumW + w[index] <= V) {
        if(sumC + c[index] > maxValue) {
            maxValue = sumC + c[index];  //更新最大价值 maxValue
        }
        DFS(index + 1, sumW + w[index], sumC + c[index]);  //选第 index 件物品
    }
}
```

可以看到，原先第二条岔路是直接进入的，但是这里先判断加入第 index 件物品后能否满足容量不超过 V 的要求，只有当条件满足时才更新最大价值以及进入这条岔路，这样可以降低计算量，使算法在数据不极端时有很好的表现。这种通过题目条件的限制来节省 DFS 计

算量的方法称作**剪枝**（前提是剪枝后算法仍然正确）。剪枝是一门艺术，学会灵活运用题目中给出的条件，可以使得代码的计算量大大降低，很多题目甚至可以使时间复杂度下降好几个等级。至于为什么把这种操作叫作“剪枝”，后面章节会给出解释。

事实上，上面的这个问题给出了一类常见DFS问题的解决方法，即**给定一个序列，枚举这个序列的所有子序列（可以不连续）**。例如对序列{1, 2, 3}来说，它的所有子序列为{1}、{2}、{3}、{1, 2}、{1, 3}、{2, 3}、{1, 2, 3}。枚举所有子序列的目的很明显——可以从中选择一个“最优”子序列，使它的某个特征是所有子序列中最优的；如果有需要，还可以把这个最优子序列保存下来。显然，这个问题也等价于**枚举从N个整数中选择K个数的所有方案**。

例如这样一个问题：给定N个整数（可能有负数），从中选择K个数，使得这K个数之和恰好等于一个给定的整数X；如果有多种方案，选择它们中元素平方和最大的一个。数据保证这样的方案唯一。例如，从4个整数{2, 3, 3, 4}中选择2个数，使它们的和为6，显然有两种方案{2, 4}与{3, 3}，其中平方和最大的方案为{2, 4}。

与之前的问题类似，此处仍然需要记录当前处理的整数编号index；由于要求恰好选择K个数，因此需要一个参数nowK来记录当前已经选择的数的个数；另外，还需要参数sum和sumSqu分别记录当前已选整数之和与平方和。于是DFS就是下面这个样子：

```
void DFS(int index, int nowK, int sum, int sumSqu) { … }
```

此处主要讲解如何保存最优方案，即平方和最大的方案。首先，需要一个数组temp，用以存放当前已经选择的整数。这样，当试图进入“选index号数”这条分支时，就把A[index]加入temp中；而当这条分支结束时，就把它从temp中去除，使它不会影响“不选index号数”这条分支。接着，如果在某个时候发现当前已经选择了K个数，且这K个数之和恰好为x时，就去判断平方和是否比已有的最大平方和maxSumSqu还要大：如果确实更大，那么说明找到了更优的方案，把temp赋给用以存放最优方案的数组ans。这样，当所有方案都枚举完毕后，ans存放的就是最优方案，maxSumSqu存放的就是对应的最优值。

下面给出了主要部分的代码，建议读者能完整理解并自行写出：

```
//序列A中n个数选k个数使得和为x，最大平方和为maxSumSqu
int n, k, x, maxSumSqu = -1, A[maxn];
//temp存放临时方案，ans存放平方和最大的方案
vector<int> temp, ans;
//当前处理index号整数，当前已选整数个数为nowK
//当前已选整数之和为sum，当前已选整数平方和为sumSqu
void DFS(int index, int nowK, int sum, int sumSqu) {
    if(nowK == k && sum == x) {    //找到k个数的和为x
        if(sumSqu > maxSumSqu) {    //如果比当前找到的更优
            maxSumSqu = sumSqu;    //更新最大平方和
            ans = temp;    //更新最优方案
        }
        return;
    }
    //已经处理完n个数，或者超过k个数，或者和超过x，返回
    if(index == n || nowK > k || sum > x) return;
```

```
    //选 index 号数
    temp.push_back(A[index]);
    DFS(index + 1, nowK + 1, sum + A[index], sumSqu + A[index] * A[index]);
    temp.pop_back();
    //不选 index 号数
    DFS(index + 1, nowK, sum, sumSqu);
}
```

上面这个问题中的每个数都只能选择一次，现在稍微修改题目：**假设 N 个整数中的每一个都可以被选择多次，那么选择 K 个数，使得 K 个数之和恰好为 X**。例如有三个整数 1、4、7，需要从中选择 5 个数，使得这 5 个数之和为 17。显然，只需要选择 3 个 1 和 2 个 7，即可得到 17。

这个问题只需要对上面的代码进行少量的修改即可。由于每个整数都可以被选择多次，因此当选择了 index 号数时，不应当直接进入 index + 1 号数的处理。显然，应当能够继续选择 index 号数，直到某个时刻决定不再选择 index 号数，就会通过“不选 index 号数”这条分支进入 index + 1 号数的处理。因此只需要把“选 index 号数”这条分支的代码修改为 DFS(index, nowK + 1, sum + A[index], sumSqu + A[index] * A[index])即可。

练习

① 配套习题集的对应小节。

② Codeup Contest ID: 100000608

地址：http://codeup.cn/contest.php?cid=100000608。

本节二维码

8.2 广度优先搜索（BFS）

前面介绍了深度优先搜索，可知 DFS 是以深度作为第一关键词的，即当碰到岔道口时总是先选择其中的一条岔路前进，而不管其他岔路，直到碰到死胡同时才返回岔道口并选择其他岔路。接下来将介绍的**广度优先搜索**（Breadth First Search，**BFS**）则是以**广度**为第一关键词，当碰到岔道口时，总是先依次访问从该岔道口能**直接到达**的**所有**结点，然后再按这些结点被访问的顺序去依次访问它们能直接到达的所有结点，以此类推，直到所有结点都被访问为止。这就跟平静的水面中投入一颗小石子一样，水花总是以石子落水处为中心，并以同心圆的方式向外扩散至整个水面（见图 8-2），从这点来看和 DFS 那种沿着一条线前进的思路是完全不同的。

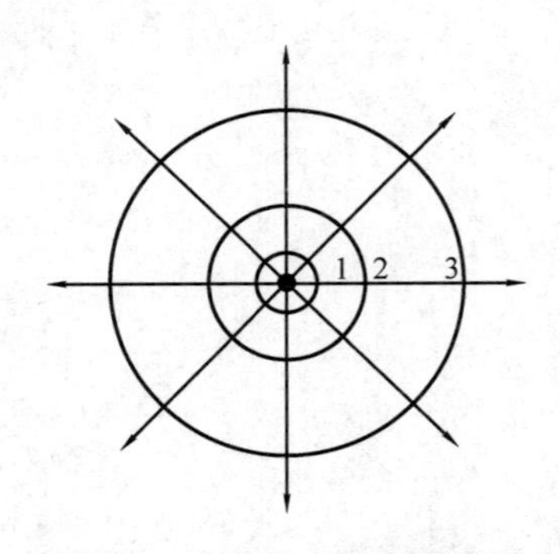

图 8-2　广度优先搜索示意图

为了讨论广度优先搜索是如何实现的，以上一节一开始的迷宫为例（见图 8-3）。同时也要注意，需要在广度优先搜索的过程中得出从起点到出口的最少步数（相邻两个能够直接到达的字母为一步）：

① 访问 A（第一层），发现从 A 出发能到达 B 和 C（第二层），因此接下来需要访问 B 和 C。

② 访问 B（第二层），发现从 B 出发能到达 D 和 E（第三层），因此待第二层的结点全部访问完毕后需要访问 D 和 E。

③ 访问 C（第二层），发现从 C 出发能到达 F 和 G（第三层），因此待第二层的结点全部访问完毕后需要访问 F 和 G，且它们排在 D 和 E 之后。

④ 由于第二层访问完毕，因此需要访问第三层。访问 D（第三层），发现从 D 出发能到达 H、I、J（第四层），因此待第三层的结点全部访问完毕后需要访问 H、I、J。

⑤ 访问 E（第三层），发现从 E 出发能到达 K、L、M（第四层），因此待第三层的结点全部访问完毕后需要访问 K、L、M。

⑥ 访问 F（第三层），发现 F 是死胡同，没有能直接到达的新结点，因此不予理睬。

⑦ 访问 G（第三层），发现 G 是出口，算法结束，至于那些第四层还没有访问的结点，就可以不用去访问了。

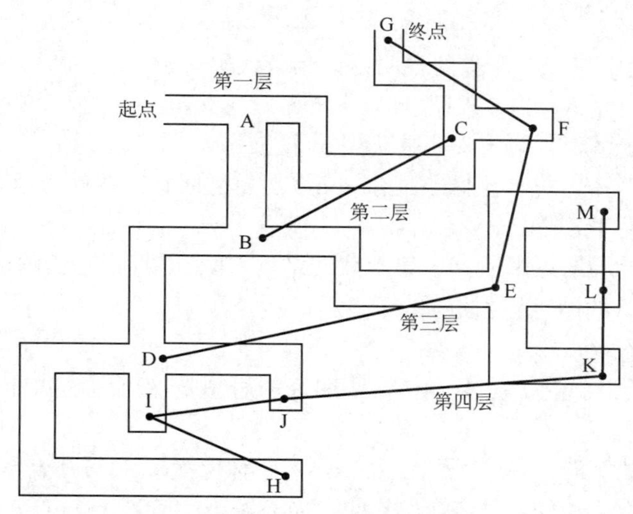

图 8-3　BFS 迷宫示意图

如图 8-3 所示，A 为第一层，BC 为第二层，DEFG 为第三层，HIJKLM 为第四层，并且这个层数就是从初始点 A 出发到达相应结点所需要的步数。由此可以知道，从起点 A 到出口 G 的最少步数为 3（因为 G 在第三层）。

由上面的例子还可以发现，整个算法的过程很像一个队列，并且模拟的过程是这样的（可以与前面的步骤对照起来看）：

① 先在队列中放置初始点 A，然后取出队首元素 A，将 A 直接相连的 B 与 C 入队，此时队列内元素为{B, C}。

② 队首元素 B 出队，将 B 直接相连的 D 与 E 入队，此时队列内元素为{C, D, E}。

③ 队首元素 C 出队（注意：队列的特性是先进先出，因此这里不是 D 出队），将 C 直接相连的 F 与 G 入队，此时队列内元素为{D, E, F, G}。

④ 队首元素 D 出队，将 D 直接相连的 H、I、J 入队，此时队列内元素为{E, F, G, H, I, J}。

⑤ 队首元素 E 出队，将 E 直接相连的 K、L、M 入队，此时队列内元素为{F, G, H, I, J, K, L, M}。

⑥ 队首元素 F 出队，没有与 F 直接相连的新结点，此时队列内元素为{G, H, I, J, K, L, M}。

⑦ 队首元素 G 出队，找到出口，算法结束。

因此广度优先搜索（BFS）一般由**队列**实现，且总是按层次的顺序进行遍历，其**基本写法**如下（可作模板用）：

```
void BFS(int s) {
    queue<int> q;
    q.push(s);
    while(!q.empty()) {
        取出队首元素 top;
        访问队首元素 top;
        将队首元素出队;
        将 top 的下一层结点中未曾入队的结点全部入队，并设置为已入队;
    }
}
```

下面是对该模板中每一个步骤的说明，请结合代码一起看：

① 定义队列 q，并将起点 s 入队。

② 写一个 while 循环，循环条件是队列 q 非空。

③ 在 while 循环中，先取出队首元素 top，然后**访问**它（访问可以是任何事情，例如将其输出）。访问完后将其出队。

④ 将 top 的**下一层结点**中所有**未曾入队**的结点入队，并标记它们的层号为 now 的层号加 1，同时设置这些入队的结点已入过队。

⑤ 返回②继续循环。

下面举一个例子，希望读者能从中学习 BFS 的思想是如何通过队列来实现的，并能尝试学习写出本例的代码。

给出一个 m×n 的矩阵，矩阵中的元素为 0 或 1。称位置(x, y)与其上下左右四个位置(x, y + 1)、(x, y – 1)、(x + 1, y)、(x – 1, y)是相邻的。如果矩阵中有若干个 1 是相邻的（不必两两相邻），那么称这些 1 构成了一个“块”。求给定的矩阵中“块”的个数。

```
0 1 1 1 0 0 1
0 0 1 0 0 0 0
0 0 0 0 1 0 0
0 0 0 1 1 1 0
1 1 1 0 1 0 0
1 1 1 1 0 0 0
```

例如上面的 6×7 的矩阵中，“块”的个数为 4。

对这个问题，求解的基本思想是：枚举每一个位置的元素，如果为 0，则跳过；如果为 1，则使用 BFS 查询与该位置相邻的 4 个位置（前提是不出界），判断它们是否为 1（如果某个相邻的位置为 1，则同样去查询与该位置相邻的 4 个位置，直到整个“1”块访问完毕）。而为了防止走回头路，一般可以设置一个 bool 型数组 inq（即 in queue 的简写）来记录每个位置

是否在 **BFS** 中已入过队。

一个小技巧是：对当前位置(x, y)来说，由于与其相邻的四个位置分别为(x, y + 1)、(x, y − 1)、(x + 1, y)、(x − 1, y)，那么不妨设置下面两个**增量数组**，来表示四个方向（竖着看即为(0, 1)、(0, −1)、(1, 0)、(−1, 0)）。

```
int X[] = {0, 0, 1, -1};
int Y[] = {1, -1, 0, 0};
```

这样就可以使用 for 循环来枚举 4 个方向，以确定与当前坐标(nowX, nowY)相邻的 4 个位置，如下所示：

```
for(int i = 0; i < 4; i++) {
    newX = nowX + X[i];
    newY = nowY + Y[i];
}
```

下面给出本例的代码，希望读者能仔细理解代码中 BFS 的写法，并在之后尝试自己独立重写（请读者也用 DFS 实现本题）：

```
#include <cstdio>
#include <queue>
using namespace std;
const int maxn = 100;
struct node {
    int x, y;   //位置(x, y)
} Node;

int n, m;                         //矩阵大小为 n*m
int matrix[maxn][maxn];              //01 矩阵
bool inq[maxn][maxn] = {false};   //记录位置(x, y)是否已入过队
int X[4] = {0, 0, 1, -1};        //增量数组
int Y[4] = {1, -1, 0, 0};

bool judge(int x, int y) {        //判断坐标(x, y)是否需要访问
    //越界返回 false
    if(x >= n || x < 0 || y >= m || y < 0) return false;
    //当前位置为 0，或(x, y)已入过队，返回 false
    if(matrix[x][y] == 0 || inq[x][y] == true) return false;
    //以上都不满足，返回 true
    return true;
}
//BFS 函数访问位置(x, y)所在的块，将该块中所有“1”的 inq 都设置为 true
void BFS(int x, int y) {
    queue<node> Q;                //定义队列
    Node.x = x, Node.y = y;       //当前结点的坐标为(x, y)
```

```
    Q.push(Node);                    //将结点 Node 入队
    inq[x][y] = true;                //设置(x, y)已入过队
    while(!Q.empty()) {
        node top = Q.front();   //取出队首元素
        Q.pop();                    //队首元素出队
        for(int i = 0; i < 4; i++) {    //循环 4 次，得到 4 个相邻位置
            int newX = top.x + X[i];
            int newY = top.y + Y[i];
            if(judge(newX, newY)) {     //如果新位置(newX, newY)需要访问
                //设置 Node 的坐标为(newX, newY)
                Node.x = newX, Node.y = newY;
                Q.push(Node);               //将结点 Node 加入队列
                inq[newX][newY] = true; //设置位置(newX, newY)已入过队
            }
        }
    }
}
int main() {
    scanf("%d%d", &n, &m);
    for(int x = 0; x < n; x++) {
        for(int y = 0; y < m; y++) {
            scanf("%d", &matrix[x][y]);     //读入 01 矩阵
        }
    }
    int ans = 0;    //存放块数
    for(int x = 0; x < n; x++) {    //枚举每一个位置
        for(int y = 0; y < m; y++) {
            //如果元素为 1，且未入过队
            if(matrix[x][y] == 1 && inq[x][y] == false) {
                ans++;              //块数加 1
                BFS(x, y); //访问整个块，将该块所有“1”的 inq 都标记为 true
            }
        }
    }
    printf("%d\n", ans);
    return 0;
}
```

接下来再看一个类似的例子。

给定一个 n*m 大小的迷宫，其中 * 代表不可通过的墙壁，而“.”代表平地，S 表示起点，T 代表终点。移动过程中，如果当前位置是(x, y)（下标从 0 开始），且每次只能前往上下

左右(x, y + 1)、(x, y − 1)、(x − 1, y)、(x + 1, y)四个位置的平地，求从起点 S 到达终点 T 的最少步数。

```
. . . . .
. * . * .
. * S * .
. * * * .
. . . T *
```

在上面的样例中，S 的坐标为(2, 2)，T 的坐标为(4, 3)。

在本题中，由于求的是最少步数，而 BFS 是通过层次的顺序来遍历的，因此可以从起点 S 开始计数遍历的层数，那么在到达终点 T 时的层数就是需要求解的起点 S 到达终点 T 的最少步数。

于是可以写出下面的代码：

```
#include <cstdio>
#include <cstring>
#include <queue>
using namespace std;
const int maxn = 100;
struct node {
    int x, y;   //位置(x, y)
    int step;   //step 为从起点 S 到达该位置的最少步数（即层数）
}S, T, Node;    //S 为起点，T 为终点，Node 为临时结点

int n, m;       //n 为行，m 为列
char maze[maxn][maxn];              //迷宫信息
bool inq[maxn][maxn] = {false};     //记录位置(x, y)是否已入过队
int X[4] = {0, 0, 1, -1};           //增量数组
int Y[4] = {1, -1, 0, 0};

//检测位置(x, y)是否有效
bool test(int x, int y) {
    if(x >= n || x < 0 || y >= m || y < 0) return false;   //超过边界
    if(maze[x][y] == '*') return false;     //墙壁*
    if(inq[x][y] == true) return false;     //已入过队
    return true; //有效位置
}

int BFS() {
    queue<node> q;          //定义队列
    q.push(S);              //将起点 S 入队
    while(!q.empty()) {
```

```
        node top = q.front();   //取出队首元素
        q.pop();                //队首元素出队
        if(top.x == T.x && top.y == T.y) {
            return top.step;    //终点，直接返回最少步数
        }
        for(int i = 0; i < 4; i++) {    //循环 4 次，得到 4 个相邻位置
            int newX = top.x + X[i];
            int newY = top.y + Y[i];
            if(test(newX, newY)) {      //位置(newX, newY)有效
                //设置 Node 的坐标为(newX, newY)
                Node.x = newX, Node.y = newY;
                Node.step = top.step + 1;       //Node 层数为 top 的层数加 1
                q.push(Node);                   //将结点 Node 加入队列
                inq[newX][newY] = true;  //设置位置(newX, newY)已入过队
            }
        }
    }
    return -1;  //无法到达终点 T 时返回-1
}

int main() {
    scanf("%d%d", &n, &m);
    for(int i = 0; i < n; i++) {
        getchar();  //过滤掉每行后面的换行符
        for(int j = 0; j < m; j++) {
            maze[i][j] = getchar();
        }
        maze[i][m + 1] = '\0';
    }
    scanf("%d%d%d%d", &S.x, &S.y, &T.x, &T.y);  //起点和终点的坐标
    S.step = 0;     //初始化起点的层数为 0，即 S 到 S 的最少步数为 0
    printf("%d\n", BFS());
    return 0;
}
```

输入数据：

```
5 5   //5 行 5 列
.....    //迷宫信息
.*.*.
.*S*.
.***.
```

```
...T*
2 2 4 3  //起点S的坐标与终点T的坐标
```

输出数据：

```
11
```

上面的代码希望读者能耐心地把它读懂，然后自己动手写一写，这对后面两个章节中树与图的遍历的学习大有帮助。

再强调一点，在BFS中设置的inq数组的含义是判断**结点是否已入过队**，而不是结点是否已被访问。区别在于：如果设置成是否已被访问，有可能在某个结点正在队列中（但还未访问）时由于其他结点可以到达它而将这个结点再次入队，导致很多结点反复入队，计算量大大增加。因此BFS中让每个结点只入队一次，故需要设置inq数组的含义为**结点是否已入过队**而非结点是否已被访问。

最后指出，当使用STL的queue时，元素入队的push操作只是制造了该元素的一个**副本**入队，因此在入队后对原元素的修改不会影响队列中的副本，而对队列中副本的修改也不会改变原元素，需要注意由此可能引入的bug（一般由结构体产生）。例如下面这个例子：

```
#include <cstdio>
#include <queue>
using namespace std;
struct node {
    int data;
}a[10];
int main() {
    queue<node> q;
    for(int i = 1; i <= 3; i++) {
        a[i].data = i;  //a[1]=1, a[2]=2, a[3]=3
        q.push(a[i]);
    }
    //尝试直接把队首元素（即a[1]）的数据域改为100
    q.front().data = 100;
    //事实上对队列元素的修改无法改变原元素
    printf("%d %d %d\n", a[1].data, a[2].data, a[3].data);
    //然后尝试直接修改a[1]的数据域为200（即a[1]，上面已经修改为100）
    a[1].data = 200;
    //事实上对原元素的修改也无法改变队列中的元素
    printf("%d\n", q.front().data);
    return 0;
}
```

输出结果：

```
1 2 3
100
```

这就是说，当需要对队列中的元素进行修改而不仅仅是访问时，队列中存放的元素最好不要是元素本身，而是它们的**编号**（如果是数组的话则是**下标**）。例如，把上面的程序改成这样：

```
#include <cstdio>
#include <queue>
using namespace std;
struct node {
    int data;
}a[10];
int main() {
    queue<int> q;  //q存放结构体数组中元素的下标
    for(int i = 1; i <= 3; i++) {
        a[i].data = i;  //a[1]=1, a[2]=2, a[3]=3
        q.push(i);  //这里是将数组下标i入队，而不是结点a[i]本身
    }
    a[q.front()].data=100;  //q.front()为下标，通过a[q.front()]即可修改原元素
    printf("%d\n", a[1].data);
    return 0;
}
```

输出结果：

```
100
```

这个小技巧可以避免很多由使用 queue 不当导致的错误，因此读者需要仔细体会这种写法和前面那种写法的区别，就可以在写 BFS 时避免一些错误的发生。

练习

① 配套习题集的对应小节。

② Codeup Contest ID: 100000609

地址：http://codeup.cn/contest.php?cid=100000609。

本节二维码

本章二维码

第 9 章　提高篇（3）——数据结构专题（2）

9.1　树与二叉树

9.1.1　树的定义与性质

先介绍**树（tree）**的概念。

现实中的树是由树根、茎干、树枝、树叶组成的，树的营养是由树根出发、通过茎干与树枝来不断传递，最终到达树叶的。在数据结构中，树则是用来概括这种传递关系的一种数据结构。为了简化，数据结构中把树枝分叉处、树叶、树根抽象为**结点（node）**，其中树根抽象为**根结点（root）**，且对一棵树来说最多存在一个根结点；把树叶概括为**叶子结点（leaf）**，且叶子结点不再延伸出新的结点；把茎干和树枝统一抽象为**边（edge）**，且一条边只用来连接两个结点（一个端点一个）。这样，树就被定义为由若干个结点和若干条边组成的数据结构，且在树中的结点不能被边连接成环。在数据结构中，一般把根结点置于最上方（与现实中的树恰好相反），然后向下延伸出若干条边到达**子结点（child）**（从而向下形成**子树（subtree）**），而子结点又向下延伸出边并连接一些结点……直至到达叶子结点，看起来就像是把现实中的树颠倒过来的样子。图 9-1 展示了三种不同形态的树。

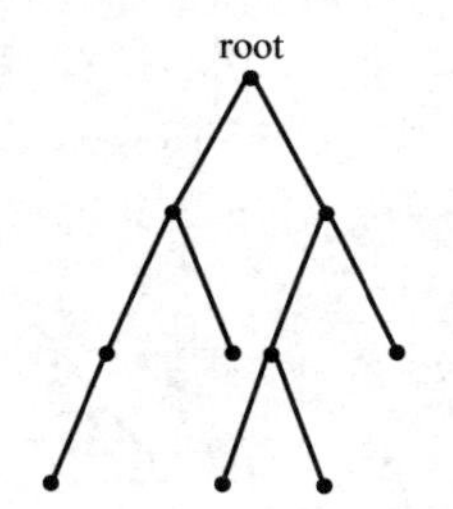

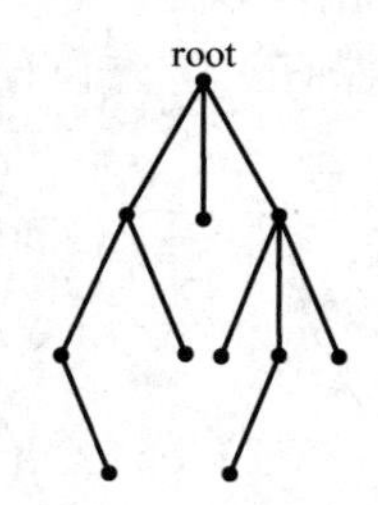

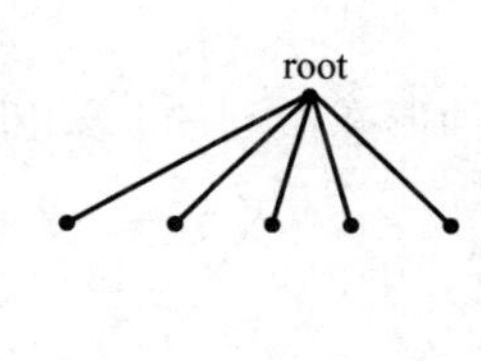

图 9-1　树示意图

由于机考的性质，读者不需要对树的许多理论知识都了如指掌，下面只给出几个比较实用的概念和性质，希望读者能把它们记住，其中性质①⑤经常被用来出边界数据：

① 树可以没有结点，这种情况下把树称为**空树（empty tree）**。

② 树的**层次（layer）**从根结点开始算起，即根结点为第一层，根结点子树的根结点为第二层，以此类推。

③ 把结点的子树棵数称为结点的**度(degree)**，而树中结点的最大的度称为树的度（也称为树的宽度），例如图 9-1 中的三棵树的度分别为 2、3、5。

④ 由于一条边连接两个结点，且树中不存在环，因此对有 n 个结点的树，边数一定是 n – 1。且**满足连通、边数等于顶点数减 1 的结构一定是一棵树**。

⑤ 叶子结点被定义为度为 0 的结点，因此当树中只有一个结点（即只有根结点）时，根

结点也算作叶子结点。

⑥ 结点的**深度（depth）**是指从根结点（深度为 1）开始自顶向下逐层累加至该结点时的深度值；结点的**高度（height）**是指从最底层叶子结点（高度为 1）开始自底向上逐层累加至该结点时的高度值。树的深度是指树中结点的最大深度，树的高度是指树中结点的最大高度。对树而言，深度和高度是相等的，例如图 9-1 中的三棵树的深度和高度分别为 4、4、2，但是具体到某个结点来说深度和高度就不一定相等了。

⑦ 多棵树组合在一起称为**森林（forest）**，即森林是若干棵树的集合。

读者对树只要有这些理解就可以了，更需要关心的是下面要介绍的二叉树，这是重点。

9.1.2 二叉树的递归定义

首先直接给出二叉树的**递归定义**：

① 要么二叉树没有根结点，是一棵空树。

② 要么二叉树由根结点、左子树、右子树组成，且左子树和右子树都是二叉树。

那么，什么是递归定义呢？其实递归定义就是**用自身来定义自身**。例如之前反复提及的斐波那契数列，它的定义为 F[n] = F[n − 1] + F[n− 2]，这里其实就是递归定义，即用自身序列的元素（F[n − 1]与 F[n − 2]）来定义这个序列本身（即 F[n]）。

更通俗的解释是：一个家族里面，可以把爷爷说成父亲的父亲，而曾祖父则为父亲的父亲的父亲，这样家族里自己的直系血缘的男性都可以用“父亲”这样的递归定义来定义了。

在前面讲解递归时已经解释过，一个递归函数必须存在两个概念：递归边界和递归式，其中递归式用来将大问题分解为与大问题性质相同的若干个小问题，递归边界则用来停止无休止的递归。那么二叉树的递归定义也是这样：一是递归边界，二是递归式。二叉树中任何一个结点的左子树既可以是一棵空树，也可以是一棵有左子树和右子树的二叉树；结点的右子树也既可以是一棵空树，又可以使一棵有左子树和右子树的二叉树，这样直到到递归边界，递归定义结束。

图 9-2 是几种形态不同的二叉树：

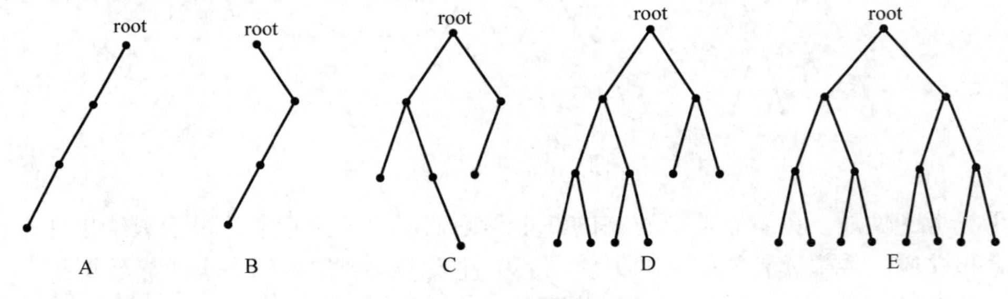

图 9-2 二叉树示意图

读者需要注意区分**二叉树与度为 2 的树**的区别。对树来说，结点的子树是不区分左右顺序的，因此度为 2 的树只能说明树中每个结点的子结点个数不超过 2。而二叉树虽然也满足每个结点的子结点个数不超过 2，但它的左右子树是严格区分的，不能随意交换左子树和右子树的位置，这就是二叉树与度为 2 的树最主要的区别。

下面介绍两种特殊的二叉树。

① **满二叉树**：每一层的结点个数都达到了当层能达到的最大结点数。图 9-2 中的树 E 即为一棵满二叉树。

② **完全二叉树**：除了最下面一层之外，其余层的结点个数都达到了当层能达到的最大结点数，且最下面一层只从左至右连续存在若干结点，而这些连续结点右边的结点全部不存在。图 9-2 中的树 DE 均为一棵完全二叉树。

为什么花费这么多篇幅来介绍二叉树的递归定义呢？这是因为应在二叉树的很多算法中都需要直接用到这种递归的定义来实现算法。因此，读者应能仔细体会一下二叉树的这个递归定义。

最后从二叉树的角度来理解一下几个树的概念：

① **层次**：如果把二叉树看成家谱，那么层次就是辈分。如图 9-3 所示，如果 E 是自己的位置，那么根结点 A 是爷爷，他的两个儿子就是父亲 B 和伯父 C，它们是一个层次（辈分）的。由于自己在 E 的位置，因此 D 是兄弟，而伯父 C 的两个儿子 F 和 G 就是堂兄弟，这样 DEFG 就是同一层次（辈分）。

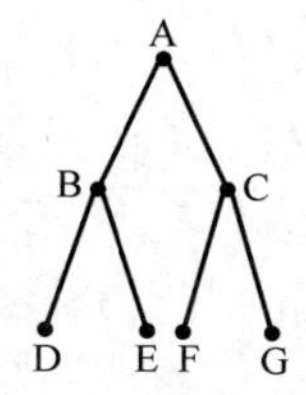

图 9-3　二叉树层次示意图

② **孩子结点、父亲结点、兄弟结点、祖先结点、子孙结点**：一个结点的子树的根结点称为它的孩子结点，而它称为孩子结点的父亲结点。与该结点同父亲的结点称为该结点的兄弟结点（同一层次非同父亲的结点称为堂兄弟结点）。如果存在一条从结点 X 到结点 Y 的从上至下的路径，那么称结点 X 是结点 Y 的祖先结点，结点 Y 是结点 X 的子孙结点。注意：自己既是自己的祖先结点，也是自己的子孙结点。例如图 9-3 中，B 是 E 的父亲结点，E 是 B 的孩子结点，B 与 C 互为兄弟节点，ABD 都是 D 的祖先结点，D 同时也是 ABD 的子孙结点。

9.1.3　二叉树的存储结构与基本操作

1. 二叉树的存储结构

一般来说，二叉树使用链表来定义。和普通链表的区别是，由于二叉树每个结点有两条出边，因此指针域变成了两个——分别指向左子树的根结点地址和右子树的根结点地址。如果某个子树不存在，则指向 NULL，其他地方和普通链表完全相同，因此又把这种链表叫作二叉链表，其定义方式如下：

```
struct node {
    typename data;  //数据域
    node* lchild;    //指向左子树根结点的指针
    node* rchild;    //指向右子树根结点的指针
};
```

由于在二叉树建树前根结点不存在，因此其地址一般设为 NULL：

```
node* root = NULL;
```

而如果需要新建结点（例如往二叉树中插入结点的时候），就可以使用下面的函数：

```
//生成一个新结点，v 为结点权值
node* newNode(int v) {
    node* Node = new node;     //申请一个 node 型变量的地址空间
    Node->data = v;    //结点权值为 v
    Node->lchild = Node->rchild = NULL;    //初始状态下没有左右孩子
    return Node;    //返回新建结点的地址
}
```

二叉树的常用操作有以下几个：二叉树的建立，二叉树结点的查找、修改、插入与删除，其中删除操作对不同性质的二叉树区别比较大，因此不在本节介绍。本节主要介绍查找、修改、插入、建树的通用思想。

2. 二叉树结点的查找、修改

查找操作是指在给定数据域的条件下，在二叉树中找到所有数据域为给定数据域的结点，并将它们的数据域**修改**为给定的数据域。

需要使用递归来完成查找修改操作。还记得二叉树的递归定义吗？其中就包含了二叉树递归的两个重要元素：递归式和递归边界。在这里，递归式是指对当前结点的左子树和右子树分别递归，递归边界是当前结点为空时到达死胡同。例如查找修改操作就可以用这样的思路，即先判断当前结点是否是需要查找的结点：如果是，则对其进行修改操作；如果不是，则分别往该结点的左孩子和右孩子递归，直到当前结点为NULL为止。于是就有下面的代码（数据域以int型为例，下同）：

```
void search(node* root, int x, int newdata) {
    if(root == NULL) {
        return;  //空树，死胡同（递归边界）
    }
    if(root->data == x) {  //找到数据域为x的结点，把它修改成newdata
        root->data = newdata;
    }
    search(root->lchild, x, newdata);  //往左子树搜索x（递归式）
    search(root->rchild, x, newdata);  //往右子树搜索x（递归式）
}
```

3. 二叉树结点的插入

由于二叉树的形态很多，因此在题目不说明二叉树特点时是很难给出结点插入的具体方法的。但是又必须认识到，结点的插入位置一般取决于数据域需要在二叉树中存放的位置（这与二叉树本身的性质有关），且对给定的结点来说，它在二叉树中的插入位置只会有一个（如果结点有好几个插入位置，那么题目本身就有不确定性了）。因此可以得到这样一个结论，即二叉树结点的插入位置就是数据域在二叉树中查找失败的位置。而由于这个位置是确定的，因此在递归查找的过程中一定是只根据二叉树的性质来选择左子树或右子树中的一棵子树进行递归，且最后到达空树（死胡同）的地方就是查找失败的地方，也就是结点需要插入的地方。由此可以得到二叉树结点插入的代码：

```
//insert函数将在二叉树中插入一个数据域为x的新结点
//注意根结点指针root要使用引用，否则插入不会成功
void insert(node* &root, int x) {
    if(root == NULL) {  //空树，说明查找失败，也即插入位置（递归边界）
        root = newNode(x);
        return;
    }
    if(由二叉树的性质，x应该插在左子树) {
        insert(root->lchild, x);  //往左子树搜索（递归式）
```

```
    } else {
        insert(root->rchild, x);  //往右子树搜索（递归式）
    }
}
```

在上述代码中，很关键的一点是**根结点指针 root 使用了引用&**。引用的作用在前面已经介绍过，即在函数中修改 root 会直接修改原变量。这么做的原因是，在 insert 函数中新建了结点，并把新结点的地址赋给了当层的 root。如果不使用引用，root = new node 这个语句对 root 的修改就无法作用到原变量（即上一层的 root→lchild 与 root→rchild）上去，也就**不能把新结点接到二叉树上面**，因此 insert 函数必须加引用。

那么为什么前面的 search 函数不需要加引用呢？这是因为 search 函数中修改的是指针 root 指向的内容，而**不是 root 本身**，而对指针指向的结点内容的修改是不需要加引用的。

那么，如何判断是否要加引用呢？一般来说，**如果函数中需要新建结点，即对二叉树的结构做出修改，就需要加引用；如果只是修改当前已有结点的内容，或仅仅是遍历树，就不用加引用**。至于判断不出来的情况，不妨直接试一下加引用和不加引用的区别再来选择。

最后再特别提醒一句，在新建结点之后，**务必令新结点的左右指针域为 NULL**，表示这个新结点暂时没有左右子树。

4. 二叉树的创建

二叉树的创建其实就是二叉树结点的插入过程，而插入所需要的结点数据域一般都会由题目给出，因此比较常用的写法是把需要插入的数据存储在数组中，然后再将它们使用 insert 函数一个个插入二叉树中，并最终返回根结点的指针 root。而等读者熟悉之后，可能更方便的写法是直接在建立二叉树的过程中边输入数据边插入结点。代码如下：

```
//二叉树的建立
node* Create(int data[], int n) {
    node* root = NULL;    //新建空根结点 root
    for(int i = 0; i < n; i++) {
        insert(root, data[i]);    //将 data[0]~data[n-1]插入二叉树中
    }
    return root;    //返回根结点
}
```

5. 二叉树存储结构图示

很多初学者不理解递归边界中 root == NULL 这样的写法，并且把它当作未经消化的东西去死记，也搞不清到底*root == NULL 跟 root == NULL 有什么区别。这些都是由于不清楚二叉树到底是个什么样的存储方式导致的，下面通过图 9-4 来说明这一点。

如图 9-4 所示，左边**概念意义**的二叉树在使用二叉链表存储之后形成了箭头右边的图。对每个结点，第一个部分是数据域，数据域后面紧跟两个指针域，用以存放左子树根结点的地址和右子树根结点的地址。如果某棵子树是空树，那么显然也就不存在根结点，其**地址**就会是 NULL，表示**不存在这个结点**。因此图中 C 的左子树、DEF 的左子树和右子树都为空树，故 C 的左指针域、DEF 的左指针域与右指针域都为 NULL。

在递归时，总是往左子树根结点和右子树根结点递归。此时如果子树是空树，那么 root 一定是 NULL，表示这个结点不存在。而所谓的*root == NULL 的错误就很显然了，因为*root

的含义是获取地址 root 指向的空间的**内容**，但这无法说明**地址 root** 是否为空，也即无法确定是否存在这个结点，因此*root == NULL 的写法是错误的。

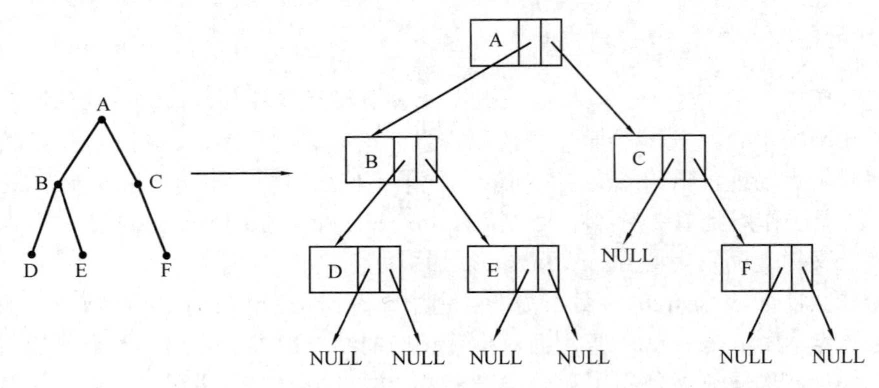

图 9-4 二叉树存储结构示意图

通过上面的讲解，读者需要明白 root == NULL 与*root == NULL 的区别，也即结点**地址**为 NULL 与结点**内容**为 NULL 的区别（也相当于**结点不存在与结点存在但没有内容**的区别），这在写程序时是非常重要的，因为在二叉链表中一般都是判定结点是否存在，所以一般都是 root == NULL。

6. 完全二叉树的存储结构

对完全二叉树来说，除了采用二叉链表的存储结构外，还可以有更方便的存储方法。对一棵完全二叉树，如果给它的所有结点按从上到下、从左到右的顺序进行编号（从 1 开始），就会得到类似于图 9-5 所示的编号顺序。

通过观察可以注意到，**对完全二叉树当中的任何一个结点（设编号为 x），其左孩子的编号一定是 2x，而右孩子的编号一定是 2x+1**。也就是说，完全二叉树可以通过建立一个大小为 2^k 的数组来存放所有结点的信息，其中 k 为完全二叉树的最大高度，且 **1 号位存放的必须是根结点**（想一想为什么根结点不能存在下标为 0 处？）。这样就可以用数组的下标来表示结点编号，且左孩子和右孩子的编号都可以直接计算得到。

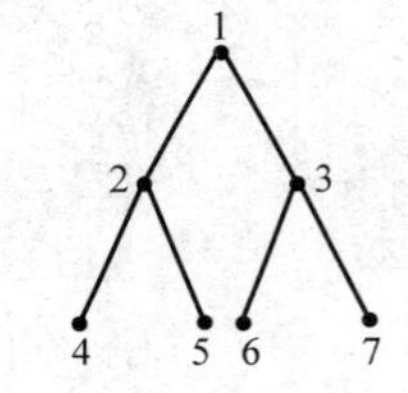

图 9-5 完全二叉树编号示意

事实上，如果不是完全二叉树，也可以视其为完全二叉树，即把空结点也进行实际的编号工作。但是这样做会使整棵树是一条链时的空间消耗巨大（对 k 个结点就需要大小为 2^k 的数组），因此很少采用这种方法来存放一般性质的树。不过如果题目中已经规定是完全二叉树，那么数组大小只需要设为结点上限个数加 1 即可，这将会大大节省编码复杂度。

除此之外，**该数组中元素存放的顺序恰好为该完全二叉树的层序遍历序列**（关于层序遍历马上就会讲述，读者可以先记住这个结论）。而**判断某个结点是否为叶结点的标志为：该结点（记下标为 root）的左子结点的编号 root * 2 大于结点总个数 n**（想一想为什么不需要判断右子结点？）；**判断某个结点是否为空结点的标志为：该结点下标 root 大于结点总个数 n**。

练习

① 配套习题集的对应小节。

② Codeup Contest ID: 100000610

地址：http://codeup.cn/contest.php?cid=100000610。

本节二维码

9.2　二叉树的遍历

二叉树的遍历是指通过一定顺序访问二叉树的所有结点。遍历方法一般有四种：先序遍历、中序遍历、后序遍历及层次遍历，其中，前三种一般使用深度优先搜索（DFS）实现，而层次遍历一般用广度优先搜索（BFS）实现。二叉树左右子树结构示意图如图 9-6 所示。

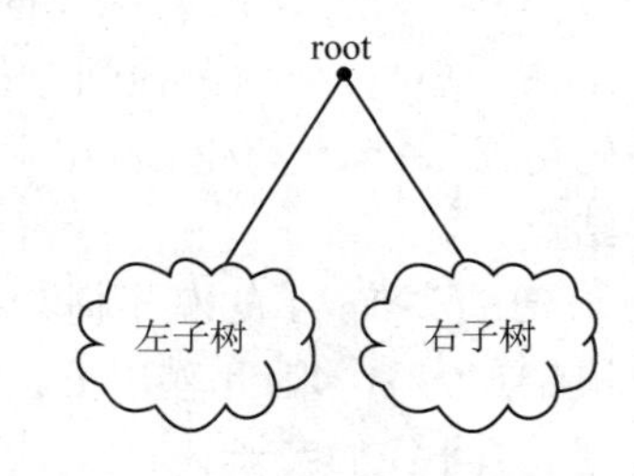

图 9-6　二叉树左右子树结构示意图

先来看前三种遍历方法。前面给出过二叉树的递归定义，这种定义方式将在这里很好地和遍历方法融合在一起。如图 9-6 所示，把一棵二叉树分为三个部分：根结点、左子树、右子树，且对左子树和右子树同样进行这样的划分，这样对树的遍历就可以分解为对这三部分的遍历。读者首先要记住一点，无论是这三种遍历中的哪一种，**左子树一定先于右子树遍历**，且所谓的“先中后”都是指**根结点 root 在遍历中的位置**，因此先序遍历的访问顺序是根结点→左子树→右子树，中序遍历的访问顺序是左子树→根结点→右子树，后序遍历的访问顺序是左子树→右子树→根结点。

9.2.1　先序遍历

1. 先序遍历的实现

对先序遍历来说，总是先访问根结点 root，然后才去访问左子树和右子树，因此先序遍历的遍历顺序是根结点→左子树→右子树，如图 9-7 所示。

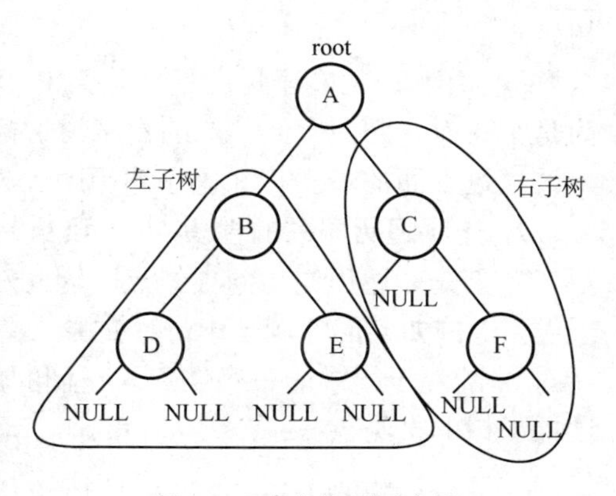

图 9-7　先序遍历示意图

为了实现递归的先序遍历，需要得到两样东西：递归式和递归边界。其中递归式已经可以由先序遍历的定义直接得到，即先访问根结点（可以做任何事情），再递归访问左子树，最后递归访问右子树。那么这样一直递归访问左子树和右子树，递归边界是什么呢？二叉树的递归定义中的递归边界是二叉树为一棵空树，这一点同样可以用在这里，即在递归访问子树时，如果碰到子树为空，那么就说明到达了死胡同。这样即得到了递归式和递归边界，由此可以写出先序遍历的代码：

```
void preorder(node* root) {
    if(root == NULL) {
        return;  //到达空树，递归边界
    }
```

```
    //访问根结点root，例如将其数据域输出
    printf("%d\n", root->data);
    //访问左子树
    preorder(root->lchild);
    //访问右子树
    preorder(root->rchild);
}
```

为了更好地理解先序遍历，下面举一个例子。

以图 9-7 来进行先序遍历的模拟：

① 首先对整棵树，根结点是 A，左子树和右子树图中已经标出。按照先序遍历的定义，需要先访问根结点，因此输出 A。之后，先访问左子树的**所有结点**，然后再去访问右子树的**所有结点**。

② 于是访问 A 的左子树，即 B、D、E 结点。同样，对这棵小型的树也要进行先序遍历。此时根结点为 B，因此输出 B。之后，再访问 B 的左子树与右子树。

③ 访问 B 的左子树，此时根结点为 D，因此输出 D。之后访问 D 的左子树，却因 D 的左子树的根结点为 NULL 而达到递归边界（root == NULL），于是 D 的左子树访问完毕。接着访问 D 的右子树，同样达到递归边界，于是 D 的右子树访问完毕。至此，B 的左子树访问完毕。

④ 接下来访问 B 的右子树，此时根结点为 E，因此输出 E。之后访问 E 的左子树和右子树，由于和③中一样的原因而先后返回。至此，B 的右子树访问完毕，同时 A 的左子树访问完毕。

⑤ 转而访问 A 的右子树，此时根结点为 C，因此输出 C。之后访问 C 的左子树，却因 C 的左子树的根结点为 NULL 而达到递归边界，因此 C 的左子树访问完毕。接着访问 C 的右子树。

⑥ 由于 C 的右子树的根结点为 F，因此输出 F。然后访问 F 的左子树和右子树，先后因为是空树而返回。至此，A 的右子树访问完毕，整个先序遍历过程结束。

通过上面的步骤可知先序遍历序列为 ABDECF。

2. 先序遍历序列的性质

由于先序遍历先访问根结点，因此**对一棵二叉树的先序遍历序列，序列的第一个一定是根结点**。例如上面的例子中，对整棵二叉树，A 是先序遍历序列的第一个，因此 A 是根结点；而对 A 的左子树中的三个结点，它们的先序遍历序列是 BDE，这样 B 是第一个，因此 B 是这棵子树的根结点。

9.2.2 中序遍历

1. 中序遍历的实现

对中序遍历来说，总是先访问左子树，再访问根结点（即把根结点放在中间访问），最后访问右子树，因此中序遍历的遍历顺序是左子树→根结点→右子树。

中序遍历的实现思路和先序遍历完全相同，只不过把根结点的访问放到左子树和右子树中间了，因此直接给出代码：

```
void inorder(node* root) {
```

```
    if(root == NULL) {
        return;  //到达空树，递归边界
    }
    //访问左子树
    inorder(root->lchild);
    //访问根结点 root，例如将其数据域输出
    printf("%d\n", root->data);
    //访问右子树
    inorder(root->rchild);
}
```

以先序遍历中的例子来进行中序遍历的模拟。为了节省篇幅，对叶子结点的子树访问进行了简写，实际对它们的访问过程与先序遍历中相同。

① 对整棵树，根结点是 A。按照中序遍历的定义，需要先访问左子树的**所有结点**，然后再访问根结点，最后才去访问右子树的**所有结点**。

② 于是访问 A 的左子树，即 B、D、E 结点，对它们进行中序遍历。显然按中序遍历的定义，先后输出的结点是 DBE。至此，A 的左子树访问完毕。

③ 接着访问根结点 A，将其输出。

④ 然后访问 A 的右子树。按中序遍历的要求，应该是按 NULL（左子树）、C（根结点）、F（右子树）的顺序访问，因此只要输出 C 和 F。至此，A 的右子树访问完毕，整个中序遍历过程结束。

通过上面的步骤可知中序遍历序列为 DBEACF。

2. 中序遍历序列的性质

由于中序遍历总是把根结点放在左子树和右子树中间，因此**只要知道根结点，就可以通过根结点在中序遍历序列中的位置区分出左子树和右子树**。例如上面的例子中，对整棵二叉树，A 是根结点，因此中序遍历序列中 A 左边的结点 D、B、E 就是 A 的左子树，而 A 右边的结点 C、F 就是 A 的右子树。接着，在 A 的左子树中，B 是根结点，因此 B 左边的 D 就是 B 的左子树，B 右边的 E 的就是 B 的右子树。至于如何事先知道根结点，可以用前面介绍的先序遍历序列（后面介绍的后序遍历序列也可以），这是因为先序遍历序列的第一个一定是根结点，且对子树来说也满足这个性质。于是就可以用递归来遍历所有子树，然后根据先序遍历和中序遍历各自的特性来确定整棵二叉树（具体做法在后面讲述）。

9.2.3　后序遍历

1. 后序遍历的实现

对后序遍历来说，总是先访问左子树，再访问右子树，最后才访问根结点（即把根结点放在最后访问），因此后序遍历的遍历顺序是左子树→右子树→根结点。

后序遍历的实现和上面两种遍历是完全一样的，只是把根结点放在最后访问，因此同样直接给出代码：

```
void postorder(node* root) {
    if(root == NULL) {
        return;  //到达空树，递归边界
```

```
    }
    //访问左子树
    postorder(root->lchild);
    //访问右子树
    postorder(root->rchild);
    //访问根结点root，例如将其数据域输出
    printf("%d\n", root->data);
}
```

以先序遍历中的例子来进行后序遍历的模拟。为了节省篇幅，同样对叶子结点的子树访问进行了简写，实际对它们的访问过程与先序遍历中相同。

① 对整棵树，根结点是 A。按照后序遍历的定义，需要先访问左子树的**所有结点**，然后再访问右子树的**所有结点**，最后才去访问根结点。

② 于是访问 A 的左子树，即 B、D、E 结点，对它们进行后序遍历。显然按后序遍历的定义，先后输出的结点是 D、E、B。至此，A 的左子树访问完毕。

③ 然后访问 A 的右子树。按后序遍历的要求，应该是按 NULL（左子树）、F（右子树）、C（根结点）的顺序访问，因此只要输出 F、C。至此，A 的右子树访问完毕。

④ 最后访问根结点 A，将其输出。整个后序遍历过程结束。

通过上面的步骤可知后序遍历序列为 DEBFCA。

2. 后序遍历序列的性质

后序遍历总是把根结点放在最后访问，这和先序遍历恰好相反，因此**对后序遍历序列来说，序列的最后一个一定是根结点**。例如上面的例子中，后序遍历序列的最后一个是 A，那么整棵树的根结点就是 A；然后 A 的左子树是 BED，它们的后序遍历序列是 DEB，因此最后一个 B 就是 A 的左子树的根结点。至于在知道根结点之后怎样确定左子树和右子树，同样可以利用中序遍历序列的性质，即在知道根结点后很自然地将左子树和右子树分开，于是就可以对左子树和右子树分别递归来重复上面的步骤，最后也能得到一棵完整的二叉树。

总的来说，**无论是先序遍历序列还是后序遍历序列，都必须知道中序遍历序列才能唯一地确定一棵树**。这是因为，通过先序遍历序列和后序遍历序列都只能得到根结点，而只有通过中序遍历序列才能利用根结点把左右子树分开，从而递归生成一棵二叉树。当然，这个做法需要保证在所有元素都不相同时才能使用。

9.2.4 层序遍历

层序遍历是指按层次的顺序从根结点向下逐层进行遍历，且对同一层的结点为从左到右遍历。图 9-8 所示即为层次遍历示意图。

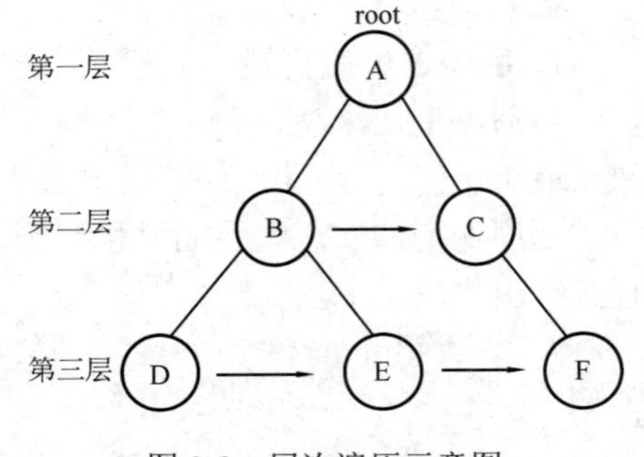

图 9-8 层次遍历示意图

图 9-8 的二叉树共有三层，需要从根结点开始从上往下逐层遍历，而对同一层进行从左到右的遍历，因此该二叉树的层序遍历序列为 ABCDEF。

这个过程和 BFS 很像，因为 BFS 进行搜索总是以广度作为第一关键词，而对应到二叉树中广度又恰好体现在层次上，因此层次遍历就相当于是对二叉树

从根结点开始的广度优先搜索，其基本思路如下：

① 将根结点 root 加入队列 q。

② 取出队首结点，访问它。

③ 如果该结点有左孩子，将左孩子入队。

④ 如果该结点有右孩子，将右孩子入队。

⑤ 返回②，直到队列为空。

于是可以按上面的过程写出代码：

```
//层序遍历
void LayerOrder(node* root) {
    queue<node*> q;  //注意队列里是存地址
    q.push(root);  //将根结点地址入队
    while(!q.empty()) {
        node* now = q.front();  //取出队首元素
        q.pop();
        printf("%d", now->data);  //访问队首元素
        if(now->lchild != NULL) q.push(now->lchild);  //左子树非空
        if(now->rchild != NULL) q.push(now->rchild);  //右子树非空
    }
}
```

可以发现，这里使用的队列中元素是 node*型而不是 node 型。这是因为在之前讲解广度优先搜索时提到过，队列中保存的只是原元素的一个副本，因此如果队列中直接存放 node 型，当需要修改队首元素时，就会无法对原元素进行修改（即只修改了队列中的副本），故让队列中存放 node 型变量的地址，也就是 node*型变量。这样就可以通过访问地址去修改原元素，就不会有问题了。

另外还需要指出，很多题目当中要求计算出每个结点所处的层次，这时就需要在二叉树结点的定义中添加一个记录层次 layer 的变量：

```
struct node {
    int data;  //数据域
    int layer;  //层次
    node* lchild;  //左指针域
    node* rchild;  //右指针域
};
```

需要在根结点入队前就先令根结点的 layer 为 1 来表示根结点是第一层（也可以令根结点的层号为 0，由题意而定），之后在 now→lchild 和 now→rchild 入队前，把它们的层号都记为当前结点 now 的层号加 1，即

```
//层序遍历
void LayerOrder(node* root) {
    queue<node*> q;  //注意队列里是存地址
    root->layer = 1;  //根结点的层号为 1
    q.push(root);  //将根结点地址入队
```

```
    while(!q.empty()) {
        node* now = q.front();  //取出队首元素
        q.pop();
        printf("%d ", now->data);  //访问队首元素
        if(now->lchild != NULL) {  //左子树非空
            now->lchild->layer = now->layer + 1;  //左孩子的层号为当前层号+1
            q.push(now->lchild);
        }
        if(now->rchild != NULL) {  //右子树非空
            now->rchild->layer = now->layer + 1;  //右孩子的层号为当前层号+1
            q.push(now->rchild);
        }
    }
}
```

最后解决一个重要的问题：**给定一棵二叉树的先序遍历序列和中序遍历序列，重建这棵二叉树。**

假设已知先序序列为 pre_1、pre_2、…、pre_n，中序序列为 in_1、in_2、…、in_n，如图 9-9 所示。那么由先序序列的性质可知，先序序列的第一个元素 pre_1 是当前二叉树的根结点。再由中序序列的性质可知，当前二叉树的根结点将中序序列划分为左子树和右子树。因此，要做的就是在中序序列中找到某个结点 in_k，使得 $in_k == pre_1$，这样就在中序序列中找到了根结点。易知左子树的结点个数 numLeft = k − 1。于是，左子树的先序序列区间就是[2, k]，左子树的中序序列区间是[1, k − 1]；右子树的先序序列区间是[k + 1, n]，右子树的中序序列区间是[k + 1, n]，接着只需要往左子树和右子树进行递归构建二叉树即可。

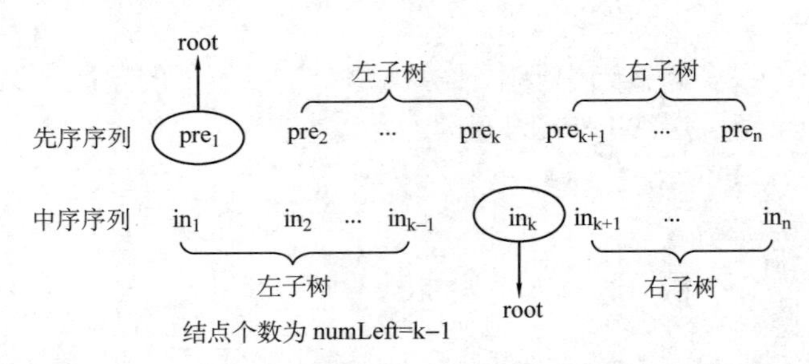

图 9-9　先序序列与中序序列构建二叉树第一步示意图

事实上，如果递归过程中当前先序序列的区间为[preL, preR]，中序序列的区间为[inL, inR]，那么左子树的结点个数为 numLeft = k − inL。这样左子树的先序序列区间就是[preL + 1, preL + numLeft]，左子树的中序序列区间是[inL, k − 1]；右子树的先序序列区间是[preL + numLeft + 1, preR]，右子树的中序序列区间是[k + 1, inR]，如图 9-10 所示。

那么，如果一直这样递归下去，什么时候是尽头呢？这个问题的答案是显然的，因为只要先序序列的长度小于等于 0 时，当前二叉树就不存在了，于是就能以这个条件作为递归边界。

根据上面的思路写出如下代码，希望读者能完全理解并独立写出：

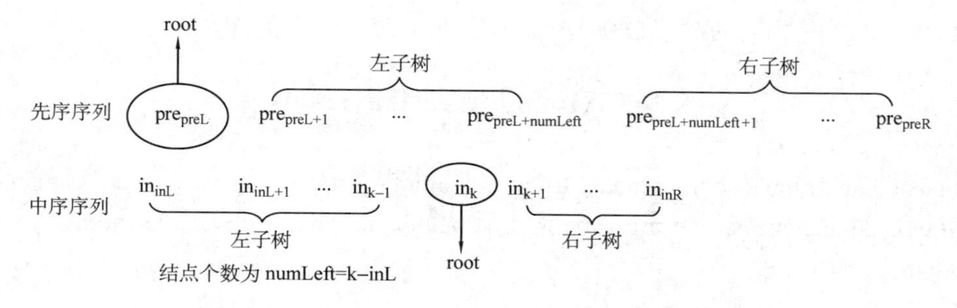

图 9-10　先序序列与中序序列构建二叉树中间步示意图

```
//当前先序序列区间为[preL, preR]，中序序列区间为[inL, inR]，返回根结点地址
node* create(int preL, int preR, int inL, int inR) {
    if(preL > preR) {
        return NULL;  //先序序列长度小于等于 0 时，直接返回
    }
    node* root = new node;  //新建一个新的结点，用来存放当前二叉树的根结点
    root->data = pre[preL];  //新结点的数据域为根结点的值
    int k;
    for(k = inL; k <= inR; k++) {
        if(in[k] == pre[preL]) {  //在中序序列中找到 in[k] == pre[L]的结点
            break;
        }
    }
    int numLeft = k - inL;  //左子树的结点个数

    //左子树的先序区间为[preL+1, preL+numLeft]，中序区间为[inL, k-1]
    //返回左子树的根结点地址，赋值给 root 的左指针
    root->lchild = create(preL + 1, preL + numLeft, inL, k - 1);

    //右子树的先序区间为[preL + numLeft + 1, preR]，中序区间为[k+1, inR]
    //返回右子树的根结点地址，赋值给 root 的右指针
    root->rchild = create(preL + numLeft + 1, preR, k + 1, inR);

    return root;  //返回根结点地址
}
```

通过上面的代码就构建出了一棵二叉树。至于构建出来之后需要求解后序遍历序列或是层序遍历序列或是其他的东西，则视题目要求而定。另外，给定后序序列和中序序列也可以构建一棵二叉树，做法是一样的。

最后请读者思考，**如何通过中序遍历序列和层序遍历序列重建二叉树？**（顺便给出一个结论：**中序序列可以与先序序列、后序序列、层序序列中的任意一个来构建唯一的二叉树，而后三者两两搭配或是三个一起上都无法构建唯一的二叉树**。原因是先序、后序、层序均是提供根结点，作用是相同的，都必须由中序序列来区分出左右子树。）

【PAT A1020】Tree Traversals

题目描述

Suppose that all the keys in a binary tree are distinct positive integers. Given the postorder and inorder traversal sequences, you are supposed to output the level order traversal sequence of the corresponding binary tree.

输入格式

Each input file contains one test case. For each case, the first line gives a positive integer N (≤ 30), the total number of nodes in the binary tree. The second line gives the postorder sequence and the third line gives the inorder sequence. All the numbers in a line are separated by a space.

输出格式

For each test case, print in one line the level order traversal sequence of the corresponding binary tree. All the numbers in a line must be separated by exactly one space, and there must be no extra space at the end of the line.

（原题即为英文题）

输入样例

```
7
2 3 1 5 7 6 4
1 2 3 4 5 6 7
```

输出样例

```
4 1 6 3 5 7 2
```

题意

给出一棵二叉树的后序遍历序列和中序遍历序列，求这棵二叉树的层序遍历序列。

样例解释

用给定的后序序列与中序序列可以构建出图9-11所示的二叉树，因此层次遍历序列为4163572。

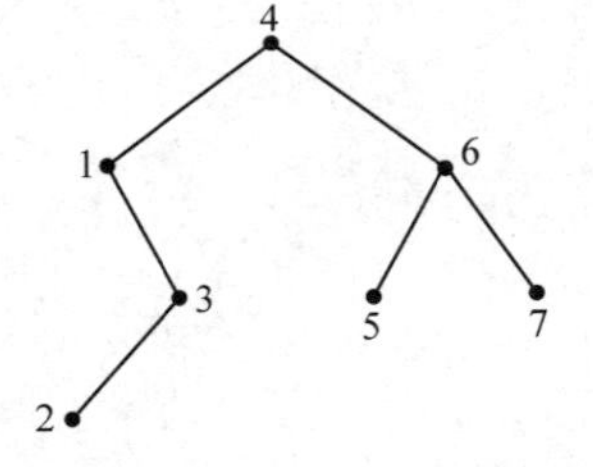

图 9-11　一棵二叉树

思路

此处只讲解如何用后序遍历序列和中序遍历序列来重建二叉树，如图9-12所示。

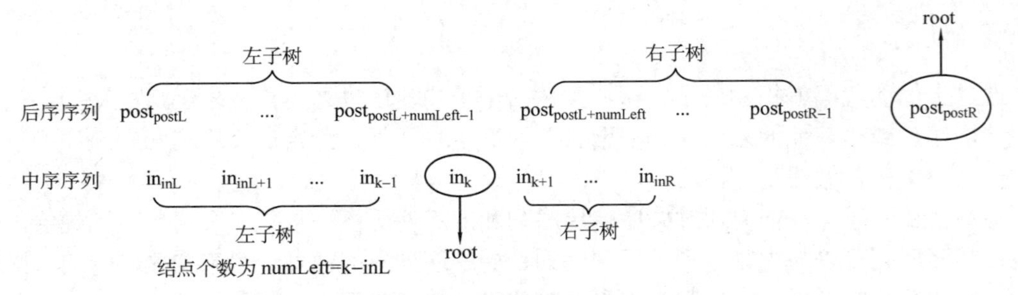

图 9-12　后序序列与中序序列构建二叉树中间步示意图

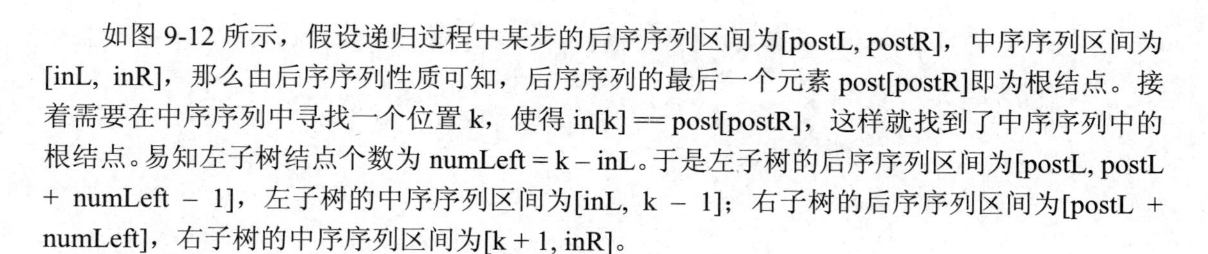

如图 9-12 所示，假设递归过程中某步的后序序列区间为[postL, postR]，中序序列区间为[inL, inR]，那么由后序序列性质可知，后序序列的最后一个元素 post[postR]即为根结点。接着需要在中序序列中寻找一个位置 k，使得 in[k] == post[postR]，这样就找到了中序序列中的根结点。易知左子树结点个数为 numLeft = k – inL。于是左子树的后序序列区间为[postL, postL + numLeft – 1]，左子树的中序序列区间为[inL, k – 1]；右子树的后序序列区间为[postL + numLeft]，右子树的中序序列区间为[k + 1, inR]。

注意点

输出时需要注意控制最后一个数后面的空格不应当被输出。

参考代码

```
#include <cstdio>
#include <cstring>
#include <queue>
#include <algorithm>
using namespace std;
const int maxn = 50;
struct node {
    int data;
    node* lchild;
    node* rchild;
};
int pre[maxn], in[maxn], post[maxn];    //先序、中序、后序
int n;      //结点个数

//当前二叉树的后序序列区间为[postL, postR]，中序序列区间为[inL, inR]
//create 函数返回构建出的二叉树的根结点地址
node* create(int postL, int postR, int inL, int inR) {
    if(postL > postR) {
        return NULL;  //后序序列长度小于等于 0 时，直接返回
    }
    node* root = new node;  //新建一个新的结点，用来存放当前二叉树的根结点
    root->data = post[postR];  //新结点的数据域为根结点的值
    int k;
    for(k = inL; k <= inR; k++) {
        if(in[k] == post[postR]) {  //在中序序列中找到 in[k] == pre[L]的结点
            break;
        }
    }
    int numLeft = k - inL;  //左子树的结点个数
    //返回左子树的根结点地址，赋值给 root 的左指针
```

```
    root->lchild = create(postL, postL + numLeft - 1, inL, k - 1);
    //返回右子树的根结点地址，赋值给 root 的右指针
    root->rchild = create(postL + numLeft, postR - 1, k + 1, inR);
    return root;  //返回根结点地址
}

int num = 0;    //已输出的结点个数
void BFS(node* root) {
    queue<node*> q;  //注意队列里是存地址
    q.push(root);  //将根结点地址入队
    while(!q.empty()) {
        node* now = q.front();  //取出队首元素
        q.pop();
        printf("%d", now->data);  //访问队首元素
        num++;
        if(num < n) printf(" ");
        if(now->lchild != NULL) q.push(now->lchild);  //左子树非空
        if(now->rchild != NULL) q.push(now->rchild);  //右子树非空
    }
}

int main() {
    scanf("%d", &n);
    for(int i = 0; i < n; i++) {
        scanf("%d", &post[i]);
    }
    for(int i = 0; i < n; i++) {
        scanf("%d", &in[i]);
    }
    node* root = create(0, n - 1, 0, n - 1);    //建树
    BFS(root);        //层序遍历
    return 0;
}
```

9.2.5 二叉树的静态实现

本节适用于能**理解前面的所有内容**，但对指针的写法不太有自信的读者。通过下面的学习，读者应能**完全不使用指针**，而简单使用数组来完成二叉树的上面所有操作。

在定义二叉树时，采用的是二叉链表的结构，如下所示：

```
struct node {
```

```
    typename data;  //数据域
    node* lchild;    //指向左子树根结点的指针
    node* rchild;    //指向右子树根结点的指针
};
```

在这个定义中，为了能够实时控制新生成结点的个数，结构体 node 中的左右指针域都使用了指针，但是指针对于一些刚入门的读者来说可能容易犯错，因此有必要想办法避免指针的使用，采用的方法就是使用静态的二叉链表。

所谓的**静态二叉链表**是指，结点的左右指针域使用 int 型代替，用来表示左右子树的根结点在数组中的下标。为此需要建立一个大小为**结点上限个数**的 node 型数组，所有动态生成的结点都直接使用数组中的结点，所有对指针的操作都改为对数组下标的访问。于是，结点 node 的定义变为如下：

```
struct node {
    typename data;  //数据域
    int lchild;    //指向左子树的指针域
    int rchild;    //指向右子树的指针域
} Node[maxn];    //结点数组，maxn 为结点上限个数
```

在这样的定义下，结点的动态生成就可以转变为如下的**静态指定**：

```
int index = 0;
int newNode(int v) {    //分配一个 Node 数组中的结点给新的结点，index 为其下标
    Node[index].data = v;    //数据域为 v
    Node[index].lchild = -1;    //以-1 或 maxn 表示空，因为数组范围是 0~maxn-1
    Node[index].rchild = -1;
    return index++;
}
```

下面给出二叉树的查找、插入、建立的代码，读者会发现这其实就是在之前使用指针的代码上进行了少量的修改，读者不妨将它们与原先的写法对比一下。

```
//查找，root 为根结点在数组中的下标
void search(int root, int x, int newdata) {
    if(root == -1) {    //用-1 来代替 NULL
        return;  //空树，死胡同（递归边界）
    }
    if(Node[root].data == x) {  //找到数据域为 x 的结点，把它修改成 newdata
        Node[root].data = newdata;
    }
    search(Node[root].lchild, x, newdata);  //往左子树搜索 x（递归式）
    search(Node[root].rchild, x, newdata);  //往右子树搜索 x（递归式）
}

//插入，root 为根结点在数组中的下标
void insert(int &root, int x) {  //记得加引用
```

```
    if(root == -1) {  //空树，说明查找失败，也即插入位置（递归边界）
        root = newNode(x);  //给 root 赋以新的结点
        return;
    }
    if(由二叉树的性质 x 应该插在左子树) {
        insert(Node[root].lchild, x);  //往左子树搜索（递归式）
    } else {
        insert(Node[root].rchild, x);  //往右子树搜索（递归式）
    }
}

//二叉树的建立，函数返回根结点 root 的下标
int Create(int data[], int n) {
    int root = -1;  //新建根结点
    for(int i = 0; i < n; i++) {
        insert(root, data[i]);  //将 data[0]~data[n-1]插入二叉树中
    }
    return root;  //返回二叉树的根结点下标
}
```

关于二叉树的先序遍历、中序遍历、后序遍历、层序遍历也做相应的转换：

```
//先序遍历
void preorder(int root) {
    if(root == -1) {
        return;  //到达空树，递归边界
    }
    //访问根结点 root，例如将其数据域输出
    printf("%d\n", Node[root].data);
    //访问左子树
    preorder(Node[root].lchild);
    //访问右子树
    preorder(Node[root].rchild);
}
//中序遍历
void inorder(int root) {
    if(root == -1) {
        return;  //到达空树，递归边界
    }
    //访问左子树
    inorder(Node[root].lchild);
    //访问根结点 root，例如将其数据域输出
```

```
    printf("%d\n", Node[root].data);
    //访问右子树
    inorder(Node[root].rchild);
}
//后序遍历
void postorder(int root) {
    if(root == -1) {
        return;  //到达空树，递归边界
    }
    //访问左子树
    postorder(Node[root].lchild);
    //访问右子树
    postorder(Node[root].rchild);
    //访问根结点 root，例如将其数据域输出
    printf("%d\n", Node[root].data);
}
//层序遍历
void LayerOrder(int root) {
    queue<int> q;  //此处队列里存放结点下标
    q.push(root);  //将根结点地址入队
    while(!q.empty()) {
        int now = q.front();  //取出队首元素
        q.pop();
        printf("%d ", Node[now].data);  //访问队首元素
        if(Node[now].lchild != -1) q.push(Node[now].lchild);  //左子树非空
        if(Node[now].rchild != -1) q.push(Node[now].rchild);  //右子树非空
    }
}
```

于是二叉树就可以完全静态化，这应该能给刚入门的读者减轻很大的压力。习惯使用指针的读者也可以继续使用指针，只需要知道二叉树的静态实现是怎么写即可。

练习

① 配套习题集的对应小节。

② Codeup Contest ID: 100000611

地址：http://codeup.cn/contest.php?cid=100000611。

本节二维码

9.3 树的遍历

9.3.1 树的静态写法

本节讨论的“树”是指一般意义上的树，即子结点个数不限且子结点没有先后次序的树，而不是上文中讨论的二叉树。

首先来回顾二叉树的结点的定义，可以注意到它是由数据域和指针域组成的，其中左指针域指向左子树根结点的地址，右指针域指向右子树根结点的地址。借鉴这种定义方法，对一棵一般意义的树来说，可以仍然保留其数据域的含义，而令指针域存放其所有子结点的地址（或者为其开一个数组，存放所有子结点的地址）。不过这听起来有点麻烦，所以还是建议在考试中使用其**静态写法**，也就是用数组下标来代替所谓的地址。当然这需要事先开一个大小不低于**结点上限个数**的结点数组，因此结构体 node 的定义会类似于下面这样：

```
struct node {
    typename data;  //数据域
    int child[maxn];  //指针域，存放所有子结点的下标
} Node[maxn];    //结点数组，maxn 为结点上限个数
```

在上面的定义中，由于无法预知子结点个数，因此 child 数组的长度只能开到最大，而这对一些结点个数较多的题目来说显然是不可接受的（开辟的空间大小会超过题目限制），因此需要使用 STL 中的 vector，即长度根据实际需要而自动变化的“数组”。如果读者在之前的章节中跳过了 vector，请回到 6.1 节重新阅读 vector 的相关内容。于是结构体 node 的定义将会变为如下的形式：

```
struct node {
    typename data;  //数据域
    vector child;  //指针域，存放所有子结点的下标
} Node[maxn];    //结点数组，maxn 为结点上限个数
```

与二叉树的静态实现类似，当需要新建一个结点时，就按顺序从数组中取出一个下标即可，如下所示：

```
int index = 0;
int newNode(int v) {
    Node[index].data = v;    //数据域为 v
    Node[index].child.clear();  //清空子结点
    return index++;  //返回结点下标，并令 index 自增
}
```

不过在考试中涉及树（非二叉树）的考查时，一般都是很人性化地给出了结点的编号，并且编号一定是 0, 1, …, N–1（其中 N 为结点个数）或是 1, 2, …, N。在这种情况下，就不需要 newNode 函数了，因为题目中给定的编号可以直接作为 Node 数组的下标使用，非常方便。作为示例，下面图 9-13 的 Node 数组情况进行说明：

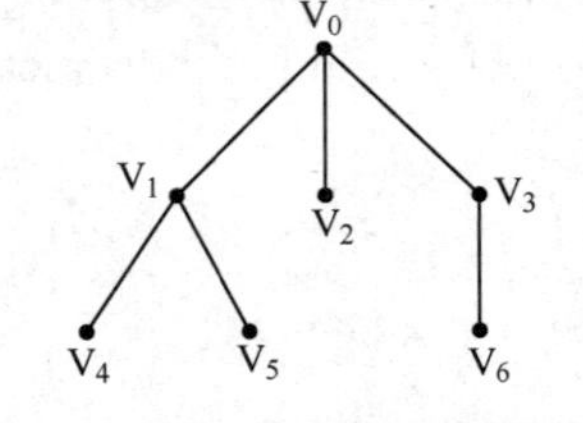

图 9-13　树的遍历示意图

```
V0: Node[0].child[0] = 1, Node[0].child[1] = 2, Node[0].child[2] = 3;
V1: Node[1].child[0] = 4, Node[1].child[1] = 5;
V2: Node[2] has no children, so Node[2].child.size() == 0;
V3: Node[3].child[0] = 6;
V4: Node[4] has no children, so Node[4].child.size() == 0;
V5: Node[5] has no children, so Node[5].child.size() == 0;
V6: Node[6] has no children, so Node[6].child.size() == 0;
```

需要特别指出的是，如果题目中不涉及结点的数据域，即只需要树的结构，那么上面的结构体可以简化地写成 vector 数组，即“vector<int> child[maxn]”。显然，在这个定义下，child[0]、child[1]、…、child[maxn–1]中的每一个都是一个 vector，存放了各结点的所有子结点下标。事实上，下一章将会提到，这种写法其实就是图的邻接表表示法在树中的应用。

9.3.2　树的先根遍历

读者应该还记得二叉树的先序遍历，对一棵一般意义的树来说，也可以采用类似的思路来对树进行遍历，即总是先访问根结点，再去访问所有子树。显然，这是一个递归访问的概念，因为对根结点的子树来说，同样可以分为根结点和若干子树。这种遍历方式被称为树的先根遍历，如图 9-14 所示。

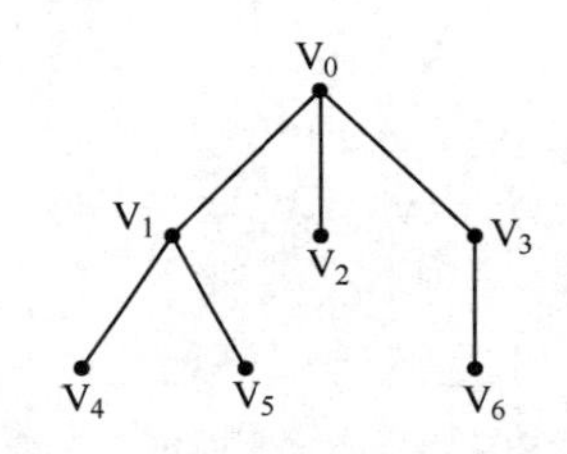

图 9-14　树的先根遍历示意图

例如就图 9-14 来说，树的先根遍历序列就是 $V_0V_1V_4V_5V_2V_3V_6$。代码如下：

```
void PreOrder(int root) {
    printf("%d ", Node[root].data);  //访问当前结点
    for(int i = 0; i < Node[root].child.size(); i++) {
        PreOrder(Node[root].child[i]);  //递归访问结点 root 的所有子结点
    }
}
```

上面的模板是一个对树进行遍历的简单框架，针对不同的题目，需要在此基础上增加相关的代码，不过整体思路都是一致的。读者再思考一个问题，上面的代码中为什么没有写明递归边界？是真的不存在递归边界吗？

9.3.3　树的层序遍历

树的层序遍历与二叉树的层序遍历的思路是一致的，即总是从树根开始，一层一层地向下遍历。例如就图 9-15 而言，树的层序遍历序列为 $V_0V_1V_2V_3V_4V_5V_6$。

树的层序遍历的实现方法与二叉树类似，一般是使用一个队列来存放结点在数组中的下标，每次取出队首元素来访问，并将其所有子结点加入队列，直到队列为空。可以在二叉树层序遍历的基础上写出树的层序遍历的代码：

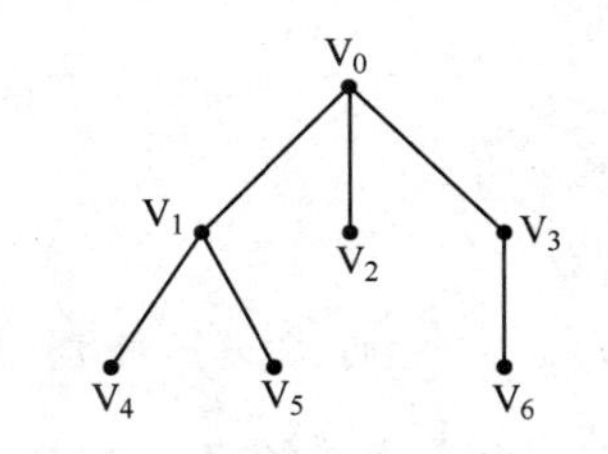

图 9-15　树的层序遍历示意图

```
void LayerOrder(int root) {
    queue<int> Q;
```

```
    Q.push(root); //将根结点入队
    while(!Q.empty()) {
        int front = Q.front(); //取出队首元素
        printf("%d ", Node[front].data); //访问当前结点的数据域
        Q.pop(); //队首元素出队
        for(int i = 0; i < Node[front].child.size(); i++) {
            Q.push(Node[front].child[i]); //将当前结点的所有子结点入队
        }
    }
}
```

同样的，如果需要对结点的层号进行求解，只需要在结构体 node 的定义中增加变量来记录结点的层号：

```
struct node {
    int layer; //记录层号
    int data;
    vector<int> child;
}
```

于是树的层序遍历就可以写成下面这样：

```
void LayerOrder(int root) {
queue<int> Q;
Q.push(root); //将根结点入队
Node[root].layer = 0; //记根结点的层号为0
    while(!Q.empty()) {
        int front = Q.front(); //取出队首元素
        printf("%d ", Node[front].data); //访问当前结点的数据域
        Q.pop(); //队首元素出队
        for(int i = 0; i < Node[front].child.size(); i++) {
            int child = Node[front].child[i]; //当前结点的第i个子结点的编号
            //子结点层号为当前结点层号加1
            Node[child].layer = Node[front].layer + 1;
            Q.push(child); //将当前结点的所有子结点入队
        }
    }
}
```

9.3.4 从树的遍历看 DFS 与 BFS

1. 深度优先搜索（DFS）与先根遍历

还记得在讲解深度优先搜索时举的**迷宫的例子**吗？当时从入口出发，经过一系列岔道口和死胡同，最终找到了出口。事实上，可以把岔道口和死胡同都当作结点，并将它们的连接关系表示出来，就会得到图 9-16 所示的这棵树。

回忆当时进行 DFS 时给出的遍历序列（即 ABDHIJEKLMCFG）会发现，如果采用树的先根遍历去遍历这棵树（即先访问根结点，再从左至右依次访问所有子树），将会得到同样的序列。事实上，对**所有合法的 DFS 求解过程**，都可以把它画成树的形式，此时死胡同等价于树中的叶子结点，而岔道口等价于树中的非叶子结点，并且对这棵树的 DFS 遍历过程就是树的先根遍历的过程。

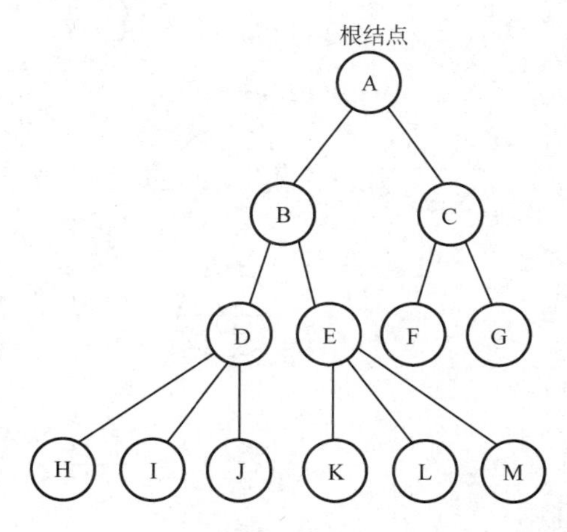

图 9-16　迷宫问题递归树

于是可以从中得到**启发**：碰到一些可以用 DFS 做的题目，不妨把一些**状态**作为树的结点，然后问题就会转换为直观的对树进行先根遍历的问题。如果想要得到树的某些信息，也可以借用 DFS 以深度作为第一关键词的思想来对结点进行遍历，以获得所需的结果。例如求解叶子结点的带权路径和（即从根结点到叶子结点的路径上的结点点权之和）时就可以把到达死胡同作为一条路径结束的判断。

另外，在讲解深度优先搜索时，提到了**剪枝**的概念，即在进行 DFS 的过程中对某条可以确定不存在解的子树采取**直接剪断**的策略，这就是把 DFS 从树的角度理解才产生的概念。例如如果在图 9-16 中，通过分析题目具体条件，发现 B 的右子树中不可能存在问题的解，就可以把从 B 到 E 的“树枝”剪断，即不再往下递归访问以 E 为根的子树，这样将会在某些问题中极大降低计算量。但是剪枝使用的前提是必须**保证剪枝的正确性**，否则就可能因剪掉了有解的子树而最终获得了错误的答案。

2. 广度优先搜索（BFS）与层序遍历

通过前面的内容可知，广度优先搜索是以广度为第一关键词的。在使用 BFS 模拟迷宫问题的过程中，依然将迷宫的岔道口和死胡同都简化为结点，将迷宫的结构转换为树。借用上面刚得到的迷宫树型图来分析，如果模仿层序遍历的方法来遍历这棵树，就可以得到当初 BFS 过程中得到的序列，即 ABCDEFGHIJKLMN。事实上，**对所有合法的 BFS 求解过程**，都可以像 DFS 中那样画出一棵树，并且将广度优先搜索问题转换为树的层序遍历的问题。

【PAT A1053】Path of Equal Weight

题目描述

Given a non-empty tree with root R, and with weight W_i assigned to each tree node T_i. The weight of a path from R to L is defined to be the sum of the weights of all the nodes along the path from R to any leaf node L.

Now given any weighted tree, you are supposed to find all the paths with their weights equal to a given number. For example, let's consider the tree showed in Figure 1: for each node, the upper number is the node ID which is a two-digit number, and the lower number is the weight of that node. Suppose that the given number is 24, then there exists 4 different paths which have the same given weight: {10 5 2 7}, {10 4 10}, {10 3 3 6 2} and {10 3 3 6 2}, which correspond to the red edges in Figure 9-17.

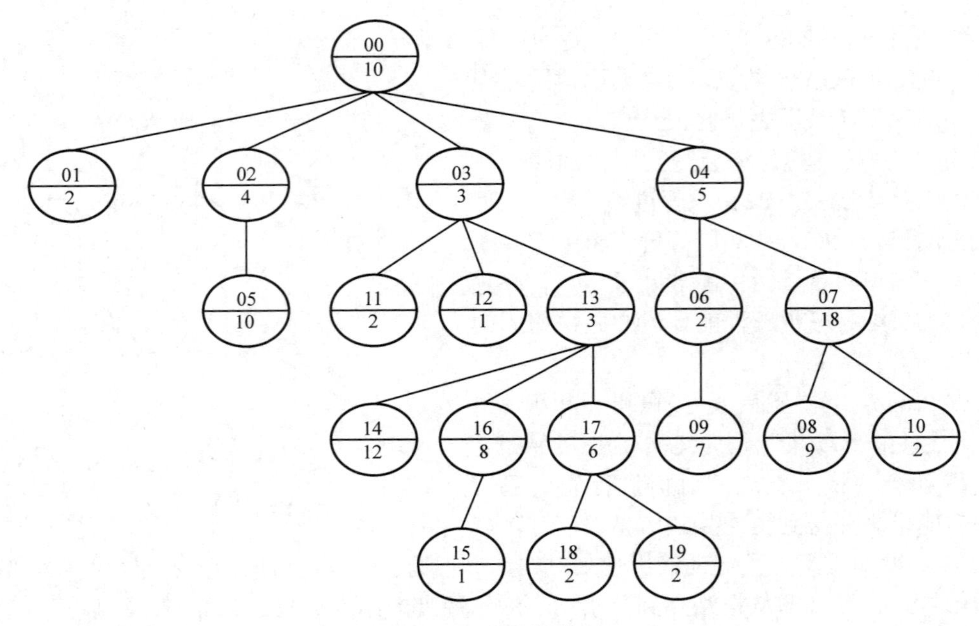

图 9-17　带权值的树

输入格式

Each input file contains one test case. Each case starts with a line containing $0 < N \leqslant 100$, the number of nodes in a tree, M (< N), the number of non-leaf nodes, and $0 < S < 2^{30}$, the given weight number. The next line contains N positive numbers where W_i (<1000) corresponds to the tree node T_i. Then M lines follow, each in the following format:

ID K ID[1] ID[2] ⋯ ID[K]

where ID is a two-digit number representing a given non-leaf node, K is the number of its children, followed by a sequence of two-digit ID's of its children. For the sake of simplicity, let us fix the root ID to be 00.

输出格式

For each test case, print all the paths with weight S in **non-increasing** order. Each path occupies a line with printed weights from the root to the leaf in order. All the numbers must be separated by a space with no extra space at the end of the line.

Note: sequence $\{A_1, A_2, \cdots, A_n\}$ is said to be **greater than** sequence $\{B_1, B_2, \cdots, B_m\}$ if there exists $1 \leqslant k < \min\{n, m\}$ such that $A_i = B_i$ for $i=1, \cdots k$, and $A_{k+1} > B_{k+1}$.

（原题即为英文题）

输入样例

```
20 9 24
10 2 4 3 5 10 2 18 9 7 2 2 1 3 12 1 8 6 2 2
00 4 01 02 03 04
02 1 05
04 2 06 07
03 3 11 12 13
06 1 09
```

```
07 2 08 10
16 1 15
13 3 14 16 17
17 2 18 19
```

输出样例

```
10 5 2 7
10 4 10
10 3 3 6 2
10 3 3 6 2
```

题意

给定一棵树和每个结点的权值，求所有从根结点到叶子结点的路径，使得每条路径上的结点的权值之和等于给定的常数 S。如果有多条这样的路径，则按路径非递增的顺序输出。其中路径的大小是指，如果两条路径分别为 $a_1 \to a_2 \to \cdots \to a_i \to a_n$ 与 $b_1 \to b_2 \to \cdots \to b_i \to b_m$，且有 $a_1 == b_1$、$a_2 == b_2$、⋯、$a_{i-1} == b_{i-1}$ 成立，但 $a_i > b_i$，那么称第一条路径比第二条路径大。

样例解释

样例所给的树即题目描述中的树，从根到叶子的带权路径和为 24 的路径有 4 条，经过的结点标号分别为（括号中为点权）：

① 00(10)→04(5)→06(2)→09(7)。

② 00(10)→02(4)→05(10)。

③ 00(10)→03(3)→13(3)→17(6)→19(2)。

④ 00(10)→03(3)→13(3)→17(6)→18(2)。

思路

步骤 1：这是一棵普通性质的树，因此令结构体 node 存放结点的数据域和指针域，其中指针域使用 vector 存放所有孩子结点的编号。又考虑到最后的输出需要按权值从大到小排序，因此不妨在读入时就事先对每个结点的子结点 vector 进行排序（即对 vector 中的结点按权值从大到小排序），这样在遍历时就会优先遍历到权值大的子结点。

步骤 2：令 int 型数组 path[MAXV]存放递归过程中产生的路径上的结点编号。接下来进行 DFS，参数有三个：当前访问的结点标号 index、当前路径 path 上的结点个数 numNode（也是递归层数，因为每深入一层，path 上就会多一个结点）以及当前路径上的权值和 sum。递归过程的伪代码如下：

① 若 sum > S，直接 return。

② 若 sum == S，说明到当前访问结点 index 为止，输入中需要达到的 S 已经得到，这时如果结点 index 为叶子结点，则输出 path 数组中的所有数据；否则 return。

③ 若 sum < S，说明要求还未满足。此时枚举当前访问结点 index 的所有子结点，对每一个子结点 child，先将其存入 path[numNode]，然后在此基础上往下一层递归，下一层的递归参数为 child、numNode + 1、sum + node[child].weight。

读者可以结合代码中的 DFS 函数进行理解。

注意点

① 有多条路径时，有更高权值的路径应该先输出。由于在读入时已经对每个结点的所有

子结点按权值从大到小排序，所以在递归的过程中总是会先访问所有子结点中权值更大的，就能满足题意输出。

② 在递归的过程中保存路径有很多方法，这里介绍两种：

第一种：使用 path[]数组表示路径，其中 path[i]表示路径上第 i 个结点的编号（i 从 0 开始），然后使用初值为 0 的变量 numNode 作为下标，在递归过程中每向下递归一层，numNode 加 1。这样 numNode 就可以随时跟踪 path[]数组当前的结点个数，便于随时将新的结点加入路径或者将旧的结点覆盖。

第二种：使用 STL 的 vector。vector 中有 push_back()函数和 pop_back()函数，其作用分别是将给定元素添加入 vector 的末尾和将 vector 的末尾元素删除。这样，当枚举当前访问结点的子结点的过程中，就可以先使用 push_back()方法将子结点加入路径中，然后往下一层递归。最后在下一层递归回溯上来之后将前面加入的子结点 pop_back()即可。

③ 题目要求是从根结点到叶结点的路径，所以在递归过程中出现 sum == S 时必须判断当前访问结点是否是叶结点（即是否有子结点）。只有当前访问结点不是叶结点时才能输出路径，如果不是叶结点，则必须返回。

④ 如果采用其他写法，一定要注意 cmp 函数中的所有情况都必须有返回值。这是因为程序需要能够处理有两条路径上结点 weight 完全相同的情况，否则最后一个测试点会返回“段错误”。下面是一组例子：

```
//input
4 1 2
1 1 1 1
00 3 01 02 03
//output
1 1
1 1
1 1
```

参考代码

```
#include <cstdio>
#include <vector>
#include <algorithm>
using namespace std;
const int MAXN = 110;
struct node {
    int weight;          //数据域
    vector<int> child;  //指针域
} Node[MAXN];            //结点数组
bool cmp(int a, int b) {
    return Node[a].weight > Node[b].weight;      //按结点数据域从大到小排序
}
```

```
int n, m, S;        //结点数、边数、给定的和
int path[MAXN];     //记录路径

//当前访问结点为 index，numNode 为当前路径 path 上的结点个数
//sum 为当前的结点点权和
void DFS(int index, int numNode, int sum) {
    if(sum > S) return;      //当前和 sum 超过 S，直接返回
    if(sum == S) {           //当前和 sum 等于 S
        if(Node[index].child.size() != 0) return;   //还没到叶子结点，直接返回
        //到达叶子结点，此时 path[]中存放了一条完整的路径，输出它
        for(int i = 0; i < numNode; i++) {
            printf("%d", Node[path[i]].weight);
            if(i < numNode - 1) printf(" ");
            else printf("\n");
        }
        return;     //返回
    }
    for(int i = 0; i < Node[index].child.size(); i++) {     //枚举所有子结点
        int child = Node[index].child[i];       //结点 index 的第 i 的子结点编号
        path[numNode] = child;      //将结点 child 加到路径 path 末尾
        DFS(child, numNode + 1, sum + Node[child].weight);  //递归进入下一层
    }
}

int main() {
    scanf("%d%d%d", &n, &m, &S);
    for(int i = 0; i < n; i++) {
        scanf("%d", &Node[i].weight);
    }
    int id, k, child;
    for(int i = 0; i < m; i++) {
        scanf("%d%d", &id, &k);     //结点编号、孩子个数
        for(int j = 0; j < k; j++) {
            scanf("%d", &child);
            Node[id].child.push_back(child);    //child 为结点 id 的孩子
        }
        sort(Node[id].child.begin(), Node[id].child.end(), cmp);    //排序
    }
    path[0] = 0;    //路径的第一个结点设置为 0 号结点
    DFS(0, 1, Node[0].weight);  //DFS 求解
```

```
    return 0;
}
```

练习

① 配套习题集的对应小节。

② Codeup Contest ID: 100000612

地址：http://codeup.cn/contest.php?cid=100000612。

本节二维码

9.4　二叉查找树（BST）

9.4.1　二叉查找树的定义

二叉查找树（Binary Search Tree，BST）是一种特殊的二叉树，又称为排序二叉树、二叉搜索树、二叉排序树。二叉查找树的递归定义如下：

① 要么二叉查找树是一棵空树。

② 要么二叉查找树由根结点、左子树、右子树组成，其中左子树和右子树都是二叉查找树，且左子树上所有结点的数据域均**小于或等于**根结点的数据域，右子树上所有结点的数据域均**大于**根结点的数据域。

从二叉查找树的定义中可以知道，二叉查找树实际上是一棵数据域有序的二叉树，即对树上的每个结点，都满足其左子树上所有结点的数据域均小于或等于根结点的数据域，右子树上所有结点的数据域均大于根结点的数据域。图 9-18 给出了几棵二叉查找树的示例。

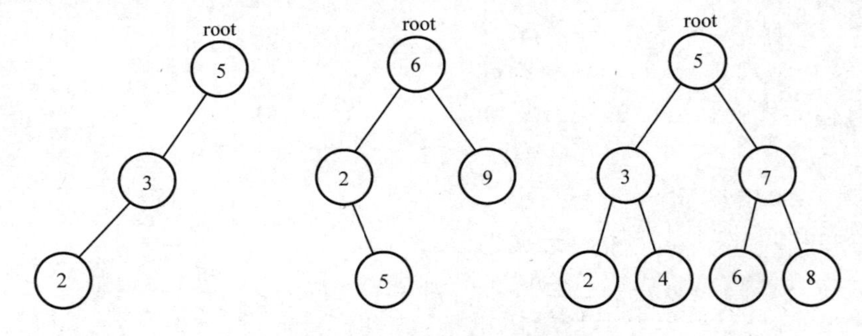

图 9-18　二叉查找树示意图

以图 9-18 的第三棵二叉查找树为例，根结点的数据域为 5，其左子树结点的数据域均小于等于 5，其右子树结点的数据域均大于 5。而在以 3 为根的子树与以 7 为根的子树上，也满足上述条件（即 $2\leqslant3<4$，$6\leqslant7<8$）。

9.4.2　二叉查找树的基本操作

二叉查找树的基本操作有查找、插入、建树、删除。在看下面的内容之前，请读者先去

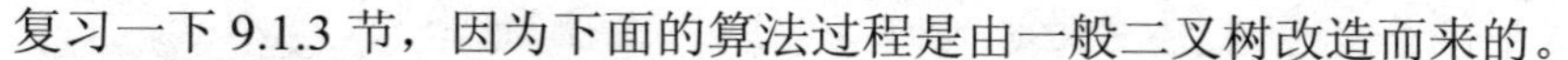

复习一下 9.1.3 节，因为下面的算法过程是由一般二叉树改造而来的。

1. 查找操作

在之前介绍二叉树的查找操作时，由于无法确定二叉树的具体特性，因此只能对左右子树都进行递归遍历。但是二叉查找树的性质决定了读者可以只选择其中一棵子树进行遍历，因此查找将会是从树根到查找结点的一条**路径**，故最坏复杂度是 O(h)，其中 h 是二叉查找树的高度。于是可以得到查找操作的基本思路：

① 如果当前根结点 root 为空，说明查找失败，返回。

② 如果需要查找的值 x 等于当前根结点的数据域 root->data，说明查找成功，访问之。

③ 如果需要查找的值 x 小于当前根结点的数据域 root->data，说明应该往左子树查找，因此向 root->lchild 递归。

④ 说明需要查找的值 x 大于当前根结点的数据域 root->data，则应该往右子树查找，因此向 root->rchild 递归。

由此可以得到代码：

```
//search 函数查找二叉查找树中数据域为 x 的结点
void search(node* root, int x) {
    if(root == NULL) {    //空树，查找失败
        printf("search failed\n");
        return;
    }
    if(x == root->data) {    //查找成功，访问之
        printf("%d\n", root->data);
    } else if(x < root->data) {    //如果 x 比根结点的数据域小，说明 x 在左子树
        search(root->lchild, x);    //往左子树搜索 x
    } else {    //如果 x 比根结点的数据域大，说明 x 在右子树
        search(root->rchild, x);    //往右子树搜索 x
    }
}
```

可以看到，和普通二叉树的查找函数不同，二叉查找树的查找在于对左右子树的选择递归。在普通二叉树中，无法确定需要查找的值 x 到底是在左子树还是右子树，但是在二叉查找树中就可以确定，因为二叉查找树中的数据域顺序总是**左子树<根结点<右子树**。

2. 插入操作

对一棵二叉查找树来说，查找某个数据域的结点一定是沿着确定的路径进行的。因此，当对某个需要查找的值在二叉查找树中查找成功，说明结点已经存在；反之，如果这个需要查找的值在二叉查找树中查找失败，那么说明查找失败的地方一定是结点需要插入的地方。因此可以在上面查找操作的基础上，在 root == NULL 时新建需要插入的结点。显然插入的时间复杂度也是 O(h)，其中 h 为二叉查找树的高度。

代码如下：

```
//insert 函数将在二叉树中插入一个数据域为 x 的新结点（注意参数 root 要加引用&）
void insert(node* &root, int x) {
    if(root == NULL) {  //空树，说明查找失败，也即插入位置
```

```
        root = newNode(x);    //新建结点，权值为 x（见 9.1.3 节）
        return;
    }
    if(x == root->data) {  //查找成功，说明结点已存在，直接返回
        return;
    } else if(x < root->data){  //如果 x 比根结点的数据域小，说明 x 需要插在左子树
        insert(root->lchild, x);  //往左子树搜索 x
    } else {  //如果 x 比根结点的数据域大，说明 x 需要插在右子树
        insert(root->rchild, x);  //往右子树搜索 x
    }
}
```

3. 二叉查找树的建立

建立一棵二叉查找树，就是先后插入 n 个结点的过程，这和一般二叉树的建立是完全一样的，因此代码也基本相同：

```
//二叉查找树的建立
node* Create(int data[], int n) {
    node* root = NULL;    //新建根结点 root
    for(int i = 0; i < n; i++) {
        insert(root, data[i]);    //将 data[0]~data[n-1]插入二叉查找树中
    }
    return root;    //返回根结点
}
```

需要注意的是，即便是一组相同的数字，如果插入它们的顺序不同，最后生成的二叉查找树也可能不同。例如，先后插入{5, 3, 7, 4, 2, 8, 6}与{7, 4, 5, 8, 2, 6, 3}之后可以得到两棵不同的二叉查找树，如图 9-19 所示。

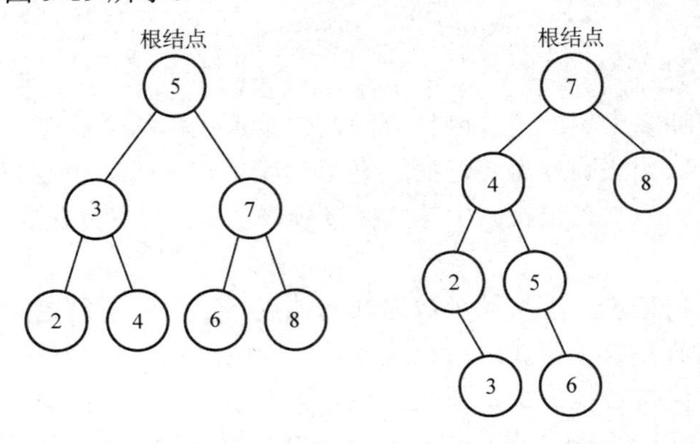

图 9-19　不同插入顺序的二叉查找树示意图

4. 二叉查找树的删除

二叉查找树的删除操作一般有两种常见做法，复杂度都是 O(h)，其中 h 为二叉查找树的高度。此处主要介绍简单易写的一种。

图 9-20 所示是一棵二叉查找树，如果需要删掉根结点 5，应该怎么做呢？为了保证删除

操作之后仍然是一棵二叉查找树，一种办法是以树中比 5 小的最大结点（也就是结点 4）覆盖结点 5，然后删除原来的结点 4；另一种办法是把树中比 5 大的最小结点（也就是结点 6）覆盖结点 5，然后删除原来的结点 6。这两种做法都能保证删除操作之后仍然是一棵二叉查找树（想一想为什么？）。

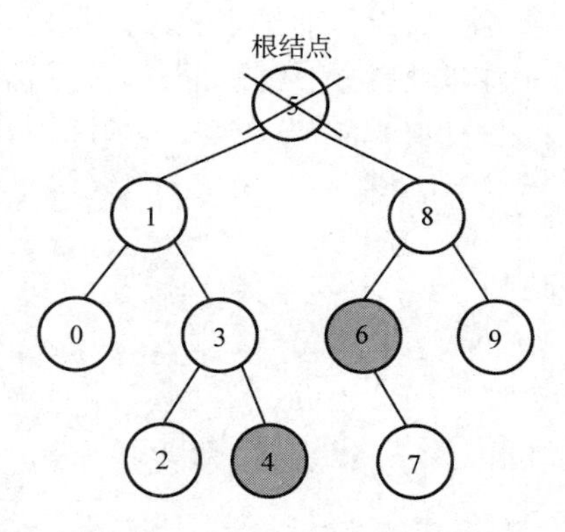

图 9-20　二叉查找树删除示意图

把以二叉查找树中比结点权值小的最大结点称为该结点的**前驱**，而把比结点权值大的最小结点称为该结点的**后继**。显然，结点的前驱是该结点左子树中的最右结点（也就是从左子树根结点开始不断沿着 rchild 往下直到 rchild 为 NULL 时的结点），而结点的后继则是该结点右子树中的最左结点（也就是从右子树根结点开始不断沿着 lchild 往下直到 lchild 为 NULL 时的结点）。下面两个函数用来寻找以 root 为根的树中最大或最小权值的结点，用以辅助寻找结点的前驱和后继：

```
//寻找以 root 为根结点的树中的最大权值结点
node* findMax(node* root) {
    while(root->rchild != NULL) {
        root = root->rchild;    //不断往右，直到没有右孩子
    }
    return root;
}
//寻找以 root 为根结点的树中的最小权值结点
node* findMin(node* root) {
    while(root->lchild != NULL) {
        root = root->lchild;    //不断往左，直到没有左孩子
    }
    return root;
}
```

假设决定用结点 N 的前驱 P 来替换 N，于是就把问题转换为在 N 的左子树中删除结点 P，就可以递归下去了，直到递归到一个叶子结点，就可以直接把它删除了。

因此删除操作的基本思路如下：

① 如果当前结点 root 为空，说明不存在权值为给定权值 x 的结点，直接返回。

② 如果当前结点 root 的权值恰为给定的权值 x，说明找到了想要删除的结点，此时进入删除处理。

a）如果当前结点 root 不存在左右孩子，说明是叶子结点，直接删除。

b）如果当前结点 root 存在左孩子，那么在左子树中寻找结点前驱 pre，然后让 pre 的数据覆盖 root，接着在左子树中删除结点 pre。

c）如果当前结点 root 存在右孩子，那么在右子树中寻找结点后继 next，然后让 next 的数据覆盖 root，接着在右子树中删除结点 next。

③ 如果当前结点 root 的权值大于给定的权值 x，则在左子树中递归删除权值为 x 的结点。

④ 如果当前结点root的权值小于给定的权值x，则在右子树中递归删除权值为x的结点。

删除操作的代码如下（如果需要，可以在删除叶子结点的同时释放它的空间）：

```
//删除以 root 为根结点的树中权值为 x 的结点
void deleteNode(node* &root, int x) {
    if(root == NULL) return;    //不存在权值为 x 的结点
    if(root->data == x) {    //找到欲删除结点
        if(root->lchild == NULL && root->rchild == NULL) { //叶子结点直接删除
            root = NULL;    //把 root 地址设为 NULL，父结点就引用不到它了
        } else if(root->lchild != NULL) {    //左子树不为空时
            node* pre = findMax(root->lchild);    //找 root 前驱
            root->data = pre->data;    //用前驱覆盖 root
            deleteNode(root->lchild, pre->data);    //在左子树中删除结点 pre
        } else {    //右子树不为空时
            node* next = findMin(root->rchild);    //找 root 后继
            root->data = next->data;    //用后继覆盖 root
            deleteNode(root->rchild, next->data);    //在右子树中删除结点 next
        }
    } else if(root->data > x) {
        deleteNode(root->lchild, x);    //在左子树中删除 x
    } else {
        deleteNode(root->rchild, x);    //在右子树中删除 x
    }
}
```

当然这段代码可以通过很多手段优化，例如可以在找到欲删除结点root的后继结点next后，不进行递归，而通过这样的手段直接删除该后继：假设结点next的父亲结点是结点S，显然结点next是S的左孩子（想一想为什么？），那么由于结点next一定没有左子树（想一想为什么？），便可以直接把结点next的右子树代替结点next成为S的左子树，这样就删去了结点next。前驱同理。例如图9-20中结点5的后继是结点6，它是父亲结点8的左孩子，那么在用结点6覆盖结点5之后，可以直接把结点6的右子树代替结点6称为结点8的左子树。为了方便操作，这个优化需要在结点定义中额外记录每个结点的父亲结点地址，有兴趣的读者可以自己尝试实现。

但是也要注意，总是优先删除前驱（或者后继）容易导致树的左右子树高度极度不平衡，使得二叉查找树退化成一条链。解决这一问题的办法有两种：一种是每次交替删除前驱或后继；另一种是记录子树高度，总是优先在高度较高的一棵子树里删除结点。

9.4.3 二叉查找树的性质

二叉查找树一个实用的性质：**对二叉查找树进行中序遍历，遍历的结果是有序的。**

这是由于二叉查找树本身的定义中就包含了左子树<根结点<右子树的特点，而中序遍历的访问顺序也是左子树→根结点→右子树，因此，所得到的中序遍历序列是有序的。

另外，如果合理调整二叉查找树的形态，使得树上的每个结点都尽量有两个子结点，这

样整个二叉查找树的高度就会很低，也即树的高度大概在 log(N)的级别，其中 N 是结点个数。能实现这个要求的一种树是平衡二叉树（AVL），参见 9.5 节。

【PAT A1043】Is it a Binary Search Tree

题目描述

A Binary Search Tree (BST) is recursively defined as a binary tree which has the following properties:

- The left subtree of a node contains only nodes with keys less than the node's key.
- The right subtree of a node contains only nodes with keys greater than or equal to the node's key.
- Both the left and right subtrees must also be binary search trees.

If we swap the left and right subtrees of every node, then the resulting tree is called the Mirror Image of a BST.

Now given a sequence of integer keys, you are supposed to tell if it is the preorder traversal sequence of a BST or the mirror image of a BST.

输入格式

Each input file contains one test case. For each case, the first line contains a positiveinteger N (≤1000). Then N integer keys are given in the next line. All the numbers in a line are separated by a space.

输出格式

For each test case, first print in a line "YES" if the sequence is the preorder traversal sequence of a BST or the mirror image of a BST, or "NO" if not. Then if the answer is "YES", print in the next line the postorder traversal sequence of that tree. All the numbers in a line must be separated by a space, and there must be no extra space at the end of the line.

（原题即为英文题）

输入样例 1

```
7
8 6 5 7 10 8 11
```

输出样例 1

```
YES
5 7 6 8 11 10 8
```

输入样例 2

```
7
8 10 11 8 6 7 5
```

输出样例 2

```
YES
11 8 10 7 5 6 8
```

输入样例 3

```
7
8 6 8 5 10 9 11
```

输出样例 3

```
NO
```

题意

给出 N 个正整数来作为一棵二叉排序树的结点插入顺序，问：这串序列是否是该二叉排序树的先序序列或是该二叉排序树的镜像树的先序序列。所谓镜像树是指交换二叉树的所有结点的左右子树而形成的树（也即左子树所有结点数据域大于或等于根结点，而根结点数据域小于右子树所有结点的数据域）。如果是镜像树，则输出 YES，并输出对应的树的后序序列；否则，输出 NO。

样例解释

样例 1

显然插入序列就是二叉排序树的先序序列，如图 9-21 所示。

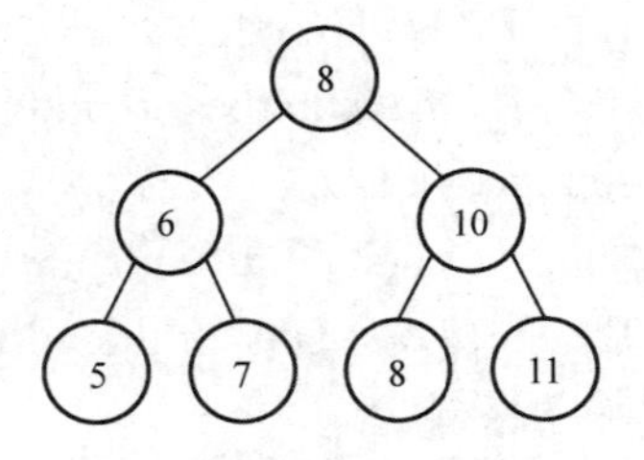

图 9-21　样例 1 示意图

样例 2

通过序列产生的二叉树第一个样例中的二叉树，其镜像树如图 9-22 所示，而题目给出的序列恰好为该镜像树的先序序列。

样例 3

如图 9-23 所示插入的序列显然既不是该二叉树的先序序列，也不是其镜像树的先序序列，因此输出 NO。

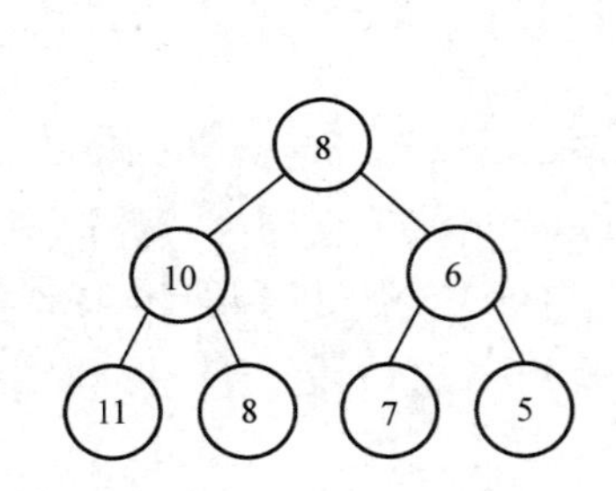

图 9-22　样例 2 示意图

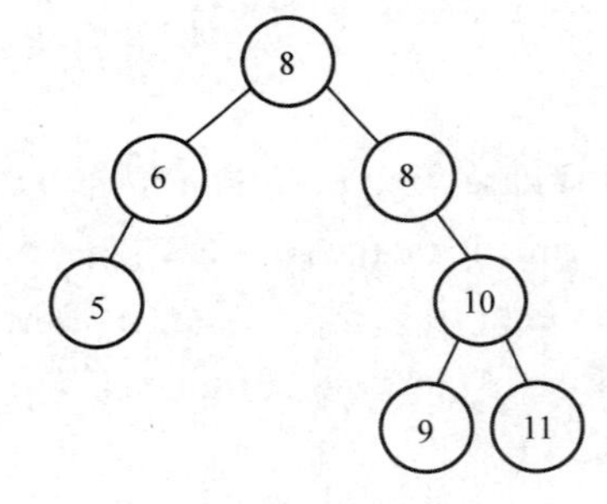

图 9-23　样例 3 示意图

思路

通过给定的插入序列，构建出二叉排序树。对镜像树的先序遍历只需要在原树的先序遍历时交换左右子树的访问顺序即可，下面是示例代码：

```
//镜像树先序遍历，结果存放于 vi
void preOrderMirror(node* root, vector<int>&vi) {
    if(root == NULL) return;
    vi.push_back(root->data);
    preOrderMirror(root->right, vi);  //先遍历右子树，再遍历左子树
    preOrderMirror(root->left, vi);
}
```

注意点

① 使用 vector 来存放初始序列、先序序列、镜像树先序序列，可以方便相互之间的比较。若使用数组，则比较操作就需要使用循环才能实现。

② 本题也可以在读入数据的同时建立其镜像二叉树，只需要将插入时的比较逻辑反过来即可。这样先序遍历和后序遍历只需要各写一个函数。

③ 定义根结点时要将其设为空节点（一开始是没有元素的）；在新建结点时要注意令其左右子结点地址设为 NULL。

参考代码

```
#include <cstdio>
#include <vector>
using namespace std;
struct node{
    int data;               //数据域
    node *left ,*right;     //指针域
};

void insert(node* &root, int data) {
    if(root == NULL) {      //到达空结点时，即为需要插入的位置
        root = new node;
        root->data = data;
        root->left = root->right = NULL;    //此句不能漏
        return;
    }
    if(data < root->data) insert(root->left, data);     //插在左子树
    else insert(root->right, data);     //插在右子树
}
void preOrder(node* root, vector<int>&vi) {    //先序遍历，结果存在 vi
    if(root == NULL) return;
    vi.push_back(root->data);
    preOrder(root->left, vi);
    preOrder(root->right, vi);
}
//镜像树先序遍历，结果存放于 vi
void preOrderMirror(node* root, vector<int>&vi) {
    if(root == NULL) return;
    vi.push_back(root->data);
    preOrderMirror(root->right, vi);
    preOrderMirror(root->left, vi);
}
void postOrder(node* root, vector<int>&vi) {   //后序遍历，结果存放于 vi
    if(root == NULL) return;
    postOrder(root->left, vi);
```

```
    postOrder(root->right, vi);
    vi.push_back(root->data);
}
//镜像树后序遍历，结果存放于vi
void postOrderMirror(node* root, vector<int>&vi) {
    if(root == NULL) return;
    postOrderMirror(root->right, vi);
    postOrderMirror(root->left, vi);
    vi.push_back(root->data);
}
//origin存放初始序列
//pre、post为先序、后序，preM、postM为镜像树先序、后序
vector<int> origin, pre, preM, post, postM;
int main() {
    int n, data;
    node* root = NULL;       //定义头结点
    scanf("%d", &n);         //输入结点个数
    for(int i = 0; i < n; i++) {
        scanf("%d", &data);
        origin.push_back(data);    //将数据加入origin
        insert(root, data);        //将data插入二叉树
    }
    preOrder(root, pre);           //求先序
    preOrderMirror(root, preM);    //求镜像树先序
    postOrder(root, post);         //求后序
    postOrderMirror(root, postM);  //求镜像树后序
    if(origin == pre) {            //初始序列等于先序序列
        printf("YES\n");
        for(int i = 0; i < post.size(); i++) {
            printf("%d", post[i]);
            if(i < post.size() - 1) printf(" ");
        }
    } else if(origin == preM) {    //初始序列等于镜像树先序序列
        printf("YES\n");
        for(int i = 0; i < postM.size(); i++) {
            printf("%d", postM[i]);
            if(i < postM.size() - 1) printf(" ");
        }
    } else {
        printf("NO\n");      //否则输出NO
```

```
    }
    return 0;
}
```

练习

① 配套习题集的对应小节。

② Codeup Contest ID: 100000613

地址：http://codeup.cn/contest.php?cid=100000613。

本节二维码

9.5 平衡二叉树（AVL 树）

9.5.1 平衡二叉树的定义

首先来看看上一小节介绍的二叉查找树有什么缺陷。考虑使用序列{1, 2, 3, 4, 5}构建二叉查找树，会得到图 9-24 所示的二叉查找树。

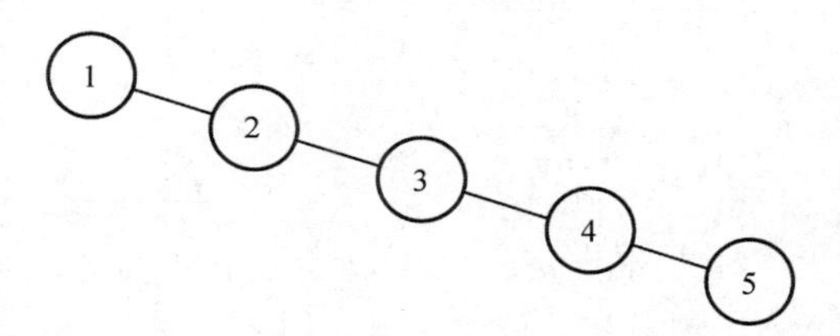

图 9-24　由{1,2,3,4,5}构建的二叉查找树

显然这棵二叉查找树是链式的。那么，一旦需要对有 10^5 级别个递增元素的序列构建二叉查找树，也将会得到一棵长链条式的树，此时对这棵树中结点进行查找的复杂度就会达到 O(n)，起不到使用二叉查找树来进行数据查询优化的目的。于是需要对树的结构进行调整，**使树的高度在每次插入元素后仍然能保持 O(logn)的级别**，这样能让查询操作仍然是 O(logn)的时间复杂度，于是就产生了平衡二叉树。

平衡二叉树由前苏联两位数学家 G.M.Adelse-Velskil 和 E.M.Landis 提出，因此一般也称作 AVL 树。**AVL 树仍然是一棵二叉查找树**，只是在其基础上增加了“平衡”的要求。所谓**平衡**是指，对 AVL 树的任意结点来说，其左子树与右子树的高度之差的绝对值不超过 1，其中左子树与右子树的高度之差称为该结点的**平衡因子**。例如图 9-25 中的前两棵树就是 AVL 树，第 3 棵树不是 AVL 树，因为存在结点的平衡因子的绝对值大于 1。

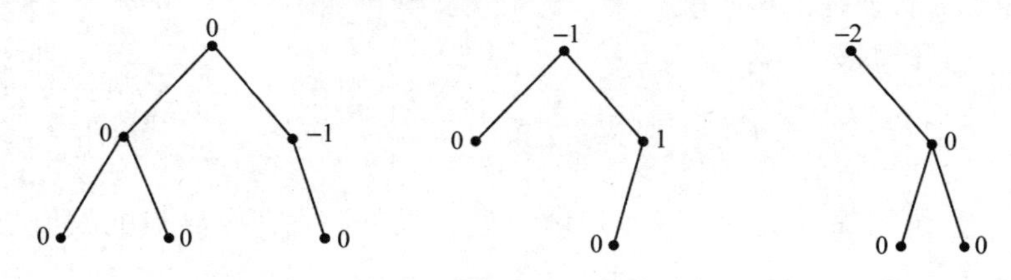

图 9-25　AVL 示意图（数字表示平衡因子）

只要能随时保证每个结点平衡因子的绝对值不超过 1，AVL 的高度就始终能保持 O(logn)

级别。由于需要对每个结点都得到平衡因子，因此需要在树的结构中加入一个变量 height，用来记录以当前结点为根结点的子树的高度：

```
struct node {
    int v, height;    //v为结点权值，height为当前子树高度
    node *lchild, *rchild;    //左右孩子结点地址
};
```

在这种定义下，如果需要新建一个结点，就可以采用如下写法：

```
//生成一个新结点，v为结点权值
node* newNode(int v) {
    node* Node = new node;    //申请一个node型变量的地址空间
    Node->v = v;    //结点权值为v
    Node->height = 1;    //结点高度初始为1
    Node->lchild = Node->rchild = NULL;    //初始状态下没有左右孩子
    return Node;    //返回新建结点的地址
}
```

显然，可以通过下面的函数获取结点 root 所在子树的当前高度：

```
//获取以root为根结点的子树的当前height
int getHeight(node* root) {
    if(root == NULL) return 0;    //空结点高度为0
    return root->height;
}
```

于是根据定义，可以通过下面的函数计算平衡因子：

```
//计算结点root的平衡因子
int getBalanceFactor(node* root) {
    //左子树高度减右子树高度
    return getHeight(root->lchild) - getHeight(root->rchild);
}
```

为什么不直接记录结点的平衡因子，而是记录高度？因为没有办法通过当前结点的子树的平衡因子计算得到该结点的平衡因子，而需要借助子树的高度间接求得。显然，**结点 root 所在子树的 height 等于其左子树的 height 与右子树的 height 的较大值加 1**，因此可以通过下面的函数来更新 height：

```
//更新结点root的height
void updateHeight(node* root) {
    //max(左孩子的height, 右孩子的height) + 1
    root->height = max(getHeight(root->lchild), getHeight(root->rchild))+1;
}
```

下面介绍 AVL 树的基本操作，为了讲解方便，以下假设每个结点的权值都不相同。

9.5.2 平衡二叉树的基本操作

和二叉查找树相同，AVL 树的基本操作有查找、插入、建树以及删除，由于删除操作较

为复杂，因此主要介绍 AVL 树的查找、插入和建立。

1. 查找操作

由于 AVL 树是一棵二叉查找树，因此其查找操作的做法与二叉查找树相同，具体可以参见 9.4.2 节中二叉查找树的查找操作步骤。由于 AVL 树的高度为 O(logn)级别，因此 AVL 树的查找操作的时间复杂度为 O(logn)。

可以得到和二叉查找树的查找操作完全相同的代码：

```
//search 函数查找 AVL 树中数据域为 x 的结点
void search(node* root, int x) {
    if(root == NULL) {  //空树，查找失败
        printf("search failed\n");
        return;
    }
    if(x == root->data) {  //查找成功，访问之
        printf("%d\n", root->data);
    } else if(x < root->data){  //如果 x 比根结点的数据域小，说明 x 在左子树
        search(root->lchild, x);  //往左子树搜索 x
    } else {  //如果 x 比根结点的数据域大，说明 x 在右子树
        search(root->rchild, x);  //往右子树搜索 x
    }
}
```

2. 插入操作

先抛开 AVL 树的插入问题，考虑图 9-26 左的二叉查找树，其中☆是结点 A 的左子树，◆和◇分别是结点 B 的左子树和右子树。本来大家相安无事，但是有一天结点 B 忽然觉得，既然 A 的权值比自己的权值小，凭什么必须让 A 当根结点呢？于是 B 找 A 商量，想自己来当根结点。A 便同意了。但是由于基因的作用，它们将保证调整后的树仍然是一棵二叉查找树。

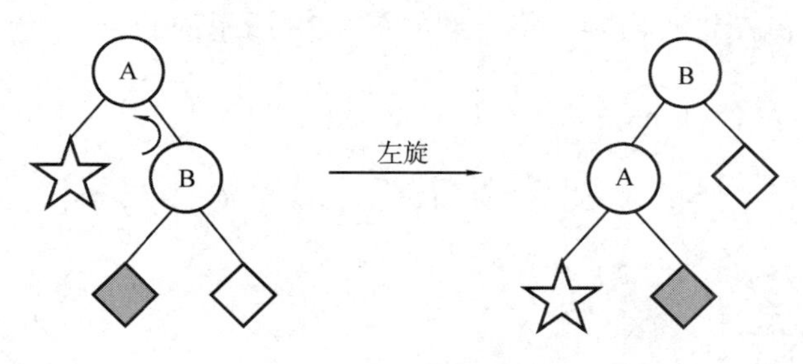

图 9-26　左旋示意图

显然，☆上所有结点的权值都比结点 A 小，◇上所有结点的权值都比结点 B 大，因此不需要在调整中对☆和◇的位置进行改动（即☆仍然是结点 A 的左子树，◇仍然是结点 B 的右子树）。那么◆的位置是否需要改动呢？当然是需要的，因为调整后 B 的左孩子将是结点 A，因此◆必须移到其他地方去。移到哪里呢？考虑到 A、B、◆的权值满足 A <◆< B，于是让◆成为 A 的右子树即可。

这个调整过程被称为**左旋（Left Rotation）**。假设指针 root 指向结点 A，指针 temp 指向

结点 B，于是调整过程可以分为三个步骤，请结合图 9-27 理解。注意：图中黑色填充代表整个过程中该部分的父亲结点发生了变化，下同。调整步骤如下：

① 让 B 的左子树◆成为 A 的右子树。

② 让 A 成为 B 的左子树。

③ 将根结点设定为结点 B。

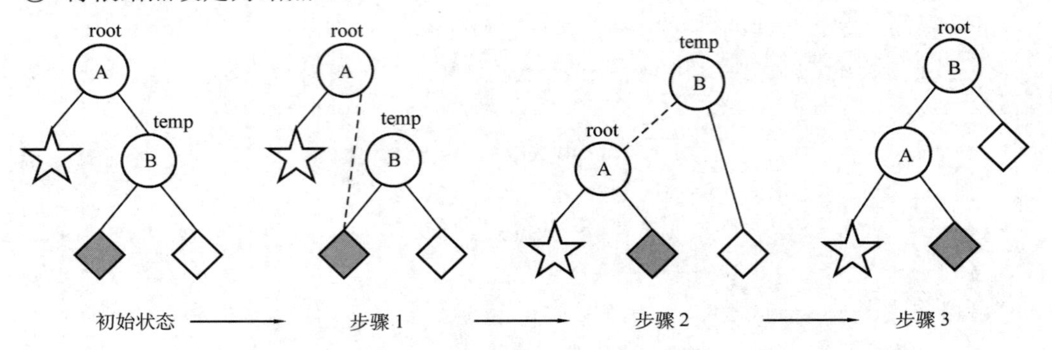

图 9-27　左旋实现过程图

对应的代码如下：

```
//左旋（Left Rotation）
void L(node* &root) {
    node* temp = root->rchild;    //root 指向结点 A，temp 指向结点 B
    root->rchild = temp->lchild;    //步骤 1
    temp->lchild = root;    //步骤 2
    updateHeight(root);    //更新结点 A 的高度
    updateHeight(temp);    //更新结点 B 的高度
    root = temp;    //步骤 3
}
```

既然有左旋，一定会有右旋（**Right Rotation**）。事实上，右旋和左旋是对称的过程，于是可以把图 9-26 的右侧图进行右旋，将得到如图 9-28 所示的结果。

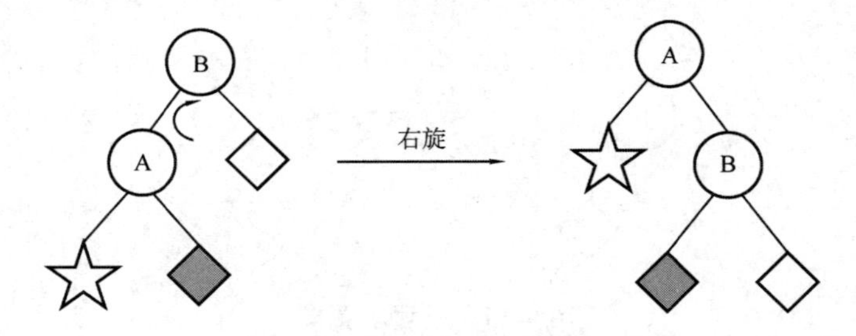

图 9-28　右旋示意图

右旋的实现步骤和左旋基本相同，也是先移动◆，再改变 AB 的父子关系（可以结合图 9-29 理解）：

① 让 A 的右子树◆成为 B 的左子树。

② 让 B 成为 A 的右子树。

③ 将根结点设定为结点 A。

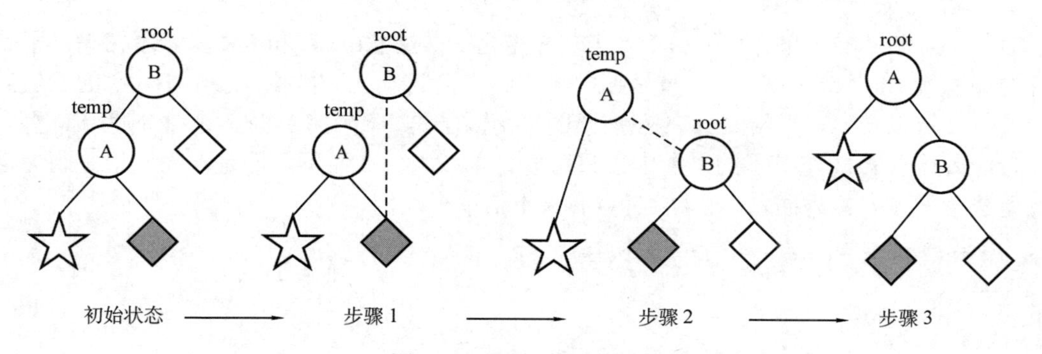

图 9-29　右旋过程过程图

同样可以写出对应的代码：

```
//右旋（Right Rotation）
void R(node* &root) {
    node* temp = root->lchild;    //root 指向结点 B，temp 指向结点 A
    root->lchild = temp->rchild;    //步骤 1
    temp->rchild = root;    //步骤 2
    updateHeight(root);    //更新结点 B 的高度
    updateHeight(temp);    //更新结点 A 的高度
    root = temp;    //步骤 3
}
```

对比左旋和右旋的代码可以发现，两组代码只不过把代码中所有出现的 left 变成 right、right 变成 left。由此也可以进一步理解左旋和右旋的对称本质——它们互为逆操作，如图 9-30 所示。

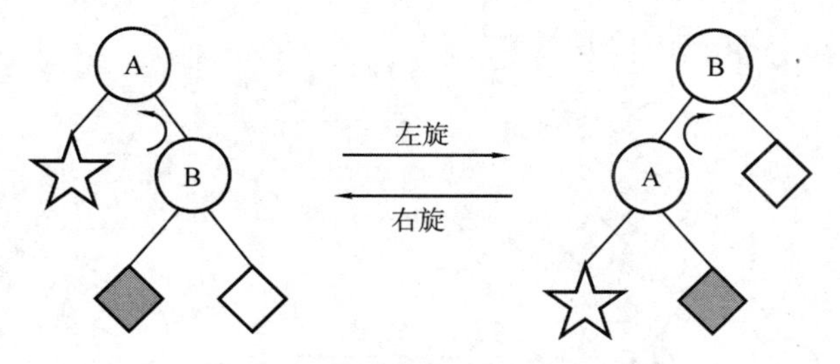

图 9-30　左右旋对称示意图

关于旋转的讨论到此为止，接下来开始讨论 AVL 树的插入操作。

假设现在已有一棵平衡二叉树，那么可以预见到，在往其中插入一个结点时，一定会有结点的平衡因子发生变化，此时可能会有结点的平衡因子的绝对值大于 1（这些平衡因子只可能是 2 或者–2，想一想为什么？），这样以该结点为根结点的子树就是失衡的，需要进行调整。显然，只有在从根结点到该插入结点的路径上的结点才可能发生平衡因子变化，因此只需对这条路径上失衡的结点进行调整。可以证明，**只要把最靠近插入结点的失衡结点调整到正常，路径上的所有结点就都会平衡**。

假设最靠近插入结点的失衡结点是 A，显然它的平衡因子只可能是 2 或者–2。很容易发现这两种情况完全对称，因此主要讨论结点 A 的平衡因子是 2 的情形。

由于结点 A 的平衡因子是 2，因此左子树的高度比右子树大 2，于是以结点 A 为根结点的子树一定是图 9-31 的两种形态 LL 型与 LR 型之一（**注意：LL 和 LR 只表示树型，不是左右旋的意思**），其中☆、★、◇、◆是图中相应结点的 AVL 子树，结点 A、B、C 的权值满足 A > B > C。可以发现，**当结点 A 的左孩子的平衡因子是 1 时为 LL 型，是–1 时为 LR 型**。那么，为什么结点 A 的左孩子的平衡因子只可能是 1 或者–1，而不可能是 0 呢？这是因为这种情况无法由平衡二叉树插入一个结点得到。（不信举个反例？）

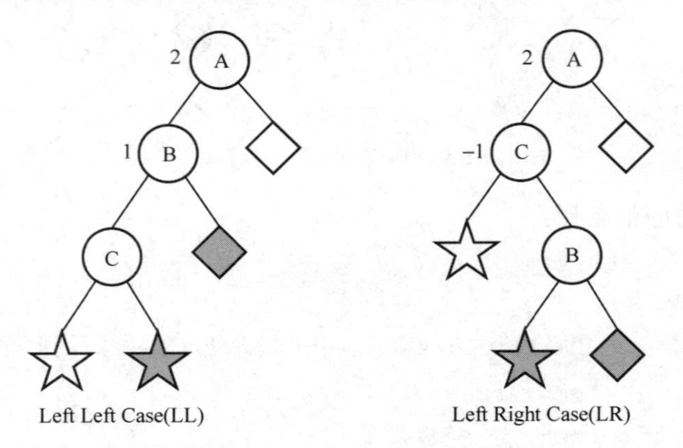

图 9-31　树型之 LL 型与 LR 型（数字代表平衡因子）

补充说明，除了☆、★、◇、◆均为空树的情况以外，其他任何情况均满足在插入前底层两棵子树的高度比另外两棵子树的高度小 1，且插入操作一定发生在底层两棵子树上。例如对 LL 型来说，插入前子树的高度满足☆ = ★ = ◆ – 1 = ◇ – 1，而在☆或★中插入一个结点后导致☆或★的高度加 1，使得结点 A 不平衡。（辅助理解，不需要记住）

现在考虑怎样调整这两种树型，才能使树平衡。

先考虑 LL 型，可以把以 C 为根结点的子树看作一个整体，然后以结点 A 作为 root 进行右旋，便可以达到平衡，如图 9-32 所示。

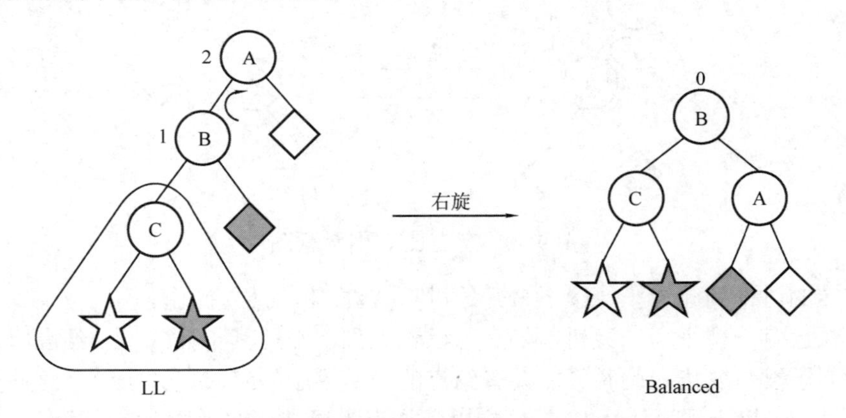

图 9-32　LL 型调整示意图（数字代表平衡因子）

然后考虑 LR 型，可以先忽略结点 A，以结点 C 为 root 进行左旋，就可以把情况转化为 LL 型，然后按上面 LL 型的做法进行一次右旋即可，如图 9-33 所示。

至此，结点 A 的平衡因子是 2 的情况已经讨论清楚，下面简要说明平衡因子是–2 的情况，显然两种情况是完全对称的。

由于结点 A 的平衡因子为–2，因此右子树的高度比左子树大 2，于是以结点 A 为根结点的子树一定是图 9-34 的两种形态 RR 型与 RL 型之一，如图 9-33 所示。注意，由于和上面讨论的 LL 型和 LR 型对称，此处结点 A、B、C 的权值满足 A < B < C。可以发现，**当结点 A 的右孩子的平衡因子是–1 时为 RR 型，是 1 时为 RL 型**。

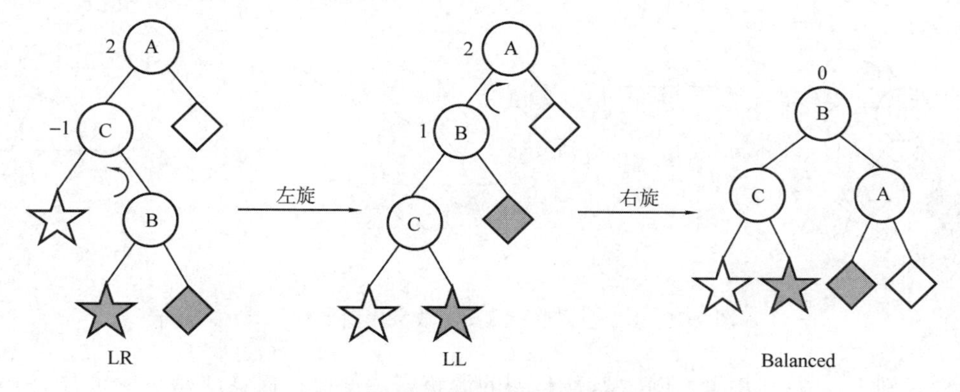

图 9-33　LR 型调整示意图（数字代表平衡因子）

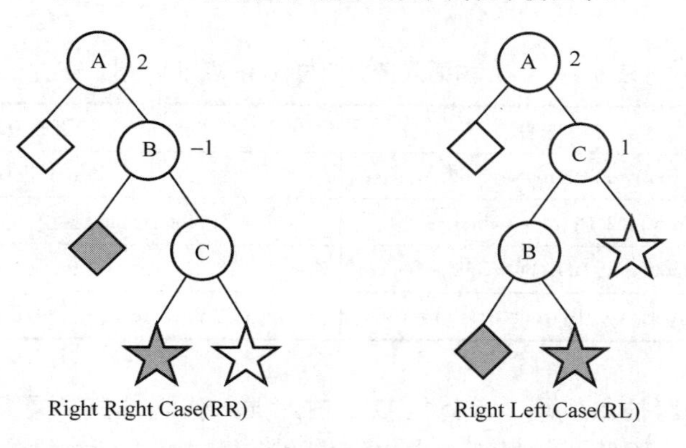

图 9-34　树型之 RR 型与 RL 型（数字代表平衡因子）

对 RR 型来说，可以把以 C 为根结点的子树看作一个整体，然后以结点 A 作为 root 进行左旋，便可以达到平衡，如图 9-35 所示。

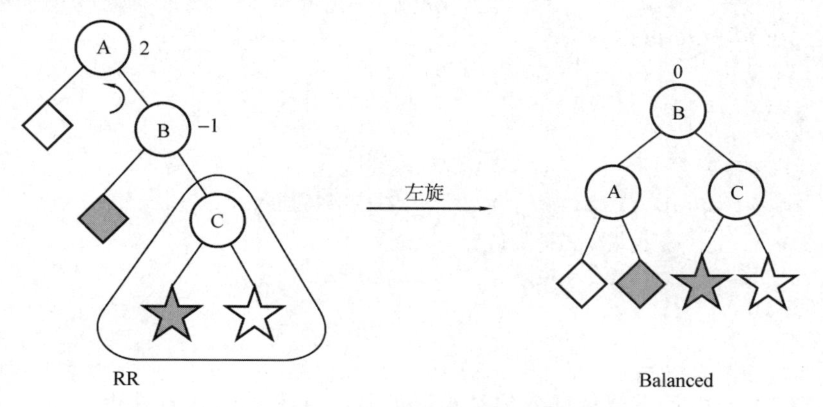

图 9-35　RR 型调整示意图（数字代表平衡因子）

对 RL 型来说，可以先忽略结点 A，以结点 C 为 root 进行右旋，就可以把情况转化为 RR 型，然后按上面 RR 型的做法进行一次左旋即可，如图 9-36 所示。

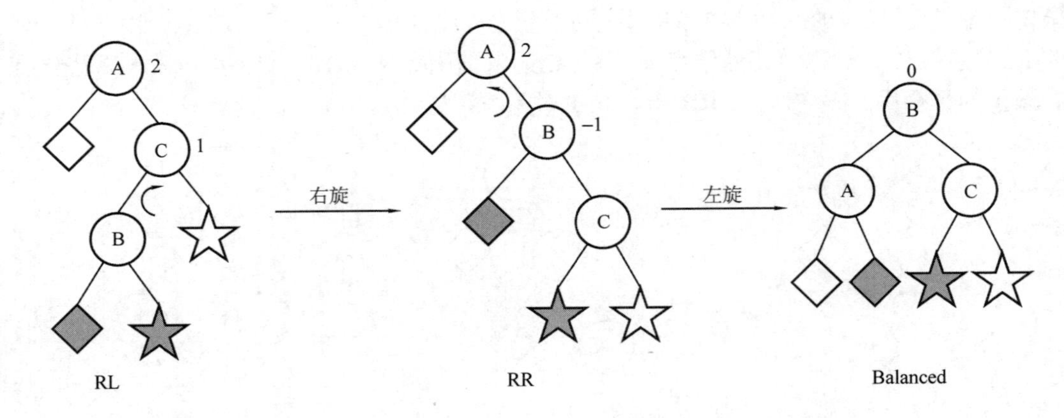

图 9-36　RL 型调整示意图（数字代表平衡因子）

至此，对 LL 型、LR 型、RR 型、RL 型的调整方法都已经讨论清楚，下面做个小小的汇总，见表 9-1。

表 9-1　AVL 树插入情况汇总（BF 表示平衡因子）

树型	判定条件	调整方法
LL	BF(root) = 2, BF(root->lchild) = 1	对 root 进行右旋
LR	BF(root) = 2, BF(root->lchild) = −1	先对 root->lchild 进行左旋，再对 root 进行右旋
RR	BF(root) = −2, BF(root->rchild) = −1	对 root 进行左旋
RL	BF(root) = −2, BF(root->rchild) = 1	先对 root->rchild 进行右旋，再对 root 进行左旋

现在考虑如何书写插入代码。首先，AVL 树的插入代码是在二叉查找树的插入代码的基础上增加平衡操作的，因此，如果不考虑平衡操作，代码是下面这样的：

```
//插入权值为 v 的结点
void insert(node* &root, int v) {
    if(root == NULL) {    //到达空结点
        root = newNode(v);
        return;
    }
    if(v < root->v) {    //v 比根结点的权值小
        insert(root->lchild, v);    //往左子树插入
    } else {    //v 比根结点的权值大
        insert(root->rchild, v);    //往右子树插入
    }
}
```

在这个基础上，由于需要从插入的结点开始从下往上判断结点是否失衡，因此需要在每个 insert 函数之后更新当前子树的高度，并在这之后根据树型是 LL 型、LR 型、RR 型、RL 型之一来进行图 9-33 的平衡操作，代码如下：

```
//插入权值为 v 的结点
```

```
void insert(node* &root, int v) {
    if(root == NULL) {    //到达空结点
        root = newNode(v);
        return;
    }
    if(v < root->v) {    //v比根结点的权值小
        insert(root->lchild, v);    //往左子树插入
        updateHeight(root);    //更新树高
        if(getBalanceFactor(root) == 2) {
            if(getBalanceFactor(root->lchild) == 1) {    //LL型
                R(root);
            } else if(getBalanceFactor(root->lchild) == -1) {    //LR型
                L(root->lchild);
                R(root);
            }
        }
    } else {    //v比根结点的权值大
        insert(root->rchild, v);    //往右子树插入
        updateHeight(root);    //更新树高
        if(getBalanceFactor(root) == -2) {
            if(getBalanceFactor(root->rchild) == -1) {    //RR型
                L(root);
            } else if(getBalanceFactor(root->rchild) == 1) {    //RL型
                R(root->rchild);
                L(root);
            }
        }
    }
}
```

3. AVL树的建立

有了上面插入操作的基础，AVL树的建立就非常简单了，因为只需依次插入n个结点即可。代码如下：

```
//AVL树的建立
node* Create(int data[], int n) {
    node* root = NULL;    //新建空根结点root
    for(int i = 0; i < n; i++) {
        insert(root, data[i]);    //将data[0]~data[n-1]插入AVL树中
    }
    return root;    //返回根结点
}
```

练习

① 配套习题集的对应小节。

② Codeup Contest ID: 100000614

地址：http://codeup.cn/contest.php?cid=100000614。

本节二维码

9.6 并查集

9.6.1 并查集的定义

并查集是一种维护集合的数据结构，它的名字中“并”“查”“集”分别取自 Union（合并）、Find（查找）、Set（集合）这 3 个单词。也就是说，并查集支持下面两个操作：

① 合并：合并两个集合。

② 查找：判断两个元素是否在一个集合。

那么并查集是用什么实现的呢？其实就是用一个数组：

```
int father[N];
```

其中 fahter[i]表示元素 i 的父亲结点，而父亲结点本身也是这个集合内的元素（1≤i≤N）。例如 father[1] = 2 就表示元素 1 的父亲结点是元素 2，以这种父系关系来表示元素所属的集合。另外，如果 father[i] == i，则说明元素 i 是该集合的根结点，但**对同一个集合来说只存在一个根结点，且将其作为所属集合的标识**。

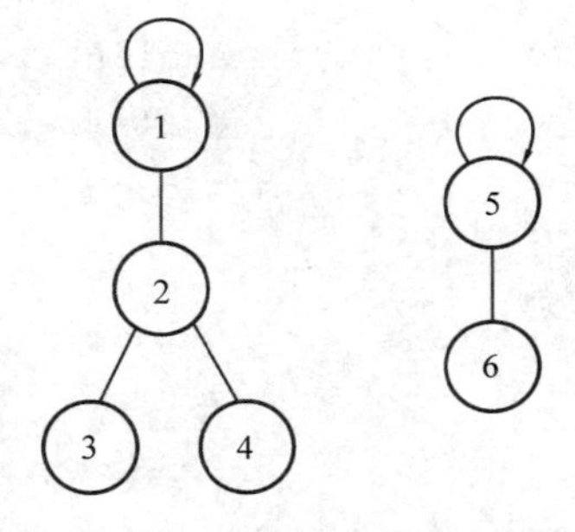

图 9-37　并查集父亲关系示意图

举个例子，下面给出了图 9-37 的 father 数组情况。

```
father[1]=1;  //1 的父亲结点是自己，也就是说 1 号是根结点
father[2]=1;//2 的父亲结点是 1
father[3]=2;//3 的父亲结点是 2
father[4] = 2;  //4 的父亲结点是 2
father[5] = 5;  //5 的父亲结点是自己，也就是说 5 号是根结点
father[6] = 5;  //6 的父亲结点是 5
```

在图 9-37 中，father[1] == 1 说明元素 1 的父亲结点是自己，即元素 1 是集合的根结点。father[2] == 1 说明元素 2 的父亲结点是元素 1，father[3] = 2 和 father[4] = 2 说明元素 3 和元素 4 的父亲结点都是元素 2，这样元素 1、2、3、4 就在同一个集合当中。father[5] = 5 和 father[6] = 5 则说明 5 和 6 是以 5 为根结点的集合。这样就得到了两个不同的集合。

9.6.2 并查集的基本操作

总体来说，并查集的使用需要先初始化 father 数组，然后再根据需要进行查找或合并的

操作。

1. 初始化

一开始，每个元素都是独立的一个集合，因此需要令所有 father[i]等于 i：

```
for(int i = 1; i <= N; i++) {
    father[i] = i;  //令 father[i]为-1 也可，此处以 father[i] = i 为例
}
```

2. 查找

由于规定同一个集合中只存在一个根结点，因此查找操作就是对给定的结点寻找其根结点的过程。实现的方式可以是递推或是递归，但是其思路都是一样的，即反复寻找父亲结点，直到找到根结点（即 father[i] == i 的结点）。

先来看递推的代码：

```
//findFather 函数返回元素 x 所在集合的根结点
int findFather(int x) {
    while(x != father[x]) {  //如果不是根结点，继续循环
        x = father[x];  //获得自己的父亲结点
    }
    return x;
}
```

以图 9-37 为例，要查找元素 4 的根结点是谁，应按照上面的递推方法，流程如下：

① x = 4, father[4] = 2，因此 4 != father[4]，于是继续查；

② x = 2, father[2] = 1，因此 2 != father[2]，于是继续查；

③ x = 1, father[1] = 1，因此 1 == father[1]，找到根结点，返回 1。

当然，这个过程也可以用递归来实现：

```
int findFather(int x) {
    if(x == father[x]) return x;  //如果找到根结点，则返回根结点编号 x
    else return findFather(father[x]);  //否则，递归判断 x 的父亲结点是否是根结点
}
```

3. 合并

合并是指把两个集合合并成一个集合，题目中一般给出两个元素，要求把这两个元素所在的集合合并。具体实现上一般是先判断两个元素是否属于同一个集合，只有当两个元素属于不同集合时才合并，而合并的过程一般是把其中一个集合的根结点的父亲指向另一个集合的根结点。

于是思路就比较清晰了，主要分为以下两步：

① 对于给定的两个元素 a、b，判断它们是否属于同一集合。可以调用上面的查找函数，对这两个元素 a、b 分别查找根结点，然后再判断其根结点是否相同。

② 合并两个集合：在①中已经获得了两个元素的根结点 faA 与 faB，因此只需要把其中一个的父亲结点指向另一个结点。例如可以令 father[faA] = faB，当然反过来令 father[faB] = faA 也是可以的，两者没有区别。

还是以图 9-37 为例，把元素 4 和元素 6 合并，过程如下：

① 判断元素 4 和元素 6 是否属于同一个集合：元素 4 所在集合的根结点是 1，元素 6 所

在集合的根结点是 5，因此它们不属于同一个集合。

② 合并两个集合：令 father[5] = 1，即把元素 5 的父亲设为元素 1。

于是有了合并后的集合，如图 9-38 所示。

现在可以写出合并的代码了：

```
void Union(int a, int b) {
    int faA = findFather(a);  //查找 a 的根结点，记为 faA
    int faB = findFather(b);  //查找 b 的根结点，记为 faB
    if(faA != faB) {          //如果不属于同一个集合
        father[faA] = faB;  //合并它们
    }
}
```

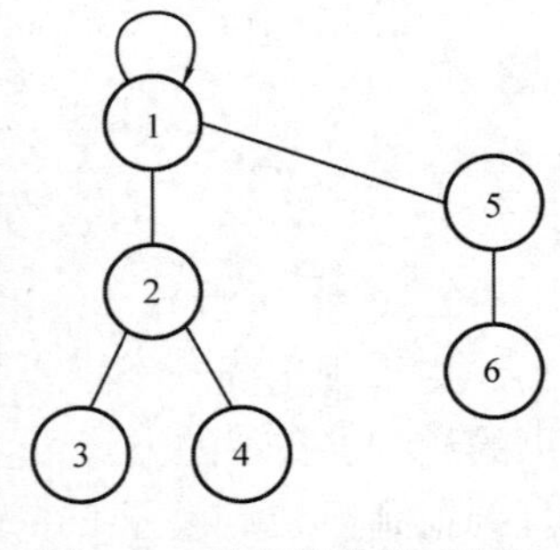

图 9-38　并查集合并示意图

这里需要注意的是，很多初学者会直接把其中一个元素的父亲设为另一个元素，即直接令 father[a] = b 来进行合并，这并不能实现将集合合并的效果。例如，将上面例子中的 father[4]设为 6，或是把 father[6]设为 4，就不能实现集合合并的效果，如图 9-39 所示。

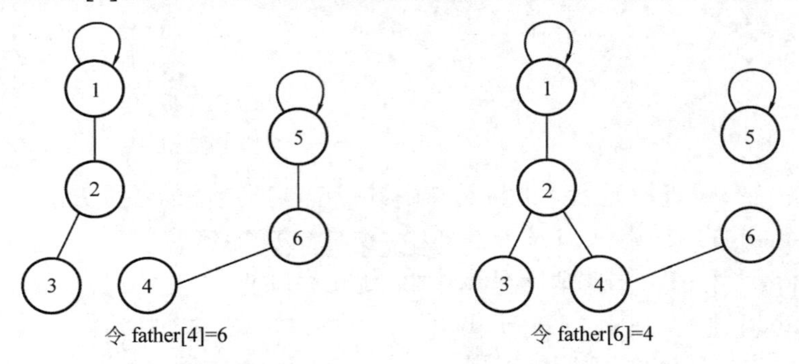

图 9-39　并查集错误合并示意图

因此，初学者使用上面给出的 Union 函数来进行合并操作。

最后说明并查集的一个性质。在合并的过程中，只对两个不同的集合进行合并，如果两个元素在相同的集合中，那么就不会对它们进行操作。这就保证了在同一个集合中一定不会产生环，即**并查集产生的每一个集合都是一棵树**。

9.6.3　路径压缩

上面讲解的并查集查找函数是没有经过优化的，在极端情况下效率较低。现在来考虑一种情况，即题目给出的元素数量很多并且形成一条链，那么这个查找函数的效率就会非常低。如图 9-40 所示，总共有 10^5 个元素形成一条链，那么假设要进行 10^5 次查询，且每次查询都查询最后面的结点的根结点，那么每次都要花费 10^5 的计算量查找，这显然无法承受。

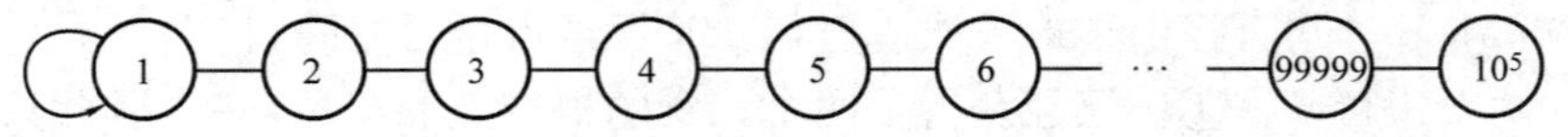

图 9-40　并查集退化示意图

那应该如何去优化查询操作呢？

由于 findFather 函数的目的就是查找根结点，例如下面这个例子：

```
father[1]=1;
father[2]=1;
father[3]=2;
father[4]=3;
```

因此，如果只是为了查找根结点，那么完全可以想办法把操作等价地变成：

```
father[1]=1;
father[2]=1;
father[3]=1;
father[4]=1;
```

对应图形的变化过程如图 9-41 所示：

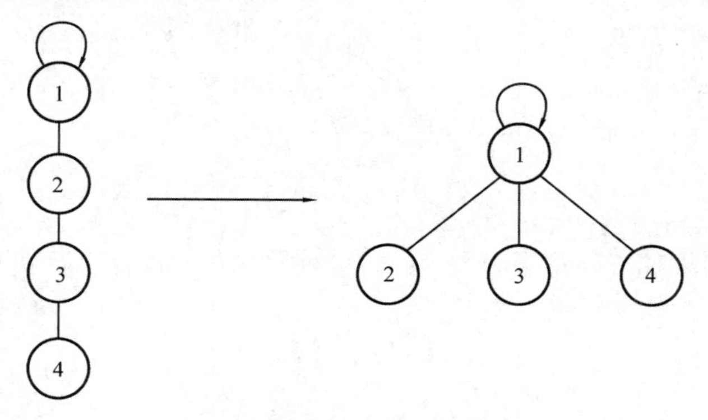

图 9-41　并查集路径压缩示意图

这样相当于**把当前查询结点的路径上的所有结点的父亲都指向根结点**，查找的时候就不需要一直回溯去找父亲了，查询的复杂度可以降为 O(1)。

那么，如何实现这种转换呢？回忆之前查找函数 findFather()的查找过程，可以知道是从给定结点不断获得其父亲结点而最终到达根结点的。

因此转换的过程可以概括为如下两个步骤：

① 按原先的写法获得 x 的根结点 r。

② 重新从 x 开始走一遍寻找根结点的过程，把路径上经过的所有结点的父亲全部改为根结点 r。

于是可以写出代码：

```
int findFather(int x) {
    //由于 x 在下面的 while 中会变成根结点，因此先把原先的 x 保存一下
    int a = x;
    while(x != father[x]) {  //寻找根结点
        x = father[x];
    }
    //到这里，x 存放的是根结点。下面把路径上的所有结点的 father 都改成根结点
    while(a != father[a]) {
        int z = a; //因为 a 要被 father[a]覆盖，所以先保存 a 的值，以修改 father[a]
        a = father[a]; //a 回溯父亲节点
```

```
        father[z] = x; //将原先的结点 a 的父亲改为根结点 x
    }
    return x;  //返回根结点
}
```

这样就可以在查找时把寻找根结点的路径压缩了。

由于涉及一些复杂的数学推导，读者可以把路径压缩后的并查集查找函数均摊效率认为是一个几乎为 O(1)的操作。而喜欢递归的读者，也可以采用下面的递归写法：

```
int findFather(int v) {
    if(v == father[v]) return v;    //找到根结点
    else {
        int F = findFather(father[v]);    //递归寻找 father[v]的根结点 F
        father[v] = F;           //将根结点 F 赋给 father[v]
        return F;              //返回根结点 F
    }
}
```

下面给出一个简单使用并查集的例子，希望读者能自己做一下并独立敲出代码。

【好朋友】

题目描述

有一个叫作“数码世界”的奇异空间，在数码世界里生活着许许多多的数码宝贝，其中有些数码宝贝之间可能是好朋友。并且数码世界有两条不成文的规定：

第一，数码宝贝 A 和数码宝贝 B 是好朋友等价于数码宝贝 B 和数码宝贝 A 是好朋友。

第二，如果数码宝贝 A 和数码宝贝 C 是好朋友，而数码宝贝 B 和数码宝贝 C 也是好朋友，那么 A 和 B 也是好朋友。

现在给出这些数码宝贝中所有好朋友的信息，问：可以把这些数码宝贝分成多少组，满足每组中的任意两只数码宝贝都是好朋友，且任意两组之间的数码宝贝都不是好朋友。

输入格式

输入的第一行有两个正整数 n ($n \leqslant 100$)和 m ($m \leqslant 100$)，分别表示数码宝贝的个数和好朋友的组数，其中数码宝贝编号为 1～n。

接下来有 m 行，每行两个正整数 a 和 b，表示数码宝贝 a 和数码宝贝 b 是好朋友。

输出格式

输出一个整数，表示这些数码宝贝可以分成的组数。

样例输入 1

```
4 2
1 4
2 3
```

样例输出 1

```
2
```

样例输入 2

```
7 5
```

```
1 2
2 3
3 1
1 4
5 6
```

样例输出 2

```
3
```

先解释图 9-42 所示的两个样例。

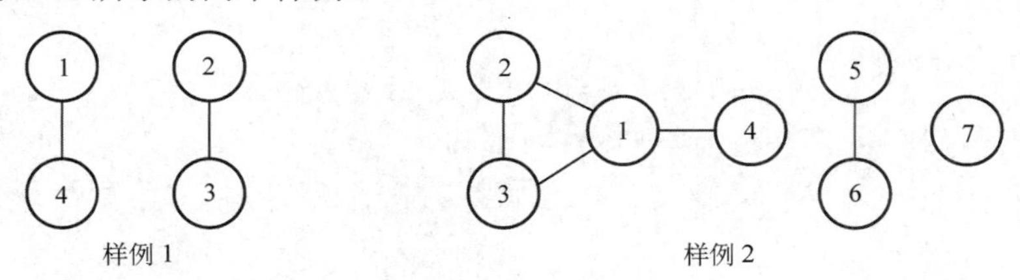

图 9-42　样例示意图

根据样例输入，从图 9-42 中可以看出，样例 1 中分为两个组 1-4 和 2-3，因此输出 2；样例 2 中有三个组，即 1-2-3-4、5-6、7，因此输出 3。

本题其实是个并查集模型。可以把题目中的“组”视为集合，而题目中给出的好朋友关系视为两个结点之间的边，那么在输入这些好朋友关系时就可以同时对它们进行并查集的合并操作，这样在处理完毕后就能得到一些集合，而集合的个数就是要求的组数。

至于集合个数的求解，需要用到本节最开始时讲解过的知识：**“对同一个集合来说只存在一个根结点，且将其作为所属集合的标识”**。因此可以开一个 bool 型数组 flag[N]来记录每个结点是否作为某个集合的根结点，这样当处理完输入数据之后就可以遍历所有元素，令它所在集合的根结点的 flag 值设为 true。最后累加 flag 数组中的元素即可得到集合数目。

代码如下，其中 findFather 函数与 Union 函数均使用了前面讲解的模板：

```
#include <cstdio>
const int N = 110;
int father[N];  //存放父亲结点
bool isRoot[N];  //记录每个结点是否作为某个集合的根结点
int findFather(int x) {  //查找 x 所在集合的根结点
    int a = x;
    while(x != father[x]) {
        x = father[x];
    }
    //路径压缩（可不写）
    while(a != father[a]) {
        int z = a;
        a = father[a];
        father[z] = x;
    }
```

```
    return x;
}
void Union(int a, int b) {  //合并a和b所在的集合
    int faA = findFather(a);
    int faB = findFather(b);
    if(faA != faB) {
        father[faA] = faB;
    }
}
void init(int n) {  //初始化father[i]为i，且flag[i]为false
    for(int i = 1; i <= n; i++) {
        father[i] = i;
isRoot[i] = false;
    }
}
int main() {
    int n, m, a, b;
    scanf("%d%d", &n, &m);
    init(n);  //要记得初始化
    for(int i = 0; i < m; i++) {
        scanf("%d%d", &a, &b);  //输入两个好朋友的关系
        Union(a, b);  //合并a和b所在的集合
    }
    for(int i = 1; i <= n; i++) {
        isRoot[findFather(i)] = true;  //i的根结点是findFather(i)
    }
    int ans = 0;  //记录集合数目
    for(int i = 1; i <= n; i++) {
        ans += isRoot[i];
    }
    printf("%d\n", ans);
    return 0;
}
```

那么，如果进一步要求每一个集合中元素的数目，应该怎么修改呢？显然，只需要把isRoot数组设置为int型即可。细节交给读者完善。

练习

① 配套习题集的对应小节。

② Codeup Contest ID: 100000615

地址：http://codeup.cn/contest.php?cid=100000615。

本节二维码

9.7　堆

9.7.1　堆的定义与基本操作

堆是一棵**完全二叉树**，树中每个结点的值都不小于（或不大于）其左右孩子结点的值。其中，如果父亲结点的值大于或等于孩子结点的值，那么称这样的堆为**大顶堆**，这时每个结点的值都是以它为根结点的子树的最大值；如果父亲结点的值小于或等于孩子结点的值，那么称这样的堆为**小顶堆**，这时每个结点的值都是以它为根结点的子树的最小值。堆一般用于优先队列的实现，而优先队列默认情况下使用的是大顶堆，因此本节以大顶堆为例，以下出现的堆均指大顶堆。

现在有一所魔法学校，学校为了促进竞争，把学生的实力排成了堆的完全二叉树的形状，并规定每一棵子树都组成一支小分队，这样每个人都处在某一棵子树的根结点，代表着这支小分队的最高实力水平；同时，学院还让每个人都担任以他为根结点的小分队的队长。例如从图 9-43 中可以发现，紫微同学的实力是最强的，他是整个学院的 TOP 队长；而七杀同学则比太阴、巨门、天机、武曲、天同的实力更强，是他们这个小分队的队长；另外，七杀同学跟破军同学之间没有实力的比较（至少只从堆的结构中没办法看出来），只知道他们是各自小分队中的最强者，且他们都比紫微同学要弱。

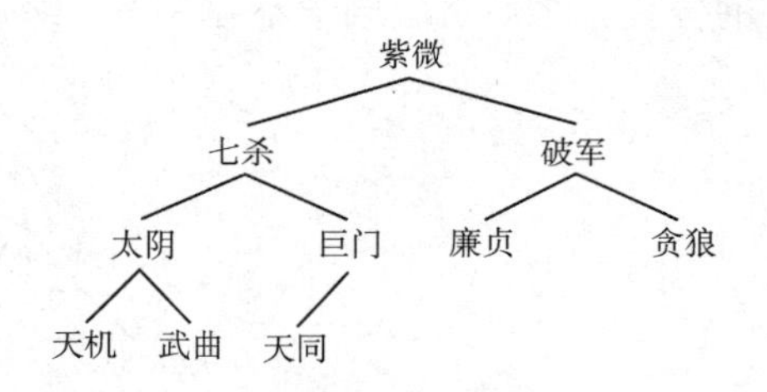

图 9-43　魔法学校实力示意图

那么，**对一个给定的初始序列，怎样把它建成一个堆呢？**以魔法学校为例，假设学生报到注册的顺序如下（括号内是他们的实力值）：

廉贞(85)、武曲(55)、贪狼(82)、天机(57)、巨门(68)、破军(92)、紫微(99)、七杀(98)、太阴(66)、天同(56)。

将他们按照树的层序从上往下、从左往右依次摆放，就会形成图 9-44 所示的初始堆。

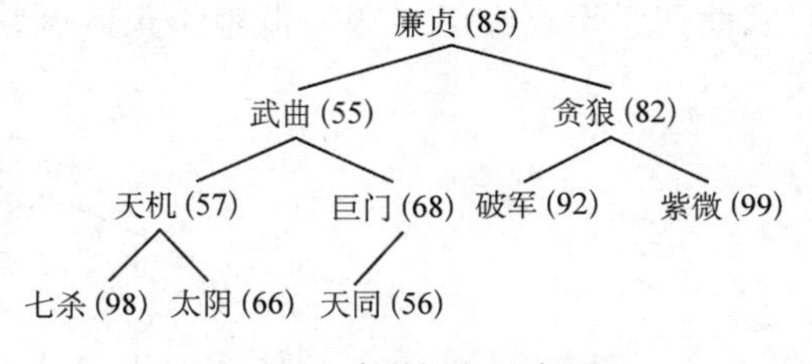

图 9-44　初始堆示意图

现在要调整这个初始堆，使得调整完成后能使每个位置都是各自小分队中实力最强的人，这样才算是一个真正的堆。依照首任校长传承至今的方法如下：

“从最后一名同学的位置开始，从下往上，从右往左。假设当前同学为 X，那么学校让 X 与以 X 为队长的小分队的下一级的同学进行比试（例如武曲同学将与天机同学和巨门同学比试），如果发现当中有比他实力更强的同学，假设那其中实力最强的同学是 Y，就交换 X 与 Y 的位置，这样 Y 同学就上升一级当队长，而 X 同学就只能当下一级的队长。交换之后让 X 继续与下一级的同学比试，直到他下一级的同学都比他弱或者他没有下一级的同学为止。——左轮·D·普拉西多”。

只看学校的规章总会觉得无趣，不妨走一遍过程。观察初始堆，会发现天同、太阴、七杀、紫微、破军都没有下一级，因此**可以直接跳过**。下面从巨门同学开始：

① 巨门同学。巨门同学(68)的下一级只有天同同学(56)，但是天同同学比巨门同学弱，因此不需要做出调整。

② 天机同学。天机同学(57)的下一级有七杀同学(98)和太阴同学(66)，由于七杀同学和太阳同学都比天机同学强，且七杀同学的实力是他们中最高的，因此交换七杀同学与天机同学的位置。之后天机同学不存在下一级，调整结束，调整后的情况如图 9-45 所示。

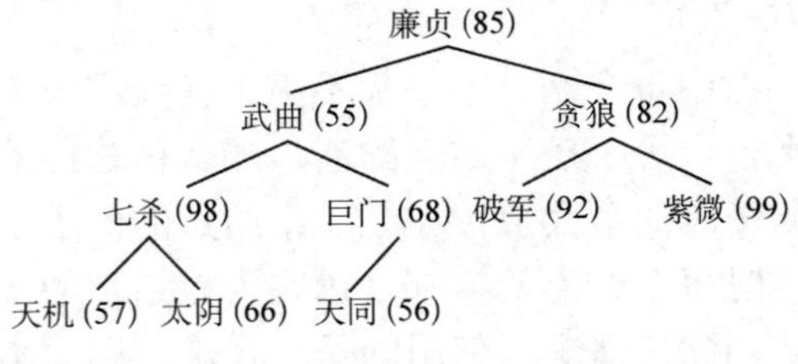

图 9-45　交换七杀同学与天机同学的位置

③ 贪狼同学。贪狼同学(82)的下一级有破军同学(92)和紫微同学(99)，由于破军同学和紫微同学都比天机同学强，且紫微同学的实力是他们中最高的，因此交换紫微同学与贪狼同学的位置。之后贪狼同学不存在下一级，调整结束，调整后的情况如图 9-46 所示。

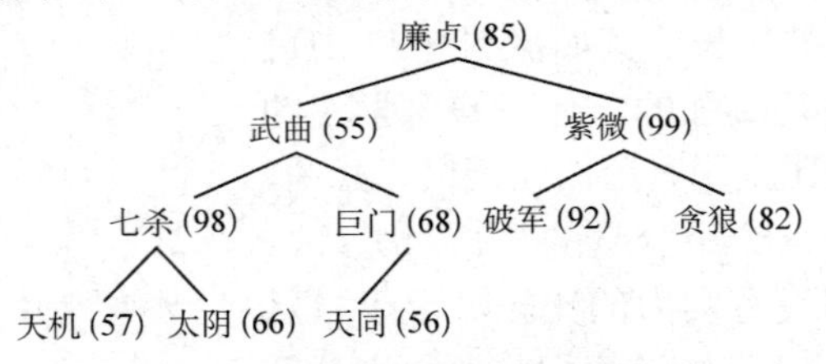

图 9-46　交换紫微同学与贪狼同学的位置

④ 武曲同学。武曲同学(55)的下一级有七杀同学(98)和巨门同学(68)，由于七杀同学和巨门同学都比武曲同学强，且七杀同学的实力是他们中最高的，因此交换七杀同学与武曲同学的位置。之后武曲同学下一级有天机同学(57)和太阴同学(66)，由于天机同学和太阴同学都比武曲同学强，且太阴同学的实力是他们中最高的，因此交换太阴同学与武曲同学的位置。之后武曲同学不存在下一级，调整结束，调整后的情况如图 9-47 所示。

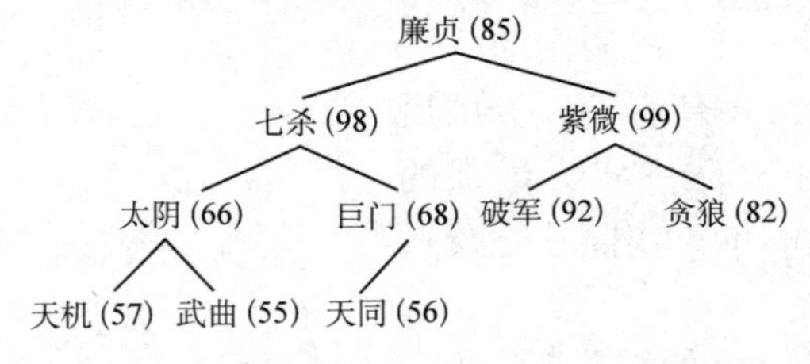

图 9-47　交换七杀同学、太阴同学与武曲同学的位置

⑤ 廉贞同学。廉贞同学(85)的下一级有七杀同学(98)和紫微同学(99)，由于七杀同学和紫微同学都比廉贞同学强，且紫微同学的实力是他们中最高的，因此交换紫微同学与廉贞同学的位置。之后廉贞同学下一级有破军同学(92)和贪狼同学(82)，由于破军同学比廉贞同学强，

因此交换破军同学与廉贞同学的位置。之后廉贞同学不存在下一级，调整结束，调整后的情况如图 9-48 所示。

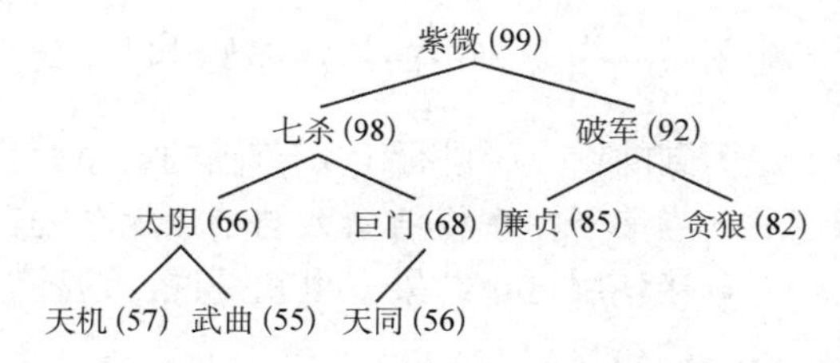

图 9-48　交换紫微同学、破军同学与廉贞同学的位置

至此，建堆就完成了。那么具体怎么实现呢？对完全二叉树来说，比较简洁的实现方法是按照 9.1.3 节中介绍的那样，使用数组来存储完全二叉树。这样结点就按层序存储于数组中，其中第一个结点将存储于数组中的 1 号位，并且数组 i 号位表示的结点的左孩子就是 2i 号位，而右孩子则是(2i+1)号位。于是可以像下面这样定义数组来表示堆：

```
const int maxn = 100;
//heap 为堆，n 为元素个数
int heap[maxn], n = 10;
```

回顾之前的建堆过程会发现，每次调整都是把结点从上往下的调整。针对这种**向下调整**，调整方法是这样的：总是将当前结点 V 与它的左右孩子比较（如果有的话），假如孩子中存在权值比结点 V 的权值大的，就将其中权值最大的那个孩子结点与结点 V 交换；交换完毕后继续让结点 V 和孩子比较，直到结点 V 的孩子的权值都比结点 V 的权值小或是结点 V 不存在孩子结点。

于是很容易可以写出向下调整的代码，显然**时间复杂度为 O(logn)**：

```
//对 heap 数组在[low, high]范围进行向下调整
//其中 low 为欲调整结点的数组下标，high 一般为堆的最后一个元素的数组下标
void downAdjust(int low, int high) {
    int i = low, j = i * 2;    //i 为欲调整结点，j 为其左孩子
    while(j <= high) {    //存在孩子结点
        //如果右孩子存在，且右孩子的值大于左孩子
        if(j + 1 <= high && heap[j + 1] > heap[j]) {
            j = j + 1;    //让 j 存储右孩子下标
        }
        //如果孩子中最大的权值比欲调整结点 i 大
        if(heap[j] > heap[i]) {
            swap(heap[j], heap[i]);    //交换最大权值的孩子与欲调整结点 i
            i = j;    //保持 i 为欲调整结点、j 为 i 的左孩子
            j = i * 2;
        } else {
            break;    //孩子的权值均比欲调整结点 i 小，调整结束
        }
    }
```

```
}
```

那么**建堆**的过程也就很容易了。假设序列中元素的个数为 n，由于完全二叉树的叶子结点个数为$\left\lceil \frac{n}{2} \right\rceil$，因此数组下标在$[1, \left\lfloor \frac{n}{2} \right\rfloor]$范围内的结点都是非叶子结点。于是可以从$\left\lfloor \frac{n}{2} \right\rfloor$号位开始倒着枚举结点，对每个遍历到的结点 i 进行[i, n]范围的调整。为什么要倒着枚举呢？这是因为每次调整完一个结点后，当前子树中权值最大的结点就会处在根结点的位置，这样当遍历到其父亲结点时，就可以直接使用这个结果。也就是说，这种做法**保证每个结点都是以其为根结点的子树中的权值最大的结点**。

建堆的代码如下，**时间复杂度为 O(n)（证明可参考算法导论）**。

```
//建堆
void createHeap() {
    for(int i = n / 2; i >= 1; i--) {
        downAdjust(i, n);
    }
}
```

另外，如果要删除堆中的最大元素（也就是**删除堆顶元素**），并让其仍然保持堆的结构，那么只需要最后一个元素覆盖堆顶元素，然后对根结点进行调整即可。代码如下，**时间复杂度为 O(logn)**：

```
//删除堆顶元素
void deleteTop() {
    heap[1] = heap[n--];    //用最后一个元素覆盖堆顶元素，并让元素个数减 1
    downAdjust(1, n);    //向下调整堆顶元素
}
```

那么，如果想要往堆里**添加一个元素**，应当怎么办呢？可以把想要添加的元素放在数组最后（也就是完全二叉树的最后一个结点后面），然后进行**向上调整**操作。向上调整总是把欲调整结点与父亲结点比较，如果权值比父亲结点大，那么就交换其与父亲结点，这样反复比较，直到达堆顶或是父亲结点的权值较大为止。向上调整的代码如下，**时间复杂度为 O(logn)**：

```
//对 heap 数组在[low, high]范围进行向上调整
//其中 low 一般设置为 1，high 表示欲调整结点的数组下标
void upAdjust(int low, int high) {
    int i = high, j = i / 2;    //i 为欲调整结点，j 为其父亲
    while(j >= low) {    //父亲在[low,high]范围内
        //父亲权值小于欲调整结点 i 的权值
        if(heap[j] < heap[i]) {
            swap(heap[j], heap[i]);    //交换父亲和欲调整结点
            i = j;    //保持 i 为欲调整结点、j 为 i 的父亲
            j = i / 2;
        } else {
            break;    //父亲权值比欲调整结点 i 的权值大，调整结束
        }
```

```
    }
}
```

在此基础上就很容易实现**添加元素**的代码了：

```
//添加元素 x
void insert(int x) {
    heap[++n] = x;    //让元素个数加 1，然后将数组末位赋值为 x
    upAdjust(1, n);    //向上调整新加入的结点 n
}
```

9.7.2　堆排序

堆排序是指使用堆结构对一个序列进行排序。此处讨论递增排序的情况。

考虑对一个堆来说，堆顶元素是最大的，因此在建堆完毕后，堆排序的直观思路就是取出堆顶元素，然后将堆的最后一个元素替换至堆顶，再进行一次针对堆顶元素的向下调整——如此重复，直到堆中只有一个元素为止。

具体实现时，为了节省空间，可以倒着遍历数组，假设当前访问到 i 号位，那么将堆顶元素与 i 号位的元素交换，接着在[1, i – 1]范围内对堆顶元素进行一次向下调整即可。现在通过这个做法对魔法学校的学生进行堆排序。

① 首先，在建完堆后，序列和堆的情况如下（见图 9-49）：

{ 紫微, 七杀, 破军, 太阴, 巨门, 廉贞, 贪狼, 天机, 武曲, 天同 }

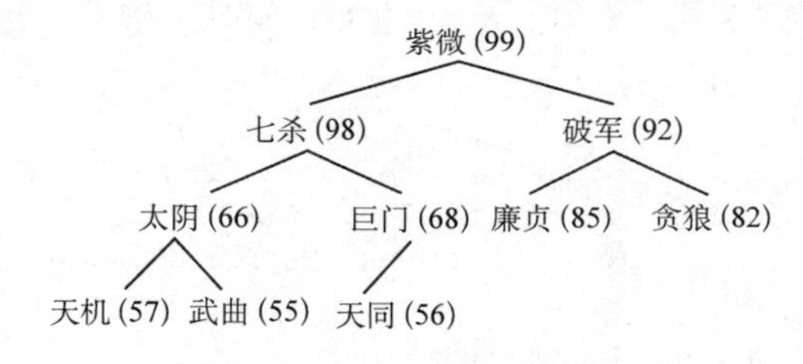

图 9-49　建完堆后的初始情况

② 将天同同学与堆顶的紫微同学交换，然后对堆顶的天同同学进行一次[天同, 武曲]范围的堆的向下调整，得到的序列和堆的情况如图 9-50 所示（注：下画线表示已经固定，不计算在堆中，下同）：

{ 七杀, 巨门, 破军, 太阴, 天同, 廉贞, 贪狼, 天机, 武曲, <u>紫微</u> }

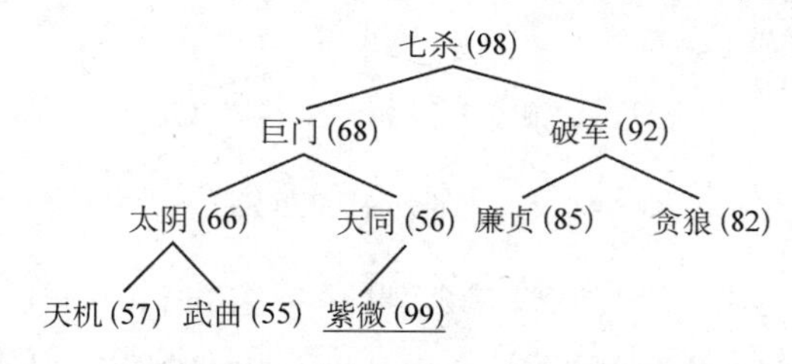

图 9-50　对天同同学进行一次[天同, 武曲]的堆的向下调整

③ 将武曲同学与堆顶的七杀同学交换，然后对堆顶的武曲同学进行一次[武曲, 天机]范围的堆的向下调整，得到的序列和堆的情况如下（见图 9-51）：

{ 破军, 巨门, 廉贞, 太阴, 天同, 武曲, 贪狼, 天机, <u>七杀</u>, <u>紫微</u> }

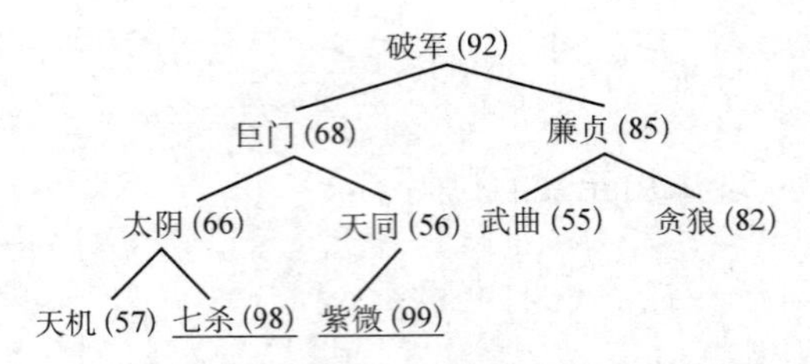

图 9-51　对武曲同学进行一次[武曲, 天机]的堆的向下调整

④ 将天机同学与堆顶的破军同学交换，然后对堆顶的天机同学进行一次[天机, 贪狼]范围的堆的向下调整，得到的序列和堆的情况如下（见图 9-52）：

{ 廉贞, 巨门, 贪狼, 太阴, 天同, 武曲, 天机, 破军, 七杀, 紫微 }

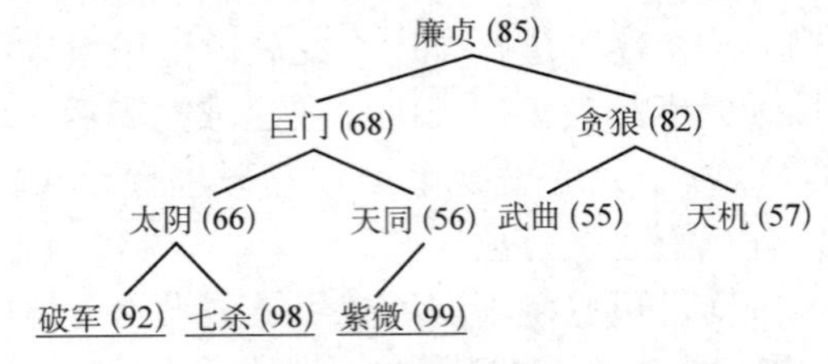

图 9-52　对天机同学进行一次[天机, 贪狼]的堆的向下调整

⑤ 将天机同学与堆顶的廉贞同学交换，然后对堆顶的天机同学进行一次[天机, 武曲]范围的堆的向下调整，得到的序列和堆的情况如下（见图 9-53）：

{ 贪狼, 巨门, 天机, 太阴, 天同, 武曲, 廉贞, 破军, 七杀, 紫微 }

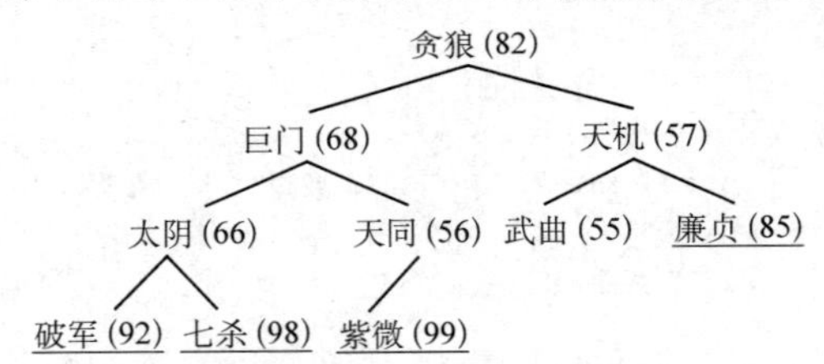

图 9-53　对天机同学进行一次[天机, 武曲]的堆的向下调整

⑥ 将武曲同学与堆顶的贪狼同学交换，然后对堆顶的武曲同学进行一次[武曲, 天同]范围的堆的向下调整，得到的序列和堆的情况如下（见图 9-54）：

{ 巨门, 太阴, 天机, 武曲, 天同, 贪狼, 廉贞, 破军, 七杀, 紫微 }

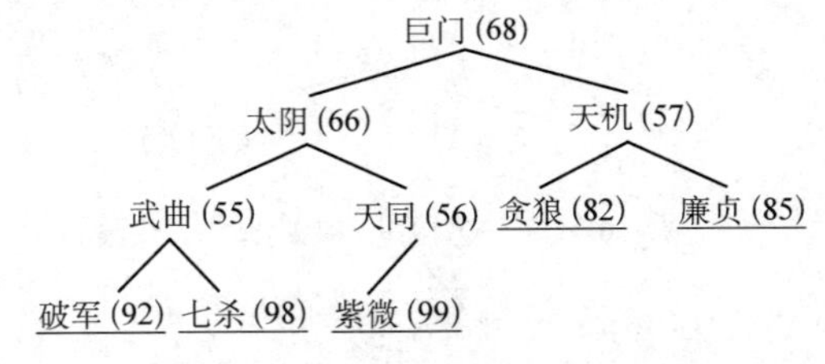

图 9-54　对武曲同学进行一次[武曲, 天同]的堆的向下调整

⑦ 将天同同学与堆顶的巨门同学交换，然后对堆顶的天同同学进行一次[天同, 武曲]范围的堆的向下调整，得到的序列和堆的情况如下（见图 9-55）：

{ 太阴, 天同, 天机, 武曲, 巨门, 贪狼, 廉贞, 破军, 七杀, 紫微 }

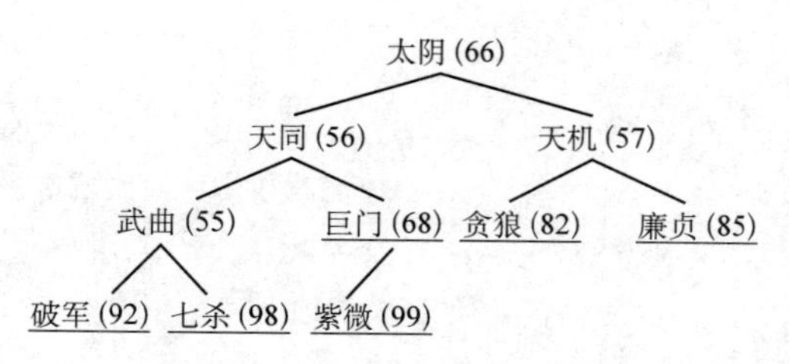

图 9-55　对天同同学进行一次[天同, 武曲]的堆的向下调整

⑧ 将武曲同学与堆顶的太阴同学交换，然后对堆顶的武曲同学进行一次[武曲, 天机]范围的堆的向下调整，得到的序列和堆的情况如下（见图 9-56）：

{ 天机, 天同, 武曲, 太阴, 巨门, 贪狼, 廉贞, 破军, 七杀, 紫微 }

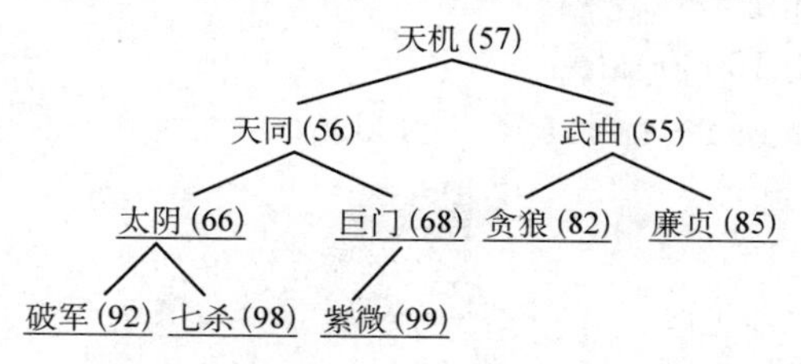

图 9-56　对武曲同学进行一次[武曲, 天机]的堆的向下调整

⑨ 将武曲同学与堆顶的天机同学交换，然后对堆顶的武曲同学进行一次[武曲, 天同]范围的堆的向下调整，得到的序列和堆的情况如下（见图 9-57）：

{ 天同, 武曲, 天机, 太阴, 巨门, 贪狼, 廉贞, 破军, 七杀, 紫微 }

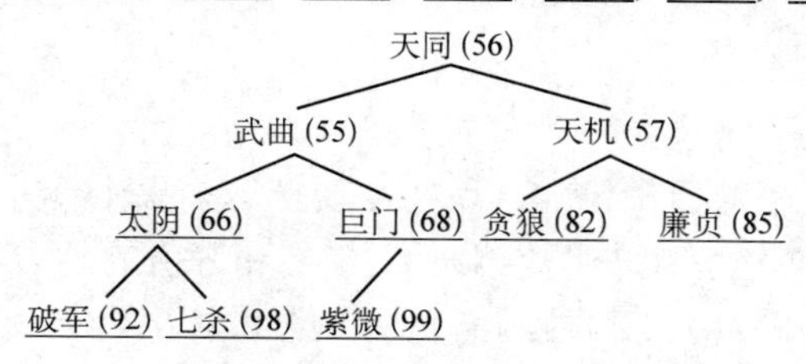

图 9-57　对武曲同学进行一次[武曲, 天同]的堆的向下调整 1

⑩ 将武曲同学与堆顶的天同同学交换，然后对堆顶的武曲同学进行一次[武曲, 天同]范围的堆的向下调整，得到的序列和堆的情况如下（见图 9-58）：

{ 武曲, 天同, 天机, 太阴, 巨门, 贪狼, 廉贞, 破军, 七杀, 紫微 }

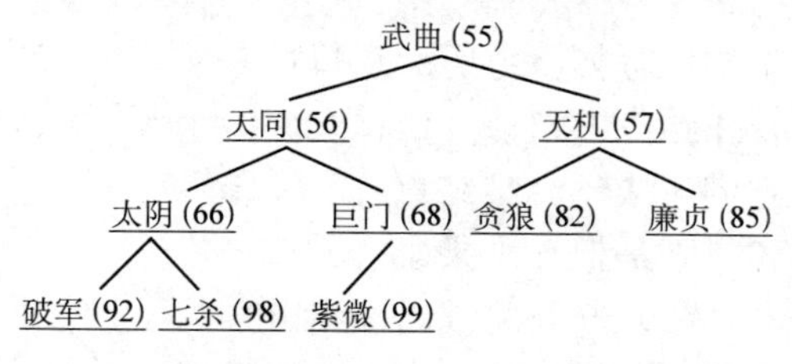

图 9-58　对武曲同学进行一次[武曲, 天同]的堆的向下调整 2

⑪ 由于堆中只剩一个元素，因此堆排序结束，序列已经递增。

现在应当可以很容易理解下面的堆排序代码了：

```
//堆排序
```

```
void heapSort() {
    createHeap();    //建堆
    for(int i = n; i > 1; i--) {    //倒着枚举，直到堆中只有一个元素
        swap(heap[i], heap[1]);    //交换heap[i]与堆顶
        downAdjust(1, i - 1);    //调整堆顶
    }
}
```

练习

① 配套习题集的对应小节。

② Codeup Contest ID: 100000616

地址：http://codeup.cn/contest.php?cid=100000616。

本节二维码

9.8 哈夫曼树

9.8.1 哈夫曼树

先介绍经典的**合并果子**问题。

有 n 堆果子，每堆果子的质量已知，现在需要把这些果子合并成一堆，但是每次只能把两堆果子合并到一起，同时会消耗与两堆果子质量之和等值的体力。显然，在进行 n – 1 次合并之后，就只剩下一堆了。为了尽可能节省体力，请设计出合并的次序方案，使得耗费的体力最少，并给出消耗的体力值。

例如有 3 堆果子，质量依次为 1、2、9。那么可以先将质量为 1 和 2 的果堆合并，新堆质量为 3，因此耗费体力为 3。接着，将新堆与原先的质量为 9 的果堆合并，又得到新的堆，质量为 12，因此耗费体力为 12。所以耗费体力之和为 3 + 12=15。可以证明 15 为最小的体力耗费值。

为了解决这个问题，不妨进行如下考虑：把每堆果子都看作结点，果堆的质量视作结点的权值，这样合并两个果堆的过程就可以视作给它们生成一个父结点，且父结点的权值等于它们的质量之和，于是把 n 堆果子合并成一堆的过程可以用一棵树来表示。图 9-59 是将 5 堆质量分别为 1、2、2、3、6 的果子进行合并的某一种方案，可以发现初始的果堆一定处于叶子结点（想一想为什么？），而非叶子结点都是合并过程中新生成的结点。通过这种方案合并果子所需消耗的体力之和为 4 + 6 + 8 + 14 = 32。

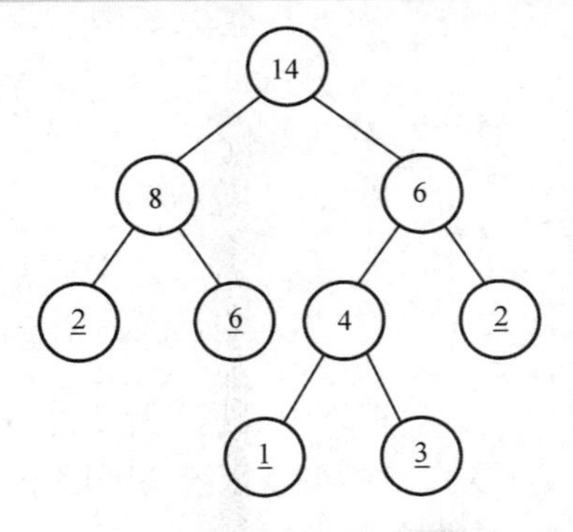

图 9-59 合并果子示意图

事实上可以发现，消耗体力之和也可以通过把叶子结

点的权值乘以它们各自的路径长度再求和来获得，其中叶子结点的**路径长度**是指从根结点出发到达该结点所经过的边数。例如上面的例子中，从根结点到达权值为6的叶子结点的路径长度为2，而从根结点到达权值为1的叶子结点的路径长度为3，于是32可以通过2 * 2 + 6 * 2 + 1 * 3 + 3 * 3 + 2 * 2来计算得到。把叶子结点的权值乘以其路径长度的结果称为这个叶子结点的**带权路径长度**。例如上面的例子中，权值为6的叶子结点的带权路径长度为6 * 2 = 12，而权值为1的叶子结点的带权路径长度为1 * 3 = 3。另外，**树的带权路径长度（Weighted Path Length of Tree，WPL）**等于它所有叶子结点的带权路径长度之和。

于是合并果子问题就转换成：**已知n个数，寻找一棵树，使得树的所有叶子结点的权值恰好为这n个数，并且使得这棵树的带权路径长度最小**。带权路径长度最小的树被称为**哈夫曼树**（又称为最优二叉树）。显然，**对同一组叶子结点来说，哈夫曼树可以是不唯一的，但是最小带权路径长度一定是唯一的**（想一想为什么？）。

下面将给出一个非常简洁易操作的算法，来构造一棵哈夫曼树：

① 初始状态下共有n个结点（结点的权值分别是给定的n个数），将它们视作n棵只有一个结点的树。

② 合并其中根结点权值最小的两棵树，生成两棵树根结点的父结点，权值为这两个根结点的权值之和，这样树的数量就减少了一个。

③ 重复操作②，直到只剩下一棵树为止，这棵树就是哈夫曼树。

以前面的例子为例，初始状态下有5个果堆，质量分别为1、2、2、3、6，当前状态如图9-60所示。

① 此时根结点权值最小为1和2，将它们合并，得到新的根结点，其权值为3（也即新果堆的质量为3）。此过程如图9-61所示。

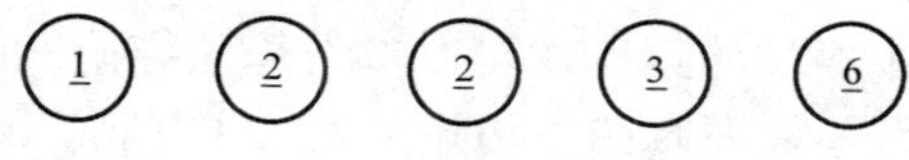

图9-60　初始果堆

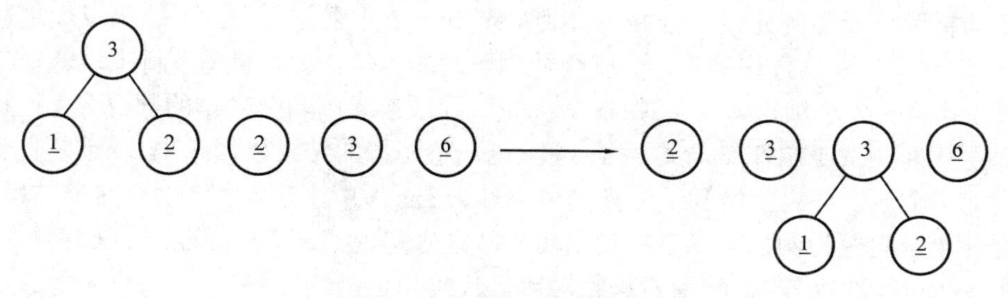

图9-61　合并权值最小的1和2

② 此时根结点权值最小为2和3（选择2和3也可以），将它们合并，得到新的根结点，其权值为5（也即新果堆的质量为5）。此过程如图9-62所示。

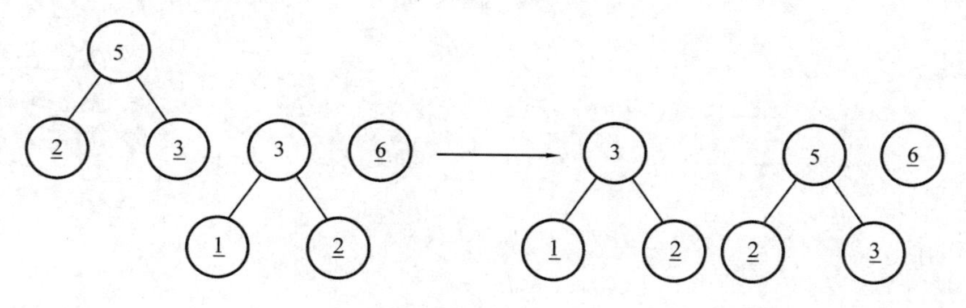

图9-62　合并2和3

③ 此时根结点权值最小为 3 和 5，将它们合并，得到新的根结点，其权值为 8（也即新果堆的质量为 8）。此过程如图 9-63 所示。

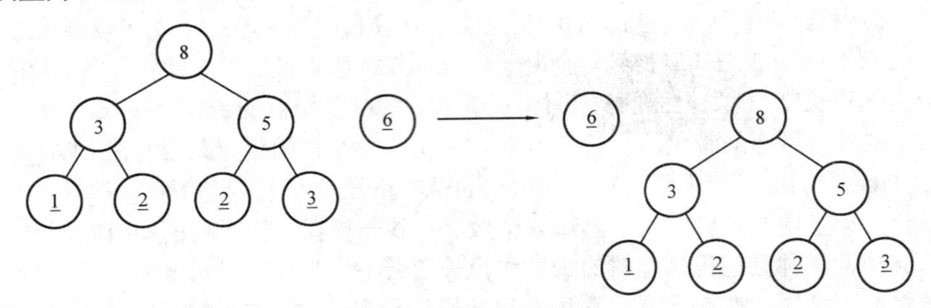

图 9-63　合并 3 和 5

④ 此时根结点权值最小为 6 和 8，将它们合并，得到新的根结点，其权值为 14（也即新果堆的质量为 14）。于是只剩下一棵树，算法结束，得到的就是哈夫曼树，可计算得其带权路径长度为 30，也即合并果子需要消耗的最小体力为 30。得到的哈夫曼树如图 9-64 所示。

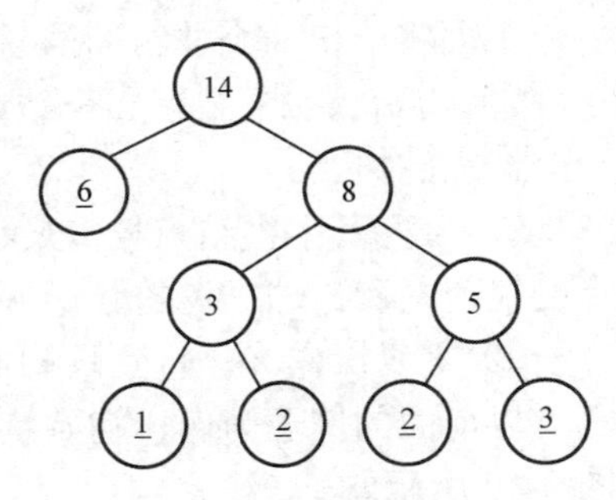

图 9-64　合并 6 和 8

通过这个例子也可以发现，对哈夫曼树来说不存在度为 1 的结点，并且权值越高的结点相对来说越接近根结点。

至此，读者应当对哈夫曼树的构建有一个直观的理解，关于算法的正确性可以参考算法导论。而在很多实际场景中，不需要真的去构建一棵哈夫曼树，只需要能得到最终的带权路径长度即可（例如合并果子问题就只需要知道消耗的最小体力），因此读者需要着重掌握的是**哈夫曼树的构建思想**，也就是**反复选择两个最小的元素，合并，直到只剩下一个元素**。于是，一般可以使用优先队列（也可以说堆结构）来执行这种策略。以合并果子问题为例，初始状态下将果堆的质量压入优先队列（注意含义为小顶堆），之后每次从优先队列顶部取出两个最小的数，将它们相加并重新压入优先队列（需要在外部定义一个变量 ans，将相加的结果累加起来），重复直到优先队列中只剩下一个数，此时就得到了消耗的最小体力 ans，并且方案也可以在这个过程中得到。

以合并果子问题为例，可以直接使用优先队列来实现。读者可以尝试自己实现（代码可以提交在 codeup 21142 题），然后再进行对比，代码如下：

```
#include <cstdio>
#include <queue>
using namespace std;

//代表小顶堆的优先队列
priority_queue<long long, vector<long long>, greater<long long>> q;

int main() {
    int n;
    long long temp, x, y, ans = 0;
    scanf("%d", &n);
```

```
    for(int i = 0; i < n; i++) {
        scanf("%lld", &temp);
        q.push(temp);      //将初始重量压入优先队列
    }
    while(q.size() > 1) {      //只要优先队列中至少有两个元素
        x = q.top();
        q.pop();
        y = q.top();
        q.pop();
        q.push(x + y);      //取出堆顶的两个元素，求和后压入优先队列
        ans += x + y;     //累计求和的结果
    }
    printf("%lld\n", ans);     //ans 即为消耗的最小体力
    return 0;
}
```

9.8.2　哈弗曼编码

对任意一棵二叉树来说，如果把二叉树上的所有分支都进行编号，将所有左分支都标记为 0、所有右分支都标记为 1，那么对树上的任意一个结点，都可以根据从根结点出发到达它的分支顺序得到一个编号，并且这个编号是所有结点中唯一的。例如图 9-65 中，结点 A 的编号为 00，结点 T 的编号为 10，结点 C 的编号为 100，结点 D 的编号为 101。接着就会发现，对任何一个非叶子结点，其编号一定是某个叶子结点编号的前缀，例如结点 T 的编号就是结点 C 和结点 D 的编号的前缀。并且，**对于任何一个叶子结点，其编号一定不会成为其他任何一个结点编号的前缀**。

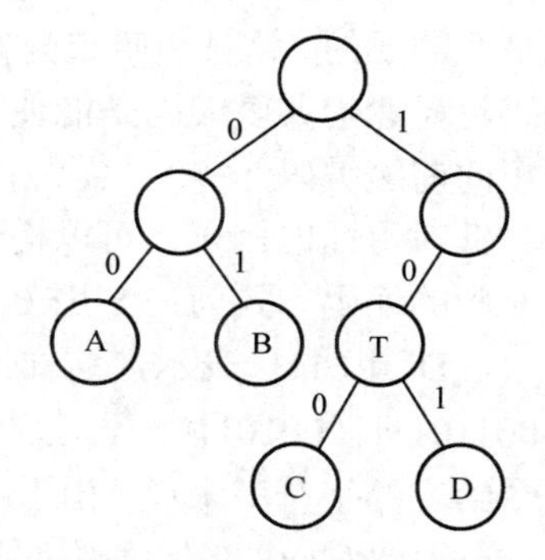

图 9-65　二叉树结点编号示意图

这有什么用呢？假设现在有一个字符串，它由 A、B、C、D 这四个英文字符的一个或多个组成，例如 ABCAD。现在希望把它编码成一个 01 串，这样方便进行数据传输。能想到的一个办法是把 A ~ D 各自用一个 01 串表示，然后拼接起来即可。例如可以把 A 用 0 表示、B 用 1 表示、C 用 00 表示、D 用 01 表示，这样 ABCAD 就可以用 0100001 表示。但是很快就会发现，解码的时候无法知道开头的 01 到底是 AB 还是 D（因为 AB 和 D 的编码都是 01），因此这种编码方式是不行的。为什么不行呢？这是因为存在一种字符的编码是另一种字符的编码的前缀，例如 A 的编码是 D 的编码的前缀，于是一旦有某一种字符的编码拼接在 A 的编码之后能产生 D 的编码，就会产生混淆，例如此处把 B 的编码拼接在 A 的编码之后能产生 D 的编码。

因此需要寻找一套编码方式，使得其中**任何一个字符的编码都不是另一个字符的编码的前缀**，同时把满足这种编码方式的编码称为**前缀编码**。于是很快就会想到，依照本节一开始的说法，只要让这些字符作为一棵二叉树的叶子结点，就能产生需要的编码。因此可以让 A 用 00 表示、B 用 01 表示、C 用 100 表示、D 用 101 表示，就可以把 ABCAD 编码成 000110000101，

并且不会产生混淆，如图 9-66 所示。再次强调，**前缀编码的存在意义**在于不产生混淆，让解码能够正常进行。

A B C A D
00 01 100 00 101

图 9-66　前缀编码示意图

考虑进一步的问题。对一个给定的字符串来说，肯定有很多种前缀编码的方式，但是为了信息传递的效率，需要尽量选择长度最短的编码方式。假设现在有一个字符串 ABACDBAABC，共有十个字符，其中 A 出现了四次，B 出现了三次，C 出现了两次，D 出现了一次。如果和之前表述的一样，把 A 用 00 表示、B 用 01 表示、C 用 100 表示、D 用 101 表示，那么这个字符串编码成 01 串后的长度将会是 $4\times2+3\times2+2\times3+1\times3=23$。我们很快就会发现，如果把 A、B、C、D 的出现次数（即频数）作为各自叶子结点的权值，那么**字符串编码成 01 串后的长度实际上就是这棵树的带权路径长度**，如图 9-67 所示。

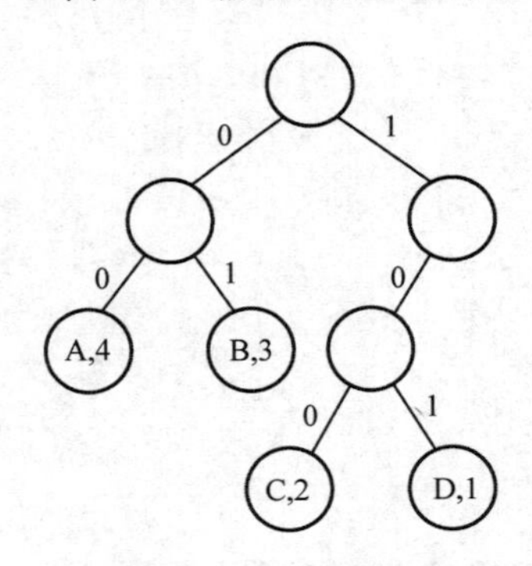

图 9-67　叶子结点表示频数的二叉树结点编码方式

于是问题就转换成，把每个字符的出现次数作为叶子结点的权值，求一棵树，使得这棵树的带权路径长度最小。事实上这个问题已经解决——就是哈夫曼树。只需要针对叶子结点权值为 1、2、3、4 建立哈夫曼树，其叶子结点对应的编码方式就是所需要的。这种由哈夫曼树产生的编码方式被称为**哈弗曼编码**，显然**哈弗曼编码是能使给定字符串编码成 01 串后长度最短的前缀编码**。

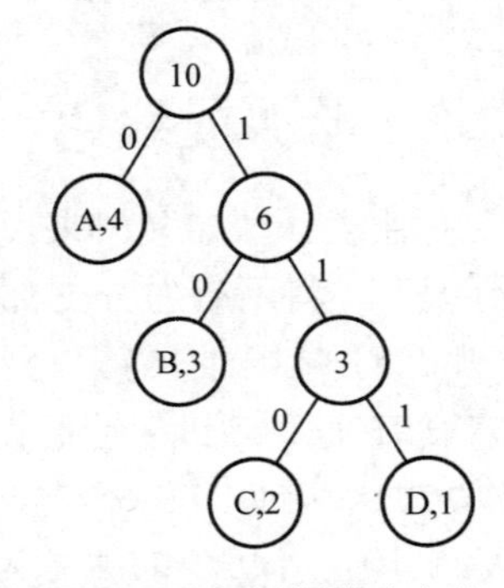

图 9-68　根据频数建立的哈夫曼树示意图

针对上面的例子，可以构建出图 9-68 所示的哈夫曼树，其对应的编码方式为：A 用 0 表示、B 用 10 表示、C 用 110 表示、D 用 111 表示，这样 ABACDBAABC 就可以编码为 0100110111100010110，长度为 19，如图 9-69 所示。显然，对一个给定的字符串来说，由于根据频数建立的哈夫曼树可能不唯一，因此对应的哈弗曼编码也可能不唯一，但是将字符串编码成 01 串的最短长度是唯一的。

A B A C D B A A B C
0 10 0 110 111 10 0 0 10 110

图 9-69　哈弗曼编码示意图

最后再次强调，**哈弗曼编码是针对确定的字符串来讲的**。只有对确定的字符串，才能根据其中各字符的出现次数建立哈夫曼树，于是才有对应的哈弗曼编码。哈弗曼编码需要构建具体的哈夫曼树，此部分留给有兴趣的读者自行实现。

练习

① 配套习题集的对应小节。

② Codeup Contest ID: 100000617

地址：http://codeup.cn/contest.php?cid=100000617。

本节二维码

本章二维码

第 10 章　提高篇（4）——图算法专题

10.1　图的定义和相关术语

什么是图？直白地说，就是类似于地图的东西，例如图 10-1 展示的学生生活路线就是一个图。

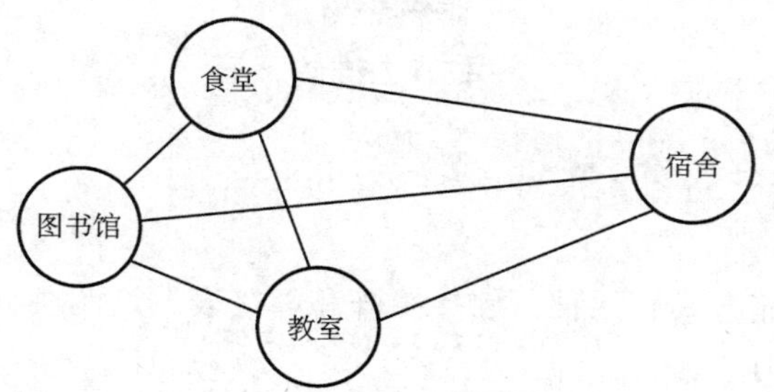

图 10-1　学生生活路线图

抽象出来看，图由顶点（Vertex）和边（Edge）组成，每条边的两端都必须是图的两个顶点（可以是相同的顶点）。而记号 G(V,E)表示图 G 的顶点集为 V、边集为 E。图 10-2 是一个抽象出来的图。

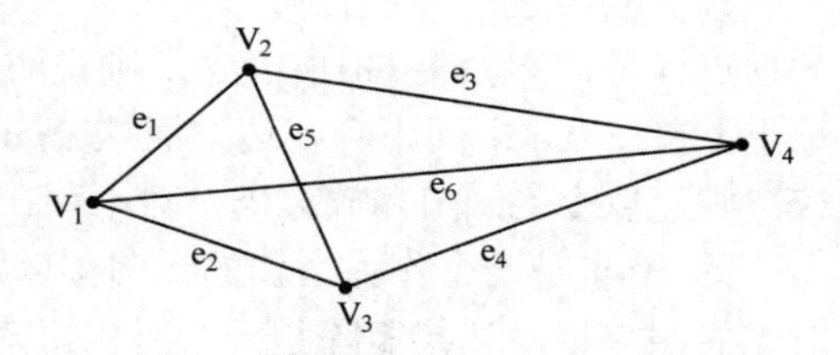

图 10-2　抽象出来的图

一般来说，图可分为**有向图**和**无向图**。有向图的所有边都有方向，即确定了顶点到顶点的一个指向；而无向图的所有边都是双向的，即无向边所连接的两个顶点可以互相到达。在一些问题中，可以把无向图当作所有边都是正向和负向的两条有向边组成，这对解决一些问题很有帮助。图 10-3 是有向图和无向图的举例。

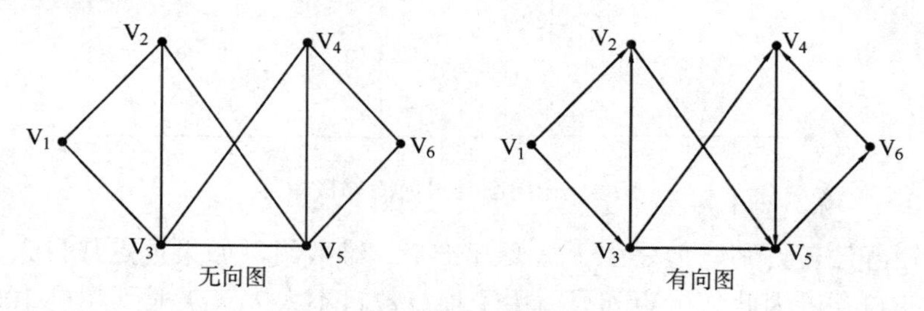

图 10-3　无向图与有向图

顶点的**度**是指和该顶点相连的边的条数。特别是对于有向图来说，顶点的出边条数称为该顶点的**出度**，顶点的入边条数称为该顶点的**入度**。例如图 10-3 的无向图中，V_1 的度为 2，V_5 的度为 4；有向图例子中，V_2 的出度为 1、入度为 2。

顶点和边都可以有一定属性，而量化的属性称为**权值**，顶点的权值和边的权值分别称为

点权和**边权**。权值可以根据问题的实际背景设定，例如点权可以是城市中资源的数目，边权可以使两个城市之间来往所需要的时间或花费。

练习

① 配套习题集的对应小节。

② Codeup Contest ID: 100000618

地址：http://codeup.cn/contest.php?cid=100000618。

本节二维码

10.2 图的存储

一般来说，图的存储方式有两种：邻接矩阵和邻接表。这两种存储方式各有优势，需要在不同的情况下选择使用。

10.2.1 邻接矩阵

设图 G(V,E)的顶点标号为 0, 1,⋯, N–1，那么可以令二维数组 G[N][N]的两维分别表示图的顶点标号，即如果 G[i][j]为 1，则说明顶点 i 和顶点 j 之间有边；如果 G[i][j]为 0，则说明顶点 i 和顶点 j 之间不存在边，而这个二维数组 G[][]则被称为**邻接矩阵**。另外，如果存在边权，则可以令 G[i][j]存放边权，对不存在的边可以设边权为 0、–1 或是一个很大的数。

图 10-4 是一个作为举例的无向图以及对应的邻接矩阵（边权为 0 表示不存在边），显然对无向图来说，邻接矩阵是一个对称矩阵。

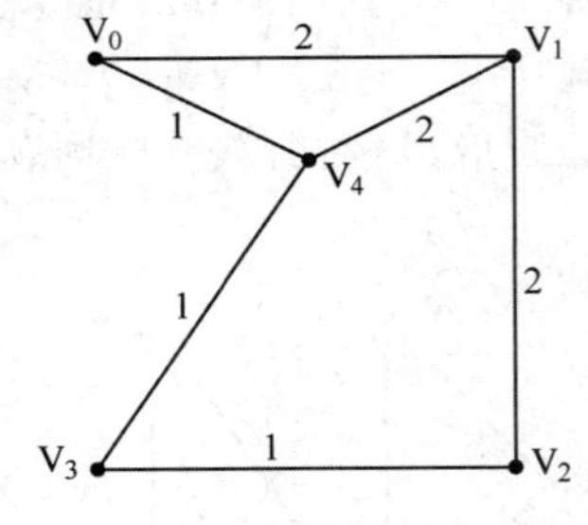

	0	1	2	3	4
0	0	2	0	0	1
1	2	0	2	0	2
2	0	2	0	1	0
3	0	0	1	0	1
4	1	2	0	1	0

图 10-4　无向图与对应的邻接矩阵

虽然邻接矩阵比较好写，但是由于需要开一个二维数组，如果顶点数目太大，便可能会超过题目限制的内存。因此邻接矩阵只适用于顶点数目不太大（一般不超过 1000）的题目。

10.2.2 邻接表

设图 G(V,E)的顶点编号为 0, 1,⋯, N – 1，每个顶点都可能有若干条出边，如果把同一个顶点的所有出边放在一个列表中，那么 N 个顶点就会有 N 个列表（没有出边，则对应空表）。这 N 个列表被称为图 G 的**邻接表**，记为 Adj[N]，其中 Adj[i]存放顶点 i 的所有出边组成的列表，这样 Adj[0], Adj[1],…, Adj[N–1]就分别都是一个列表。由于列表可以用链表实现，如果画出图 10-4 对应的邻接表，就会得到图 10-5。其中 Adj[0]用链表连接了两个结点，每个结点存放一条边的信息（括号外的数字是边的终点编号，括号内的数字是边权），于是 0 号顶点有两条出边：一条的终点为 1 号顶点（边权为 2）；另一条边的终点为 4 号顶点（边权为 1）。而对 Adj[4]来说，它表示 4 号顶点的三条出边的信息，这三条出边的终点分别是 0 号顶点、1 号顶点、3 号顶点，边权分别为 1、2、1。

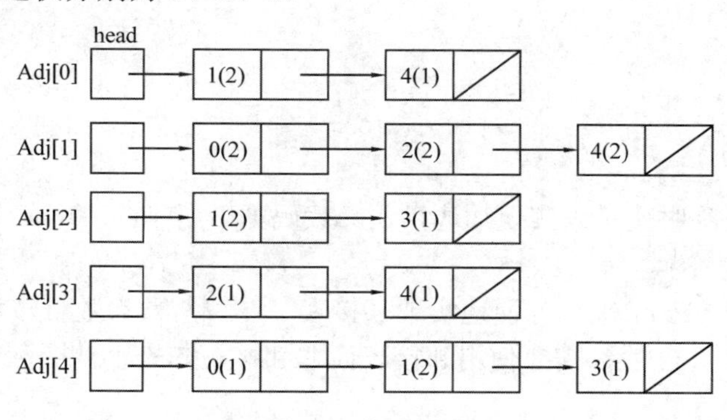

图 10-5　邻接表示意图

对初学者来说，可能会不太容易很快就熟练使用链表来实现邻接表，因此此处介绍另一种更为简单的工具来实现邻接表：vector（关于 vector 的内容参见 6.1 节），它能让初学者更快上手并易于使用，且不易出错。

由于 vector 有变长数组之称，因此可以开一个 vector 数组 Adj[N]，其中 N 为顶点个数。这样每个 Adj[i]就都是一个变长数组 vector，使得存储空间只与图的边数有关。

如果邻接表只存放每条边的终点编号，而不存放边权，则 vector 中的元素类型可以直接定义为 int 型，如下所示：

```
vector<int> Adj[N];
```

图 10-6 为把图 10-5 中的邻接表采用 vector 数组进行存储的情况（只存放边的终点编号）。

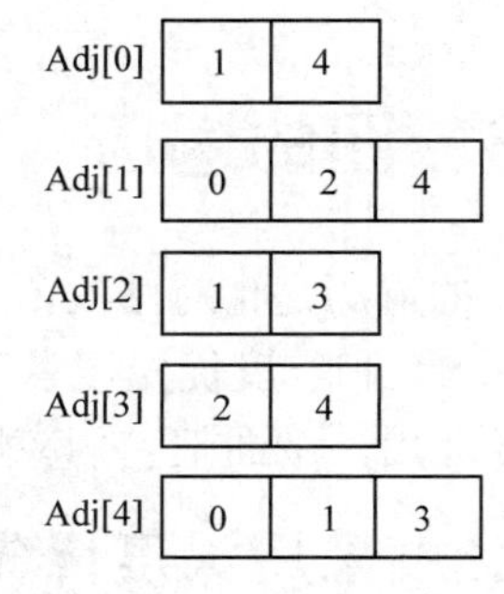

图 10-6　vector 实现邻接表示意图

如果想添加一条从 1 号顶点到达 3 号顶点的有向边，只需要在 Adj[1]中添加终点编号 3 即可，代码如下所示（如果是无向边，就再添加一条从 3 号顶点到达 1 号顶点的有向边）：

```
Adj[1].push_back(3);
```

如果需要同时存放边的终点编号和边权，那么可以建立结构体 Node，用来存放每条边的终点编号和边权，代码如下所示：

```
struct Node {
    int v;    //边的终点编号
    int w;    //边权
};
```

这样 vector 邻接表中的元素类型就是 Node 型的，如下所示：

```
vector<Node> Adj[N];
```

此时如果想要添加从 1 号到达 3 号顶点的有向边，边权为 4，就可以定义一个 Node 型的临时变量 temp，令 temp.v = 3、temp.w = 4，然后把 temp 加入到 Adj[1]中即可，代码如下所示：

```
Node temp;
temp.v = 3;
temp.w = 4;
Adj[1].push_back(temp);
```

当然，更快的做法是定义结构体 Node 的构造函数（见 2.8.3 节），代码如下所示：

```
struct Node {
    int v, w;
    Node(int _v, int _w) : v(_v), w(_w) {}    //构造函数
}
```

这样就能不定义临时变量来实现加边操作，代码如下所示：

```
Adj[1].push_back(Node(3, 4));
```

于是就可以使用 vector 来很方便地实现邻接表，在一些顶点数目较大（一般顶点个数在 1000 以上）的情况下，一般都需要使用邻接表而非邻接矩阵来存储图。

练习

① 配套习题集的对应小节。

② Codeup Contest ID: 100000619

地址：http://codeup.cn/contest.php?cid=100000619。

本节二维码

10.3 图的遍历

图的遍历是指对图的所有顶点按一定顺序进行访问，遍历方法一般有两种：深度优先搜索（DFS）和广度优先搜索（BFS）。前面两章已经对它们的思想进行介绍，并在树的遍历中进行了运用。下面把它们应用于图的遍历中。

10.3.1 采用深度优先搜索（DFS）法遍历图

1. 用 DFS 遍历图

深度优先搜索以“深度”作为第一关键词，每次都是沿着路径到不能再前进时才退回到最近的岔道口。以一个有向图（见图 10-7）进行 DFS 遍历来举例（从 V_0 开始进行遍历，黑色表示结点未访问，白色表示结点已访问，虚线边表示当前遍历路径）：

① 访问 V_0，发现从 V_0 出发可以到达两个未访问顶点：V_1 和 V_2，因此准备访问 V_1 和 V_2 这两个顶点。此时情况如图 10-8 所示。

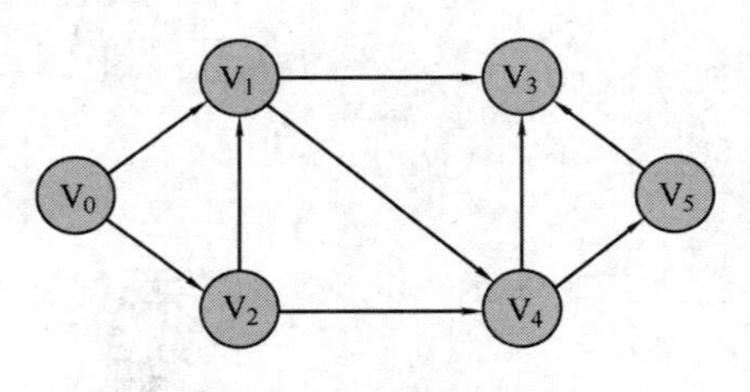

图 10-7 有向图示例

② 从 V_0 出发访问 V_1，发现从 V_1 出发可以到达两

个未访问顶点：V_3和V_4，因此准备访问V_3和V_4这两个顶点。此时情况如图 10-9 所示。

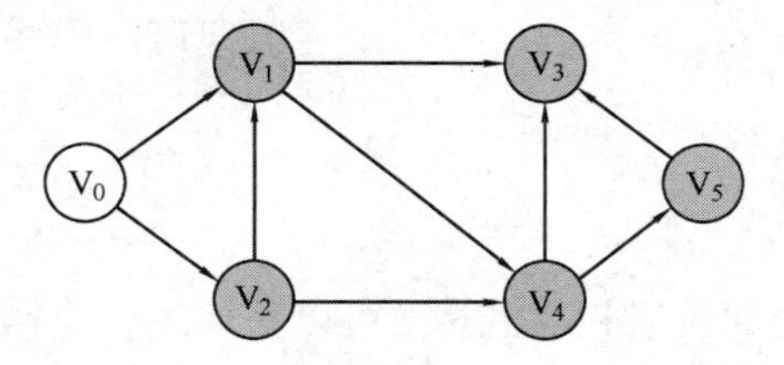

图 10-8 欲从V_0出发访问V_1和V_2

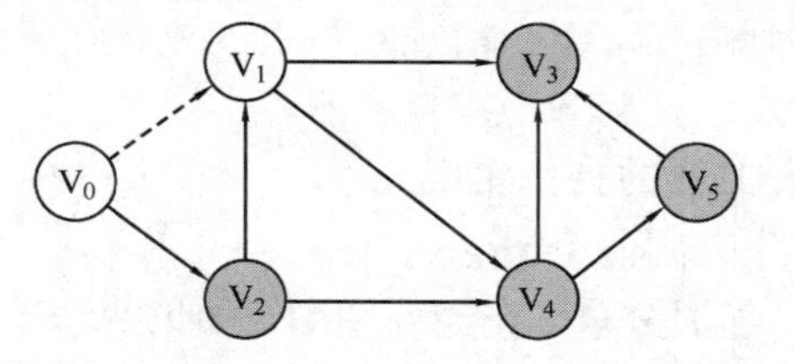

图 10-9 欲从V_1出发访问V_3和V_4

③ 从V_1出发访问V_3，但是从V_3出发不能到达任何未访问顶点，因此退回到当前路径上距离V_3最近的仍有未访问分支顶点的岔道口V_1。此时情况如图 10-10 所示。

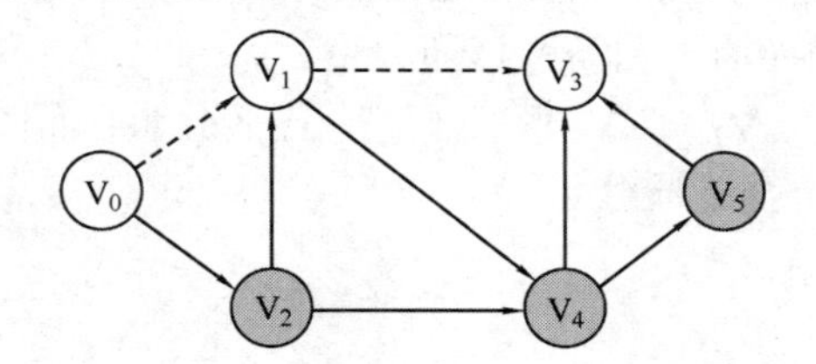

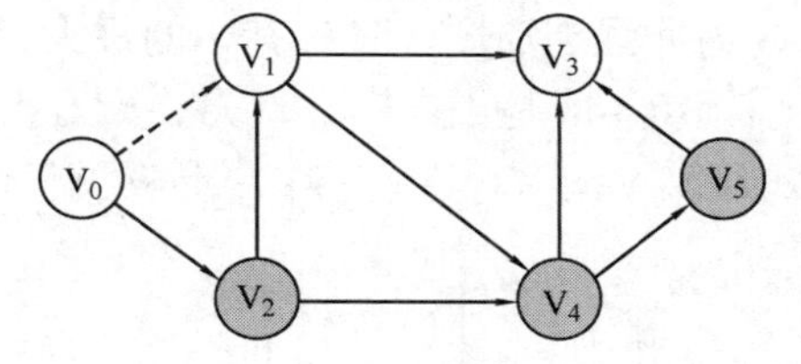

图 10-10 退回V_1

④ 从V_1出发访问V_4，发现从V_4出发可以到达一个未访问顶点：V_5，因此准备前往访问V_5。此时情况如图 10-11 所示。

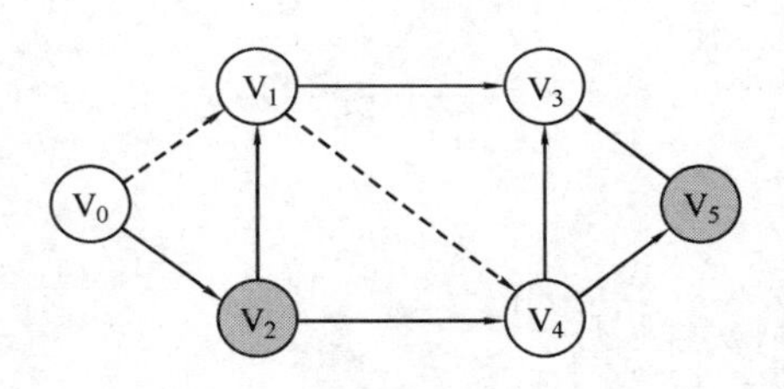

图 10-11 欲从V_4出发访问V_5

⑤ 从V_4出发访问V_5，发现从V_5出发不能到达任何未访问顶点，因此退回到当前路径上距离V_5最近的仍有未访问分支顶点的岔道口 V_0。此时情况如图 10-12 所示。

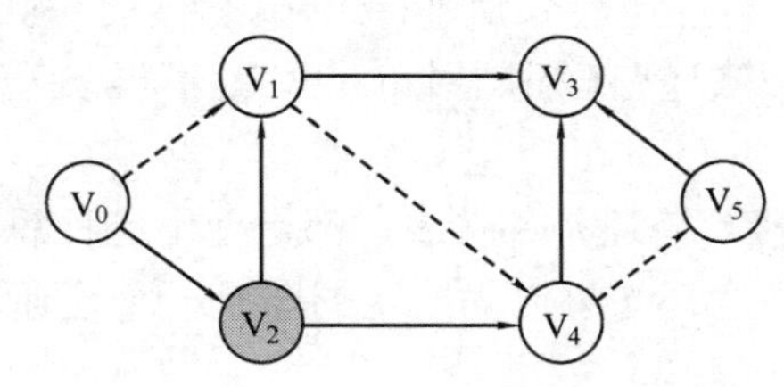

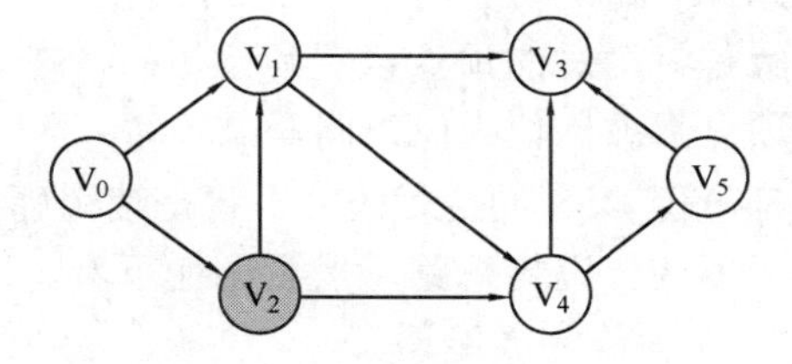

图 10-12 退回V_0

⑥ 从V_0出发访问V_2，发现从V_2出发不能到达任何未访问顶点，因此退回到当前路径上距离V_5最近的仍有未访问分支顶点的岔道口。但是此时路径上所有顶点的分支顶点都已被访问，因此 DFS 算法结束。此时情况如图 10-13 所示。

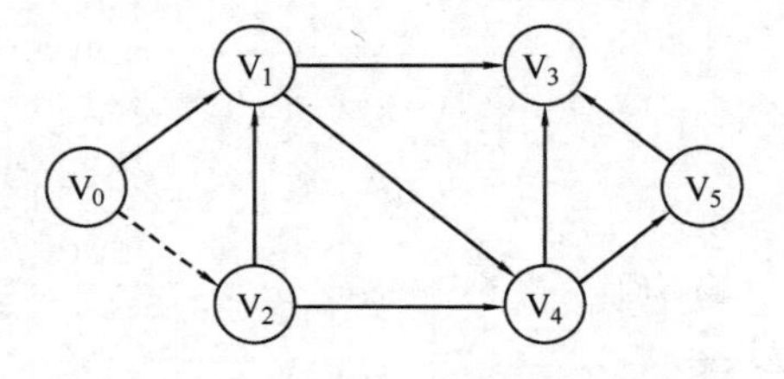

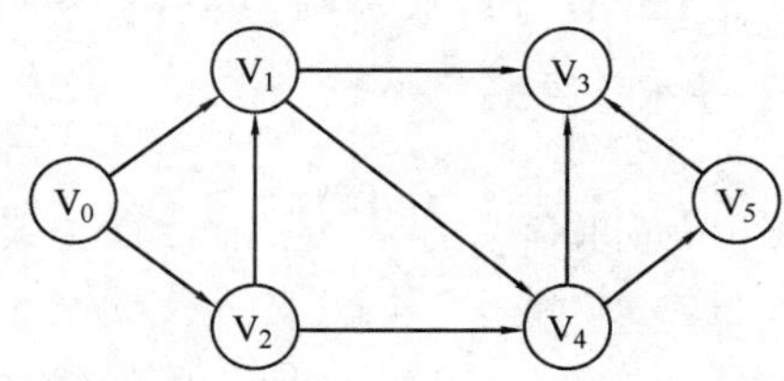

图 10-13 DFS 算法结点（所有分支顶点都已被访问）

总而言之，使用 DFS 来遍历图就跟上面的例子那样，沿着一条路径直到无法继续前进，才退回到路径上离当前顶点最近的还存在未访问分支顶点的岔道口，并前往访问那些未访问分支顶点，直到遍历完整个图。

2. DFS 的具体实现

首先介绍两个概念：

- **连通分量**。在无向图中，如果两个顶点之间可以相互到达（可以是通过一定路径间接到达），那么就称这两个顶点连通。如果图 G(V,E)的任意两个顶点都连通，则称图 G 为连通图；否则，称图 G 为非连通图，且称其中的极大连通子图为连通分量。
- **强连通分量**。在有向图中，如果两个顶点可以各自通过一条有向路径到达另一个顶点，就称这两个顶点强连通。如果图 G(V,E)的任意两个顶点都强连通，则称图 G 为强连通图；否则，称图 G 为非强连通图，且称其中的极大强连通子图为强连通分量。

例如，图 10-14a 是无向图，$V_1V_2V_3$、$V_4V_5V_6V_7$、V_8V_9 形成了三个连通分量；而图 10-14b 是有向图，$V_1V_2V_3$、V_4、$V_5V_6V_7V_8$ 形成了三个强连通分量。

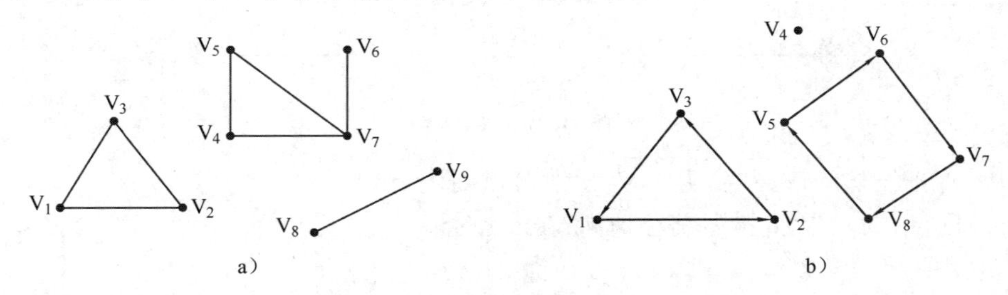

图 10-14　连通分量与强连通分量示意图

a）无向图　b）有向图

为了叙述上的方便，下面把连通分量和强连通分量均称为**连通块**。

可以想象，如果要遍历整个图，就需要对所有连通块分别进行遍历。所以 DFS 遍历图的基本思路就是将经过的顶点设置为已访问，在下次递归碰到这个顶点时就不再去处理，直到整个图的顶点都被标记为已访问。

下面是一份 DFS 的伪代码，不管是使用邻接矩阵还是邻接表，都是使用这种思想。读者应先体会一下伪代码的思路，然后再往下看。注意：如果已知给定的图是一个连通图，则只需要一次 DFS 就能完成遍历。

```
DFS(u){     //访问顶点 u
    vis[u] = true;     //设置 u 已被访问
    for(从 u 出发能到达的所有顶点 v)     //枚举从 u 出发可以到达的所有顶点 v
        if vis[v] == false     //如果 v 未被访问
            DFS(v);     //递归访问 v
}
DFSTrave(G){     //遍历图 G
    for(G 的所有顶点 u)     //对 G 的所有顶点 u
        if vis[u] == false     //如果 u 未被访问
            DFS(u);     //访问 u 所在的连通块
}
```

将邻接矩阵和邻接表的实现方法带入上面伪代码中，可以得到如下模板，建议读者在理解的基础上记忆，以提高编码的熟练度。

当然在这之前，需要先定义 MAXV 为最大顶点数、INF 为一个很大的数字。

```
constint MAXV = 1000;    //最大顶点数
constint INF = 1000000000;    //设 INF 为一个很大的数
```

① 邻接矩阵版。

```
int n, G[MAXV][MAXV];    //n 为顶点数，MAXV 为最大顶点数
bool vis[MAXV] = {false};    //如果顶点 i 已被访问，则 vis[i]==true。初值为 false

void DFS(int u, int depth){    //u 为当前访问的顶点标号，depth 为深度
    vis[u] = true;    //设置 u 已被访问
    //如果需要对 u 进行一些操作，可以在这里进行
    //下面对所有从 u 出发能到达的分支顶点进行枚举
    for(int v = 0; v< n; v++){    //对每个顶点 v
        if(vis[v] == false && G[u][v] != INF){    //如果 v 未被访问，且 u 可到达 v
            DFS(v, depth + 1);    //访问 v，深度加 1
        }
    }
}

void DFSTrave(){    //遍历图 G
    for(int u = 0; u < n; u++){    //对每个顶点 u
        if(vis[u] == false){    //如果 u 未被访问
            DFS(u, 1);    //访问 u 和 u 所在的连通块，1 表示初始为第一层
        }
    }
}
```

② 邻接表版。

```
vector<int> Adj[MAXV];    //图 G 的邻接表
int n;    //n 为顶点数，MAXV 为最大顶点数
bool vis[MAXV] = {false};    //如果顶点 i 已被访问，则 vis[i]==true。初值为 false

void DFS(int u, int depth){    //u 为当前访问的顶点标号，depth 为深度
    vis[u] = true;    //设置 u 已被访问
    /*如果需要对 u 进行一些操作，可以在此处进行*/
    for(int i = 0; i < Adj[u].size(); i++){    //对从 u 出发可以到达的所有顶点 v
        int v = Adj[u][i];
        if(vis[v] == false){    //如果 v 未被访问
            DFS(v, depth + 1);    //访问 v，深度加 1
        }
```

```
        }
    }

    void DFSTrave(){      //遍历图 G
        for(int u = 0; u < n; u++){      //对每个顶点 u
            if(vis[u] == false){      //如果 u 未被访问
                DFS(u, 1);      //访问 u 和 u 所在的连通块，1 表示初始为第一层
            }
        }
    }
```

【PAT A1034】Head of a Gang

题目描述

One way that the police finds the head of a gang is to check people's phone calls. If there is a phone call between A and B, we say that A and B is related. The weight of a relation is defined to be the total time length of all the phone calls made between the two persons. A "Gang" is a cluster of more than 2 persons who are related to each other with total relation weight being greater than a given threthold K. In each gang, the one with maximum total weight is the head. Now given a list of phone calls, you are supposed to find the gangs and the heads.

输入格式

Each input file contains one test case. For each case, the first line contains two positive numbers N and K (both less than or equal to 1000), the number of phone calls and the weight threthold, respectively. Then N lines follow, each in the following format:

Name1 Name2 Time

where Name1 and Name2 are the names of people at the two ends of the call, and Time is the length of the call. A name is a string of three capital letters chosen from A-Z. A time length is a positive integer which is no more than 1000 minutes.

输出格式

For each test case, first print in a line the total number of gangs. Then for each gang, print in a line the name of the head and the total number of the members. It is guaranteed that the head is unique for each gang. The output must be sorted according to the alphabetical order of the names of the heads.

（原题即为英文题）

输入样例 1

```
8 59
AAA BBB 10
BBB AAA 20
AAA CCC 40
DDD EEE 5
EEE DDD 70
```

```
FFF GGG 30
GGG HHH 20
HHH FFF 10
```

输出样例 1

```
2
AAA 3
GGG 3
```

输入样例 2

```
8 70
AAA BBB 10
BBB AAA 20
AAA CCC 40
DDD EEE 5
EEE DDD 70
FFF GGG 30
GGG HHH 20
HHH FFF 10
```

输出样例 2

```
0
```

题意

给出若干人之间的通话长度（视为无向边），这些通话将他们分为若干组。每个组的总边权设为该组内的所有通话的长度之和，而每个人的点权设为该人参与的通话长度之和。现在给定一个阈值 K，且只要一个组的总边权超过 K，并满足成员人数超过 2，则将该组视为“犯罪团伙（Gang）”，而该组内点权最大的人视为头目。要求输出“犯罪团伙”的个数，并按头目姓名字典序从小到大的顺序输出每个“犯罪团伙”的头目姓名和成员人数。

样例解释

样例 1

样例 1 示意图如图 10-15 所示。

设三个相同的字母用一个字母表示，如 A 表示 AAA，总共分为三个组，总边权从左至右分别为 70、75、60，均超过了阈值 59，但第二组只有两个成员（D 和 E），因此只有第一组和第三组被视为 Gang。其中，第一组的头目是 A（点权为 70），第三组的头目是 G（点权为 50）。

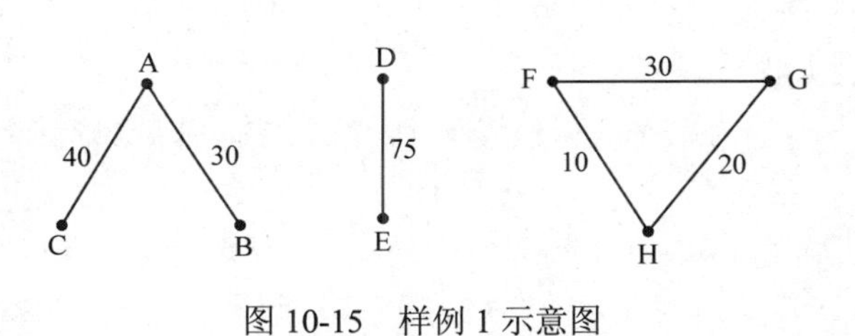

图 10-15　样例 1 示意图

样例 2

阈值变为 70，因此三组都不是 Gang。

思路

步骤 1：首先要解决的问题是姓名与编号的对应关系。方法有二：一是使用 map<string, int> 直接建立字符串与整型的映射关系；二是使用字符串 hash 的方法将字符串转换为整型。编号与姓名的对应关系则可以直接用 string 数组进行定义，或者使用 map<int, string>也是可以的。

步骤 2：根据题目中的要求，需要获得每个人的点权，即与之相关的通话记录的时长之和，而这显然可以在读入时就进行处理（假设 A 与 B 的通话时长为 T，那么 A 和 B 的点权分别增加 T）。事实上，该步是在求与某个点相连的边的边权之和。

步骤 3：进行图的遍历。使用 DFS 遍历每个连通块，目的是获取每个连通块的头目（即连通块内点权最大的结点）、成员个数、总边权。其中 DFS 对单个连通块的遍历逻辑如下：

```
//DFS 函数访问单个连通块，nowVisit 为当前访问的编号
//head 为头目，numMember 为成员编号，totalValue 为连通块的总边权，均为引用
void DFS(int nowVisit, int& head, int& numMember, int& totalValue) {
    numMember++;    //成员人数加 1
    vis[nowVisit] = true;   //标记 nowVisit 已访问
    if(weight[nowVisit] > weight[head]) {
        head = nowVisit;    //当前访问结点的点权大于头目的点权，则更新头目
    }
    for(int i = 0; i < numPerson; i++) {    //枚举所有人
        if(G[nowVisit][i] > 0) {   //如果从 nowVisit 能到达 i
            totalValue += G[nowVisit][i];   //连通块的总边权增加该边权
            G[nowVisit][i] = G[i][nowVisit] = 0;    //删除这条边，防止回头
            if(vis[i] == false) {   //如果 i 未被访问，则递归访问 i
                DFS(i, head, numMember, totalValue);
            }
        }
    }
}
```

步骤 4：通过步骤 3 可以获得连通块的总边权 totalValue。如果 totalValue 大于给定的阈值 K，且成员人数大于 2，则说明该连通块是一个团伙，将该团伙的信息存储下来。

注：可以定义 map<string, int>，来建立团伙头目的姓名与成员人数的映射关系。由于 map 中元素自动按键从小到大排序，因此自动满足了题目要求的“姓名字典序从小到大输出”的规定。

```
//DFSTrave 函数遍历整个图，获取每个连通块的信息
void DFSTrave() {
    for(int i = 0; i < numPerson; i++) {    //枚举所有人
        if(vis[i] == false) {       //如果 i 未被访问
            int head = i, numMember = 0, totalValue = 0;//头目、成员数、总边权
            DFS(i, head, numMember, totalValue);    //遍历 i 所在的连通块
            if(numMember > 2 && totalValue > K) { //成员数大于 2 且总边权大于 K
                //head 人数为 numMember
                Gang[intToString[head]] = numMember;
            }
        }
```

```
    }
}
```

注意点

① 由于通话记录的条数最多有 1000 条，这意味着不同的人可能有 2000 人，因此数组大小必须在 2000 以上。

② map<type1, type2>是自动按键 type1 从小到大进行排序的，因此使用 map<string, int>建立头目姓名与成员人数的关系便于输出结果。当然，也可以使用结构体来存放头目姓名与成员人数，但会增加一定的代码量。代码如下：

```
struct Gang {
    string head;          //团伙头目
    int numMember;        //成员数量
}arrayGang[maxn];
int numGang = 0;          //团伙个数
bool cmp(Gang a, Gang b) {
    return a.head < b.head;     //按头目姓名的字典序从小到大排序
}
```

③ 由于每个结点在访问后不应再次被访问，但是图中可能有环，即遍历过程中发生一条边连接已访问结点的情况。此时为了边权不被漏加，需要先累加边权，再去考虑结点递归访问的问题（样例中 FFF、GGG、HHH 的环在处理时就会碰到这种情况）。而这样做又可能导致一条边的边权被重复计算（例如累加完边 FFF→GGG 的边权后，当访问 GGG 时又会累加边 GGG→FFF 的边权），故需要在累加某条边的边权后将这条边删除（即将反向边的边权设为 0），以避免走回头路、重复计算边权。

④ 本题也可以使用并查集解决。在使用并查集时，只要注意合并函数中需要总是保持点权更大的结点为集合的根结点（原先的合并函数是随意指定其中一个根结点为合并后集合的根结点），就能符合题目的要求。而为了达到题目对总边权与成员人数的要求，需要定义两个数组：一个数组用来存放以当前结点为根结点的集合的总边权；另一个数组用来存放以当前结点为根结点的集合中的成员人数。这样当所有通话记录合并处理完毕后，这两个数组就自动存放了每个集合的总边权和成员人数，再根据题意进行筛选即可，这里不再给出相关代码。

参考代码

```
#include <iostream>
#include <string>
#include <map>
using namespace std;
const int maxn = 2010;          //总人数
const int INF = 1000000000;     //无穷大

map<int, string> intToString;   //编号->姓名
map<string, int> stringToInt;   //姓名->编号
map<string, int> Gang;          //head->人数
```

```
int G[maxn][maxn] = {0}, weight[maxn] = {0};    //邻接矩阵 G、点权 weight
int n, k, numPerson = 0;          //边数 n、下限 k、总人数 numPerson
bool vis[maxn] = {false};         //标记是否被访问

//DFS 函数访问单个连通块，nowVisit 为当前访问的编号
//head 为头目，numMember 为成员编号，totalValue 为连通块的总边权
void DFS(int nowVisit, int& head, int& numMember, int& totalValue) {
    numMember++;    //成员人数加 1
    vis[nowVisit] = true;   //标记 nowVisit 已访问
    if(weight[nowVisit] > weight[head]) {
        head = nowVisit;    //当前访问结点的点权大于头目的点权，则更新头目
    }
    for(int i = 0; i < numPerson; i++) {    //枚举所有人
        if(G[nowVisit][i] > 0) {    //如果从 nowVisit 能到达 i
            totalValue += G[nowVisit][i];   //连通块的总边权增加该边权
            G[nowVisit][i] = G[i][nowVisit] = 0;    //删除这条边，防止回头
            if(vis[i] == false) {   //如果 i 未被访问，则递归访问 i
                DFS(i, head, numMember, totalValue);
            }
        }
    }
}

//DFSTrave 函数遍历整个图，获取每个连通块的信息
void DFSTrave() {
    for(int i = 0; i < numPerson; i++) {    //枚举所有人
        if(vis[i] == false) {       //如果 i 未被访问
            int head = i, numMember = 0, totalValue = 0;//头目、成员数、总边权
            DFS(i, head, numMember, totalValue);    //遍历 i 所在的连通块
            if(numMember > 2 && totalValue > k) { //成员数大于 2 且总边权大于 k
                //head 人数为 numMember
                Gang[intToString[head]] = numMember;
            }
        }
    }
}

//change 函数返回姓名 str 对应的编号
int change(string str) {
    if(stringToInt.find(str) != stringToInt.end()) {    //如果 str 已经出现过
```

```
        return stringToInt[str];        //返回编号
    } else {
        stringToInt[str] = numPerson;   //str 的编号为 numPerson
        intToString[numPerson] = str;   //numPerson 对应 str
        return numPerson++;             //总人数加 1
    }
}

int main() {
    int w;
    string str1, str2;
    cin >> n >> k;
    for(int i = 0; i < n; i++) {
        cin >> str1 >> str2 >> w;   //输入边的两个端点和点权
        int id1 = change(str1);     //将 str1 转换为编号 id1
        int id2 = change(str2);     //将 str2 转换为编号 id2
        weight[id1] += w;           //id1 的点权增加 w
        weight[id2] += w;           //id2 的点权增加 w
        G[id1][id2] += w;           //边 id1->id2 的边权增加 w
        G[id2][id1] += w;           //边 id2->id1 的边权增加 w
    }
    DFSTrave();     //遍历整个图的所有连通块，获取 Gang 的信息
    cout << Gang.size() << endl;    //Gang 的个数
    map<string, int>::iterator it;
    for(it = Gang.begin(); it != Gang.end(); it++) {    //遍历所有 Gang
        cout << it->first << " " << it->second << endl; //输出信息
    }
    return 0;
}
```

10.3.2　采用广度优先搜索（BFS）法遍历图

1. 用 BFS 遍历图

广度优先搜索以“广度”作为关键词，每次以扩散的方式向外访问顶点。和树的遍历一样，使用 BFS 遍历图需要使用一个队列，通过反复取出队首顶点，将该顶点可到达的**未曾加入过队列**的顶点全部入队，直到队列为空时遍历结束。下面以一个有向图（见图 10-16）作为 BFS 遍历的举例（初始时先将 V_0 加入队列，黑色表示结点未访问，白色表示结点已访问）：

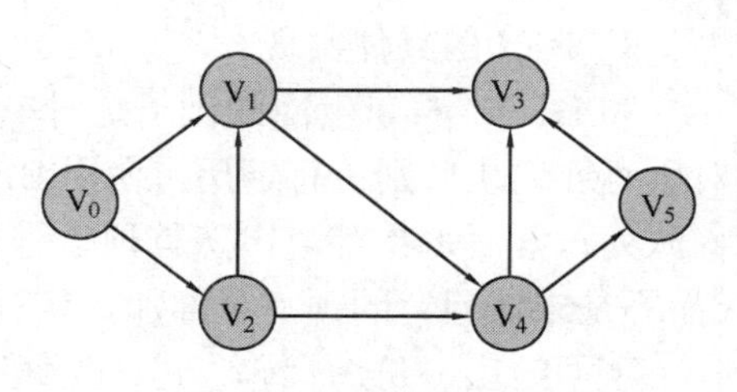

图 10-16　有向图示例

① 当前队列内元素为$\{V_0\}$，取出队首元素 V_0 进行访问。之后，将从 V_0 出发能够到达的

两个未曾加入过队列的顶点 V_1、V_2 加入队列。此时情况如图 10-17 所示。

② 当前队列内元素为 $\{V_1, V_2\}$，取出队首元素 V_1 进行访问。之后，将从 V_1 出发能够到达的两个未曾加入过队列的顶点 V_3、V_4 加入队列。此时情况如图 10-18 所示。

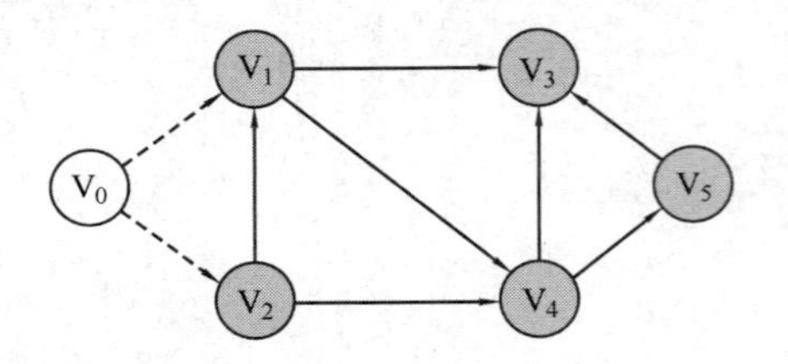

图 10-17　欲从 V_0 出发访问 V_1 和 V_2

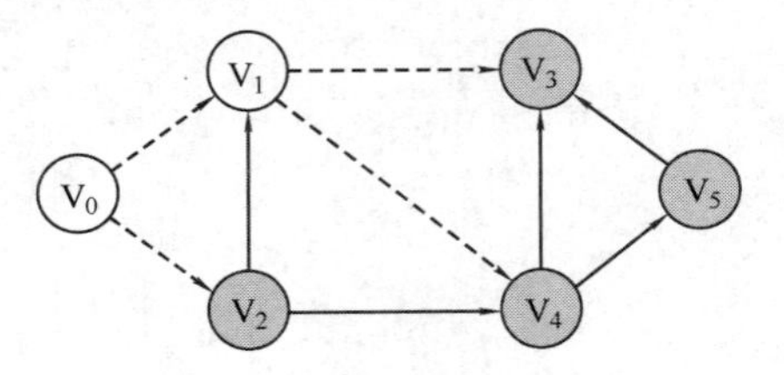

图 10-18　欲从 V_1 出发访问 V_3 和 V_4

③ 当前队列内元素为 $\{V_2, V_3, V_4\}$，取出队首元素 V_2 进行访问。由于从 V_2 出发无法找到未曾加入过队列的顶点（V_1、V_4 均已加入过队列），因此不予处理。此时情况如图 10-19 所示。

④ 当前队列内元素为 $\{V_3, V_4\}$，取出队首元素 V_3 进行访问。由于从 V_3 出发无法找到未曾加入过队列的顶点，因此不予处理。此时情况如图 10-20 所示。

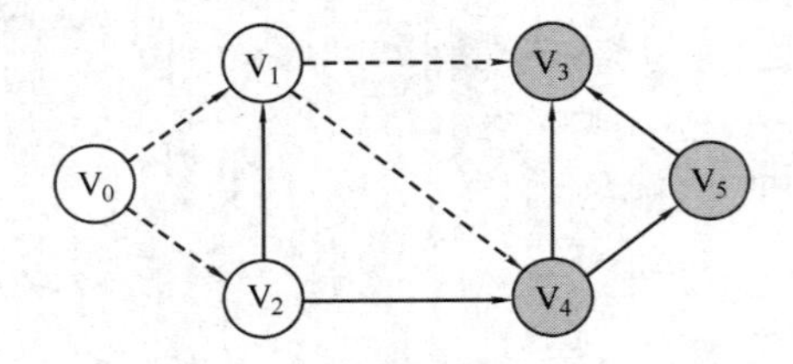

图 10-19　从 V_2 出发无法找到未曾加入过队列的顶点

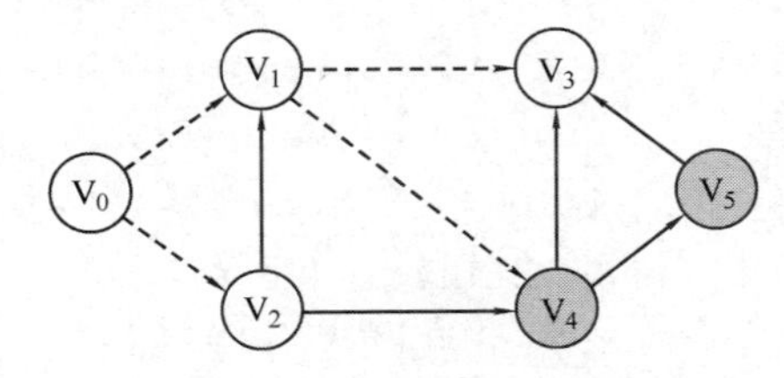

图 10-20　从 V_3 出发无法找到未曾加入过队列的顶点

⑤ 当前队列内元素为 $\{V_4\}$，取出队首元素 V_4 进行访问。之后，将从 V_4 出发能够到达的一个未曾加入过队列的顶点 V_5 加入队列。此时情况如图 10-21 所示。

⑥ 当前队列内元素为 $\{V_5\}$，取出队首元素 V_5 进行访问。由于从 V_5 出发无法找到未曾加入过队列的顶点，因此不予处理。此时情况如图 10-22 所示。

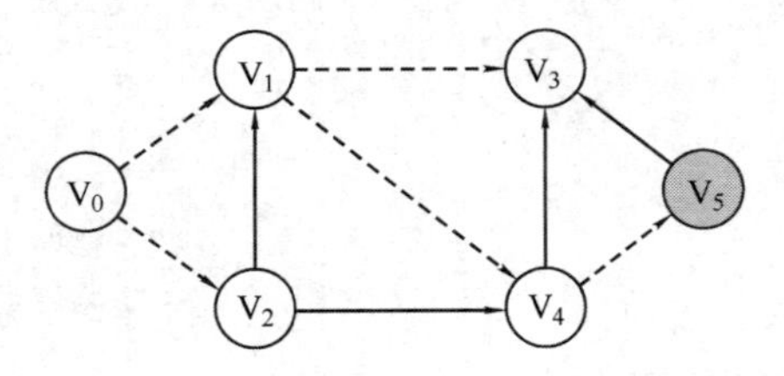

图 10-21　找到 V_5 并将其加入队列

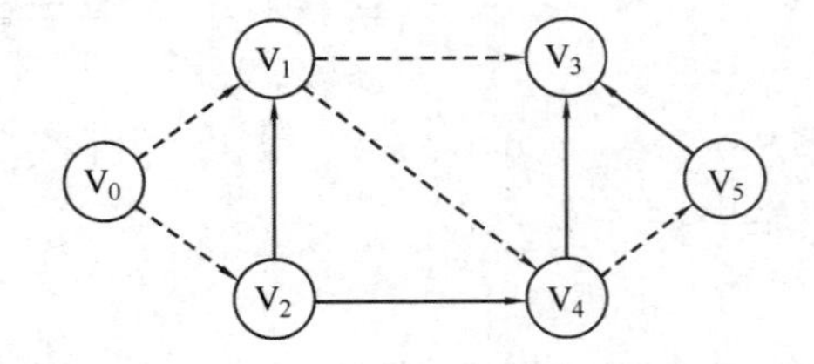

图 10-22　从 V_5 出发无法找到未曾加入过队列的顶点

⑦ 当前队列为空，BFS 遍历结束。

2. BFS 的具体实现

和 DFS 一样，上面的例子是对单个连通块进行的遍历操作。如果要遍历整个图，则需要对所有连通块分别进行遍历。使用 BFS 遍历图的基本思想是建立一个队列，并把初始顶点加入队列，此后每次都取出队首顶点进行访问，并把从该顶点出发可以到达的**未曾加入过队列（而不是未访问）**的顶点全部加入队列，直到队列为空。

下面给出一份伪代码，建议先仔细体会其使用的思想，然后再看后面的内容。和 DFS 遍历一样，如果已知是连通图，那么只需要一次 BFS 就能完成遍历：

```
BFS(u){  //遍历 u 所在的连通块
```

```
    queue q;    //定义队列q
    将u入队;
    inq[u] = true;    //设置u已被加入过队列
    while(q非空) {    //只要队列非空
        取出q的队首元素u进行访问;
        for(从u出发可达的所有顶点v)    //枚举从u能直接到达的顶点v
            if (inq[v] == false) {    //如果v未曾加入过队列
                将v入队;
                inq[v] = true;    //设置v已被加入过队列
            }
    }
}
BFSTrave(G){    //遍历图G
    for(G的所有顶点u)    //枚举G的所有顶点u
        if (inq[u] == false) {    //如果u未曾加入过队列
            BFS(u);    //遍历u所在的连通块
        }
}
```

下面分别使用邻接矩阵和邻接表实现BFS遍历图，建议将下面的代码都理解并能熟练写出。

① 邻接矩阵版。

```
int n, G[MAXV][MAXV];    //n为顶点数，MAXV为最大顶点数
bool inq[MAXV] = {false};    //若顶点i曾入过队列，则inq[i]==true。初值为false

void BFS(int u){    //遍历u所在的连通块
    queue<int> q;    //定义队列q
    q.push(u);    //将初始点u入队
    inq[u] = true;    //设置u已被加入过队列
    while(!q.empty()){    //只要队列非空
        int u = q.front();    //取出队首元素
        q.pop();    //将队首元素出队
        for(int v = 0; v < n; v++){
            //如果u的邻接点v未曾加入过队列
            if(inq[v] == false && G[u][v] != INF){
                q.push(v);    //将v入队
                inq[v] = true;    //标记v为已被加入过队列
            }
        }
    }
}
```

```
void BFSTrave(){    //遍历图 G
    for(int u = 0; u < n; u++){    //枚举所有顶点
        if(inq[u] == false){    //如果 u 未曾加入过队列
            BFS(q);    //遍历 u 所在的连通块
        }
    }
}
```

② 邻接表版。

```
vector<int> Adj[MAXV];    //图 G，Adj[u]存放从顶点 u 出发可以到达的所有顶点
int n;    //n 为顶点数，MAXV 为最大顶点数
bool inq[MAXV] = {false};    //若顶点 i 曾入过队列，则 inq[i]==true。初值为 false

void BFS(int u){    //遍历单个连通块
    queue<int> q;    //定义队列 q
    q.push(u);    //将初始点 u 入队
    inq[u] = true;    //设置 u 已被加入过队列
    while(!q.empty()){    //只要队列非空
        int u = q.front();    //取出队首元素
        q.pop();    //将队首元素出队
        for(int i=0; i < Adj[u].size(); i++){    //枚举从 u 出发能到达的所有顶点
            int v = Adj[u][i];
            if(inq[v] == false){    //如果 v 未曾加入过队列
                q.push(v);    //将 v 入队
                inq[v] = true;    //标记 v 为已被加入过队列
            }
        }
    }
}

void BFSTrave(){    //遍历图 G
    for(int u = 0; u < n; u++){    //枚举所有顶点
        if(inq[u] == false){    //如果 u 未曾加入过队列
            BFS(q);    //遍历 u 所在的连通块
        }
    }
}
```

与树的 BFS 遍历一样，在给定 BFS 初始点的情况下，可能需要输出该连通块内所有其他顶点的层号。这时只需要修改少量内容即可达到要求（以邻接表为例，邻接矩阵同理）。

首先，由于需要存放顶点层号，由 10.2.2 节可知，需要定义结构体 Node，并在其中存放

顶点的编号和层号，如下所示：

```
struct Node {
    int v;    //顶点编号
    int layer;    //顶点层号
};
```

在这种情况下，vector 邻接表中的元素就不再是 int，而变为 Node。

```
vector<Node> Adj[N];
```

接下来要考虑层号的传递关系。容易想到的是，如果当前顶点的层号为 L，那么它所有出边的终点的层号都为 L+1。由此可以在原先 BFS 函数代码的基础上修改，代码如下：

```
void BFS(int s) {    //s 为起始顶点编号
    queue<Node> q;    //BFS 队列
    Node start;    //起始顶点
    start.v = s;    //起始顶点编号
    start.layer = 0;    //起始顶点层号为 0
    q.push(start);    //将起始顶点压入队列
    inq[start.v] = true;    //起始顶点的编号设为已被加入过队列
    while(!q.empty()) {
        Node topNode = q.front();    //取出队首顶点
        q.pop();    //队首顶点出队
        int u = topNode.v;    //队首顶点的编号
        for(int i = 0; i < Adj[u].size(); i++) {
            Node next = Adj[u][i];    //从 u 出发能到达的顶点 next
            next.layer = topNode.layer + 1;    //next 层号等于当前顶点层号加 1
            //如果 next 的编号未被加入过队列
            if(inq[next.v] == false) {
                q.push(next);    //将 next 入队
                inq[next.v] = true;    //next 的编号设为已被加入过队列
            }
        }
    }
}
```

【PAT A1076】Forwards on Weibo

题目描述

Weibo is known as the Chinese version of Twitter. One user on Weibo may have many followers, and may follow many other users as well. Hence a social network is formed with followers relations. When a user makes a post on Weibo, all his/her followers can view and forward his/her post, which can then be forwarded again by their followers. Now given a social network, you are supposed to calculate the maximum potential amount of forwards for any specific user, assuming that only L levels of indirect followers are counted.

输入格式

Each input file contains one test case. For each case, the first line contains 2 positive integers: N (≤1000), the number of users; and L (≤6), the number of levels of indirect followers that are counted. Hence it is assumed that all the users are numbered from 1 to N. Then N lines follow, each in the format:

M[i] user_list[i]

where M[i] (≤100) is the total number of people that user[i] follows; and user_list[i] is a list of the M[i] users that are followed by user[i]. It is guaranteed that no one can follow oneself. All the numbers are separated by a space.

Then finally a positive K is given, followed by K *UserID*'s for query.

输出格式

For each *UserID*, you are supposed to print in one line the maximum potential amount of forwards this user can triger, assuming that everyone who can view the initial post will forward it once, and that only L levels of indirect followers are counted.

输入样例

```
7 3
3 2 3 4
0
2 5 6
2 3 1
2 3 4
1 4
1 5
2 2 6
```

输出样例

```
4
5
```

题意

在微博中，每个用户都可能被若干个其他用户关注。而当该用户发布一条信息时，他的关注者就可以看到这条信息并选择是否转发它，且转发的信息也可以被转发者的关注者再次转发，但同一用户最多只转发该信息一次（信息的最初发布者不会转发该信息）。现在给出N个用户的关注情况（即他们各自关注了哪些用户）以及一个转发层数上限 L，并给出最初发布消息的用户编号，求在转发层数上限内消息最多会被多少用户转发。

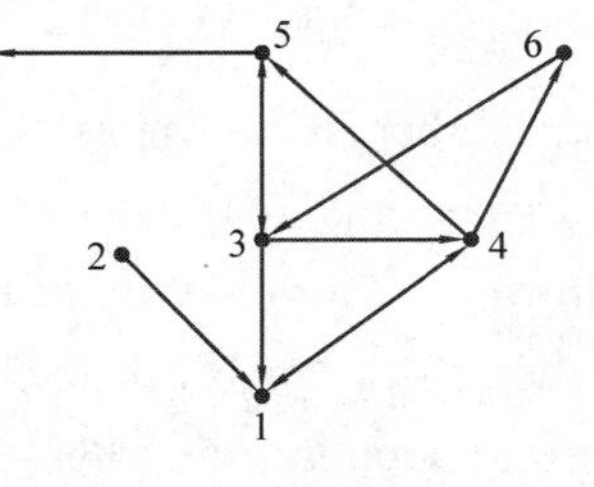

图 10-23　样例示意图

样例解释

样例中共有 7 个用户，转发层数上限为 3，信息的传递方向如图 10-23 所示。

① 当 2 号用户发布信息时，第一层转发的用户是 1 号，第二层转发的用户是 4 号，第 3 层转发的用户是 5 号和 6 号。

因此在转发层数上限内，共有四个用户转发。

② 当 6 号用户发布信息时，第一层转发的用户是 3 号，第二层转发的用户是 1 号、4 号和 5 号，第三层转发的用户是 7 号。因此在转发层数上限内，共有五个用户转发。

思路

步骤 1：首先考虑如何建图。由于题目给定的数据是用户关注的情况（而不是被关注的情况），因此如果用户 X 关注了用户 Y，则需要建立由 Y 指向 X 的有向边，来表示 Y 发布的消息可以传递到 X 并被 X 转发。

步骤 2：在建图完毕后，使用 DFS 或者 BFS 都可以得到需要的结果。如果使用 DFS 来遍历，只要控制遍历深度不超过题目给定的层数 L 即可，遍历过程中计数访问到的结点个数（细节处理会比较麻烦）。如果使用 BFS 来遍历，则需要把结点编号和层号建立成结构体，然后控制遍历层数不超过 L，具体写法已经在前面讲述。参考代码以 BFS 遍历为例。

注意点

① 用户的编号为 1 ~ N，而不是从 0 开始。

② 由于可能形成环，必须控制每个用户只能转发消息 1 次（即遍历时只能访问 1 次）。

③ 使用 DFS 遍历很容易出错，因为需要注意一种情况，即可能有一个用户 X 在第 i 次被访问，但是此时已经达到转发层数上限，故无法继续遍历。但若该用户可以通过另一条路径更快地被访问到，那么是可以继续深入遍历的。下面是一个例子（见图 10-24），当转发层数上限 L 为 3 时，从 1 号结点开始遍历，可以获得 1→2→3→4 的遍历序列，此时达到转发上限，却导致 5 号结点无法被访问（事实上可以通过 1→4→5 的遍历顺序访问到 5 号结点）。除此之外，DFS 还可能导致同一个结点的转发次数被重复计算（需要额外设置一个数组来记录结点是否已经转发过信息，才能最终解决此问题）。本题强烈不推荐使用 DFS 来写。

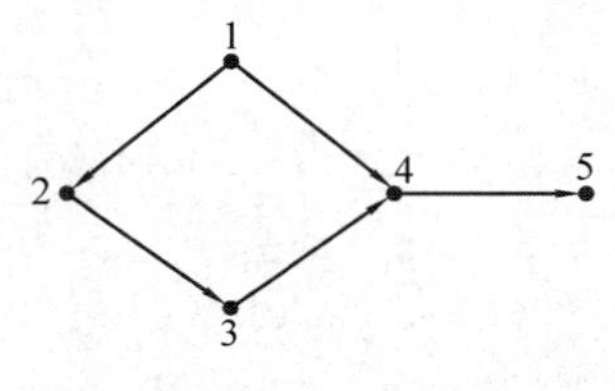

图 10-24　示例图

④ 如果 DFS 写得不够好，就会超时，因此本题更推荐使用 BFS，且 BFS 不会出现 Note 3 中的问题，写法更直接。

参考代码

```
#include <cstdio>
#include <cstring>
#include <vector>
#include <queue>
using namespace std;
const int MAXV = 1010;
struct Node {
    int id;         //结点编号
    int layer;      //结点层号
};
vector<Node> Adj[MAXV];     //邻接表
bool inq[MAXV] = {false};   //顶点是否已被加入过队列
```

```
int BFS(int s, int L) {     //start 为起始结点，L 为层数上限
    int numForward = 0;      //转发数
    queue<Node> q;           //BFS 队列
    Node start;              //定义起始结点
    start.id = s;            //起始结点编号
    start.layer = 0;         //起始结点层号为 0
    q.push(start);           //将起始结点压入队列
    inq[start.id] = true;   //起始结点的编号设为已被加入过队列
    while(!q.empty()) {
        Node topNode = q.front();   //取出队首结点
        q.pop();             //队首结点出队
        int u = topNode.id;          //队首结点的编号
        for(int i = 0; i < Adj[u].size(); i++) {
            Node next = Adj[u][i];  //从 u 出发能到达的结点 next
            next.layer = topNode.layer + 1;  //next 的层号等于当前结点层号加 1
            //如果 next 的编号未被加入过队列，且 next 的层次不超过上限 L
            if(inq[next.id] == false && next.layer <= L) {
                q.push(next);         //将 next 入队
                inq[next.id] = true;    //next 的编号设为已被加入过队列
                numForward++;         //转发数加 1
            }
        }
    }
    return numForward;       //返回转发数
}
int main() {
    Node user;
    int n, L, numFollow, idFollow;
    scanf("%d%d", &n, &L);           //结点个数、层数上限
    for(int i = 1; i <= n; i++) {
        user.id = i;                 //用户编号为 i
        scanf("%d", &numFollow);    //i 号用户关注的人数
        for(int j = 0; j < numFollow; j++) {
            scanf("%d", &idFollow);          //i 号用户关注的用户编号
            Adj[idFollow].push_back(user);  //边 idFollow->i
        }
    }
    int numQuery, s;
    scanf("%d", &numQuery);                       //查询个数
```

```
    for(int i = 0; i < numQuery; i++) {
        memset(inq, false, sizeof(inq));    //inq 数组初始化
        scanf("%d", &s);                    //起始结点编号
        int numForward = BFS(s, L);         //BFS，返回转发数
        printf("%d\n", numForward);         //输出转发数
    }
    return 0;
}
```

练习

① 配套习题集的对应小节。

② Codeup Contest ID: 100000620

地址：http://codeup.cn/contest.php?cid=100000620。

本节二维码

10.4　最短路径

最短路径是图论中一个很经典的问题：给定图 G(V,E)，求一条从起点到终点的路径，使得这条路径上经过的所有边的边权之和最小。

如图 10-25 所示，假设学生想从 V_1（宿舍）到 V_4（体育场）去打球，共有三条路可以选择：第一条是先到 V_2 再到 V_4（即$\{V_1\rightarrow V_2\rightarrow V_4\}$），第二条是先到 V_3 再到 V_4（即$\{V_1\rightarrow V_3\rightarrow V_4\}$），第三条是直接前往 V_4（即$\{V_1\rightarrow V_4\}$）。而对应路径上的边权之和分别为 3、2、4，因此最短距离为 2，对应的路径为$\{V_1\rightarrow V_3\rightarrow V_4\}$。

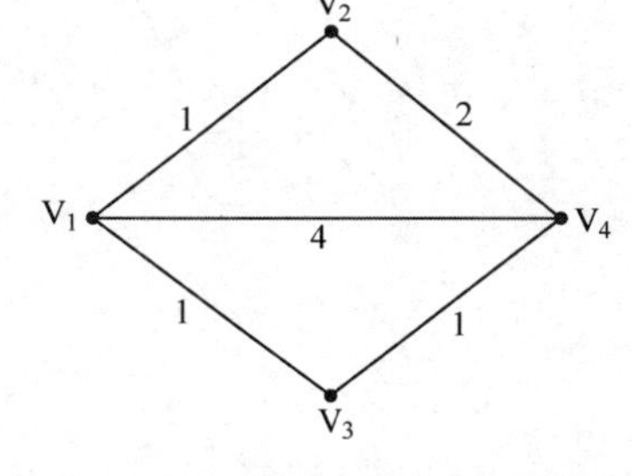

图 10-25　宿舍体育场路径示意图

于是学生就通过这条最短的路线到达 V_4 体育场。

在上面的例子中，其实在解决这样一个问题：

对任意给出的图 G(V,E)和起点 S、终点 T，如何求从 S 到 T 的最短路径。

解决最短路径问题的常用算法有 Dijkstra 算法、Bellman-Ford 算法、SPFA 算法和 Floyd 算法。

这些算法可用于不同的题目，读者应仔细研读并充分掌握它们的用法。

10.4.1　Dijkstra 算法

Dijkstra 算法（读者可以将其读作“迪杰斯特拉算法”）用来解决**单源最短路问题**，即给定图 G 和起点 s，通过算法得到 S 到达其他每个顶点的最短距离。Dijkstra 的**基本思想**是对图 G(V,E)设置集合 S，存放已被访问的顶点，然后每次从集合 V-S 中选择与起点 s 的最短距离最小的一个顶点（记为 u），访问并加入集合 S。之后，令顶点 u 为中介点，优化起点 s 与所有

从 u 能到达的顶点 v 之间的最短距离。这样的操作执行 n 次（n 为顶点个数），直到集合 S 已包含所有顶点。

为了让算法的过程有更有画面感，下面将举一个形象的例子，希望读者能通过这个例子对 Dijkstra 算法的流程有较为清晰的把握，以降低编写代码的难度。

在世界的另一端，有一个美丽富饶的精灵大陆，那里存在着六个城市，城市中生存着许多小精灵。一开始，这个大陆和平安详，没有纷争，但是有一天，邪恶黑暗势力忽然侵袭统治了这片大陆，并把大陆中的六个城市用黑暗力量染成了黑色，精灵们感到十分恐惧。这时，光明之神派遣一只被称为“番长狮子”（名字叫“亚历山大”，见图 10-26）的英雄带领军队前往解救（“番长”是精灵大陆中一个很厉害的称号，只有实力非常强大的生灵才能拥有）。由于黑暗力量的影响，城市与城市之间只能通过某种特殊通道单向到达（即有向边），并且一些城市之间无法直接到达（即只能通过其他城市间接到达）。图 10-26a 是一幅地图，给出了六个城市（编号为从 V_0 至 V_5）和它们之间存在的有向边（边上的数字表示距离），且每个城市都被污染成了黑色（表示该城市暂时没有被解救）。亚历山大在研究地图后决定从 V_0 开始对六个城市的敌人发起进攻，且每成功攻下一个城市，就用光明之力让城市中的黑暗消散，并把带来的部队驻扎在城市中，以防黑暗势力攻回，自己则通过魔法重新回到 V_0，带领新的部队攻打下一个城市。为了减少消耗，亚历山大希望**每次从起点 V_0 到达需要攻占的城市之间的路程尽可能短，即从起点到达其他所有顶点都必须是最短距离**。

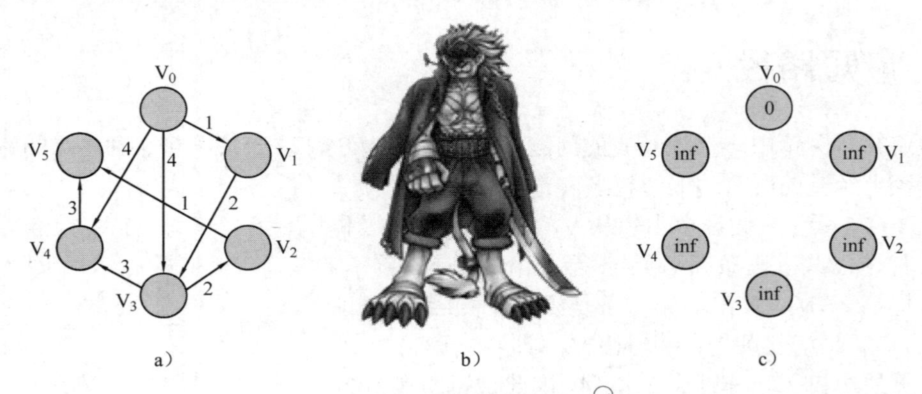

图 10-26　精灵大陆示意图[㊀]

a）地图　b）亚历山大　c）抹去边的地图

番长不愧是番长，有着丰富战斗经验的亚历山大马上就想出了策略。而在执行策略之前，亚历山大对地图做了两个修改：

① **将地图上所有边都抹去，只有当攻占一个城市后才把从这个城市出去的边显现**（笔者插话：这个操作在实际编写代码时是自然成立、不需要人为控制的，但是在这个例子中把这点单独提出来对理解 Dijkstra 操作的过程很有帮助）。

② **在地图中的城市 V_i ($0 \leq i \leq 5$)上记录从起点 V_0 到达该城市 V_i 所需要的最短距离**。由于在①中亚历山大把所有边都抹去了，因此在初始状态下除了 V_0 到达 V_0 的距离是 0 之外，从 V_0 到达其他城市的距离都是无穷大（记为 inf，见图 10-26b）。为了方便叙述，在下文中某几处出现的最短距离都是指从起点 V_0 到达城市 V_i 的最短距离。

㊀ 图 10-26b 为数码宝贝拯救者中的番长狮子兽。

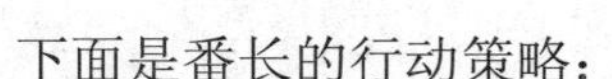

下面是番长的行动策略：

① 由于要攻占六个城市，因此将步骤②③执行六次，每次攻占一个城市（如果是 n 个城市，那么就执行 n 次）。

② 每次都**从还未攻占的城市中选择当前距离起点 V_0 最近的城市**（即地图的城市上记录的最短距离最小的未攻占城市，记为 $V_k(0 \leqslant k \leqslant 5)$），前往攻占。

③ 攻占城市 V_k 后，开放地图上从 V_k 出发的所有边，并查看**以 V_k 为中介点**的情况下，能否**使从起点 V_0 到达某些还未攻占的城市的最短距离变小**。如果能，则将那个最短距离覆盖到对应的城市上（因为开放了从 V_k 出发的边，因此有了改善某些城市最短距离的可能，且当前只有 V_k 能够优化这个最短距离）。

现在跟随番长来攻占这六个城市：

① 当前还未攻占的城市为$\{V_0, V_1, V_2, V_3, V_4, V_5\}$，这些城市中最短距离最小的城市为 V_0（图已经在前面给出，V_0 的最短距离是 0，其余城市的最短距离都是 inf），因此攻占 V_0，用光明之力将黑暗驱除，并开放从 V_0 出发的三条边：$V_0 \to V_1$、$V_0 \to V_3$、$V_0 \to V_4$。由于边 $V_0 \to V_1$ 可以让从起点 V_0 到达 V_1 的最短距离从 inf 减小为 1，边 $V_0 \to V_3$ 可以让从起点 V_0 到达 V_3 的最短距离从 inf 减小为 4，边 $V_0 \to V_4$ 可以让从起点 V_0 到达 V_4 的最短距离从 inf 减小为 4，因此在图中更新这些最短距离，如图 10-27 所示。

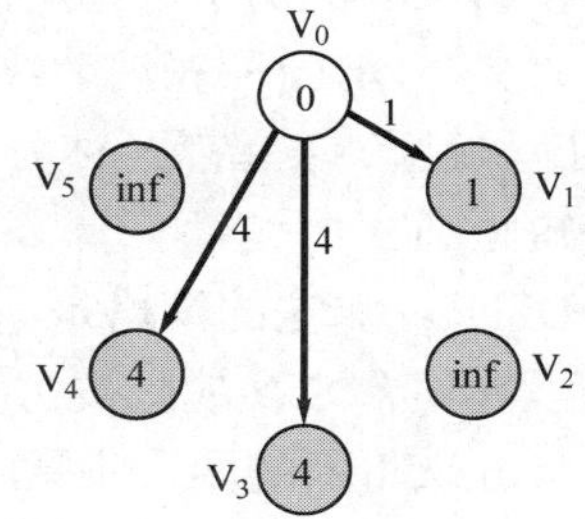

图 10-27　攻占 V_0

② 当前还未攻占的城市为$\{V_1, V_2, V_3, V_4, V_5\}$，这些城市中最短距离最小的城市为 V_1（其最短距离为 1），因此攻占 V_1，用光明之力将黑暗驱除，并开放从 V_1 出发的一条边：$V_1 \to V_3$。由于以 V_1 为中介点时，边 $V_1 \to V_3$ 可以让从起点 V_0 到达 V_3 的最短距离从 4 减小为 3（即 V_1 的最短距离 1 加上 $V_1 \to V_3$ 的边权 2 小于 V_3 的原最短距离 4），因此在图中更新这个最短距离，如图 10-28 所示（粗边为新增的边，下同）：

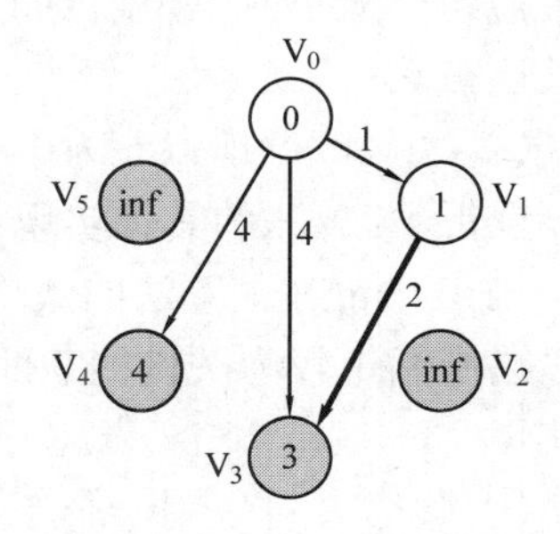

图 10-28　攻占 V_1

③ 当前还未攻占的城市为$\{V_2, V_3, V_4, V_5\}$，这些城市中最短距离最小的城市为 V_3（其最短距离为 3），因此攻占 V_3，用光明之力将黑暗驱除，并开放从 V_3 出发的两条边：$V_3 \to V_2$、$V_3 \to V_4$。由于以 V_3 为中介点时，边 $V_3 \to V_2$ 可以让从起点 V_0 到达 V_2 的最短距离从 inf 减小为 5（即 V_3 的最短距离 3 加上 $V_3 \to V_2$ 的边权 2 小于 V_2 的原最短距离 inf），因此在图中更新这个最短距离；而边 $V_3 \to V_4$ 不能让从起点 V_0 到达 V_4 的最短距离减小（即 V_3 的最短距离 3 加上 $V_3 \to V_4$ 的边权 3 大于 V_4 的原最短距离 4），因此不更新 V_4 的最短距离。更新如图 10-29 所示。

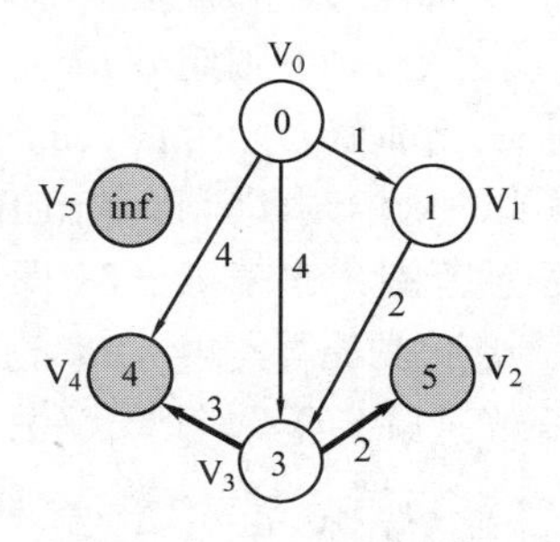

图 10-29　攻占 V_3

④ 当前还未攻占的城市为$\{V_2, V_4, V_5\}$，这些城市中最短距离最小的城市为 V_4（其最短距离为 4），因此攻占 V_4，用光明之力将黑暗驱除，并开放从 V_4 出发的一条边：$V_4 \to V_5$。由于以 V_4 为中介点时，边 $V_4 \to V_5$ 可以让从起点 V_0 到达 V_5 的最短距离从 inf 减小为 7（即 V_4 的最短距离 4 加上 $V_4 \to V_5$ 的边权 3 小于 V_5 的原最短距离 inf），因此在图中更新这个最短距离，如图 10-30 所示。

⑤ 当前还未攻占的城市为{V_2, V_5}，这些城市中最短距离最小的城市为 V_2（其最短距离为 5），因此攻占 V_2，用光明之力将黑暗驱除，并开放从 V_2 出发的一条边：$V_2 \rightarrow V_5$。由于以 V_2 为中介点时，边 $V_2 \rightarrow V_5$ 可以让从起点 V_0 到达 V_5 的最短距离从 7 减小为 6（即 V_2 的最短距离 5 加上 $V_2 \rightarrow V_5$ 的边权 1 小于 V_5 的原最短距离 7），因此在图中更新这个最短距离，如图 10-31 所示。

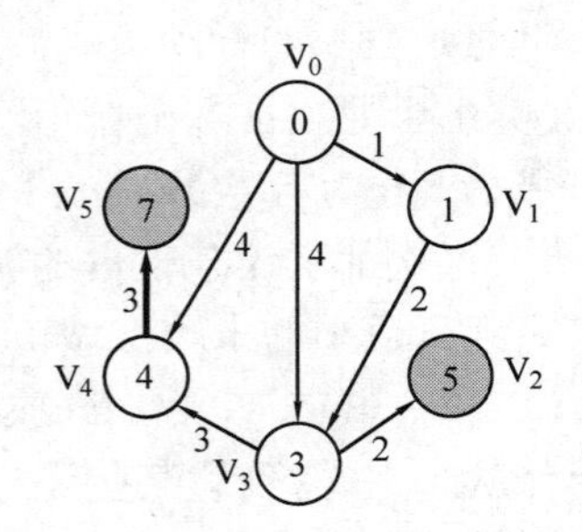

图 10-30　攻占 V_4

⑥ 当前还未攻占的城市为{V_5}，这些城市中最短距离最小的城市为 V_5（其最短距离为 6），因此攻占 V_5，用光明之力将黑暗驱除。由于已经没有未攻占的城市，因此整个攻打过程到这里结束，精灵大陆恢复了和平。最后各城市的情况如图 10-32 所示，其中每个城市上的数字就表示了从 V_0 到对应城市的最短距离。

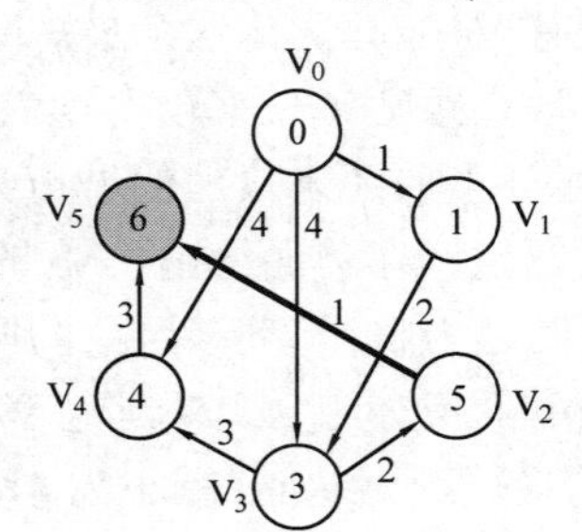

图 10-31　攻占 V_2

至此，读者应已对 Dijkstra 算法的过程有了大致的了解。下面将上面这个例子抽象成 Dijkstra 算法的模型，请读者自行把模型与上面的例子进行对比来进行理解。

首先，Dijkstra 算法解决的是**单源最短路问题**，即给定图 G(V,E)和起点 s（起点又称为源点），求从起点 s 到达其它顶点的最短距离。

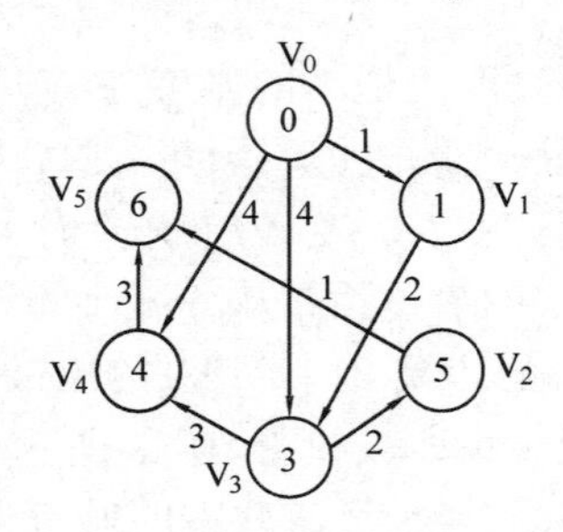

图 10-32　攻占 V_5

Dijkstra 算法的**策略**是：

设置集合 S 存放已被访问的顶点（即已攻占的城市），然后执行 n 次下面的两个步骤（n 为顶点个数）：

① 每次从集合 V-S（即未攻占的城市）中选择与起点 s 的最短距离最小的一个顶点（记为 u），访问并加入集合 S（即令其已被攻占）。

② 之后，令顶点 u 为中介点，优化起点 s 与所有从 u 能到达的顶点 v 之间的最短距离。

Dijkstra 算法的**具体实现**：

由于 Dijkstra 算法的策略比较偏重于理论化，因此为了方便编写代码，需要想办法来实现策略中两个较为关键的东西，即集合 S 的实现、起点 s 到达顶点 V_i ($0 \leqslant i \leqslant n-1$)的最短距离的实现。

① 集合 S 可以用一个 bool 型数组 vis[]来实现，即当 vis[i] == true 时表示顶点 V_i 已被访问，当 vis[i] == false 时表示顶点 V_i 未被访问。

② 令 int 型数组 d[]表示起点 s 到达顶点 V_i 的最短距离，初始时除了起点 s 的 d[s]赋为 0，其余顶点都赋为一个很大的数（初学者可以用 1000000000，即 10^9；稍微懂点二进制编码的话可以使用十六进制 0x3fffffff，但不要使用 0x7fffffff，因为两个这样的数相加可能会超过 int 的表示范围）来表示 inf，即不可达。

接下来看看实现 Dijkstra 算法的伪代码。其实很短，不难，希望读者能够结合上面的例子好好理解一下这个伪代码，然后再往下看：

```
//G 为图，一般设成全局变量；数组 d 为源点到达各点的最短路径长度，s 为起点
Dijkstra (G, d[], s){
```

```
    初始化;
    for(循环 n 次) {
        u = 使 d[u]最小的还未被访问的顶点的标号;
        记 u 已被访问;
        for(从 u 出发能到达的所有顶点 v){
            if(v 未被访问&&以 u 为中介点使 s 到顶点 v 的最短距离 d[v]更优){
                优化 d[v];
            }
        }
    }
}
```

由于图可以使用邻接矩阵或者邻接表来实现，因此也就会有两种写法，但是这两种写法都是以上面的伪代码为基础的，区别主要集中在枚举从 u 出发能到达的顶点 v 上面：邻接矩阵需要枚举所有顶点来查看 v 是否可由 u 到达；邻接表则可以直接得到 u 能到达的顶点 v。

在写出具体函数之前，需要先定义 MAXV 为最大顶点数、INF 为一个很大的数字：

```
constint MAXV = 1000;  //最大顶点数
constint INF = 1000000000;  //设 INF 为一个很大的数
```

下面来看邻接矩阵和邻接表对 Dijkstra 算法的具体实现代码。

① 邻接矩阵版。

适用于点数不大（例如 V 不超过 1000）的情况，相对好写。代码如下：

```
int n, G[MAXV][MAXV];  //n 为顶点数，MAXV 为最大顶点数
int d[MAXV];  //起点到达各点的最短路径长度
bool vis[MAXV] = {false};  //标记数组，vis[i]==true 表示已访问。初值均为 false

void Dijkstra(int s){  //s 为起点
    fill(d, d + MAXV, INF);  //fill 函数将整个 d 数组赋为 INF（慎用 memset）
    d[s] = 0;  //起点 s 到达自身的距离为 0
    for(int i = 0; i < n; i++){  //循环 n 次
        int u = -1, MIN = INF;  //u 使 d[u]最小，MIN 存放该最小的 d[u]
        for(int j = 0; j < n; j++){  //找到未访问的顶点中 d[]最小的
            if(vis[j] == false && d[j] < MIN){
                u = j;
                MIN = d[j];
            }
        }
        //找不到小于 INF 的 d[u]，说明剩下的顶点和起点 s 不连通
        if(u == -1) return;
        vis[u] = true;  //标记 u 为已访问
        for(int v = 0; v < n; v++){
            //如果 v 未访问&& u 能到达 v &&以 u 为中介点可以使 d[v]更优
```

```
            if(vis[v] == false && G[u][v] != INF && d[u] + G[u][v] < d[v]){
                d[v] = d[u] + G[u][v]; //优化d[v]
            }
        }
    }
}
```

从复杂度来看，主要是外层循环O(V)（V就是顶点个数n）与内层循环（寻找最小的d[u]需要O(V)、枚举v需要O(V)）产生的，总复杂度为$O(V*(V+V))=O(V^2)$。

② 邻接表版。

```
struct Node {
    int v, dis; //v为边的目标顶点，dis为边权
};
vector<Node> Adj[MAXV]; //图G，Adj[u]存放从顶点u出发可以到达的所有顶点
int n; //n为顶点数，图G使用邻接表实现，MAXV为最大顶点数
int d[MAXV]; //起点到达各点的最短路径长度
bool vis[MAXV] = {false}; //标记数组，vis[i]==true表示已访问。初值均为false

void Dijkstra(int s){ //s为起点
    fill(d, d + MAXV, INF); //fill函数将整个d数组赋为INF（慎用memset）
    d[s] = 0; //起点s到达自身的距离为0
    for(int i = 0; i < n; i++){ //循环n次
        int u = -1, MIN = INF; //u使d[u]最小，MIN存放该最小的d[u]
        for(int j = 0; j < n; j++){ //找到未访问的顶点中d[]最小的
            if(vis[j] == false && d[j] < MIN){
                u = j;
                MIN = d[j];
            }
        }
        //找不到小于INF的d[u]，说明剩下的顶点和起点s不连通
        if(u == -1) return;
        vis[u] = true; //标记u为已访问
        //只有下面这个for与邻接矩阵的写法不同
        for(int j = 0;j < Adj[u].size(); j++){
            int v = Adj[u][j].v; //通过邻接表直接获得u能到达的顶点v
            if(vis[v] == false && d[u] + Adj[u][j].dis < d[v]){
                //如果v未访问&&以u为中介点可以使d[v]更优
                d[v] = d[u] + Adj[u][j].dis; //优化d[v]
            }
        }
    }
```

```
}
```

从复杂度来看，主要是外层循环 O(V)与内层循环（寻找最小的 d[u]需要 O(V)、枚举 v 需要 O(adj[u].size)）产生的。又由于对整个程序来说，枚举 v 的次数总共为 $O(\sum_{u=0}^{n-1} adj[u].size) = O(E)$，因此总复杂度为 $O(V^2 + E)$。

可以注意到，上面的做法都是复杂度 $O(V^2)$级别的，其中由于必须把每个顶点都标记为已访问，因此外层循环的 O(V)时间是无法避免的，但是寻找最小 d[u]的过程却可以不必达到 O(V)的复杂度，而可以使用堆优化来降低复杂度。最简洁的写法是直接使用 STL 中的优先队列 priority_queue，这样使用邻接表实现的 Dijkstra 算法的时间复杂度可以降为 O(VlogV + E)。此外，Dijkstra 算法只能应对所有边权都是非负数的情况，如果边权出现负数，那么 Dijkstra 算法很可能会出错，这时最好使用 SPFA 算法。

至于 Dijkstra 算法的策略为什么一定能找到最短路径，有兴趣的读者可以参考《算法导论》中的证明。

作为举例，下面对亚历山大的那个例子进行编写代码，并最终输出从起点 V_0 到达所有顶点（包括 V_0）的最短距离：

```
#include <cstdio>
#include <algorithm>
using namespace std;
const int MAXV = 1000;  //最大顶点数
const int INF = 1000000000;  //设 INF 为一个很大的数

int n, m, s, G[MAXV][MAXV];  //n 为顶点数，m 为边数，s 为起点
int d[MAXV];  //起点到达各点的最短路径长度
bool vis[MAXV] = {false};  //标记数组，vis[i]==true 表示已访问。初值均为 false

void Dijkstra(int s){  //s 为起点
    fill(d, d + MAXV, INF);  //fill 函数将整个 d 数组赋为 INF（慎用 memset）
    d[s] = 0;  //起点 s 到达自身的距离为 0
    for(int i = 0; i < n; i++){  //循环 n 次
        int u = -1, MIN = INF;  //u 使 d[u]最小，MIN 存放该最小的 d[u]
        for(int j = 0; j < n; j++){  //找到未访问的顶点中 d[]最小的
            if(vis[j] == false && d[j] < MIN){
                u = j;
                MIN = d[j];
            }
        }
        //找不到小于 INF 的 d[u]，说明剩下的顶点和起点 s 不连通
        if(u == -1) return;
        vis[u] = true;  //标记 u 为已访问
        for(int v = 0; v < n; v++){
            //如果 v 未访问&& u 能到达 v &&以 u 为中介点可以使 d[v]更优
```

```
            if(vis[v] == false && G[u][v] != INF && d[u] + G[u][v] < d[v]){
                d[v] = d[u] + G[u][v];  //优化d[v]
            }
        }
    }
}

int main() {
    int u, v, w;
    scanf("%d%d%d", &n, &m, &s);  //顶点个数、边数、起点编号
    fill(G[0], G[0] + MAXV * MAXV, INF);  //初始化图G
    for(int i = 0 ; i < m; i++) {
        scanf("%d%d%d", &u, &v, &w);  //输入u,v以及u->v的边权
        G[u][v] = w;
    }
    Dijkstra(s);  //Dijkstra算法入口
    for(int i = 0; i < n; i++) {
        printf("%d ", d[i]);  //输出所有顶点的最短距离
    }
    return 0;
}
```

输入数据：

```
6 8 0  //6个顶点，8条边，起点为0号。以下8行为8条边
0 1 1  //边0->1的边权为1，下同
0 3 4
0 4 4
1 3 2
2 5 1
3 2 2
3 4 3
4 5 3
```

输出结果：

```
0 1 5 3 4 6
```

有的读者会有疑问，如果题目给出的是无向边（即双向边）而不是有向边，又应该如何解决呢？这其实很容易，只需要**把无向边当成两条指向相反的有向边**即可。对邻接矩阵来说，一条u与v之间的无向边在输入时可以分别对G[u][v]和G[v][u]赋以相同的边权；而对邻接表来说，只需要在u的邻接表Adj[u]末尾添加上v，并在v的邻接表Adj[v]末尾添加上u即可。

之前一直在讲最短距离的求解，但是还没有讲到最短路径本身怎么求解。那么接下来学习一下最短路径的求法。

在Dijkstra算法的伪代码部分，有这么一段：

```
if(v 未被访问&&以 u 为中介点可以使起点 s 到顶点 v 的最短距离 d[v]更优){
    优化 d[v];
}
```

这个地方提到的条件“以 u 为中介点可以使起点 s 到顶点 v 的最短距离 d[v]更优”隐含了这样一层意思：使 d[v]变得更小的方案是让 u 作为从 s 到 v 最短路径上 v 的前一个结点（即 s→…→u→v）。这就给我们一个启发：不妨把这个信息记录下来。于是可以设置数组 pre[]，令 pre[v]表示从起点 s 到顶点 v 的最短路径上 v 的前一个顶点（即前驱结点）的编号。这样，当伪代码中的条件成立时，就可以将 u 赋给 pre[v]，最终就能把最短路径上每一个顶点的前驱结点记录下来。而在伪代码部分只需要在 if 内增加一行：

```
if(v 未被访问&&以 u 为中介点可以使起点 s 到顶点 v 的最短距离 d[v]更优){
    优化 d[v];
    令 v 的前驱为 u;
}
```

具体实现中，以邻接矩阵作为举例：

```
int n, G[MAXV][MAXV];  //n 为顶点数，MAXV 为最大顶点数
int d[MAXV];  //起点到达各点的最短路径长度
int pre[MAXV];  //pre[v]表示从起点到顶点 v 的最短路径上 v 的前一个顶点（新添加）
bool vis[MAXV] = {false};  //标记数组，vis[i]==true 表示已访问。初值均为 false

void Dijkstra(int s){  //s 为起点
    fill(d, d + MAXV, INF);  //fill 函数将整个 d 数组赋为 INF（慎用 memset）
    for(int i=0; i<n; i++) pre[i] = i;  //初始状态设每个点的前驱为自身（新添加）
    d[s] = 0;  //起点 s 到达自身的距离为 0
    for(int i = 0; i < n; i++){  //循环 n 次
        int u = -1, MIN = INF;  //u 使 d[u]最小，MIN 存放该最小的 d[u]
        for(int j = 0; j < n; j++){  //找到未访问的顶点中 d[]最小的
            if(vis[j] == false && d[j] < MIN){
                u = j;
                MIN = d[j];
            }
        }
        //找不到小于 INF 的 d[u]，说明剩下的顶点和起点 s 不连通
        if(u == -1) return;
        vis[u] = true;  //标记 u 为已访问
        for(int v = 0; v < n; v++){
            //如果 v 未访问&& u 能到达 v &&以 u 为中介点可以使 d[v]更优
            if(vis[v] == false && G[u][v] != INF && d[u] + G[u][v] < d[v]){
                d[v] = d[u] + G[u][v];  //优化 d[v]
                pre[v] = u;  //记录 v 的前驱顶点是 u（新添加）
            }
```

```
        }
    }
}
```

到这一步，只是求出了最短路径上每个点的前驱，那么如何求整条路径呢？

以图 10-33 这个很简单的路径来说明。从算法中已经可以得到了每个顶点的前驱：

```
pre[4] = 3;
pre[3] = 2;
pre[2] = 1;
pre[1] = 1;
```

那么，当想要知道从起点 V_1 到达 V_4 的最短路径，就需要先从 pre[4]得到 V_4 的前驱顶点是 V_3，然后从 pre[3]得到 V_3 的前驱顶点是 V_2，再从 pre[2]得到 V_2 的前驱顶点是 V_1。

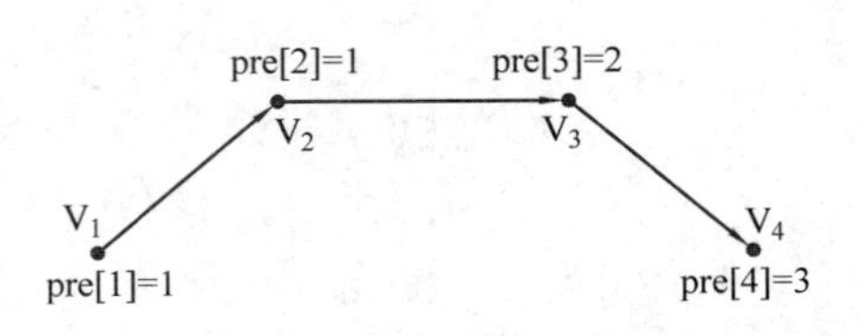

图 10-33　最短路径前驱示意图

这听起来有点像递归？没错，就是用递归不断利用 pre[]的信息寻找前驱，直至到达起点 V_1 后从递归深处开始输出。

这个递归写起来很简洁，读者可以好好体会一下：

```
void DFS(int s, int v){  //s 为起点编号，v 为当前访问的顶点编号（从终点开始递归）
    if(v == s){  //如果当前已经到达起点 s，则输出起点并返回
        printf("%d\n", s);
        return;
    }
    DFS(s, pre[v]);  //递归访问 v 的前驱顶点 pre[v]
    printf("%d\n",v);  //从最深处 return 回来之后，输出每一层的顶点号
}
```

至此，Dijkstra 算法的基本用法大家都应该已经掌握。但是题目肯定不会考得这么“裸”，更多时候会出现这样一种情况，即从起点到终点的最短距离最小的路径不止一条。例如亚历山大的例子中如果把 $V_0 \to V_3$ 的距离改为 3，那么从 $V_0 \to V_3$ 就会有两条最短路径，即 $V_0 \to V_1 \to V_3$ 与 $V_0 \to V_3$，它们都可以达到最短路径 3，如图 10-34 所示。

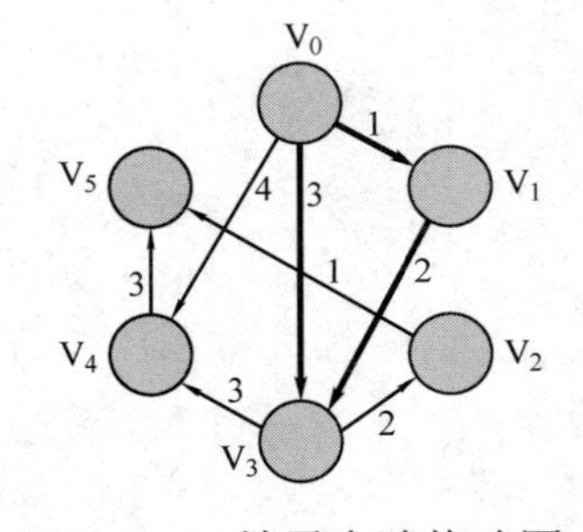

图 10-34　精灵大陆修改图

于是，碰到这种有两条及以上可以达到最短距离的路径，题目就会给出一个第二标尺（**第一标尺是距离**），要求在所有最短路径中选择第二标尺最优的一条路径。而第二标尺常见的是以下三种出题方法或其组合：

① 给每条边再增加一个边权（比如说花费），然后要求在最短路径有多条时要求路径上的花费之和最小（如果边权是其他含义，也可以是最大）。

② 给每个点增加一个点权（例如每个城市能收集到的物资），然后在最短路径有多条时要求路径上的点权之和最大（如果点权是其他含义的话也可以是最小）。

③ 直接问有多少条最短路径。

对这三种出题方法，都只需要增加一个数组来存放新增的边权或点权或最短路径条数，然后在 Dijkstra 算法中修改**优化 d[v]**的那个步骤即可，其他部分不需要改动。

下面对这三种出题方法对代码的修改给出解释：

① 新增边权。以新增的边权代表花费为例，用 cost[u][v]表示 u→v 的花费（由题目输入），并增加一个数组 c[]，令从起点 s 到达顶点 u 的最少花费为 c[u]，初始化时只有 c[s]为 0、其余 c[u]均为 INF（可以由亚历山大例子的初始图推断出来）。这样就可以在 d[u] + G[u][v] < d[v]（即可以使 s 到 v 的最短距离 d[v]更优）时更新 d[v]和 c[v]，而当 d[u] + G[u][v] == d[v]（即最短距离相同）且 c[u] + cost[u][v] < c[v]（即可以使 s 到 v 的最少花费更优）时更新 c[v]。代码如下：

```
for(int v = 0; v < n; v++){
    //如果 v 未访问&& u 能到达 v
    if(vis[v] == false && G[u][v] != INF) {
        if(d[u] + G[u][v] < d[v]){  //以 u 为中介点可以使 d[v]更优
            d[v] = d[u] + G[u][v];
            c[v] = c[u] + cost[u][v];
        } else if(d[u] + G[u][v] == d[v] && c[u] + cost[u][v] < c[v]) {
            c[v] = c[u] + cost[u][v];  //最短距离相同时看能否使 c[v]更优
        }
    }
}
```

② 新增点权。以新增的点权代表城市中能收集到的物资为例，用 weight[u]表示城市 u 中的物资数目（由题目输入），并增加一个数组 w[]，令从起点 s 到达顶点 u 可以收集到的最大物资为 w[u]，初始化时只有 w[s]为 weight[s]、其余 w[u]均为 0。这样就可以在 d[u] + G[u][v] < d[v]（即可以使 s 到 v 的最短距离 d[v]更优）时更新 d[v]和 c[v]，而当 d[u] + G[u][v] == d[v]（即最短距离相同）且 w[u] + weight[v] > w[v]（即可以使 s 到 v 的最大物资数目更优）时更新 w[v]。代码如下：

```
for(int v = 0; v < n; v++){
    //如果 v 未访问&& u 能到达 v
    if(vis[v] == false && G[u][v] != INF) {
        if(d[u] + G[u][v] < d[v]){  //以 u 为中介点可以使 d[v]更优
            d[v] = d[u] + G[u][v];
            w[v] = w[u] + weight[v];
        } else if(d[u] + G[u][v] == d[v] && w[u] + weight[v] > w[v]) {
            w[v] = w[u] + weight[v];  //最短距离相同时看能否使 w[v]更优
        }
    }
}
```

③ 求最短路径条数。只需要增加一个数组 num[]，令从起点 s 到达顶点 u 的最短路径条数为 num[u]，初始化时只有 num[s]为 1、其余 num[u]均为 0（由亚历山大例子的初始图可以推断出来）。这样就可以在 d[u] + G[u][v] < d[v]（即可以使 s 到 v 的最短距离 d[v]更优）时更新 d[v]，并让 num[v]继承 num[u]，而当 d[u] + G[u][v] == d[v]（即最短距离相同）时将 num[u]

加到 num[v]上。代码如下：

```
for(int v = 0; v < n; v++){
    //如果 v 未访问&& u 能到达 v
    if(vis[v] == false && G[u][v] != INF) {
        if(d[u] + G[u][v] < d[v]){  //以 u 为中介点可以使 d[v]更优
            d[v] = d[u] + G[u][v];
            num[v] = num[u];
        } else if(d[u] + G[u][v] == d[v]) {
            num[v] += num[u];  //最短距离相同时累加 num
        }
    }
}
```

下面来看一个例子，希望读者能通过这个例子熟练编写出 Dijkstra 算法的代码。

【PAT A1003】Emergency

题目描述

As an emergency rescue team leader of a city, you are given a special map of your country. The map shows several scattered cities connected by some roads. Amount of rescue teams in each city and the length of each road between any pair of cities are marked on the map. When there is an emergency call to you from some other city, your job is to lead your men to the place as quickly as possible, and at the mean time, call up as many hands on the way as possible.

输入格式

Each input file contains one test case. For each test case, the first line contains 4 positive integers: N (≤500)—the number of cities (and the cities are numbered from 0 to N–1), M—the number of roads, C1 and C2—the cities that you are currently in and that you must save, respectively. The next line contains N integers, where the i-th integer is the number of rescue teams in the i-th city. Then M lines follow, each describes a road with three integers c1, c2 and L, which are the pair of cities connected by a road and the length of that road, respectively. It is guaranteed that there exists at least one path from C1 to C2.

输出格式

For each test case, print in one line two numbers: the number of different shortest paths between C1 and C2, and the maximum amount of rescue teams you can possibly gather.
All the numbers in a line must be separated by exactly one space, and there is no extra space allowed at the end of a line.

（原题即为英文题）

输入样例

```
5 6 0 2
1 2 1 5 3
0 1 1
0 2 2
```

```
0 3 1
1 2 1
2 4 1
3 4 1
```

输出样例

```
2 4
```

题意

给出 N 个城市，M 条无向边。每个城市中都有一定数目的救援小组，所有边的边权已知。现在给出起点和终点，求从起点到终点的最短路径条数及最短路径上的救援小组数目之和。如果有多条最短路径，则输出数目之和最大的。

样例解释

如图 10-35 所示，每个点的括号中是点权，每条边上标有边权。

从 V_0 号点到 V_2 号点最短路径的长度为 2，共有两条：$V_0 \rightarrow V_2$ 及 $V_0 \rightarrow V_1 \rightarrow V_2$，这两条路径上的点权之和分别为 2 和 4，因此选择较大者 4。

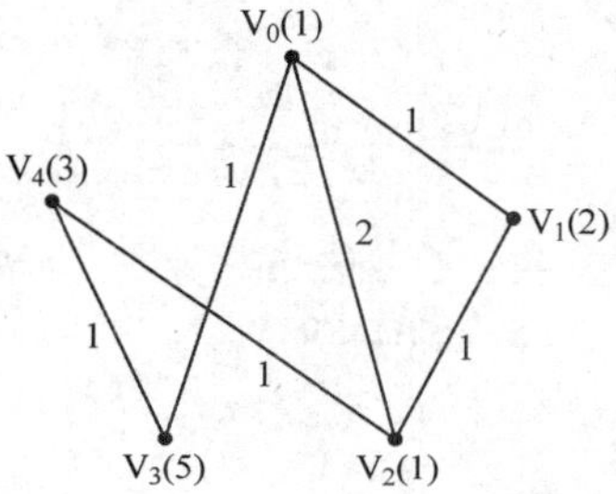

图 10-35　样例示意图

思路

本题在求解最短距离的同时需要求解另外两个信息：最短路径条数和最短路径上的最大点权之和。因此可以直接使用前面讲解的方法——令 w[u]表示从起点 s 到达顶点 u 可以得到的最大点权之和，初始为 0；令 num[u]表示从起点 s 到达顶点 u 的最短路径条数，初始化时只有 num[s]为 1、其余 num[u]均为 0。接下来就可以在更新 d[v]时同时更新这两个数组，核心代码如下：

```
if(vis[v] == false && G[u][v] != INF) {
    if(d[u] + G[u][v] < d[v]) {  //以 u 为中介点时能令 d[v]变小
        d[v] = d[u] + G[u][v];  //覆盖 d[v]
        w[v] = w[u] + weight[v];  //覆盖 w[v]
        num[v] = num[u];  //覆盖 num[v]
    } else if(d[u] + G[u][v] == d[v]) {  //找到一条相同长度的路径
        if(w[u] + weight[v] > w[v]) {  //以 u 为中介点时点权之和更大
            w[v] = w[u] + weight[v];  //w[v]继承自 w[u]
        }
        num[v] += num[u];  //注意最短路径条数与点权无关，必须写在外面
    }
}
```

注意点

① 注意输出的第一个数是最短路径条数，而不是最短距离。样例中的最短距离也是 2，因此容易理解错题意。

② 注意题目读入的顶点下标范围是 0 ~ n–1，且边为无向边。

③ 当 d[u] + G[u][v] == d[v]时，无论 w[u] + weight[v] > w[v]是否成立，都应当让 num[v] += num[u]，因为最短路径条数的依据仅是第一标尺距离，与点权无关。

参考代码

```
#include <cstdio>
#include <cstring>
#include <algorithm>
using namespace std;
const int MAXV = 510;          //最大顶点数
const int INF = 1000000000;     //无穷大

//n 为顶点数，m 为边数，st 和 ed 分别为起点和终点
//G 为邻接矩阵，weight 为点权
//d[]记录最短距离，w[]记录最大点权之和，num[]记录最短路径条数
int n, m, st, ed, G[MAXV][MAXV], weight[MAXV];
int d[MAXV], w[MAXV], num[MAXV];
bool vis[MAXV] = {false};   //vis[i]==true 表示顶点 i 已访问，初值均为 false

void Dijkstra(int s) {  //s 为起点
    fill(d, d + MAXV, INF);
    memset(num, 0, sizeof(num));
    memset(w, 0, sizeof(w));
    d[s] = 0;
    w[s] = weight[s];
    num[s] = 1;
    for(int i = 0; i < n; i++) {  //循环 n 次
        int u = -1, MIN = INF;  //u 使 d[u]最小，MIN 存放该最小的 d[u]
        for(int j = 0; j < n; j++) {  //找到未访问的顶点中 d[]最小的
            if(vis[j] == false && d[j] < MIN) {
                u = j;
                MIN = d[j];
            }
        }
        //找不到小于 INF 的 d[u]，说明剩下的顶点和起点 s 不连通
        if(u == -1) return;
        vis[u] = true;  //标记 u 为已访问
        for(int v = 0; v < n; v++) {
            //如果 v 未访问&& u 能到达 v &&以 u 为中介点可以使 d[v]更优
            if(vis[v] == false && G[u][v] != INF) {
                if(d[u] + G[u][v] < d[v]) {  //以 u 为中介点时能令 d[v]变小
```

```
                    d[v] = d[u] + G[u][v]; //覆盖d[v]
                    w[v] = w[u] + weight[v]; //覆盖w[v]
                    num[v] = num[u]; //覆盖num[v]
                } else if(d[u] + G[u][v] == d[v]) { //找到一条相同长度的路径
                    if(w[u] + weight[v] > w[v]) { //以u为中介点时点权之和更大
                        w[v] = w[u] + weight[v]; //w[v]继承自w[u]
                    }
                    //最短路径条数与点权无关，必须写在外面
                    num[v] += num[u];
                }
            }
        }
    }
}

int main() {
    scanf("%d%d%d%d", &n, &m, &st, &ed);
    for(int i = 0; i < n; i++) {
        scanf("%d", &weight[i]); //读入点权
    }
    int u, v;
    fill(G[0], G[0] + MAXV * MAXV, INF); //初始化图G
    for(int i = 0; i < m; i++) {
        scanf("%d%d", &u, &v);
        scanf("%d", &G[u][v]); //读入边权
        G[v][u] = G[u][v];
    }
    Dijkstra(st); //Dijkstra算法入口
    printf("%d %d\n", num[ed], w[ed]); //最短距离条数，最短路径中的最大点权
    return 0;
}
```

细心的读者应当注意到，上面给出的 3 种情况都是以路径上边权或点权之“和”为第二标尺的，例如路径上的花费之和最小、路径上的点权之和最小、最短路径的条数都体现了“和”的要求。事实上也可能出现一些逻辑更为复杂的计算边权或点权的方式，此时按上面的方式只使用 Dijkstra 算法就不一定能算出正确的结果（原因是不一定满足最优子结构），或者即便能算出，其逻辑也极其复杂，很容易写错。这里介绍一种更通用、又模板化的解决此类问题的方式——Dijkstra + DFS。

回顾上面只使用 Dijkstra 算法的思路，会发现，算法中数组 pre 总是保持着最优路径，而这显然需要在执行 Dijkstra 算法的过程中使用严谨的思路来确定何时更新每个结点 v 的前驱结点 pre[v]，实在容易出错。事实上更简单的方法是：**先在 Dijkstra 算法中记录下所有最短**

路径（只考虑距离），然后从这些最短路径中选出一条第二标尺最优的路径（因为在给定一条路径的情况下，针对这条路径的信息都可以通过边权和点权很容易计算出来！）。

① 使用 Dijkstra 算法记录所有最短路径。

由于此时要记录所有最短路径，因此每个结点就会存在多个前驱结点，这样原先 pre 数组只能记录一个前驱结点的方法将不再适用。为了适应多个前驱的情况，不妨把 pre 数组定义为 vector 类型“vector<int> pre[MAXV]”，这样对每个结点 v 来说，pre[v]就是一个变长数组 vector，里面用来存放结点 v 的所有能产生最短路径的前驱结点。例如对图 10-36 来说，pre 数组的情况如下所示（注：对需要查询某个顶点 u 是否在顶点 v 的前驱中的题目，也可以把 pre 数组设置为 set<int>数组，此时使用 pre[v].count(u)来查询会比较方便）：

```
pre[7] = {5, 6};
pre[6] = {3, 4};
pre[5] = {1};
pre[4] = {2};
pre[3] = {2};
pre[2] = {1};
pre[1] = {1};
```

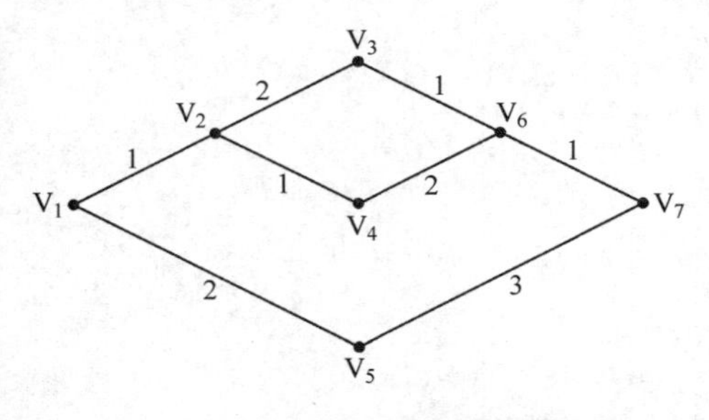

图 10-36　记录所有最短路径示意图

于是通过上面 vector 类型的 pre 数组，就可以使用 DFS 来获取所有最短路径：{ $V_1 \to V_2 \to V_3 \to V_6 \to V_7$ }、{ $V_1 \to V_2 \to V_4 \to V_6 \to V_7$ }、{ $V_1 \to V_5 \to V_7$ }。具体的写法，将在后面讲述，这里先讲解如何获取这个 pre 数组。

之前已经提到过，在本处的 Dijkstra 算法部分，只需要考虑**距离**这一个因素，因此不必考虑第二标尺的干扰，而专心于 pre 数组的求解。在之前的写法中，pre[i]被初始化为 i，表示每个结点在初始状态下的前驱为自身，但是在此处，pre 数组一开始不需要赋初值（原因马上就会提到）。

接下来就是考虑更新 d[v]的过程中 pre 数组的变化。首先，如果 d[u] + G[u][v] < d[v]，说明以 u 为中介点可以使 d[v]更优，此时需要令 v 的前驱结点为 u。并且即便原先 pre[v]中已经存放了若干结点，此处也应当先清空，然后再添加 u（请读者思考为什么），如下面的代码所示。显然，对顶点 v 来说，由于每次找到更优的前驱时都会清空 pre[v]，因此 pre 数组不需要初始化。

```
if(d[u] + G[u][v] < d[v]) {
    d[v] = d[u] + G[u][v];
    pre[v].clear();
    pre[v].push_back(u);
}
```

之后，如果 d[u] + G[u][v] == d[v]，说明以 u 为中介点可以找到一条相同距离的路径，因此 v 的前驱结点需要在原先的基础上添加上 u 结点（而不必先清空 pre[v]），代码如下：

```
if(d[i] + G[u] == d[v]) {
    pre[v].push_back(u);
}
```

这样就完成了 pre 数组的求解，完整的 Dijkstra 算法部分代码如下所示，且对这一系列最短路的题目来说，下面的代码可以完全不修改而直接全部默写上去（当然在理解的基础上能默写是最好的）：

```
vector<int> pre[MAXV];
void Dijkstra(int s){  //s 为起点
    fill(d, d + MAXV, INF);
    d[s] = 0;
    for(int i = 0; i < n; i++){
        int u = -1, MIN = INF;  //找到最小的 d[u]
        for(int j = 0; j < n; j++){
            if(vis[j] == false && d[j] < MIN){
                u = j;
                MIN = d[j];
            }
        }
        if(u == -1) return;
        vis[u] = true;
        for(int v = 0; v < n; v++){
            if(vis[v] == false && G[u][v] != INF) {
                if(d[u] + G[u][v] < d[v]){
                    d[v] = d[u] + G[u][v];  //优化 d[v]
                    pre[v].clear();  //清空 pre[v]
                    pre[v].push_back(u);  //令 v 的前驱为 u
                } else if(d[u] + G[u][v] == d[v]) {
                    pre[v].push_back(u);  //令 v 的前驱为 u
                }
            }
        }
    }
}
```

② 遍历所有最短路径，找出一条使第二标尺最优的路径。

读者应该还记得，在之前的写法中曾使用一个递归来找出最短路径。此处的做法与之类似，不同点在于，由于每个结点的前驱结点可能有多个，遍历的过程就会形成一棵递归树。例如①中例子的 pre 数组就会产生图 10-37 所示的递归树。

显然，当对这棵树进行遍历时，每次到达叶子结点，就会产生一条完整的最短路径（想想之前的写法是什么样的树？——其实就是一条链）。因此，每得到一条完整路径，就可以对这条路径计算其第二标尺的值（例如把路径上的边权或是点权累加出来），令其与当前第二标尺的最优值进行比较。如果比当前最优值更优，则更新最优值，并用这条路径覆盖当前的最优路径。这样，当所有最短路径都遍历完毕后，就可以得到最优第二标尺与最优路径。

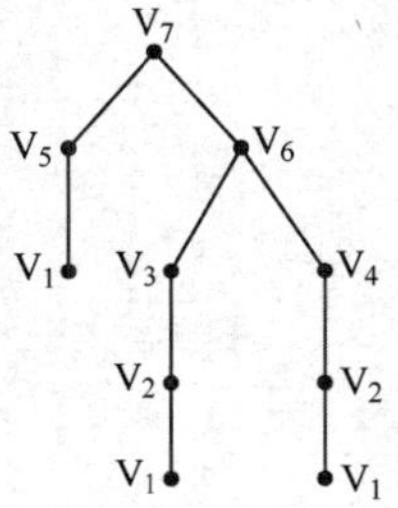

图 10-37　pre 数组递归树

接下来就要考虑如何写 DFS 的递归函数。

首先，根据上面的分析，必须要有的是：

- 作为全局变量的第二标尺最优值 optValue。
- 记录最优路径的数组 path（使用 vector 来存储）。
- 临时记录 DFS 遍历到叶子结点时的路径 tempPath（也使用 vector 存储）。

然后，考虑递归函数的两大构成：递归边界与递归式。对**递归边界**而言，如果当前访问的结点是叶子结点（也即路径的起点 st），那么说明到达了递归边界，此时 tempPath 存放了一条路径。这时要做的就是对这条路径求出第二标尺的值 value，并与 optValue 比较，如果更优，则更新 optValue 并把 tempPath 覆盖 path。对**递归式**而言，如果当前访问的结点是 v，那么只需要遍历 pre[v]中的所有结点并进行递归即可。

最后说明如何在递归过程中生成 tempPath。其实很简单，只要在访问当前结点 v 时将 v 加到 tempPath 的最后面，然后遍历 pre[v]进行递归，等 pre[v]的所有结点遍历完毕后再把 tempPath 最后面的 v 弹出。只是要注意的是，叶子结点（也即路径的起点 st）没有办法通过上面的写法直接加入 tempPath，因此需要在访问到叶子结点时临时加入。

由此就可以写出 DFS 的代码，如下所示：

```
int optvalue;         //第二标尺最优值
vector<int> pre[MAXV];       //存放结点的前驱结点
vector<int> path, tempPath;    //最优路径、临时路径
void DFS(int v) {     //v 为当前访问结点
    //递归边界
    if(v == st) {     //如果到达了叶子结点 st（即路径的起点）
        tempPath.push_back(v);     //将起点 st 加入临时路径 tempPath 的最后面
        int value;                 //存放临时路径 tempPath 的第二标尺的值
        计算路径 tempPath 上的 value 值;
        if(value 优于 optvalue) {
            optvalue = value;          //更新第二标尺最优值与最优路径
            path = tempPath;
        }
        tempPath.pop_back();     //将刚加入的结点删除
        return;
    }
    //递归式
    tempPath.push_back(v);     //将当前访问结点加入临时路径 tempPath 的最后面
    for(int i = 0; i < pre[v].size(); i++) {
        DFS(pre[v][i]);     //结点 v 的前驱结点 pre[v][i]，递归
    }
    tempPath.pop_back();     //遍历完所有前驱结点，将当前结点 v 删除
}
```

读者会发现，上面的 DFS 代码中**只有一处**是需要根据实际题目情况进行填充的（语句“value 优于 optvalue”只需要根据实际情况填写大写或者小写），即计算路径 tempPath 上的

value 值时。而这个地方一般会涉及路径边权或者点权的计算。需要注意的是，由于递归的原因，**存放在 tempPath 中的路径结点是逆序的，因此访问结点需要倒着进行**。当然，如果仅是对边权或点权进行求和，那么正序访问也是可以的。以计算路径 tempPath 上边权之和与点权之和的代码为例：

```
//边权之和
int value = 0;
for(int i = tempPath.size() - 1; i > 0; i--) {  //倒着访问结点，循环条件为 i>0
    //当前结点 id，下一个结点 idNext
    int id = tempPath[i], idNext = tempPath[i - 1];
    value += V[id][idNext];  //value 增加边 id -> idNext 的边权
}
//点权之和
int value = 0;
for(int i = tempPath.size() - 1; i >= 0; i--) {  //倒着访问结点，循环条件为 i>=0
    int id = tempPath[i];  //当前结点 id
    value += W[id];  //value 增加结点 id 的点权
}
```

最后指出，如果需要同时计算最短路径（指距离最短）的条数，那么既可以按之前的做法在 Dijkstra 代码中添加 num 数组来求解，也可以开一个全局变量来记录最短路径条数，当 DFS 到达叶子结点时令该全局变量加 1 即可。

于是，以下面讲解的例子为例，对此类题型就可以总结出一个可用的模板了，希望读者能好好掌握并熟记，考场上出现时应当能熟练写出（**唯一要注意的是，顶点下标的范围需要根据题意来考虑是 0 ~ n − 1 还是 1 ~ n，或是在某些有 n + 1 个结点的题目里是 0 ~ n**）。而如果题目有第三标尺、第四标尺，也可以用同样的思路进行解决，读者可以在练习题中可以找到这样的题目进行尝试。另外，如果题目较为简洁且只有第二标尺，可能还是用之前讲解的一遍 Dijkstra 算法的求解过程更好写且更快。

【PAT A1030】Travel Plan

题目描述

A traveler's map gives the distances between cities along the highways, together with the cost of each highway. Now you are supposed to write a program to help a traveler to decide the shortest path between his/her starting city and the destination. If such a shortest path is not unique, you are supposed to output the one with the minimum cost, which is guaranteed to be unique.

输入格式

Each input file contains one test case. Each case starts with a line containing 4 positive integers N, M, S, and D, where N (≤500) is the number of cities (and hence the cities are numbered from 0 to N-1); M is the number of highways; S and D are the starting and the destination cities, respectively. Then M lines follow, each provides the information of a highway, in the format:

City1 City2 Distance Cost

where the numbers are all integers no more than 500, and are separated by a space.

输出格式

For each test case, print in one line the cities along the shortest path from the starting point to the destination, followed by the total distance and the total cost of the path. The numbers must be separated by a space and there must be no extra space at the end of output.

（原题即为英文题）

输入样例

```
4 5 0 3
0 1 1 20
1 3 2 30
0 3 4 10
0 2 2 20
2 3 1 20
```

输出样例

```
0 2 3 3 40
```

题意

有 N 个城市（编号为 0 ~ N–1）、M 条道路（无向边），并给出 M 条道路的距离属性与花费属性。现在给定起点 S 与终点 D，求从起点到终点的最短路径、最短距离及花费。注意：如果有多条最短路径，则选择花费最小的那条。

样例解释

样例示意图如图 10-38 所示。

括号中为每条边的距离与花费。显然，从 0 号城市到达 3 号城市的最短距离为 3，最短路径有两条：{ 0 -> 1 -> 3 }与{ 0 -> 2 -> 3}，但是两条路径的花费分别为 50 与 40，因此选择花费较小的那条，即{ 0 -> 2 -> 3}。

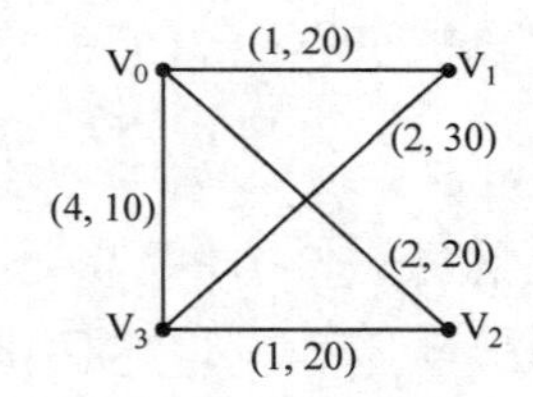

图 10-38　样例示意图

思路

本题除了求最短距离外，还要求两个额外信息：最短路径以及最短路径上的最小花费之和，因此只使用 Dijkstra 算法或是使用 Dijkstra + DFS 都是可以的。另外，本题很适合作为这两种方法的练习，建议读者能都练习一下写法。

对只使用 Dijkstra 算法的写法，令 cost[MAXV][MAXV]表示顶点间的花费（也即边权），c[MAXV]存放从起点 s 到达每个结点 u 的在最短路径下的最小花费，其中 c[s]在初始化时为 0。而针对最短路径，可以用 int 型 pre 数组存放每个结点的前驱，接下来就是按前面讲解的过程在最短距离的更新过程中同时更新数组 c 和数组 pre，代码如下：

```
if(vis[v] == false && G[u][v] != INF) {
    if(d[u] + G[u][v] < d[v]) {      //以 u 为中介点时能令 d[v]变小
        d[v] = d[u] + G[u][v];       //优化 d[v]
        c[v] = c[u] + cost[u][v];    //优化 c[v]
        pre[v] = u;                  //令 v 的前驱为 u
    } else if(d[u] + G[u][v] == d[v]) {      //找到一条相同长度的路径
        if(c[u] + cost[u][v] < c[v]) {       //以 u 为中介点时 c[v]更小
```

```
            c[v] = c[u] + cost[u][v];        //优化c[v]
            pre[v] = u;                      //令v的前驱为u
        }
    }
}
```

对使用 Dijkstra + DFS 的写法，Dijkstra 的部分可以直接把之前给出的模板写上。至于 DFS 部分，对当前得到的一条路径 tempPath，需要计算出该路径上的边权之和，然后令其与最小边权 minCost 进行比较，如果新路径的边权之和更小，则更新 minCost 和最优路径 path，核心代码如下。

```
if(v == st) {   //递归边界，到达叶子结点（路径起点）
    tempPath.push_back(v);
    int tempCost = 0;        //记录当前路径的花费之和
    for(int i = tempPath.size() - 1; i > 0; i--) {          //倒着访问
        int id = tempPath[i], idNext = tempPath[i - 1]; //当前结点、下个结点
        tempCost += cost[id][idNext];        //增加边id->idNext的边权
    }
    if(tempCost < minCost) {         //如果当前路径的边权之和更小
        minCost = tempCost;          //更新minCost
        path = tempPath;             //更新path
    }
    tempPath.pop_back();
    return;
}
```

注意点

① 本题的顶点编号范围为 0 ~ n – 1。

② DFS 计算边权之和时，注意只需要访问 n – 1 条边，因此如果是倒着访问，那么循环条件应为 i > 0；如果是正着访问，那么循环条件应为 i < tempPath.size() – 1。

参考代码

① Dijkstra 算法。代码如下：

```
#include <cstdio>
#include <cstring>
#include <algorithm>
using namespace std;
const int MAXV = 510;  //最大顶点数
const int INF = 1000000000;  //无穷大

//n为顶点数，m为边数，st和ed分别为起点和终点
//G为距离矩阵，cost为花费矩阵
//d[]记录最短距离，c[]记录最小花费
```

```
int n, m, st, ed, G[MAXV][MAXV], cost[MAXV][MAXV];
int d[MAXV], c[MAXV], pre[MAXV];
bool vis[MAXV] = {false};  //vis[i]==true 表示顶点 i 已访问，初值均为 false

void Dijkstra(int s) {           //s 为起点
    fill(d, d + MAXV, INF);      //fill 函数将整个 d 数组赋为 INF（慎用 memset）
    fill(c, c + MAXV, INF);
    for(int i = 0; i < n; i++) pre[i] = i;
    d[s] = 0;  //起点 s 到达自身的距离为 0
    c[s] = 0;  //起点 s 到达自身的花费为 0
    for(int i = 0; i < n; i++) {         //循环 n 次
        int u = -1, MIN = INF;           //u 使 d[u]最小，MIN 存放该最小的 d[u]
        for(int j = 0; j < n; j++) {     //找到未访问的顶点中 d[]最小的
            if(vis[j] == false && d[j] < MIN) {
                u = j;
                MIN = d[j];
            }
        }
        //找不到小于 INF 的 d[u]，说明剩下的顶点和起点不连通
        if(u == -1) return;
        vis[u] = true;           //标记 u 为已访问
        for(int v = 0; v < n; v++) {
            //如果 v 未访问&& u 能到达 v
            if(vis[v] == false && G[u][v] != INF) {
                if(d[u] + G[u][v] < d[v]) {     //以 u 为中介点时能令 d[v]变小
                    d[v] = d[u] + G[u][v];      //优化 d[v]
                    c[v] = c[u] + cost[u][v];   //优化 c[v]
                    pre[v] = u;                 //令 v 的前驱为 u
                } else if(d[u] + G[u][v] == d[v]) {     //找到一条相同长度的路径
                    if(c[u] + cost[u][v] < c[v]) {      //以 u 为中介点时 c[v]更小
                        c[v] = c[u] + cost[u][v];       //优化 c[v]
                        pre[v] = u;                     //令 v 的前驱为 u
                    }
                }
            }
        }
    }
}
void DFS(int v) {  //打印路径
    if(v == st) {
```

```
        printf("%d ", v);
        return;
    }
    DFS(pre[v]);
    printf("%d ", v);
}

int main() {
    scanf("%d%d%d%d", &n, &m, &st, &ed);
    int u, v;
    fill(G[0], G[0] + MAXV * MAXV, INF);  //初始化图G
    for(int i = 0; i < m; i++) {
        scanf("%d%d", &u, &v);
        scanf("%d%d", &G[u][v], &cost[u][v]);
        G[v][u] = G[u][v];
        cost[v][u] = cost[u][v];
    }
    Dijkstra(st);   //Dijkstra算法入口
    DFS(ed);        //打印路径
    printf("%d %d\n", d[ed], c[ed]);    //最短距离、最短路径下的最小花费
    return 0;
}
```

② Dijkstra + DFS。代码如下：

```
#include <cstdio>
#include <cstring>
#include <vector>
#include <algorithm>
using namespace std;
const int MAXV = 510;  //最大顶点数
const int INF = 1000000000;  //无穷大

//n为顶点数，m为边数，st和ed分别为起点和终点
//G为距离矩阵，cost为花费矩阵
//d[]记录最短距离，minCost记录最短路径上的最小花费
int n, m, st, ed, G[MAXV][MAXV], cost[MAXV][MAXV];
int d[MAXV], minCost = INF;
bool vis[MAXV] = {false};   //vis[i]==true表示顶点i已访问，初值均为false
vector<int> pre[MAXV];          //前驱
vector<int> tempPath, path;     //临时路径、最优路径
```

```
void Dijkstra(int s) {           //s 为起点
    fill(d, d + MAXV, INF);      //fill 函数将整个 d 数组赋为 INF（慎用 memset）
    d[s] = 0;                    //起点 s 到达自身的距离为 0
    for(int i = 0; i < n; i++) {        //循环 n 次
        int u = -1, MIN = INF;          //u 使 d[u]最小，MIN 存放该最小的 d[u]
        for(int j = 0; j < n; j++) {    //找到未访问的顶点中 d[]最小的
            if(vis[j] == false && d[j] < MIN) {
                u = j;
                MIN = d[j];
            }
        }
        //找不到小于 INF 的 d[u]，说明剩下的顶点和起点不连通
        if(u == -1) return;
        vis[u] = true;           //标记 u 为已访问
        for(int v = 0; v < n; v++) {
            //如果 v 未访问&& u 能到达 v
            if(vis[v] == false && G[u][v] != INF) {
                if(d[u] + G[u][v] < d[v]) {     //以 u 为中介点使 d[v]更小
                    d[v] = d[u] + G[u][v];      //优化 d[v]
                    pre[v].clear();             //清空 pre[v]
                    pre[v].push_back(u);        //u 为 v 的前驱
                } else if(d[u] + G[u][v] == d[v]) {     //找到相同长度的路径
                    pre[v].push_back(u);        //u 为 v 的前驱之一
                }
            }
        }
    }
}
void DFS(int v) {   //v 为当前结点
    if(v == st) {   //递归边界，到达叶子结点（路径起点）
        tempPath.push_back(v);
        int tempCost = 0;        //记录当前路径的花费之和
        for(int i = tempPath.size() - 1; i > 0; i--) {          //倒着访问
            //当前结点 id、下个结点 idNext
            int id = tempPath[i], idNext = tempPath[i - 1];
            tempCost += cost[id][idNext];       //增加边 id->idNext 的边权
        }
        if(tempCost < minCost) {         //如果当前路径的边权之和更小
            minCost = tempCost;          //更新 minCost
            path = tempPath;             //更新 path
```

```
        }
        tempPath.pop_back();
        return;
    }
    tempPath.push_back(v);
    for(int i = 0; i < pre[v].size(); i++) {
        DFS(pre[v][i]);
    }
    tempPath.pop_back();
}

int main() {
    scanf("%d%d%d%d", &n, &m, &st, &ed);
    int u, v;
    fill(G[0], G[0] + MAXV * MAXV, INF);  //初始化图 G
    fill(cost[0], cost[0] + MAXV * MAXV, INF);
    for(int i = 0; i < m; i++) {
        scanf("%d%d", &u, &v);
        scanf("%d%d", &G[u][v], &cost[u][v]);
        G[v][u] = G[u][v];
        cost[v][u] = cost[u][v];
    }
    Dijkstra(st);   //Dijkstra 算法入口
    DFS(ed);        //获取最优路径
    for(int i = path.size() - 1; i >= 0; i--) {
        printf("%d ", path[i]);     //倒着输出路径上的结点
    }
    printf("%d %d\n", d[ed], minCost);  //最短距离、最短路径上的最小花费
    return 0;
}
```

至此，Dijkstra 算法的讲解已经结束，希望读者能够仔细研究上面的讲解，并尽可能独立编写代码，以掌握 Dijkstra 算法相关题目类型的解法。

10.4.2　Bellman-Ford 算法和 SPFA 算法

Dijkstra 算法可以很好地解决无负权图的最短路径问题，但如果出现了负权边，Dijkstra 算法就会失效，例如图 10-39 中设置 A 为源点时，首先会将点 B 和点 C 的 dist 值变为–1 和 1，接着由于点 B 的 dist 值最小，因此用点 B 去更新其未访问的邻接点（虽然并没有）。在这之后点 B 标记为已访问，于是将无法被从点 C 出发的边 CB 更新，因此最后 dist[B]就是–1，但显然 A 到 B 的最短路

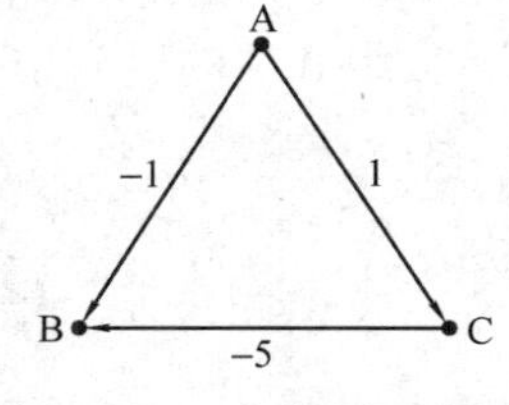

图 10-39　负权图示意图

径长度应当是 A→C→B 的–4。

为了更好地求解有负权边的最短路径问题，需要使用 **Bellman-Ford 算法**(简称 BF 算法)。和 Dijkstra 算法一样，Bellman-Ford 算法可解决**单源**最短路径问题，但也能处理有负权边的情况。Bellman-Ford 算法的思路简洁直接，易于读者掌握。

现在考虑**环**，也就是从某个顶点出发、经过若干个不同的顶点之后可以回到该顶点的情况。而根据环中边的边权之和的正负，可以将环分为**零环**、**正环**、**负环**（如图 10-40 所示，环 A→B→C 中的边权之和分别为 0、正、负）。显然，图中的零环和正环不会影响最短路径的求解，因为零环和正环的存在不能使最短路径更短；而如果图中有负环，且**从源点可以到达**，那么就会影响最短路径的求解；但如果图中的负环无法从源点出发到达，则最短路径的求解不会受到影响。

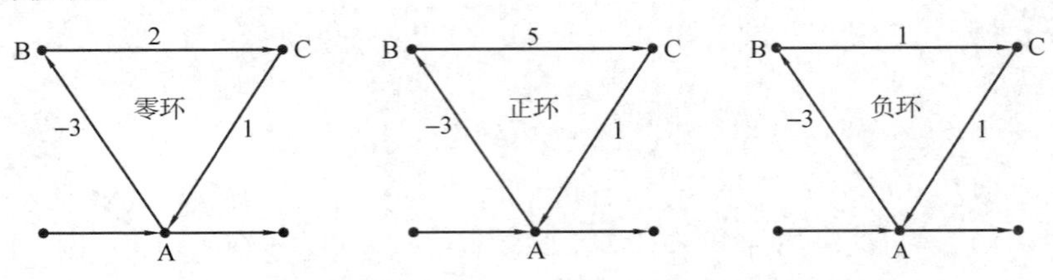

图 10-40 零环、正环、负环示意图

与 Dijkstra 算法相同，Bellman-Ford 算法设置一个数组 d，用来存放从源点到达各个顶点的最短距离。同时 Bellman-Ford 算法返回一个 bool 值：如果其中存在**从源点可达**的负环，那么函数将返回 false；否则，函数将返回 true，此时数组 d 中存放的值就是从源点到达各顶点的最短距离。

Bellman-Ford 算法的主要思路如下面的伪代码所示。需要对图中的边进行 V – 1 轮操作，每轮都遍历图中的所有边：对每条边 u→v，如果以 u 为中介点可以使 d[v]更小，即 d[u] + length[u->v] < d[v]成立时，就用 d[u] + length[u->v]更新 d[v]。同时也可以看出，Bellman-Ford 算法的时间复杂度是 O(VE)，其中 n 是顶点个数，E 是边数。

```
for(i = 0; i < n - 1; i++) {     //执行n-1轮操作，其中n为顶点数
    for(each edge u->v) {    //每轮操作都遍历所有边
        if(d[u] + length[u->v] < d[v]) {    //以u为中介点可以使d[v]更小
            d[v] = d[u] + length[u->v];     //松弛操作
        }
    }
}
```

此时，如果图中没有从源点可达的负环，那么数组 d 中的所有值都应当已经达到最优。因此，如下面的伪代码所示，只需要再对所有边进行一轮操作，判断是否有某条边 u→v 仍然满足 d[u] + length[u->v] < d[v]，如果有，则说明图中有从源点可达的负环，返回 false；否则，说明数组 d 中的所有值都已经达到最优，返回 true。

```
for(each edge u->v) {     //对每条边进行判断
    if(d[u] + length[u->v] < d[v]) {     //如果仍可以被松弛
        return false;    //说明图中有从源点可达的负环
    }
```

```
    }
    return true;    //数组 d 的所有值都已经达到最优
```

那么，为什么 Bellman-Ford 算法是正确的呢？想要了解完整数学证明的读者可以参考算法导论，下面给出一个简洁直观的证明。

首先，如果最短路径存在，那么最短路径上的顶点个数肯定不会超过 V 个（想一想为什么？）。于是，如果把源点 s 作为一棵树的根结点，把其他结点按照最短路径的结点顺序连接，就会生成一棵**最短路径树**。图 10-41 是最短路径树的一个例子。显然，在最短路径树中，从源点 S 到达其余各顶点的路径就是原图中对应的最短路径，且**原图和源点一旦确定，最短路径树也就确定了**。另外，由于最短路径上的顶点个数不超过 V 个，因此**最短路径树的层数一定不超过 V**。

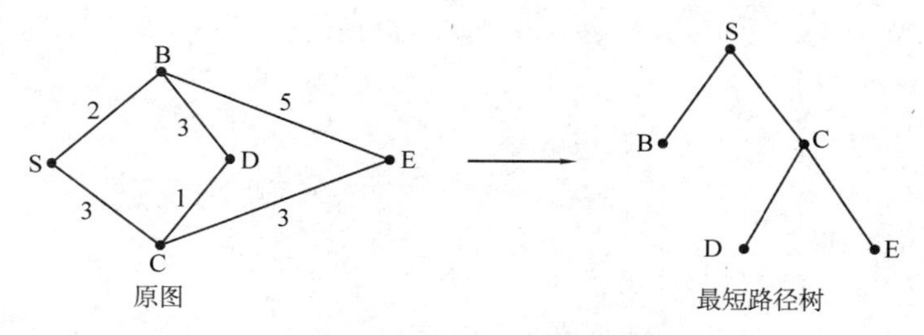

图 10-41　最短路径树示意图

由于初始状态下 d[s]为 0，因此在接下来的步骤中 d[s]不会被改变（也就是说，最短路径树中第一层结点的 d 值被确定）。接着，通过 Bellman-Ford 算法的第一轮操作之后，最短路径树中的第二层顶点的 d 值也会被确定下来；然后进行第二轮操作，于是第三层顶点的 d 值也被确定下来。这样计算直到最后一层顶点的 d 值确定。由于最短路径树的层数不超过 V 层，因此 Bellman-Ford 算法的松弛操作不会超过 V – 1 轮。证毕。

由于 Bellman-Ford 算法需要遍历所有边，显然使用邻接表会比较方便；如果使用邻接矩阵，则时间复杂度会上升到 $O(V^3)$。因此下面的代码将使用邻接表作为举例：

```
struct Node {
    int v, dis;    //v 为邻接边的目标顶点，dis 为邻接边的边权
};
vector<Node> Adj[MAXV];    //图 G 的邻接表
int n;    //n 为顶点数，MAXV 为最大顶点数
int d[MAXV];    //起点到达各点的最短路径长度

bool Bellman(int s) {    //s 为源点
    fill(d, d + MAXV, INF);    //fill 函数将整个 d 数组赋为 INF（慎用 memset）
    d[s] = 0;    //起点 s 到达自身的距离为 0
    //以下为求解数组 d 的部分
    for(int i = 0; i < n - 1; i++) {    //执行 n-1 轮操作，n 为顶点数
        for(int u = 0; u < n; u++) {    //每轮操作都遍历所有边
            for(int j = 0; j < Adj[u].size(); j++) {
                int v = Adj[u][j].v;    //邻接边的顶点
```

```
                int dis = Adj[u][j].dis;    //邻接边的边权
                if(d[u] + dis < d[v]) {    //以u为中介点可以使d[v]更小
                    d[v] = d[u] + dis;    //松弛操作
                }
            }
        }
    }
    //以下为判断负环的代码
    for(int u = 0; u < n; u++) {    //对每条边进行判断
        for(int j = 0; j < Adj[u].size(); j++) {
            int v = Adj[u][j].v;    //邻接边的顶点
            int dis = Adj[u][j].dis;    //邻接边的边权
            if(d[u] + dis < d[v]) {    //如果仍可以被松弛
                return false;    //说明图中有从源点可达的负环
            }
        }
    }
    return true;    //数组d的所有值都已经达到最优
}
```

注意到，如果在某一轮操作时，发现所有边都没有被松弛，那么说明数组 d 中的所有值都已经达到最优，不需要再继续，提前退出即可，这样做可以稍微加快一点速度，代码留给读者实现。至于最短路径的求解方法、有多重标尺时的做法均与 Dijkstra 算法中介绍的相同，此处不再重复介绍。**唯一要注意的是统计最短路径条数的做法**：由于 Bellman-Ford 算法期间会多次访问曾经访问过的顶点，如果单纯按照 Dijkstra 算法中介绍的 num 数组的写法，将会反复累计已经计算过的顶点。为了解决这个问题，需要设置记录前驱的数组 set<int> pre[MAXV]，当遇到一条和已有最短路径长度相同的路径时，必须重新计算最短路径条数。

请读者使用 Bellman-Ford 算法重新对【PAT A1003】题进行编码，以熟悉 Bellman-Ford 算法及体会上面给出的思路。下面给出笔者对该题的 Bellman-Ford 算法版本的代码，希望读者在自己完成编码后再参考下面的代码，并与 Dijkstra 算法的代码进行比较：

```
#include <cstdio>
#include <cstring>
#include <vector>
#include <set>
#include <algorithm>
using namespace std;
const int MAXV = 510;
const int INF = 0x3fffffff;
struct Node {
    int v, dis;    //v为邻接边的目标顶点，dis为邻接边的边权
    Node(int _v, int _dis) : v(_v), dis(_dis) {}    //构造函数
```

```
};
vector<Node> Adj[MAXV];     //图 G 的邻接表
//n 为顶点数，m 为边数，st 和 ed 分别为起点和终点，weight[]记录点权
int n, m, st, ed, weight[MAXV];
//d[]记录最短距离，w[]记录最大点权之和，num[]记录最短路径条数
int d[MAXV], w[MAXV], num[MAXV];
set<int> pre[MAXV];     //前驱

void Bellman(int s) {     //s 为源点
    fill(d, d + MAXV, INF);
    memset(num, 0, sizeof(num));
    memset(w, 0, sizeof(w));
    d[s] = 0;
    w[s] = weight[s];
    num[s] = 1;
    //以下为求解数组 d 的部分
    for(int i = 0; i < n - 1; i++) {     //执行 n-1 轮操作，n 为顶点数
        for(int u = 0; u < n; u++) {    //每轮操作都遍历所有边
            for(int j = 0; j < Adj[u].size(); j++) {
                int v = Adj[u][j].v;     //邻接边的顶点
                int dis = Adj[u][j].dis;     //邻接边的边权
                if(d[u] + dis < d[v]) {     //以 u 为中介点时能令 d[v]变小
                    d[v] = d[u] + dis;     //覆盖 d[v]
                    w[v] = w[u] + weight[v];     //覆盖 w[v]
                    num[v] = num[u];     //覆盖 num[v]
                    pre[v].clear();
                    pre[v].insert(u);
                } else if(d[u] + dis == d[v]) {     //找到一条相同长度的路径
                    if(w[u] + weight[v] > w[v]) {     //以 u 为中介点时点权之和更大
                        w[v] = w[u] + weight[v];     //w[v]继承自 w[u]
                    }
                    pre[v].insert(u);     //将 u 加入 pre[v]
                    num[v] = 0;     //重新统计 num[v]
                    set<int>::iterator it;
                    for(it = pre[v].begin(); it != pre[v].end(); it++) {
                        num[v] += num[*it];
                    }
                }
            }
        }
    }
```

```
    }
}
int main() {
    scanf("%d%d%d%d", &n, &m, &st, &ed);
    for(int i = 0; i < n; i++) {
        scanf("%d", &weight[i]);    //读入点权
    }
    int u, v, wt;
    for(int i = 0; i < m; i++) {
        scanf("%d%d%d", &u, &v, &wt);
        Adj[u].push_back(Node(v, wt));
        Adj[v].push_back(Node(u, wt));
    }
    Bellman(st);
    printf("%d %d\n", num[ed], w[ed]);    //最短距离条数，最短路径中的最大点权
    return 0;
}
```

虽然 Bellman-Ford 算法的思路很简洁，但是 O(VE)的时间复杂度确实很高，在很多情况下并不尽如人意。仔细思考后会发现，Bellman-Ford 算法的每轮操作都需要操作所有边，显然这其中会有大量无意义的操作，严重影响了算法的性能。于是注意到，**只有当某个顶点 u 的 d[u]值改变时，从它出发的边的邻接点 v 的 d[v]值才有可能被改变**。由此可以进行一个**优化**：建立一个队列，每次将队首顶点 u 取出，然后对从 u 出发的所有边 u→v 进行松弛操作，也就是判断 d[u] + length[u->v] < d[v]是否成立，如果成立，则用 d[u] + length[u->v]覆盖 d[v]，于是 d[v]获得更优的值，此时如果 v 不在队列中，就把 v 加入队列。这样操作直到队列为空（说明图中没有从源点可达的负环），或是某个顶点的入队次数超过 V − 1（说明图中存在从源点可达的负环）。下面给出的是伪代码：

```
queue<int> Q;
源点 s 入队;
while(队列非空) {
    取出队首元素 u;
    for(u 的所有邻接边 u->v) {
        if(d[u] + dis < d[v]) {
            d[v] = d[u] + dis;
            if(v 当前不在队列) {
                v 入队;
                if(v 入队次数大于 n-1) {
                    说明有可达负环, return;
                }
            }
        }
```

```
        }
    }
```

这种优化后的算法被称为 **SPFA**（Shortest Path Faster Algorithm），它的**期望时间复杂度是 O(kE)**，其中 E 是图的边数，k 是一个常数，在很多情况下 k 不超过 2，可见这个算法在大部分数据时异常高效，并且经常性地优于堆优化的 Dijkstra 算法。但如果图中有从源点可达的负环，传统 SPFA 的时间复杂度就会退化成 O(VE)。**理解 SPFA 的关键是理解它是如何从 Bellman-Ford 算法优化得来的**，因此，如果没有理解，可以再阅读一下上面的部分。

下面给出邻接表表示的图的 SPFA 代码，读者可以把它和伪代码结合起来看，以便理解。另外，如果事先知道图中不会有环，那么 num 数组的部分可以去掉。注意：使用 SPFA 可以判断是否存在从源点可达的负环，如果负环从源点不可达，则需要添加一个辅助顶点 C，并添加一条从源点到达 C 的有向边以及 V–1 条从 C 到达除源点外各顶点的有向边才能判断负环是否存在（想一想为什么？）。

```
vector<Node> Adj[MAXV];    //图 G 的邻接表
int n, d[MAXV], num[MAXV];    //num 数组记录顶点的入队次数
bool inq[MAXV];     //顶点是否在队列中

bool SPFA(int s) {
    //初始化部分
    memset(inq, false, sizeof(inq));
    memset(num, 0, sizeof(num));
    fill(d, d + MAXV, INF);
    //源点入队部分
    queue<int> Q;
    Q.push(s);    //源点入队
    inq[s] = true;    //源点已入队
    num[s]++;    //源点入队次数加 1
    d[s] = 0;    //源点的 d 值为 0
    //主体部分
    while(!Q.empty()) {
        int u = Q.front();    //队首顶点编号为 u
        Q.pop();    //出队
        inq[u] = false;    //设置 u 为不在队列中
        //遍历 u 的所有邻接边 v
        for(int j = 0; j < Adj[u].size(); j++) {
            int v = Adj[u][j].v;
            int dis = Adj[u][j].dis;
            //松弛操作
            if(d[u] + dis < d[v]) {
                d[v] = d[u] + dis;
                if(!inq[v]) {    //如果 v 不在队列中
```

```
                Q.push(v);    //v入队
                inq[v] = true;    //设置v为在队列中
                num[v]++;    //v的入队次数加1
                if(num[v] >= n) return false;    //有可达负环
            }
        }
    }
}
    return true;    //无可达负环
}
```

SPFA 十分灵活，其内部的写法可以根据具体场景的不同进行调整。例如上面代码中的队列可以替换成优先队列（priority_queue），以加快速度；或者替换成双端队列（deque），使用 SLF 优化和 LLL 优化，以使效率提高至少 50%。除此之外，上面给出的代码是 SPFA 的 BFS 版本，如果将队列替换成栈，则可以实现 DFS 版本的 SPFA，对判环有奇效。对这些内容有兴趣的读者可以去查找资料学习。

最后，请读者使用 SPFA 算法完成 10.4.1 节中的几个例题（也就是 Dijkstra 算法中的例题），以熟练使用 SPFA 算法。

10.4.3 Floyd 算法

Floyd 算法（读者可以将其读作“弗洛伊德算法”）用来解决**全源最短路问题**，即对给定的图 G(V,E)，求任意两点 u, v 之间的最短路径长度，时间复杂度是 $O(n^3)$。由于 n^3 的复杂度决定了顶点数 n 的限制约在 200 以内，因此使用邻接矩阵来实现 Floyd 算法是非常合适且方便的。

Floyd 算法基于这样一个事实：如果存在顶点 k，使得以 k 作为中介点时顶点 i 和顶点 j 的当前最短距离缩短，则使用顶点 k 作为顶点 i 和顶点 j 的中介点，即当 dis[i][k] + dis[k][j] < dis[i][j] 时，令 dis[i][j] = dis[i][k] + dis[k][j]（其中 dis[i][j]表示从顶点 i 到顶点 j 的最短距离）。如图 10-42 所示，从 V_1 到 V_4 的距离为 3，而以 V_2 为中介点时可以使 V_1 到 V_4 的距离缩短为 2，那么就把 V_1 到 V_4 的距离从 3 优化为 2，即当 dis[1][2] + dis[2][4] < dis[1][4]时，令 dis[1][4] = dis[1][2] + dis[2][4]。

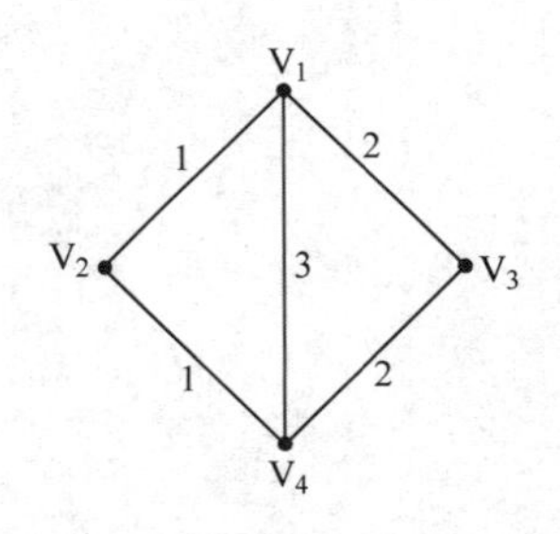

图 10-42　floyd 算法举例

基于上面的事实，Floyd 算法的流程如下：

```
枚举顶点 k ∈ [1, n]
    以顶点 k 作为中介点，枚举所有顶点对 i 和 j(i ∈ [1, n], j ∈ [1, n])
        如果 dis[i][k] + dis[k][j] < dis[i][j]成立
            赋值 dis[i][j] = dis[i][k] + dis[k][j]
```

可以看到，Floyd 算法的思想异常简洁，可以此写出简洁的代码：

```
#include <cstdio>
#include <algorithm>
using namespace std;
```

```
const int INF = 1000000000;
const int MAXV = 200;  //MAXV 为最大顶点数
int n, m;  //n 为顶点数,m 为边数
int dis[MAXV][MAXV];  //dis[i][j]表示顶点 i 和顶点 j 的最短距离

void Floyd(){
    for(int k = 0; k < n; k++){
        for(int i = 0; i < n; i++){
            for(int j = 0; j < n; j++){
                if(dis[i][k] != INF && dis[k][j] != INF && dis[i][k] + dis[k][j]
< dis[i][j]){
                    dis[i][j] = dis[i][k] + dis[k][j];  //找到更短的路径
                }
            }
        }
    }
}

int main() {
    int u, v, w;
    fill(dis[0], dis[0] + MAXV * MAXV, INF);  //dis 数组赋初值
    scanf("%d%d", &n, &m);  //顶点数 n、边数 m
    for(int i = 0; i < n; i++) {
        dis[i][i] = 0;  //顶点 i 到顶点 i 的距离初始化为 0
    }
    for(int i = 0; i < m; i++) {
        scanf("%d%d%d", &u, &v, &w);
        dis[u][v] = w;  //以有向图为例进行输入
    }
    Floyd();  //Floyd 算法入口
    for(int i = 0; i < n; i++) {  //输出 dis 数组
        for(int j = 0; j < n; j++) {
            printf("%d ", dis[i][j]);
        }
        printf("\n");
    }
    return 0;
}
```

以 Dijkstra 算法中亚历山大的例子进行输入：

```
6 8
```

```
0 1 1
0 3 4
0 4 4
1 3 2
2 5 1
3 2 2
3 4 3
4 5 3
```

输出结果：

```
0 1 5 3 4 6
1000000000 0 4 2 5 5
1000000000 1000000000 0 1000000000 1000000000 1
1000000000 1000000000 2 0 3 3
1000000000 1000000000 1000000000 1000000000 0 3
1000000000 1000000000 1000000000 1000000000 1000000000 0
```

对 Floyd 算法来说，需要注意的是：不能将最外层的 k 循环放到内层（即产生 i->j->k 的三重循环），这会导致最后结果出错。理由是：如果当较后访问的 dis[u][v]有了优化之后，前面访问的 dis[i][j]会因为已经被访问而无法获得进一步优化（这里 i、j 先于 u、v 进行访问）。

练习

① 配套习题集的对应小节。

② Codeup Contest ID: 100000621

地址：http://codeup.cn/contest.php?cid=100000621。

本节二维码

10.5 最小生成树

10.5.1 最小生成树及其性质

最小生成树（Minimum Spanning Tree，MST）是在一个给定的**无向图** G(V,E)中求一棵树 T，使得这棵树拥有图 G 中的所有顶点，且所有边都是来自图 G 中的边，并且满足整棵树的边权之和最小。图 10-43 给出了一个图 G 及其最小生成树 T，其中较粗的线即为最小生成树的边。可以看到，边 AB、BC、BD 包含了图 G 的所有顶点，

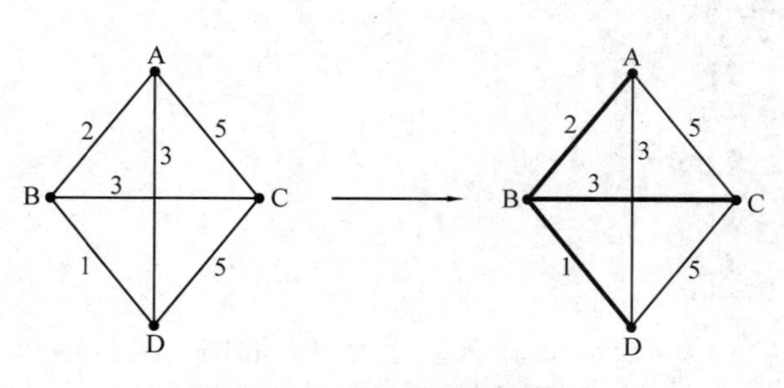

图 10-43　最小生成树示意图

且由它们生成的树的边权之和为 6，是所有生成树中权值最小的（例如边 AD、BD、CD 生成的树，其边权之和为 7，大于之前给出的树的边权之和）。

最小生成树有 3 个性质需要掌握：

① 最小生成树是树，因此其边数等于顶点数减 1，且树内一定不会有环。

② 对给定的图 G(V,E)，其最小生成树可以不唯一，但其边权之和一定是唯一的。

③ 由于最小生成树是在无向图上生成的，因此其根结点可以是这棵树上的任意一个结点。于是，如果题目中涉及最小生成树本身的输出，为了让最小生成树唯一，一般都会直接给出根结点，读者只需以给出的结点作为根结点来求解最小生成树即可。

求解最小生成树一般有两种算法，即 prim 算法与 kruskal 算法。这两个算法都是采用了贪心法的思想，只是贪心的策略不太一样。

10.5.2 prim 算法

prim 算法（读者可以将其读作“普里姆算法”）用来解决最小生成树问题，其基本思想是对图 G(V,E)设置集合 S，存放已被访问的顶点，然后每次从集合 V-S 中选择与**集合 S** 的最短距离最小的一个顶点（记为 u），访问并加入集合 S。之后，令顶点 u 为中介点，优化所有从 u 能到达的顶点 v 与**集合 S** 之间的最短距离。这样的操作执行 n 次（n 为顶点个数），直到集合 S 已包含所有顶点。可以发现，prim 算法的思想与最短路径中 Dijkstra 算法的思想几乎完全相同，只是在涉及最短距离时使用了集合 S 代替 Dijkstra 算法中的起点 s。为了更好地说明这点，亚历山大又要出场了。

这次亚历山大的任务是讨伐恶魔大陆。和精灵大陆一样，恶魔大陆也有六个城市，但是城市的分布与精灵大陆不同，并且这里城市之间的道路是双向的。图 10-44a 给出了恶魔大陆的六个城市（V_0 至 V_5）和连接它们的无向边，边上的数字表示距离（即边权），而城市结点的黑色表示还未被攻占。

由于恶魔大陆提前知道了亚历山大要来攻打恶魔大陆，因此恶魔们事先对所有道路进行了冻结，希望以此消耗亚历山大的体力去恢复这些道路。不过亚历山大不会坐以待毙，他在分析恶魔大陆的地图之后打算从防守最薄弱的 V_0 开始进攻，并且使用了“爆裂模式”来对抗他们（图 10-44 中）。在爆裂模式下，亚历山大可以随时恢复任意一条已攻占城市所连接的道路，但是需要消耗那条道路的距离大小的体力（也就是说，道路有多长，就需要消耗多少体力去恢复）。并且在恢复某条道路之后，亚历山大会趁机攻占这条道路所连接的未攻占城市。为了尽可能节省体力，亚历山大需要解决这样的一个问题：**如何选择需要恢复的道路，使得亚历山大可以消耗最少的体力，并保证他可以攻占所有城市**。

这其实就在求一棵最小生成树：

① 首先，亚历山大一定是每次从已攻占城市出发去攻打未攻占城市，这说明最后生成的结构一定连通。

② 其次，亚历山大在把 V_0 攻占以后，总是沿着一条新的道路去攻击一个新的城市，这说明最后生成的结构的边数一定比顶点数少 1。

基于上面两点，最后生成的结构一定是一棵树（是满足了连通、边数等于顶点数减 1），而亚历山大的要求就是使这棵树的边权之和最小。当然，如果上面的解释没有看懂的话，也不妨先记住：这里求的就是一棵以 V_0 为根结点的最小生成树，且接下来亚历山大所做的每一步都是 prim 算法的步骤。

图 10-44　恶魔大陆示意图㊀

a）地图　b）亚历山大　c）抹去边的地图

在这里，亚历山大对地图做出了三个修改：

① **将地图上的所有边都抹去，只有当攻占一个城市后才把这个城市连接的边显现**（这一点和 Dijkstra 算法中相同）。

② **使用“爆裂模式”的能量，将已攻占的城市置于一个巨型防护罩中。亚历山大可以沿着这个防护罩连接的道路去进攻未攻占的城市。**

③ **在地图中的城市 V_i ($0\leqslant i\leqslant 5$)上记录城市 V_i 与巨型防护罩之间的最短距离（即 V_i 与每个已攻占城市之间距离的最小值）**。由于在①中亚历山大把所有边都抹去了，因此在初始状态下只在城市 V_0 上标记 0，而其他城市都标记无穷大（记为 INF，见图 10-44b）。为了方便叙述，在下文中某几处出现的**最短距离都是指从城市 V_i 与当前巨型防护罩之间的最短距离**。

下面是亚历山大的行动策略（注意和 Dijkstra 算法对比）：

① 由于要攻占六个城市，因此将②③步骤执行六次，每次攻占一个城市（如果是 n 个城市，那么就执行 n 次）。

② 每次都**从还未攻占的城市中选择与当前巨型防护罩最近的城市**（记为 V_k ($0\leqslant k\leqslant 5$)），使用“爆裂模式”的能力**恢复这条最近的道路（并成为最小生成树中的一条边）**，前往攻占 V_k。

③ 攻占城市 V_k 后，将 V_k 加入巨型防护罩中，开放地图上 V_k 连接的所有边，并查看以 **V_k 作为巨型防护罩连接外界的接口**的情况下，能否**利用 V_k 刚开放的边使某些还未攻占的城市与巨型防护罩的最短距离变小**。如果能，则将那个最短距离覆盖到地图对应的城市上。

由于引入了**巨型防护罩**的概念，部分读者可能会犯糊涂。为了让策略更形象化，也为了更容易理解后面抽象出来的 prim 算法模型，不妨跟随亚历山大来攻打恶魔大陆。当成功地把六个城市都攻占后，不懂的概念也就自然懂了。另外，为了得到最小生成树的边权之和，需要在攻打城市之前设置一个初值为 0 的变量 sum，并在攻打过程中将加入最小生成树中的边的边权累加起来。

① 当前还未攻占的城市为$\{V_0, V_1, V_2, V_3, V_4, V_5\}$，这些城市中与巨型防护罩的最短距离最小的城市为 V_0（图已经在前面给出，V_0 的最短距离是 0，其余城市的最短距离都是 INF），因此攻占 V_0，将 V_0 加入巨型防护罩，并开放 V_0 连接的三条边：V_0->V_1、V_0->V_4、V_0->V_5。

㊀ 图 10-44b 为数码宝贝拯救者中的番长狮子兽爆裂形态。

由于边 V_0->V_1 可以让 V_1 与巨型防护罩的最短距离从 INF 减小为 4，边 V_0->V_4 可以 V_4 与巨型防护罩的最短距离从 INF 减小为 1，边 V_0->V_5 可以让 V_5 与巨型防护罩的最短距离从 INF 减小为 2，因此在图中更新这些最短距离，如图 10-45 所示。

② 当前还未攻占的城市为{V_1, V_2, V_3, V_4, V_5}，这些城市中与巨型防护罩的最短距离最小的城市为 V_4（可以在黑圈中得到最短距离为 1），因此攻占 V_4（同时把最短距离的那条边加入最小生成树中，且 sum 从 0 增加为 1），将 V_4 加入巨型防护罩，并开放 V_4 连接的两条边：V_4->V_3、V_4->V_5。由于边 V_4->V_3 可以让 V_3 与巨型防护罩的最短距离从 INF 减小为 4，因此在地图中更新这个信息；而边 V_4->V_5 无法使 V_5 与巨型防护罩的最短距离减小，因此不用更新。此时情况如图 10-46 所示（粗线表示加入最小生成树中的边，下同）。

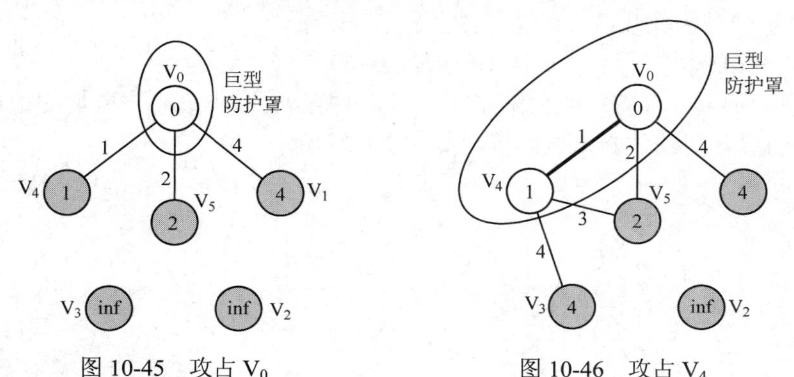

图 10-45　攻占 V_0　　　　图 10-46　攻占 V_4

③ 当前还未攻占的城市为{V_1, V_2, V_3, V_5}，这些城市中与巨型防护罩的最短距离最小的城市为 V_5（可以在黑圈中得到最短距离为 2），因此攻占 V_5（同时把最短距离的那条边加入最小生成树中，且 sum 从 1 增加为 3），将 V_5 加入巨型防护罩，并开放 V_5 连接的 3 条边：V_5->V_1、V_5->V_2、V_5->V_3。由于边 V_5->V_1 可以让 V_1 与巨型防护罩的最短距离从 4 减小为 3，边 V_5->V_2 可以让 V_2 与巨型防护罩的最短距离从 INF 减小为 5，因此在地图中更新这两个信息；而边 V_5->V_3 无法使 V_3 与巨型防护罩的最短距离减小，因此不用更新。此时情况如图 10-47 所示。

④ 当前还未攻占的城市为{V_1, V_2, V_3}，这些城市中与巨型防护罩的最短距离最小的城市为 V_1（可以在黑圈中得到最短距离为 3），因此攻占 V_1（同时把最短距离的那条边加入最小生成树中，且 sum 从 3 增加为 6），将 V_1 加入巨型防护罩，并开放 V_1 连接的一条边：V_1->V_2。由于边 V_1->V_2 无法使 V_2 与巨型防护罩的最短距离减小，因此不用更新。此时情况如图 10-48 所示。

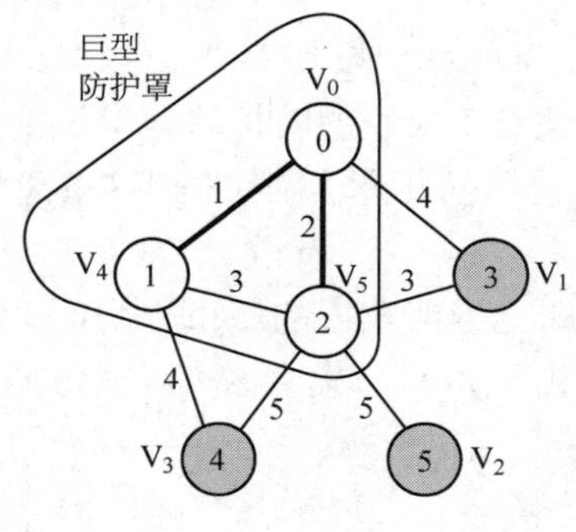

图 10-47　攻占 V_5

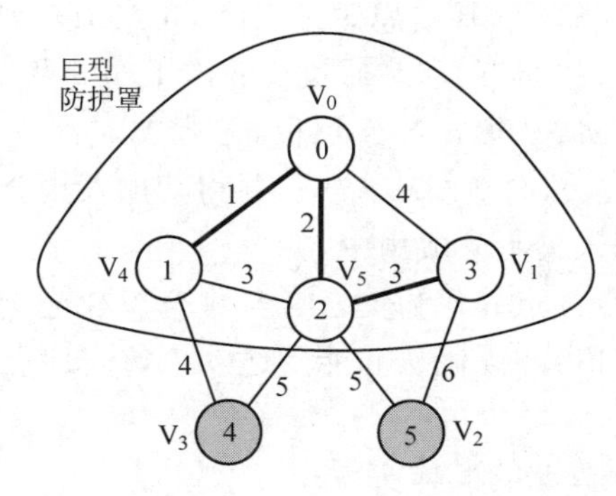

图 10-48　攻占 V_1

⑤ 当前还未攻占的城市为{V_2, V_3}，这些城市中与巨型防护罩的最短距离最小的城市为 V_3（可以在黑圈中得到最短距离为 4），因此攻占 V_3（同时把最短距离的那条边加入最小生成树中，且 sum 从 6 增加为 10），将 V_3 加入巨型防护罩，并开放 V_3 连接的一条边：$V_3 \rightarrow V_2$。由于边 $V_3 \rightarrow V_2$ 无法使 V_2 与巨型防护罩的最短距离减小，因此不用更新。此时情况如图 10-49 所示。

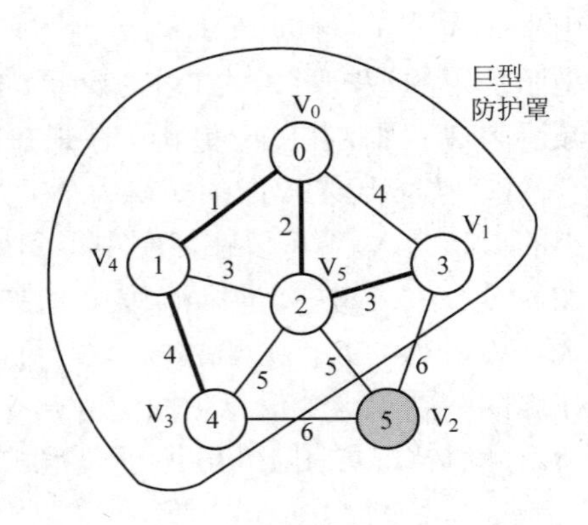

图 10-49 攻占 V_3

⑥ 当前还未攻占的城市为{V_2}，这些城市中与巨型防护罩的最短距离最小的城市为 V_2（可以在黑圈中得到最短距离为 5），因此攻占 V_2（同时把最短距离的那条边加入最小生成树中，且 sum 从 10 增加为 15），将 V_2 加入巨型防护罩，攻打恶魔大陆结束，sum 的值 15 即为最小生成树的边权之和，也即亚历山大最少需要花费的体力，此时情况如图 10-50 所示。

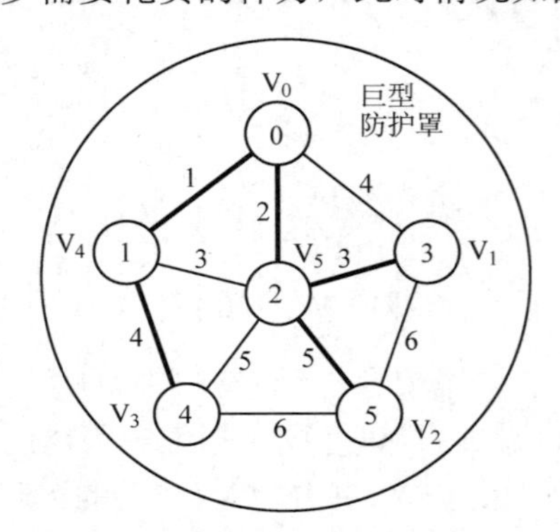

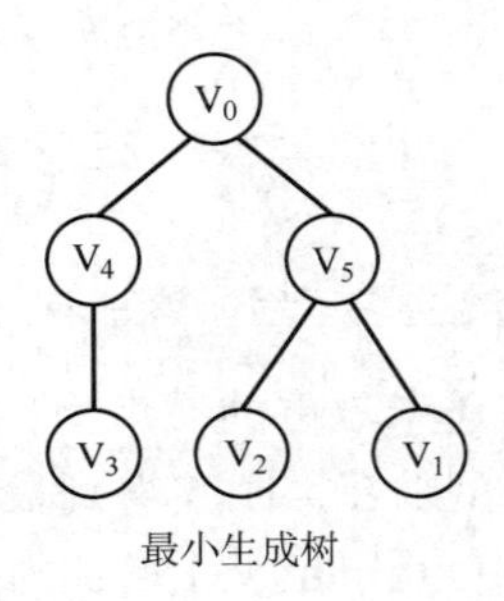

图 10-50 所需花费的最少体力及最小生成树

至此，读者对 prim 算法的基本过程应该已经能够理解，下面把 prim 算法模型抽象出来，以让读者有更深入的了解。希望读者能将模型与上面的例子进行对照，这样可以更容易理解 prim 算法是如何实现的。

prim 算法解决的是**最小生成树问题**，即在一个给定的**无向图** G(V,E)中求一棵生成树 T，使得这棵树拥有图 G 中的所有顶点，且所有边都是来自图 G 中的边，并且满足整棵树的边权之和最小。

prim 算法的**基本思想**是对图 G(V,E)设置**集合 S**（即巨型防护罩）来存放已被访问的顶点（即已攻占的城市），然后执行 n 次下面的两个步骤（n 为顶点个数）：

① 每次从集合 V-S（即未攻占的城市）中选择与集合 S（巨型防护罩）最近的一个顶点（记为 u），访问（即攻占）u 并将其加入集合 S（加入巨型防护罩），同时把这条离集合 S 最近的边加入最小生成树中。

② 令顶点 u 作为集合 S 与集合 V-S 连接的接口（即把当前攻占的城市作为巨型防护罩与外界的接口），优化从 u 能到达的未访问顶点 v（未攻占城市）与集合 S（巨型防护罩）的最短距离。

prim 算法的**具体实现**：

prim 算法需要实现两个关键的概念，即集合 S 的实现、顶点 V_i ($0 \leqslant i \leqslant n-1$)与集合 S（巨

型防护罩）的最短距离。

① 集合 S 的实现方法和 Dijkstra 中相同，即使用一个 bool 型数组 vis[]表示顶点是否已被访问。其中 vis[i] == true 表示顶点 V_i 已被访问，vis[i] == false 则表示顶点 V_i 未被访问。

② 不妨令 int 型数组 d[]来存放顶点 V_i ($0 \leqslant i \leqslant n-1$)与集合 S（巨型防护罩）的最短距离。初始时除了起点 s 的 d[s]赋为 0，其余顶点都赋为一个很大的数来表示 INF，即不可达。

可以发现，**prim 算法与 Dijkstra 算法使用的思想几乎完全相同**，只有在数组 d[]的含义上有所区别。其中，Dijkstra 算法的数组 d[]含义为起点 s 到达顶点 Vi 的最短距离，而 prim 算法的数组 d[]含义为顶点 Vi 与集合 S 的最短距离，两者的区别仅在于最短距离是顶点 Vi 针对“起点 s”还是“集合 S”。另外，对最小生成树问题而言，如果仅是求最小边权之和，那么在 prim 算法中就可以随意指定一个顶点为初始点，例如在下面的代码中将默认使用 0 号顶点为初始点。

根据上面的描述，可以得到下面的伪代码（注意与 prim 算法基本思想进行联系）：

```
//G 为图，一般设成全局变量；数组 d 为顶点与集合 S 的最短距离
Prim (G, d[]){
    初始化;
    for(循环 n 次) {
        u = 使 d[u]最小的还未被访问的顶点的标号;
        记 u 已被访问;
        for(从 u 出发能到达的所有顶点 v){
            if(v 未被访问&&以 u 为中介点使得 v 与集合 S 的最短距离 d[v]更优){
                将 G[u][v]赋值给 v 与集合 S 的最短距离 d[v];
            }
        }
    }
}
```

和 Dijkstra 算法的伪代码进行比较后发现，Dijkstra 算法和 prim 算法只有**优化 d[v]的部分**不同，而其他语句都是相同的。这再次说明：**Dijkstra 算法和 prim 算法实际上是相同的思路，只不过是数组 d[]的含义不同罢了。**

在了解了上面这点之后，读者可以参照 Dijkstra 算法的写法很容易地写出 prim 算法的代码，而在此之前，需要先定义 MAXV 为最大顶点数、INF 为一个很大的数字：

```
constint MAXV = 1000;  //最大顶点数
constint INF = 1000000000;  //设 INF 为一个很大的数
```

下面给出分别使用邻接矩阵和邻接表的 prim 算法代码（代码中粗体部分表示与 Dijkstra 算法有较大区别，请读者注意对比）：

① 邻接矩阵版。代码如下：

```
int n, G[MAXV][MAXV];  //n 为顶点数，MAXV 为最大顶点数
int d[MAXV];  //顶点与集合 S 的最短距离
bool vis[MAXV] = {false};  //标记数组，vis[i]==true 表示已访问。初值均为 false

intprim(){  //默认 0 号为初始点，函数返回最小生成树的边权之和
```

```
    fill(d, d + MAXV, INF);  //fill 函数将整个 d 数组赋为 INF（慎用 memset）
    d[0] = 0;  //只有 0 号顶点到集合 S 的距离为 0，其余全为 INF
    int ans = 0;  //存放最小生成树的边权之和
    for(int i = 0; i < n; i++){  //循环 n 次
        int u = -1, MIN = INF;  //u 使 d[u]最小，MIN 存放该最小的 d[u]
        for(int j = 0; j < n; j++){  //找到未访问的顶点中 d[]最小的
            if(vis[j] == false && d[j] < MIN){
                u = j;
                MIN = d[j];
            }
        }
        //找不到小于 INF 的 d[u]，则剩下的顶点和集合 S 不连通
        if(u == -1) return -1;
        vis[u] = true;  //标记 u 为已访问
        ans += d[u];  //将与集合 S 距离最小的边加入最小生成树
        for(int v = 0; v < n; v++){
            //v 未访问&& u 能到达 v &&以 u 为中介点可以使 v 离集合 S 更近
            if(vis[v] == false && G[u][v] != INF && G[u][v] < d[v]){
                d[v] = G[u][v];  //将 G[u][v]赋值给 d[v]
            }
        }
    }
    return ans;  //返回最小生成树的边权之和
}
```

② 邻接表版。代码如下：

```
struct Node{
    int v, dis;  //v 为边的目标顶点，dis 为边权
};
vector<Node> Adj[MAXV];  //图 G，Adj[u]存放从顶点 u 出发可以到达的所有顶点
int n;  //n 为顶点数，图 G 使用邻接表实现，MAXV 为最大顶点数
int d[MAXV];  //顶点与集合 S 的最短距离
bool vis[MAXV] = {false};  //标记数组，vis[i]==true 表示已访问。初值均为 false

intprim(){  //默认 0 号为初始点，函数返回最小生成树的边权之和
    fill(d, d + MAXV, INF);  //fill 函数将整个 d 数组赋为 INF（慎用 memset）
    d[0] = 0;  //只有 0 号顶点到集合 S 的距离为 0，其余全为 INF
    int ans = 0;  //存放最小生成树的边权之和
    for(int i = 0; i < n; i++){  //循环 n 次
        int u = -1, MIN = INF;  //u 使 d[u]最小，MIN 存放该最小的 d[u]
        for(int j = 0; j < n; j++){  //找到未访问的顶点中 d[]最小的
```

```
            if(vis[j] == false && d[j] < MIN){
                u = j;
                MIN = d[j];
            }
        }
        //找不到小于 INF 的 d[u]，则剩下的顶点和集合 S 不连通
        if(u == -1) return -1;
        vis[u] = true;  //标记 u 为已访问
        ans += d[u];  //将与集合 S 距离最小的边加入最小生成树
        //只有下面这个 for 与邻接矩阵的写法不同
        for(int j = 0;j < Adj[u].size(); j++){
            int v = Adj[u][j].v;  //通过邻接表直接获得 u 能到达的顶点 v
            if(vis[v] == false && Adj[u][j].dis < d[v]){
                //如果 v 未访问&&以 u 为中介点可以使 v 离集合 S 更近
                d[v] = Adj[u][j].dis;  //将 Adj[u][j].dis 赋值给 d[v]
            }
        }
    }
    return ans;  //返回最小生成树的边权之和
}
```

和 Dijkstra 算法一样，使用这种写法的复杂度是 $O(V^2)$，其中邻接表实现的 prim 算法可以通过堆优化使时间复杂度降为 $O(V\log V + E)$，写法留给读者练习。另外，$O(V^2)$的复杂度也说明，尽量在图的顶点数目较少而边数较多的情况下（即稠密图上）使用 prim 算法。至于 prim 算法得到的生成树为什么一定是最小生成树，有兴趣的读者可以去参考《算法导论》中的证明。

以亚历山大攻打恶魔大陆的例子来写出代码：

```
#include <cstdio>
#include <algorithm>
using namespace std;
const int MAXV = 1000;  //最大顶点数
const int INF = 1000000000;  //设 INF 为一个很大的数

int n, m, G[MAXV][MAXV];  //n 为顶点数，MAXV 为最大顶点数
int d[MAXV];  //顶点与集合 S 的最短距离
bool vis[MAXV] = {false};  //标记数组，vis[i]==true 表示已访问。初值均为 false

int prim(){  //默认 0 号为初始点，函数返回最小生成树的边权之和
    fill(d, d + MAXV, INF);  //fill 函数将整个 d 数组赋为 INF（慎用 memset）
    d[0] = 0;  //只有 0 号顶点到集合 S 的距离为 0，其余全为 INF
    int ans = 0;  //存放最小生成树的边权之和
```

```
    for(int i = 0; i < n; i++){  //循环n次
        int u = -1, MIN = INF;  //u使d[u]最小，MIN存放该最小的d[u]
        for(int j = 0; j < n; j++){  //找到未访问的顶点中d[]最小的
            if(vis[j] == false && d[j] < MIN){
                u = j;
                MIN = d[j];
            }
        }
        //找不到小于INF的d[u]，则剩下的顶点和集合S不连通
        if(u == -1) return -1;
        vis[u] = true;  //标记u为已访问
        ans += d[u];  //将与集合S距离最小的边加入最小生成树
        for(int v = 0; v < n; v++){
            //v未访问&& u能到达v &&以u为中介点可以使v离集合S更近
            if(vis[v] == false && G[u][v] != INF && G[u][v] < d[v]){
                d[v] = G[u][v];  //将G[u][v]赋值给d[v]
            }
        }
    }
    return ans;  //返回最小生成树的边权之和
}

int main() {
    int u, v, w;
    scanf("%d%d", &n, &m);  //顶点个数、边数
    fill(G[0], G[0] + MAXV * MAXV, INF);  //初始化图G
    for(int i = 0 ; i < m; i++) {
        scanf("%d%d%d", &u, &v, &w);  //输入u,v以及边权
        G[u][v] = G[v][u] = w;  //无向图
    }
    int ans = prim();  //prim算法入口
    printf("%d\n", ans);
    return 0;
}
```

输入数据：

```
6 10   //6个顶点，10条边。以下10行为10条边
0 1 4  //边0->1与1->0的边权为4，下同
0 4 1
0 5 2
1 2 6
```

```
1 5 3
2 3 6
2 5 5
3 4 4
3 5 5
4 5 3
```

输出结果：

```
15
```

10.5.3　kruskal 算法

kruskal 算法（读者可以将其读作“克鲁斯卡尔算法”）同样是解决最小生成树问题的一个算法。和 prim 算法不同，kruskal 算法采用了**边贪心**的策略，其思想极其简洁，理解难度比 prim 算法要低很多。

kruskal 算法的基本思想为：在初始状态时隐去图中的所有边，这样图中每个顶点都自成一个连通块。之后执行下面的步骤：

① 对所有边按边权从小到大进行排序。

② 按边权从小到大测试所有边，如果当前测试边所连接的两个顶点不在同一个连通块中，则把这条测试边加入当前最小生成树中；否则，将边舍弃。

③ 执行步骤②，直到最小生成树中的边数等于总顶点数减 1 或是测试完所有边时结束。而当结束时如果最小生成树的边数小于总顶点数减 1，说明该图不连通。

接下来以图 10-51a 为例，给出对该图执行 kruskal 算法的步骤。

① 当前图中边权最小的边为 $\overline{V_0V_4}$，权值为 1。由于 V_0 和 V_4 在不同的连通块中，因此把边 $\overline{V_0V_4}$ 加入最小生成树中，此时最小生成树中有 1 条边，权值之和为 1，如图 10-51 所示。

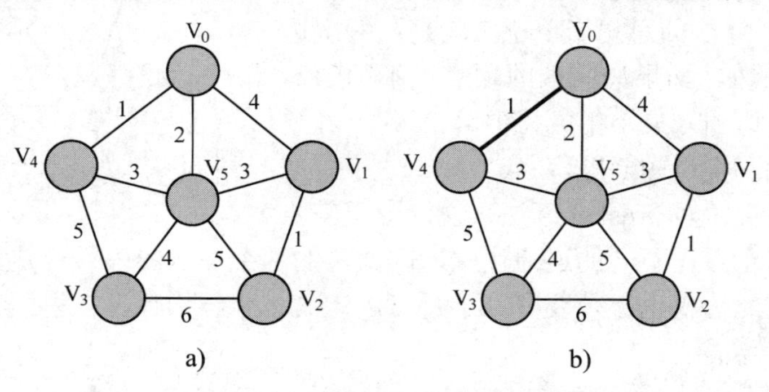

图 10-51　把边 $\overline{V_0V_4}$ 加入最小生成树中

② 当前图的剩余边中边权最小的边为 $\overline{V_1V_2}$，权值为 1。由于 V_1 和 V_2 在不同的连通块中，因此把边 $\overline{V_1V_2}$ 加入最小生成树中，此时最小生成树中有 2 条边，权值之和为 2，如图 10-52 所示。

③ 当前图的剩余边中边权最小的边为 $\overline{V_0V_5}$，权值为 2。由于 V_0 和 V_5 在不同的连通块中，因此把边 $\overline{V_0V_5}$ 加入最小生成树中，此时最小生成树中有 3 条边，权值之和为 4，如图 10-53 所示。

④ 当前图的剩余边中边权最小的边为 $\overline{V_4V_5}$，权值为 3。由于 V_4 和 V_5 在同一个连通块

中，因此如果加入边 $\overline{V_4V_5}$ ，就会形成一个环，故不予处理。

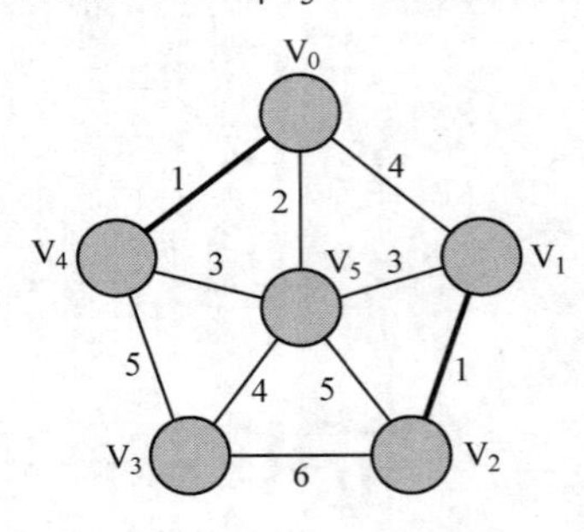

图 10-52　把边 $\overline{V_1V_2}$ 加入最小生成树中

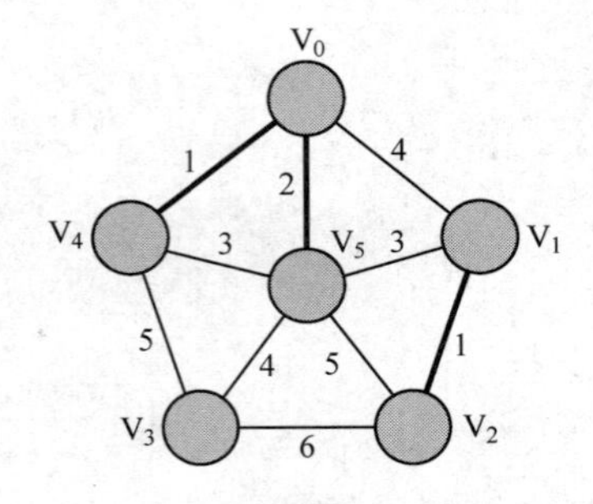

图 10-53　把边 $\overline{V_0V_5}$ 加入最小生成树中

⑤ 当前图的剩余边中边权最小的边为 $\overline{V_1V_5}$，权值为 3。由于 V_1 和 V_5 在不同的连通块中，因此把边 $\overline{V_1V_5}$ 加入最小生成树中，此时最小生成树中有 4 条边，权值之和为 7，如图 10-54 所示。

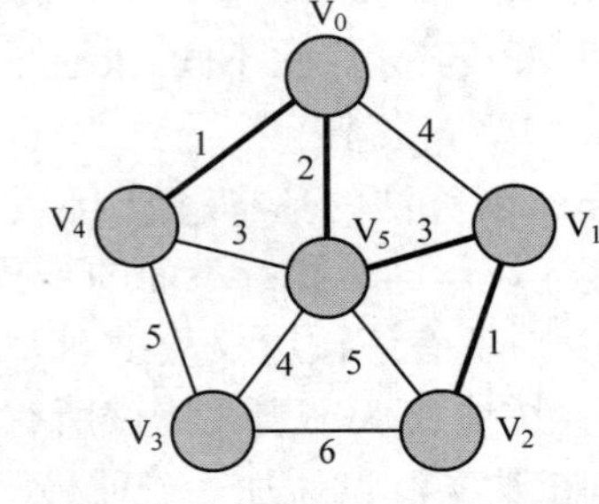

图 10-54　把边 $\overline{V_1V_5}$ 加入最小生成树中

⑥ 当前图的剩余边中边权最小的边为 $\overline{V_0V_1}$，权值为 4。由于 V_0 和 V_1 都在当前最小生成树中，因此如果加入边 $\overline{V_0V_1}$，就会形成一个环，故不予处理。

⑦ 当前图的剩余边中边权最小的边为 $\overline{V_3V_5}$，权值为 4。由于 V_3 和 V_5 在不同的连通块中，因此把边 $\overline{V_3V_5}$ 加入最小生成树中，此时最小生成树中有 5 条边，权值之和为 11，如图 10-55 所示。由于最小生成树中的边数为 5，恰好为总顶点数 6 减去 1，因此 kruskal 算法结束，所得到最小生成树的边权之和为 11。

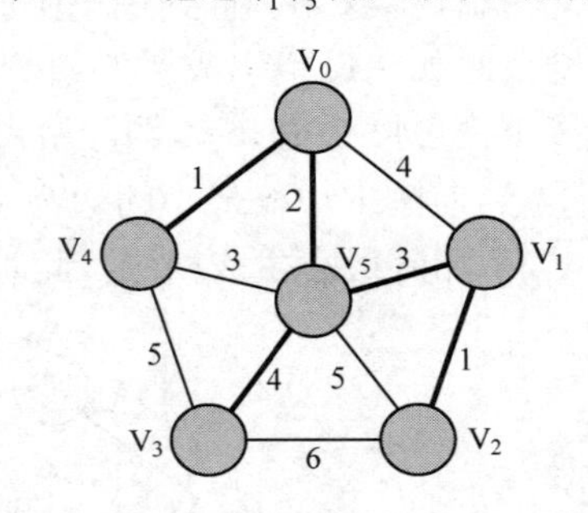

图 10-55　把边 $\overline{V_3V_5}$ 加入最小生成树中

因此，kruskal 算法的思想简单说来就是：每次选择图中最小边权的边，如果边两端的顶点在不同的连通块中，就把这条边加入最小生成树中。

下面来解决代码实现的问题。

首先是边的定义。对 kruskal 算法来说，由于需要判断边的两个端点是否在不同的连通块中，因此边的两个端点的编号一定是需要的；而算法中又涉及边权，因此边权也必须要有。于是可以定义一个结构体，在里面存放边的两个端点编号和边权即可满足需要。

```
struct edge {
    int u, v;  //边的两个端点编号
    int cost;  //边权
}E[MAXE];  //最多有 MAXE 条边
```

在解决了边的定义后，需要写一个排序函数来让数组 E 按边权从小到大排序，因此不妨自定义 sort 的 cmp 函数：

```
bool cmp(edge a, edge b) {
    return a.cost < b.cost;
}
```

接下来就要解决 kruskal 算法本身的实现了，不妨先来看伪代码（注意结合前面讲解的基本思想进行理解）：

```
int kruskal() {
    令最小生成树的边权之和为 ans、最小生成树的当前边数 Num_Edge;
    将所有边按边权从小到大排序;
    for(从小到大枚举所有边) {
        if(当前测试边的两个端点在不同的连通块中) {
            将该测试边加入最小生成树中;
            ans += 测试边的边权;
            最小生成树的当前边数 Num_Edge 加 1;
            当边数 Num_Edge 等于顶点数减 1 时结束循环;
        }
    }
    return ans;
}
```

在这个伪代码里有两个细节似乎不太直观，即

① 如何判断测试边的两个端点是否在不同的连通块中。

② 如何将测试边加入最小生成树中。

事实上，对这两个问题，可以换一个角度来想。如果把每个连通块当作一个集合，那么就可以把问题转换为判断两个端点是否在同一个集合中，而这个问题在前面讨论过——对，就是**并查集**。并查集可以通过查询两个结点所在集合的根结点是否相同来判断它们是否在同一个集合，而合并功能恰好可以把上面提到的第二个细节解决，即只要把测试边的两个端点所在集合合并，就能达到将边加入最小生成树的效果。

于是可以根据上面的解释，把 kruskal 算法的代码写出来（建议结合伪代码学习）。另外，假设题目中顶点编号的范围是[1,n]，因此在并查集初始化时范围不能弄错。如果下标从 0 开始，则整个代码中也只需要修改并查集初始化的部分即可。

```
int father[N];  //并查集数组
int findFather(int x) {  //并查集查询函数
    …
}
//kruskal 函数返回最小生成树的边权之和，参数 n 为顶点个数，m 为图的边数
int kruskal(int n, int m) {
    //ans 为所求边权之和，Num_Edge 为当前生成树的边数
    int ans = 0, Num_Edge = 0;
    for(int i = 1; i <= n; i++) {  //假设题目中顶点范围是[1,n]
        father[i] = i;  //并查集初始化
    }
    sort(E, E + m, cmp);  //所有边按边权从小到大排序
    for(int i = 0; i < m; i++) {  //枚举所有边
        int faU = findFather(E[i].u);  //查询测试边两个端点所在集合的根结点
```

```
        int faV = findFather(E[i].v);
        if(faU != faV) {  //如果不在一个集合中
            father[faU] = faV;  //合并集合（即把测试边加入最小生成树中）
            ans += E[i].cost;  //边权之和增加测试边的边权
            Num_Edge++;  //当前生成树的边数加 1
            if(Num_Edge == n - 1) break;  //边数等于顶点数减 1 时结束算法
        }
    }
    if(Num_Edge != n - 1) return -1;  //无法连通时返回-1
    else return ans;  //返回最小生成树的边权之和
}
```

可以看到，kruskal 算法的时间复杂度主要来源于对边进行排序，因此其时间复杂度是 O(ElogE)，其中 E 为图的边数。显然 kruskal 适合顶点数较多、边数较少的情况，这和 prim 算法恰好相反。于是可以根据题目所给的数据范围来选择合适的算法，即**如果是稠密图（边多），则用 prim 算法；如果是稀疏图（边少），则用 kruskal 算法**。

另外，一定会有读者疑惑，使用 kruskal 算法能否保证最后一定能形成一棵连通的树？这个问题的前提是必须在连通图下讨论，如果图本身不连通，那么一定无法形成一棵完整的最小生成树。而对问题本身的讨论则需要分 3 个部分：

① 由于图本身连通，因此每个顶点都会有边连接。而一开始每个结点都视为一个连通块，因此在枚举过程中一定可以把每个顶点都访问到，且只要是第一次访问某个顶点，对应的边一定会被加入最小生成树中，故图中的所有顶点最后都会被加入最小生成树中。

② 由于只有当测试边连接的两个顶点在不同的连通块中时才将其加入最小生成树，因此一定不会产生环。而如果有两个连通块未被连接，要么它们本身就无法被连接（也就是非连通图），要么它们之间一定有边。由于所有边都会被测试，因此两个连通块最终一定会被连接在一起。故最后一定会生成一个连通的结构。

③ 由于算法要求当最小生成树中的边数等于总顶点数减 1 时结束，因此由连通、边数等于顶点数减 1 这两点可以确定，最后一定能生成一棵树。

至于 kruskal 算法得到的生成树为什么一定是最小生成树，有兴趣的读者可以去参考《算法导论》中的证明。以本小节开头的例子进行编写代码（注意顶点编号范围是[0, n–1]）：

```
#include <cstdio>
#include <algorithm>
using namespace std;
const int MAXV = 110;
const int MAXE = 10010;
//边集定义部分
struct edge {
    int u, v;  //边的两个端点编号
    int cost;  //边权
}E[MAXE];  //最多有 MAXE 条边
bool cmp(edge a, edge b) {
```

```
    return a.cost < b.cost;
}
//并查集部分
int father[MAXV]; //并查集数组
int findFather(int x) { //并查集查询函数
    int a = x;
    while(x != father[x]) {
        x = father[x];
    }
    //路径压缩
    while(a != father[a]) {
        int z = a;
        a = father[a];
        father[z] = x;
    }
    return x;
}
//kruskal 部分，返回最小生成树的边权之和，参数 n 为顶点个数，m 为图的边数
int kruskal(int n, int m) {
    //ans 为所求边权之和，Num_Edge 为当前生成树的边数
    int ans = 0, Num_Edge = 0;
    for(int i = 0; i < n; i++) { //顶点范围是[0,n-1]
        father[i] = i; //并查集初始化
    }
    sort(E, E + m, cmp); //所有边按边权从小到大排序
    for(int i = 0; i < m; i++) { //枚举所有边
        int faU = findFather(E[i].u); //查询测试边两个端点所在集合的根结点
        int faV = findFather(E[i].v);
        if(faU != faV) { //如果不在一个集合中
            father[faU] = faV; //合并集合（即把测试边加入最小生成树中）
            ans += E[i].cost; //边权之和增加测试边的边权
            Num_Edge++; //当前生成树的边数加 1
            if(Num_Edge == n - 1) break; //边数等于顶点数减 1 时结束算法
        }
    }
    if(Num_Edge != n - 1) return -1; //无法连通时返回-1
    else return ans; //返回最小生成树的边权之和
}
int main() {
    int n, m;
    scanf("%d%d", &n, &m); //顶点数、边数
```

```
    for(int i = 0; i < m; i++) {
        scanf("%d%d%d", &E[i].u, &E[i].v, &E[i].cost);  //两个端点编号、边权
    }
    int ans = kruskal(n, m);  //kruskal算法入口
    printf("%d\n", ans);
    return 0;
}
```

输入数据：

```
6 10  //6个顶点、10条边。下面跟着10行无向边
0 1 4  //0号顶点与1号顶点的无向边的边权为4，下同
0 4 1
0 5 2
1 2 1
1 5 3
2 3 6
2 5 5
3 4 5
3 5 4
4 5 3
```

输出结果：

```
11
```

如果读者有兴趣，也可以把prim算法中亚历山大攻打恶魔大陆的例子在这里运行，得到的结果会和prim算法相同。

练习

① 配套习题集的对应小节。

② Codeup Contest ID: 100000622

地址：http://codeup.cn/contest.php?cid=100000622。

本节二维码

10.6 拓扑排序

10.6.1 有向无环图

如果一个有向图的任意顶点都无法通过一些有向边回到自身，那么称这个有向图为有向无环图（Directed Acyclic Graph，DAG）。图10-56给出了几个DAG的例子。

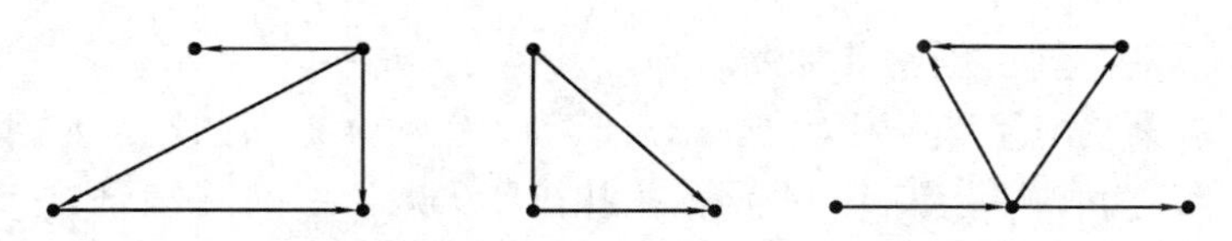

图 10-56　有向无环图示意图

10.6.2　拓扑排序

拓扑排序是将有向无环图 G 的所有顶点排成一个线性序列，使得对图 G 中的任意两个顶点 u、v，如果存在边 u->v，那么在序列中 u 一定在 v 前面。这个序列又被称为**拓扑序列**。

以图 10-57 数学专业的某几门课程的学习先后顺序为例（为了方便阅读，图中省略了一部分关系），可以获知，“数学分析”是“复变函数”、“常微分方程”、“计算方法”的先导课程，“复变函数”是“实变函数”和“泛函分析”的先导课程，“实变函数”又是“泛函分析”的先导课程，等等。显然，对一门课来说，必须要先学习它的先导课程才能很好地学习这门课，而且先导课程之间不能够形成环（例如如果“泛函分析”同时又是“空间解析几何”的先导课程，就乱套了）。

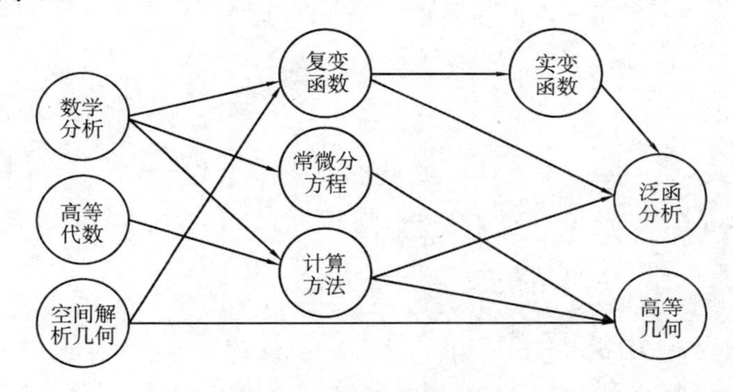

图 10-57　数学专业先导课程示意图

同时还会发现，如果两门课程之间没有直接或间接的先导关系，那么这两门学习的先后顺序是任意的（例如“复变函数”与“计算方法”的学习顺序就是任意的）。于是可以把上面的课程排成一个学习的先后序列，使得这个序列中的课程顺序满足图 10-57 的先导课程顺序，如图 10-58 所示。

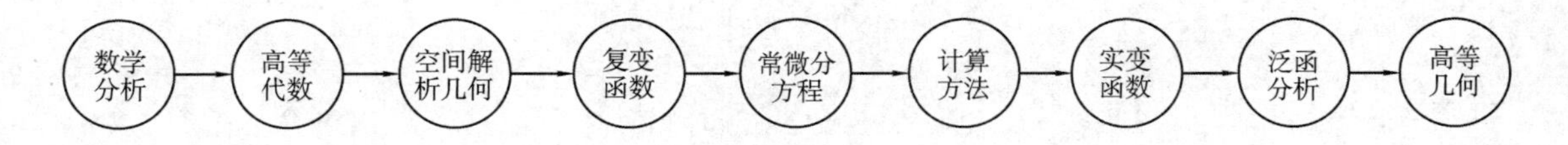

图 10-58　数学专业先导课程拓扑序列示意图

这样读者应当能理解什么是拓扑排序了，下面讲解求解拓扑序列的方法。通过上面的例子会发现，如果某一门课没有先导课程或是所有先导课程都已经学习完毕，那么这门课就可以学习了。如果有多门这样的课，它们的学习顺序任意。对应到图中，这个做法可以抽象为以下步骤：

① 定义一个队列 Q，并把所有入度为 0 的结点加入队列。

② 取队首结点，输出。然后删去所有从它出发的边，并令这些边到达的顶点的入度减 1，

如果某个顶点的入度减为 0，则将其加入队列。

③ 反复进行②操作，直到队列为空。如果队列为空时入过队的结点数目恰好为 N，说明拓扑排序成功，图 G 为有向无环图；否则，拓扑排序失败，图 G 中有环。

可使用邻接表实现拓扑排序。显然，由于需要记录结点的入度，因此需要额外建立一个数组 inDegree[MAXV]，并在程序一开始读入图时就记录好每个结点的入度。接下来就只需要按上面所说的步骤进行实现即可，拓扑排序的代码如下：

```
vector<int> G[MAXV];    //邻接表
int n, m, inDegree[MAXV];   //顶点数、入度
//拓扑排序
bool topologicalSort() {
    int num = 0;    //记录加入拓扑序列的顶点数
    queue<int> q;
    for(int i = 0; i < n; i++) {
        if(inDegree[i] == 0) {
            q.push(i);      //将所有入度为 0 的顶点入队
        }
    }
    while(!q.empty()) {
        int u = q.front();      //取队首顶点 u
        //printf("%d", u);    //此处可输出顶点 u，作为拓扑序列中的顶点
        q.pop();
        for(int i = 0; i < G[u].size(); i++) {
            int v = G[u][i];     //u 的后继结点 v
            inDegree[v]--;             //顶点 v 的入度减 1
            if(inDegree[v] == 0) {   //顶点 v 的入度减为 0 则入队
                q.push(v);
            }
        }
        G[u].clear();   //清空顶点 u 的所有出边（如无必要可不写）
        num++;              //加入拓扑序列的顶点数加 1
    }
    if(num == n) return true;   //加入拓扑序列的顶点数为 n，说明拓扑排序成功
    else return false;          //加入拓扑序列的顶点数小于 n，说明拓扑排序失败
}
```

拓扑排序的很重要的应用就是判断一个给定的图是否是有向无环图。正如上面的代码，如果 topologicalSort()函数返回 true，则说明拓扑排序成功，给定的图是有向无环图；否则，说明拓扑排序失败，给定的图中有环。

最后指出，如果要求有多个入度为 0 的顶点，选择编号最小的顶点，那么把 queue 改成 priority_queue，并保持队首元素（堆顶元素）是优先队列中最小的元素即可（当然用 set 也是可以的）。

练习

① 配套习题集的对应小节。

② Codeup Contest ID: 100000623

地址：http://codeup.cn/contest.php?cid=100000623。

本节二维码

10.7　关键路径

10.7.1　AOV 网和 AOE 网

顶点活动（Activity On Vertex，AOV）网是指用顶点表示活动，而用边集表示活动间优先关系的有向图。例如图 10-57 的先导课程示意图就是 AOV 网，其中图的顶点表示各项课程，也就是“活动”；有向边表示课程的先导关系，也就是“活动间的优先关系”。显然，图中不应当存在有向环，否则会让优先关系出现逻辑错误。

边活动（Activity On Edge，AOE）网是指用带权的边集表示活动，而用顶点表示事件的有向图，其中边权表示完成活动需要的时间。例如图 10-59 中，边 $a_1 \sim a_6$ 表示需要学习的课程，也就是“活动”，边权表示课程学习需要消耗的时间；顶点 $V_1 \sim V_6$ 表示到此刻为止前面的课程已经学完，后面的课程可以开始学习，也就是“事件”（如 V_5 表示 a_4 计算方法和 a_5 实变函数已经学完，a_6 泛函分析可以开始学习。从另一个角度来看，a_6 只有当 a_4 和 a_5 都完成时才能开始进行，因此当 a_4 计算方法学习完毕后必须等待 a_5 实变函数学习完成后才能进入到 a_6 泛函分析的学习），显然“事件”仅代表一个中介状态。

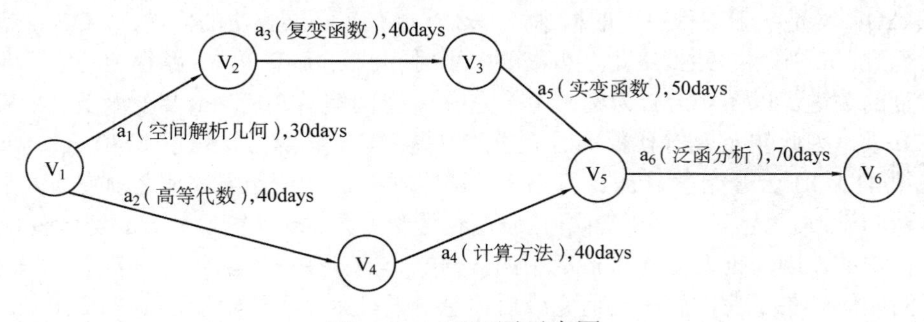

图 10-59　AOE 网示意图

一般来说，AOE 网用来表示一个工程的进行过程，而工程常常可以分为若干个子工程（即“活动”），显然 AOE 网不应当有环，否则会出现和 AOV 网一样的逻辑问题（因此可以认为 AOV 网和 AOE 网都是有向无环图）。考虑到对工程来说总会有一个起始时刻和结束时刻，因此 AOV 网一般只有一个源点（即入度为 0 的点）和一个汇点（即出度为 0 的点）。不过虽然这么说，实际上即便有多个源点和多个汇点，仍然可以转换为一个源点和一个汇点的情况，也就是添加一个“超级源点”和一个“超级汇点”的方法，即从超级源点出发，连接所有入度为 0 的点；从所有出度为 0 的点出发，连接超级汇点；添加的有向边的边权均为 0。图 10-60 中就是添加了超级源点 S 和超级汇点 T 的 AOE 网，其新增的四条有向边 a_9、a_{10}、a_{11}、a_{12} 的边权都为 0。

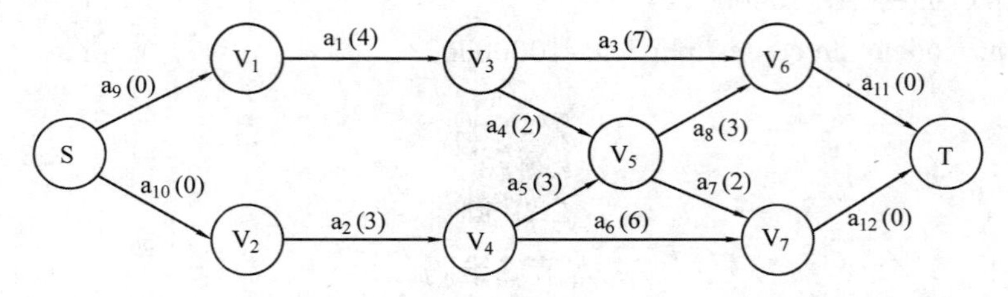

图 10-60　添加了超级源点和超级汇点的 AOE 网

需要指出，如果给定 AOV 网中各顶点活动所需要的时间，那么就可以将 AOV 网转换为 AOE 网。比较简单的方法是：将 AOV 网中每个顶点都拆成两个顶点，分别表示活动的起点和终点，而两个顶点之间用有向边连接，该有向边表示原顶点的活动，边权给定；原 AOV 网中的边全部视为空活动，边权为 0。将图 10-57 的 AOV 网转换为 AOE 网，即可得到图 10-61，其中如果要添加超级源点和超级汇点，只需要使用图 10-60 所示的方法即可。

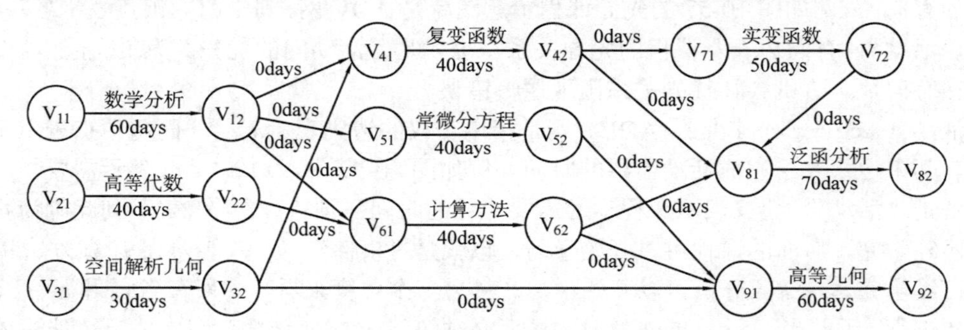

图 10-61　AOV 网转换为 AOE 网

既然 AOE 网是基于工程提出的概念，那么一定有其需要解决的问题。AOE 网需要着重解决两个问题：a. 工程起始到终止至少需要多少时间；b. 哪条（些）路径上的活动是影响整个工程进度的关键。以图 10-59 为例，由于完成 a_1 空间解析几何、a_3 复变函数、a_5 实变函数共需要 120 天，因此在 a_2 高等代数准时完成的前提下，a_4 计算方法可以有 40 天的弹性时间，即只要在第 41 ~ 81 天开始学习 a_4 计算方法，都能赶在 a_5 实变函数完成之前完成，从而进入 a_6 泛函分析的学习。显然，a_1 空间解析几何、a_3 复变函数、a_5 实变函数、a_6 泛函分析这 4 个活动是最关键的，因为推迟这 4 个活动中的任何一个的开始时间，都会使整个工程的完成时间变长（例如如果在 a_1 空间解析几何完成后休息一天，然后才开始学习 a_3 复变函数，就会使整个工程的最短完成时间由 190 天变为 191 天）。AOE 网中的最长路径被称为**关键路径**（强调：**关键路径就是 AOE 网的最长路径**），而把关键路径上的活动称为**关键活动**，显然关键活动会影响整个工程的进度。

有读者可能会问，既然关键路径的定义是 AOE 网中的最长路径，为什么其长度会等于整个工程的最短完成时间呢？如何理解此处的“最长”和“最短”？事实上这只是从两个角度看待而已：以图 10-59 为例，从 V_1 到 V_5 有两条路径到达，由于工程中要求两条路径都完成才能“激活”V_5，因此从 V_1 到 V_5 需要花费的**最短**时间就等于两条路径中花费时间**更长**的那条（“最短时间”需要在中途不拖延的情况下才能达到，如果在 a_3 复变函数学习完毕之后偷懒几天才开始 a_4 实变函数的学习，那么工程所需时间就会变长）。因此从时间的角度上看，不能拖延的活动严格按照时间表所达到的就是最短时间；而从路径长度的角度上看，关键路径选择的总是最长的道路。仔细思考便会发现，所谓“不能拖延的活动”就是最长路径上的活动，因此最长路径长度和最短时间是相同的。

10.7.2　最长路径

还记得 10.4 节学习的最短路径吗？这里再简单介绍下如何求解最长路径长度。

对一个没有正环的图（指从源点可达的正环，下同），如果需要求最长路径长度，则可以把所有边的边权乘以–1，令其变为相反数，然后使用 Bellman-Ford 算法或 SPFA 算法求最短路径长度，将所得结果取反即可。注意：此处不能使用 Dijkstra 算法，原因是 Dijkstra 算法不能处理负边权的情况，即便原图的边权均为正，乘以–1 之后也会出现负权。

显然，如果图中有正环，那么最长路径是不存在的。但是，如果需要求最长简单路径（也就是每个顶点最多只经过一次的路径），那么虽然最长简单路径本身存在，却没有办法通过 Bellman-Ford 等算法来求解，原因是最长路径问题是 NP-Hard 问题（也就是没有多项式时间复杂度算法的问题）。

注：**最长路径问题**，即 Longest Path Problem，寻求的是图中的**最长简单路径**。

而如果求的是有向无环图的最长路径长度，则 10.7.3 节要讨论的关键路径的求法可以比上面的做法更快。

10.7.3　关键路径

由于 AOE 网实际上是有向无环图，而关键路径是图中的最长路径，因此本节实际上给出了一种**求解有向无环图（DAG）中最长路径的方法**。

由于关键活动是那些不允许拖延的活动，因此这些活动的最早开始时间必须等于最迟开始时间（例如 a_4 计算方法的最早开始时间是第 41 天，最迟开始时间是第 81 天；而 a_5 实变函数的最早开始时间和最迟开始时间都是第 71 天）。因此可以设置数组 e 和 l，其中 **e[r]和 l[r]分别表示活动 a_r 的最早开始时间和最迟开始时间**。于是，当求出这两个数组之后，就可以通过判断 e[r] == l[r]是否成立来确定活动 r 是否是关键活动。

那么，怎样求解数组 e 和 l 呢？

如图 10-62 所示，事件 V_i 在经过活动 a_r 之后到达事件 V_j。注意到顶点作为事件，也有拖延的可能，因此会存在最早发生时间和最迟发生时间。其中事件的最早发生时间可以理解成旧活动的最早结束时间，事件的最迟发生时间可以理解成新活动的最迟开始时间。设置数组 ve 和 vl，其中 **ve[i]和 vl[i]分别表示事件 i 的最早发生时间和最迟发生时间**，然后就可以将求解 e[r]和 l[r]转换成求解这两个新的数组：

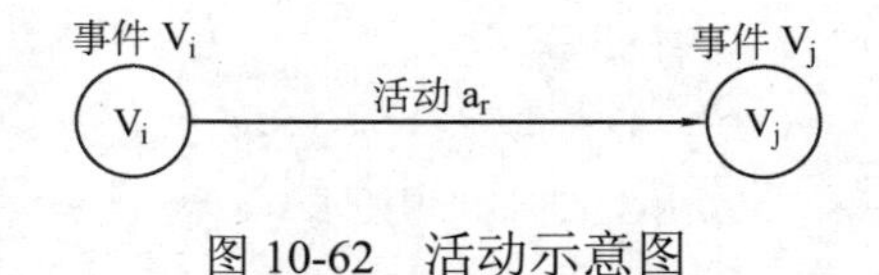

图 10-62　活动示意图

① 对活动 a_r 来说，只要在事件 V_i 最早发生时马上开始，就可以使得活动 a_r 的开始时间最早，因此 e[r] = ve[i]。

② 如果 l[r]是活动 a_r 的最迟发生时间，那么 l[r] + length[r]就是事件 V_j 的最迟发生时间（length[r]表示活动 a_r 的边权）。因此 l[r] = vl[j] – length[r]。

于是只需要求出 ve 和 vl 这两个数组，就可以通过上面的公式得到 e 和 l 这两个数组。那么，怎样求解呢？

首先，如图 10-63 所示，有 k 个事件 $V_{i1} \sim V_{ik}$ 通过相应的活动 $a_{r1} \sim a_{rk}$ 到达事件 V_j，活动的边权为 length[r1] ~ length[rk]。假设已经算好了事件 $V_{i1} \sim V_{ik}$ 的最早发生时间 ve[i1] ~ ve[ik]，那么事件 V_j 的最早发生时间就是 ve[i1] + length[r1] ~ ve[ik] + length[rk]中的最大值。此处取最大值是因为只有所有能到达 V_j 的活动都完成之后，V_j 才能被"激活"。可以通过下面这个公式辅助理解。

$$\begin{cases} ve[j] \geqslant ve[i1] + length[r1] \\ ve[j] \geqslant ve[i2] + length[r2] \\ \quad\vdots \\ ve[j] \geqslant ve[ik] + length[rk] \\ \text{Minimize } ve[j] \end{cases} \Rightarrow ve[j] = \max_{p}\{ve[ip] + length[rp]\}$$

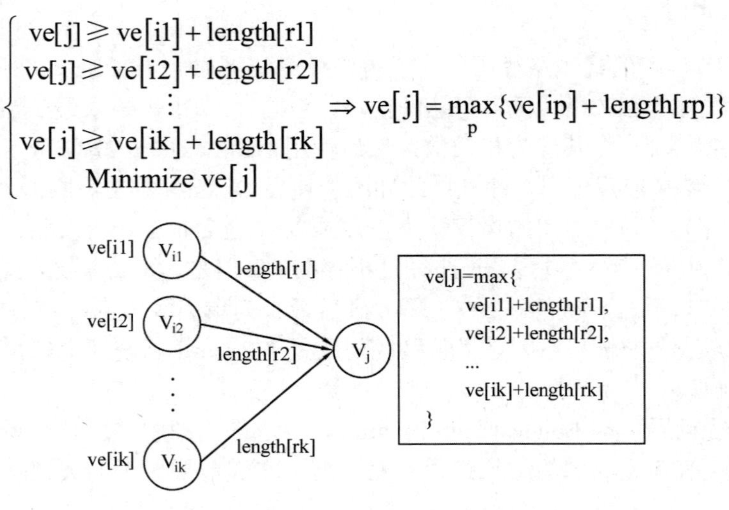

图 10-63　ve 数组求解示意图

这时会发现，如果想要获得 ve[j]的正确值，ve[i1] ~ ve[ik]必须已经得到。有什么办法能够**在访问某个结点时保证它的前驱结点都已经访问完毕**呢？没错，使用**拓扑排序**就可以办到。当按照拓扑序列计算 ve 数组时，总是能保证计算 ve[j]的时候 ve[i1] ~ ve[ik]都已经得到。但是这时又碰到另一个问题，通过前驱结点去寻找所有后继结点很容易，但是通过后继结点 V_j 去寻找它的前驱结点 $V_{i1} \sim V_{ik}$ 似乎没有那么直观。一个比较好的办法是，在拓扑排序访问到某个结点 V_i 时，不是让它去找前驱结点来更新 ve[i]，而是使用 ve[i]去更新其所有后继结点的 ve 值。通过这个方法，可以让拓扑排序访问到 V_j 的时候，$V_{i1} \sim V_{ik}$ 一定都已经用来更新过 ve[j]，此时的 ve[j]便是正确值，就可以用它去更新 V_j 的所有后继结点的 ve 值。

这部分的代码如下所示：

```
//拓扑序列
stack<int> topOrder;
//拓扑排序，顺便求 ve 数组
bool topologicalSort() {
    queue<int> q;
    for(int i = 0; i < n; i++) {
        if(inDegree[i] == 0) {
            q.push(i);
        }
    }
```

```
    while(!q.empty()) {
        int u = q.front();
        q.pop();
        topOrder.push(u);      //将 u 加入拓扑序列
        for(int i = 0; i < G[u].size(); i++) {
            int v = G[u][i].v;      //u 的 i 号后继结点编号为 v
            inDegree[v]--;
            if(inDegree[v] == 0) {
                q.push(v);
            }
            //用 ve[u]来更新 u 的所有后继结点 v
            if(ve[u] + G[u][i].w > ve[v]) {
                ve[v] = ve[u] + G[u][i].w;
            }
        }
    }
    if(topOrder.size() == n) return true;
    else return false;
}
```

同理，如图 10-64 所示，从事件 V_i 出发通过相应的活动 $a_{r1} \sim a_{rk}$ 可以到达 k 个事件 $V_{j1} \sim V_{jk}$，活动的边权为 length[r1] ~ length[rk]。假设已经算好了事件 $V_{j1} \sim V_{jk}$ 的最迟发生时间 vl[j1] ~ vl[jk]，那么事件 V_i 的最迟发生时间就是 vl[j1] – length[r1] ~ vl[jk] – length[rk]中的最小值。此处取最小值是因为必须保证 $V_{j1} \sim V_{jk}$ 的最迟发生时间能被满足；可以通过下面这个公式辅助理解。

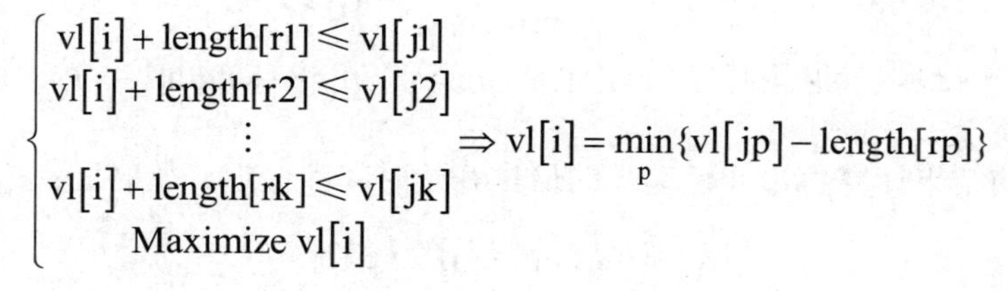

$$\begin{cases} vl[i]+length[r1] \leqslant vl[j1] \\ vl[i]+length[r2] \leqslant vl[j2] \\ \qquad \vdots \\ vl[i]+length[rk] \leqslant vl[jk] \\ \quad \text{Maximize } vl[i] \end{cases} \Rightarrow vl[i]=\min_{p}\{vl[jp]-length[rp]\}$$

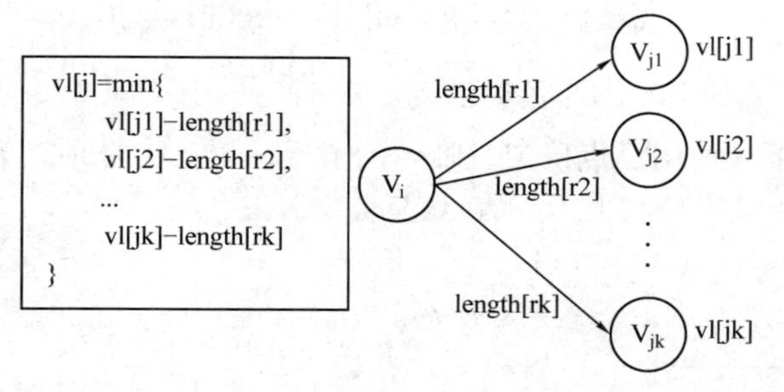

图 10-64　vl 数组求解示意图

和 ve 数组类似，如果需要算出 vl[i]的正确值，vl[j1] ~ vl[jk]必须已经得到。这个要求与 ve 数组的刚好相反，也就是需要**在访问某个结点时保证它的后继结点都已经访问完毕**，而这可以通过使用**逆拓扑序列**来实现。幸运的是，不必再做一次逆拓扑排序来得到逆拓扑序列，而是可以通过**颠倒拓扑序列来得到一组合法的逆拓扑序列**。此时会发现，在上面实现拓扑排序的过程中使用了栈来存储拓扑序列，那么**只需要按顺序出栈就是逆拓扑序列**。而当访问逆拓扑序列中的每个事件 V_i 时，就可以遍历 V_i 的所有后继结点 $V_{j1} \sim V_{jk}$，使用 vl[j1] ~ vl[jk]来求出 vl[i]。

这部分的代码如下所示：

```
fill(vl, vl + n, ve[n - 1]);    //vl 数组初始化，初始值为终点的 ve 值

//直接使用 topOrder 出栈即为逆拓扑序列，求解 vl 数组
while(!topOrder.empty()) {
    int u = topOrder.top();    //栈顶元素为 u
    topOrder.pop();
    for(int i = 0; i < G[u].size(); i++) {
        int v = G[u][i].v;      //u 的后继结点 v
        //用 u 的所有后继结点 v 的 vl 值来更新 vl[u]
        if(vl[v] - G[u][i].w < vl[u]) {
            vl[u] = vl[v] - G[u][i].w;
        }
    }
}
```

通过上面的步骤已经把求解关键活动的过程倒着推导了一遍，下面给出上面过程的步骤总结，即**“先求点，再夹边”**：

① 按拓扑序和逆拓扑序分别计算各顶点（事件）的最早发生时间和最迟发生时间：

$$\begin{cases} \text{最早（拓扑序）}: ve[j] = \max\limits_{i,\text{边}i \to j\text{存在}} \{ve[i] + length[i \to j]\} \\ \text{最迟（逆拓扑序）}: vl[i] = \min\limits_{j,\text{边}i \to j\text{存在}} \{vl[j] - length[i \to j]\} \end{cases}$$

② 用上面的结果计算各边（活动）的最早开始时间和最迟开始时间：

$$\begin{cases} \text{最早}: e[i \to j] = ve[i] \\ \text{最迟}: l[i \to j] = vl[j] - length[i \to j] \end{cases}$$

③ $e[i \to j] = l[i \to j]$ 的活动即为关键活动。

主体部分代码如下（适用**汇点确定且唯一**的情况，以 n–1 号顶点为汇点为例）：

```
//关键路径，不是有向无环图返回-1，否则返回关键路径长度
int CriticalPath() {
    memset(ve, 0, sizeof(ve)); //ve 数组初始化
    if(topologicalSort() == false) {
        return -1; //不是有向无环图，返回-1
    }
    fill(vl, vl + n, ve[n - 1]);    //vl 数组初始化，初始值为汇点的 ve 值
```

```
    //直接使用 topOrder 出栈即为逆拓扑序列，求解 vl 数组
    while(!topOrder.empty()) {
        int u = topOrder.top();     //栈顶元素为 u
        topOrder.pop();
        for(int i = 0; i < G[u].size(); i++) {
            int v = G[u][i].v;      //u 的后继结点 v
            //用 u 的所有后继结点 v 的 vl 值来更新 vl[u]
            if(vl[v] - G[u][i].w < vl[u]) {
                vl[u] = vl[v] - G[u][i].w;
            }
        }
    }

    //遍历邻接表的所有边，计算活动的最早开始时间 e 和最迟开始时间 l
    for(int u = 0; u < n; u++) {
        for(int i = 0; i < G[u].size() ; i++) {
            int v = G[u][i].v, w = G[u][i].w;
            //活动的最早开始时间 e 和最迟开始时间 l
            int e = ve[u], l = vl[v] - w;
            //如果 e==l，说明活动 u->v 是关键活动
            if(e == l) {
                printf("%d->%d\n", u, v);  //输出关键活动
            }
        }
    }
    return ve[n - 1];   //返回关键路径长度
}
```

在上述代码中，没有将活动的最早开始时间 e 和最迟开始时间 l 存储下来，这是因为一般来说 e 和 l 只是用来判断当前活动是否是关键活动，没有必要单独存下来。如果确实想要将它存储下来，只需要在结构体 Node 中添加域 e 和 l 即可。

如果**事先不知道汇点编号**，有没有办法比较快地获得关键路径长度呢？当然是有办法的，那就是**取 ve 数组的最大值**。原因在于，ve 数组的含义是事件的最早开始时间，因此所有事件中 ve 最大的一定是最后一个（或多个）事件，也就是汇点。于是只需要在 fill 函数之前添加一小段语句，然后改变下 vl 函数初始值即可，代码如下：

```
int maxLength = 0;
for(int i = 0; i < n; i++) {
    if(ve[i] > maxLength) {
        maxLength = ve[i];
    }
```

```
}
fill(vl, vl + n, maxLength);
```

即便图中有多条关键路径，但如果只要求输出关键活动，按上面的写法已经可以了。如果要完整输出所有关键路径，就需要把关键活动存下来，方法就是新建一个邻接表，当确定边 u->v 是关键活动时，将边 u->v 加入邻接表。这样最后生成的邻接表就是所有关键路径合成的图了，可以用 DFS 遍历来获取所有关键路径（具体实现就留给读者完成吧）。

最后指出，使用动态规划的做法可以让读者能更简洁地求解关键路径（具体做法参见 11.6 节）。

练习

① 配套习题集的对应小节。

② Codeup Contest ID: 100000624

地址：http://codeup.cn/contest.php?cid=100000624。

本节二维码

本章二维码

第 11 章　提高篇（5）——动态规划专题

11.1　动态规划的递归写法和递推写法

动态规划是一种非常精妙的算法思想，它没有固定的写法、极其灵活，常常需要具体问题具体分析。和之前介绍的大部分算法不同，一开始就直接讨论动态规划的概念并不是很好的学习方式，反而先接触一些经典模型会有更好的效果。因此本章主要介绍一些动态规划的经典模型，并在其中穿插动态规划的概念，让读者慢慢接触动态规划。同时请读者不要畏惧，多训练、多思考、多总结是学习动态规划的重点。

11.1.1　什么是动态规划

动态规划（Dynamic Programming，DP）是一种用来解决一类**最优化问题**的算法思想。简单来说，动态规划将一个复杂的问题分解成若干个子问题，通过综合子问题的最优解来得到原问题的最优解。需要注意的是，动态规划会将每个求解过的子问题的解记录下来，这样当下一次碰到同样的子问题时，就可以直接使用之前记录的结果，而不是重复计算。注意：虽然动态规划采用这种方式来提高计算效率，但不能说这种做法就是动态规划的核心（后面会说明这一点）。

一般可以使用递归或者递推的写法来实现动态规划，其中递归写法在此处又称作**记忆化搜索**。

11.1.2　动态规划的递归写法

先来讲解递归写法。通过这部分内容的学习，读者应能理解动态规划是如何**记录子问题的解，来避免下次遇到相同的子问题时的重复计算的**。

以斐波那契（Fibonacci）数列为例，斐波那契数列的定义为 $F_0 = 1, F_1 = 1, F_n = F_{n-1} + F_{n-2}$ $(n \geqslant 2)$。在 4.3 节中是按下面的代码来计算的：

```
int F(int n) {
    if(n == 0 || n == 1) return 1;
    else return F(n-1) + F(n-2);
}
```

事实上，这个递归会涉及很多重复的计算。如图 11-1 所示，当 n == 5 时，可以得到 F(5) = F(4) + F(3)，接下来在计算 F(4)时又会有 F(4) = F(3) + F(2)。这时候如果不采取措施，F(3)将会被计算两次。可以推知，如果 n 很大，重复计算的次数将难以想象。事实上，由于没有及时保存中间计算的结果，实际复杂度会高达 $O(2^n)$，即每次都会计算 F(n – 1)和 F(n – 2)这两个分支，基本不能承受 n 较大的情况。

为了**避免重复计算**，可以开一个一维数组 dp，用以保存已经计算过的结果，其中 dp[n]

记录 F(n)的结果，并用 dp[n] = –1 表示 F(n)当前还没有被计算过。

```
int dp[MAXN];
```

然后就可以在递归当中判断 dp[n]是否是–1：如果不是–1，说明已经计算过 F(n)，直接返回 dp[n]就是结果；否则，按照递归式进行递归。代码如下：

```
int F(int n) {
    if(n == 0 || n == 1) return 1;  //递归边界
    if(dp[n] != -1) return dp[n];  //已经计算过，直接返回结果，不再重复计算
    else {
        dp[n] = F(n-1) + F(n-2);  //计算 F(n)，并保存至 dp[n]
        return dp[n];  //返回 F(n)的结果
    }
}
```

这样就把已经计算过的内容记录了下来，于是当下次再碰到需要计算相同的内容时，就能直接使用上次计算的结果，这可以省去大半无效计算，而这也是**记忆化搜索**这个名字的由来。如图 11-2 所示，通过记忆化搜索，把复杂度从 $O(2^n)$降到了 O(n)，也就是说，用一个 O(n)空间的力量就让复杂度从指数级别降低到了线性级别。这是不是很令人振奋呢？

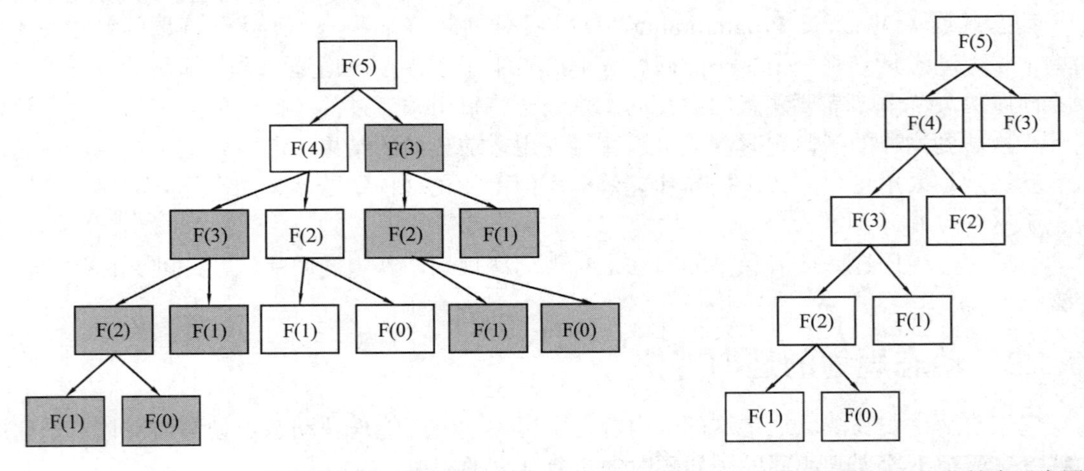

图 11-1　斐波那契数列递归图　　图 11-2　斐波那契数列记忆化搜索示意图

通过上面的例子可以引申出一个概念：如果一个问题可以被分解为若干个子问题，且这些子问题会重复出现，那么就称这个问题拥有**重叠子问题（Overlapping Subproblems）**。动态规划通过记录重叠子问题的解，来使下次碰到相同的子问题时直接使用之前记录的结果，以此避免大量重复计算。因此，一个问题必须拥有重叠子问题，才能使用动态规划去解决。

11.1.3　动态规划的递推写法

以经典的**数塔问题**为例，如图 11-3 所示，将一些数字排成数塔的形状，其中第一层有一个数字，第二层有两个数字……第 n 层有 n 个数字。现在要从第一层走到第 n 层，每次只能走向下一层连接的两个数字中的一个，问：最后将路径上所有数字相加后得到的和最大是多少？

按照题目的描述，如果开一个二维数组 f，其中 f[i][j]存放第 i 层的第 j 个数字，那么就有

f[1][1] = 5, f[2][1] = 8, f[2][2] = 3, f[3][1] = 12, …, f[5][4] = 9, f[5][5] = 4。

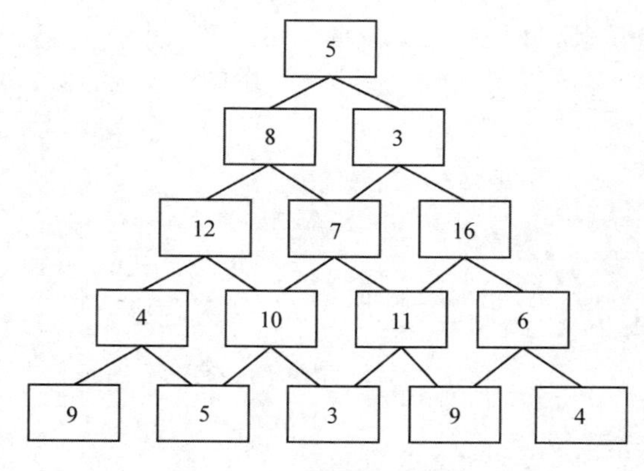

图 11-3　数塔问题示意图

此时，如果尝试穷举所有路径，然后记录路径上数字和的最大值，那么由于每层中的每个数字都会有两条分支路径，因此可以得到时间复杂度为 $O(2^n)$，这在 n 很大的情况下是不可接受的。那么，产生这么大复杂度的原因是什么？下面来分析一下。

一开始，从第一层的 5 出发，按 5→8→7 的路线来到 7，并枚举从 7 出发的到达最底层的所有路径。但是，之后当按 5→3→7 的路线再次来到 7 时，又会去枚举从 7 出发的到达最底层的所有路径，这就导致了从 7 出发的到达最底层的所有路径都被反复地访问，做了许多多余的计算。事实上，可以在第一次枚举从 7 出发的到达最底层的所有路径时就把路径上能产生的最大和记录下来，这样当再次访问到 7 这个数字时就可以直接获取这个最大值，避免重复计算。

由上面的考虑，不妨令 dp[i][j]表示从第 i 行第 j 个数字出发的到达最底层的所有路径中能得到的最大和，例如 dp[3][2]就是图中的 7 到最底层的路径最大和。在定义这个数组之后，dp[1][1]就是最终想要的答案，现在想办法求出它。

注意到一个细节：如果要求出“从位置(1, 1)到达最底层的最大和”dp[1][1]，那么一定要先求出它的两个子问题“从位置(2, 1)到达最底层的最大和 dp[2][1]”和“从位置(2, 2)到达最底层的最大和 dp[2][2]”，即进行了一次**决策**：走数字 5 的左下还是右下。于是 dp[1][1]就是 dp[2][1]和 dp[2][2]的较大值加上 5。写成式子就是：

dp[1][1] = max(dp[2][1],dp[2][2]) + f[1][1]

由此可以归纳得到这么一个信息：如果要求出 dp[i][j]，那么一定要先求出它的两个子问题“从位置(i + 1, j)到达最底层的最大和 dp[i + 1][j]”和“从位置(i + 1, j + 1)到达最底层的最大和 dp[i + 1][j + 1]”，即进行了一次**决策**：走位置(i, j)的左下还是右下。于是 dp[i][j]就是 dp[i + 1][j]和 dp[i + 1][j + 1]的较大值加上 f[i][j]。写成式子就是：

dp[i][j] = max(dp[i + 1][j],dp[i + 1][j + 1]) + f[i][j]

把 dp[i][j]称为问题的**状态**，而把上面的式子称作**状态转移方程**，它把状态 dp[i][j]转移为 dp[i+1][j]和 dp[i+1][j+1]。可以发现，状态 dp[i][j]只与第 i + 1 层的状态有关，而与其他层的状态无关，这样层号为 i 的状态就总是可以由层号为 i + 1 的两个子状态得到。那么，如果总是将层号增大，什么时候会到头呢？可以发现，数塔的最后一层的 dp 值总是等于元素本身，即 dp[n][j] == f[n][j] $(1 \leqslant j \leqslant n)$，把这种可以直接确定其结果的部分称为**边界**，而动态规划的递推写法总是从这些边界出发，通过状态转移方程扩散到整个 dp 数组。

这样就可以从最底层各位置的 dp 值开始，不断往上求出每一层各位置的 dp 值，最后就会得到 dp[1][1]，即为想要的答案。

下面根据这种思想写出动态规划的代码：

```
#include <cstdio>
#include <algorithm>
```

```
using namespace std;
const int maxn = 1000;
int f[maxn][maxn], dp[maxn][maxn];
int main() {
    int n;
    scanf("%d", &n);
    for(int i = 1; i <= n; i++) {
        for(int j = 1; j <= i; j++) {
            scanf("%d", &f[i][j]);  //输入数塔
        }
    }
    //边界
    for(int j = 1; j <= n; j++) {
        dp[n][j] = f[n][j];
    }
    //从第n-1层不断往上计算出dp[i][j]
    for(int i = n - 1; i >= 1; i--) {
        for(int j = 1; j <= i; j++) {
            //状态转移方程
            dp[i][j] = max(dp[i + 1][j], dp[i + 1][j + 1]) + f[i][j];
        }
    }
    printf("%d\n", dp[1][1]);  //dp[1][1]即为需要的答案
    return 0;
}
```

输入图中的数据：

```
5
5
8 3
12 7 16
4 10 11 6
9 5 3 9 4
```

输出结果：

```
44
```

从图中也可以知道，路径5→3→16→11→9所得到的即为最大和44。

显然，使用递归也可以实现上面的例子（即从dp[1][1]开始递归，直至到达边界时返回结果）。两者的区别在于：使用**递推写法**的计算方式是**自底向上（Bottom-up Approach）**，即从边界开始，不断向上解决问题，直到解决了目标问题；而使用**递归写法**的计算方式是**自顶向下（Top-down Approach）**，即从目标问题开始，将它分解成子问题的组合，直到分解至边界为止。

通过上面的例子再引申出一个概念：如果一个问题的最优解可以由其子问题的最优解有效地构造出来，那么称这个问题拥有**最优子结构（Optimal Substructure）**。最优子结构保证了动态规划中原问题的最优解可以由子问题的最优解推导而来。因此，一个问题必须拥有最优子结构，才能使用动态规划去解决。例如数塔问题中，每一个位置的 dp 值都可以由它的两个子问题推导得到。

至此，重叠子问题和最优子结构的内容已介绍完毕。需要指出，**一个问题必须拥有重叠子问题和最优子结构，才能使用动态规划去解决**。下面指出两对概念的区别：

① 分治与动态规划。分治和动态规划都是将问题分解为子问题，然后合并子问题的解得到原问题的解。但是不同的是，分治法分解出的子问题是不重叠的，因此分治法解决的问题不拥有重叠子问题，而动态规划解决的问题拥有重叠子问题。例如，归并排序和快速排序都是分别处理左序列和右序列，然后将左右序列的结果合并，过程中不出现重叠子问题，因此它们使用的都是分治法。另外，分治法解决的问题不一定是最优化问题，而动态规划解决的问题一定是最优化问题。

② 贪心与动态规划。贪心和动态规划都要求原问题必须拥有最优子结构。二者的区别在于，贪心法采用的计算方式类似于上面介绍的“自顶向下”，但是并不等待子问题求解完毕后再选择使用哪一个，而是通过一种策略直接选择一个子问题去求解，没被选择的子问题就不去求解了，直接抛弃。也就是说，它总是只在上一步选择的基础上继续选择，因此整个过程以一种单链的流水方式进行，显然这种所谓“最优选择”的正确性需要用归纳法证明。例如对数塔问题而言，贪心法从最上层开始，每次选择左下和右下两个数字中较大的一个，一直到最底层得到最后结果，显然这不一定可以得到最优解。而动态规划不管是采用自底向上还是自顶向下的计算方式，都是从边界开始向上得到目标问题的解。也就是说，它总是会考虑所有子问题，并选择继承能得到最优结果的那个，对暂时没被继承的子问题，由于重叠子问题的存在，后期可能会再次考虑它们，因此还有机会成为全局最优的一部分，不需要放弃。所以贪心是一种壮士断腕的决策，只要进行了选择，就不后悔；动态规划则要看哪个选择笑到了最后，暂时的领先说明不了什么。

随着动态规划的学习，读者会对上面的内容不断深化理解，因此可以暂时不必太过拘泥于部分细节，当本章学完之后再回过头来看，可能会有更深的理解。

练习

① 配套习题集的对应小节。

② Codeup Contest ID: 100000625

地址：http://codeup.cn/contest.php?cid=100000625。

本节二维码

11.2　最大连续子序列和

最大连续子序列和问题如下：

给定一个数字序列 $A_1, A_2, \cdots, A_n$，求 i, j ($1 \leqslant i \leqslant j \leqslant n$)，使得 $A_i + \cdots + A_j$ 最大，输出这个最大和。

样例：

–2 11 –4 13 –5 –2

显然 11+(–4)+13=20 为和最大的选取情况，因此最大和为 20

这个问题如果暴力来做，枚举左端点和右端点（即枚举 i, j）需要 $O(n^2)$的复杂度，而计算 A[i]+⋯+A[j]需要 O(n)的复杂度，因此总复杂度为 $O(n^3)$。就算采用记录前缀和的方法（预处理 S[i]=A[0]+A[1]+⋯+A[i]，这样 A[i]+⋯+A[j]=S[j]–S[i–1]）使计算的时间变为 O(1)，总复杂度仍然有 $O(n^2)$，这对 n 为 10^5 大小的题目来说是无法承受的。

下面介绍动态规划的做法，复杂度为 O(n)，读者会发现其实左端点的枚举是没有必要的。

步骤 1：令状态 dp[i]表示以 A[i]作为末尾的连续序列的最大和（这里是说 A[i]必须作为连续序列的末尾）。以样例为例：序列–2 11 –4 13 –5 –2，下标分别记为 0, 1, 2, 3, 4, 5，那么

dp[0] = –2,

dp[1] = 11,

dp[2] = 7(11 + (–4) = 7),

dp[3] = 20(11 + (–4) + 13 = 20),

dp[4] = 15（因为由 dp 数组的含义，A[4] = –5 必须作为连续序列的结尾，于是最大和就是 11 + (–4) + 13 + (–5) = 15，而不是 20），

dp[5] = 13(11 + (–4) + 13 + (–5) + (–2) = 13)。

通过设置这么一个 dp 数组，要求的最大和其实就是 dp[0], dp[1],⋯, dp[n–1]中的最大值（因为到底以哪个元素结尾未知），下面想办法求解 dp 数组。

步骤 2：作如下考虑：因为 dp[i]要求是必须以 A[i]结尾的连续序列，那么只有两种情况：

① 这个最大和的连续序列只有一个元素，即以 A[i]开始，以 A[i]结尾。

② 这个最大和的连续序列有多个元素，即从前面某处 A[p]开始(p<i)，一直到 A[i]结尾。

对第一种情况，最大和就是 A[i]本身。

对第二种情况，最大和是 dp[i – 1] + A[i]，即 A[p] +⋯+ A[i – 1] + A[i] = dp[i – 1] + A[i]。

由于只有这两种情况，于是得到**状态转移方程**：

$$\mathbf{dp[i] = max\{A[i], dp[i-1] + A[i]\}}$$

这个式子只和 i 与 i 之前的元素有关，且**边界**为 dp[0] = A[0]，由此从小到大枚举 i，即可得到整个 dp 数组。接着输出 dp[0], dp[1],⋯, dp[n – 1]中的最大值即为最大连续子序列的和。

怎么样，是不是很神奇？只用 O(n)的时间复杂度就解决了原先需要 $O(n^2)$复杂度的问题，这就是动态规划的魅力（如果没看懂，请再多读几遍）。

可以很容易写出代码：

```
#include <cstdio>
#include <algorithm>
using namespace std;
const int maxn = 10010;
int A[maxn], dp[maxn];//A[i]存放序列，dp[i]存放以A[i]结尾的连续序列的最大和
int main(){
    int n;
```

```
    scanf("%d", &n);
    for(int i = 0; i < n; i++){//读入序列
        scanf("%d", &A[i]);
    }
    //边界
    dp[0] = A[0];
    for(int i = 1; i < n; i++){
        //状态转移方程
        dp[i] = max(A[i], dp[i - 1] + A[i]);
    }
    //dp[i]存放以 A[i]结尾的连续序列的最大和，需要遍历 i 得到最大的才是结果
    int k = 0;
    for(int i = 1; i < n; i++){
        if(dp[i] > dp[k]){
            k = i;
        }
    }
    printf("%d\n", dp[k]);
    return 0;
}
```

输入数据：

```
-2 11 -4 13 -5 -2
```

输出结果：

```
20
```

此处顺便介绍无后效性的概念。**状态的无后效性**是指：当前状态记录了历史信息，一旦当前状态确定，就不会再改变，且未来的决策只能在已有的一个或若干个状态的基础上进行，历史信息只能通过已有的状态去影响未来的决策。例如宇宙的历史可以看作一个关于时间的线性序列，对每一个时刻来说，宇宙的现状就是这个时刻的状态，显然宇宙过去的信息蕴含在当前状态中，并只能通过当前状态来影响下一个时刻的状态，因此从这个角度来说宇宙的关于时间的状态具有无后效性。而针对本节的问题来说，每次计算状态 dp[i]，都只会涉及 dp[i–1]，而不直接用到 dp[i–1]蕴含的历史信息。

对动态规划可解的问题来说，总会有很多设计状态的方式，**但并不是所有状态都具有无后效性**，因此必须设计一个拥有无后效性的状态以及相应的状态转移方程，否则动态规划就没有办法得到正确结果。事实上，**如何设计状态和状态转移方程，才是动态规划的核心，而它们也是动态规划最难的地方**。

练习

① 配套习题集的对应小节。

② Codeup Contest ID: 100000626

地址：http://codeup.cn/contest.php?cid=100000626。

本节二维码

11.3 最长不下降子序列（LIS）

最长不下降子序列（Longest Increasing Sequence，LIS）是这样一个问题：

在一个数字序列中，找到一个最长的子序列（可以不连续），使得这个子序列是不下降（非递减）的。

例如，现有序列 A = {1, 2, 3, –1, –2, 7, 9}（下标从 1 开始），它的最长不下降子序列是{1, 2, 3, 7, 9}，长度为 5。另外，还有一些子序列是不下降子序列，比如{1, 2, 3}、{–2, 7, 9}等，但都不是最长的。

对于这个问题，可以用最原始的办法来枚举每种情况，即对于每个元素有取和不取两种选择，然后判断序列是否为不下降序列。如果是不下降序列，则更新最大长度，直到枚举完所有情况并得到最大长度。但是很严峻的一个问题是，由于需要对每个元素都选择取或者不取，那么如果元素有 n 个，时间复杂度将高达 $O(2^n)$，这显然是不能承受的。

事实上这个枚举过程包含了大量重复计算。那么这些重复计算源自哪里呢？不妨先来看动态规划的解法，之后就会容易理解为什么会有重复计算产生了（下文中出现的 LIS 均指最长不下降子序列）。

令 dp[i]表示以 A[i]结尾的最长不下降子序列长度（和最大连续子序列和问题一样，以 A[i]结尾是强制的要求）。这样对 A[i]来说就会有两种可能：

① 如果存在 A[i]之前的元素 A[j] (j < i)，使得 A[j]≤A[i]且 dp[j] + 1> dp[i]（即把 A[i]跟在以 A[j]结尾的 LIS 后面时能比当前以 A[i]结尾的 LIS 长度更长），那么就把 A[i]跟在以 A[j]结尾的 LIS 后面，形成一条更长的不下降子序列（令 dp[i] = dp[j] + 1）。

② 如果 A[i]之前的元素都比 A[i]大，那么 A[i]就只好自己形成一条 LIS，但是长度为 1，即这个子序列里面只有一个 A[i]。

最后以 A[i]结尾的 LIS 长度就是①②中能形成的最大长度。

为了使这个过程看得更清晰，下面举一个更有意思的例子。

现有一个序列{1, 5, –1, 3}，其中的元素分别记为 A[1]、A[2]、A[3]、A[4]。假设已经知道以 A[1]、A[2]、A[3]为结尾的最长不下降子序列分别为{1}、{1, 5}、{–1}，长度分别为 1、2、1。那么如何知道以 A[4]结尾的最长不下降子序列及其长度呢？由于必须以 A[4]结尾，因此考虑分别把 A[4]加到前面以 A[1]、A[2]、A[3]结尾的最长不下降子序列后面，看看能不能使以某个 A[j] (j = 1, 2, 3)为结尾的最长不下降子序列变得更长。

A[4]：喂，A[1]。我可以站在你后面成为更长的 LIS 吗？

A[1]：我看看，你比我高，当然可以，这样我们组合的新的 LIS {1, 3}长度就是 2 了。

A[4]：喂，A[2]。我可以站在你后面成为更长的 LIS 吗？

A[2]：你那么矮，那还是算了，我这里本来长度就有 2 了，你就算来了也不增加 LIS 长度。

A[4]：喂，A[3]。我可以站在你后面成为更长的 LIS 吗？

A[3]：你好高啊，当然可以了，站在我后面 LIS {–1, 3}长度就为 2 了。

这样比较之后，A[4]只有加入 A[1]或 A[3]后面才会形成新的 LIS，长度为 2。

当然还有一种情况，比如{1, 2, 3, –4}，A[4]无论加在前面哪个元素后面，A[1]、A[2]、A[3]都嫌他矮，都不能形成新的更长的LIS，只能是孤零零的一人成为以A[4]结尾的LIS: {–4}。

由此可以写出**状态转移方程**：

$$\mathbf{dp[i] = max\{1, dp[j] + 1\}}$$

$$\mathbf{(j = 1, 2, \cdots, i - 1\ \&\&\ A[j] < A[i])}$$

上面的状态转移方程中隐含了**边界**：dp[i] = 1 (1≤i≤n)。显然 dp[i]只与小于 i 的 j 有关，因此只要让 i 从小到大遍历即可求出整个 dp 数组。由于 dp[i]表示的是以 A[i]结尾的 LIS 长度，因此从整个 dp 数组中找出最大的那个才是要寻求的整个序列的 LIS 长度，整体复杂度为 $O(n^2)$。

到此就可以想象究竟重复计算出现在哪里了：每次碰到子问题“以 A[i]结尾的最长不下降子序列”时，都去重新遍历所有子序列，而不是直接记录这个子问题的结果。

这样就可以写出代码了：

```
#include <cstdio>
#inlcude <algorithm>
using namespace std;
const int N = 100;
int A[N], dp[N];
int main() {
    int n;
    scanf("%d", &n);
    for(int i = 1; i <= n; i++) {
        scanf("%d", &A[i]);
}
int ans = -1;  //记录最大的dp[i]
    for(int i = 1; i <= n; i++) {  //按顺序计算出dp[i]的值
        dp[i] = 1;  //边界初始条件（即先假设每个元素自成一个子序列）
        for(int j = 1; j < i; j++) {
            if(A[i] >= A[j] && (dp[j] + 1 > dp[i])) {
                dp[i] = dp[j] + 1;  //状态转移方程，用以更新dp[i]
            }
        }
        ans = max(ans, dp[i]);
    }
    printf("%d", ans);
    return 0;
}
```

输入数据：

```
8
```

```
1 2 3 -9 3 9 0 11
```

输出数据：

```
6    //即1 2 3 3 9 11
```

练习

① 配套习题集的对应小节。

② Codeup Contest ID: 100000627

地址：http://codeup.cn/contest.php?cid=100000627。

本节二维码

11.4 最长公共子序列（LCS）

最长公共子序列（Longest Common Subsequence，LCS）的问题描述为：

给定两个字符串（或数字序列）A 和 B，求一个字符串，使得这个字符串是 A 和 B 的最长公共部分（子序列可以不连续）。

样例：

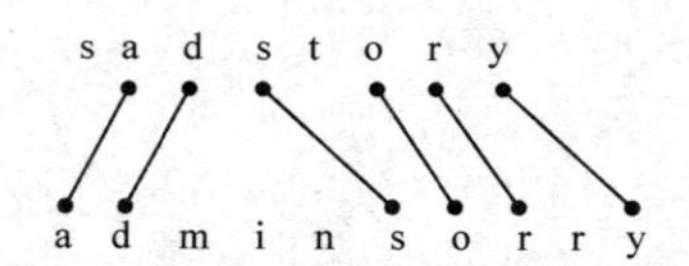

如样例所示，字符串“sadstory”与“adminsorry”的最长公共子序列为“adsory”，长度为 6。

还是先来看暴力的解法：设字符串 A 和 B 的长度分别是 n 和 m，那么对两个字符串中的每个字符，分别有选与不选两个决策，而得到两个子序列后，比较两个子序列是否相同又需要 $O(\max(m,n))$，这样总复杂度就会达到 $O(2^{m+n} \times \max(m,n))$，无法承受数据大的情况。

直接来看动态规划的做法（下文的 LCS 均指最长公共子序列）。

令 dp[i][j]表示字符串 A 的 i 号位和字符串 B 的 j 号位之前的 LCS 长度（下标从 1 开始），如 dp[4][5]表示“sads”与“admin”的 LCS 长度。那么可以根据 A[i]和 B[j]的情况，分为两种决策：

① 若 A[i] == B[j]，则字符串 A 与字符串 B 的 LCS 增加了 1 位，即有 dp[i][j] = dp[i – 1][j – 1] + 1。例如，样例中 dp[4][6]表示“sads”与“admins”的 LCS 长度，比较 A[4]与 B[6]，发现两者都是's'，因此 dp[4][6]就等于 dp[3][5]加 1，即为 3。

② 若 A[i] != B[j]，则字符串 A 的 i 号位和字符串 B 的 j 号位之前的 LCS 无法延长，因此 dp[i][j]将会继承 dp[i – 1][j]与 dp[i][j – 1]中的较大值，即有 dp[i][j] = max{dp[i – 1][j], dp[i][j – 1]}。例如，样例中 dp[3][3]表示“sad”与“adm”的 LCS 长度，我们比较 A[3]与 B[3]，发现'd'不等于'm'，这样 dp[3][3]无法再原先的基础上延长，因此继承自“sa”与“adm”的 LCS、“sad”与“ad”的 LCS 中的较大值，即“sad”与“ad”的 LCS 长度——2。

由此可以得到**状态转移方程**：

$$\mathbf{dp}[\mathbf{i}][\mathbf{j}]=\begin{cases}\mathbf{dp}[\mathbf{i}-1][\mathbf{j}-1]+1,\mathbf{A}[\mathbf{i}]==\mathbf{B}[\mathbf{j}]\\ \max\{\mathbf{dp}[\mathbf{i}-1][\mathbf{j}],\mathbf{dp}[\mathbf{i}][\mathbf{j}-1]\},\mathbf{A}[\mathbf{i}]!=\mathbf{B}[\mathbf{j}]\end{cases}$$

边界：dp[i][0] = dp[0][j] = 0 (0≤i≤n, 0≤j≤m)

这样状态 dp[i][j]只与其之前的状态有关，由边界出发就可以得到整个 dp 数组，最终 dp[n][m]就是需要的答案，时间复杂度为 O(nm)。

于是可以写出代码：

```
#include <cstdio>
#include <cstring>
#include <algorithm>
using namespace std;
const int N = 100;
char A[N], B[N];
int dp[N][N];
int main() {
    int n;
    gets(A + 1);  //从下标为 1 开始读入
    gets(B + 1);
    int lenA = strlen(A + 1);  //由于读入时下标从 1 开始，因此读取长度也从+1 开始
    int lenB = strlen(B + 1);
    //边界
    for(int i = 0; i <= lenA; i++) {
        dp[i][0] = 0;
    }
    for(int j = 0; j <= lenB; j++) {
        dp[0][j] = 0;
    }
    //状态转移方程
    for(int i = 1; i <= lenA; i++) {
        for(int j = 1; j <= lenB; j++) {
            if(A[i] == B[j]) {
                dp[i][j] = dp[i - 1][j - 1] + 1;
            } else {
                dp[i][j] = max(dp[i - 1][j], dp[i][j - 1]);
            }
        }
    }
    //dp[lenA][lenB]是答案
    printf("%d\n", dp[lenA][lenB]);
```

```
    return 0;
}
```

输入数据：

```
sadstory
adminsorry
```

输出结果：

```
6
```

练习

① 配套习题集的对应小节。

② Codeup Contest ID: 100000628

地址：http://codeup.cn/contest.php?cid=100000628。

本节二维码

11.5 最长回文子串

最长回文子串的问题描述：

给出一个字符串 S，求 S 的最长回文子串的长度。

样例：

字符串"PATZJUJZTACCBCC"的最长回文子串为"ATZJUJZTA"，长度为 9。

还是先看暴力解法：枚举子串的两个端点 i 和 j，判断在[i, j]区间内的子串是否回文。从复杂度上来看，枚举端点需要 $O(n^2)$，判断回文需要 $O(n)$，因此总复杂度是 $O(n^3)$。终于碰到一个暴力复杂度不是指数级别的问题了！但是 $O(n^3)$的复杂度在 n 很大的情况依旧不够看。

可能会有读者想把这个问题转换为最长公共子序列（LCS）问题来求解：把字符串 S 倒过来变成字符串 T，然后对 S 和 T 进行 LCS 模型求解，得到的结果就是需要的答案。而事实上这种做法是错误的，因为一旦 S 中同时存在一个子串和它的倒序，那么答案就会出错。例如字符串 S = "ABCDZJUDCBA"，将其倒过来之后会变成 T = "ABCDUJZDCBA"，这样得到最长公共子串为"ABCD"，长度为 4，而事实上 S 的最长回文子串长度为 1。因此这样的做法是不行的。

接下来介绍动态规划的方法，使用动态规划可以达到更优的 $O(n^2)$复杂度，而最长回文子串有很多种使用动态规划的方法，这里介绍其中最容易理解的一种。

令 dp[i][j]表示 S[i]至 S[j]所表示的子串是否是回文子串，是则为 1，不是为 0。这样根据 S[i]是否等于 S[j]，可以把转移情况分为两类：

① 若 S[i] == S[j]，那么只要 S[i + 1]至 S[j – 1]是回文子串，S[i]至 S[j]就是回文子串；如果 S[i + 1]至 S[j –1]不是回文子串，则 S[i]至 S[j]也不是回文子串。

② 若 S[i] != S[j]，那么 S[i]至 S[j]一定不是回文子串。

由此可以写出**状态转移方程**：

$$dp[i][j]=\begin{cases}dp[i+1][j-1],S[i]==S[j]\\0,S[i]!=S[j]\end{cases}$$

边界：dp[i][i] = 1，dp[i][i + 1] = (S[i] == S[i + 1]) ? 1 : 0。

到这里还有一个问题没有解决，那就是如果按照 i 和 j 从小到大的顺序来枚举子串的两个端点，然后更新 dp[i][j]，会无法保证 dp[i + 1][j – 1]已经被计算过，从而无法得到正确的 dp[i][j]。

如图 11-4 所示，先固定 i == 0，然后枚举 j 从 2 开始。当求解 dp[0][2]时，将会转换为 dp[1][1]，而 dp[1][1]是在初始化中得到的；当求解 dp[0][3]时，将会转换为 dp[1][2]，而 dp[1][2]也是在初始化中得到的；当求解 dp[0][4]时，将会转换为 dp[1][3]，但是 dp[1][3]并不是已经计算过的值，因此无法状态转移。事实上，无论对 i 和 j 的枚举顺序做何调整，都无法调和这个矛盾，因此必须想办法寻找新的枚举方式。

根据递推写法从边界出发的原理，注意到边界表示的是长度为 1 和 2 的子串，且每次转移时都对子串的长度减了 1，因此不妨考虑按子串的长度和子串的初始位置进行枚举，即第一遍将长度为 3 的子串的 dp 值全部求出，第二遍通过第一遍结果计算出长度为 4 的子串的 dp 值……这样就可以避免状态无法转移的问题。如图 11-5 所示，可以先枚举子串长度 L（注意：L 是可以取到整个字符串的长度 S.len()的），再枚举左端点 i，这样右端点 i + L – 1 也可以直接得到。

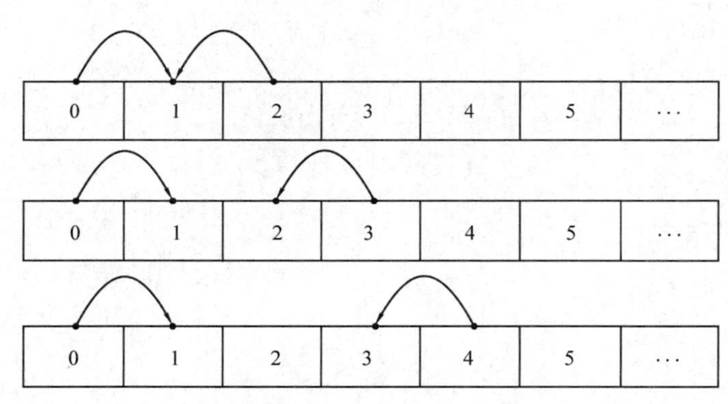

图 11-4　最长回文子串示意图

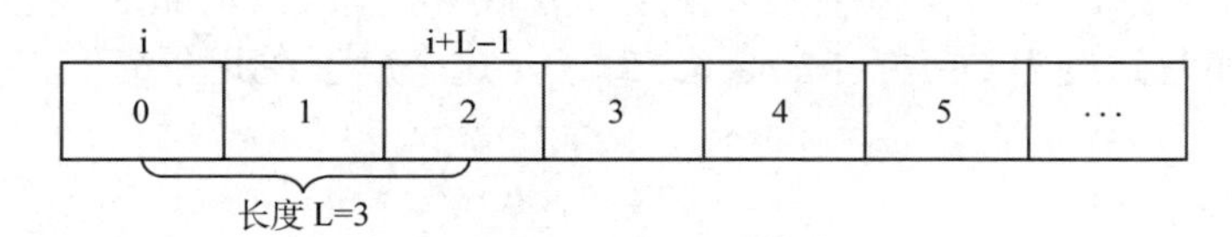

图 11-5　枚举 L 的最长回文子串做法示意图

这样就可以写出代码：

```
#include <cstdio>
#include <cstring>
const int maxn = 1010;
char S[maxn];
int dp[maxn][maxn];
```

```
int main() {
    gets(S);
    int len = strlen(S), ans = 1;
    memset(dp, 0, sizeof(dp));  //dp数组初始化为0
    //边界
    for(int i = 0; i < len; i++) {
        dp[i][i] = 1;
        if(i < len - 1) {
            if(S[i] == S[i + 1]) {
                dp[i][i + 1] = 1;
                ans = 2;  //初始化时注意当前最长回文子串长度
            }
        }
    }
    //状态转移方程
    for(int L = 3; L <= len; L++) {  //枚举子串的长度
        for(int i = 0; i + L - 1 < len; i++) {  //枚举子串的起始端点
            int j = i + L - 1;  //子串的右端点
            if(S[i] == S[j] && dp[i + 1][j - 1] == 1) {
                dp[i][j] = 1;
                ans = L;  //更新最长回文子串长度
            }
        }
    }
    printf("%d\n", ans);
    return 0;
}
```

至此，最长回文子串问题的动态规划方法已经介绍完毕。除此之外，最长回文子串问题还有一些其他做法，例如在12.1节中将会使用二分+字符串hash的做法，复杂度为O(nlogn)。不过最优秀的当属复杂度为O(n)的Manacher算法，这个就不在此介绍了。

练习

① 配套习题集的对应小节。

② Codeup Contest ID: 100000629

地址：http://codeup.cn/contest.php?cid=100000629。

本节二维码

11.6　DAG 最长路

在 10.6.1 节已经介绍过，DAG 就是有向无环图，并且在 10.7.3 节中已经讨论了如何求解 DAG 中的最长路，也就是所谓的“关键路径”。但是求解关键路径的做法对初学者来说确实有些复杂，而 DAG 上的最长路或者最短路问题又是特别重要的一类问题，很多问题都可以转换成求解 DAG 上的最长或最短路径问题，因此有必要介绍一下更简便的方法，也就是使用本节介绍的方法。由于 DAG 最长路和最短路的思想是一致的，因此下面以最长路为例。

本节着重解决两个问题：

① 求整个 DAG 中的最长路径（即不固定起点跟终点）。

② 固定终点，求 DAG 的最长路径。

先讨论第一个问题：**给定一个有向无环图，怎样求解整个图的所有路径中权值之和最大的那条。**如图 11-6 所示，B→D→F→I 就是该图的最长路径，长度为 9。

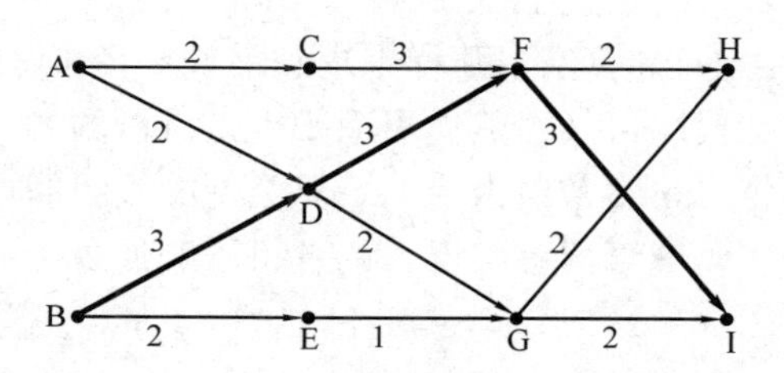

图 11-6　DAG 上的最长路示意图

针对这个问题，令 **dp[i]表示从 i 号顶点出发能获得的最长路径长度**，这样所有 dp[i]的最大值就是整个 DAG 的最长路径长度。

那么怎样求解 dp 数组呢？注意到 dp[i]表示从 i 号顶点出发能获得的最长路径长度，如果从 i 号顶点出发能直接到达顶点 j_1、j_2、…、j_k，而 $dp[j_1]$、$dp[j_2]$、…、$dp[j_k]$ 均已知，那么就有 $dp[i]=\max\{dp[j]+length[i\to j]\mid(i,j)\in E\}$，如图 11-7 所示。

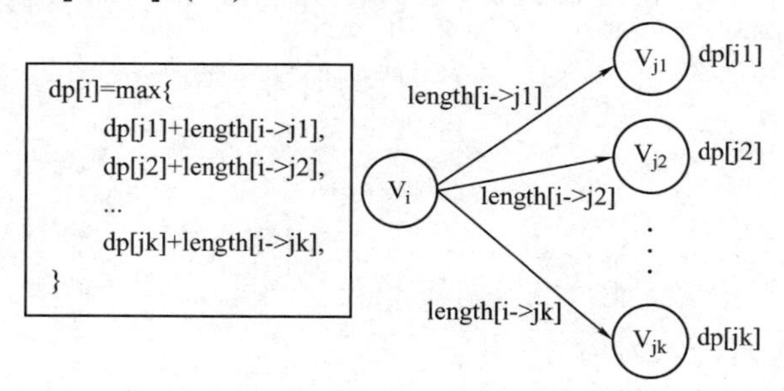

图 11-7　dp 数组计算示意图

显然，根据上面的思路，需要按照逆拓扑序列的顺序来求解 dp 数组（想一想，为什么？）。但是有没有不求出逆拓扑序列也能计算 dp 数组的方法呢？当然有，那就是递归。请看下面的代码，其中图使用邻接矩阵的方式存储：

```
int DP(int i) {
    if(dp[i] > 0) return dp[i];  //dp[i]已计算得到
    for(int j = 0; j < n; j++) {  //遍历 i 的所有出边
        if(G[i][j] != INF) {
            dp[i] = max(dp[i], DP(j) + G[i][j]);
        }
    }
```

```
    return dp[i]; //返回计算完毕的dp[i]
}
```

由于从出度为 0 的顶点出发的最长路径长度为 0，因此边界为这些顶点的 dp 值为 0。但**具体实现中不妨对整个 dp 数组初始化为 0**，这样 dp 函数当前访问的顶点 i 的出度为 0 时就会返回 dp[i] = 0（以此作为 dp 的边界），而出度不是 0 的顶点则会递归求解，递归过程中遇到已经计算过的顶点则直接返回对应的 dp 值，于是从程序逻辑上按照了逆拓扑序列的顺序进行。希望读者能认真体会上面代码的思想。

那么，如何知道最长路径具体是哪条呢？

回忆在 Dijkstra 算法中是如何求解最短路径的。——开了一个 int 型数组 pre，来记录每个顶点的前驱，每当发现更短的路径时对 pre 进行修改。事实上，可以把这种想法应用于求解最长路径上——开一个 int 型 choice 数组记录最长路径上顶点的后继顶点，这样就可以像 Dijkstra 算法中那样来求解最长路径了，只不过由于 choice 数组存放的是后继顶点，因此使用迭代即可（当然使用递归也是可以的），如下面的代码所示。如果最终可能有多条最长路径，将 choice 数组改为 vector 类型的数组即可（也就是 Dijkstra 算法中有多条最短路径时的做法），代码留给读者实现。读者可以顺便思考一下如何求解最长路径条数。

```
int DP(int i) {
    if(dp[i] > 0) return dp[i]; //dp[i]已计算得到
    for(int j = 0; j < n; j++) { //遍历i的所有出边
        if(G[i][j] != INF) {
            int temp = DP(j) + G[i][j]; //单独计算，防止if中调用DP函数两次
            if(temp > dp[i]) { //可以获得更长的路径
                dp[i] = temp; //覆盖dp[i]
                choice[i] = j; //i号顶点的后继顶点是j
            }
        }
    }
    return dp[i]; //返回计算完毕的dp[i]
}
//调用printPath前需要先得到最大的dp[i]，然后将i作为路径起点传入
void printPath(int i) {
    printf("%d", i);
    while(choice[i] != -1) { //choice数组初始化为-1
        i = choice[i];
        printf("->%d", i);
    }
}
```

对一般的动态规划问题而言，如果需要得到具体的最优方案，可以采用类似的方法，即**记录每次决策所选择的策略，然后在 dp 数组计算完毕后根据具体情况进行递归或者迭代来获取方案**。读者不妨思考一下，如何对前几小节的问题求解最优方案。

更进一步，模仿字符串来定义**路径序列的字典序**：如果有两条路径 $a_1 \to a_2 \to \cdots \to a_m$ 与

$b_1 \to b_2 \to \cdots \to b_n$，且 $a_1 = b_1$、$a_2 = b_2$、…、$a_k = b_k$、$a_{k+1} < b_{k+1}$，那么称路径序列 $a_1 \to a_2 \to \cdots \to a_m$ 的字典序小于路径 $b_1 \to b_2 \to \cdots \to b_n$。于是以此可以提出这样一个问题：如果 DAG 中有多条最长路径，如何选取字典序最小的那条？很简单，只需要让遍历 i 的邻接点的顺序从小到大即可（事实上，上面的代码自动实现了这个功能，想一想为什么？）。

至此，都是令 dp[i]表示从 i 号顶点出发能获得的最长路径长度。那么，如果令 dp[i]表示以 i 号顶点结尾能获得的最长路径长度，又会有什么结果呢？可以想象，只要把求解公式变为 $dp[i] = \max\{dp[j] + length[j \to i] \mid (j,i) \in E\}$（相应的求解顺序变为拓扑序），就可以同样得到最长路径长度，也可以设置 choice 数组求出具体方案，但却不能直接得到字典序最小的方案，这是为什么呢？举个很简单的例子，如图 11-8 所示，如果令 dp[i]表示从 i 号顶点出发能获得的最长路径长度，且 dp[2]和 dp[3]已经计算得到，那么计算 dp[1]的时候只需要从 V_2 和 V_3 中选择字典序较小的 V_2 即可；而如果令 dp[i]表示以 i 号顶点结尾能获得的最长路径长度，且 dp[4]和 dp[5]已经计算得到，那么计算 dp[6]时如果选择了字典序较小的 V_4，则会导致错误的选择结果：理论上应当是 $V_1 \to V_2 \to V_5$ 的字典序最小，可是却选择了 $V_1 \to V_3 \to V_4$。显然，**由于字典序的大小总是先根据序列中较前的部分来判断，因此序列中越靠前的顶点，其 dp 值应当越后计算**（**对一般的序列型动态规划问题也是如此**）。

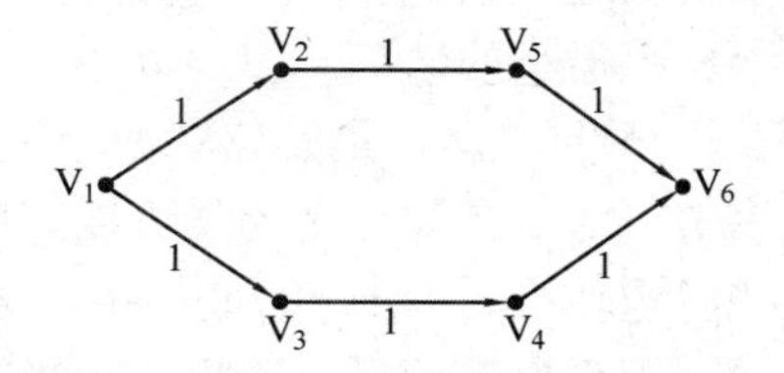

图 11-8　字典序最小方案解释图

在上面讨论的基础上，接下来讨论本节开头的第二个问题：**固定终点，求 DAG 的最长路径长度**。例如在图 11-6 中，如果固定 H 为路径的终点，那么最长路径就会变成 B→D→F→H。

有了上面的经验，应当能很容易想到这个延伸问题的解决方案。假设规定的终点为 T，那么可以令 **dp[i]表示从 i 号顶点出发到达终点 T 能获得的最长路径长度**。同样的，如果从 i 号顶点出发能直接到达顶点 j_1、j_2、…、j_k，而 $dp[j_1]$、$dp[j_2]$、…、$dp[j_k]$ 均已知，那么就有 $dp[i] = \max\{dp[j] + length[i \to j] \mid (i,j) \in E\}$。

可以发现，这个式子和第一个问题的式子是一样的——但如果仅仅是这样，显然无法体现出 dp 数组的含义中增加的“到达终点 T”的描述。那么这两个问题的区别应当体现在哪里呢？没错，**边界**。在第一个问题中没有固定终点，因此所有出度为 0 的顶点的 dp 值为 0 是边界；但是在这个问题中固定了终点，因此边界应当为 dp[T] = 0。那么可不可以像之前的做法那样，对整个 dp 数组都赋值为 0 呢？不行，此处会有一点问题。由于从某些顶点出发可能无法到达终点 T（例如出度为 0 的顶点），因此如果按之前的做法会得到错误的结果（例如出度为 0 的顶点会得到 0），这从含义上来说是不对的。**合适**的做法是初始化 dp 数组为一个负的大数，来保证“无法到达终点”的含义得以表达（即-INF，结合下面的代码想一想如果设置为正的 INF 会带来什么麻烦？）；然后设置一个 vis 数组表示顶点是否已经被计算（想一想第一个问题中为什么不需要设置 vis 数组？）。代码如下：

```
int DP(int i) {
    if(vis[i]) return dp[i];  //dp[i]已计算得到
    vis[i] = true;
    for(int j = 0; j < n; j++) {  //遍历 i 的所有出边
        if(G[i][j] != INF) {
```

```
            dp[i] = max(dp[i], DP(j) + G[i][j]);
        }
    }
    return dp[i];  //返回计算完毕的 dp[i]
}
```

至于如何记录方案以及如何选择字典序最小的方案，均与第一个问题相同，此处不再赘述。读者需要思考，如果令 dp[i]表示以 i 号顶点结尾能获得的最长路径长度，应当如何处理？事实上这样设置 dp[i]会变得更容易解决问题，并且 dp[T]就是结果，只不过仍然不方便处理字典序最小的情况。

至此，DAG 最长路的两个关键问题都已经解决，最短路的做法与之完全相同，留给读者思考。那么具体什么场景可以应用到呢？除了 10.7.3 节介绍的关键路径求解以外，可以把一些问题转换为 DAG 的最长路，例如经典的矩形嵌套问题。

矩形嵌套问题：给出 n 个矩阵的长和宽，定义矩形的嵌套关系为：如果有两个矩形 A 和 B，其中矩形 A 的长和宽分别为 a、b，矩形 B 的长和宽分别为 c、d，且满足 $a < c$、$b < d$，或 $a < d$、$b < c$，则称矩形 A 可以嵌套于矩形 B 内。现在要求一个矩形序列，使得这个序列中任意两个相邻的矩形都满足前面的矩形可以嵌套于后一个矩形内，且序列的长度最长。如果有多个这样的最长序列，选择矩形编号序列的字典序最小的那个。

这个例子就是典型的 DAG 最长路问题，在很多教材中都会介绍。将每个矩形都看成一个顶点，并将嵌套关系视为顶点之间的有向边，边权均为 1，于是就可以转换为 DAG 最长路问题。

练习

① 配套习题集的对应小节。

② Codeup Contest ID: 100000630

地址：http://codeup.cn/contest.php?cid=100000630。

本节二维码

11.7 背包问题

背包问题是一类经典的动态规划问题，它非常灵活、变体多样，需要仔细体会。本书只介绍两类最简单的背包问题：01 背包问题和完全背包问题，而这两种背包中，又以 01 背包为重。

11.7.1 多阶段动态规划问题

有一类动态规划可解的问题，它可以描述成若干个有序的阶段，且每个阶段的状态只和上一个阶段的状态有关，一般把这类问题称为多阶段动态规划问题。如图 11-9 所示，该问题被分为了 5 个阶段，其中状态 F 属于阶段 3，它由状态 2 的状态 C 和状态 D 推得。显然，对这种问题，只需要从第一个问题开始，按照阶段的顺序解决每个阶段中状态的计算，就可以得到最后一个阶段中的状态的解。这对设计状态的具体含义是很有帮助的，01 背包问题就是这样一个例子。

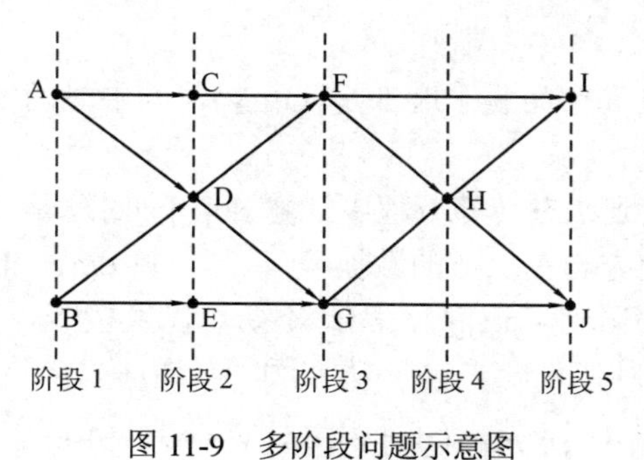

图 11-9　多阶段问题示意图

11.7.2　01 背包问题

01 背包问题是这样的：

有 n 件物品，每件物品的重量为 w[i]，价值为 c[i]。现有一个容量为 V 的背包，问如何选取物品放入背包，使得背包内物品的总价值最大。其中每种物品都只有 1 件。

样例：

```
5 8       //n == 5, V == 8
3 5 1 2 2      //w[i]
4 5 2 1 3      //c[i]
```

如果采用暴力枚举每一件物品放或者不放进背包，显然每件物品都有两种选择，因此 n 件物品就有 2^n 种情况，而 $O(2^n)$的复杂度显然是很糟糕的。而使用动态规划方法可以将复杂度降为 O(nV)。

令 dp[i][v]表示前 i 件物品(1≤i≤n, 0≤v≤V)**恰好**装入容量为 v 的背包中所能获得的最大价值。怎么求解 dp[i][v]呢？

考虑对第 i 件物品的选择策略，有两种策略：

① 不放第 i 件物品，那么问题转化为前 i – 1 件物品恰好装入容量为 v 的背包中所能获得的最大价值，也即 dp[i – 1][v]。

② 放第 i 件物品，那么问题转化为前 i – 1 件物品恰好装入容量为 v – w[i]的背包中所能获得的最大价值，也即 dp[i – 1][v – w[i]] + c[i]。

由于只有这两种策略，且要求获得最大价值，因此

$$\mathbf{dp[i][v] = max\{dp[i-1][v], dp[i-1][v-w[i]]+c[i]\}}$$
$$\mathbf{(1 \leqslant i \leqslant n, w[i] \leqslant v \leqslant V)}$$

上面这个就是**状态转移方程**。注意到 dp[i][v]只与之前的状态 dp[i – 1][]有关，所以可以枚举 i 从 1 到 n，v 从 0 到 V，通过**边界** dp[0][v] = 0 (0≤v≤V)（即前 0 件物品放入任何容量 v 的背包中都只能获得价值 0）就可以把整个 dp 数组递推出来。而由于 dp[i][v]表示的是恰好为 v 的情况，所以需要枚举 dp[n][v] (0≤v≤V)，取其最大值才是最后的结果。

因此可以写出代码：

```
for(int i=1;i<=n;i++){
```

```
    for(int v= w[i];v<=V;v++){
        dp[i][v]=max(dp[i-1][v],dp[i-1][v-w[i]]+c[i]);
    }
}
```

可以知道，时间复杂度和空间复杂度都是 O(nV)，其中时间复杂度已经无法再优化，但是空间复杂度还可以再优化。

如图 11-10 所示，注意到状态转移方程中计算 dp[i][v]时总是只需要 dp[i – 1][v]左侧部分的数据（即只需要图中正上方与左上方的数据），且当计算 dp[i + 1][]的部分时，dp[i – 1]的数据又完全用不到了（只需要用到 dp[i][]），因此不妨可以直接开一个一维数组 dp[v]（即把第一维省去），枚举方向改变为 i 从 1 到 n，v 从 V 到 0（**逆序！**），这样**状态转移方程**改变为

$$\mathbf{dp[v] = max(dp[v], dp[v - w[i]] + c[i])}$$
$$\mathbf{(1 \leqslant i \leqslant n, w[i] \leqslant v \leqslant V)}$$

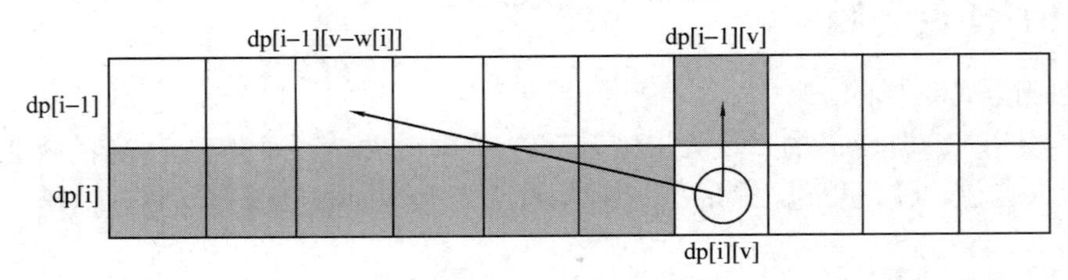

图 11-10　01 背包问题示意图

这样修改对应到图中可以这样理解：v 的枚举顺序变为从右往左，dp[i][v]右边的部分为刚计算过的需要保存给下一行使用的数据，而 dp[i][v]左上角的阴影部分为当前需要使用的部分。将这两者结合一下，即把 dp[i][v]左上角和右边的部分放在一个数组里，每计算出一个 dp[i][v]，就相当于把 dp[i – 1][v]抹消，因为在后面的运算中 dp[i – 1][v]再也用不到了。我们把这种技巧称为**滚动数组**。

代码如下：

```
for(int i=1;i<=n;i++){
    for(int v=V;v>= w[i];v--){  //逆序枚举 v
        dp[v]=max(dp[v],dp[v-w[i]]+c[i]);
    }
}
```

这样 01 背包问题就可以用一维数组表示来解决了，空间复杂度为 O(V)。

特别说明：如果是用二维数组存放，v 的枚举是顺序还是逆序都无所谓；如果使用一维数组存放，则 v 的枚举必须是逆序！

完整的求解 01 背包问题的代码如下：

```
#include <cstdio>
#include <algorithm>
using namespace std;
const int maxn = 100;  //物品最大件数
const int maxv = 1000;  //V 的上限
```

```
int w[maxn], c[maxn], dp[maxv];
int main() {
    int n, V;
    scanf("%d%d", &n, &V);
    for(int i = 1; i <= n; i++) {
        scanf("%d", &w[i]);
    }
    for(int i = 1; i <= n; i++) {
        scanf("%d", &c[i]);
    }
    //边界
    for(int v = 0; v <= V; v++) {
        dp[v] = 0;
    }
    for(int i = 1; i <= n; i++) {
        for(int v = V; v >= w[i]; v--) {
            //状态转移方程
            dp[v] = max(dp[v], dp[v - w[i]] + c[i]);
        }
    }
    //寻找 dp[0...V]中最大的即为答案
    int max = 0;
    for(int v = 0; v <= V; v++) {
        if(dp[v] > max) {
            max = dp[v];
        }
    }
    printf("%d\n", max);
    return 0;
}
```

输入样例数据：

```
5 8
3 5 1 2 2
4 5 2 1 3
```

输出结果：

```
10
```

动态规划是如何**避免重复计算**的问题在 01 背包问题中非常明显。在一开始暴力枚举每件物品放或者不放入背包时，其实忽略了一个特性：第 i 件物品放或者不放而产生的最大值是完全可以由前面 i－1 件物品的最大值来决定的，而暴力做法无视了这一点。

另外，01 背包中的每个物品都可以看作一个阶段，这个阶段中的状态有 dp[i][0] ~

dp[i][V]，它们均由上一个阶段的状态得到。事实上，**对能够划分阶段的问题来说，都可以尝试把阶段作为状态的一维**，这可以使我们更方便地得到满足无后效性的状态。从中也可以得到这么一个技巧，**如果当前设计的状态不满足无后效性，那么不妨把状态进行升维，即增加一维或若干维来表示相应的信息，这样可能就能满足无后效性了**。

11.7.3 完全背包问题

完全背包问题的叙述如下：

有 n 种物品，每种物品的单件重量为 w[i]，价值为 c[i]。现有一个容量为 V 的背包，问如何选取物品放入背包，使得背包内物品的总价值最大。其中每种物品都有无穷件。

可以看出，完全背包问题和 01 背包问题的唯一区别就在于：完全背包的物品数量每种有无穷件，选取物品时对同一种物品可以选 1 件、选 2 件……只要不超过容量 V 即可，而 01 背包的物品数量每种只有 1 件。

同样令 dp[i][v]表示前 i 件物品恰好放入容量为 v 的背包中能获得的最大价值。

和 01 背包一样，完全背包问题的每种物品都有两种策略，但是也有不同点。对第 i 件物品来说：

① 不放第 i 件物品，那么 dp[i][v] = dp[i − 1][v]，这步跟 01 背包是一样的。

② 放第 i 件物品。这里的处理和 01 背包有所不同，因为 01 背包的每个物品只能选择一个，因此选择放第 i 件物品就意味着必须转移到 dp[i − 1][v − w[i]]这个状态；但是完全背包不同，完全背包如果选择放第 i 件物品之后并不是转移到 dp[i − 1][v − w[i]]，而是转移到 dp[i][v − w[i]]，这是因为每种物品可以放任意件（注意有容量的限制，因此还是有限的），放了第 i 件物品后还可以继续放第 i 件物品，直到第二维的 v − w[i]无法保持大于等于 0 为止。

由上面的分析可以写出**状态转移方程**：

$$\mathbf{dp[i][v] = max(dp[i-1][v], dp[i][v-w[i]] + c[i])}$$
$$\mathbf{(1 \leqslant i \leqslant n, w[i] \leqslant v \leqslant V)}$$

边界：dp[0][v] = 0 (0≤v≤V)

看上去和 01 背包很像是不是？其实唯一的区别就在于 max 的第二个参数是 dp[i]而不是 dp[i − 1]。而这个状态转移方程同样可以改写成一维形式，即**状态转移方程**：

$$\mathbf{dp[v] = max(dp[v], dp[v-w[i]] + c[i])}$$
$$\mathbf{(1 \leqslant i \leqslant n, w[i] \leqslant v \leqslant V)}$$

边界：dp[v] = 0 (0≤v≤V)

写成一维形式之后和 01 背包完全相同，唯一的区别在于这里 v 的枚举顺序是**正向枚举**，而 01 背包的一维形式中 v 必须是逆向枚举。完全背包的一维形式代码如下所示：

```
for(int i=1;i<=n;i++){
    for(int v= w[i];v<= V;v++){  //正向枚举v
        dp[v]=max(dp[v],dp[v-w[i]]+c[i]);
    }
}
```

怎么理解必须正向枚举呢？如图 11-11 所示，求解 dp[i][v]需要它左边的 dp[i][v−w[i]]和它上方的 dp[i−1][v]，显然如果让 v 从小到大枚举，dp[i][v−w[i]]就总是已经计算出的结果；而计算出 dp[i][v]之后 dp[i−1][v]就再也用不到了，可以直接覆盖。

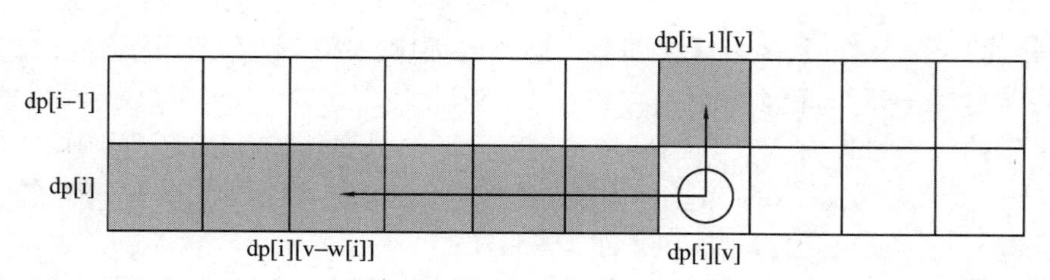

图 11-11 完全背包问题示意图

练习

① 配套习题集的对应小节。

② Codeup Contest ID: 100000631

地址：http://codeup.cn/contest.php?cid=100000631。

本节二维码

11.8 总结

前面几节介绍了动态规划的相关概念，并求解了一些经典的动态规划模型。但是在实际碰到新的问题时，初学者总是容易陷入头脑一片空白、完全无法设计状态的情况，这是正常现象，因为动态规划本身就需要经验的积累和大量做题才能有较大的提高。不过从上面的经典模型中还是能总结出一些规律性的东西，先把前面介绍过的动态规划模型列举如下：

（1）最大连续子序列和

令 dp[i]表示以 A[i]作为末尾的连续序列的最大和。

（2）最长不下降子序列（LIS）

令 dp[i]表示以 A[i]结尾的最长不下降子序列长度。

（3）最长公共子序列（LCS）

令 dp[i][j]表示字符串 A 的 i 号位和字符串 B 的 j 号位之前的 LCS 长度。

（4）最长回文子串

令 dp[i][j]表示 S[i]至 S[j]所表示的子串是否是回文子串。

（5）数塔 DP

令 dp[i][j]表示从第 i 行第 j 个数字出发的到达最底层的所有路径上所能得到的最大和。

（6）DAG 最长路

令 dp[i]表示从 i 号顶点出发能获得的最长路径长度

（7）01 背包

令 dp[i][v]表示前 i 件物品恰好装入容量为 v 的背包中能获得的最大价值。

（8）完全背包

令 dp[i][v]表示前 i 件物品恰好放入容量为 v 的背包中能获得的最大价值。

先看（1）~（4），这 4 个都是关于序列或字符串的问题（**特别说明：一般来说，“子序列”可以不连续，“子串”必须连续**）。可以注意到，（1）（2）设计状态的方法都是“令 dp[i]表示以 A[i]为结尾的×××”，其中×××即为原问题的描述，然后分析 A[i]的情况来进行状态转移；而（3）（4）由于原问题本身就有二维性质，因此使用了“令 dp[i][j]表示 i 号位和 j 号位之间×××”的状态设计方式，其中×××为原问题的描述（最长回文子串中的状态和原问题有关；当然，最长回文子串的状态也可以设计成“令 dp[i][j]表示 S[i]至 S[j]的区间的最长回文子串长度”，并且可解）。这就给了我们一些启发：

当题目与序列或字符串（记为 A）有关时，可以考虑把状态设计成下面两种形式，然后根据端点特点去考虑状态转移方程。

① 令 dp[i]表示以 A[i]结尾（或开头）的×××。

② 令 dp[i][j]表示 A[i]至 A[j]区间的×××。

其中×××均为原问题的表述。

接着来看（5）~（8），可以发现它们的状态设计都包含了某种“方向”的意思。如数塔 DP 中设计为从点(i, j)出发到达最底层的最大和，DAG 最长路中设计为从 i 号顶点出发的最长路，背包问题中则设计成 dp[i][v]表示前 i 件物品恰好放入容量为 v 的背包中能获得的最大价值。这又说明了一类动态规划问题的状态设计方法：

分析题目中的状态需要几维来表示，然后对其中的每一维采取下面的某一个表述：

① 恰好为 i。

② 前 i。

在每一维的含义设置完毕之后，dp 数组的含义就可以设置成“令 dp 数组表示恰好为 i（或前 i）、恰好为 j（或前 j）……的×××”，其中×××为原问题的描述。接下来就可以通过端点的特点去考虑状态转移方程。

最后需要说明的是，在大多数的情况下，都可以把动态规划可解的问题看作一个有向无环图（DAG），图中的结点就是状态，边就是状态转移的方向，求解问题的顺序就是按照 DAG 的拓扑序进行求解。从这个角度可以辅助理解动态规划，建议读者能结合讲解过的几个动态规划模型予以理解。

练习

① 配套习题集的对应小节。

② Codeup Contest ID: 100000632

地址：http://codeup.cn/contest.php?cid=100000632。

本节二维码

本章二维码

第 12 章　提高篇（6）——字符串专题

12.1　字符串 hash 进阶

由 4.2.2 节的内容可知，**字符串 hash 是指将一个字符串 S 映射为一个整数，使得该整数可以尽可能唯一地代表字符串 S**。那么在一定程度上，如果两个字符串转换成的整数相等，就可以认为这两个字符串相同。

回忆 4.2.2 节的字符串 hash 方法，对只有大写字母的字符串，它将字符串当作二十六进制的数，然后将其转换为十进制，也就是下式。其中 str[i]表示字符串的 i 号位，index 函数将 A ~ Z 转换为 0 ~ 25，H [i]表示字符串的前 i 个字符的 hash 值。这样当 i 取遍 0 ~ len – 1 之后，得到的 H[len – 1]就是整个字符串的 hash 值。

$$H[i]=H[i-1]\times 26+\text{index}(\text{str}[i])$$

在这个转换方式中，虽然字符串与整数是一一对应的，但由于没有进行适当处理，因此当字符串长度较长时，产生的整数会非常大，没办法用一般的数据类型保存。为了应对这种情况，只能舍弃一些“唯一性”，将产生的结果对一个整数 mod 取模，也就是使用下面的散列函数。

$$H[i]=\left(H[i-1]\times 26+\text{index}\left(\text{str}[i]\right)\right)\%\,\text{mod}$$

通过这种方式把字符串转换成范围上能接受的整数。但这又会产生另外的问题，也就是可能有多个字符串的 hash 值相同，导致冲突。不过幸运的是，在实践中发现，在 int 数据范围内，如果**把进制数设置为一个 10^7 级别的素数 p（例如 10000019），同时把 mod 设置为一个 10^9 级别的素数（例如 1000000007）**，如下所示，那么冲突的概率将会变得非常小，很难产生冲突。

$$H[i]=\left(H[i-1]\times p+\text{index}\left(\text{str}[i]\right)\right)\%\,\text{mod}$$

来看一个问题：给出 N 个只有小写字母的字符串，求其中不同的字符串的个数。

对这个问题，如果只用字符串 hash 来做，那么只需要将 N 个字符串使用字符串 hash 函数转换为 N 个整数，然后将它们排序去重即可，代码如下（当然也可以用 set 或者 map 直接一步实现，但是速度比字符串 hash 会慢一点点）：

```
#include <iostream>
#include <string>
#include <vector>
#include <algorithm>
using namespace std;
const int MOD = 1000000007;    //即 1e9+7
const int P = 10000019;    //即 1e7+19
vector<int> ans;
```

```
//字符串 hash
long long hashFunc(string str) {
    long long H = 0;    //使用 long long 避免溢出
    for(int i = 0; i < str.length(); i++) {
        H = (H * P + str[i] - 'a') % MOD;
    }
    return H;
}
int main() {
    string str;
    while(getline(cin, str), str != "#") {    //输入 str 直到#时停止
        long long id = hashFunc(str);    //将字符串 str 转换为整数
        ans.push_back(id);
    }
    sort(ans.begin(), ans.end());    //排序
    int count = 0;
    for(int i = 0; i < ans.size(); i++) {
        if(i == 0 || ans[i] != ans[i - 1]) {
            count++;    //统计不同的数的个数
        }
    }
    cout << count << endl;
    return 0;
}
```

接着考虑求解字符串的子串的 hash 值，也就是求解 H[i⋯j]。为了讨论问题方便，暂时去掉求解 H[i]时对 mod 的取模操作，于是散列函数如下所示。

$$H[i]=H[i-1]\times p+\text{index}(\text{str}[i])$$

首先，直接从进制转换的角度考虑，H[i⋯j]实际上等于把 str[i⋯j]从 p 进制转换为十进制的结果，也就是

$$H[i\cdots j]=\text{index}(\text{str}[i])\times p^{j-i}+\text{index}(\text{str}[i+1])\times p^{j-i-1}+\text{index}(\text{str}[j])\times p^{0}$$

然后尝试通过 H[j]的散列函数来推导出 H[i⋯j]：

$$\begin{aligned}H[j]&=H[j-1]\times p+\text{index}(\text{str}[j])\\&=(H[j-2]\times p+\text{index}(\text{str}[j-1]))\times p+\text{index}(\text{str}[j])\\&=H[j-2]\times p^{2}+\text{index}(\text{str}[j-1])\times p+\text{index}(\text{str}[j])\\&=\ldots\\&=H[i-1]\times p^{j-i+1}+\text{index}(\text{str}[i])\times p^{j-i}+\ldots+\text{index}(\text{str}[j])\times p^{0}\\&=H[i-1]\times p^{j-i+1}+H[i\ldots j]\end{aligned}$$

因此有下式成立

$$H[i \cdots j] = H[j] - H[i-1] \times p^{j-i+1}$$

于是就得到了子串 str[i⋯j]的 hash 值 H[i⋯j]，加上原先的取模操作就可以得到

$$H[i \cdots j] = \left(H[j] - H[i-1] \times p^{j-i+1}\right) \% \bmod$$

由于括号内部可能小于 0，因此为了使结果非负，需要先对结果取模，然后加上 mod 后再次取模，以得到正确的结果。

$$H[i \cdots j] = \left(\left(H[j] - H[i-1] \times p^{j-i+1}\right) \% \bmod + \bmod\right) \% \bmod$$

然后来看一个问题：**输入两个长度均不超过 1000 的字符串，求它们的最长公共子串的长度**。例如字符串"ILoveYou"与"YouDontLoveMe"的最长公共子串是"Love"而不是"You"，因此输出 4。（注意：子串必须连续）

对这个问题，可以先分别对两个字符串的每个子串求出 hash 值（同时记录对应的长度），然后找出两堆子串对应的 hash 值中相等的那些，便可以找到最大长度，时间复杂度为 $O(n^2 + m^2)$，其中 n 和 m 分别为两个字符串的长度。代码如下：

```
#include <iostream>
#include <cstdio>
#include <string>
#include <vector>
#include <map>
#include <algorithm>
using namespace std;
typedef long long LL;
const LL MOD = 1000000007;     //MOD 为计算 hash 值时的模数
const LL P = 10000019;     //P 为计算 hash 值时的进制数
const LL MAXN = 1010;     //MAXN 为字符串最长长度
//powP[i]存放 P^i%MOD，H1 和 H2 分别存放 str1 和 str2 的 hash 值
LL powP[MAXN], H1[MAXN] = {0}, H2[MAXN] = {0};
//pr1 存放 str1 的所有<子串 hash 值,子串长度>, pr2 同理
vector<pair<int, int>> pr1, pr2;
//init 函数初始化 powP 函数
void init(int len) {
    powP[0] = 1;
    for(int i = 1; i <= len; i++) {
        powP[i] = (powP[i - 1] * P) % MOD;
    }
}
//calH 函数计算字符串 str 的 hash 值
void calH(LL H[], string &str) {
    H[0] = str[0];     //H[0]单独处理
    for(int i = 1; i < str.length(); i++) {
        H[i] = (H[i - 1] * P + str[i]) % MOD;
```

```
    }
}
//calSingleSubH计算H[i…j]
int calSingleSubH(LL H[], int i, int j) {
    if(i == 0) return H[j];    //H[0…j]单独处理
    return ((H[j] - H[i - 1] * powP[j - i + 1]) % MOD + MOD) % MOD;
}
//calSubH计算所有子串的hash值，并将<子串hash值，子串长度>存入pr
void calSubH(LL H[], int len, vector<pair<int, int>>&pr) {
    for(int i = 0; i < len; i++) {
        for(int j = i; j < len; j++) {
            int hashValue = calSingleSubH(H, i, j);
            pr.push_back(make_pair(hashValue, j - i + 1));
        }
    }
}
//计算pr1和pr2中相同的hash值，维护最大长度
int getMax() {
    int ans = 0;
    for(int i = 0; i < pr1.size(); i++) {
        for(int j = 0; j < pr2.size(); j++) {
            if(pr1[i].first == pr2[j].first) {
                ans = max(ans, pr1[i].second);
            }
        }
    }
    return ans;
}
int main() {
    string str1, str2;
    getline(cin, str1);
    getline(cin, str2);
    init(max(str1.length(), str2.length()));    //初始化powP数组
    calH(H1, str1);    //分别计算str1和str2的hash值
    calH(H2, str2);
    calSubH(H1, str1.length(), pr1);    //分别计算所有H1[i…j]和H2[i…j]
    calSubH(H2, str2.length(), pr2);
    printf("ans = %d\n", getMax());    //输出最大公共子串长度
    return 0;
}
```

读者请认真体会上面的代码，最好能自己写出。另外，请思考一下，如果需要输出最大公共子串本身，应当怎么修改，并完成 codeup 2432 题。

现在考虑 11.5 节解决的**最长回文子串**，这里将用字符串 hash + 二分的思路去解决它，时间复杂度为 O(nlogn)，其中 n 为字符串的长度。读者可以先自行思考一下解法，再参考下面的解析。

对一个给定的字符串 str，可以先求出其字符串 hash 数组 H1，然后再将 str 反转，求出反转字符串 rstr 的 hash 数组 H2，接着分回文串的奇偶情况进行讨论。

① 回文串的长度是奇数：枚举回文中心点 i，二分子串的半径 k，找到最大的使子串[i –k, i + k]是回文串的 k。其中判断子串[i – k, i + k]是回文串等价于判断 str 的两个子串[i –k, i]与[i, i + k]是否是相反的串。而这等价于判断 str 的[i – k, i]子串与反转字符串 rstr 的[len – 1 – (i + k), len – 1 – i]子串是否相同（[a,b]在反转字符串中的位置为[len – 1 – b, len – 1 – a]），因此只需要判断 H1[i – k⋯ i]与 H2[len – 1 – (i + k)⋯ len – 1 – i]是否相等即可。

② 回文串的长度是偶数：枚举回文空隙点，令 i 表示空隙左边第一个元素的下标，二分子串的半径 k，找到最大的使子串[i – k + 1, i + k]是回文串的 k。其中判断子串[i – k + 1, i + k]是回文串等价于判断 str 的两个子串[i – k + 1, i]与[i + 1, i + k]是否是相反的串。而这等价于判断 str 的[i – k + 1, i]子串与反转字符串 rstr 的[len – 1 – (i + k), len –1 – (i + 1)]子串是否相同，因此只需要判断 H1[i – k + 1⋯ i]与 H2[len – 1 – (i + k)⋯ len – 1 – (i + 1)]是否相等即可。

代码如下：

```
#include <iostream>
#include <cstdio>
#include <string>
#include <vector>
#include <algorithm>
using namespace std;
typedef long long LL;
const LL MOD = 1000000007;    //MOD 为计算 hash 值时的模数
const LL P = 10000019;    //P 为计算 hash 值时的进制数
const LL MAXN = 200010;    //MAXN 为字符串最长长度
//powP[i]存放 P^i%MOD，H1 和 H2 分别存放 str 和 rstr 的 hash 值
LL powP[MAXN], H1[MAXN], H2[MAXN];
//init 函数初始化 powP 函数
void init() {
    powP[0] = 1;
    for(int i = 1; i < MAXN; i++) {
        powP[i] = (powP[i - 1] * P) % MOD;
    }
}
//calH 函数计算字符串 str 的 hash 值
void calH(LL H[], string &str) {
    H[0] = str[0];    //H[0]单独处理
```

```
    for(int i = 1; i < str.length(); i++) {
        H[i] = (H[i - 1] * P + str[i]) % MOD;
    }
}
//calSingleSubH 计算 H[i…j]
int calSingleSubH(LL H[], int i, int j) {
    if(i == 0) return H[j];    //H[0…j]单独处理
    return ((H[j] - H[i - 1] * powP[j - i + 1]) % MOD + MOD) % MOD;
}
//对称点为 i，字符串长 len，在[l,r]里二分回文半径
//寻找最后一个满足条件“hashL == hashR”的回文半径（见 4.5.1 节）
//等价于寻找第一个满足条件“hashL != hashR”的回文半径，然后减 1 即可
//isEven 当求奇回文时为 0，当求偶回文时为 1
int binarySearch(int l, int r, int len, int i, int isEven) {
    while(l < r) {    //当出现 l == r 时结束（因为范围是[l,r]）
        int mid = (l + r) / 2;
        //左半子串 hash 值 H1[H1L…H1R]，右半子串 hash 值 H2[H2L…H2R]
        int H1L = i - mid + isEven, H1R = i;
        int H2L = len - 1 - (i + mid), H2R = len - 1 - (i + isEven);
        int hashL = calSingleSubH(H1, H1L, H1R);
        int hashR = calSingleSubH(H2, H2L, H2R);
        if(hashL != hashR) r = mid;    //hash 值不等，说明回文半径<=mid
        else l = mid + 1;    //hash 值相等，说明回文半径>mid
    }
    return l - 1;    //返回最大回文半径
}
int main() {
    init();    //初始化 powP
    string str;
    getline(cin, str);
    calH(H1, str);    //计算 str 的 hash 数组
    reverse(str.begin(), str.end());    //将字符串反转
    calH(H2, str);    //计算 rstr 的 hash 数组
    int ans = 0;
    //奇回文
    for(int i = 0; i < str.length(); i++) {
        //二分上界为分界点 i 的左右长度的较小值加 1
        int maxLen = min(i, (int)str.length() - 1 - i) + 1;
        int k = binarySearch(0, maxLen, str.length(), i, 0);
        ans = max(ans, k * 2 + 1);
```

```
    }
    //偶回文
    for(int i = 0; i < str.length(); i++) {
        //二分上界为分界点 i 的左右长度的较小值加 1（注意左长为 i+1）
        int maxLen = min(i + 1, (int)str.length() - 1 - i) + 1;
        int k = binarySearch(0, maxLen, str.length(), i, 1);
        ans = max(ans, k * 2);
    }
    printf("%d\n", ans);
    return 0;
}
```

最后指出，如果确实碰到了极其针对进制数 p = 10000019、模数 mod = 1000000007 的数据，只需要调整 p 和 mod 就可以使其不冲突，或者使用效果更强的双 hash 法。双 hash 法是指用两个 hash 函数生成的整数组合表示一个字符串，例如可以使用孪生素数 mod1 = 1000000007 和 mod2 = 1000000009 作为模数，进制数 p 保持 10000019 不变，然后用 pair 组合 H1[i]与 H2[i]来代表一个字符串，就可以基本保证不冲突。

$$H1[i] = (H1[i-1] \times p + index(str[i]))\% mod1$$

$$H2[i] = (H2[i-1] \times p + index(str[i]))\% mod2$$

需要注意的是，本节介绍的字符串 hash 函数只是众多字符串 hash 方法中的一个，即从**进制转换**的角度进行字符串 hash。除此之外，还有一些很优秀的字符串 hash 函数，例如 BKDRHash、ELFHash 等，它们都有非常优秀的效果，有兴趣的读者可以自行学习。

练习

① 配套习题集的对应小节。

② Codeup Contest ID: 100000633

地址：http://codeup.cn/contest.php?cid=100000633。

本节二维码

12.2 KMP 算法

本节主要讨论字符串的匹配问题，也就是说，如果给出两个字符串 text 和 pattern，需要判断字符串 pattern 是否是字符串 text 的子串。一般把字符串 text 称为文本串，而把字符串 pattern 称为模式串。例如，给定文本串 text="caniwaitforyourheart"，那么模式串 pattern="wait" 是它的子串，而模式串 pattern="sorry"则不是它的子串。

暴力的解法非常简单，只要枚举文本串的起始位置 i，然后从该位开始逐位与模式串进行匹配，如果匹配过程中每一位都相同，则匹配成功；否则，只要出现某位不同，就让文本串的起始位置变为 i+1，并从头开始模式串的匹配。这种做法的时间复杂度为 O(nm)，其中 n 和 m 分别是文本串与模式串的长度。显然，当 n 和 m 都达到 10^5 级别的时候完全无法承受。

下面介绍 KMP 算法，时间复杂度为 O(n + m)。它是由 Knuth、Morris、Pratt 这 3 位科学家共同发现的，这也是其名字的由来。

12.2.1 next 数组

在正式进入 KMP 算法之前，先来学习一个重要的数组。假设有一个字符串 s（下标从 0 开始），那么它以 i 号位作为结尾的子串就是 s[0⋯i]。对该子串来说，长度为 k+1 的前缀和后缀分别是 s[0⋯k]与 s[i–k⋯i]。现在定义一个 int 型数组 next（请先不要在意名字），其中 **next[i]表示使子串 s[0⋯i]的前缀 s[0⋯k]等于后缀 s[i–k⋯i]的最大的 k**（**注意前缀跟后缀可以部分重叠，但不能是 s[0⋯i]本身**）；如果找不到相等的前后缀，那么就令 next[i] = –1。显然，**next[i]就是所求最长相等前后缀中前缀最后一位的下标**。

以对字符串 s = "ababaab"作为举例，next 数组的计算过程如下所示，读者可以结合图 12-1 进行理解。图中对每个 next[i]的计算都给了两种阅读方式，其中上框直接用下画线画出了子串 s[0⋯i]的最长相等前后缀，而下框将子串 s[0⋯i]写在两行，让**第一行提供后缀，第二行提供前缀**，然后将相等的最长前后缀框起来。建议先看懂上框中的过程，再去看懂下框中的过程，相信两种方式会给出不一样的体验。

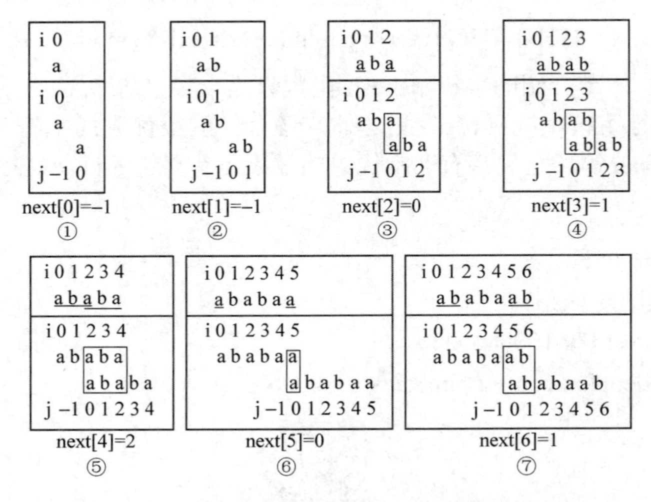

图 12-1　next 数组示意图（上下框代表两种阅读方式）

① i = 0：子串 s[0⋯i]为"a"，由于找不到相等的前后缀（前后缀均不能是子串 s[0⋯i]本身，下同），因此令 next[0] = –1。

② i = 1：子串 s[0⋯i]为"ab"，由于找不到相等的前后缀，因此令 next[1] = –1。

③ i = 2：子串 s[0⋯i]为"aba"，能使前后缀相等的最大的 k 等于 0，此时后缀 s[i–k⋯i]为"a"，前缀 s[0⋯k]也为"a"；而当 k = 1 时，后缀[i–k⋯i]为"ba"，前缀 s[0⋯k]为"ab"，它们不相等，因此 next[2] = 0。

④ i = 3：子串 s[0⋯i]为"abab"，能使前后缀相等的最大的 k 等于 1，此时后缀 s[i–k⋯i]为"ab"，前缀 s[0⋯k]也为"ab"；而当 k = 2 时后缀 s[i–k⋯i]为"bab"，前缀 s[0⋯k]为"aba"，它们不相等，因此 next[3] = 1。

⑤ i = 4：子串 s[0⋯ i]为"ababa"，能使前后缀相等的最大的 k 等于 2，此时后缀 s[i–k⋯ i]为"aba"，前缀 s[0⋯ k]也为"aba"；而当 k = 3 时后缀 s[i–k⋯ i]为"baba"，前缀 s[0⋯ k]为"abab"，它们不相等，因此 next[4] = 2。

⑥ i = 5：子串 s[0⋯ i]为"ababaa"，能使前后缀相等的最大的 k 等于 0，此时后缀 s[i–k⋯ i]为"a"，前缀 s[0⋯ k]也为"a"；而当 k = 1 时后缀 s[i–k⋯ i]为"aa"，前缀 s[0⋯ k]为"ab"，它们不相等，因此 next[5] = 0。

⑦ i = 6：子串 s[0⋯ i]为"ababaab"，能使前后缀相等的最大的 k 等于 1，此时后缀 s[i–k⋯ i]为"ab"，前缀 s[0⋯ k]也为"ab"；而当 k = 2 时后缀 s[i–k⋯ i]为"aab"，前缀 s[0⋯ k]为"aba"，它们不相等，因此 next[6] =1。

再强调一遍，next[i]就是子串 s[0⋯ i]的最长相等前后缀的前缀最后一位的下标。

相信到了这里，读者已经完全知道什么是 next 数组了。读者可以再尝试自己手工算一下字符串"abababc"的 next 数组，可以得到[–1, –1, 0, 1, 2, 3, –1]。

那么，怎么求解 next 数组呢？当然暴力的做法是可行的，但不够高效。下面用“递推”的方式来高效求解 next 数组，即假设已经求出了 next[0] ~ next[i–1]，现在要用它们来推出 next[i]。

作为举例，假设已经有了 next[0] = –1、next[1] = –1、next[2] = 0、next[3] = 1，现在来求解 next[4]。如图 12-2 所示，当已经得到 next[3] = 1 时，最长相等前后缀为"ab"，之后在计算 next[4]时，由于 s[4] == s[next[3] + 1]，因此可以把最长相等前后缀"ab"扩展为"aba"，因此 next[4] = next[3] + 1 = 2，并令 j 指向 next[4]。

接着在此基础上求解 next[5]。如图 12-3 所示，当已经得到 next[4] = 2 时，最长相等前后缀为"aba"，之后在计算 next[5]时，由于 s[5] != s[next[4] + 1]，因此不能扩展最长相等前后缀，即不能直接通过 next[4] + 1 的方法得到 next[5]。这个时候应该怎么办呢？既然相等前后缀没办法达到那么长，那不妨**缩短**一点！此时希望找到一个 j，使得 s[5] == s[j + 1]能够成立，并且图中的波浪线~（代表 s[0⋯ j]）是 s[0⋯ 2] = "aba"的后缀（而 s[0⋯ j]是 s[0⋯ 2]的前缀是显然的）。同时为了让找到的相等前后缀尽可能长，找到的这个 j 应尽可能大。

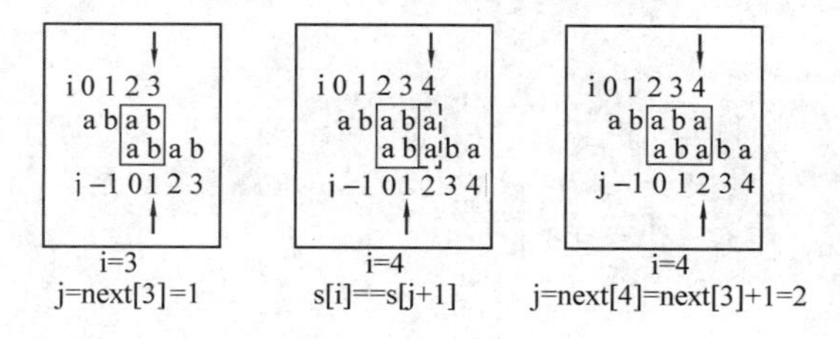

图 12-2　next[4]求解过程图

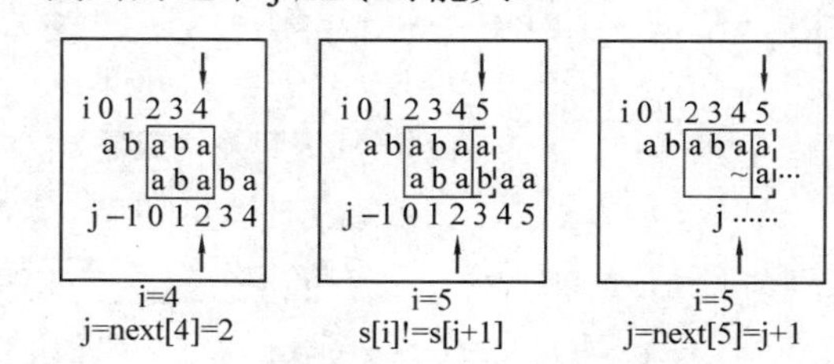

图 12-3　next[5]模仿 next[4]求解失败示意图

想到了什么？实际上在要求图中的波浪线“~”部分（即 s[0⋯ j]）既是 s[0⋯ 2] = "aba"的前缀，也是 s[0⋯ 2] = "aba"的后缀，同时又希望其长度尽可能长。是的，s[0⋯ j]就是 s[0⋯ 2]的最长相等前后缀。也就是说，只需要令 j = next[2]，然后再判断 s[5] == s[j + 1]是否成立：如果成立，说明 s[0⋯ j+1]是 s[0⋯ 5]的最长相等前后缀，令 next[5] = j + 1 即可；如果不成立，就不断让 j = next[j]，直到 j 回到了–1，或是途中 s[5] == s[j + 1]成立。如图 12-4 所示，j 从 2 回退到 next[2] = 0，发现 s[5] == s[j + 1]不成立，就继续让 j 从 0 回退到 next[0] = –1；由于 j 已经回到了–1，因此不再继续回退。这时惊喜地发现 s[i] == s[j + 1]成立，说明 s[0⋯ j+1]是 s[0⋯ 5]的最长相等前后缀，于是就令 next[5] = j + 1 = –1 + 1 = 0，并令 j 指向 next[5]。最终结果如图 12-5 所示。

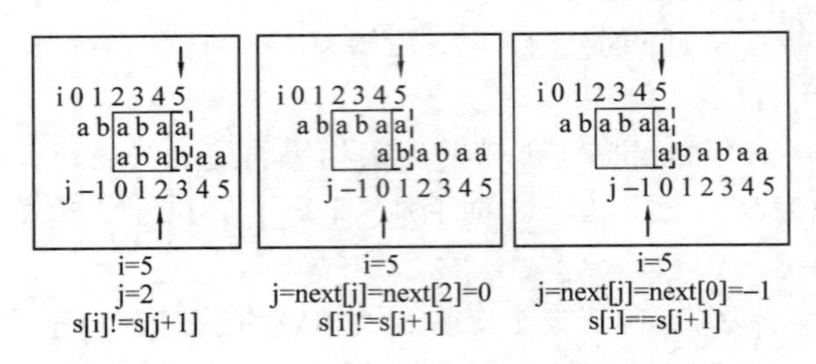

图 12-4　next[5]求解过程

由 next[4]和 next[5]的例子可以发现，**每次求出 next[i]时，总是让 j 指向 next[i]**，以方便继续求解 next[i + 1]之用。由此可以推出，由于 next[0] = –1 一定成立（想一想为什么），因此初始情况下可以令 j 指向–1，并在此基础上进行后面 next[1] ~ next[len – 1]的推导，其中 len 为字符串 s 的长度。

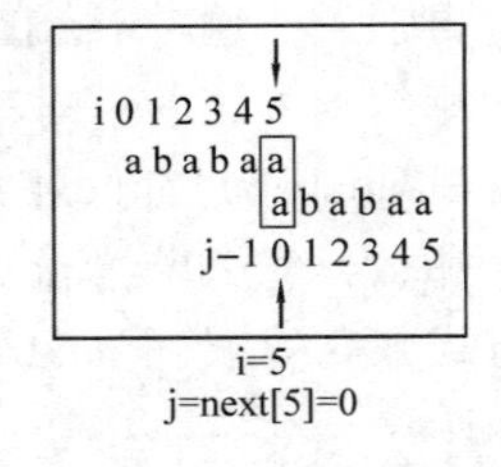

图 12-5　next[5]求解结果

下面总结 next 数组的求解过程，并给出代码，读者可以结合上面的例子理解：

① 初始化 next 数组，令 j = next[0] = –1。

② 让 i 在 1 ~ len – 1 范围遍历，对每个 i，执行③④，以求解 next[i]。

③ 不断令 j = next[j]，直到 j 回退为–1，或是 s[i] == s[j + 1]成立。

④ 如果 s[i] == s[j + 1]，则 next[i] = j + 1；否则 next[i] = j。

```
//getNext 求解长度为 len 的字符串 s 的 next 数组
void getNext(char s[], int len) {
    int j = -1;
    next[0] = -1;    //初始化 j = next[0] = -1
    for (int i = 1; i < len; i++) {    //求解 next[1] ~ next[len - 1]
        while(j != -1 &&s[i] != s[j + 1]) {
            j = next[j];    //反复令 j = next[j]
        }    //直到 j 回退到-1，或是 s[i] == s[j+1]
        if(s[i] == s[j + 1]) {    //如果 s[i] == s[j + 1]
            j++;    //则 next[i] = j + 1，先令 j 指向这个位置
        }
        next[i] = j;    //令 next[i] = j
    }
}
```

12.2.2　KMP 算法

在此前的基础上，下面正式进入 KMP 算法的讲解。读者会发现，有了上面的基础，KMP 算法就是在依样画葫芦。此处给定一个文本串 text 和一个模式串 pattern，然后判断模式串 pattern 是否是文本串 text 的子串。

以 text = "abababaabc"、pattern = "ababaab"为例。如图 12-6 所示，令 i 指向 text 的当前欲

比较位，令 j 指向 pattern 中当前**已被匹配**的最后位，这样只要 text[i] == pattern[j + 1]成立，就说明 pattern[j + 1]也被成功匹配，此时让 i、j 加 1 以继续比较，直到 j 达到 m – 1 时说明 pattern 是 text 的子串（m 为模式串 pattern 的长度）。在这个例子中，i 指向 text[4]、j 指向 pattern[3]，表明 pattern[0⋯3]已经全部匹配成功了，此时发现 text[i] == pattern[j + 1]成立，这说明 pattern[4]成功匹配，于是令 i、j 加 1。

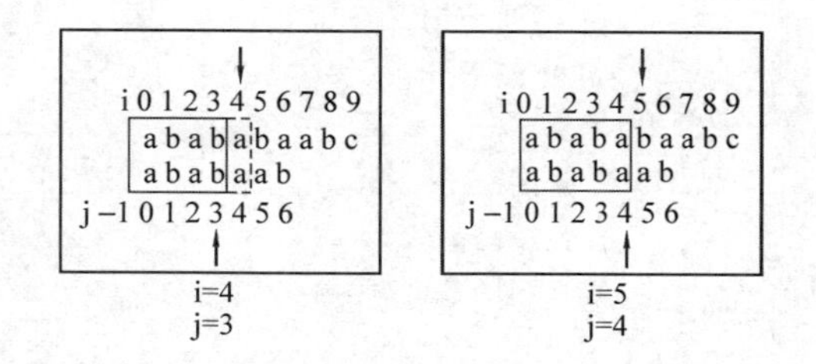

图 12-6　KMP 算法匹配示意图（一）

接着继续匹配，如图 12-7 所示。此时 i 指向 text[5]、j 指向 pattern[4]，表明 pattern[0⋯4]已经全部匹配成功。于是试着判断 text[i] == pattern[j + 1]是否成立：如果成立，那么就有 pattern[0⋯5]被成功匹配，可以令 i、j 加 1 以继续匹配下一位，但是十分不幸的是，此处 text[5] != pattern[4 + 1]，匹配失败。似乎很让人懊恼，难道就此放弃之前 pattern[0⋯4]的成功匹配成果、让 j 回退到–1 开始重新匹配吗？当然不会，只有暴力的做法才会那么做！

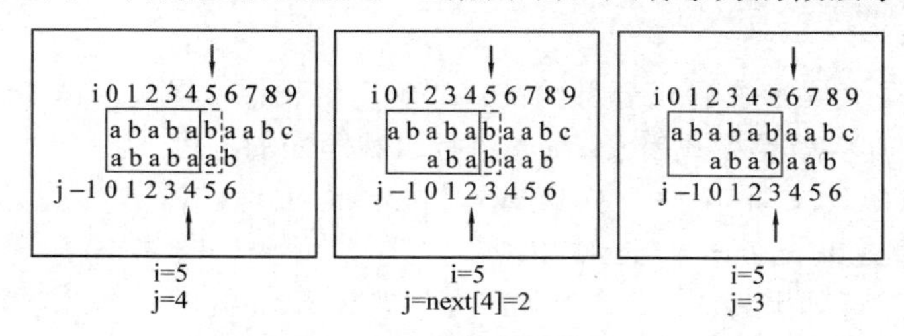

图 12-7　KMP 算法匹配示意图（二）

那应该怎么做呢？为了不要让 j 直接回退到–1，应寻求回退到一个离当前的 j 最近的 j'，使得 text[i] == pattern[j' + 1]能够成立，并且 pattern[0⋯j']仍然与 text 的相应位置处于匹配状态，即 pattern[0⋯j']是 pattern[0⋯j]的后缀。这很容易令人想到之前求 next 数组时碰到的类似问题，答案是 pattern[0⋯j']就是 pattern[0⋯j]的最长相等前后缀。也就是说，只需要不断令 j = next[j]，直到 j 回退到–1 或是 text[i] == pattern[j + 1]成立，然后继续匹配即可。**从这个角度讲，next 数组的含义就是当 j + 1 位失配时，j 应该回退到的位置**。对图 12-6 的例子来说，当 text[5]与 pattern[5]匹配失败时，令 j = next[4] = 2，然后惊喜地发现 text[i] == pattern[j + 1]能够成立，因此就让它继续匹配，直到 j == 6 也匹配成功，就意味着 pattern 是 text 的子串。

由此可以总结出 KMP 算法的一般思路：

① 初始化 j = –1，表示 pattern 当前已被匹配的最后位。

② 让 i 遍历文本串 text，对每个 i，执行③④来试图匹配 text[i]和 pattern[j + 1]。

③ 不断令 j = next[j]，直到 j 回退为–1，或是 text[i] == pattern[j + 1]成立。

④ 如果 text[i] == pattern[j + 1]，则令 j++。如果 j 达到 m – 1，说明 pattern 是 text 的子串，返回 true。

KMP 算法的代码如下：

```
//KMP 算法，判断 pattern 是否是 text 的子串
bool KMP(char text[], char pattern[]) {
    int n = strlen(text), m = strlen(pattern);    //字符串长度
```

```
    getNext(pattern, m);    //计算pattern的next数组
    int j = -1;    //初始化j为-1，表示当前还没有任意一位被匹配
    for(int i = 0; i < n; i++) {    //试图匹配text[i]
        while(j != -1 && text[i] != pattern[j + 1]) {
            j = next[j];    //不断回退，直到j回到-1或text[i]==pattern[j+1]
        }
        if(text[i] == pattern[j + 1]) {
            j++;    //text[i]与pattern[j+1]匹配成功，令j加1
        }
        if(j == m - 1) {    //pattern完全匹配，说明pattern是text的子串
            return true;
        }
    }
    return false;    //执行完text还没匹配成功，说明pattern不是text的子串
}
```

读者会发现这段代码和求解next数组的代码惊人地相似。事实上稍加思考就会发现，**求解next数组的过程其实就是模式串pattern进行自我匹配的过程**。

接着考虑如何统计文本串text中模式串pattern出现的次数。例如对文本串text = "abababab"来说，模式串pattern = "abab"出现了三次，而模式串pattern = "ababa"出现了两次。

针对这个问题进行如下考虑：当j == m – 1时表示pattern的一次成功完全匹配，此时可以令记录成功匹配次数的变量加1，但问题在于，这之后应该从模式串pattern的哪个位置开始进行下一次匹配。图12-8所示是一次匹配成功的时刻，由于模式串pattern在文本串text中的多次出现可能是重叠的，因此不能什么都不做就直接让i加1继续比较，而是必须先让j回退一定距离。那么回退到哪里可以不漏解且有效率呢？有了前面的经验，想必读者应该已经想到是next[j]了，因为此时next[j]代表着整个模式串pattern的最长相等前后缀，从这个位置开始可以让j最大，即让已经成功匹配的部分最长，这样能保证既不漏解，又使下一次的匹配省去许多无意义的比较。

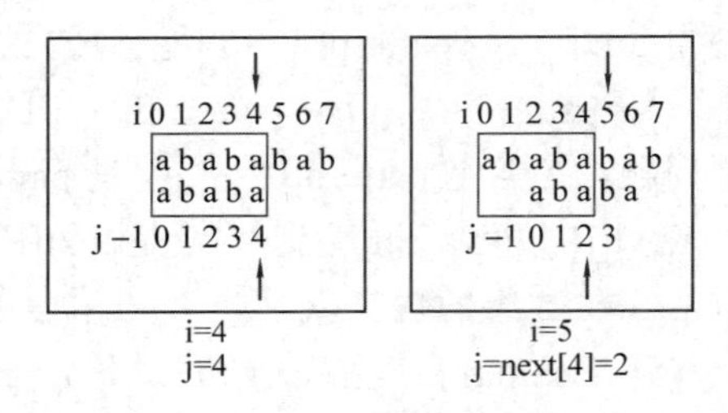

图12-8 KMP匹配交接示意图

统计模式串pattern出现次数的KMP算法代码如下所示：

```
//KMP算法，统计pattern在text中出现的次数
int KMP(char text[], char pattern[]) {
    int n = strlen(text), m = strlen(pattern);    //字符串长度
    getNext(pattern, m);    //计算pattern的next数组
    int ans = 0, j = -1;    //ans表示成功匹配次数，并初始化j为-1
    for(int i = 0; i < n; i++) {    //试图匹配text[i]
        while(j != -1 && text[i] != pattern[j + 1]) {
            j = next[j];    //不断回退，直到j回到-1或text[i]==pattern[j+1]
        }
```

```
        if(text[i] == pattern[j + 1]) {
            j++;    //text[i]与pattern[j+1]匹配成功，令j加1
        }
        if(j == m - 1) {    //pattern完全匹配，说明pattern是text的子串
            ans++;    //成功匹配次数加1
            j = next[j];    //让j回退到next[j]继续匹配
        }
    }
    return ans;    //返回成功匹配次数
}
```

可能有人会问，既然 for 循环中每个 i 都有一个 while 循环，这样 j 回退的次数可能不可预计，为什么 KMP 算法的复杂度是 O(n + m)呢？

首先，整个 for 循环中 i 是不断加 1 的，所以在整个过程中 i 的变化次数是 O(n)级别，这个应该没有疑问。接下来考虑 j 的变化，我们注意到 j 只会在一行中增加，并且每次只加 1，这样在整个过程中 j 最多只会增加 n 次；而其他地方的 j 都是不断减小的，由于 j 最小不会小于–1，因此在整个过程中 j 最多只能减少 n 次（否则 j 就会小于–1 了），也就是说 while 循环对整个过程来说最多只会执行 n 次，因此 j 在整个过程中的变化次数是 O(n)级别的（可以认为均摊到每次 for 循环中就是 O(1)）。由于 i 和 j 在整个过程中的变化次数都是 O(n)，因此 for 循环部分的整体时间复杂度就是 O(n)。考虑到计算 next 数组需要 O(m)的时间复杂度（用同样的分析方法可以得到），因此 KMP 算法总共需要 O(n + m)的时间复杂度。

至此，读者已经可以理解 next 数组的求解过程和 KMP 算法的流程了，一般来说，上面的内容已经够日常使用了。但是，真的没有优化空间了吗？当然不是。来看下面这种情况：用模式串"ababab"去匹配文本串"ababacab"，其中试图匹配字符'c'的过程如图 12-9 所示。在这个例子中，一开始 i = 5、j = 4，因此 text[i] = 'c'、pattern[j + 1] = 'b'，它们不匹配；接着 j 回退到 next[4] = 2，发现 pattern[j + 1]还是'b'，还是不匹配；于是 j 回退到 next[2] = 0，此时又有 pattern[j + 1]是'b'，毫无疑问肯定还是不匹配；最后 j 回退到 next[0] = –1，此时终于出现一个 pattern[j + 1]不是'b'的了，可以和 text[i]比较了。显然，在第一次 text[i]与'b'发生失配之后，接下来一连串的'b'是必然失配的，它们与 text[i]的比较毫无意义，要是能想办法直接跳过这些'b'，就能提高一定效率。

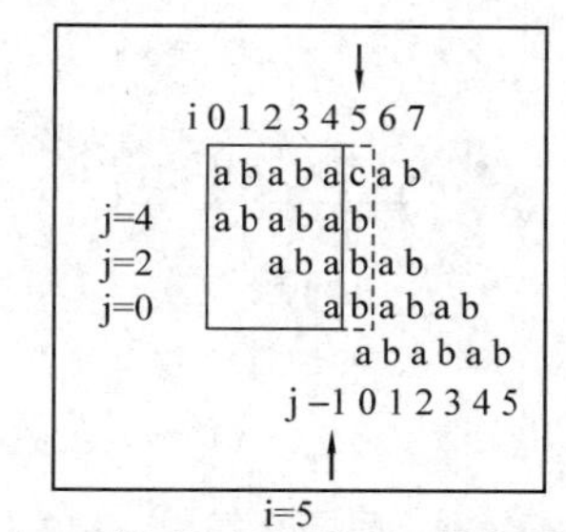

图 12-9　待优化的匹配示意图

考虑一下问题出在哪里。从匹配的角度看，next[j]表示当模式串的 j + 1 位失配时，j 应当回退到的位置，仔细思考便会发现，j 进行无意义回退的问题出在 pattern[j + 1] == pattern[next[j] + 1]上。例如对图 12-9 的例子来说，当 j = 4 时，有 pattern[j + 1] = 'b'，当它失配时 j 将回退到 next[j] = 2，显然 pattern[next[j] + 1] = pattern[3] = 'b'，因此 pattern[j + 1] == pattern[next[j] + 1]成立，这次回退是没有意义的。

这时应该怎么做呢？一个可以想到的办法是让 j 继续回退，变成 next[next[j]]，然后看 pattern[next[j] + 1] == pattern[next[next[j]] + 1]是否成立，如果成立，则说明还需要继续回退，

直到该等式不成立或是 j 回退到–1 为止。但仔细一想就会发现，这样做事实上还是会做若干次无意义的回退，并没有实际解决问题。然后可以想到，如果能修改 next[j]存放的内容，让它可以跳过无意义回退的部分，一步回退到恰当的位置，即让 pattern[j + 1] != pattern[next[j] + 1]能够直接成立，这样当 j + 1 位失配时就只需要一次回退了。

这个过程只需要在求解 next 数组过程的基础上稍作修改即可得到。回忆求解 next 数组的代码可以知道，在最后的语句“next[i] = j”之前，j 已经指向原先意义的 next[i]的位置，需要在这里判断：如果有 pattern[i + 1] != pattern[j + 1]成立（即 pattern[i + 1] != pattern[next[i] + 1]，注意这里的 i 是对模式串 pattern 来说的，不是图 12-9 中的 i），则说明不需要回退，按原先的写法令 next[i] = j 即可；如果 pattern[i + 1] == pattern[j + 1]成立的话，则说明需要回退，就令 next[i]继承 next[j]。例如对图 12-9 的模式串 pattern = "ababab"来说，已知 next[0] = –1，那么在求解 next[2]时，它就会继承 next[0]的结果得到 next[2] = –1；而在求解 next[4]时又会继承 next[2]的结果得到 next[4] = –1。

优化后的 next 数组被称为 nextval 数组，它丢失了 next 数组的最长相等前后缀的含义，却让失配时的处理达到了最优，因此**nextval[i]的含义应该理解为当模式串 pattern 的 i + 1 位发生失配时，i 应当回退到的最佳位置**。求解 nextval 数组的代码如下：

```
//getNextval 求解长度为 len 的字符串 s 的 nextval 数组
void getNextval(char s[], int len) {
    int j = -1;
    nextval[0] = -1;    //初始化 j = nextval[0] = -1
    for (int i = 1; i < len; i++) {    //求解 nextval[1] ~ nextval[len - 1]
        while(j != -1 && s[i] != s[j + 1]) {
            j = nextval[j];    //反复令 j = nextval[j]
        }    //直到 j 回退到-1，或是 s[i] == s[j+1]
        if(s[i] == s[j + 1]) {    //如果 s[i] == s[j + 1]
            j++;    //令 j 指向原 next[i]的位置
        }
        //与 getNext 函数相比只有下面不同
        if(j == -1 || s[i + 1] != s[j + 1]) {    //j == -1 不需要回退
            nextval[i] = j;    //getNext 函数中只有这句
        } else {
            nextval[i] = nextval[j];
        }
    }
}
```

从代码中会发现，只是对原先 getNext 函数中的 next[i] = j 这个语句进行了扩充，即在对 nextval[i]赋值的过程中选择性地用 j 的值还是继承自 nextval[j]。显然，在对 nextval[i]赋值的过程中 j 不发生变化。使用这段代码求解"ababab"可以得到对应的 nextval 数组为[–1, –1, –1, –1, –1, 3]，建议读者自己模拟一下执行的过程，这可以对 nextval 数组有更加直观的理解。

可能会有人疑惑，为什么在 s[i + 1] != s[j + 1]的判断前不需要加个 i < len 的判断。事实上从 nextval 的含义上来说，如果 i 已经是模式串 pattern 的最后一位，那么 i + 1 位失配的说法

从匹配的角度来讲是没有意义的（由于 s[len] == '\0'，且 j 一定小于 i，因此一定会失配），也就是说，nextval[len – 1]本身其实可有可无，它在 KMP 算法的匹配过程中不会被用到（读者可以阅读 KMP 算法的代码来思考）。

在 nextval 数组的定义下，KMP 算法的代码不需要任何修改即可使用（除了把 next 数组的名称变成 nextval）。有读者可能会觉得使用 nextval 数组会使得求解模式串 pattern 在文本串 text 中出现的次数的问题漏解，但事实上 nextval 数组只是跳过了无意义的匹配，并不会导致漏解的问题。另外值得注意的是，由 nextval 数组的含义，getNextval 算法和 KMP 算法中的 while 都可以替换成 if，因为每次最多只会执行一次（当然不改也无所谓:P）。

12.2.3 从有限状态自动机的角度看待 KMP 算法

最后从有限状态自动机的角度来理解一下 KMP 算法的执行过程，这样可以对 KMP 算法有更清晰的认识。

首先解释一下什么是有限状态自动机，当然这里不打算从严格的理论定义来解释，因为这对读者理解 KMP 算法没有意义。事实上，可以把有限状态自动机看作一个有向图，其中顶点表示不同的状态（类似于动态规划中的状态），边表示状态之间的转移。另外，有限状态自动机中会有一个起始状态和终止状态，如果从起始状态出发，最终转移到了终止状态，那么自动机就正常停止。

对 KMP 算法来说，实际上相当于对模式串 pattern 构造一个有限状态状态自动机，然后把文本串 text 的字符从头到尾一个个送入这个自动机，如果自动机可以从初始状态开始达到终止状态，那么说明 pattern 是 text 的子串。

例如图 12-10 就是模式串"ababab"表示的有限状态自动机的简化画法（省去了一些细节），其中起始状态是状态 0，终止状态是状态 6。于是，如果处于状态 0 时给自动机送入了字符'a'，状态就会转移到状态 1；而在状态 1 时如果给自动机送入了字符'b'，那么状态就会转移到状态 2；这样如果文本串中有"ababab"这个子串，状态就会不断从状态 0 转移到状态 6，自动机就成功停止了。但是如果期间碰到了意外的情况，例如当在状态 4 时送入自动机的不是字符'a'而是其他字符，它就会沿着一条回退的边转移到状态 2，而在初始状态 0 时如果送入自动机的始终不是字符'a'，它就会沿着一条从自己转移到自己的边绕圈，这样自动机就会一直处于起始状态。细心的读者会发现，**图中所有回退的箭头其实就是 next 数组代表的位置**（其中–1 和 0 可以统一合并为起始状态）。

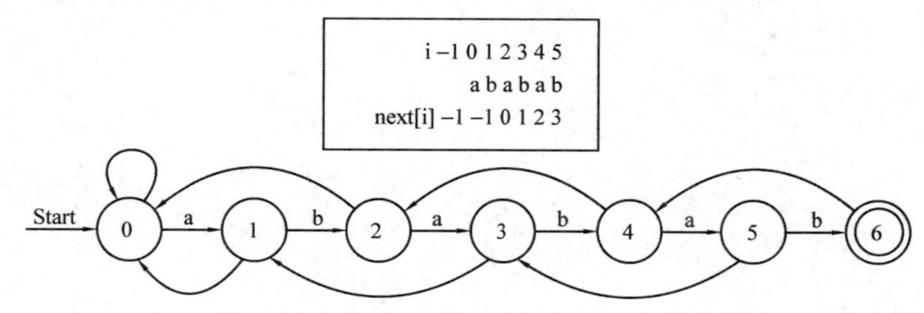

图 12-10 模式串"ababab"的简化有限状态自动机示意图

现在不考虑终止这个自动机，试图用它来计算文本串"abababab"中有多少个模式串"ababab"。起始状态时自动机处于状态 0，此时文本串第 1 位为'a'，将其送入自动机后使状态转移到状态 1；接着文本串第 2 位为'b'，因此状态转移到状态 2；直到第 6 位为'b'，使得状态到达状态 6，表示模式串"ababab"完整出现了一次。接着状态直接由箭头转移到状态 4 以继续匹配（可以认为状态 6 在送入空字符时会转移到状态 4）。此时文本串的第 7 位为'a'，状态转移到状态 5；最后文本串第 8 位为'b'，使得状态转移到状态 6，表示模式串"ababab"完整出现了两次。由于文本串的字符已经全部送入自动机，因此统计结束，得到模式串"ababab"在文本串中共出现了两次，整个过程直接明了，而这正是 KMP 算法的工作流程。

最后指出，如果把这个自动机推广为树形，就会产生字典树（也叫前缀树），此时就可以解决多维字符串匹配问题，即一个文本串匹配多个模式串的匹配问题。通常把解决多维字符串匹配问题的算法称为 AC 自动机，事实上 KMP 算法只是 AC 自动机的特殊情形。限于篇幅，AC 自动机不在此处介绍，有兴趣的读者可以自行学习。

练习

① 配套习题集的对应小节。

② Codeup Contest ID: 100000634

地址：http://codeup.cn/contest.php?cid=100000634。

本节二维码

本章二维码

第 13 章　专题扩展

13.1　分块思想

来看一个问题：给出一个非负整数序列 A，元素个数为 N（$N \leqslant 10^5, A[i] \leqslant 10^5$），在有可能随时添加或删除元素的情况下，实时查询**序列元素第 K 大，即把序列元素从小到大排序后从左到右的第 K 个元素**。例如对序列{2, 7, 5, 1, 6}来说，此时序列第 3 大为 5；之后插入元素 4，这样序列第 3 大就是 4；然后删除元素 1，于是序列第 1 大就是 2。

一般来说，如果在查询的过程中元素可能发生改变（例如插入、修改或删除），就称这种查询为**在线查询**；如果在查询过程中元素不发生改变，就称为**离线查询**。显然，上面的序列元素第 K 大的问题是在线查询，如果直接暴力做，在添加跟删除元素时就要有 O(n)的时间复杂度来移动序列的元素，效率极其低下。事实上，序列元素第 K 大有很多解决方法，本节将介绍其中较容易理解、写法也很简洁的一种做法，即分块的思想。

从字面意思理解“分块”，就是**把有序元素划分为若干块**。例如，可以把拥有 9 个元素的有序序列{1, 2, 4, 9, 12, 34, 56, 78, 87}分为 3 块{1, 2, 4}、{9, 12, 34}、{56, 78, 87}。一般来说，为了达到高效率的目的，**对一个有 N 个元素的有序序列来说，除最后一块外，其余每块中元素的个数都应当为$\lfloor \sqrt{N} \rfloor$（此处为向下取整，方便程序实现），于是块数为$\lceil \sqrt{N} \rceil$（此处为向上取整）。这样就把有序序列划分为$\lceil \sqrt{N} \rceil$块，其中每块中元素的个数不超过$\lfloor \sqrt{N} \rfloor$**。例如对有 9 个元素的序列来说，就应当分为$\lceil \sqrt{9} \rceil = 3$块，其中每块中的元素个数分别为 3、3、3；而对有 11 个元素的序列来说，就应当分为$\lceil \sqrt{11} \rceil = 4$块，其中每块中的元素个数分别为 3、3、3、2。

前面提到，暴力的做法由于添加和删除元素时需要 O(n)的复杂度来移动元素，那么如何用分块法降低这个时间呢？考虑到序列中的元素都是不超过 10^5 的非负整数，因此不妨设置一个 **hash 数组 table[100001]，其中 table[x]表示整数 x 的当前存在个数**；接着，借助分块思想，从逻辑上将 $0 \sim 10^5$ 分为$\lceil \sqrt{10^5+1} \rceil = 317$块，其中每块的元素个数为$\lfloor \sqrt{10^5+1} \rfloor = 316$。逻辑上进行分块的结果如下：

0, 1, 2,⋯, 314, 315 为第 0 块；

316, 317,⋯, 630, 631 为第 1 块。

…

99856, 99857,⋯, 100000 为第 316 块。

这样分块有什么用呢？可以定义一个**统计数组 block[317]，其中 block[i]表示第 i 块中存在的元素个数**。于是假如要新增一个元素 x，就可以先计算出 x 所在的块号为 x / 316，然后让 block[x / 316]加 1，表示该块中元素个数多了 1；同时令 table[x]加 1，表示整数 x 的当前存在个数多了 1。

例如想要新增 334 这个元素，就可以通过 334 / 316 = 1 算出元素 334 所在的块号为 1，然后令 block[1]++，表示 1 号块增加了一个元素，并令 table[334]++，表示元素 334 的存在个数多了 1。

同理，如果想要删除一个元素 x，只需要让 block[x / 316]和 table[x]都减 1 即可。显然，**新增与删除元素的时间复杂度都是 O(1)**。

接着来看如何**查询序列中第 K 大的元素**是什么。

首先，从小到大枚举块号，利用 block 数组累加得到前 i – 1 块中存在的元素总个数，然后判断加入 i 号块的元素个数后元素总个数能否达到 K。如果能，则说明第 K 大的数就在当前枚举的这个块中，此时只需从小到大遍历该块中的每个元素（其中 i 号块的第一个元素是 i * 316），利用 table 数组继续累加元素的存在个数，直到总累计数达到 K，则说明找到了序列第 K 大的数。显然**整体思路是先用 $O(\sqrt{N})$ 的时间复杂度找到第 K 大的元素在哪一块，然后再用 $O(\sqrt{N})$ 的时间复杂度在块内找到这个元素，因此单次查询的总时间复杂度为 $O(\sqrt{N})$**。

举个例子，令数据范围为 0 ~ 8，那么就可以分为 3 块，其中 0 号块负责 0 ~ 2，1 号块负责 3 ~ 5，2 号块负责 6 ~ 8。假设现在已经存在的元素为 0, 1, 3, 4, 4, 5, 8，那么此时 block 数组与 table 数组的情况如下：

block[0] = 2，表明 0 号块包含了 2 个元素；
block[1] = 4，表明 1 号块包含了 4 个元素；
block[2] = 1，表明 2 号块包含了 1 个元素；
table[0] = table[1] = table[3] = table[5] = table[8] = 1，表明它们各存在 1 个；
table[4] = 2，表明元素 4 存在 2 个。

接下来查询当前序列{0, 1, 3, 4, 4, 5, 8}的第 5 大的数，即 K = 5。令 sum 表示当前已经累计存在的数的个数，初始为 0。依次遍历每个块：

① 遍历到 0 号块时，sum + block[0] = 0 + 2 = 2 <5，因此第 K 大的数不在 0 号块，令 sum = 2。

② 遍历到 1 号块时，sum + block[1] = 2 + 4 = 6 >5，因此第 K 大的数在 1 号块内。

此时 sum = 2，接下来遍历 1 号块的每个元素，即 3 ~ 5：

① 遍历到元素 3 时，计算 sum = sum + table[3] = 3 < 4，因此 3 不是第 K 大的数。

② 遍历到元素 4 时，计算 sum = sum + table[4] = 5 > 4，因此 4 是第 K 大的数。

因此序列中第 5 大的数为 4。

【PAT A1057】Stack (30)

题目描述

Stack is one of the most fundamental data structures, which is based on the principle of Last In First Out (LIFO). The basic operations include Push (inserting an element onto the top position) and Pop (deleting the top element). Now you are supposed to implement a stack with an extra operation: PeekMedian—return the median value of all the elements in the stack. With N elements, the median value is defined to be the (N/2)–th smallest element if N is even, or ((N+1)/2)–th if N is odd.

输入格式

Each input file contains one test case. For each case, the first line contains a positive integer N

(≤10^5). Then N lines follow, each contains a command in one of the following 3 formats:

Push key

Pop

PeekMedian

where *key* is a positive integer no more than 10^5.

输出格式

For each Push command, insert *key* into the stack and output nothing. For each Pop or PeekMedian command, print in a line the corresponding returned value. If the command is invalid, print "Invalid" instead.

（原题即为英文题）

输入样例

```
17
Pop
PeekMedian
Push 3
PeekMedian
Push 2
PeekMedian
Push 1
PeekMedian
Pop
Pop
Push 5
Push 4
PeekMedian
Pop
Pop
Pop
Pop
```

输出样例

```
Invalid
Invalid
3
2
2
1
2
4
4
5
```

3
Invalid

题意

给出一个栈的入栈（Push）、出栈（Pop）过程，并随时通过 PeekMedian 命令要求输出栈中中间大小的数（Pop 命令输出出栈的数）。当栈中没有元素时，Pop 命令和 PeekMedian 命令都应该输出 Invalid。

思路

本题中需要做的是，在支持栈的插入和弹出元素操作的同时，还要实时支持查询栈内元素第 K 大（K 是中位数的位置）。首先应当注意到 $N \leqslant 10^5$，因此暴力程序肯定是会超时的。由于所谓的“栈内元素”其实从 hash 的角度看起来跟普通序列元素没什么区别，此处用分块的思想来解决这个问题，因此只需要在 Push 命令时添加元素、在 Pop 命令时删除元素即可。

显然，对于 N 次查询，总复杂度为 $O(N\sqrt{N})$，对于 $N = 10^5$ 来说总复杂度为 $10^{7.5}$。当然，这个是理论最坏复杂度，在实际运行中分块算法的执行能力则优秀得多，一般达不到 $10^{7.5}$，可以放心使用。

注意点

注意栈空时进行 Pop 与 PeekMedian 操作都应该输出 Invalid。

参考代码

```
#include <cstdio>
#include <cstring>
#include <stack>
using namespace std;
const int maxn = 100010;
const int sqrN = 316;    //sqrt(100001)，表示块内元素个数

stack<int> st;    //栈
int block[sqrN];    //记录每一块中存在的元素个数
int table[maxn];    //hash 数组，记录元素当前存在个数

void peekMedian(int K) {
    int sum = 0;    //sum 存放当前累计存在的数的个数
    int idx = 0;    //块号
    while(sum + block[idx] < K) {    //找到第 K 大的数所在块号
        sum += block[idx++];    //未达到 K，则累加上当前块的元素个数
    }
    int num = idx * sqrN;    //idx 号块的第一个数
    while(sum + table[num] < K) {
        sum += table[num++];    //累加块内元素个数，直到 sum 达到 K
    }
```

```
    printf("%d\n", num);    //sum 达到 K，找到了第 K 大的数为 num
}
void Push(int x) {
    st.push(x);    //入栈
    block[x / sqrN]++;    //x 所在块的元素个数加 1
    table[x]++;    //x 在的存在个数加 1
}
void Pop() {
    int x = st.top();    //获得栈顶
    st.pop();    //出栈
    block[x / sqrN]--;    //x 所在块的元素个数减 1
    table[x]--;    //x 的存在个数减 1
    printf("%d\n", x);    //输出 x
}

int main() {
    int x, query;
    memset(block, 0, sizeof(block));
    memset(table, 0, sizeof(table));
    char cmd[20];    //命令
    scanf("%d", &query);    //查询数目
    for(int i = 0; i < query; i++) {
        scanf("%s", cmd);
        if(strcmp(cmd, "Push") == 0) {    //Push x
            scanf("%d", &x);
            Push(x);    //入栈
        } else if(strcmp(cmd, "Pop") == 0) {    //Pop
            if(st.empty() == true) {
                printf("Invalid\n");    //栈空
            } else {
                Pop();    //出栈
            }
        } else {    //PeekMedian
            if(st.empty() == true) {
                printf("Invalid\n");    //栈空
            } else {
                int K = st.size();
                if(K % 2 == 1) K = (K + 1) / 2;    //K 为中间位置
                else K = K / 2;
                peekMedian(K);    //输出中位数，即第 K 大
```

```
            }
        }
    }
    return 0;
}
```

练习

① 配套习题集的对应小节。

② Codeup Contest ID: 100000635

地址：http://codeup.cn/contest.php?cid=100000635。

本节二维码

13.2　树状数组（BIT）

13.2.1　lowbit 运算

众所周知，二进制有很多奇妙的应用，这里介绍其中非常经典的一个，也就是 lowbit 运算，即 lowbit(x) = x & (–x)。

那么这个式子是什么意思呢？先来看–x 从二进制的角度发生了什么。从《计算机组成原理》中可以知道，整数在计算机中一般采用的是补码存储，并且把一个补码表示的整数 x 变成其相反数–x 的过程相当于把 x 的二进制的每一位都取反，然后末位加 1。而这等价于**直接把 x 的二进制最右边的 1 左边的每一位都取反**。如图 13-1 所示，对 x = $(0000001101001100)_2$ 来说，最右边的 1 是在 2 号位，因此把它左边的所有位全部取反，于是有–x = $(1111110010110100)_2$。通过它可以很容易推得 **lowbit(x) = x & (–x)就是取 x 的二进制最右边的 1 和它右边所有 0**，因此它一定是 2 的幂次，即 1、2、4、8 等。例如对上面的例子 $(0000001101001100)_2$ 来说，x & (–x) = $(0000000000000100)_2$ = 4；而对 x = 6 = $(110)_2$ 来说，x & (–x) = $(010)_2$ = 2。显然，**lowbit(x)也可以理解为能整除 x 的最大 2 的幂次**。

```
       x   0000001101001|100          x   1|10
      –x   1111110010110|100         –x   0|10
------------------------------    ----------------
x&(–x)     0000000000000|100     x&(–x)   0|10
```

图 13-1　x & (–x)示意图

13.2.2　树状数组及其应用

先来看一个问题：给出一个整数序列 A，元素个数为 N（N≤10^5），接下来查询 K 次（K≤10^5），每次查询将给出一个正整数 x（x≤N），求前 x 个整数之和。例如对 5 个整数 2、4、

1、5、3 来说，如果查询前 3 个整数之和，就需要输出 7；如果查询前 5 个整数之和，就需要输出 15。

对这个问题，一般的做法是开一个 sum 数组，其中 sum[i]表示前 i 个整数之和（**数组下标从 1 开始**），这样 sum 数组就可以在输入 N 个整数时就预处理出来。接着每次查询前 x 个整数之和时，输出 sum[x]即可。显然每次查询的复杂度是 O(1)，因此查询的总复杂度是 O(K)。

现在升级一下这个问题，假设在查询的过程中可能随时给第 x 个整数加上一个整数 v，要求在查询中能实时输出前 x 个整数之和（更新操作和查询操作的次数总和为 K 次）。例如同样对整数 2、4、1、5、3 来说，一开始查询前 3 个整数之和，将输出 7；接着把第 2 个整数增加 3，此时序列会变成 2、7、1、5、3；之后又进行一次查询，要求查询前 4 个整数之和，此时应当输出 15 而不是 12。

对这个问题，如果还是之前的做法，虽然单次查询的时间复杂度仍然是 O(1)，但在进行更新时却需要给 sum[x]、sum[x+1]、…、sum[N]都加上整数 v，这使得单次更新的时间复杂度为 O(N)，那么如果 K 次操作中大部分都是更新操作，操作的总复杂度就会是 O(KN)，显然无法承受。

那如果不设置 sum 数组，直接对原数组进行更新和查询呢？很显然，虽然单次更新的时间复杂度变成了 O(1)，但是单次查询的时间复杂度却变为了 O(N)。

于是怎么办呢？下面来看看树状数组是如何巧妙地解决这个问题的。

树状数组（Binary Indexed Tree，BIT）。它其实仍然是一个数组，并且与 sum 数组类似，是一个用来记录和的数组，只不过它存放的不是前 i 个整数之和，而是**在 i 号位之前（含 i 号位，下同）lowbit(i)个整数之和**。如图 13-2 所示，数组 A 是原始数组，有 A[1] ~ A[16]共 16 个元素；数组 C 是树状数组，其中 C[i]存放数组 A 中 i 号位之前 lowbit(i)个元素之和（读者可以结合图 13-3 理解，但**请不要陷入二进制过深**，本节将尽可能减少二进制的出现，希望能使树状数组的讲解更清晰）。显然，**C[i]的覆盖长度是 lowbit(i)（也可以理解成管辖范围）**，它是 2 的幂次，即 1、2、4、8 等。

需要注意的是，树状数组仍旧是一个平坦的数组，画成树形是为了让存储的元素更容易观察。读者可以尝试在大脑中想象 sum 数组的覆盖长度的图进行对比。

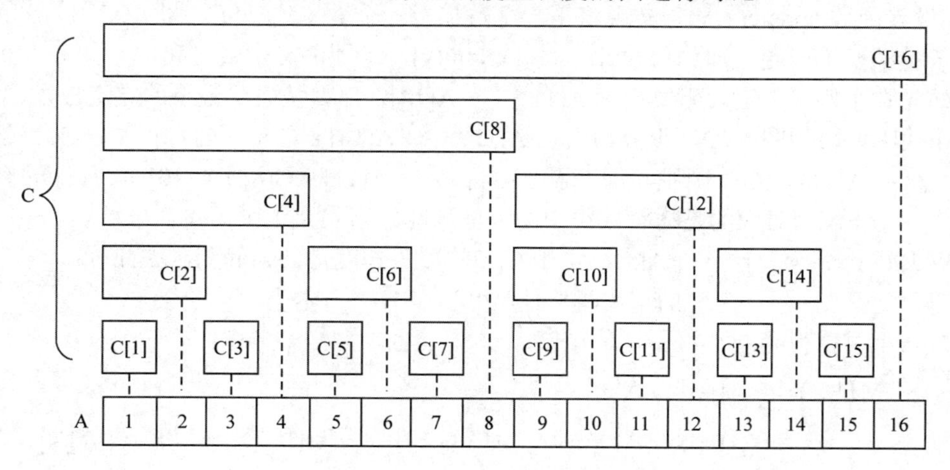

图 13-2　树状数组定义图

如果读者还没能理解树状数组的定义，下面给出了 C[1] ~ C[16]的定义，读者可以结合图

13-2 和图 13-3 进行理解。已经理解树状数组定义的读者可以略过。

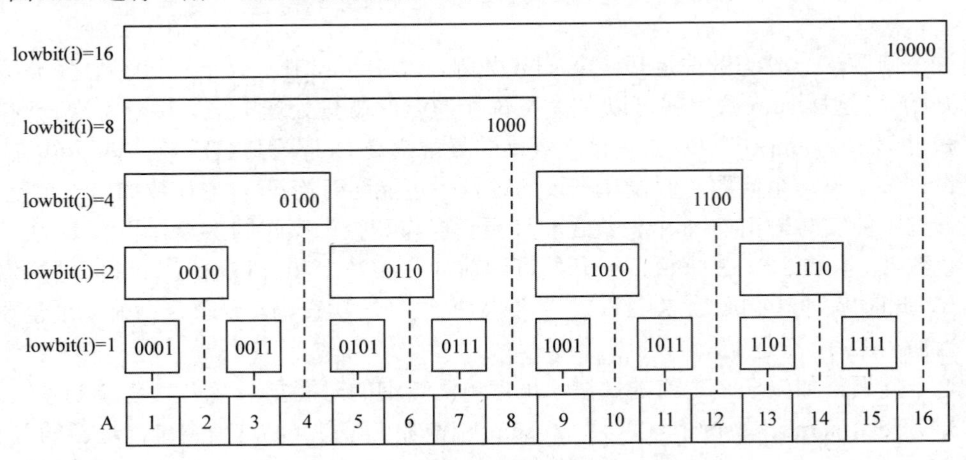

图 13-3　树状数组定义辅助理解图

C[1] = A[1]　　（长度为 lowbit(1) = 1）
C[2] = A[1] + A[2]　　（长度为 lowbit(2) = 2）
C[3] = A[3]　　（长度为 lowbit(3) = 1）
C[4] = A[1] + A[2] + A[3] + A[4]　　（长度为 lowbit(4) = 4）
C[5] = A[5]　　（长度为 lowbit(5) = 1）
C[6] = A[5] + A[6]　　（长度为 lowbit(6) = 2）
C[7] = A[7]　　（长度为 lowbit(7) = 1）
C[8] = A[1] + A[2] + A[3] + A[4] + A[5] + A[6] + A[7] + A[8]　　（长度为 lowbit(8) = 8）

此处强调，树状数组的定义非常重要，特别是"C[i]的覆盖长度是 lowbit(i)"这点；另外，树状数组的下标必须从 1 开始，请读者务必注意。接下来思考一下，在这样的定义下，怎样解决下面两个问题，也就是本节一开始提出的问题：

① 设计函数 getSum(x)，返回前 x 个数之和 A[1] +⋯+ A[x]。

② 设计函数 update(x, v)，实现将第 x 个数加上一个数 v 的功能，即 A[x] += v。

先来看第一个问题，即如何设计函数 getSum(x)，返回前 x 个数之和。

不妨先看个例子。假设想要查询 A[1] +⋯+ A[14]，那么从树状数组的定义出发，它实际是什么东西呢？回到图 13-2，很容易发现 A[1] +⋯+ A[14] = C[8] + C[12] + C[14]。又比如要查询 A[1] +⋯ A[11]，从图中同样可以得到 A[1] +⋯+ A[11] = C[8] + C[10] + C[11]。那么怎样知道 A[1] +⋯+ A[x]对应的是树状数组中的哪些项呢？事实上这很简单。

记 SUM(1, x) = A[1] +⋯+ A[x]，由于 C[x]的覆盖长度是 lowbit(x)，因此

$$C[x] = A[x - \text{lowbit}(x) + 1] + \cdots A[x]$$

于是马上可以得到

$$\begin{aligned}\text{SUM}(1,x) &= A[1] + \cdots + A[x] \\ &= A[1] + \cdots + A[x - \text{lowbit}(x)] + A[x - \text{lowbit}(x) + 1] + \cdots + A[x] \\ &= \text{SUM}(1, x - \text{lowbit}(x)) + C[x]\end{aligned}$$

这样就把 SUM(1, x)转换为 SUM(1, x − lowbit(x))了，读者可以结合图 13-4 进行理解。

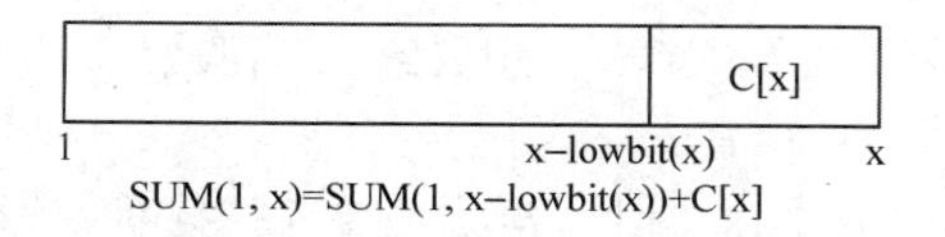

图 13-4　树状数组求和示意图

接着就能很容易写出 getsum 函数了：

```
//getSum 函数返回前 x 个整数之和
int getSum(int x) {
    int sum = 0;    //记录和
    for(int i = x; i > 0; i -= lowbit(i)) {    //注意是 i>0 而不是 i>=0
        sum += c[i];    //累计 c[i]，然后把问题缩小为 SUM(1,i-lowbit(i))
    }
    return sum;    //返回和
}
```

显然，由于 lowbit(i)的作用是定位 i 的二进制中最右边的 1，因此 i = i − lowbit(i)事实上是不断把 i 的二进制中最右边的 1 置为 0 的过程。所以 getSum 函数的 for 循环执行次数为 x 的二进制中 1 的个数，也就是说，**getSum 函数的时间复杂度为 O(logN)**。从另一个角度理解，结合图 13-2 和图 13-3 就会发现，getSum 函数的过程实际上是在沿着一条不断左上的路径行进（可以想一想 getSum(14)跟 getSum(11)的过程），如图 13-5 所示（再次强调，**不要过深陷入图中的二进制**，因为这与理解 getSum 函数没有关系）。于是由于“树”高是 O(logN)级别，因此可以同样得到 getSum 函数的时间复杂度就是 O(logN)。另外，**如果要求数组下标在区间 [x, y]内的数之和，即 A[x] + A[x + 1] +⋯ + A[y]，可以转换成 getSum(y) − getSum(x − 1)来解决，这是一个很重要的技巧。**

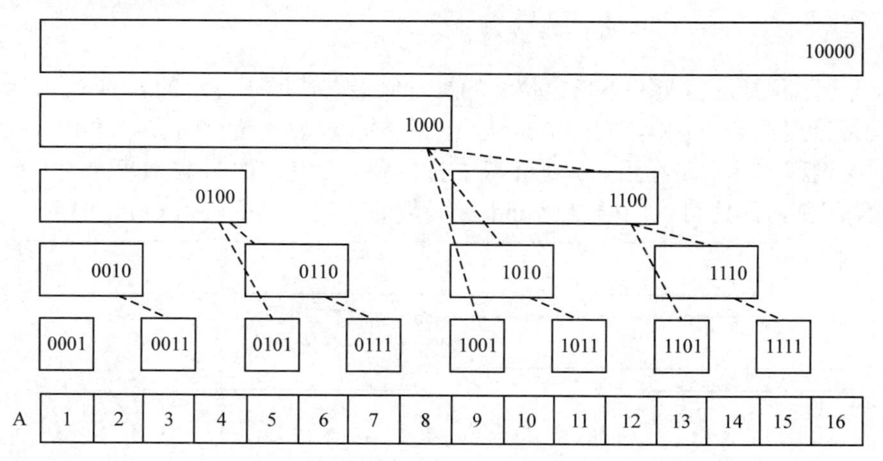

图 13-5　getSum 函数二进制路径图

接着来看第二个问题，即如何设计函数 update(x, v)，实现将第 x 个数加上一个数 v 的功能。

回到图 13-2 上，来看两个例子。假如要让 A[6]加上一个数 v，那么就要寻找树状数组 C 中能覆盖了 A[6]的元素，让它们都加上 v。也就是说，如果要让 A[6]加上 v，实际上是要让 C[6]、C[8]、C[16]都加上 v。同样，如果要将 A[9]加上一个数 v，实际上就是要让 C[9]、C[10]、

C[12]、C[16]都加上 v。于是问题又来了——想要给 A[x]加上 v 时，怎样去寻找树状数组中的对应项呢？

在上一段中已经说过，要让 A[x]加上 v，就是要寻找树状数组 C 中能覆盖 A[x]的那些元素，让它们都加上 v。而从图 13-2 中直观地看，只需要总是寻找离当前的“矩形”C[x]最近的“矩形”C[y]，使得 C[y]能够覆盖 C[x]即可。例如要让 A[5]加上 v，就从 C[5]开始找起：离 C[5]最近的能覆盖 C[5]的“矩形”是 C[6]，离 C[6]最近的能覆盖 C[6]的“矩形”是 C[8]，而离 C[8]最近的能覆盖 C[8]的“矩形”是 C[16]，于是只要把 C[5]、C[6]、C[8]、C[16]都加上 v 即可。

那么，如何找到距离当前的 C[x]最近的能覆盖 C[x]的 C[y]呢？首先，可以得到一个显然的结论：lowbit(y)必须大于 lowbit(x)（不然怎么覆盖呢……）。于是问题等价于求一个尽可能小的整数 a，使得 lowbit(x+a) > lowbit(x)。显然，由于 lowbit(x)是取 x 的二进制最右边的 1 的位置，因此如果 lowbit(a) < lowbit(x)，lowbit(x + a)就会小于 lowbit(x)。为此 lowbit(a)必须不小于 lowbit(x)。接着发现，当 a 取 lowbit(x)时，由于 x 和 a 的二进制最右边的 1 的位置相同，因此 x + a 会在这个 1 的位置上产生进位，使得进位过程中的所有连续的 1 变成 0，直到把它们左边第一个 0 置为 1 时结束。于是 lowbit(x + a) > lowbit(x)显然成立，最小的 a 就是 lowbit(x)。

于是 update 函数的做法就很明确了，只要让 x 不断加上 lowbit(x)，并让每步的 C[x]都加上 v，直到 x 超过给定的数据范围为止（因为在不给定数据范围的情况下，更新操作是无上限的）。代码如下：

```
//update 函数将第 x 个整数加上 v
void update(int x, int v) {
    for(int i = x; i <=N; i += lowbit(i)) {    //注意 i 必须能取到 N
        c[i] += v;    //让 c[i]加上 v，然后让 c[i+lowbit(i)]加上 v
    }
}
```

显然，这个过程是从右至左不断定位 x 的二进制最右边的 1 左边的 0 的过程，因此 **update 函数的时间复杂度为 O(logN)**。同样的，从另一个角度理解，结合图 13-2 和图 13-3 会发现，update 函数的过程实际上是在沿着一条不断右上的路径行进，如图 13-6 所示。于是由于“树”高是 O(logN)级别，因此可以同样得到 update 函数的时间复杂度就是 O(logN)。

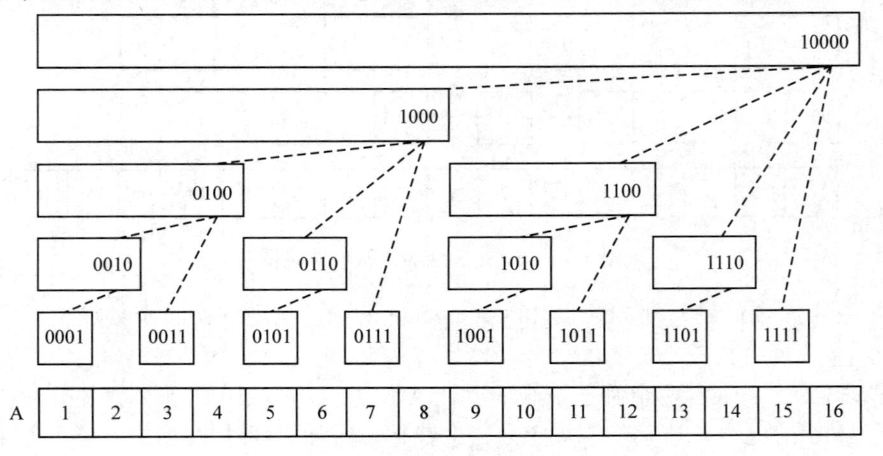

图 13-6　update 函数二进制路径图

看起来 update 函数和 getSum 函数的代码相当简洁，事实上它们就是树状数组的最核心的“武器”，通过它们就能解决一系列问题，接下来来看树状数组最经典的应用。

问题是这样的：**给定一个有 N 个正整数的序列 A（$N \leqslant 10^5$，$A[i] \leqslant 10^5$），对序列中的每个数，求出序列中它左边比它小的数的个数**。例如对序列{2, 5, 1, 3, 4}，A[1]等于 2，在 A[1]左边比 A[1]小的数有 0 个；A[2]等于 5，在 A[2]左边比 A[2]小的数有 1 个，即 2；A[3]等于 1，因此在 A[3]左边比 A[3]小的数有 0 个；A[4]等于 3，因此在 A[4]左边比 A[4]小的数有 2 个，即 2、1；A[5]等于 4，在 A[5]左边比 A[5]小的数有 3 个，即 2、1、3。

先来看使用 hash 数组的做法，其中 hash[x]记录整数 x 当前出现的次数。接着，从左到右遍历序列 A，假设当前访问的是 A[i]，那么就令 hash[A[i]]加 1，表示当前整数 A[i]的出现次数增加了一次；同时，序列中在 A[i]左边比 A[i]小的数的个数等于 hash[1] + hash[2] +…+ hash[A[i] – 1]，这个和需要输出。但是很显然，这两个工作可以通过树状数组的 update(A[i], 1)和 getSum(A[i] – 1)来解决。

使用树状数组时，不必真的建一个 hash 数组，因为它只存在于解法的逻辑中，并不需要真的用到，只需用一个树状数组来代替它即可。代码如下：

```
#include <cstdio>
#include <cstring>
const int maxn = 100010;
#define lowbit(i) ((i)&(-i))     //lowbit 写成宏定义的形式，注意括号
int c[maxn];    //树状数组
//update 函数将第 x 个整数加上 v
void update(int x, int v) {
    for(int i = x; i < maxn; i += lowbit(i)) {     //i<maxn 或者 i<=n 都可以
        c[i] += v;    //让 c[i]加上 v，然后让 c[i+lowbit(i)]加上 v
    }
}
//getSum 函数返回前 x 个整数之和
int getSum(int x) {
    int sum = 0;    //记录和
    for(int i = x; i > 0; i -= lowbit(i)) {     //注意是 i>0 而不是 i>=0
        sum += c[i];    //累计 c[i]，然后把问题缩小为 SUM(1,i-lowbit(i))
    }
    return sum;    //返回和
}
int main() {
    int n, x;
    scanf("%d", &n);
    memset(c, 0, sizeof(c));     //树状数组初值为 0
    for(int i = 0; i < n; i++) {
        scanf("%d", &x);    //输入序列元素
        update(x, 1);    //x 的出现次数加 1
```

```
        printf("%d\n", getSum(x - 1));      //查询当前小于 x 的数的个数
    }
    return 0;
}
```

这就是树状数组最经典的应用，即**统计序列中在元素左边比该元素小的元素个数**，其中"小"的定义根据题目而定，并不一定必须是数值的大小。

那么，如何统计序列中在元素左边比该元素大的元素个数呢？事实上这等价于计算 hash[A[i] + 1] +⋯+ hash[N]，于是 getSum(N) – getSum(A[i])就是答案。至于统计序列中在元素右边比该元素小（或大）的元素个数，只需要把原始数组从右往左遍历就好了。

但是现在还有问题没有解决：如果 A[i]≤N 不成立（例如 A[i]≤10^9），看起来树状数组开不了那么大，是不是就没办法了呢？当然不是。举个例子，现在给定一个序列 A 为{520, 999999999, 18, 666, 88888}，如果只需要考虑它们之间大小的关系，那么这个序列实际上和{2, 5, 1, 3, 4}是等价的。同样的，序列{11, 111, 1, 11}与{2, 4, 1, 2}也是等价的（当然只考虑大小关系的话与{2, 3, 1, 2}等价也是可以的）。因此要做的就是把 A[i]与 1~N 对应起来，而这与"给定 N 个学生的分数，给他们进行排名，分数相同则排名相同"显然是同一个问题。一般来说，可以设置一个临时的结构体数组，用以存放输入的序列元素的值以及原始序号，而在输入完毕后将数组按 val 从小到大进行排序，排序完再按照"计算排名"的方式将"排名"根据原始序号 pos 存入一个新的数组即可。由于这种做法可以把任何不在合适区间的整数或者非整数都转换为不超过元素个数大小的整数，因此一般把这种技巧称为**离散化**。下面针对"统计序列中在元素左边比该元素小的元素个数"的问题给出使用离散化的代码：

```
#include <cstdio>
#include <cstring>
#include <algorithm>
using namespace std;
const int maxn = 100010;
#define lowbit(i) ((i)&(-i))     //lowbit 写成宏定义的形式，注意括号
struct Node {
    int val;    //序列元素的值
    int pos;    //原始序号
} temp[maxn];     //temp 数组临时存放输入数据
int A[maxn];     //离散化后的原始数组
int c[maxn];     //树状数组

//update 函数将第 x 个整数加上 v
void update(int x, int v) {
    for(int i = x; i < maxn; i += lowbit(i)) {     //i<maxn 或者 i<=n 都可以
        c[i] += v;     //让 c[i]加上 v，然后让 c[i+lowbit(i)]加上 v
    }
}
//getSum 函数返回前 x 个整数之和
```

```
int getSum(int x) {
    int sum = 0;    //记录和
    for(int i = x; i > 0; i -= lowbit(i)) {    //注意是 i>0 而不是 i>=0
        sum += c[i];    //累计 c[i]，然后把问题缩小为 SUM(1,i-lowbit(i))
    }
    return sum;    //返回和
}
//按 val 从小到大排序
bool cmp(Node a, Node b) {
    return a.val < b.val;
}
int main() {
    int n;
    scanf("%d", &n);
    memset(c, 0, sizeof(c));    //树状数组初值为 0
    for(int i = 0; i < n; i++) {
        scanf("%d", &temp[i].val);    //输入序列元素
        temp[i].pos = i;    //原始序号
    }
    //离散化
    sort(temp, temp + n, cmp);    //按 val 从小到大排序
    for(int i = 0; i < n; i++) {
        //与上一个元素值不同时，赋值为元素个数
        if(i == 0 || temp[i].val != temp[i - 1].val) {
            A[temp[i].pos] = i + 1;    //[注意]这里必须从 1 开始
        } else {    //与上一个元素值相同时，直接继承
            A[temp[i].pos] = A[temp[i - 1].pos];
        }
    }
    //正式进入更新和求和操作
    for(int i = 0; i < n; i++) {
        update(A[i], 1);    //A[i]的出现次数加 1
        printf("%d\n", getSum(A[i] - 1));    //查询当前小于 A[i]的数的个数
    }
    return 0;
}
```

一般来说，离散化只适用于离线查询，因为必须知道所有出现的元素之后才能方便进行离散化。但是对在线查询来说也不是一点办法都没有，也可以先把所有操作都记录下来，然后对其中出现的数据进行离散化，之后再按照记录下来的操作顺序正常进行“在线”查询即可。

13.1 节曾使用分块法来求解**序列第 K 大**的问题，现在用树状数组来试着解决它。对一个序列来说，如果用 hash 数组记录每个元素出现的个数，那么序列第 K 大就是在求最小的 i，使得 ash[1] + ⋯ + hash[i] ≥ K 成立。也就是说，如果用树状数组来解决 hash 数组的求和问题，那么这个问题就等价于寻找第一个满足条件“ getSum(i) ≥ K ”的 i。

针对这个问题，由于 hash 数组的前缀和是递增的，根据 4.5.1 节，可以令 l = 1、r = MAXN，然后在[l, r]范围内进行二分，对当前的 mid，判断 getSum(mid) ≥ K 是否成立：如果成立，说明所求位置不超过 mid，因此令 r = mid；如果不成立，说明所求位置大于 mid，因此令 l = mid + 1。如此二分，直到 l < r 不成立为止。显然二分的时间复杂度是 O(logn)，求和的时间复杂度也是 O(logn)，因此总复杂度是 $O(\log^2 n)$。代码如下：

```
//求序列元素第 K 大
int findKthElement(int K) {
    int l = 1, r = MAXN, mid;    //初始区间为[1, MAXN]
    while(l < r) {    //循环，直到[l, r]能锁定单一元素
        mid = (l + r) / 2;
        if(getSum(mid) >= K) r = mid;    //所求位置不超过 mid
        else l = mid + 1;    //所求位置大于 mid
    }
    return l;    //返回二分夹出的元素
}
```

那么，如果给定一个二维整数矩阵 A，怎样求 A[1][1] ~ A[x][y]这个子矩阵中所有元素之和，以及怎样给单点 A[x][y]加上整数 v？事实上只需把树状数组推广为二维即可。具体做法是，直接把 update 函数和 getSum 函数中的 for 循环改为两重（原理和一维是相同的，留给读者思考）。

另外，如果想求 A[a][b] ~ A[x][y]这个子矩阵的元素之和，只需计算 getSum(x, y) – getSum(x – 1, y) – getSum(x, y – 1) + getSum(x – 1, y – 1)即可。更高维的情况只需要把 for 循环改为相应的重数即可。二维树状数组的代码如下：

```
int c[maxn][maxn];    //二维树状数组
//二维 update 函数位置为(x,y)的整数加上 v
void update(int x, int y, int v) {
    for(int i = x; i < maxn; i += lowbit(i)) {
        for(int j = y; j < maxn; j += lowbit(j)) {
            c[i][j] += v;
        }
    }
}
//二维 getSum 函数返回(1,1)到(x,y)的子矩阵中元素之和
int getSum(int x, int y) {
    int sum = 0;
    for(int i = x; i > 0; i -= lowbit(i)) {
        for(int j = y; j > 0; j -= lowbit(j)) {
```

```
            sum += c[i][j];
        }
    }
    return sum;
}
```

到这里为止，都是在对树状数组进行**单点更新**、**区间查询**，如果想要进行**区间更新**、**单点查询**，又应该怎么做呢？而这具体是要解决这样两个问题：

① 设计函数 getSum(x)，返回 A[x]。

② 设计函数 update(x, v)，将 A[1] ~ A[x]的每个数都加上一个数 v。

可以发现，如果树状数组仍然是原先的定义，那么按照常规思路，update 函数只能通过遍历 A[1] ~ A[x]来达到目的，因此不管怎样都没有办法达到 O(logN)的时间复杂度，因此为了能让 update 函数仍然保持 O(logN)的复杂度，不得不对树状数组的定义稍作修改。

首先，树状数组 C 中每个"矩形"C[i]仍然保持和之前一样的长度，即 lowbit(i)，只不过C[i]不再表示这段区间的元素之和，而是表示这段区间每个数当前被加了多少。如图 13-7 所示，C[16] = 0 表示 A[1] ~ A[16]都被加了 0，C[8] = 5 表示 A[1] ~ A[8]都被加了 5，C[6] = 3 表示 A[5] ~ A[6]都被加了 3，C[5] = 6 表示 A[5]被加了 6。显然，对 A[5]来说，它被 C[5]加了 6，被 C[6]加了 3，被 C[8]加了 5，因此实际上的 A[5]的值应当是 C[5] + C[6] + C[8] = 14。很快就会发现，A[x]的值实际就是覆盖它的若干个"矩形"C[i]的值之和，而这显然是之前"单点更新、区间查询"问题中 update 函数的做法。也就是说，可以直接把原先的 update 函数作为这里的 getSum 函数，代码如下：

```
//getSum 函数返回第 x 个整数的值
int getSum(int x) {
    int sum = 0;    //记录和
    for(int i = x; i < maxn; i += lowbit(i)) {    //沿着 i 增大的路径
        sum += c[i];    //累计 c[i]
    }
    return sum;    //返回和
}
```

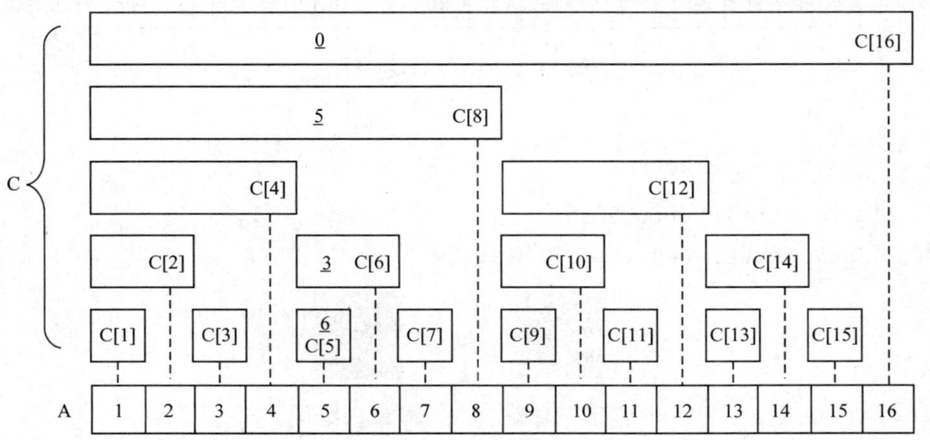

图 13-7　单点查询示意图

接着来看 update 函数。由于此处的 update 需要把 A[1] ~ A[x]的每个数都加上 v，因此可以使用类似之前“单点更新、区间查询”问题中 getSum 函数的做法。也就是说，如果 UPDATE(1, x)表示把 A[1] ~ A[x]的每个都加上 v，那么它等价于让 C[x]加上 v，然后执行 UPDATE(1, x – lowbit(x))。

如图 13-8 所示，先让 A[1] ~ A[14]的每个数都加上 6，等价于让 C[8]、C[12]、C[14]加上 6；接着让 A[1] ~ A[10]的每个数都加上 3，等价于让 C[8]、C[10]加上 3，于是 C[8]此时已经为 6 + 3 = 9，表示 A[1] ~ A[8]的每个数都被加上了 9。这时如果查询 A[6]的值，就会得到 A[6] = C[6] + C[8] + C[16] = 0 + 9 + 0 = 9；如果查询 A[9]的值，就会得到 A[9] = C[9] + C[10] + C[12] + C[16] = 0 + 3 + 6 + 0 = 9。于是可以直接把原先的 getSum 函数作为这里的 update 函数，因此代码如下：

```
//update 函数将前 x 个整数都加上 v
void update(int x, int v) {
    for(int i = x; i > 0; i -= lowbit(i)) {     //沿着 i 减小的路径
        c[i] += v;    //让 c[i]加上 v
    }
}
```

显然，如果需要让 A[x] ~ A[y]的每个数加上 v，只要先让 A[1] ~ A[y]的每个数加上 v，然后让 A[1] ~ [x – 1]的每个数加上–v 即可，即先后执行 update(y, v)与 update(x – 1, –v)。

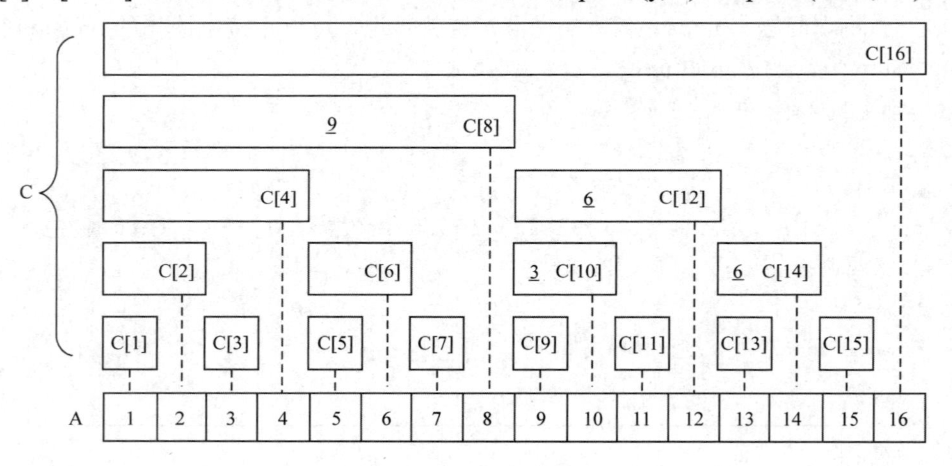

图 13-8　区间更新示意图

练习

① 配套习题集的对应小节。

② Codeup Contest ID: 100000636

地址：http://codeup.cn/contest.php?cid=100000636。

本节二维码　　本章二维码

参 考 文 献

[1] Thomas H Cormen, Charles E Leiserson, Ronald L Rivest, Clifford Stein. Introduction to Algorithms[M]. 2nd ed. Massachusetts State Cambridge: The MIT Press, 2001.

[2] Joseph H Silverman. A Friendly Introduction to Number Theory[M]. 3rd ed. NewYork: Pearson Education, 2005.

[3] Stephen Prata. C++ Primer Plus[M]. 6th ed. The town of Redding, Massachusetts: Addison-Wesley Professional, 2011.

[4] 吴永辉, 王建德. 数据结构编程实验[M]. 北京：机械工业出版社, 2012.

[5] 谭浩强. C 语言程序设计[M]. 2 版. 北京：清华大学出版社, 2008.

[6] 严蔚敏, 吴伟民. 数据结构（C 语言版）[M]. 北京：清华大学出版社, 2009.

[7] 刘汝佳. 算法竞赛入门经典[M]. 2 版. 北京：清华大学出版社, 2014.

[8] 秋叶拓哉, 岩田阳一, 北川宜稔. 挑战程序设计竞赛[M]. 2 版. 巫泽俊, 庄俊元, 李津羽, 译. 北京：人民邮电出版社, 2013.